非常感谢您购买 Excel Home 编著的图书!

Excel Home 是全球知名的 Excel 技术与应用网站，拥有超过 400 万注册会员，是微软在线技术社区联盟成员以及微软全球最有价值专家（MVP）项目合作社区， Excel 领域中国区的 Microsoft MVP 多数产生自本社区。

Excel Home 致力于研究、推广以 Excel 为代表的 Microsoft Office 软件应用技术，并通过多种方式帮助您解决 Office 技术问题，同时也帮助您提升个人技术实力。

- 您可以访问 Excel Home 技术论坛，这里有各行各业的 Office 高手免费为您答疑解惑，也有海量的图文教程；
- 您可以免费观看或下载 Office 专家精心录制的总时长数千分钟的各类视频教程，并且视频教程随技术发展在持续更新；
- 您可以免费报名参加 Excel Home 学院组织的超多在线公开课；
- 您可以关注新浪微博 @ExcelHome 和 QQ 空间 ExcelHome，随时浏览精彩的 Excel 应用案例和动画教程等学习资料，数位小编和热心博友实时和您互动；
- 您可以关注微信公众号: iexcelhome，我们每天都会推送实用的 Office 技巧，微信小编随时准备解答大家的学习疑问。成功关注后发送关键字“大礼包”，会有惊喜等着您！

积淀孕育创新

品质铸就卓越

Excel 2013 高效办公——市场与销售管理

Excel Home 编著

人 民 邮 电 出 版 社

北 京

图书在版编目（C I P）数据

Excel 2013高效办公. 市场与销售管理 / Excel
Home编著. -- 北京 : 人民邮电出版社, 2016.3（2020.8重印）
ISBN 978-7-115-41729-9

Ⅰ. ①E… Ⅱ. ①E… Ⅲ. ①表处理软件－应用－市场
管理②表处理软件－应用－销售管理 Ⅳ. ①TP391.13

中国版本图书馆CIP数据核字(2016)第037298号

内 容 提 要

本书以 Excel 在市场营销和销售领域中的具体应用为主线，按照市场营销人员与销售人员的日常工作特点进行说明。通过典型应用案例，在讲解具体工作方法的同时，介绍了 Excel 2013 相关的常用功能。

本书分为 8 章，分别介绍了产品管理、客户管理、销售业务管理、促销管理、销售数据管理与分析、仓库数据管理与分析、单店数据管理与销售分析以及零售业市场调查分析等主要内容。

本书案例实用，步骤清晰。本书面向市场和销售管理等需要提高 Excel 应用水平的从业人员，书中讲解的典型案例也非常适合职场人士学习，以提升计算机办公应用的技能。

◆ 编　　著　Excel Home
责任编辑　马雪伶
责任印制　杨林杰
◆ 人民邮电出版社出版发行　　北京市丰台区成寿寺路 11 号
邮编　100164　　电子邮件　315@ptpress.com.cn
网址　http://www.ptpress.com.cn
北京捷迅佳彩印刷有限公司印刷
◆ 开本：787×1092　1/16
印张：23.5
字数：610 千字　　2016 年 3 月第 1 版
印数：5 901– 6 200 册　　2020 年 8 月北京第 7 次印刷

定价：59.00 元（附光盘）

读者服务热线：(010) 81055410　印装质量热线：(010) 81055316
反盗版热线：(010) 81055315
广告经营许可证：京东市监广登字 20170147 号

前 言

Excel Home 的会员们经常讨论这样一个话题：**如果我精通 Excel，我能做什么？**

回答这个问题，我们首先要明确为什么学习 Excel? 我们知道 Excel 是应用性很强的软件，多数人学习 Excel 的主要目的是能更高效地处理工作，更及时地解决问题，也就是说，学习 Excel 的目的不是要精通它，而是要通过应用 Excel 来解决问题。

我们应该清楚地认识到，Excel 只是我们在工作中能够利用的一个工具而已，和笔、纸、订书机、透明胶带没有本质的区别。从这一点上看，最好不要把自己的前途和 Excel 捆绑起来，行业知识和专业技能才是我们更需要优先关注的。但是，Excel 具有强大功能是毫无疑问的。所以，每当我们多掌握一些它的用法，专业水平也能随之提升，至少在做同样的工作时，比别人更有竞争力。

从 Excel Home 论坛上我们经常可以看到高手们在某个领域不断开发出 Excel 的新用法，这些受人尊敬的、可以被称为 Excel 专家的高手无一不是各自行业中的出类拔萃者。从某种意义上说，Excel 专家也必定是某个或多个行业的专家，他们拥有丰富的行业知识和经验。**高超的 Excel 技术配合行业经验来共同应用，才有可能把 Excel 的作用发挥到极致**。同样的 Excel 功能，不同的人去运用，效果将是完全不同的。

基于上面的这些观点，也为了回应众多 Excel Home 会员与读者提出的结合自身行业来学习 Excel 2013 的要求，我们组织了来自 Excel Home 的多位资深 Excel 专家和“Excel 高效办公”丛书[1]的编写主力，充分吸取之前版本的经验，改进不足，精心编写了这套“Excel 2013 高效办公”丛书。

本书特色

■ 由资深专家编写

本书的编写者都是相关行业的资深专家，他们同时也是 Excel Home 上万众瞩目的“明星”、备受尊敬的“大侠”。他们往往能一针见血地指出您工作中最常见的疑难点，然后帮您分析这些困难应该使用何种思路来寻求答案，最后贡献出自己从业多年所得来的宝贵专业知识与经验，并且

[1] “Excel 高效办公”丛书，人民邮电出版社于 2008 年 7 月出版，主要针对 Excel 2003 用户。

通过来源于实际工作中的真实案例向读者展示利用 Excel 进行高效办公的绝招。

■ **与职业技能对接**

本书完全按照职业工作内容进行谋篇布局，以 Excel 在市场与销售工作中的具体应用为主线。通过介绍典型应用案例，在细致地讲解工作内容和工作思路的同时，将 Excel 各项常用功能（包括基本操作、函数、图表、数据分析和 VBA）的使用方法进行完美的融合。

本书力图让读者在掌握具体工作方法的同时也相应地提高 Excel 技术水平，并能够举一反三，将示例的用法进行“消化”“吸收”后用于解决自己工作中的问题。

关于光盘

本书附带一张光盘，光盘包含以下两部分内容。

■ **本书示例文件**

本书实例所涉及的源文件可供广大读者借鉴使用，在日常工作中，只要稍加改动即可应用，方便且操作人性化，助您轻松解决工作中所遇到的表格制作、数据统计及技术分析等难题。

■ **循序渐进学 Excel 2013**

由资深 Excel 专家录制的 Excel 2013 入门学习视频，共 20 集（本套视频共 30 集，本光盘中只提供部分内容，余下视频请访问 Excel Home 网站下载），分别讲解了快速启动 Excel 2013、功能区的操作秘诀、自定义功能区、自定义快速访问工具栏、快速打开 Excel 文件、批量打开与关闭文件、快速对比两个 Excel 文件的内容差异、快速填充、自定义排序等内容。

读者对象

本书主要面向市场与销售人员，特别是职场新人和急需加强自身职业技能的进阶者。同时，也适合希望提高现有实际操作能力的职场人士和大中专院校的学生阅读。

声明

本书及本书光盘中所使用的数据均为虚拟数据，如有雷同，纯属巧合。

感谢

本书由 Excel Home 策划并组织编写，技术作者为苏雪娣和王鑫，执笔作者为丁昌萍，审校为吴晓平。

Excel Home 论坛管理团队和 Excel Home 免费在线培训中心教管团队长期以来都是 Excel Home 图书的坚实后盾，他们是 Excel Home 中最可爱的人。最为广大会员所熟知的代表人物有朱尔轩、刘晓月、杨彬、朱明、郗金甲、方骥、赵刚、黄成武、赵文妍、孙继红、王建民等，在此向这些最可爱的人表示由衷的感谢。

衷心感谢 Excel Home 的百万会员，是他们多年来不断的支持与分享，才营造出热火朝天的学习氛围，并成就了今天的 Excel Home 系列图书。

在本书的编写过程中，尽管作者团队始终竭尽全力，但仍无法避免存在不足之处。如果您在阅读过程中有任何意见或建议，敬请您反馈给我们，我们将根据您宝贵的意见或建议进行改进，继续努力，争取做得更好。

如果您在学习过程中遇到困难或疑惑，可以通过以下任意一种方式和我们互动。

- 您可以访问 Excel Home 技术论坛，这里有各行各业的 Office 高手免费为您答疑解惑，也有海量的图文教程；
- 您可以免费观看或下载 Office 专家精心录制的总时长数千分钟的各类视频教程，并且视频教程随技术发展在持续更新；
- 您可以免费报名参加 Excel Home 学院组织的超多在线公开课；
- 您可以关注新浪微博@ExcelHome 和 QQ 空间 ExcelHome，随时浏览精彩的 Excel 应用案例和动画教程等学习资料，数位小编和热心博友实时和您互动；
- 您可以关注微信公众号：iexcelhome，我们每天都会推送实用的 Office 技巧，微信小编随时准备解答大家的学习疑问。成功关注后发送关键字“大礼包”，会有惊喜等着您！

目 录

知识点目录

一、Excel 基本操作与数据处理

基本操作

数据录入

工作表编辑

数据处理

高级功能

打印

二、Excel 数据分析

数据的查找与筛选

数据的分类与汇总

数据透视表与数据透视图

Excel 列表功能

三、Excel 工作表函数与公式计算

名称的应用

函数的基础知识

数学函数的应用

时间和日期函数的应用

查询和引用函数的应用

文本函数的应用

统计函数的应用

逻辑函数的应用

四、Excel 图表与图形

图表的应用

函数与图表的综合应用

组织结构图的应用

Excel 图形

五、Excel VBA 的应用

第 1 章 产品管理

Excel 2013 高效办公

一个企业经常需要制作丰富多彩的产品资料清单，用于统计各种产品的类型、条码、规格、属性、价格和外观等。产品基础信息表格纳入的元素越全面，企业在做销售分析等工作时就越能从更多的角度得到反馈信息。

1.1 产品资料清单

案例背景

中小规模企业的产品资料表，既可用来管理企业的产品相关信息，也可用来给客户做新品报价的表格。

制作流程：输入表格字段名称和具体内容；设置单元格及字体格式；插入产品的图片；制作表头及表格打印的设置。

关键技术点

要实现本案例中的功能，读者应当掌握以下 Excel 技术点。

- 数字格式
- 单元格格式
- 插入图片
- 表格的打印

最终效果展示

序号	产品型号	产品名称	产品条码	年份	季节	性别	零售价	图片
1	0PS713-1	板鞋	6925900312357	2013	秋冬	男	¥156.00	
2	0PS713-2	板鞋	6925900313415	2013	秋冬	男	¥156.00	
3	0PS713-3	板鞋	6925900317581	2013	秋冬	男	¥156.00	
4	0PS713-4	休闲鞋	6925900307018	2013	秋冬	男	¥156.00	
5	0PS713-5	休闲鞋	6925900307087	2013	秋冬	男	¥156.00	
6	0TS701-3	板鞋	6925900307100	2013	秋冬	男	¥116.00	
7	0TS702-3	休闲鞋	6925900307025	2013	秋冬	男	¥116.00	
8	0TS703-3	板鞋	6925900307056	2013	秋冬	男	¥116.00	
9	0TS710-3	板鞋	6925900307146	2013	秋冬	男	¥116.00	
10	0TS711-3	板鞋	6925900317611	2013	秋冬	男	¥116.00	
11	0TS720-3	板鞋	6925900312531	2013	秋冬	男	¥116.00	
12	AST500-1	休闲鞋	6925900313477	2013	秋冬	男	¥196.00	
13	AST500-2	休闲鞋	6925900312319	2013	秋冬	男	¥196.00	
14	AST500-3	板鞋	6925900312364	2013	秋冬	男	¥196.00	
15	AST500-4	板鞋	6925900312333	2013	秋冬	男	¥196.00	
16	AST500-5	休闲鞋	6925900319769	2013	秋冬	男	¥196.00	
17	AST500-6	板鞋	6925900306783	2013	秋冬	男	¥196.00	
18	JBS010-1	休闲鞋	6925900306806	2013	秋冬	男	¥236.00	
19	JBS010-2	休闲鞋	6925900306721	2013	秋冬	男	¥236.00	
20	JBS010-3	休闲鞋	6925900306813	2013	秋冬	男	¥236.00	

示例文件

光盘\示例文件\第 1 章\产品资料清单表.xlsx

1.1.1 创建产品资料清单

本案例应首先建立一个新的工作簿，实现工作簿的保存、对工作簿中的工作表重命名、删除工作簿中的多余工作表等步骤，然后创建并打印产品资料清单。下面先完成第一个步骤，即创建产品资料清单。

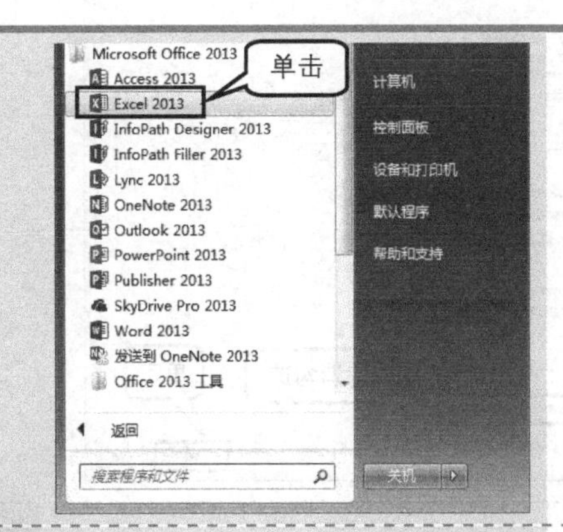

Step 1 创建工作簿

单击 Windows 的“开始”菜单→“所有程序”→“Microsoft Office 2013”→“Excel 2013”来启动 Excel 2013。

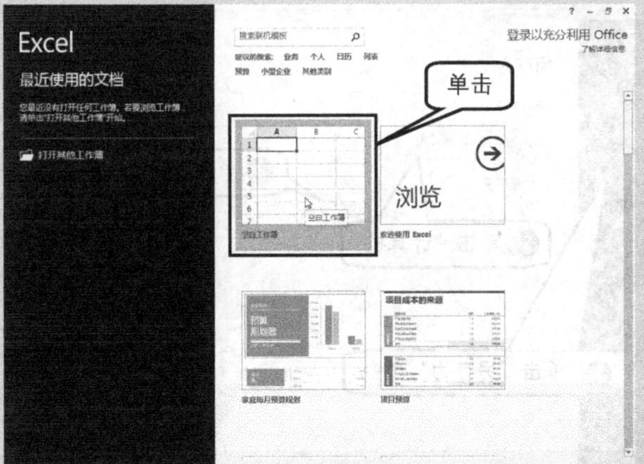

默认打开一个“开始”屏幕，其左侧显示最近使用的文档，右侧显示“空白工作簿”和一些常用的模板，如“家庭每月预算规划”“项目预算”等。单击“空白工作簿”。

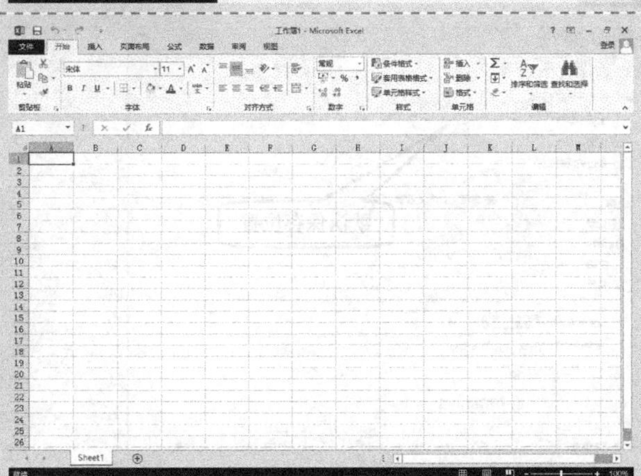

此时会自动创建一个新的工作簿文件——“工作簿 1”。

技巧 直接新建空白工作簿

如果无需使用这些模板，希望启动 Excel 2013 时直接新建空白工作簿，可通过下面的设置来跳过“开始”屏幕。

单击 Excel 2013 的“文件”选项卡→“选项”命令，弹出“Excel 选项”对话框，单击“常规”选项卡，在“启动选项”区域下，取消勾选“此应用程序启动时显示开始屏幕”复选框，单击“确定”按钮。

这样，以后启动 Excel 2013 时即可直接新建一个空白工作簿。

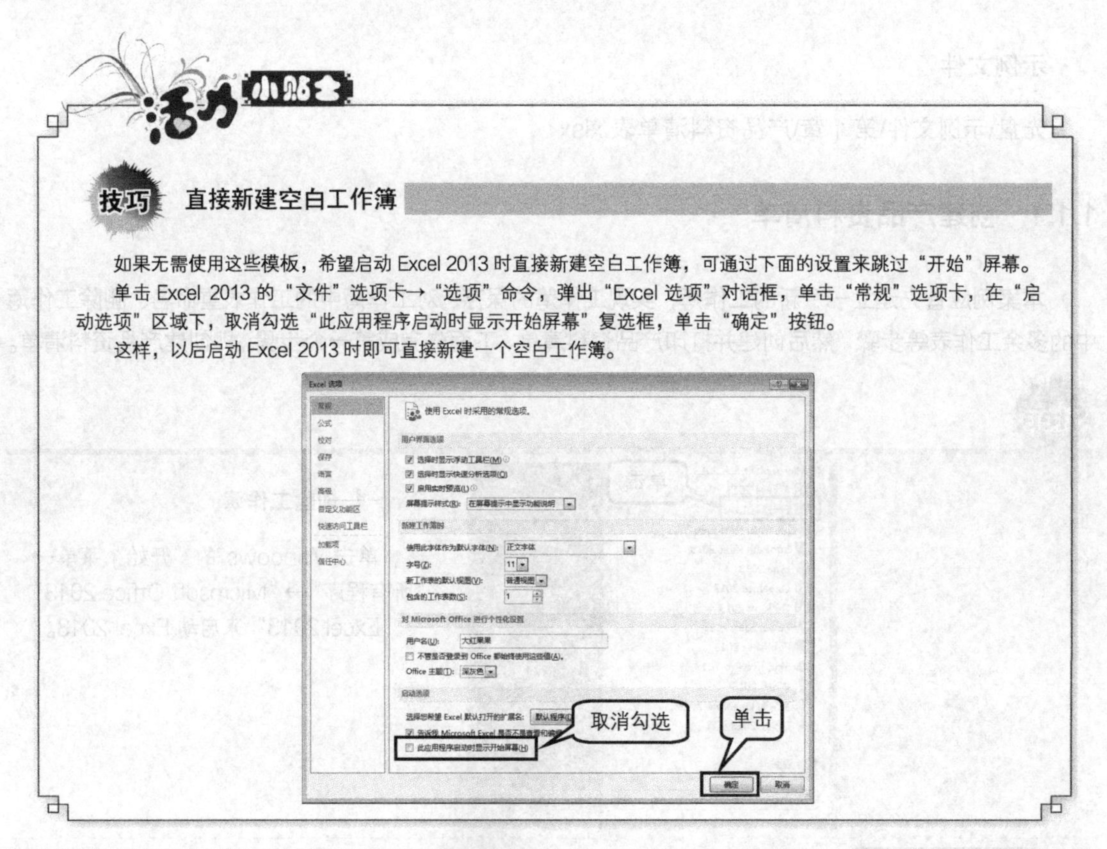

Step 2 保存并命名工作簿

① 在功能区中单击“文件”选项卡→“另存为”命令。在“另存为”区域中选择“计算机”选项，在右侧的“计算机”区域下方单击“浏览”按钮。

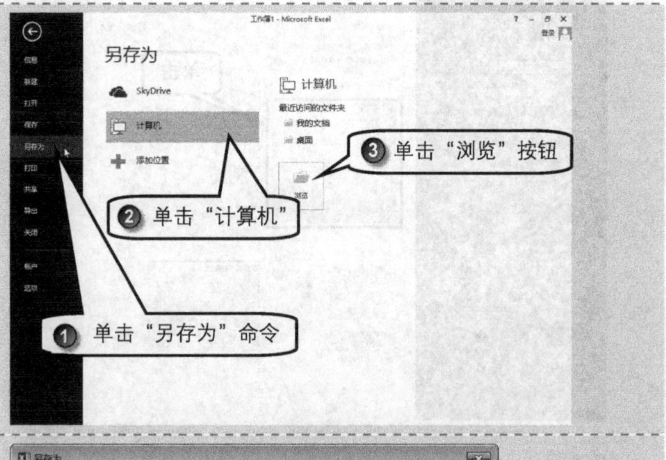

② 弹出“另存为”对话框，此时系统的默认保存位置为“文档库”。

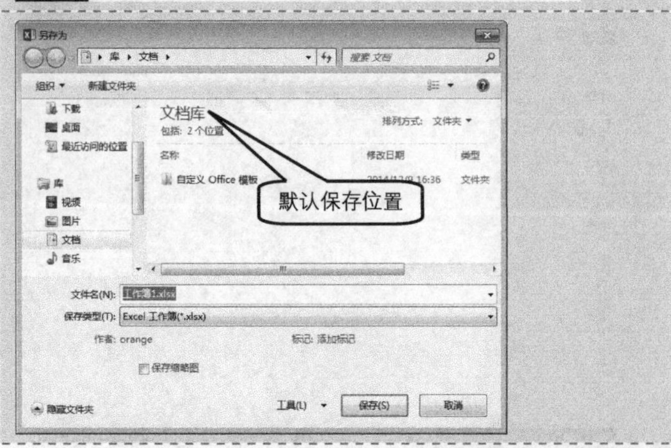

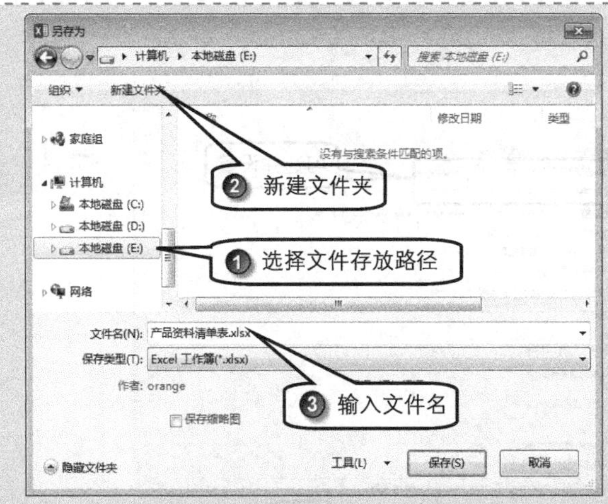

③ 在“另存为”对话框左侧列表框中选择具体的文件存放路径，如“本地磁盘（E:）”。单击“新建文件夹”按钮，将“新建文件夹”重命名为“销售管理”，双击打开“销售管理”文件夹。

假定本书中所有工作簿和相关文件均存放在这个文件夹中。

④ 在“文件名”文本框中输入工作簿的名称“产品资料清单表”，其余选项保留默认设置，最后单击“保存”按钮。

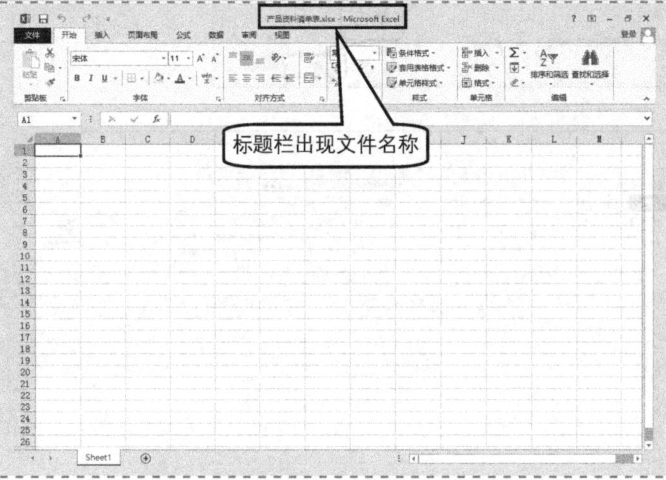

此时在 Excel 的标题栏会出现保存后的名称。

技巧 自动保存功能

单击“快速访问工具栏”上的“保存”按钮，或者按<Ctrl+S>组合键也可以打开“另存为”对话框。如果工作簿此前已经被保存，再次执行“保存”命令时将不会出现“另存为”对话框，而是直接将工作簿保存在原来位置，并以修改后的内容覆盖旧文件中的内容。

由于自动断电、系统不稳定、Excel 程序本身问题、用户误操作等原因，Excel 程序可能会在用户保存文档之前就意外关闭，使用“自动保存”功能可以减少这些意外所造成的数据损失。

在 Excel 2013 中，自动保存功能得到了进一步增强，不仅会自动生成备份文件，而且会根据间隔定时需求生成多个文件版本。当 Excel 程序因意外崩溃而退出或者用户没有保存文档就关闭工作簿时，可以选择其中的某一个版本进行恢复。

具体的设置方法如下。

① 在功能区中依次单击“文件”选项卡→“选项”命令，弹出“Excel 选项”对话框，单击“保存”选项卡。

② 在“保存工作簿”选项区中勾选“保存自动恢复信息时间间隔”复选框（默认被勾选），即“自动保存”。在右侧的微调框中设置自动保存的时间间隔，默认为 10 分钟，用户可以设置 1~120 之间的整数。勾选“如果我没保存就关闭，请保留上次自动保留的版本”复选框。在“自动恢复文件位置”文本框中输入需要保存的位置，Windows 7 系统中的默认路径为“C:\Users\用户名\AppData\Roaming\Microsoft\Excel\”。

③ 单击“确定”按钮，即可应用保存设置并退出“Excel 选项”对话框。

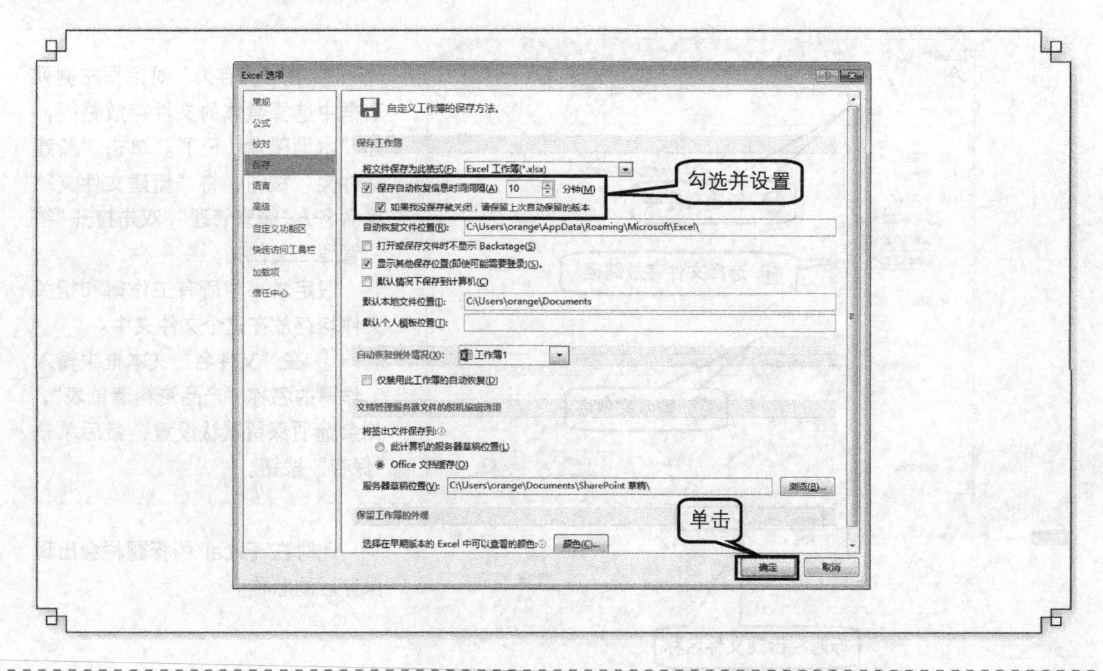

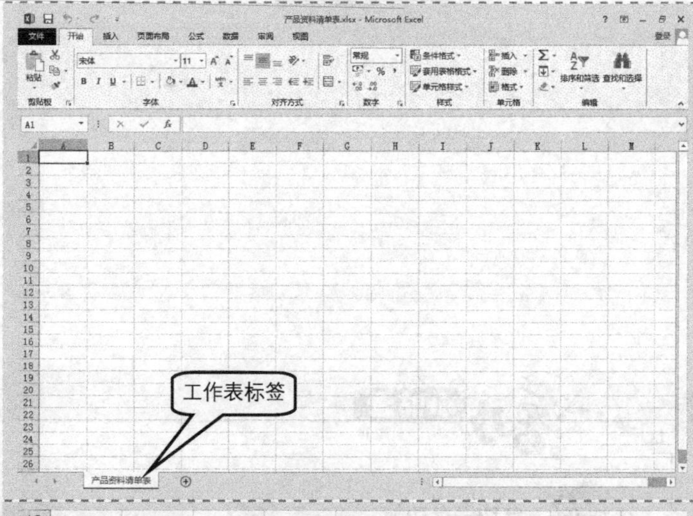

Step 3 重命名工作表

双击“Sheet1”的工作表标签进入标签重命名状态，输入“产品资料清单表”，然后按<Enter>键确认。

也可以右键单击工作表标签，在弹出的快捷菜单中选择“重命名”命令进入重命名状态。

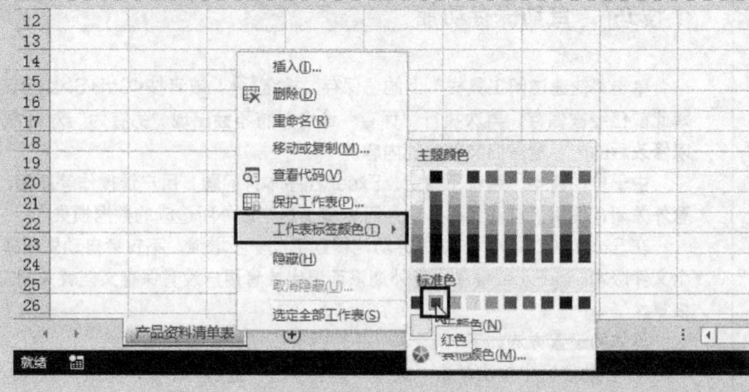

Step 4 设置工作表标签颜色

为工作表标签设置醒目的颜色，可以帮助用户迅速查找和定位所需的工作表，下面介绍设置工作表标签颜色的方法。

右键单击“产品资料清单表”工作表标签，在打开的快捷菜单中选择“工作表标签颜色”→“标准色”中的“红色”命令。

Step 5 输入表格标题

在A1:I1单元格区域中分别输入表格各字段的标题内容。

	A	B	C	D	E	F	G	H	I	J	K
1	序号	产品型号	产品名称	产品条码	年份	季节	性别	零售价	图片		
2											
3											
4											
5											

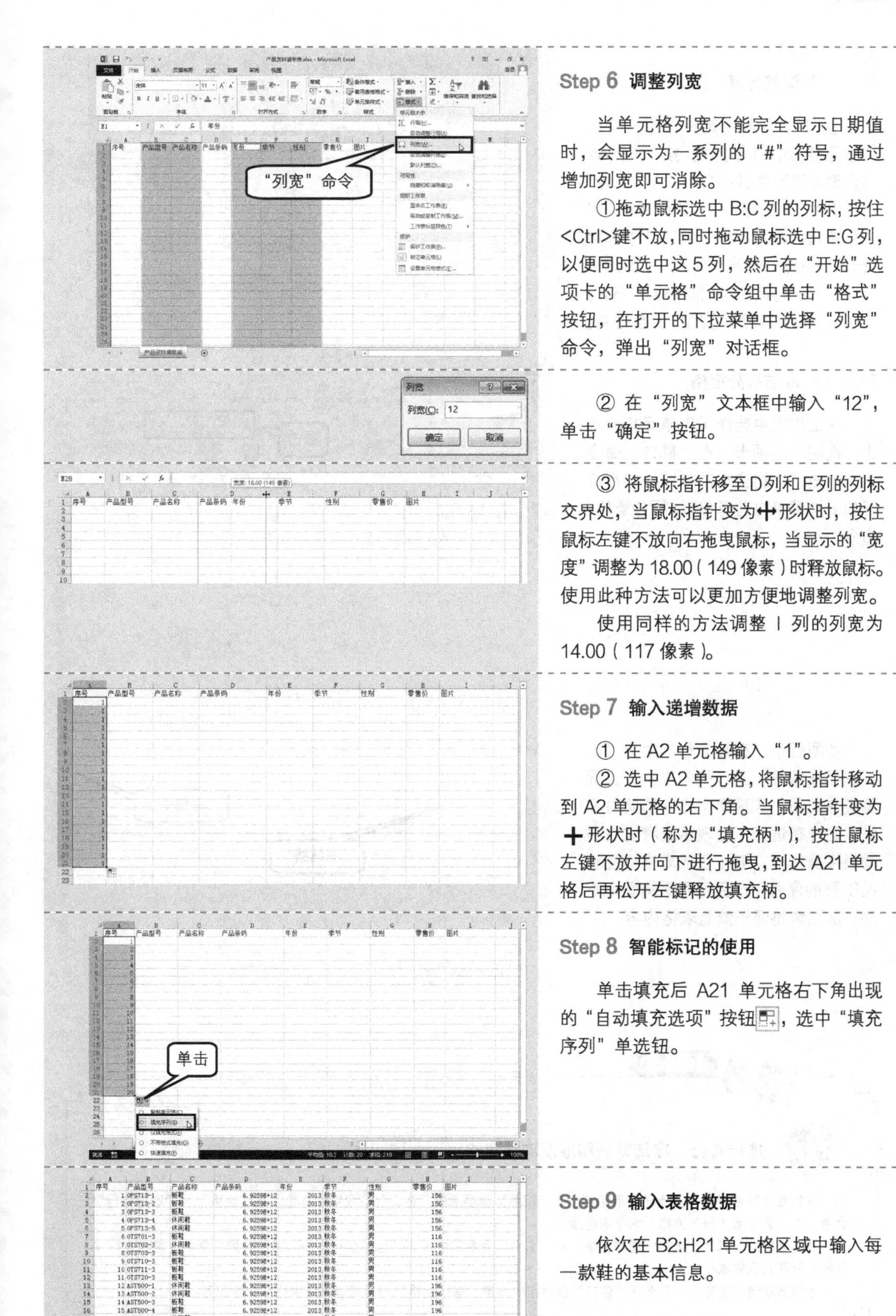

Step 6 调整列宽

当单元格列宽不能完全显示日期值时，会显示为一系列的“#”符号，通过增加列宽即可消除。

①拖动鼠标选中 B:C 列的列标，按住 <Ctrl>键不放，同时拖动鼠标选中 E:G 列，以便同时选中这 5 列，然后在“开始”选项卡的“单元格”命令组中单击“格式”按钮，在打开的下拉菜单中选择“列宽”命令，弹出“列宽”对话框。

② 在“列宽”文本框中输入“12”，单击“确定”按钮。

③ 将鼠标指针移至 D 列和 E 列的列标交界处，当鼠标指针变为✛形状时，按住鼠标左键不放向右拖曳鼠标，当显示的“宽度”调整为 18.00（149 像素）时释放鼠标。使用此种方法可以更加方便地调整列宽。

使用同样的方法调整 I 列的列宽为 14.00（117 像素）。

Step 7 输入递增数据

① 在 A2 单元格输入“1”。

② 选中 A2 单元格，将鼠标指针移动到 A2 单元格的右下角。当鼠标指针变为 ✚ 形状时（称为“填充柄”），按住鼠标左键不放并向下进行拖曳，到达 A21 单元格后再松开左键释放填充柄。

Step 8 智能标记的使用

单击填充后 A21 单元格右下角出现的“自动填充选项”按钮，选中“填充序列”单选钮。

Step 9 输入表格数据

依次在 B2:H21 单元格区域中输入每一款鞋的基本信息。

Step 10 调整行高

① 在工作表中选择任意一个非空单元格，如A1单元格，按<Ctrl+A>组合键即可选中数据区域。在“开始”选项卡的“单元格”命令组中单击“格式”按钮，在打开的下拉菜单中选择“行高”命令，弹出“行高”对话框。

② 在“行高”文本框中输入“64”。

③ 单击“确定”按钮，调整行高。

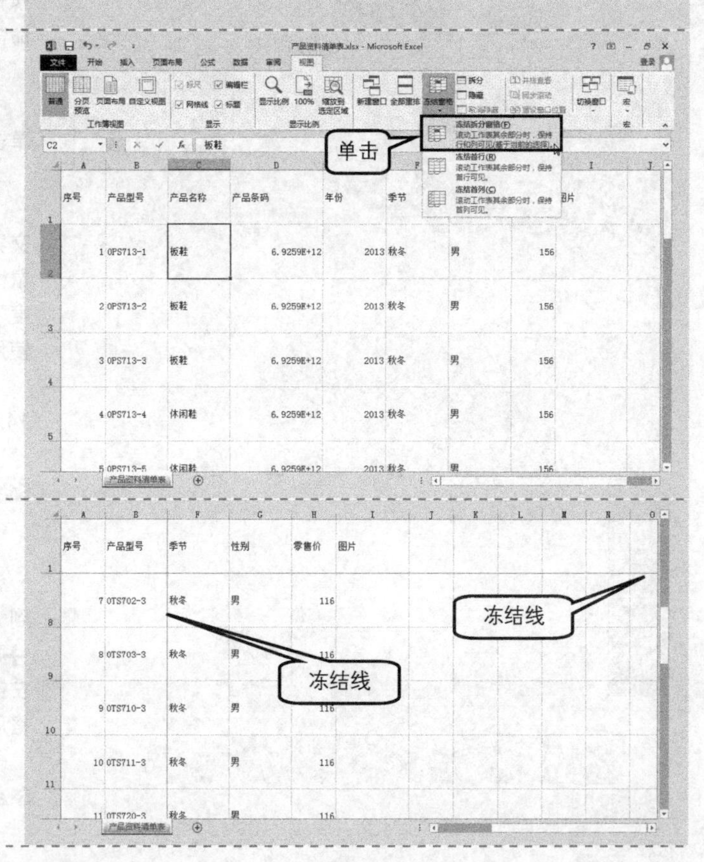

Step 11 冻结拆分窗格

在工作表中选择C2单元格，单击“视图”选项卡，在“窗口”命令组中单击“冻结窗格”按钮，并在打开的下拉菜单中选择“冻结拆分窗格”命令。

如图所示，在第2行的上方会出现水平冻结线，在C列的左侧会出现垂直冻结线，实现两个方向的同时冻结。这样在进行下拉表格或者往右移动表格操作时，第1行的表格标题和A:B列的序号和产品型号保持固定不动。冻结窗格便于查看表格内容。

技巧 冻结首行、冻结首列和取消冻结窗格

当需要冻结首行时，选择任意单元格，在“视图”选项卡的“窗口”命令组中单击“冻结窗格”→“冻结首行”命令，这时会在第1行下方插入水平冻结线。

当需要冻结首列时，选择任意单元格，在“窗口”命令组中单击“冻结窗格”→“冻结首列”命令，这时会在A列的右侧插入垂直冻结线。

如果要取消冻结窗口，那么在“窗口”命令组中单击“冻结窗格”→“取消冻结窗格”命令即可。

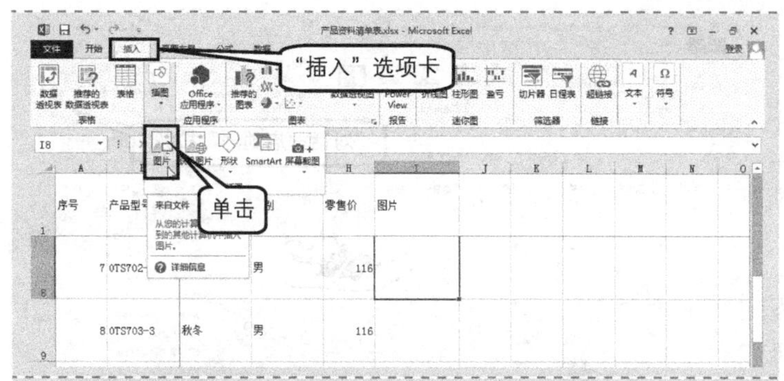

Step 12 插入图片

① 选择要插入图片的 I2 单元格，切换到“插入”选项卡，在“插图”命令组中单击“图片”按钮。

② 打开“插入图片”对话框，此时默认“插入图片”的位置是“图片库”。

③ 在左侧列表框中选择要插入的图片在本机的存储路径，如“本地磁盘（E:）”。单击“本地磁盘(E:)”右侧的下箭头按钮，展开计算机磁盘的列表，在其下拉列表框中找到要插入的图片在本机的存储路径，在图片列表框中选择合适的图片。

④ 单击“插入”按钮，即可完成图片的插入。

插入图片后，此时图片默认选中状态，功能区中即自动激活“图片工具-格式”选项卡。

Step 13 调整图片大小

由于单元格中直接插入的图片尺寸跟图片的实际尺寸有关，往往并不合适。所以图片插入后，还需要对它的大小进行调整。

① 选中图片，在“图片工具-格式”选项卡中，单击“大小”命令组中右下角的“对话框启动器”按钮，打开“设置图片格式”窗格。

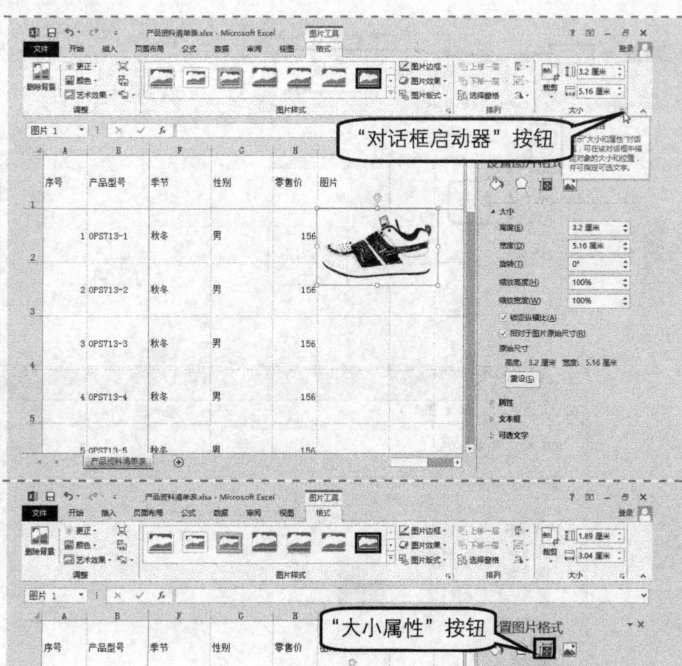

② 依次单击“大小属性”按钮→“大小”选项卡，单击“缩放高度”右侧的微调旋钮，使得“缩放高度”文本框中显示“59%”。

③ 因为默认勾选了“锁定纵横比”复选框，所以“宽度”与“高度”的显示比例自动同步缩放为“59%”而不需要手动修改。

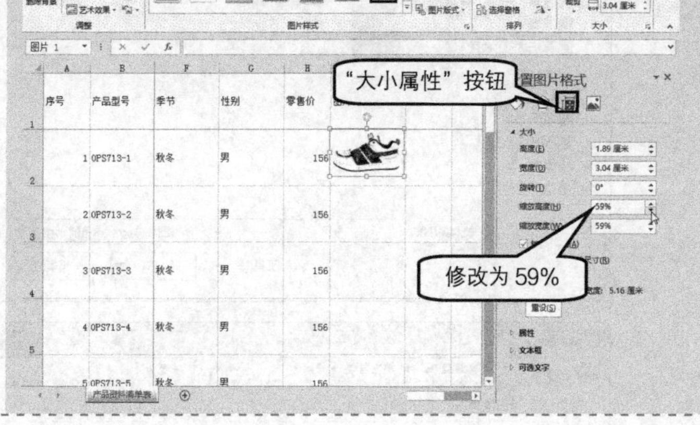

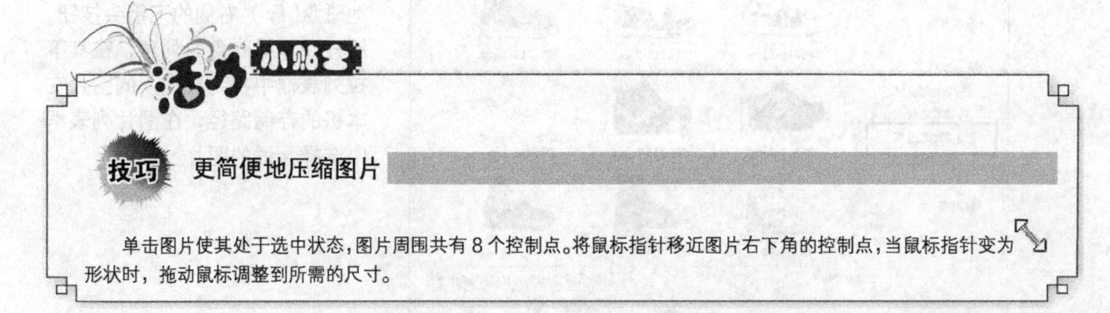

技巧 更简便地压缩图片

单击图片使其处于选中状态，图片周围共有 8 个控制点。将鼠标指针移近图片右下角的控制点，当鼠标指针变为形状时，拖动鼠标调整到所需的尺寸。

Step 14 移动图片

单击图片使其处于选中状态，当鼠标指针变为形状时，拖动鼠标就能移动图片。

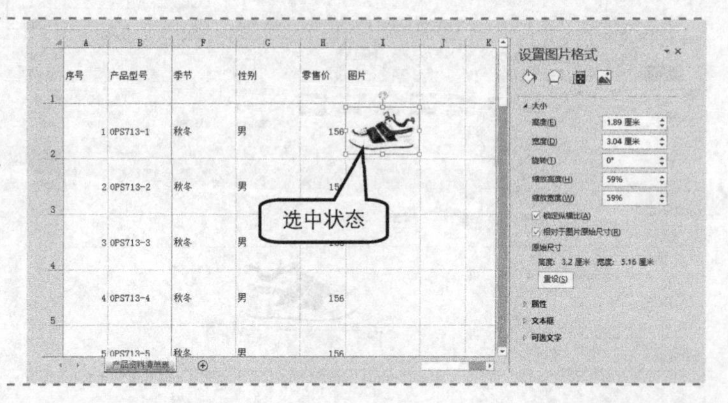

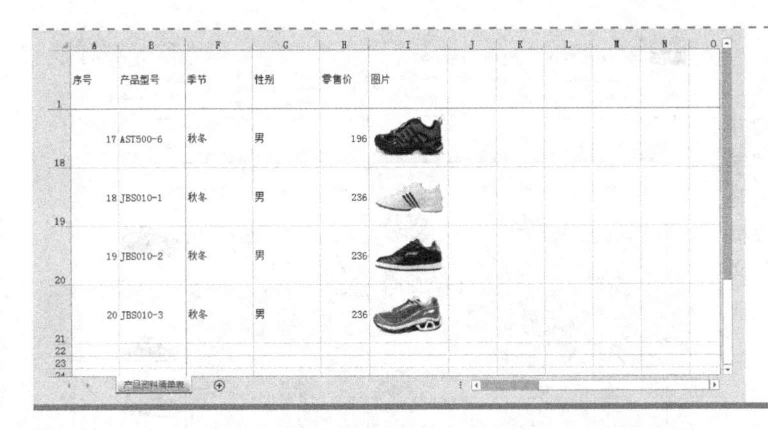

Step 15 插入其他图片

参阅 Step9 ~ Step11，插入其他产品的图片，并移动图片到相应的位置。

单击“设置图片格式”右上角的“关闭”按钮 ✕。

扩展知识点讲解

操作技巧：“另存为”的快捷键使用

在 Excel 以及 Office 其他组件中，要保存文件，除了执行“保存”命令外，还可执行“另存为”命令。“保存”命令的快捷方式是按<Ctrl+S>组合键，“另存为”命令的快捷方式是按<F12>键。

“保存”和“另存为”间的功能有一定区别：对于之前从未保存过的文件，在进行“保存”或“另存为”操作时，都会弹出相同的“另存为”对话框，单击该对话框里的“保存”按钮，执行的都是文件保存的功能；但对之前已做过保存的文件，按<Ctrl+S>组合键是对该文件进行保存，而按<F12>键则是对该文件进行一个副本保存。

在 Step2 中，文件保存在“本地磁盘（E:）”，若按<F12>键，在弹出的“另存为”对话框中单击“桌面”按钮 桌面 ，再单击“确定”按钮，当前文件就被保存在“桌面”。

1.1.2 设置表格格式

经过以上的步骤，表格的主要功能已经实现，但是这样的表格还比较原始，可读性较差，因此需要进行一定的设置来美化表格。

Step

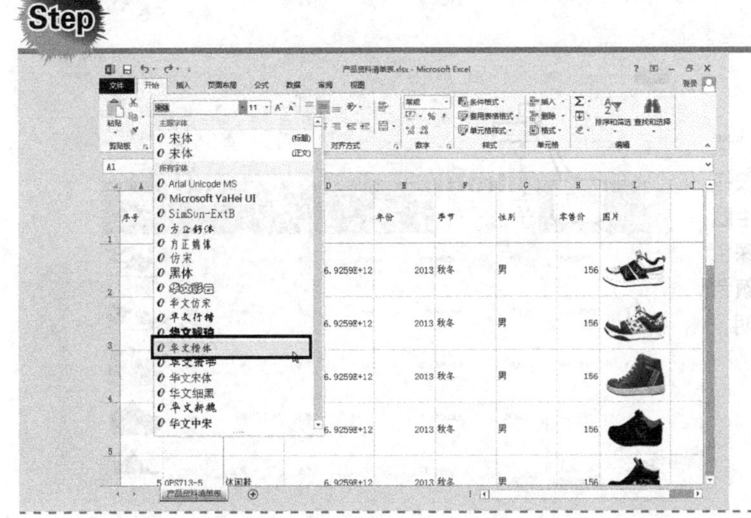

Step 1 设置字体

选中需要设置字体格式的 A1:I1 单元格区域，在“开始”选项卡的“字体”命令组中的“字体”下拉列表框中选择“华文楷体”选项。

Step 2 设置字体和字号

选中 A2:H21 单元格区域，在“开始”选项卡的“字体”命令组中的“字体”下拉列表框中选择“Arial Unicode MS”选项，在“字号”下拉列表框中选择“10”，也可以在“字号”文本框中直接输入数字“10”。

Step 3 设置居中

选中 A1:I21 单元格区域，在“开始”选项卡的“对齐方式”命令组中单击“居中”按钮☰。

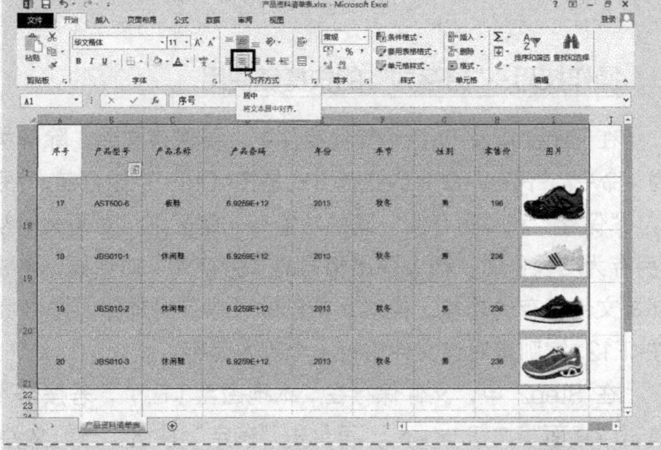

Step 4 设置字形加粗

选中 A1:I1 单元格区域，单击“字体”命令组中的“加粗”按钮 **B**，设置单元格标题内容加粗。

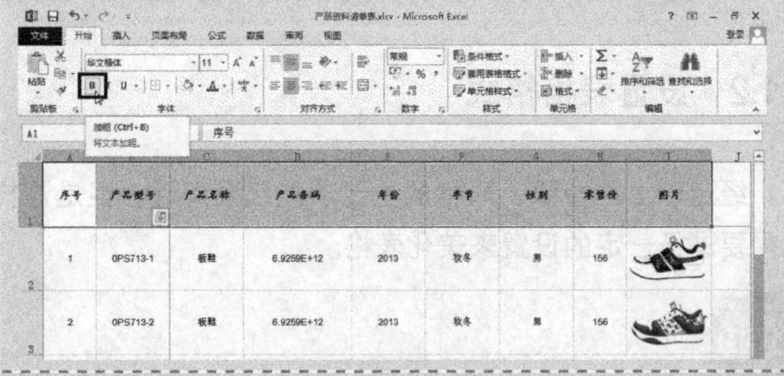

Step 5 设置单元格背景颜色

选中 A1:I1 单元格区域，单击“填充颜色”按钮右侧的下箭头按钮▾，在打开的颜色面板中选择“主题颜色”下方的“白色，背景 1，深色 50%”，将鼠标指针悬停在某个颜色上，浮动窗口会显示该颜色的说明。

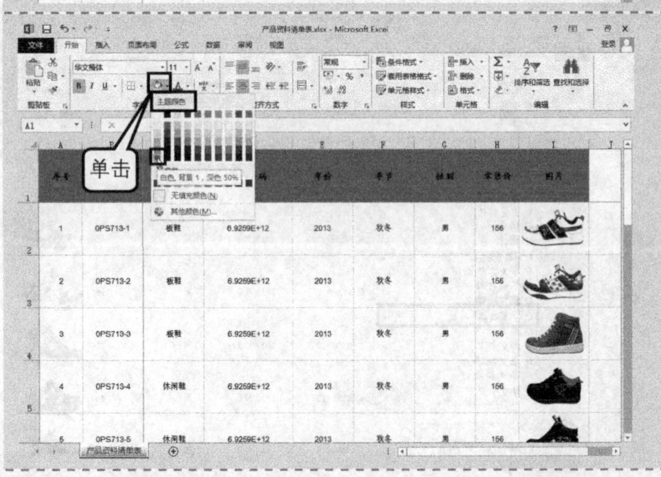

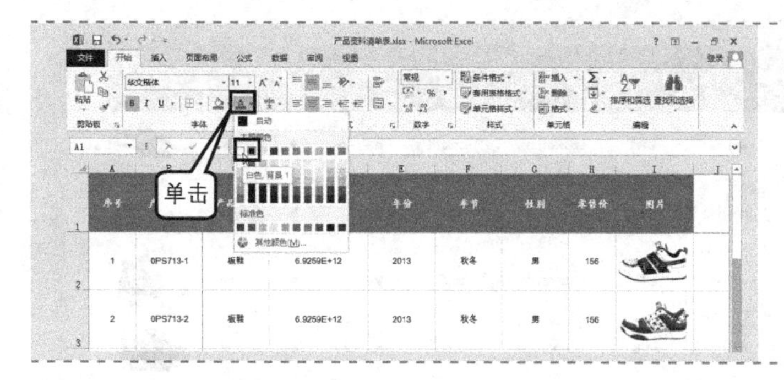

Step 6 设置字体颜色

选中 A1:I1 单元格区域，单击“字体颜色”按钮 A 右侧的下箭头按钮 ▾，在打开的颜色面板中选择“白色，背景 1”。

“字体颜色”按钮 A 下方的颜色线显示了按钮当前预置的颜色，如果需要在文本中应用预置颜色，只需直接单击该按钮即可。

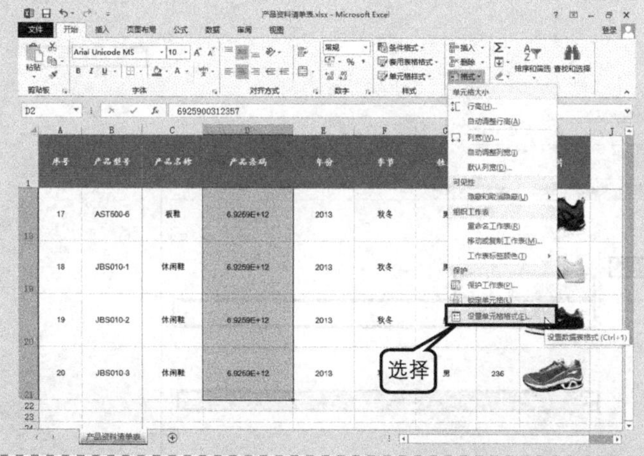

Step 7 设置单元格的数值格式

① 选中 D2:D21 单元格区域，在“开始”选项卡的“单元格”命令组中单击“格式”按钮，在打开的下拉菜单中选择“设置单元格格式”命令，弹出“设置单元格格式”对话框。

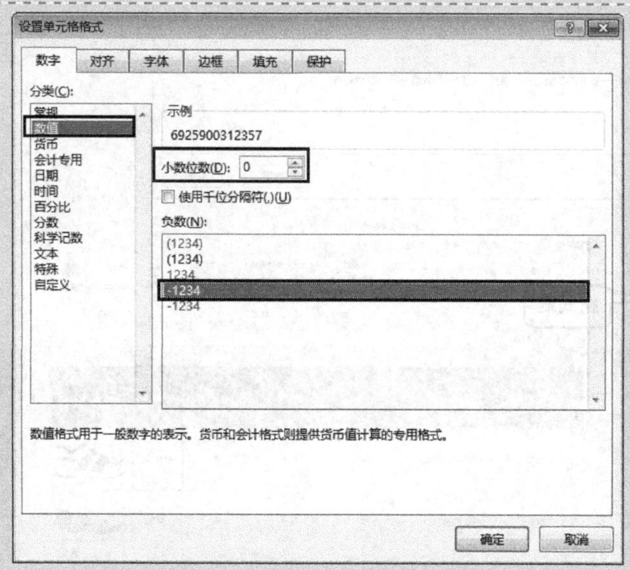

② 在“设置单元格格式”对话框中单击“数字”选项卡，在“分类”列表框中选择“数值”，在右侧的“小数位数”微调框中单击微调按钮选择“0”，在“负数”列表框中选择第 4 项，即黑色字体的“-1234”。

此时在“示例”下方显示格式的预览效果。单击“确定”按钮。

D2:D21 单元格区域中的数字将显示为“数值”样式。

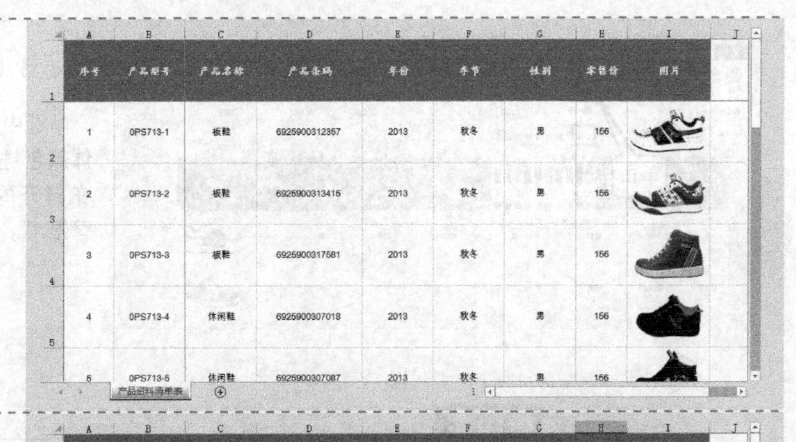

Step 8 设置单元格的货币格式

① 右键单击 H2 单元格，在弹出的快捷菜单中选择“设置单元格格式”命令，弹出“设置单元格格式”对话框。

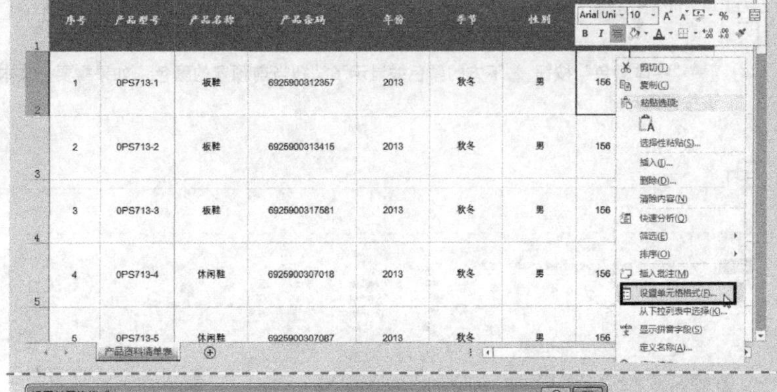

② 单击“数字”选项卡，在“分类”列表框中选择“货币”，在右侧的“小数位数”微调框中选择“2”，在“货币符号（国家/地区）”下拉列表框中选择“¥”，在“负数”列表框中选择第 4 项，即黑色字体的“¥-1,234.10”。单击“确定”按钮。

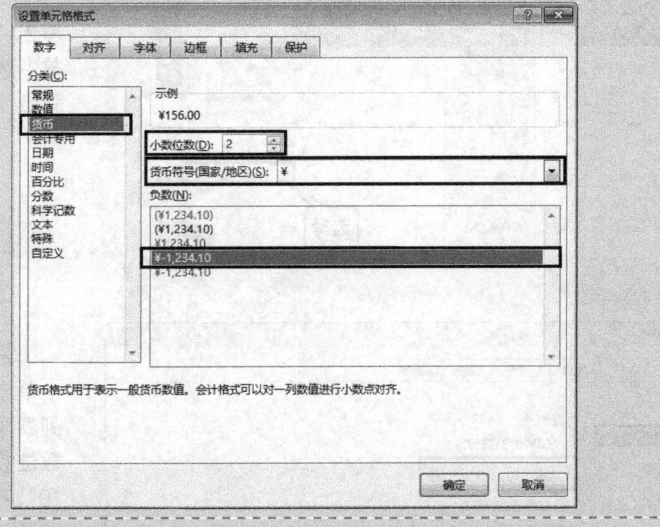

Step 9 使用格式刷

选中 H2 单元格，在“开始”选项卡的“剪贴板”命令组中单击“格式刷”按钮，准备将此单元格的格式复制给表格中的其他单元格区域。

Step 10 复制格式

当鼠标指针变为 形状时，表示处于格式刷状态，此时选中的目标区域将应用源区域 H2 单元格的格式。

选中 H3:H21 单元格区域后，松开鼠标，格式复制完成，鼠标指针恢复为常态。

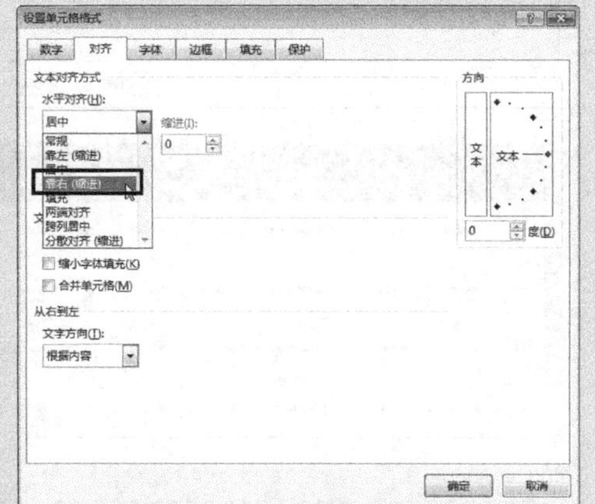

Step 11 设置单元格文本水平对齐方式

① 选中 D2:D21 单元格区域，单击“对齐方式”右下角的“对话框启动器”按钮 ，弹出“设置单元格格式”对话框。

② 在“对齐”选项卡的“水平对齐”下拉列表框中选择“靠右(缩进)”选项。单击“确定”按钮。

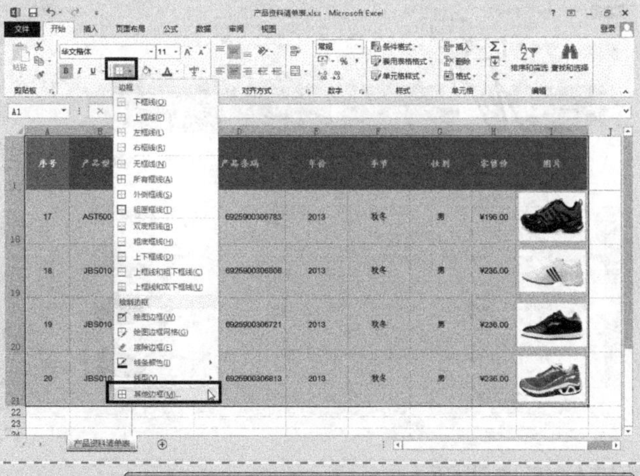

Step 12 设置单元格外边框颜色和样式

为了使表格突出显示，可以为表格设置边框以及边框的颜色和样式。

① 在工作表中选择任意一个非空单元格，如 A1 单元格，按<Ctrl+A>组合键即可选中要设置边框的 A1:I21 单元格区域，在“开始”选项卡的“字体”命令组中单击“下框线”按钮 右侧的下箭头按钮 ，并在打开的下拉菜单中选择“其他边框”命令。

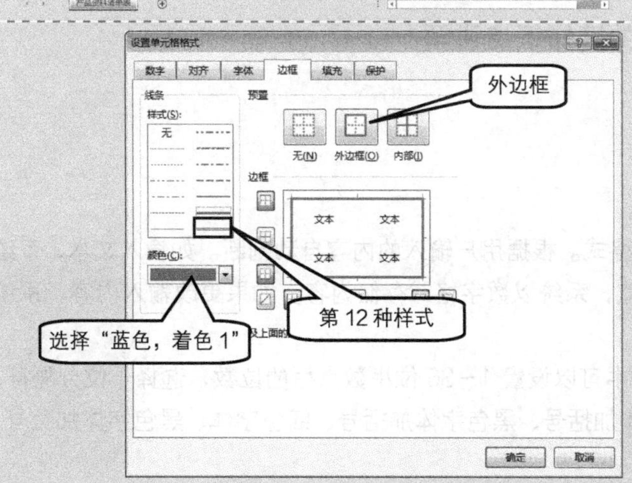

② 在打开的“设置单元格格式”对话框中，单击“边框”选项卡。在“颜色”下拉列表框中选择“蓝色，着色 1”。

③ 在“线条”的“样式”列表框中选择第 12 种样式。

④ 单击“预置”框中的“外边框”按钮。

Step 13 设置单元格内边框样式

① 在“线条”的“样式”列表框中选择第 3 种样式。

② 单击“预置”框中的“内部”按钮。单击“确定”按钮。

至此，完成单元格边框的设置。

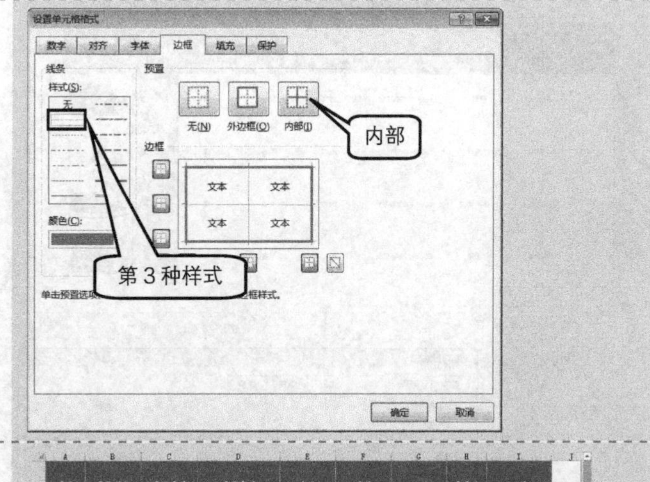

经过以上步骤，就完成了单元格格式的基本设置，效果如图所示。

Step 14 取消编辑栏和网格线的显示

单击“视图”选项卡，在“显示”命令组中，取消勾选“编辑栏”和“网格线”复选框。

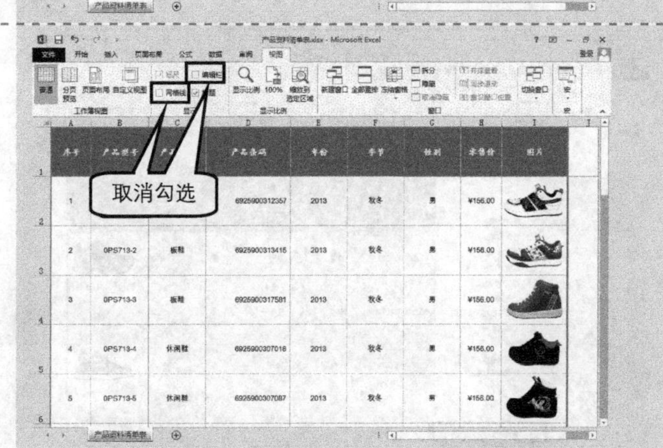

关键知识点讲解

基本知识点：数字格式的种类

Excel 的数字格式有下面 12 种类型。

（1）“常规”格式：这是默认的数字格式。根据用户输入的内容自动判断。如输入文本，系统将以文本格式存储和显示内容；输入数值，系统以数字格式存储内容。如果更改输入内容，系统按照最后一次输入内容判断格式。

（2）“数值”格式：在“数值”格式中可以设置 1～30 位小数点后的位数，选择千位分隔符，以及设置 5 种负数的显示格式：红色字体加括号、黑色字体加括号、红色字体、黑色字体加负号、红色字体加负号。

（3）“货币”格式：它的功能和“数值”格式非常相似，另外添加了设置货币符号的功能。

（4）“会计”格式：在“会计”格式中可以设置小数位数和货币符号，但是没有显示负数的各种选项。

（5）“日期”格式：以日期格式存储和显示数据，可以设置 24 种日期类型。在输入日期时必须以标准的类型（指 24 种类型中的任意一种）输入，才可以进行类型的互换。

（6）“时间”格式：以时间格式存储和显示数据，可以设置 11 种时间类型。在输入时间时必须以标准的类型（指 11 种类型中的任意一种）输入，才可以进行类型的互换。

（7）“百分比”格式：以百分比格式显示数据，可以设置 1～30 位小数点后的位数。

（8）“分数”格式：以分数格式显示数据。

（9）“科学记数”格式：以科学记数法显示数据。

（10）“文本”格式：以文本方式存储和显示内容。

（11）“特殊”格式：包含邮政编码、中文小写数字、中文大写数字 3 种类型，如果选择区域设置，还能选择更多类型。

（12）“自定义”格式：自定义格式可以根据用户需要手工设置上述所有类型，此外还可以设置更为灵活多样的自定义类型。

1.1.3 打印产品资料清单

通过上述步骤，产品资料清单已制作完毕。为了便于销售商品，需要将其打印出来。这时需要编辑打印页面，使打印出来的产品资料清单美观、大方。

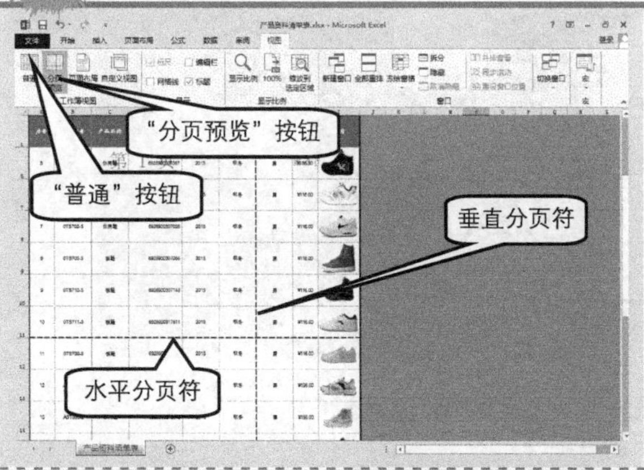

Step 1 分页预览

单击“视图”选项卡，在“工作簿视图”命令组中单击“分页预览”按钮，工作表即会以普通视图转换为分页预览视图。

如果想恢复到普通视图状态，在“工作簿视图”命令组中单击“普通”按钮即可。

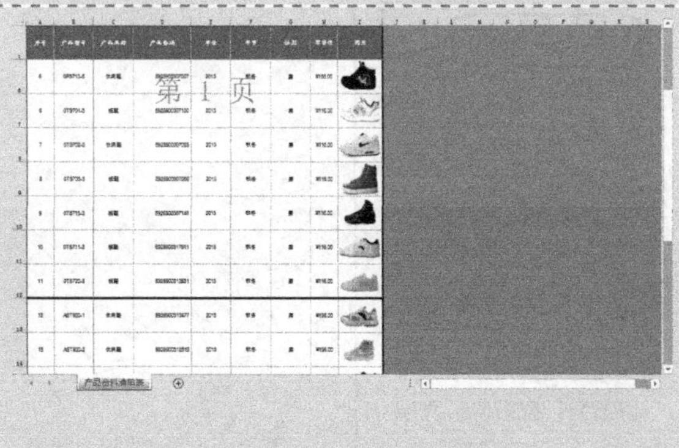

Step 2 调整分页符

工作表中蓝色边框包围的区域为打印区域，灰色区域为不可打印的区域。如果打印区域不符合要求，则可通过拖动分页符来调整其大小，直到合适为止。

① 将鼠标指针移至水平分页符上，当鼠标指针变为↕形状时，向下拖动分页符至第 11 行的下方，增加水平方向的打印区域。

② 将鼠标指针移至垂直分页符上，当鼠标指针变为↔形状时，向右拖动分页符至 I 列的右侧，增加垂直方向的打印区域。

Step 3 调整显示比例

在“视图”选项卡的“显示比例”命令组中单击“显示比例”按钮，弹出“显示比例”对话框，选中“25%”单选钮，单击“确定”按钮，缩小工作表的显示比例。

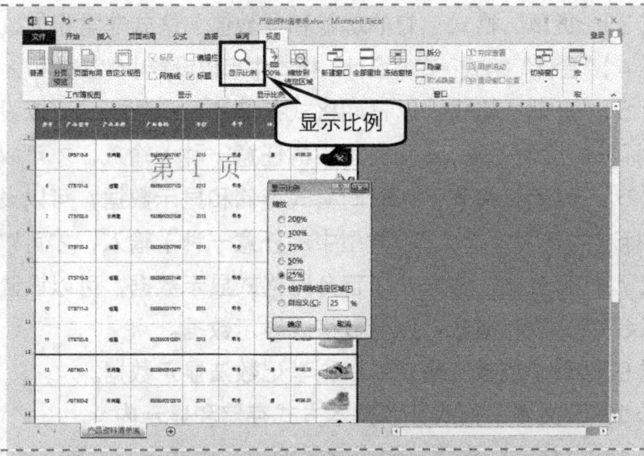

此时整个工作表都能显示在预览窗口中。

Step 4 设置打印标题行、列

Excel表格经常包括几十、几百行的数据，正常打印输出时，只有第一页能打印出标题行，单独看后几页内容又让人不知所以然，这时需要设置打印标题行、列。

① 切换到“页面布局”选项卡，单击“页面设置”命令组中的“打印标题”按钮。

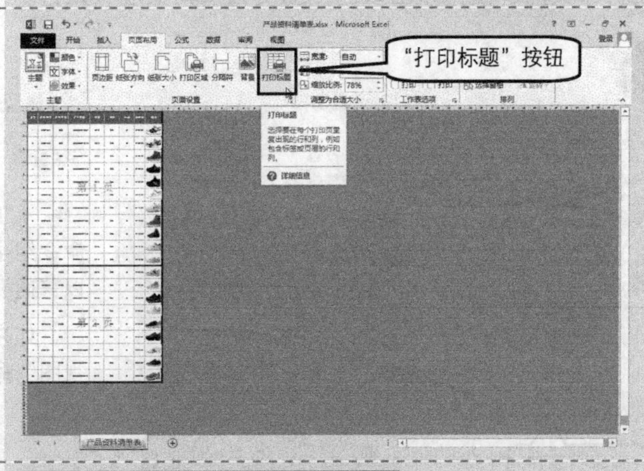

② 弹出“页面设置”对话框，选择“工作表”选项卡，然后单击“顶端标题行”文本框右侧的按钮。

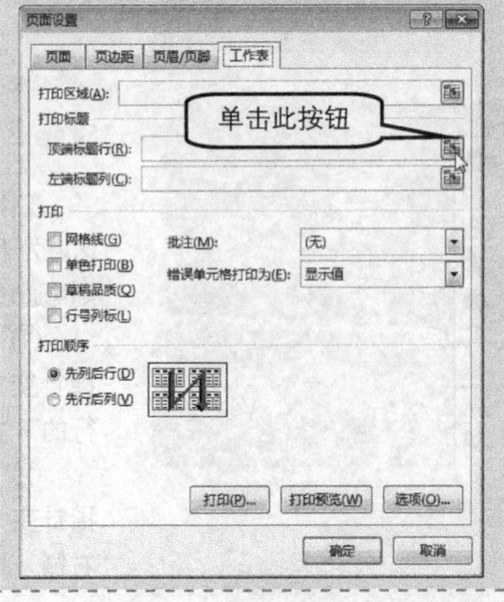

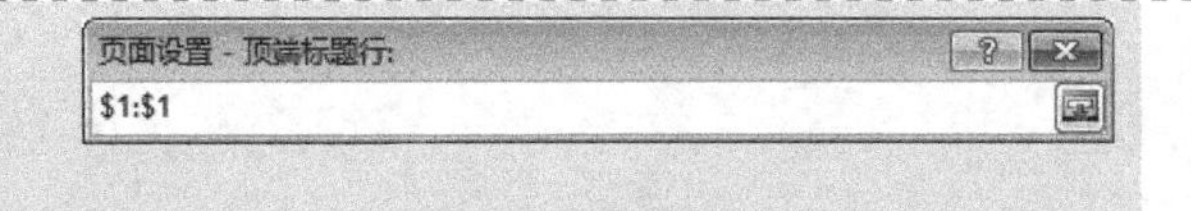

③ 弹出“页面设置-顶端标题行:”对话框，单击“产品资料清单”工作表第 1 行的行号，第 1 行的四周会出现虚线框。这时“页面设置-顶端标题行”输入框中会现“$1:$1”，意思是第 1 行到第 1 行作为每页打印输出时的标题行。

④ 单击“页面设置-顶端标题行:”对话框的“关闭”按钮或右侧的按钮，返回“页面设置”对话框。

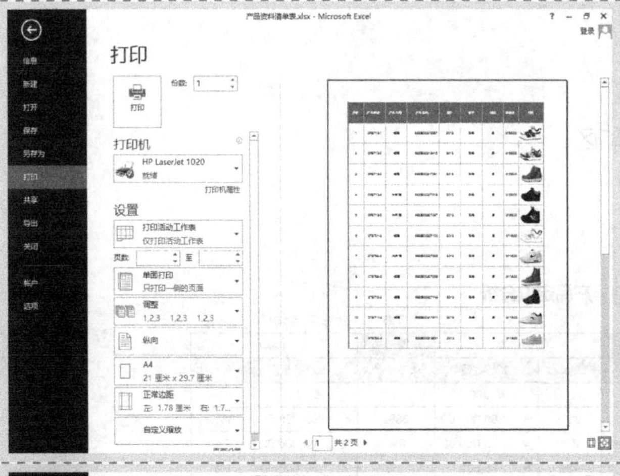

Step 5 查看打印预览

① 在“页面设置”对话框中，单击“打印预览”按钮，会显示第 1 页的打印预览效果。

在功能区中单击“文件”选项卡，在打开的下拉菜单中单击“打印”命令，或者直接按<Ctrl+F2>组合键，均可以直接观察到打印预览效果。

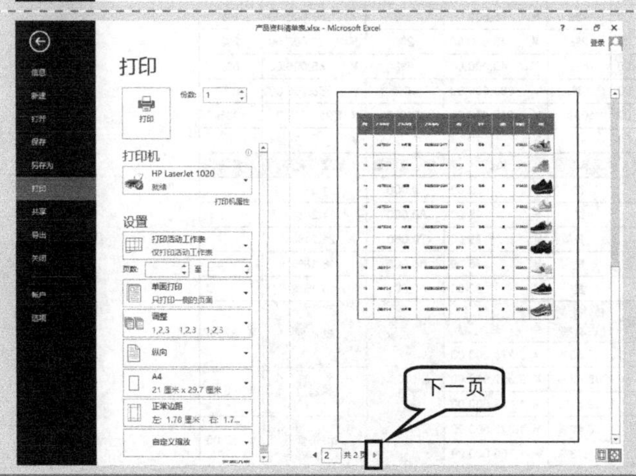

② 在打印预览页面下方单击“下一页”按钮▸，可以看到在打印输出时每一页上都会显示标题行。

读者可以采用类似的方法打印标题列。

1.2 产品定价分析

案例背景

价格是影响厂家、经销商、顾客和产品市场前途的重要因素，价格等于"成本+利润"。在以往卖方市场年代，大多数企业均采用成本定价法，但市场营销学从 4PS 到 4CS 再到 4RS 的演变中，清晰地显示市场已从卖方转移到了买方。因此，产品的定价不能只考虑到成本因素，而应讲究科学的定价策略。价格直接关系到企业的销售，因而市场营销人员和决策者要在决策前做大量的调研工作，考虑成本、消费者的接受能力和竞争产品等多种因素，并结合企业自身的情况进行分析，制定出产品最合理的价格。

公司经过市场调研，推出一系列新产品，这些新产品已在生产并即将上市，现需对这些产品进行定价分析。

关键技术点

要实现本例中的功能，读者应当掌握以下 Excel 技术点。

- 设置单元格格式：日期格式、百分比、合并单元格等
- 格式刷功能的介绍
- 四则运算介绍
- SUM 函数的应用
- 隐藏编辑栏、网格线、标题和功能区

最终效果展示

产品定价分析

日期 2015年4月16日

产品名称	T恤	型号	AU-303		规格	S-XXX	
成本分析	成本项目	生产数量	成本占比	生产数量	成本占比	生产数量	成本占比
		10,000		30,000		50,000	
	原料成本	¥ 100,000.00	33%	¥ 280,000.00	33%	¥ 400,000.00	33%
	物料成本	¥ 25,000.00	8%	¥ 70,000.00	8%	¥ 90,000.00	7%
	人工成本	¥ 20,000.00	7%	¥ 55,000.00	6%	¥ 80,000.00	7%
	制造费用	¥ 5,000.00	2%	¥ 13,000.00	2%	¥ 30,000.00	2%
	制造成本	¥ 15,000.00	5%	¥ 40,000.00	5%	¥ 55,000.00	5%
	毛 利	¥ 140,250.00	46%	¥ 389,300.00	46%	¥ 556,750.00	46%
	合 计	¥ 305,250.00	100%	¥ 847,300.00	100%	¥ 1,211,750.00	100%
	参考单价	¥ 30.53		¥ 28.24		¥ 24.24	
产品竞争状况	生产公司	产品名称	品质等级	售价	估计年销量	市场占有率	备注
	1	A	优	¥ 49.00	70,000	21.21%	
	2	B	优	¥ 48.00	80,000	24.24%	
	3	C	良	¥ 39.00	70,000	21.21%	
	4	D	良	¥ 36.00	60,000	18.18%	
	5	E	良	¥ 30.00	50,000	15.15%	
定价分析	定价	估计年销量	估计市场占有率	利润	确认价格	批发价	¥ 32.00
	¥ 49.00	70,000	17.50%	¥ 2,275,000.00			
	¥ 48.00	75,000	18.52%	¥ 2,362,500.00		零售价	¥ 48.00
	¥ 40.00	80,000	19.51%	¥ 1,880,000.00			
	¥ 38.00	85,000	20.48%	¥ 1,827,500.00		促销价	¥ 38.00
	¥ 36.00	90,000	21.43%	¥ 1,755,000.00			

示例文件

光盘\示例文件\第 1 章\产品定价分析表.xlsx

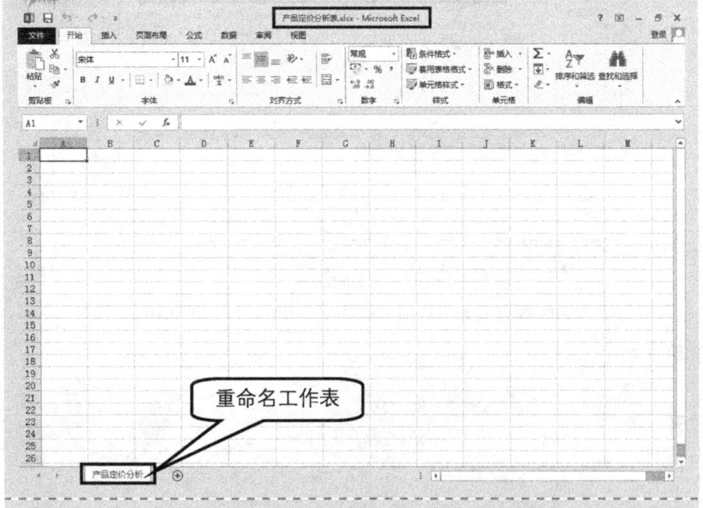

Step 1 创建并保存工作簿

启动 Excel 2013 自动新建一个工作簿，保存并命名为“产品定价分析表”。

Step 2 重命名工作表

双击“Sheet1”工作表标签以进入标签重命名状态，输入“产品定价分析”后按<Enter>键确认。

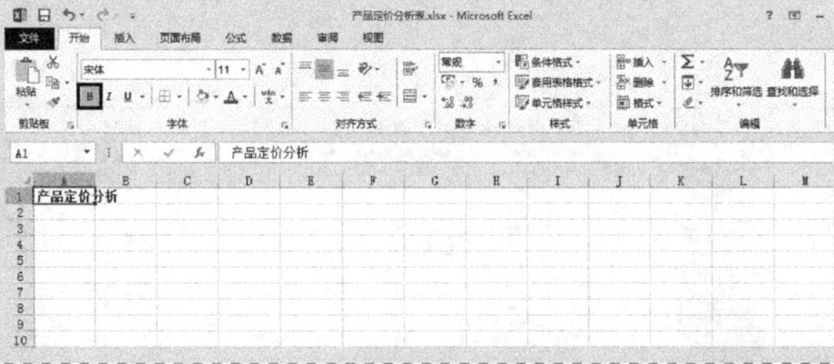

Step 3 输入表格标题

在 A1 单元格中输入表格标题“产品定价分析”，单击“开始”选项卡，在“字体”命令组中单击“加粗”按钮 **B** 。

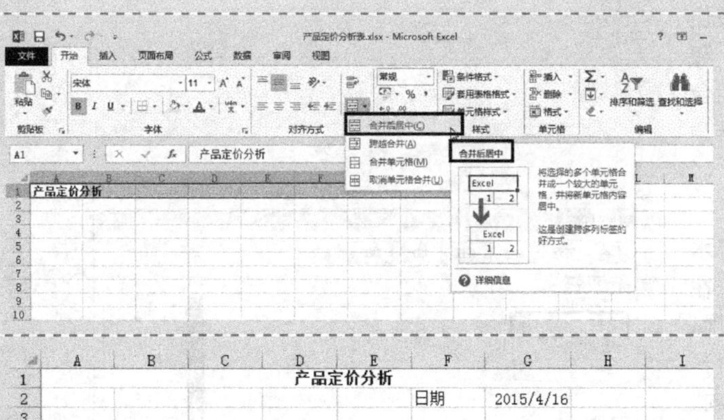

Step 4 设置合并后居中

选中 A1:H1 单元格区域，在“开始”选项卡的“对齐方式”命令组中单击“合并后居中”按钮右侧的下箭头按钮，并在打开的下拉菜单中选择“合并后居中”命令。

Step 5 设置单元格的日期格式

① 在 F2 单元格内输入“日期”。

② 在 G2 单元格中输入“2015-4-16”，按<Enter>键确认。

输入日期类型的数据时，需要使用短连接线“-”或斜杠“/”来分隔日期的年、月、日部分。

③ 选中 G2 单元格，按<Ctrl+1>组合键，弹出“设置单元格格式”对话框，单击“数字”选项卡。

④ 在“分类”列表框中选择“日期”，在右侧的“类型”列表框中选择“2012 年 3 月 14 日”，单击“确定”按钮。

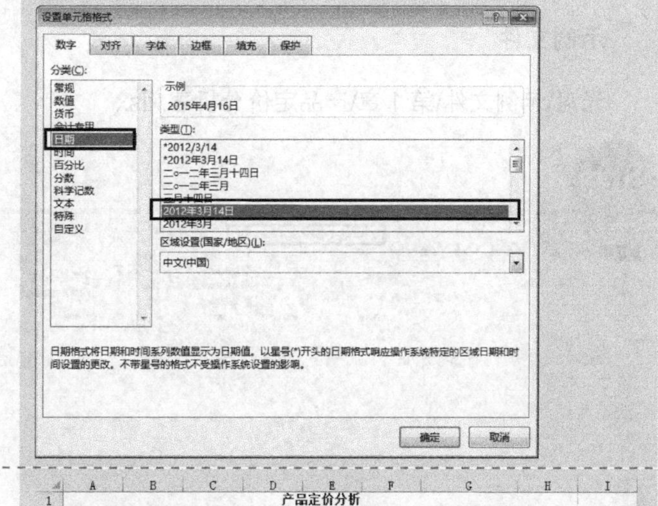

Step 6 输入各字段标题

	A	B	C	D	E	F	G	H	I
1					产品定价分析				
2						日期	2015年4月16日		
3	产品名称	T值	型号	AU-303		规格	s-xxx		
4									
5									

① 在 A3:H3 单元格区域的各个单元格中分别输入表格各字段标题。

② 选中 D3:E3 单元格区域，在“开始”选项卡的“对齐方式”命令组中，单击“合并后居中”按钮。

③ 选中 G3:H3 单元格区域，单击“合并后居中”按钮。

Step 7 输入原始数据

① 选中A4单元格，输入“成本分析”，选中 A14 单元格，输入“产品竞争状况”，选中 A20 单元格，输入“定价分析”。

② 选中 A4:A13 单元格区域，按住<Ctrl>键不放，再同时选中 A14:A19 和 A20:A25 单元格区域，按<Ctrl+1>组合键，弹出“设置单元格格式”对话框，选择“对齐”选项卡。

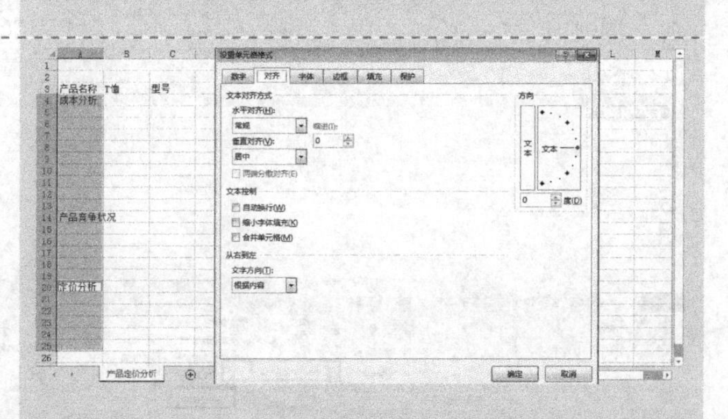

③ 单击“文本对齐方式”区域的“水平对齐”列表框右侧的下箭头按钮，在弹出的下拉列表框中选择“居中”选项。在“文本控制”区域中勾选“自动换行”和“合并单元格”复选框。单击“方向”下左侧的“文本”，单击“确定”按钮。

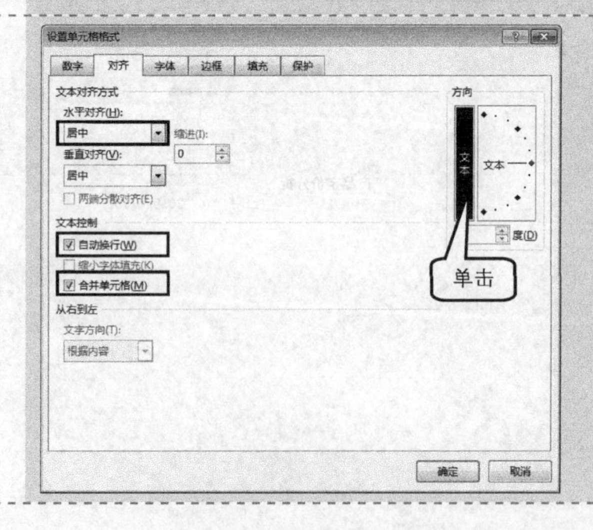

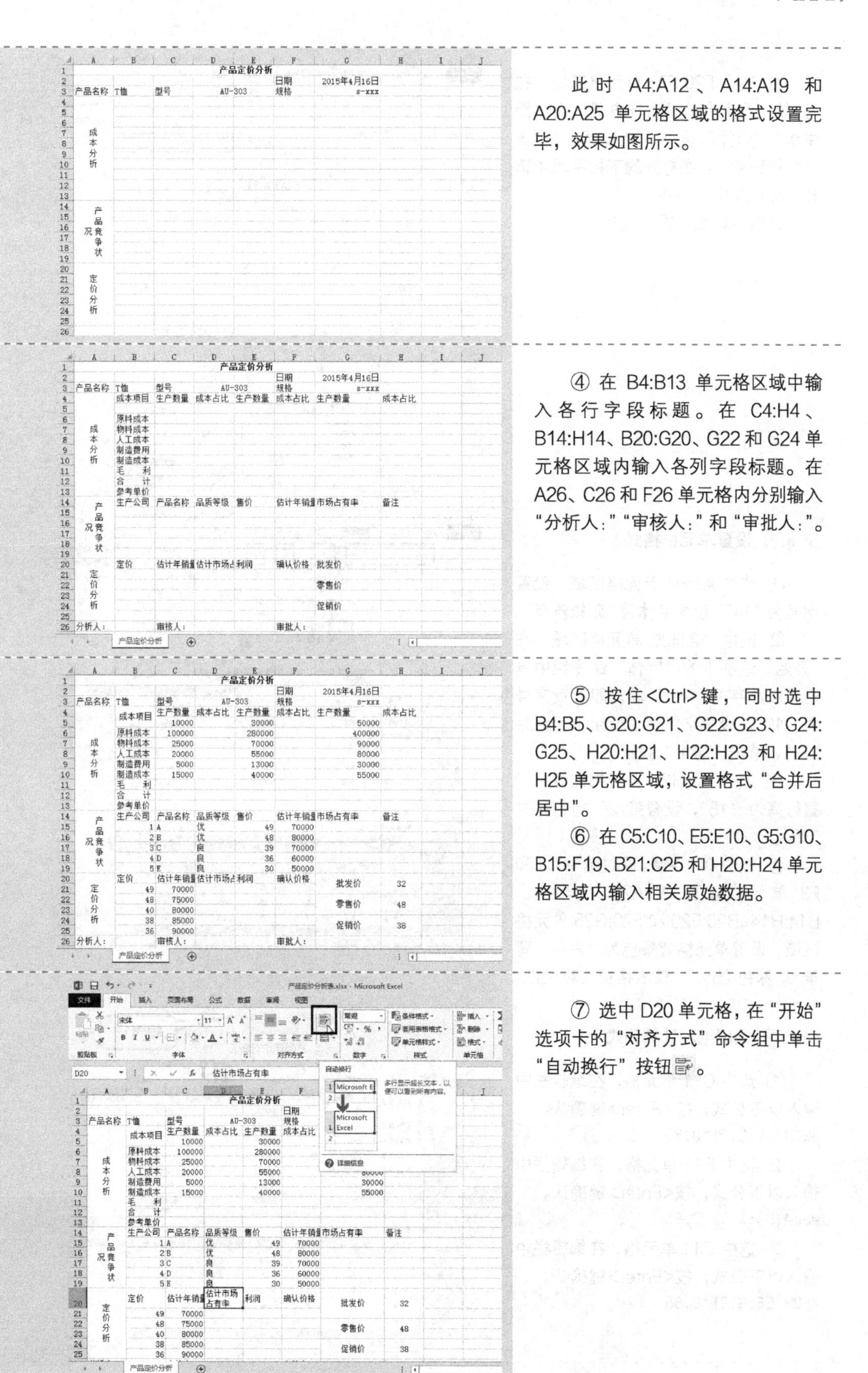

此时 A4:A12、A14:A19 和 A20:A25 单元格区域的格式设置完毕，效果如图所示。

④ 在 B4:B13 单元格区域中输入各行字段标题。在 C4:H4、B14:H14、B20:G20、G22 和 G24 单元格区域内输入各列字段标题。在 A26、C26 和 F26 单元格内分别输入“分析人:”“审核人:”和“审批人:”。

⑤ 按住<Ctrl>键，同时选中 B4:B5、G20:G21、G22:G23、G24:G25、H20:H21、H22:H23 和 H24:H25 单元格区域，设置格式“合并后居中”。

⑥ 在 C5:C10、E5:E10、G5:G10、B15:F19、B21:C25 和 H20:H24 单元格区域内输入相关原始数据。

⑦ 选中 D20 单元格，在“开始”选项卡的“对齐方式”命令组中单击“自动换行”按钮。

⑧ 选中 F20:F25 单元格区域，在“开始”选项卡的“对齐方式”命令组中单击“合并后居中”按钮，再单击“方向”按钮 ，在打开的下拉菜单中选择“竖排文字”命令。

此时原始数据输入完毕。

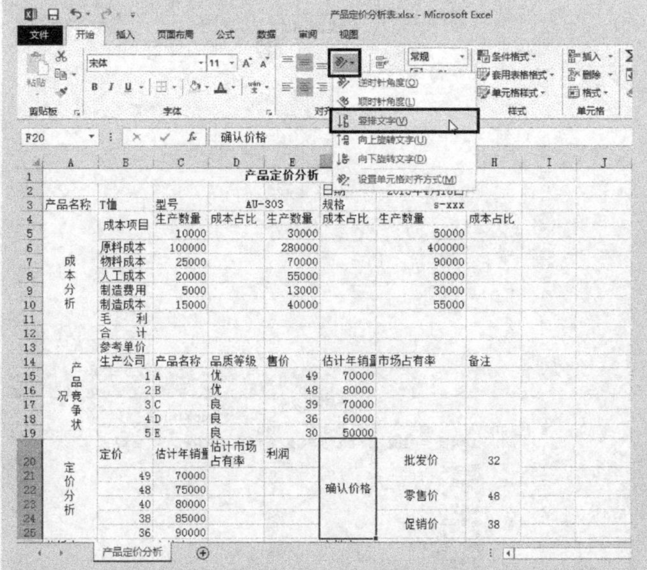

Step 8 设置单元格格式

① 选中 A1:H1 单元格区域，设置字号为“14”，设置字体为“微软雅黑”。

② 选中 A2:H26 单元格区域，在“开始”选项卡的“字体”命令组中单击“减小字号”按钮 ，即设置字号为“10”，设置字体为“Arial Unicode MS”，单击“居中”按钮。

③ 选中 A2:H26 单元格区域，设置行高为“18”，设置第 20 行行高为“30”。

④ 按住<Ctrl>键，同时选中 C3 和 F3 单元格以及 A3:A25、C4:H4、B14:H14、B20:E20 和 F20:G25 单元格区域，设置单元格背景色为“白色，背景 1，深色 25%”，使表格更具可读性。

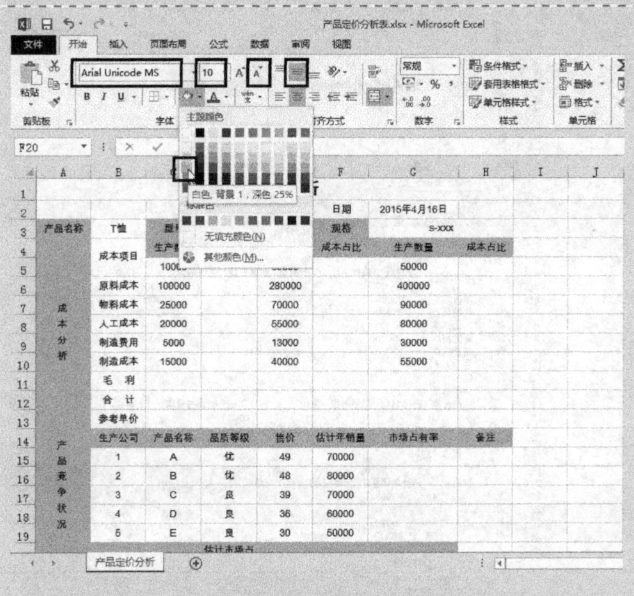

Step 9 编制毛利计算公式

① 选中 C11 单元格，在编辑栏中输入以下公式，按<Enter>键确认。

```
=SUM(C6:C10)*0.85
```

② 选中 E11 单元格，在编辑栏中输入以下公式，按<Enter>键确认。

```
=SUM(E6:E10)*0.85
```

③ 选中 G11 单元格，在编辑栏中输入以下公式，按<Enter>键确认。

```
=SUM(G6:G10)*0.85
```

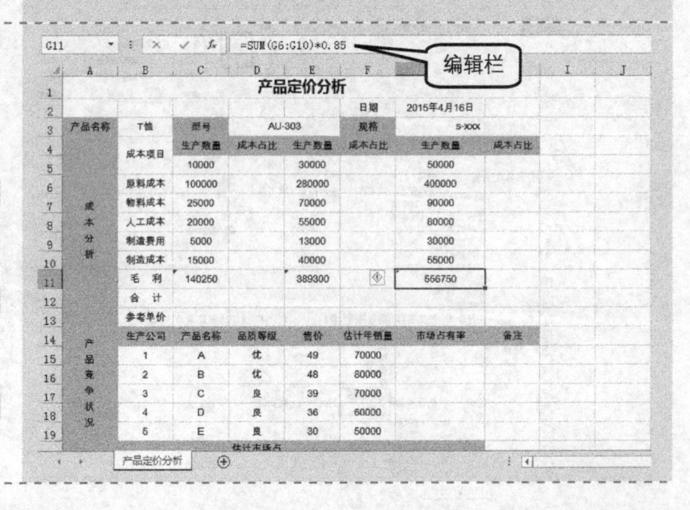

技巧　插入 SUM 函数的快捷方式

（1）在需要求和的数据区下方或右侧，按<Alt+=>组合键，按<Enter>键。
（2）在需要求和的数据区下方或右侧，单击“开始”选项卡的“编辑”命令组中的“求和”按钮 Σ 。

Step 10 编制合计公式

① 选中 C12 单元格，输入以下公式，按<Enter>键确认。

```
=SUM(C6:C11)
```

② 选中 E12 单元格，输入以下公式，按<Enter>键确认。

```
=SUM(E6:E11)
```

③ 选中 G12 单元格，输入以下公式，按<Enter>键确认。

```
=SUM(G6:G11)
```

Step 11 编制成本占比公式

① 选中 D6 单元格，输入以下公式，按<Enter>键确认。

```
=C6/$C$12
```

② 选中 F6 单元格，输入以下公式，按<Enter>键确认。

```
=E6/$E$12
```

③ 选中 H6 单元格，输入以下公式，按<Enter>键确认。

```
=G6/$G$12
```

Step 12 向下自动填充公式

① 选中 D6 单元格，拖曳右下角的填充柄至 D12 单元格。

③ 选中 F6 单元格，拖曳右下角的填充柄至 F12 单元格。

③ 选中 H6 单元格，拖曳右下角的填充柄至 H12 单元格。

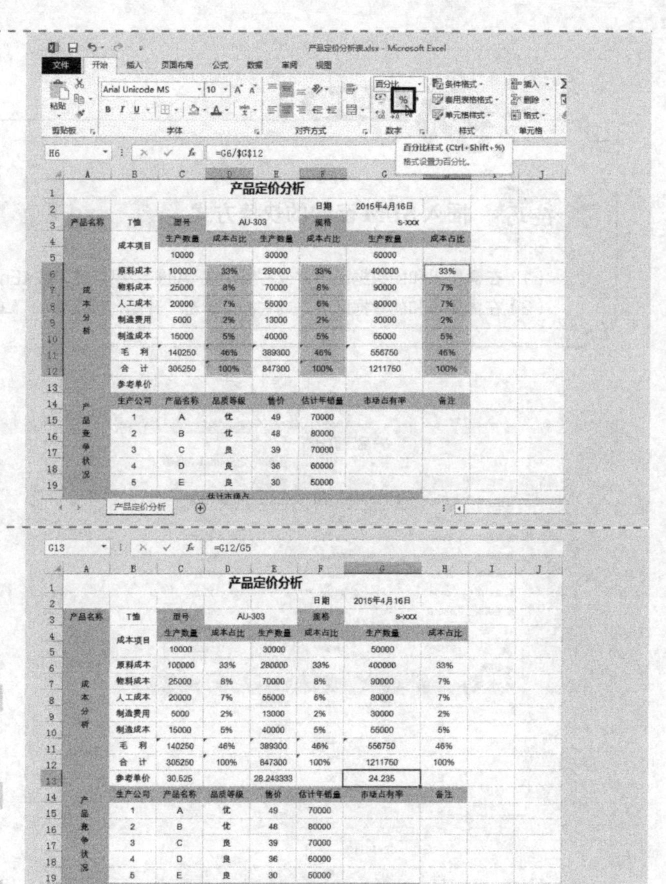

Step 13 设置百分比格式

选中 D6:D12 单元格区域，按住<Ctrl>键不放，同时选中 F6:F12 和 H6:H12 单元格区域，在“开始”选项卡的“数字”命令组中单击“百分比样式”按钮 %。

Step 14 计算参考单价

① 选中 C13 单元格，输入以下公式，按<Enter>键确认。

```
=C12/C5
```

② 选中 E13 单元格，输入以下公式，按<Enter>键确认。

```
=E12/E5
```

③ 选中 G13 单元格，输入以下公式，按<Enter>键确认。

```
=G12/G5
```

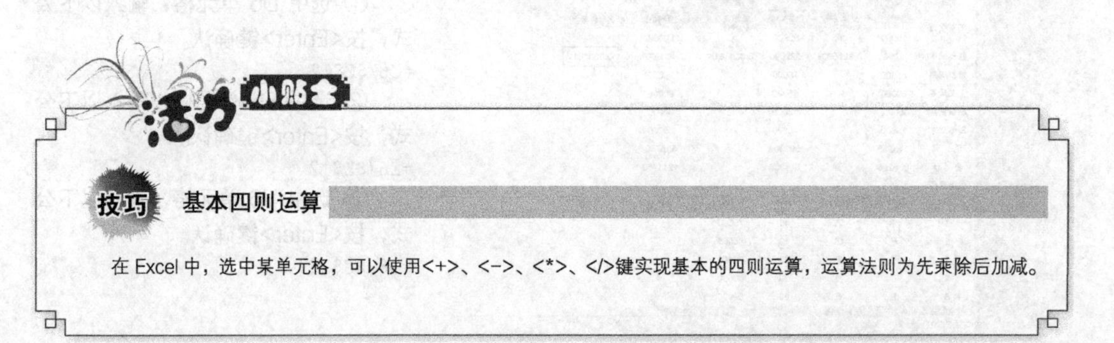

技巧 基本四则运算

在 Excel 中，选中某单元格，可以使用<+>、<->、<*>、</>键实现基本的四则运算，运算法则为先乘除后加减。

Step 15 计算市场占有率

① 选中 G15 单元格，输入以下公式，按<Enter>键确认。

```
=F15/SUM($F$15:$F$19)
```

② 将鼠标指针放在 G15 单元格的右下角，待鼠标指针变为 ✚ 形状后双击，将 G15 单元格公式快速复制到 G16:G19 单元格区域。

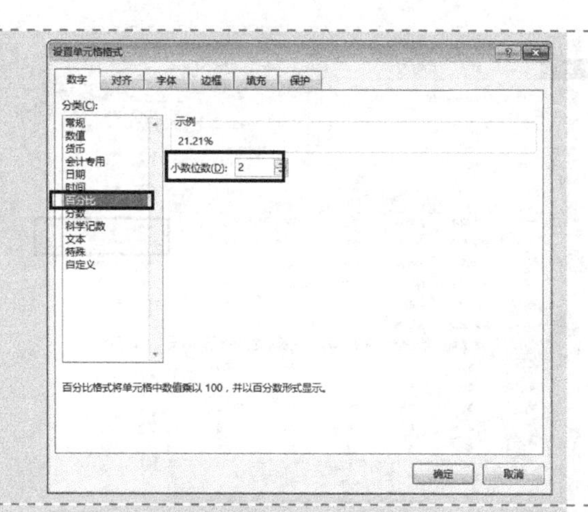

Step 16 设置百分比格式

① 选中 G15:G19 单元格区域，按<Ctrl+1>组合键，弹出“设置单元格格式”对话框。

② 单击“数字”选项卡，在“分类”列表框中选择“百分比”，在右侧的“小数位数”微调框中选择“2”，单击“确定”按钮。

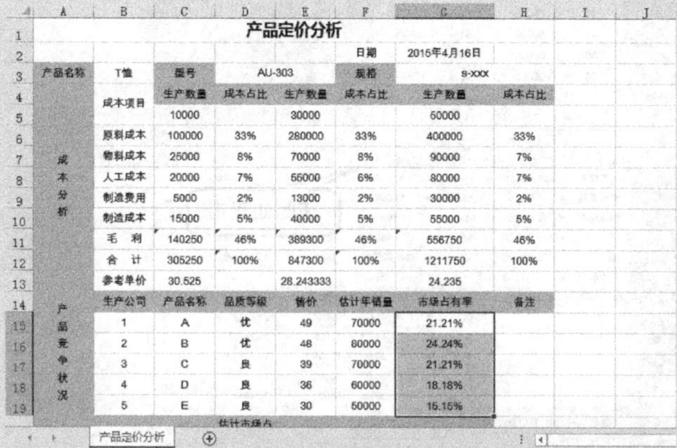

此时 G15:G19 单元格区域设置成“小数位数”为“2”的“百分比”格式，效果如图所示。

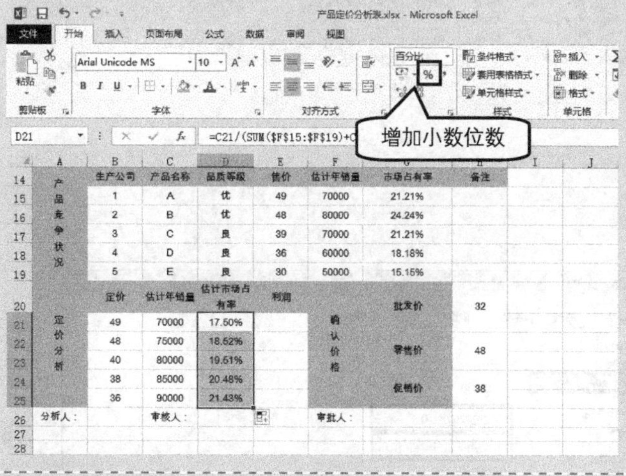

Step 17 估算市场占有率

① 选中 D21 单元格，输入以下公式，按<Enter>键确认。

```
=C21/(SUM($F$15:$F$19)+C21)
```

② 选中 D21 单元格，在“开始”选项卡的“数字”命令组中单击“百分比”按钮，并单击“增加小数位数”按钮 .00 两次。

③ 选中 D21 单元格，拖曳右下角的填充柄至 D25 单元格。

此时 D21:D25 单元格区域设置成“小数位数”为“2”的“百分比”格式。

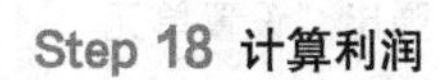

Step 18 计算利润

① 选中 E21 单元格，输入以下公式，按<Enter>键确认。

```
=(B21-SUM($C$6:$C$10)/$C$5)*C21
```

② 选中 E21 单元格，拖曳右下角的填充柄至 E25 单元格。

Step 19 设置会计专用格式

① 按住<Ctrl>键，同时选中C6:C13和H20:H25单元格区域，单击“开始”选项卡，在“数字”命令组中单击“数字格式”按钮常规右侧的下箭头按钮，并在打开的下拉菜单中选择“会计专用”命令。

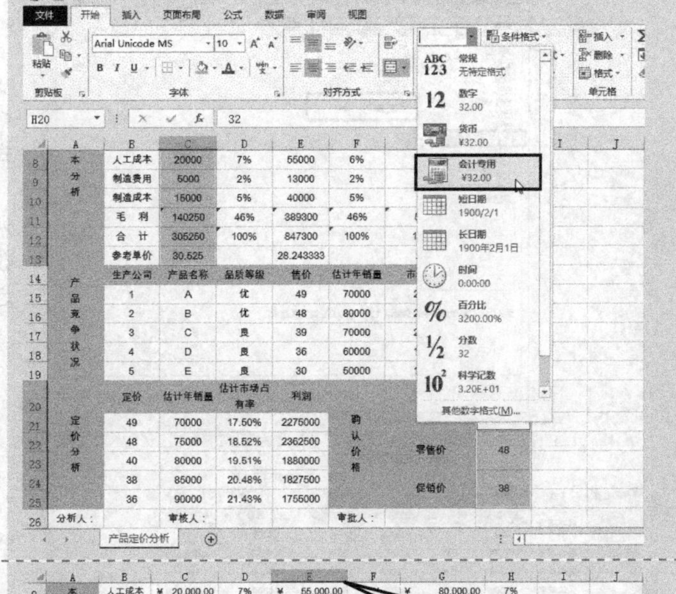

② 选中C6单元格，在“开始”选项卡的“剪贴板”命令组中双击“格式刷”按钮，当鼠标指针变为形状时，拖动鼠标分别选中E6:E13、G6:G13、E15:E19、B21:B25和E21:E25单元格区域，将C6单元格的会计专用格式复制给这些单元格区域。

③ 会计专用格式复制完成后，再次单击“剪贴板”命令组中的“格式刷”按钮或者单击“快速访问工具栏”中的“保存”按钮，取消格式刷状态。

④ 在E列和F列的列标之间双击，调整E的列宽为最合适的列宽。

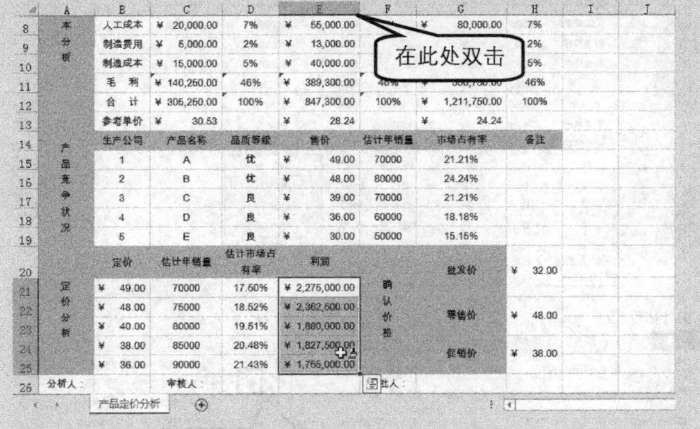

Step 20 设置单元格格式

① 按住<Ctrl>键，同时选中C5、E5、G5、F15:F19和C21:C25单元格区域，在“开始”选项卡的“数字”命令组中单击右下角的“对话框启动器”按钮，弹出“设置单元格格式”对话框。

② 单击“数字”选项卡，在“分类”列表框中选择“数值”选项，在右侧的“小数位数”微调框中选择“0”，勾选“使用千位分隔符”复选框，在“负数”列表框中保留默认的选项，即黑色字体的“-1,234”，单击“确定”按钮。

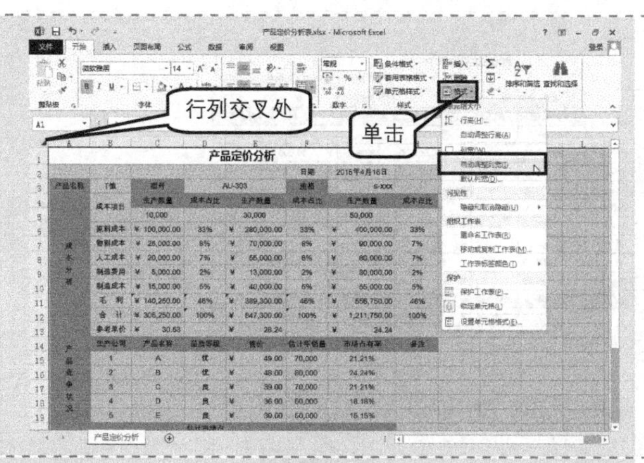

Step 21 自动调整列宽

在工作表的行列交叉处单击以选中整个工作表，在“开始”选项卡的“单元格”命令组中单击“格式”按钮，在弹出的下拉菜单中选择“自动调整列宽”命令。

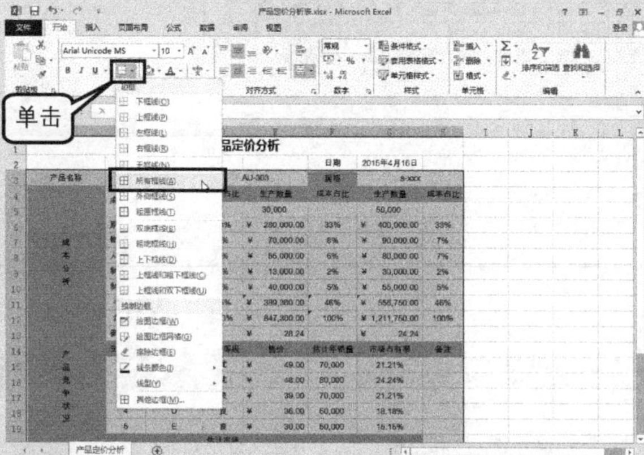

Step 22 设置单元格边框

选中A3:H25单元格区域，在“字体”命令组中单击“边框”按钮⊞右侧的下箭头按钮▾，并在打开的下拉菜单中选择“所有框线”命令。

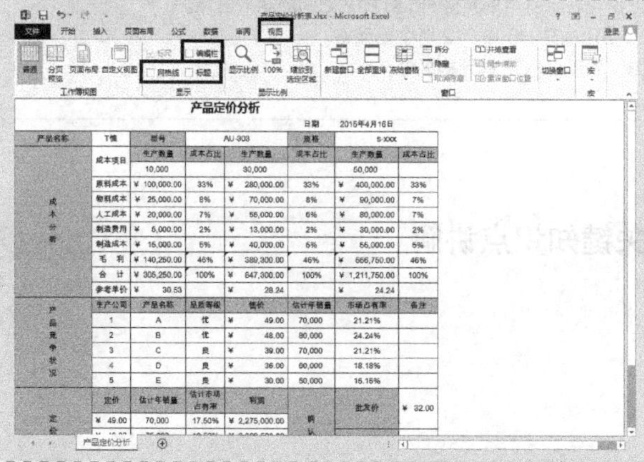

Step 23 取消编辑栏、网格线和标题的显示

单击“视图”选项卡，在“显示”命令组中取消勾选“编辑栏”“网格线”和“标题”复选框。

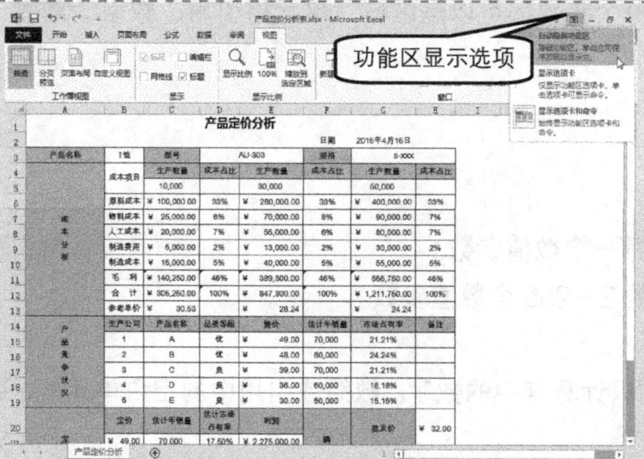

Step 24 隐藏功能区

单击窗口右上角的“功能区显示选项”，在弹出的下拉菜单中选择“自动隐藏功能区”命令。

经过以上步骤，就完成了单元格格式的基本设置，最终效果如图所示。

产品定价分析							
				日期		2015年4月16日	
产品名称	T恤	型号	AU-303		规格	S-XXX	
成本分析	成本项目	生产数量	成本占比	生产数量	成本占比	生产数量	成本占比
		10,000		30,000		60,000	
	原料成本	¥ 100,000.00	33%	¥ 280,000.00	33%	¥ 400,000.00	33%
	物料成本	¥ 25,000.00	8%	¥ 70,000.00	8%	¥ 90,000.00	7%
	人工成本	¥ 20,000.00	7%	¥ 55,000.00	6%	¥ 80,000.00	7%
	制造费用	¥ 5,000.00	2%	¥ 13,000.00	2%	¥ 30,000.00	2%
	制造成本	¥ 15,000.00	5%	¥ 40,000.00	5%	¥ 55,000.00	5%
	毛　利	¥ 140,250.00	46%	¥ 389,300.00	46%	¥ 556,750.00	46%
	合　计	¥ 305,250.00	100%	¥ 847,300.00	100%	¥ 1,211,750.00	100%
	参考单价	¥ 30.53		¥ 28.24		¥ 24.24	
产品竞争状况	生产公司	产品名称	品质等级	售价	估计年销量	市场占有率	备注
	1	A	优	¥ 49.00	70,000	21.21%	
	2	B	优	¥ 48.00	80,000	24.24%	
	3	C	良	¥ 39.00	70,000	21.21%	
	4	D	良	¥ 36.00	60,000	18.18%	
	5	E	良	¥ 30.00	50,000	15.15%	
定价分析	定价	估计年销量	估计市场占有率	利润	确认价格	批发价	¥ 32.00
	¥ 49.00	70,000	17.60%	¥ 2,275,000.00			
	¥ 48.00	75,000	18.52%	¥ 2,362,500.00		零售价	¥ 48.00
	¥ 40.00	80,000	19.51%	¥ 1,880,000.00			
	¥ 38.00	85,000	20.48%	¥ 1,827,500.00		促销价	¥ 38.00
	¥ 36.00	90,000	21.43%	¥ 1,755,000.00			
分析人：		审核人：			审批人：		

产品定价分析

技巧　单元格的引用过程

在单元格的引用过程中有3种符号，即冒号“：”、逗号“，”和空格“ ”，其含义分别如下。

（1）冒号“：”表示单元格区域，如“H6:F12”表示引用单元格H6到F12之间的矩形区域。

（2）逗号“,”表示并集，如“H6,F12”表示引用的是H6和F12两个单元格。

（3）空格“ ”表示交集，如“A4:C7 B3:C8”表示B4:C7单元格区域。

关键知识点讲解

函数应用：SUM函数

函数用途

将对指定为参数的所有数字求和。每个参数都可以是区域、单元格引用、数组、常数、公式或另一函数的结果。

函数语法

SUM(number1,[number2],...)

参数说明

number1为必需参数。是要相加的第一个数值参数。

number2,...为可选参数。是要相加的2~255个数值参数。

函数说明

- 如果参数是一个数组或引用，则只计算其中的数字。数组或引用中的空白单元格、逻辑值或文本将被忽略。

- 如果任意参数为错误值或为不能转换为数字的文本，Excel 将会显示错误。

函数简单示例

	A
1	数据
2	-6
3	28
4	32
5	14
6	TRUE

示例	公式	说明	结果
1	=SUM(3,2)	将 3 和 2 相加	5
2	=SUM("5",15,TRUE)	将 5、15 和 1 相加，因为文本值被转换为数字，逻辑值 TRUE 被转换成数字 1	21
3	=SUM(A2:A4)	将 A2:A4 单元格区域中的数相加	54
4	=SUM(A2:A4,15)	将 A2:A4 单元格区域中的数之和与 15 相加	69
5	=SUM(A5,A6,2)	将 A5、A6 的值与 2 求和。因为引用中的非数字值没有转换为数字，所以 A5、A6 的值被忽略	2

本例公式说明

本例中的公式为：

```
=SUM(C6:C11)
```

其各参数值指定 SUM 函数从 C6:C11 单元格区域中所有数字求和。

扩展知识点讲解

函数应用：SUM 函数的多区域求和

如果使用 SUM 函数对多个区域求和，单击“公式”选项卡，在“函数库”命令组中单击“插入函数”按钮，弹出“插入参数”对话框，在“选择函数”列表框中选择“SUM”函数，单击“确定”按钮。

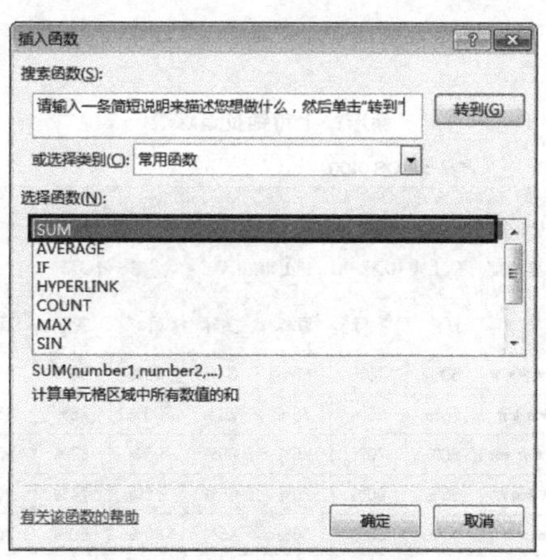

弹出“函数参数”对话框，单击 Number1 右侧的按钮，拖动鼠标选中 A1:A10 单元格区域后，单击对话框右上角的关闭按钮或右侧的按钮，返回“函数参数”对话框。单击 Number2 右侧的按钮，使用鼠标选中 B1:B10 单元格区域后，单击对话框右上角的关闭按钮，返回“函数参数”对话框，单击“确定”按钮。

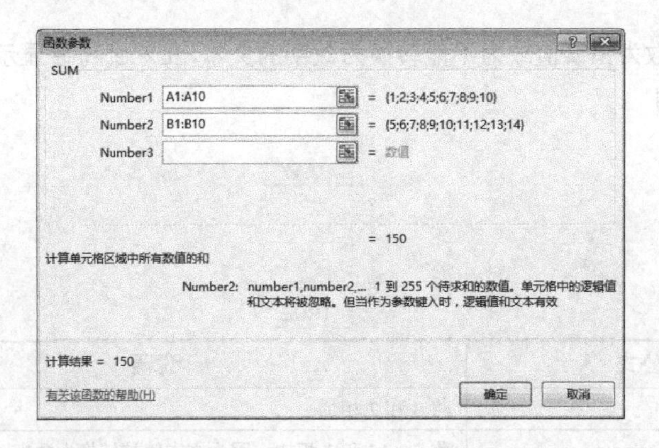

1.3 新产品上市铺货追踪表

案例背景

企业在新产品刚上市之后，为迅速扩大市场影响，通常会根据市场的变化对不同销售渠道的铺货情况进行跟踪。

关键技术点

要实现本例中的功能，读者应当掌握以下 Excel 技术点。

- 斜线表头制作方法
- 插入特殊符号
- 插入整行、整列的操作
- 冻结窗口
- 隐藏单元格中的零值

最终效果展示

新产品上市铺货追踪表

地区： 华东区 产品： OS1400 日期： 2015年4月15日

项目 渠道	总店数	重要程度	目标铺货率									
			上市10天		上市20天		第一个月		第二个月		第三个月	
			目标	实际	目标	实际	目标	实际	目标	实际	目标	实际
大卖场	85	★★★★★	80%	75%	85%	82%	90%	88%	95%	82%	100%	96%
中小超市	60	★★★★	70%	65%	75%	70%	80%	76%	85%	80%	90%	86%
大学、中学售点	65	★★★★★	80%	70%	85%	80%	90%	87%	95%	90%	100%	95%
社区店	55	★★★★	65%	60%	70%	65%	75%	74%	80%	78%	85%	82%
专卖店	20	★★★	40%	30%	50%	45%	60%	50%	70%	61%	80%	70%
批发	18	★★			30%	25%	50%	45%	70%	62%	80%	70%

示例文件

光盘\示例文件\第 1 章\新产品上市铺货追踪表.xlsx

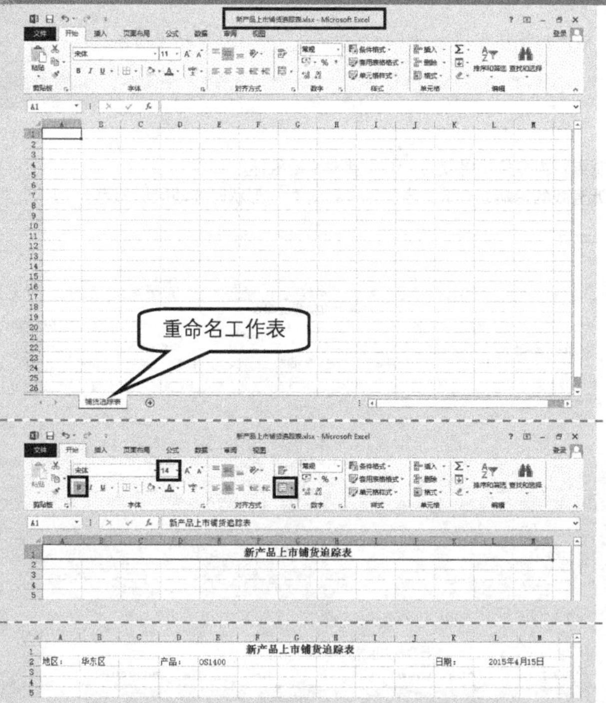

Step 1 创建并保存工作簿

启动 Excel 2013 自动新建一个工作簿，保存并命名为“新产品上市铺货追踪表”。

Step 2 重命名工作表

双击“Sheet1”工作表标签以进入标签重命名状态，输入“铺货追踪表”后按<Enter>键确认。

Step 3 输入表格标题

选中 A1:M1 单元格区域，设置“合并后居中”，输入表格标题内容，设置“加粗”，设置字号为“14”。

Step 4 输入地区、产品名称和日期，设置日期格式

① 选中 A2:K2 单元格区域，输入地区、产品名称和日期。选中 L2 单元格，输入“2015-4-15”。

② 选中 L2:M2 单元格区域，设置“合并后居中”，设置单元格格式为“日期”，类型为“2012 年 3 月 14 日”。

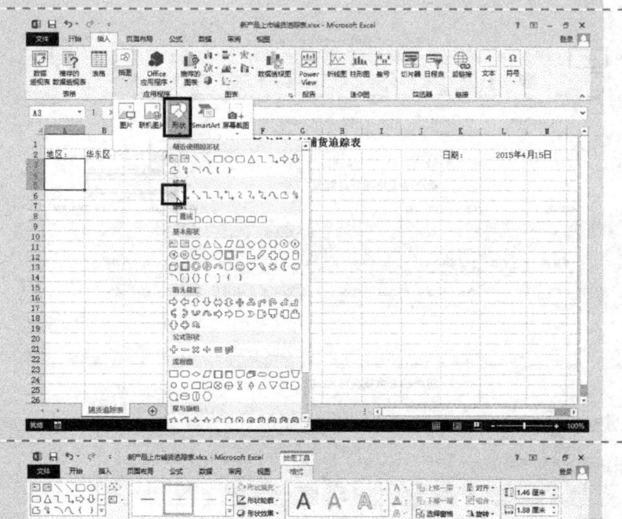

Step 5 绘制直线

① 选中 A3:A5 单元格区域，设置“合并后居中”。

② 在“插入”选项卡的“插图”命令组中单击“形状”按钮，并在打开的下拉菜单中单击“线条”下的“直线”按钮╲。

③ 将鼠标移回 A3 单元格，此时鼠标指针变成“+”形状，表示可以绘制直线。

④ 在 A3 单元格中单击鼠标，从 A3 左上角向 A5 右下角拖动鼠标画一条斜线。

当单击选中直线时，在功能区中出现“绘图工具-格式”选项卡。

技巧 移动直线和伸缩直线

如果需要移动直线，将鼠标指针移近控制点，当鼠标指针变为 ✥ 形状时拖动鼠标。

如果需要延长或者缩短直线，将鼠标移近直线的始端或末端，当鼠标指针变为↘形状时拖动鼠标即可。

Step 6 输入表格数据

按住<Ctrl>键，同时选中 B3:B5、C3:C5、D3:M3、D4:E4、F4:G4、H4:I4、J4:K4 和 L4:M4 单元格区域，设置“合并后居中”，并依次在单元格中输入产品销售渠道名称和项目名称。

Step 7 美化工作表

① 设置字体、字号、加粗和居中。

② 设置填充背景色。

③ 调整行高和列宽。

④ 设置框线。

⑤ 取消网格线显示。

Step 8 插入文本框

① 单击“插入”选项卡，在“文本”命令组中单击“文本框”按钮，插入“横排文本框”。

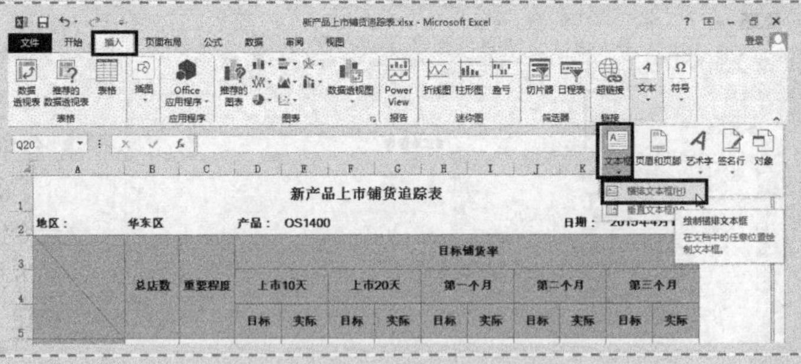

② 将鼠标指针移回 A3 单元格中右上方位置，此时鼠标指针变成“↓”形状，单击并拖动鼠标选定文本框的大小，释放鼠标后文本框的边框会呈阴影显示。

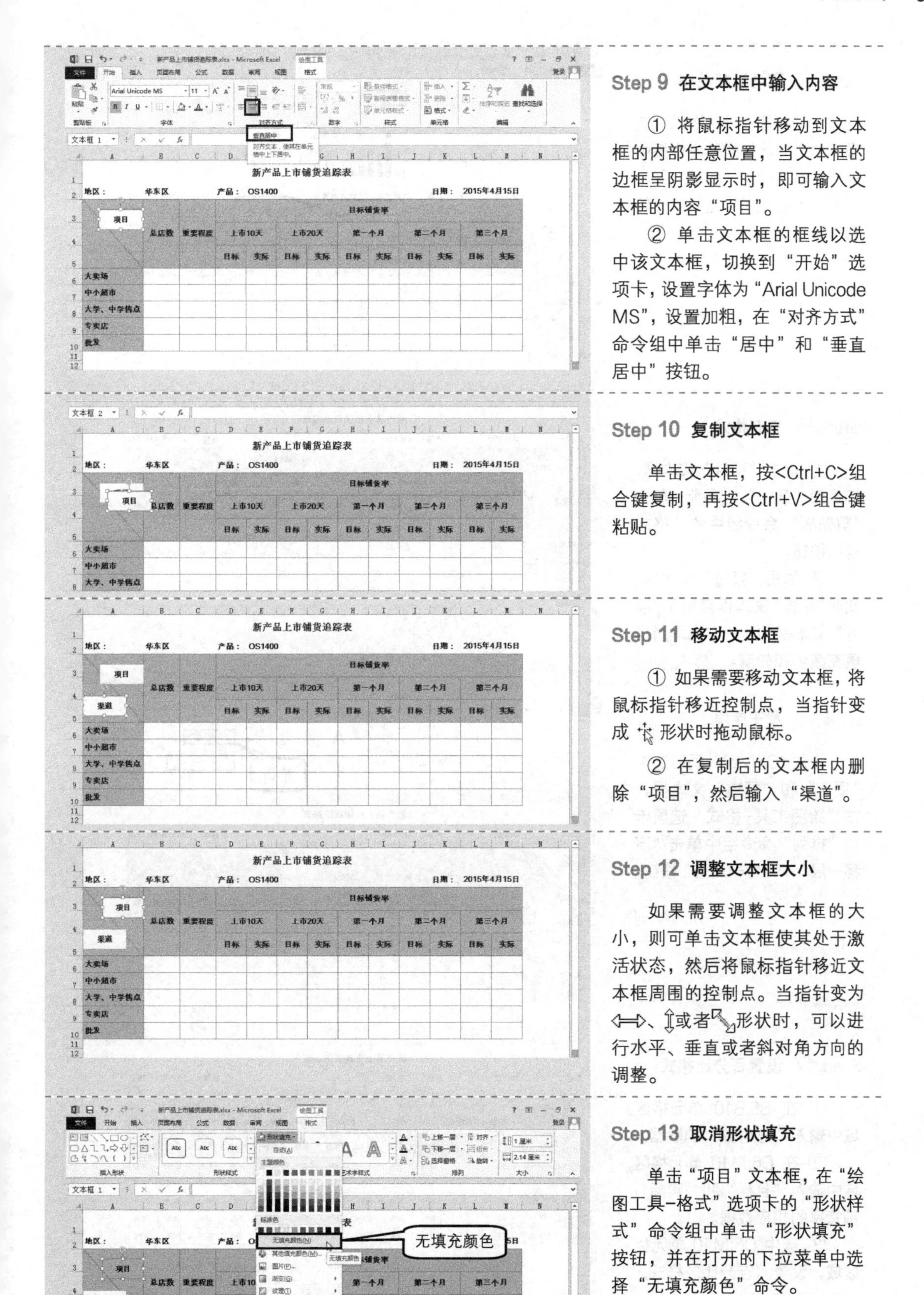

Step 9 在文本框中输入内容

① 将鼠标指针移动到文本框的内部任意位置，当文本框的边框呈阴影显示时，即可输入文本框的内容“项目”。

② 单击文本框的框线以选中该文本框，切换到“开始”选项卡，设置字体为“Arial Unicode MS”，设置加粗，在“对齐方式”命令组中单击“居中”和“垂直居中”按钮。

Step 10 复制文本框

单击文本框，按<Ctrl+C>组合键复制，再按<Ctrl+V>组合键粘贴。

Step 11 移动文本框

① 如果需要移动文本框，将鼠标指针移近控制点，当指针变成 ✥ 形状时拖动鼠标。

② 在复制后的文本框内删除“项目”，然后输入“渠道”。

Step 12 调整文本框大小

如果需要调整文本框的大小，则可单击文本框使其处于激活状态，然后将鼠标指针移近文本框周围的控制点。当指针变为⇔、⇕或者⤡形状时，可以进行水平、垂直或者斜对角方向的调整。

Step 13 取消形状填充

单击“项目”文本框，在“绘图工具-格式”选项卡的“形状样式”命令组中单击“形状填充”按钮，并在打开的下拉菜单中选择“无填充颜色”命令。

Step 14 取消形状轮廓

在“绘图工具-格式”选项卡的“形状样式”命令组中单击“形状轮廓”按钮，并在打开的下拉菜单中选择“无轮廓”命令。

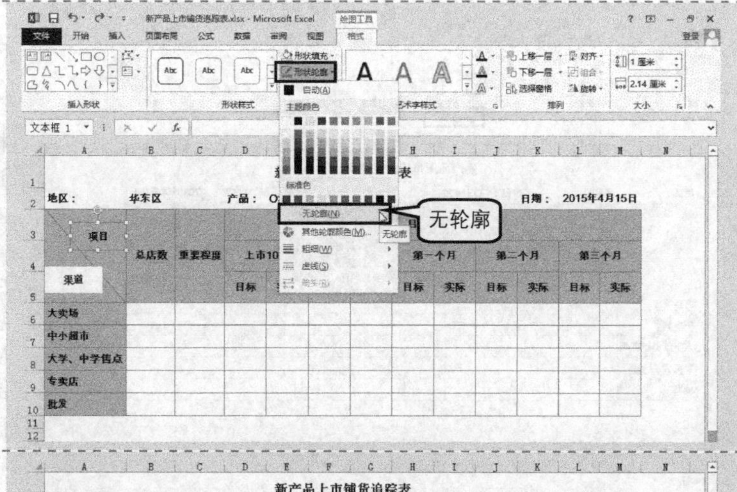

Step 15 复制格式

① 单击“项目”文本框，切换到“开始”选项卡，单击“剪贴板”命令组中的“格式刷”按钮。

② 单击“渠道”文本框。此时“渠道”文本框复制了“项目”文本框的格式，也取消了填充颜色和轮廓。

Step 16 置于底层

按住<Ctrl>键，同时选中“项目”和“渠道”文本框，在“绘图工具-格式”选项卡的“排列”命令组中单击“下移一层”→“置于底层”按钮。

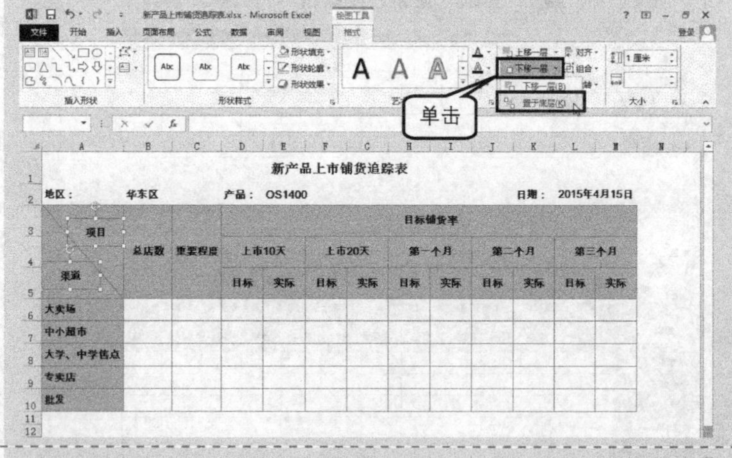

Step 17 设置百分比格式

① 在 B6:B10 单元格区域中输入“总店数”的数据。

② 在 D6:M10 单元格区域中输入“目标”和“实际”铺货率的相应数据。

③ 选中 D6:M10 单元格区域，设置“百分比”样式。

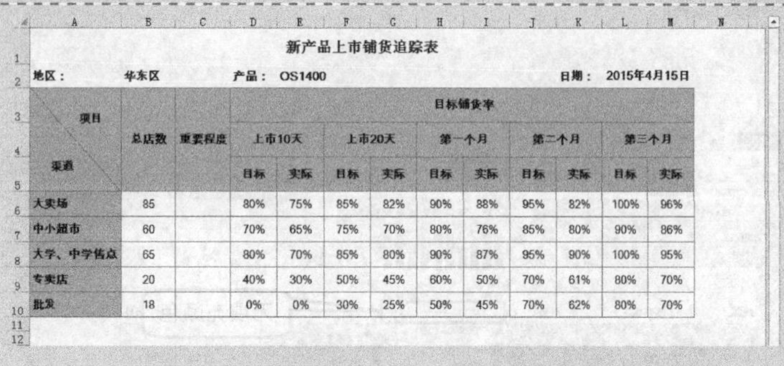

新产品上市铺货追踪表

地区： 华东区 产品： OS1400 日期： 2015年4月15日

项目/渠道	总店数	重要程度	目标铺货率									
			上市10天		上市20天		第一个月		第二个月		第三个月	
			目标	实际	目标	实际	目标	实际	目标	实际	目标	实际
大卖场	85		80%	75%	85%	82%	90%	88%	95%	82%	100%	96%
中小超市	60		70%	65%	75%	70%	80%	76%	85%	80%	90%	86%
大学、中学售点	65		80%	70%	85%	80%	90%	87%	95%	90%	100%	95%
专卖店	20		40%	30%	50%	45%	60%	50%	70%	61%	80%	70%
批发	18		0%	0%	30%	25%	50%	45%	70%	62%	80%	70%

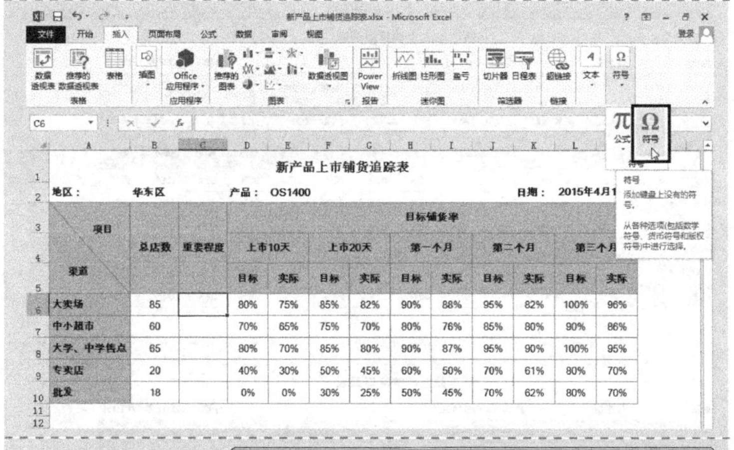

Step 18 插入特殊符号

为了区别每种销售渠道的重要程度，可将其用星级“★”符号标注。

① 选中 C6 单元格，切换到“插入”选项卡，在“符号”命令组中单击“符号”按钮，弹出“符号”对话框。

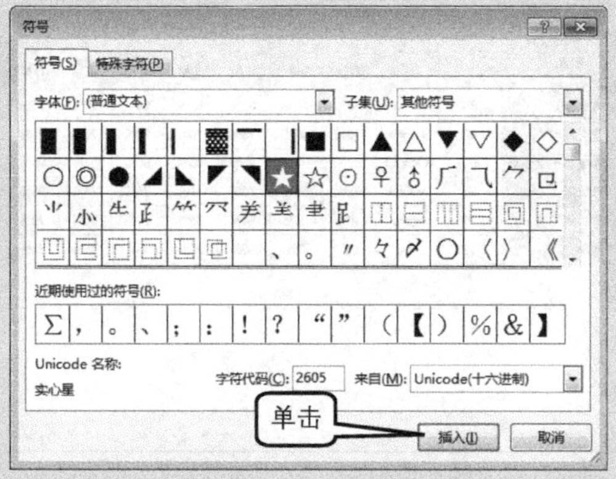

② 在“符号”对话框的“符号”选项卡中，选中需要插入的特殊符号“★”，单击“插入”按钮。

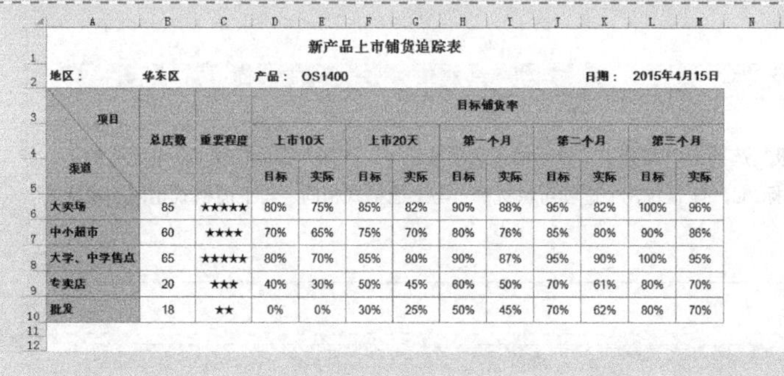

③ 根据每种销售渠道的重要性，设置 2~5 个“★”符号。

④ 双击 C6 单元格后，拖动鼠标选中“★”符号，按<Ctrl+C>组合键复制，再单击 C6 单元格，按<Ctrl+V>组合键粘贴。根据“★”符号的个数，重复粘贴不同的次数。

⑤ 选中 C6:C10 单元格区域，设置字体为“Arial Unicode MS”。

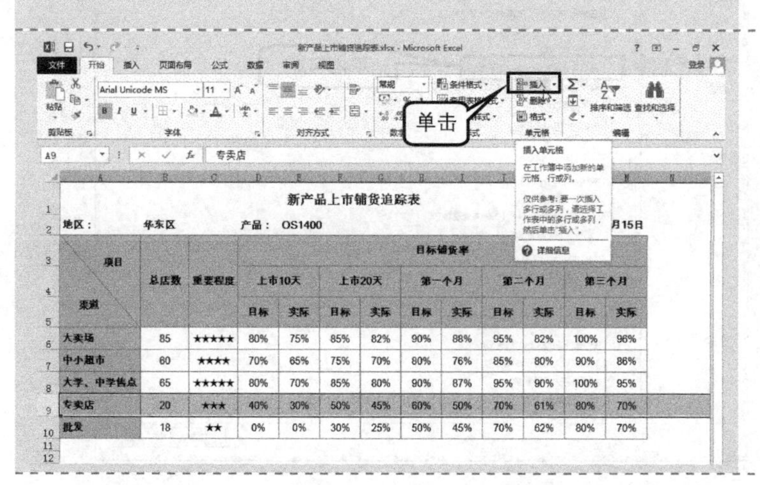

Step 19 插入整行

由于增加了一个销售渠道，需要在第 8 行和第 9 行之间添加一行。

选中第 9 行，在“开始”选项卡的“单元格”命令组中单击“插入”按钮。

原来的第 9 行单元区域内容下移 1 行成为新的第 10 行，在第 8 行与新的第 10 行之间出现一个空行。

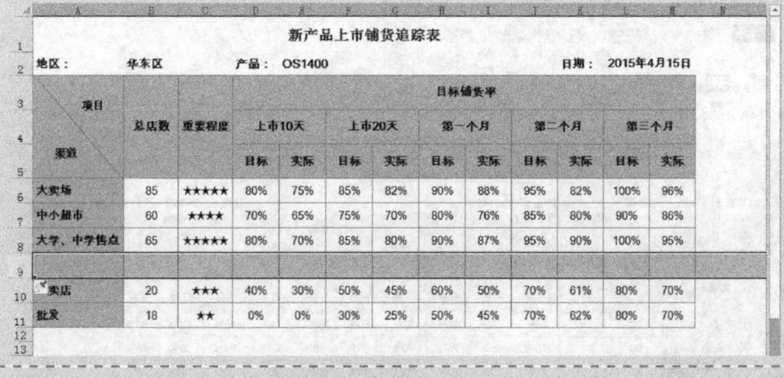

新产品上市铺货追踪表

地区：华东区　产品：OS1400　日期：2015年4月15日

项目/渠道	总店数	重要程度	目标铺货率									
			上市10天		上市20天		第一个月		第二个月		第三个月	
			目标	实际	目标	实际	目标	实际	目标	实际	目标	实际
大卖场	85	★★★★★	80%	75%	85%	82%	90%	88%	95%	82%	100%	96%
中小超市	60	★★★★	70%	65%	75%	70%	80%	76%	85%	80%	90%	86%
大学、中学售点	65	★★★★★	80%	70%	85%	80%	90%	87%	95%	90%	100%	95%
卖店	20	★★★	40%	30%	50%	45%	60%	50%	70%	61%	80%	70%
批发	18	★★	0%	0%	30%	25%	50%	45%	70%	62%	80%	70%

参阅上述步骤，在新的第 9 行的 A9:M9 单元格区域内输入相应的数据。

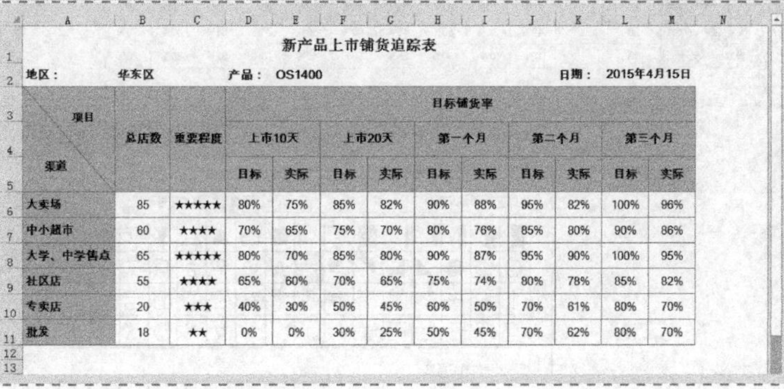

新产品上市铺货追踪表

地区：华东区　产品：OS1400　日期：2015年4月15日

项目/渠道	总店数	重要程度	目标铺货率									
			上市10天		上市20天		第一个月		第二个月		第三个月	
			目标	实际	目标	实际	目标	实际	目标	实际	目标	实际
大卖场	85	★★★★★	80%	75%	85%	82%	90%	88%	95%	82%	100%	96%
中小超市	60	★★★★	70%	65%	75%	70%	80%	76%	85%	80%	90%	86%
大学、中学售点	65	★★★★★	80%	70%	85%	80%	90%	87%	95%	90%	100%	95%
社区店	55	★★★★	65%	60%	70%	65%	75%	74%	80%	78%	85%	82%
专卖店	20	★★★	40%	30%	50%	45%	60%	50%	70%	61%	80%	70%
批发	18	★★	0%	0%	30%	25%	50%	45%	70%	62%	80%	70%

技巧　选择“插入选项”

如果在“Excel 选项”对话框的“高级”选项卡中勾选了“显示插入选项按钮”，在插入行的左侧 A9 单元格的下方，会出现“插入选项”图标。单击图标，有下列 3 个选项可供选择：与上面格式相同、与下面格式相同和清除格式。

Step 20 取消零值显示

① 单击“文件”选项卡，在打开的下拉菜单中选择“选项”命令，弹出“Excel 选项”对话框，然后单击“高级”选项卡。

② 拖动右侧的滚动条，在“此工作簿的显示选项”下方取消勾选“在具有零值的单元格中显示零”复选框，即将零值显示为空白单元格，单击“确定”按钮。

技巧　取消零值显示的选项作用范围

上面利用“Excel 选项”来设置零值不显示的方法，此操作将作用于整张工作表，即当前工作表中的所有零值，无论是计算得到的还是手工输入的都将不再显示。

工作簿的其他工作表不受此设置的影响。

新产品上市铺货追踪表

地区：华东区　产品：OS1400　日期：2015年4月15日

项目 渠道	总店数	重要程度	目标铺货率									
			上市10天		上市20天		第一个月		第二个月		第三个月	
			目标	实际	目标	实际	目标	实际	目标	实际	目标	实际
大卖场	85	★★★★★	80%	75%	85%	82%	90%	88%	95%	82%	100%	96%
中小超市	60	★★★★	70%	65%	75%	70%	80%	76%	85%	80%	90%	86%
大学、中学售点	65	★★★★★	80%	70%	85%	80%	90%	87%	95%	90%	100%	95%
社区店	55	★★★★	65%	60%	70%	65%	75%	74%	80%	78%	85%	82%
专卖店	20	★★★	40%	30%	50%	45%	60%	50%	70%	61%	80%	70%
批发	18	★★			30%	25%	50%	45%	70%	62%	80%	70%

铺货追踪表

经过以上步骤，就完成了单元格格式的基本设置，其最终效果如图所示。

1.4　产品销售调查问卷表

案例背景

企业为了更好地把握市场的方向，了解消费者的心理，生产出更适合消费者的产品，需要制作产品销售调查问卷表。

关键技术点

要实现本例中的功能，读者应当掌握以下 Excel 技术点。

- 在功能区显示“开发工具”选项卡
- 窗体应用，绘制分组框、选项按钮、组合框
- 设置控件颜色和线条格式介绍，控制数据源的引用
- 控件的组合，取消组合功能介绍
- 图片的快速对齐设置

最终效果展示

本案例中重点实现两个功能：一是设计商品销售情况调查问卷表；二是保护商品销售情况调查表。由于调查问卷对调查者来说就是填写个人信息和回答问卷中的问题，是不允许进行其他操作的，如更改控件格式，包括更改选项的大小、位置、填充效果，甚至对调查问卷问题的修改等。

另外，这些问题还涉及数据的安全性，针对以上问题，本案例需要实现另外一个很重要的功能：保护商品销售情况调查问卷表。下面先来制作商品销售情况调查问卷表。

数码产品销售调查问卷

1.受访者资料

a.性别: ○男 ○女

b.年龄:

c. 学历:

2. 您是数码产品的强烈爱好者么？

○是的 ○不是 ○有点爱好

3. 您最喜欢什么数码产品？

○电脑 ○手机 ○DV/AV ○平板电脑 ○其他

4. 您对市场上数码产品具体了解多少？

○非常了解 ○有点了解 ○不了解

5. 您是通过哪些途径了解数码产品的？

☐网络 ☐电视 ☐报纸/杂志 ☐朋友介绍 ☐其他

示例文件

光盘\示例文件\第 1 章\商品销售情况调查问卷表.xlsx

1.4.1 设计商品销售情况调查问卷

选择题是调查问卷必不可少的组成部分，下面先介绍如何编辑单项选择题。

1. 编辑单项选择题

Step 1 创建并保存工作簿

启动 Excel 2013 自动新建一个工作簿，保存并命名为“商品销售情况调查问卷表”。

Step 2 重命名工作表

双击“Sheet1”工作表标签以进入标签重命名状态，输入“调查问卷表”后按<Enter>键确认。

Step 3 输入表格标题

选中 B1 单元格，输入表格标题，设置格式为“加粗”和“居中”，设置字号为“14”。

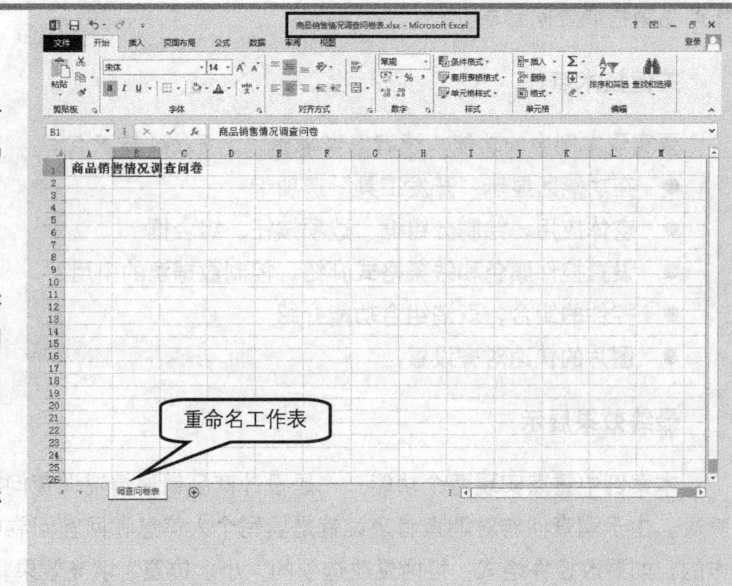

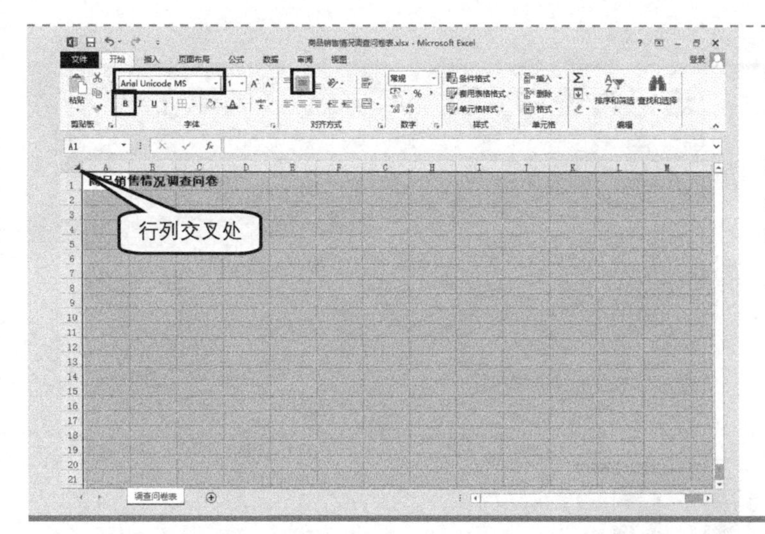

Step 4 更改字体

在工作表的 A 列和第 1 行的行列交叉处单击选中整个工作表，设置字体为“Arial Unicode MS”。

技巧 修改新建工作簿所使用的字体

单击“文件”选项卡，在打开的下拉菜单中选择“选项”命令，弹出“Excel 选项”对话框，然后单击“常规”选项卡。在“新建工作簿时”区域单击“使用此字体作为默认字体”下箭头按钮，在弹出的下拉列表框中选择“Arial Unicode MS”选项，单击“确定”按钮。

弹出“Microsoft Excel”提示框，单击“确定”按钮。

关闭该工作簿退出 Microsoft Excel，当重新启动 Excel 时，新建工作簿时使用的字体将更改为刚刚设置的字体“Arial Unicode MS”。

Step 5 调整行高和列宽

① 选中整个工作表，将鼠标指针移至第 1 行和第 2 行的行标交界处，当鼠标指针变为✚形状时，按住鼠标左键不放向下拖曳鼠标，当显示的“高度”调整为“30.00（40 像素）”时，松开鼠标。

② 右键单击 B 列，在弹出的快捷菜单中选择“列宽”命令，弹出“列宽”对话框，在“列宽”文本框中输入“88”，单击“确定”按钮。

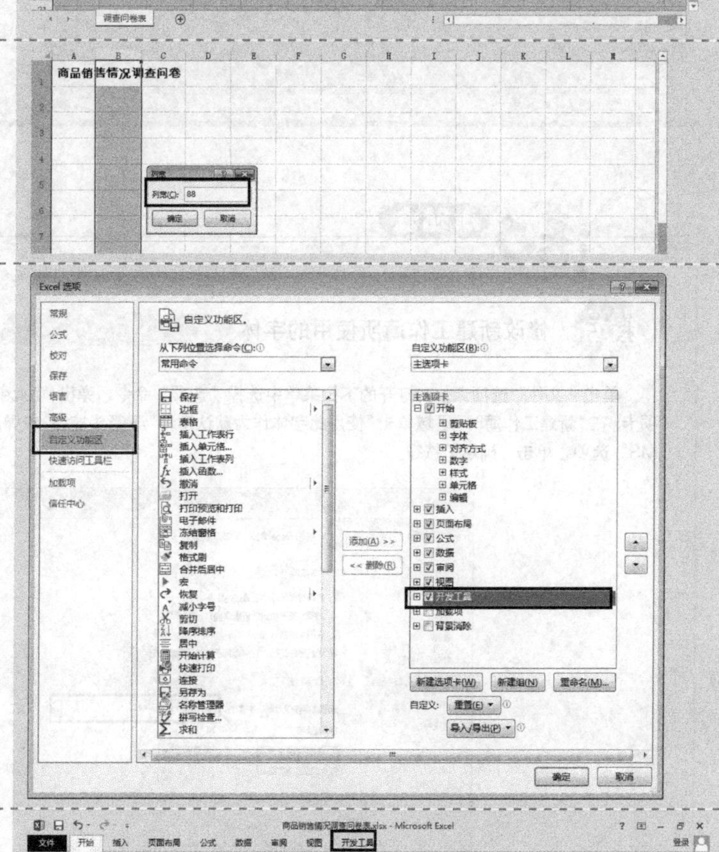

Step 6 显示“开发工具”选项卡

① 单击“文件”选项卡→“选项”命令，弹出“Excel 选项”对话框，单击“自定义功能区”选项卡。

② 在右侧的“自定义功能区”列表框中勾选“开发工具”复选框，单击“确定”按钮。

此时在 Excel 的功能区中出现“开发工具”选项卡。

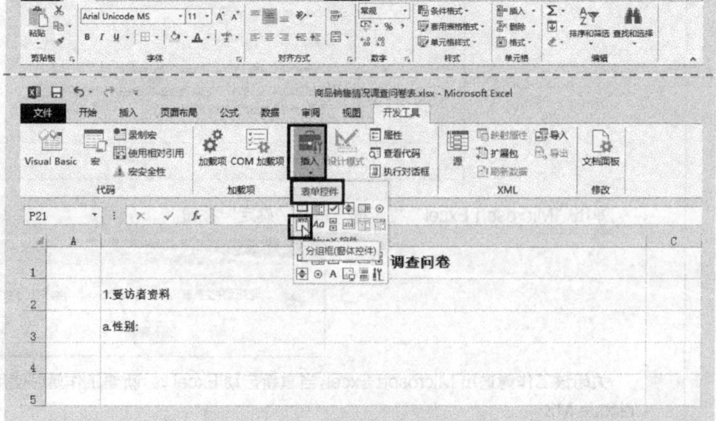

Step 7 绘制“分组框”

① 在 B2 和 B3 单元格中输入相关文字。单击“开发工具”选项卡，在“控件”命令组中单击“插入”按钮，并在打开的下拉菜单中选择“表单控件”→“分组框（窗体控件）”命令，此时鼠标指针变为 十 形状。

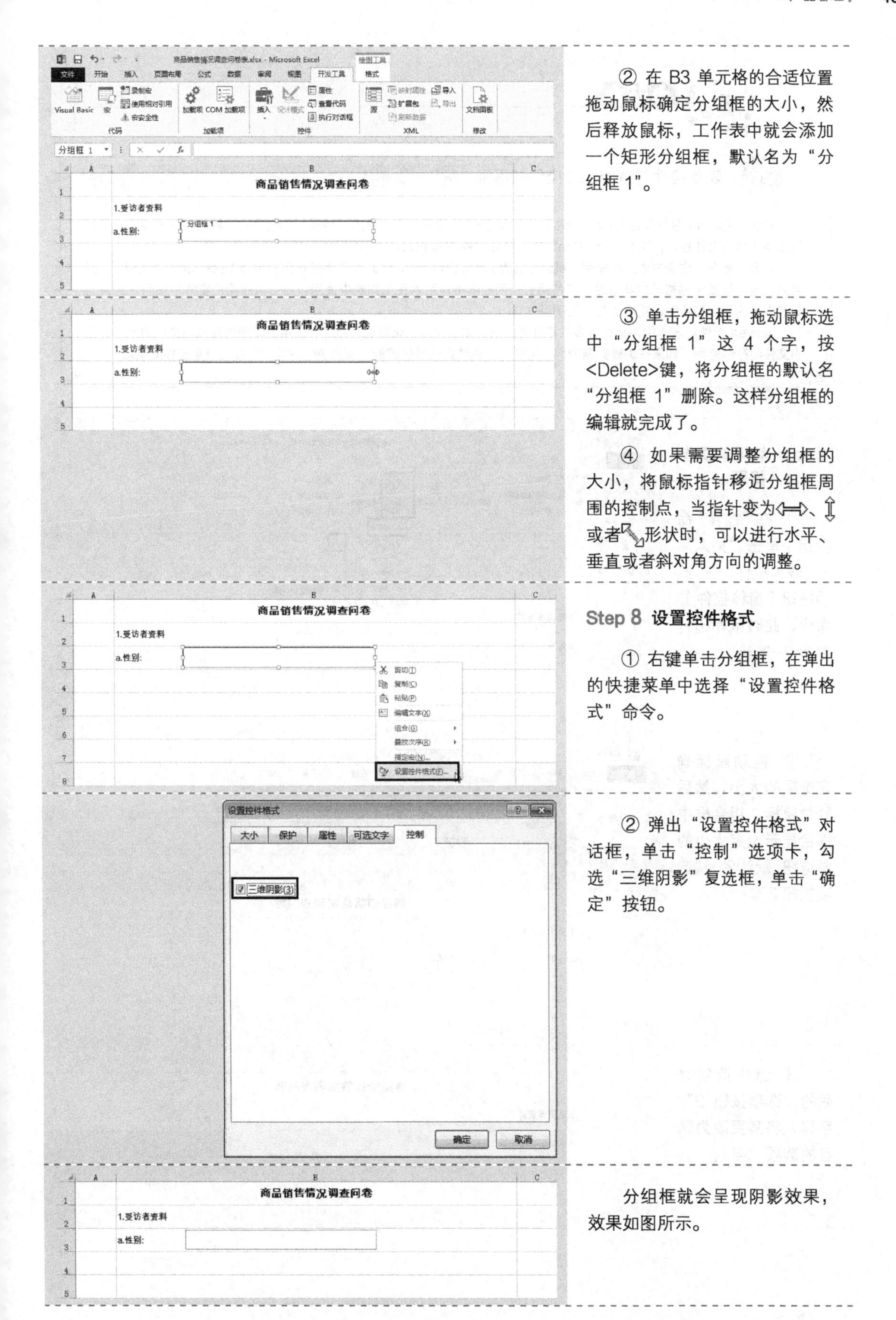

② 在 B3 单元格的合适位置拖动鼠标确定分组框的大小，然后释放鼠标，工作表中就会添加一个矩形分组框，默认名为“分组框 1”。

③ 单击分组框，拖动鼠标选中“分组框 1”这 4 个字，按 <Delete>键，将分组框的默认名“分组框 1”删除。这样分组框的编辑就完成了。

④ 如果需要调整分组框的大小，将鼠标指针移近分组框周围的控制点，当指针变为⇔、⇕或者⤡形状时，可以进行水平、垂直或者斜对角方向的调整。

Step 8 设置控件格式

① 右键单击分组框，在弹出的快捷菜单中选择“设置控件格式”命令。

② 弹出“设置控件格式”对话框，单击“控制”选项卡，勾选“三维阴影”复选框，单击“确定”按钮。

分组框就会呈现阴影效果，效果如图所示。

技巧 表单控件与 ActiveX 控件的区别

在使用 Excel（包括其他 Office 组件）的 VBA 开发功能时，可以插入两种类型的控件：一种是表单控件（在早期版本中也称为窗体控件，英文 Form Controls）；另一种是 ActiveX 控件。

前者只能在工作表中添加和使用（虽然它名为 Form Controls，但其实并不能在用户窗体 User Form 中使用），并且只能通过设置控件格式或者指定宏来使用它；而后者不仅可以在工作表中使用，还可以在用户窗体中使用，并且具备了众多的属性和事件，提供了更多的使用方式。

ActiveX 控件比表单控件拥有更多的事件与方法，如果仅以编辑数据为目的，使用表单控件可减小文件的尺寸、缩小文件的存储空间，如果在编辑数据的同时需要对其他数据的操纵控制，使用 ActiveX 控件会比表单控件更灵活。

Step 9 编辑单项选择题

① 在“控件”命令组中单击“插入”→“表单控件”→“选项按钮（窗体控件）”命令，此时鼠标指针变为十形状。

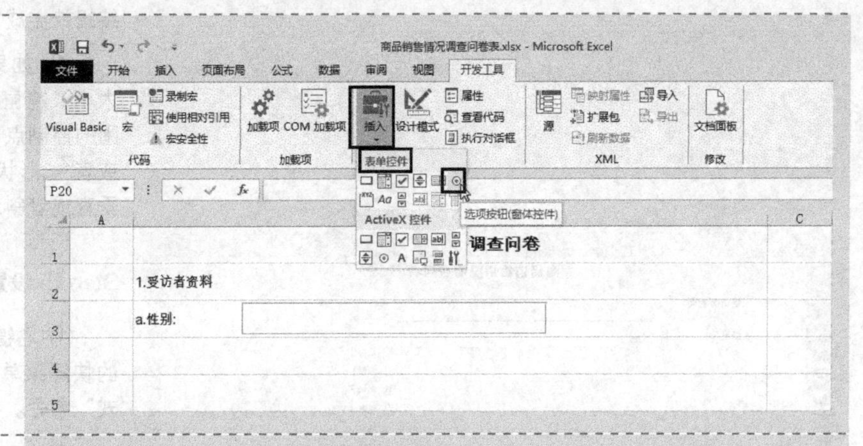

② 拖动鼠标确定选项的大小，然后释放鼠标。组合框中即会显示设定大小的单选钮，默认名为“选项按钮 2”。

③ 选中选项之后的“选项按钮 2”字样，将其更改为题目的选项“男”。

技巧 修改选项的位置、大小或者内容

如果对两个单选题的选项位置或者大小不满意，则可将其选中后通过方向键进行调整，也可以用鼠标选定后进行移动。选项按钮的选中方法与通常的选中方法不同，不能用鼠标左键单击选中，而是需单击鼠标右键选中，然后在弹出的快捷菜单中单击选项边框，菜单取消后就可以拖动边框或使用方向键进行位置调整了。如果单击鼠标左键，就只能对选项进行选择，也就是相应的选中按钮被选中，却不能移动选项的位置。

如果对选项内容进行修改，同样单击鼠标右键选中，在弹出的快捷菜单中选择“编辑文字”命令，这时就可以修改选项的内容了。或者在单击鼠标右键后，在弹出的快捷菜单中再单击选项的内容，也可修改为新的选项内容。

若要精确地调整选项的大小，可单击鼠标右键，在弹出的快捷菜单中选择“设置控件格式”命令，打开“设置控件格式”对话框，然后切换到“大小”选项卡，在“高度”和“宽度”文本框中输入合适的数值即可。

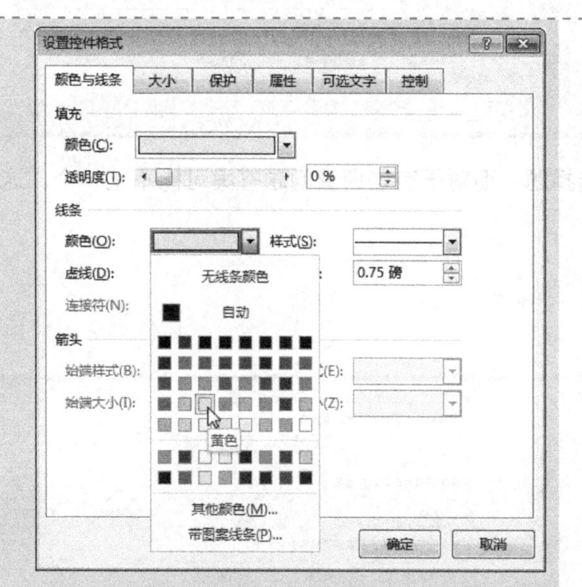

Step 10 设置控件格式

① 右键单击选项按钮“男”，在弹出的快捷菜单中选择“设置控件格式”命令，弹出“设置控件格式”对话框，切换到“颜色与线条”选项卡。

② 在“填充”组合框中，单击“颜色”下箭头按钮，在弹出的颜色面板中选择“浅绿”。

③ 在“线条”组合框中，单击“颜色”下箭头按钮，在弹出的颜色面板中选择“黄色”，单击“确定”按钮完成选项“男”的填充设置。

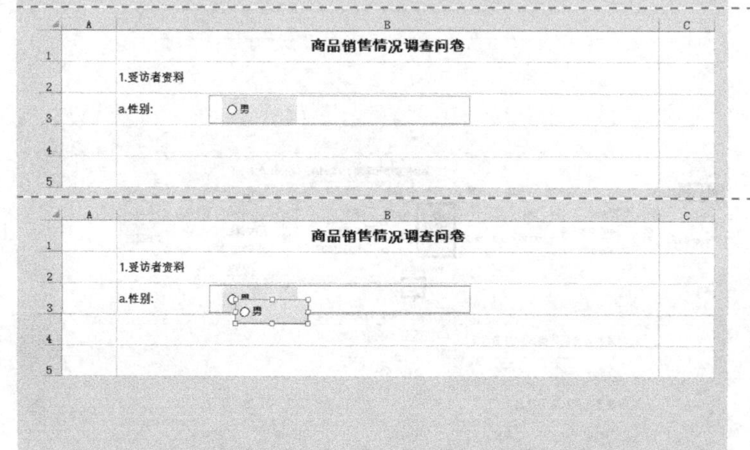

效果如图所示。

Step 11 复制控件

① 右键单击选项按钮“男”，在弹出的快捷菜单中选择“复制”命令，再单击右键，在弹出的快捷菜单中选择“粘贴”命令。这时，将会出现一个新的选项按钮“男”，与旧的选项按钮“男”重叠在同一个位置上。

② 用鼠标拖动选项按钮“男”至合适的位置，释放鼠标即可。这时，参阅 Step9 活力小贴士中所介绍的关于修改选项内容的方法，将选项内容“男”修改为“女”即可。

Step 12 编辑其他单项选择题

参考 1.4.1 小节中 Step6～Step9 的方法，编辑其他单项选择题。

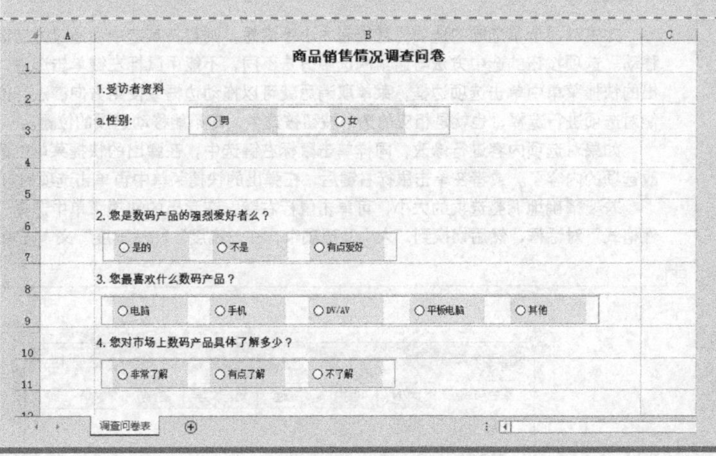

上面介绍了如何编辑单项选择题，而对于有些调查问题答案可能不止一个，这时可以将其编辑为多项选择题。

2. 编辑多项选择题

Step 1 复制“分组框”

与单选题相同，多选题也可以利用分组框将各题隔开。

① 在B12单元格中输入相关文字。

② 选中 B9 单元格的“分组框”，按<Ctrl+C>组合键复制，选中 B13 单元格，按<Ctrl+V>组合键粘贴。

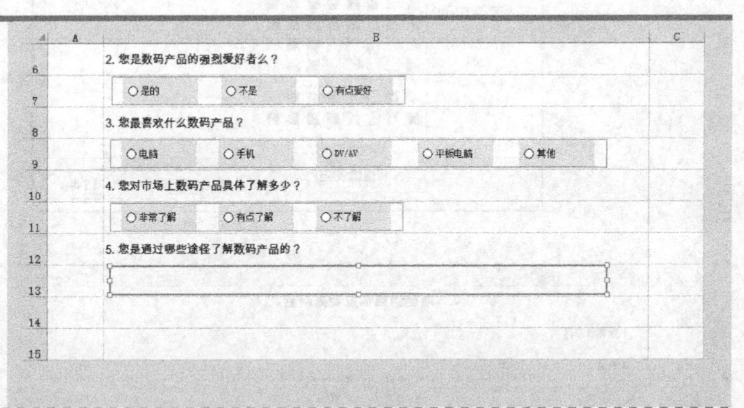

Step 2 编辑多项选择题

① 切换到“开发工具”选项卡，在“控件”命令组中单击“插入”→“表单控件”中的“复选框（窗体控件）”命令，此时鼠标指针变为 十 形状。

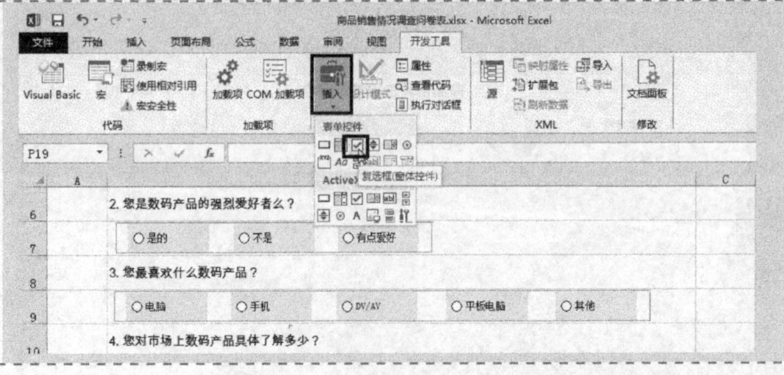

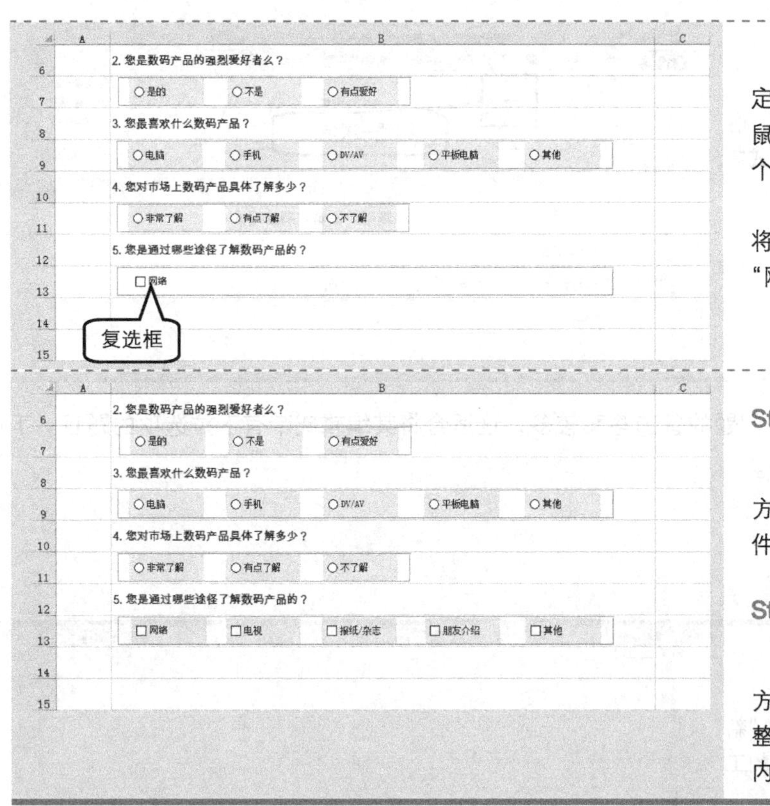

② 在分组框中拖动鼠标确定复选框的大小，合适后再释放鼠标，此时分组框中就会显示一个大小适中的复选框。

③ 选中复选框后面的文字，将其更改为问卷中的备选答案“网络”。

Step 3 设置控件格式

参考 1.4.1 小节中 Step10 的方法，对“网络”复选框设置控件格式。

Step 4 复制控件

参考 1.4.1 小节中 Step11 的方法，复制“网络”复选框，调整至合适的位置，并且将复选框内容修改为相应的内容。

上面介绍了如何编辑选择题，而对于有些调查问题的答案可能需要用户自行填写内容，这需要将其编辑成填空题。

3. 编辑填空题

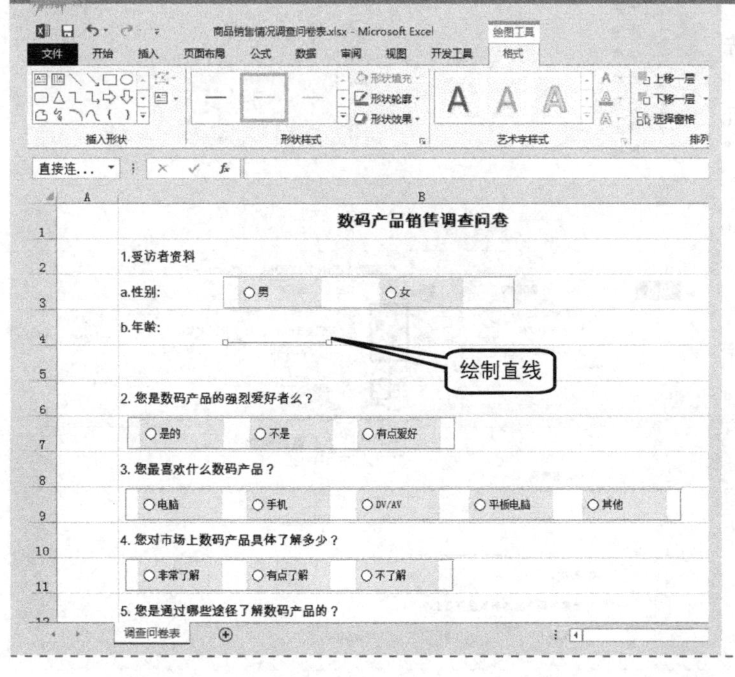

Step 1 绘制直线

参阅 1.3 节中 Step5 的方法绘制直线。

① 在 B4 单元格中输入相关文字。

② 在“插入”选项卡的“插图”命令组中单击“形状”按钮，并在打开的下拉菜单中单击“线条”下的“直线”按钮╲。将鼠标指针移回 B4 单元格，此时鼠标指针变成＋形状，表示可以绘制直线。

③ 在合适的位置单击鼠标，向右拖动一段距离后松开鼠标，从而绘制出一条直线。

Step 2 更改形状样式

选中直线，在“绘图工具-格式”选项卡中，单击“形状样式”命令组中的“细线-深色 1”。

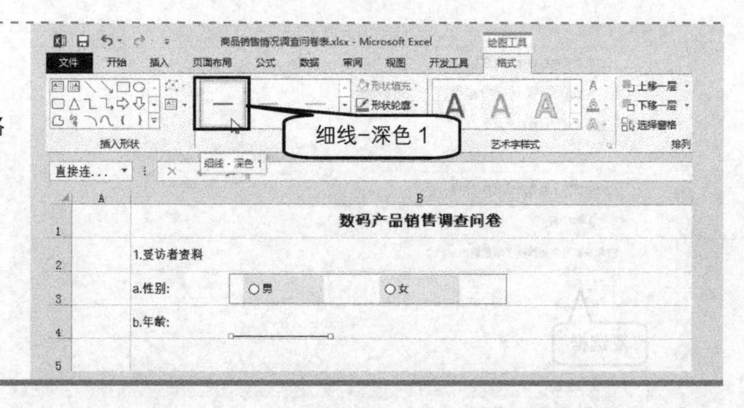

在调查问卷中还有一部分问题的备选答案较多，这适合将其编辑成带有下拉选项的题目。下面介绍如何编辑下拉选项题目。

4. 编辑下拉选项题目

Step 1 插入工作表

① 单击工作表标签右侧的“新工作表”按钮⊕，插入一个新的工作表“Sheet2”。

② 将“Sheet2”工作表重命名为“学历”。

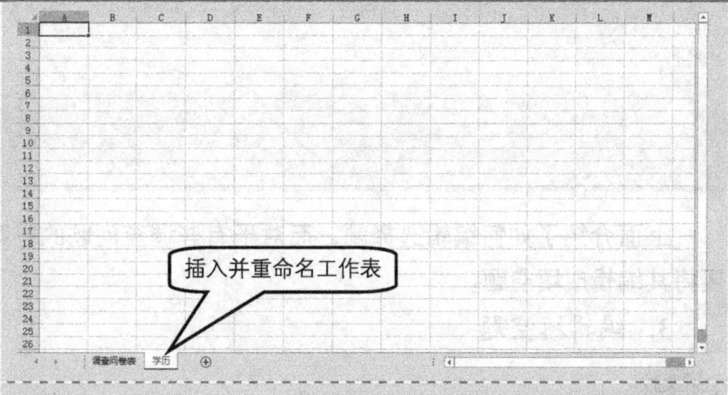

Step 2 录入备用选项

在创建下拉选项题型前需要先录入备用选项。

在“学历”工作表的A1:A7单元格区域中输入“小学”“中学”“高中”“中专”“大学”“研究生”“博士生”和“其他”备用选项，并设置字体。

	A	B	C
1	小学		
2	中学		
3	高中		
4	中专		
5	大学		
6	研究生		
7	博士生		
8	其他		
9			
10			

Step 3 插入组合框

① 切换到“调查问卷表”工作表，在B5单元格中输入相关文字。

② 切换到“开发工具”选项卡，在“控件”命令组中选择“插入”→“表单控件”中的“组合框（窗体控件）”命令，此时鼠标指针变为＋形状。

③ 在工作表中拖动鼠标，设定组合框的大小，然后松开鼠标，就会显示空白组合框。

④ 选中空白组合框后调整空白组合框的位置和大小。

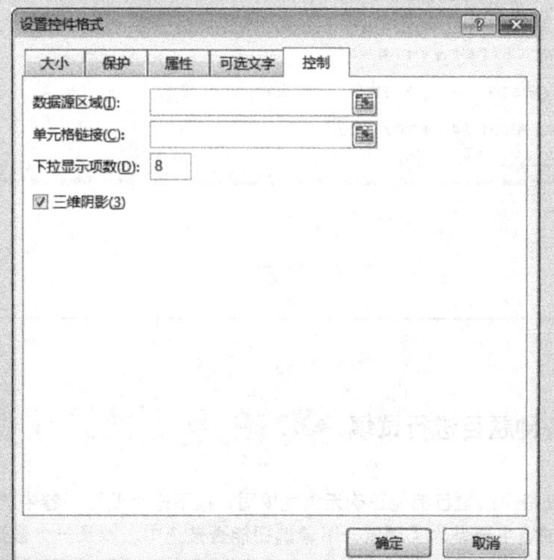

Step 4 对组合框引用选项

组合框的位置和大小调整后，单击组合框的下箭头按钮▼，此时会发现其中是空白的，没有任何选项。

① 右键单击该组合框，在弹出的快捷菜单中选择“设置控件格式”命令，弹出“设置控件格式”对话框，切换到“控制”选项卡。

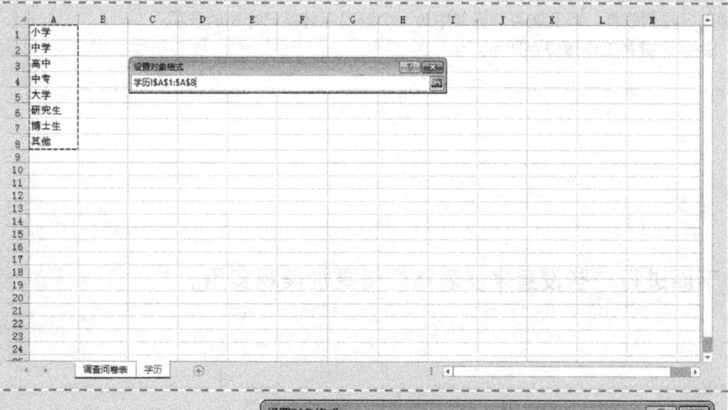

② 单击“数据源区域”文本框右侧的按钮，进行数据区域的选择。这时单击“学历”工作表，拖动鼠标选中 A1:A8 单元格区域。

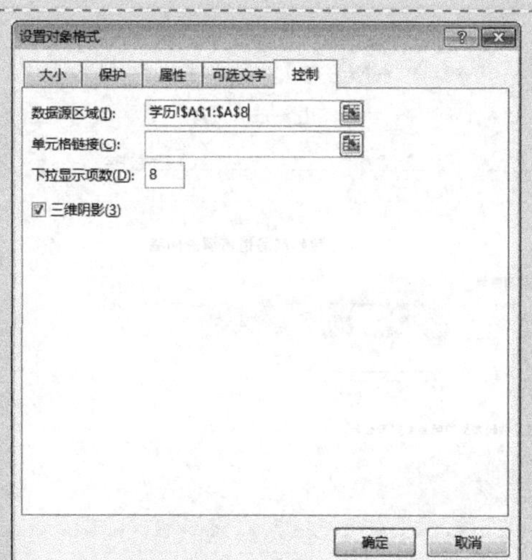

③ 数据源区域确定后，单击对话框中的“关闭”按钮或右侧的按钮，返回“设置控件格式”对话框，默认勾选“三维阴影”复选框，单击“确定”按钮即可完成数据源区域的引用。

此时单击“学历”文本框右侧的下箭头按钮▼，则可显示设定的备用学历选项。

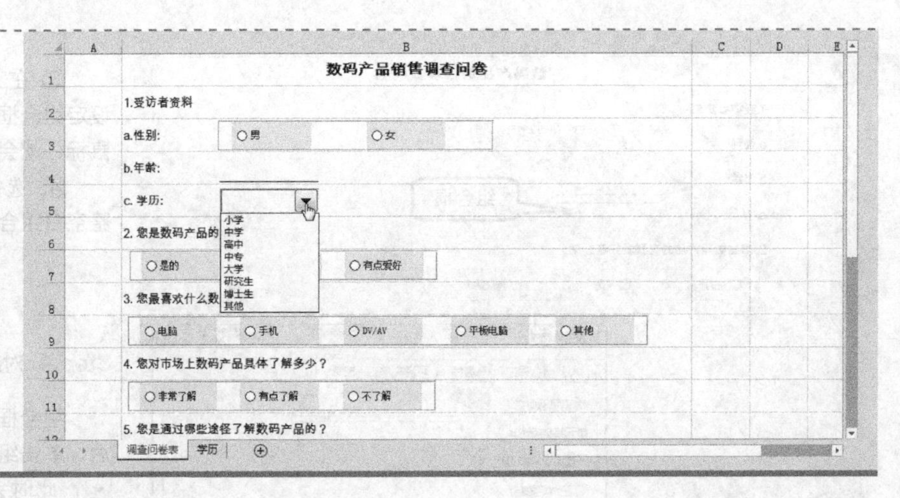

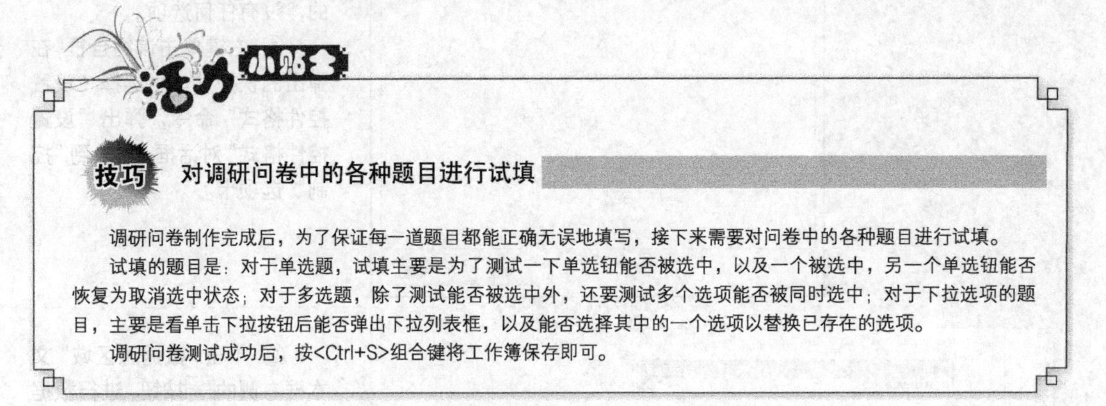

技巧　对调研问卷中的各种题目进行试填

调研问卷制作完成后，为了保证每一道题目都能正确无误地填写，接下来需要对问卷中的各种题目进行试填。

试填的题目是：对于单选题，试填主要是为了测试一下单选钮能否被选中，以及一个被选中，另一个单选钮能否恢复为取消选中状态；对于多选题，除了测试能否被选中外，还要测试多个选项能否被同时选中；对于下拉选项的题目，主要是看单击下拉按钮后能否弹出下拉列表框，以及能否选择其中的一个选项以替换已存在的选项。

调研问卷测试成功后，按<Ctrl+S>组合键将工作簿保存即可。

1.4.2　设置表格格式

表格的主要功能已经实现，下面进行一些设置来使表格变得更加美观实用。

Step 1　对齐选项

在按住<Ctrl>键的同时，逐个单击某一个选择题的每个选项，选中所有的选项后，在“绘图工具-格式”选项卡的“排列”命令组中依次单击“对齐”→“底端对齐”。

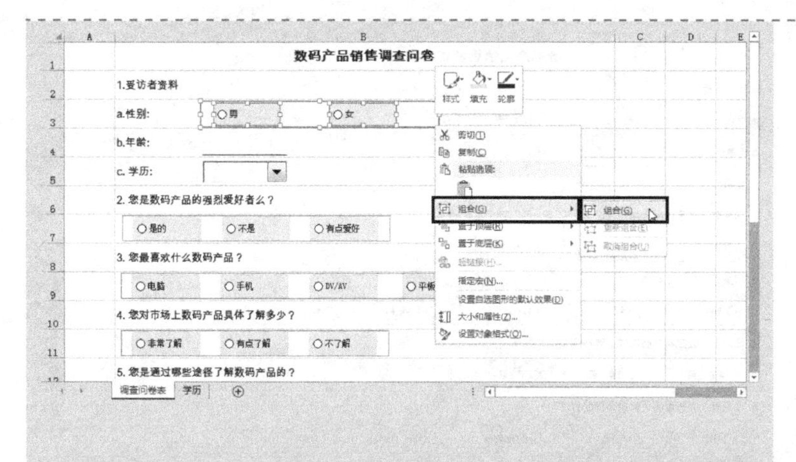

Step 2 组合选项

在按住<Ctrl>键的同时，逐个单击某一个选择题的每个选项和分组框，选中所有的选项后，将鼠标指针移到分组框或者某个选项的边框处，当鼠标指针变为 形状时，右键单击“组合”→“组合”命令，此时这个选择题的每个选项包括分组框就组合在一起。如果需要移动整个选择题，将鼠标指针移到这个分组框的边缘，当鼠标指针变为 形状时拖动即可。

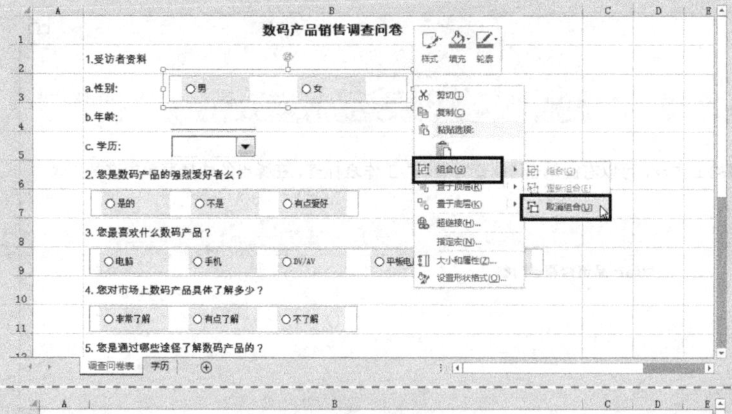

Step 3 取消组合选项

有时发现已经组合的选项需要重新修改，这时就需要取消组合选项。将鼠标指针移到已经组合的分组框边缘位置，当鼠标指针变为 形状时，右键单击“组合”→“取消组合”命令，此时就取消了已经组合好的选项。

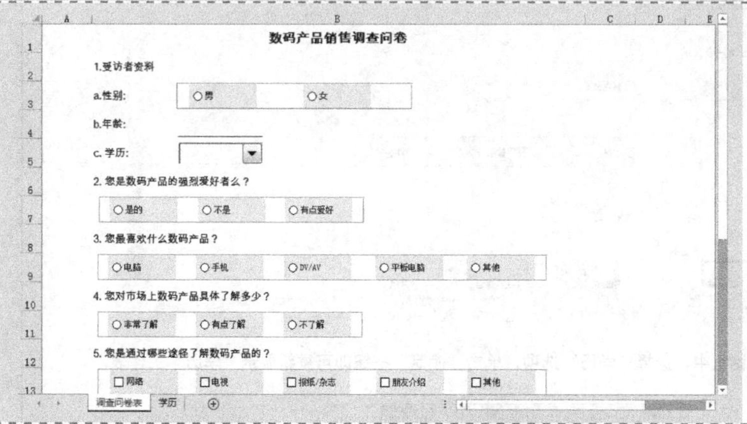

Step 4 美化工作表

取消编辑栏和网格线显示。

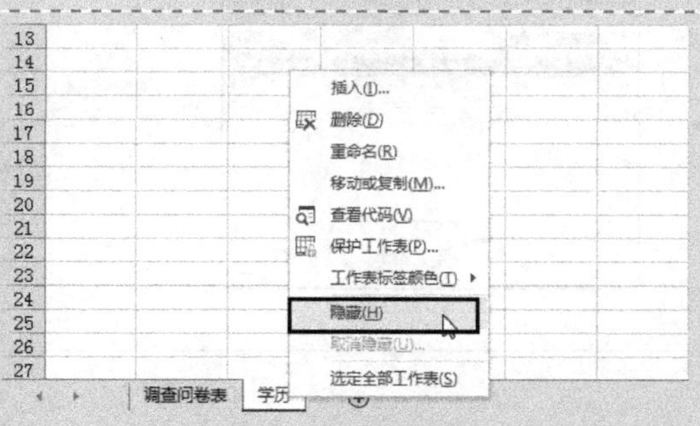

Step 5 隐藏工作表

实际工作中数据源的工作表可以隐藏起来，这样既可美化工作表又可防止数据被误删。

右键单击“学历”工作表，在弹出的快捷菜单中选择“隐藏”命令。

效果如图所示。

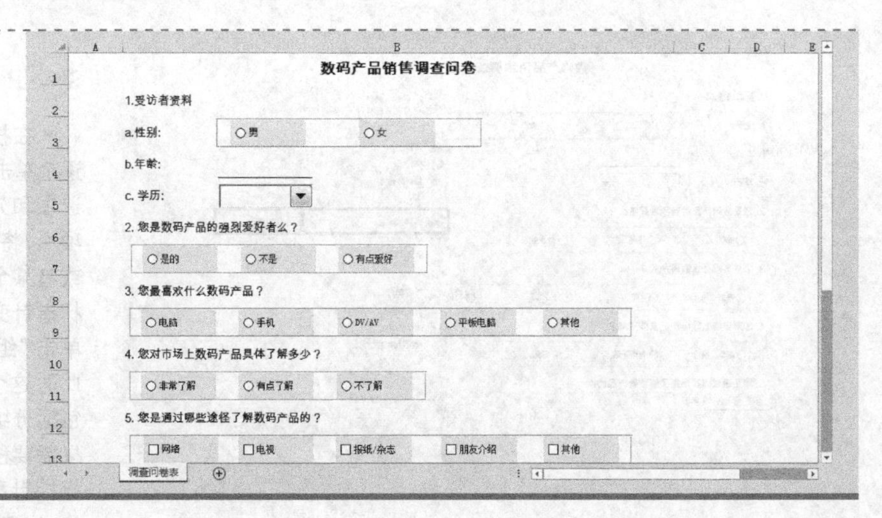

技巧 取消工作表隐藏

① 如果需要重新查看已经隐藏的工作表，可以右键单击“调查问卷表”工作表标签，在弹出的快捷菜单中选择“取消隐藏”命令。

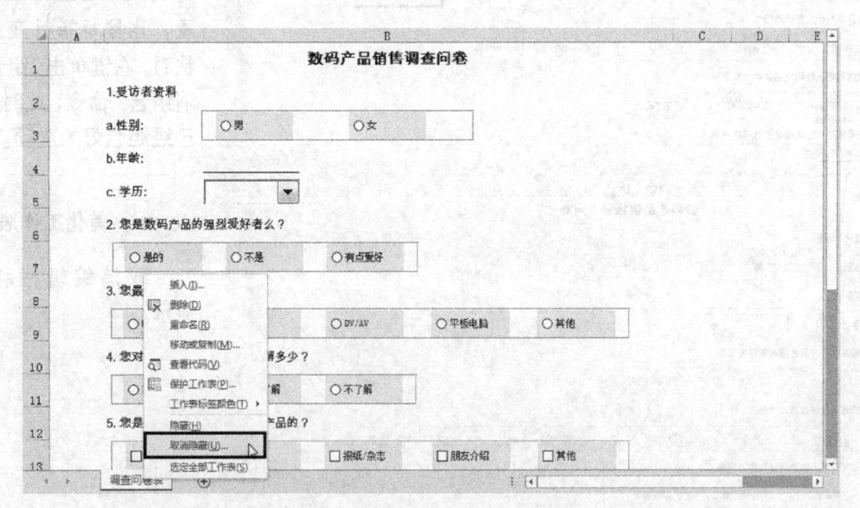

② 在弹出的“取消隐藏”对话框中，选择“学历”选项，单击“确定”按钮即可重新显示“学历”工作表。

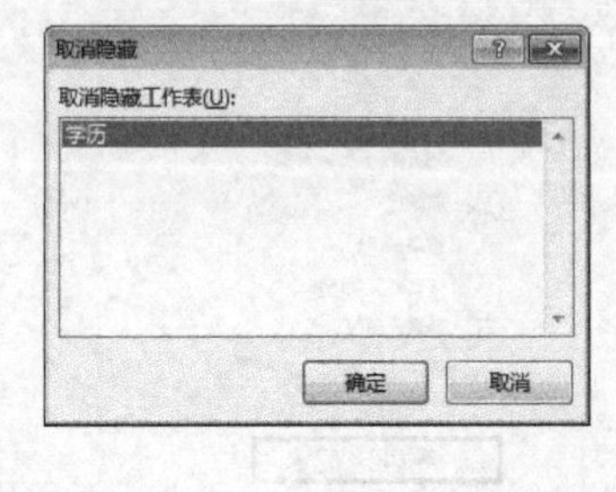

1.4.3 保护调查问卷表

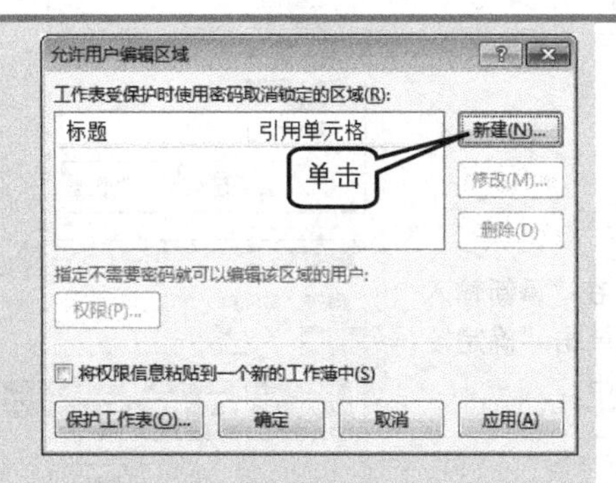

Step 1 设置允许用户编辑区域

① 单击“审阅”选项卡，在“更改”命令组中单击“允许用户编辑区域”按钮，弹出“允许用户编辑区域”对话框。

本例中涉及的问题除了选择性质的客观题之外，还有一题是允许用户编辑的区域。在该对话框中，单击“新建”按钮可以设定允许用户编辑的区域，对允许用户编辑的单元格进行区域选定，并且可以进一步设定允许的用户及对应的权限。

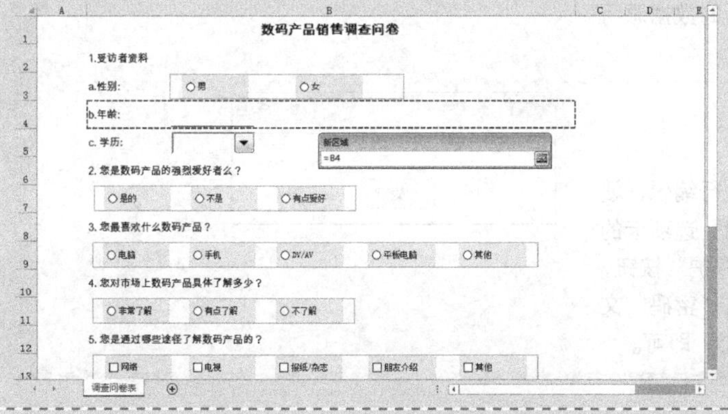

② 单击“新建”按钮，在弹出的“新区域”对话框中，单击“引用单元格”文本框右侧的按钮，选择数据区域。当鼠标指针变为 形状时，单击B4单元格。

数据源区域确定后，单击按钮，返回“新区域”对话框。

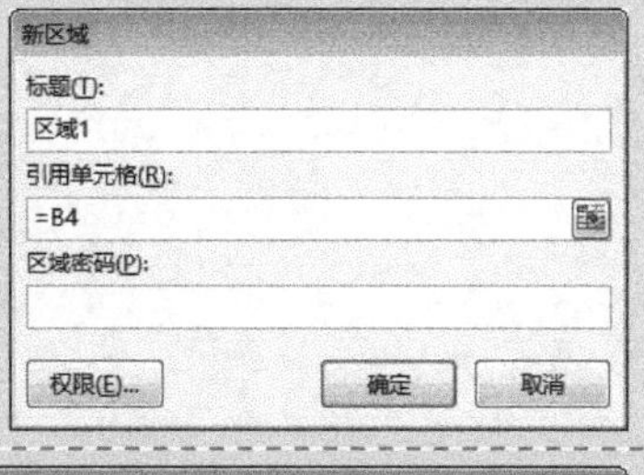

③ 在“新区域”对话框中，单击“确定”按钮，返回“允许用户编辑区域”对话框。

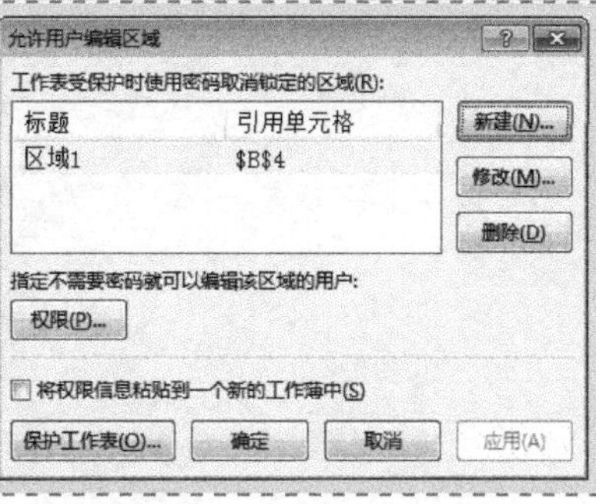

Step 2 设置保护工作表

① 在“允许用户编辑区域”对话框中，单击“保护工作表”按钮，打开“保护工作表”对话框。

② 在“保护工作表”对话框的“允许此工作表的所有用户进行”列表框中保留默认的选项，选择对用户权限的设定。

③ 设置好用户权限后，在“取消工作表保护时使用的密码”文本框中输入密码“123456”，然后单击“确定”按钮。

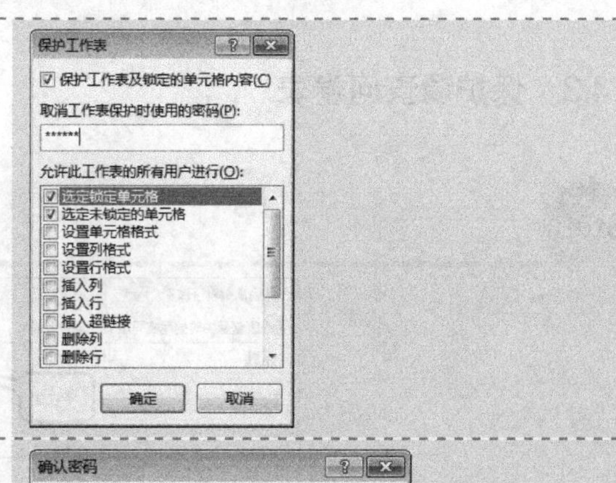

④ 弹出“确认密码”对话框，在“重新输入密码”文本框中输入“123456”，单击“确定”按钮，返回“调查问卷表”工作表中。

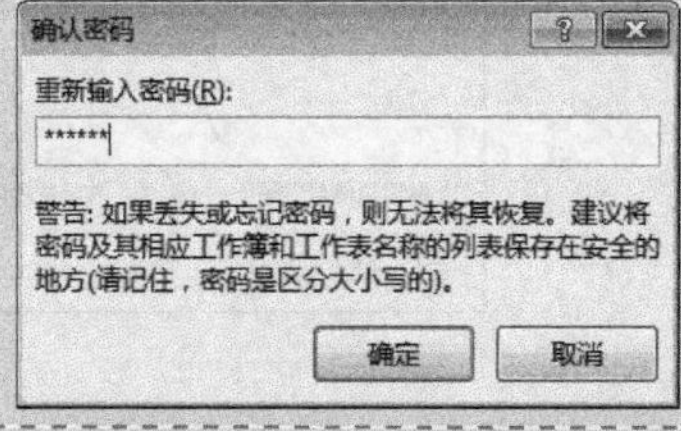

⑤ 此时的工作表已经处于被保护状态。如果强行对 B4 单元格以外的工作表区域进行编辑，屏幕上就出弹出警告对话框。信息提醒只有对工作表解除保护后才可以对其进行有关的编辑。

这样保护完成之后，对下拉选项的数据源所在的“学历”工作表再设定保护。

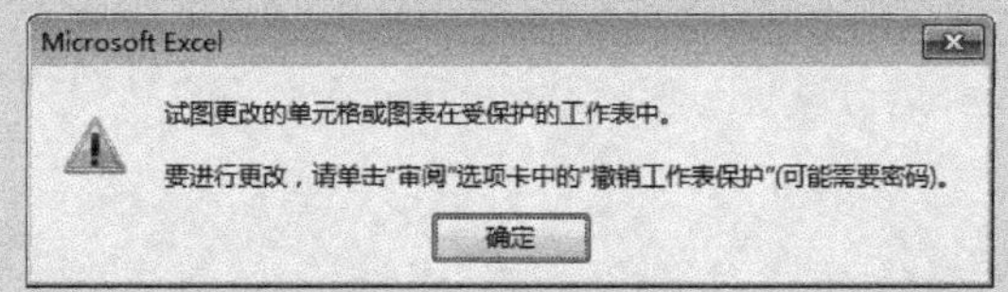

Step 3 撤消工作表保护

如果对已经设定保护的工作表进行编辑，就需要撤消对工作表的保护。在“审阅”选项卡的“更改”命令组中单击“撤消工作表保护”按钮，弹出“撤消工作表保护”对话框，在“密码”文本框中输入之前设置的密码“123456”即可。

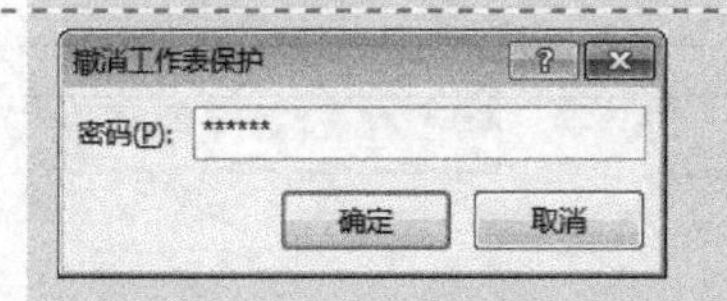

第2章 客户管理

Excel 2013 高效办公

随着业务的不断增长，企业会不断地扩大客户范围。这时企业就面临着对已有客户的管理，例如，将客户的资料建成档案、将客户的等级进行划分等，这些工作均有助于了解业务发展情况，掌握客户的层次和规模。而定期设计合理的客户拜访计划表，更有利于与客户保持良好的客情关系，建立长期友好的发展与合作。

2.1 客户资料清单

案例背景

客户管理是企业营销工作中的重要部分，而对客户资料的收集、整理则是客户管理工作中的核心和基础，属于一项日常性的工作。科学、有效地管理客户资料，随时关注客户的新动态，对于企业客户资源的维护和拓展以及企业营销计划的实现都起着积极而关键的作用。

关键技术点

要实现本例中的功能，读者应当掌握以下 Excel 技术点。

- 套用表格格式
- 取消超链接
- 文本型数字的输入方法
- 记录单的使用
- 插入批注
- 工作表编辑权限的设置及工作簿保护

最终效果展示

公司客户资料管理表

序号	客户名称	联系人	电话	邮箱地址	联系地址	账号	开户行	信用额度(/年)	估计营业额(/年)	合作性质	建立合作关系时间
1	张明	张明	021-65320065	zhangmin@ujs.edu.cn	上海市漕宝路1012号	4367421833030088888	中国建设银行徐江分行	70万	150万	代理商	2015/5/20
2	洪养培	洪养培	025-83150808	hong88@tom.com	南京市福建路15号	4367421833030748882	中国建设银行南京支行	80万	160万	代理商	2015/5/23
3	蒋山叶	蒋山叶	0755-85726130	zhangman@126.com	深圳市福田区车公庙泰然工业园	4367423768888208602	中国建设银行福田支行	70万	140万	代理商	2015/5/24
4	李庆辉	李庆辉	0592-22539802	liuqinghui@163.com	厦门市中山路305号	9559980014888895019	中国农业银行厦门中山分行	60万	130万	代理商	2015/5/25
5	陆仕守	陆仕守	027-61208336	abc088@sina.com.cn	武汉市汉口江岸区三洋路23号	4367423321088885629	中国建设银行三洋支行	65万	130万	代理商	2015/5/26
6	李杰	李杰	010-83684109	ljie@126.com	北京市丰台区怡海花园润园3栋2206号	9558820200888852274	中国工商银行北京丰台区支行	85万	180万	代理商	2015/5/27
7	吴生海	吴生海	020-86978903	wushenghai@126.com	广州市白云区莲花北路	9558803602160588881	中国工商银行莲花北路分理处	90万	180万	代理商	2015/5/28
8	付东爱	付东爱	029-82652896	fda2013@126.com	西安市新城区新城大道168号	6228480088888742817	中国农业银行新城区分行	70万	150万	代理商	2015/5/29
9	萧元三	萧元三	0532-86975298	xiaoys@sohu.com	青岛市南城大道6011号	4367421863888828239	中国建设银行青岛分行	90万	190万	代理商	2015/5/30
10	江龙青	江龙青	0769-22618888	jiang88@163.com	东莞市东城区东纵大道	4367479829435488882	中国建设银行东城区支行	70万	160万	代理商	2015/5/31

示例文件

光盘\示例文件\第 2 章\客户资料清单表.xlsx

2.1.1 创建客户资料清单

本案例中重点要实现两个功能：创建客户资料清单和利用记录单管理客户信息。下面先创建客户资料清单。

Step 1 新建工作簿

启动 Excel 2013 自动新建一个工作簿，保存并命名为“客户资料清单”，将“Sheet1”工作表重命名为“客户资料清单”。

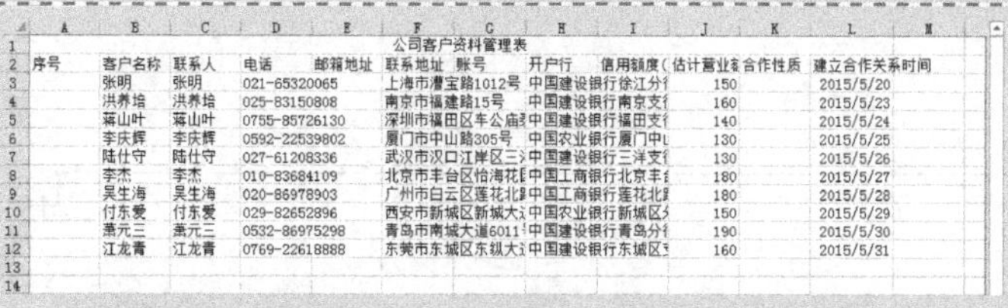

Step 2 输入表格标题

① 选中 A1:L1 单元格区域，设置“合并后居中”，输入表格标题。

② 在 A2:L2 单元格区域中输入表格各字段的标题名称。

Step 3 输入表格数据

依次在 B3:D12、F3:F12、H3:J12 和 L3:L12 单元格区域中输入各项具体数据。

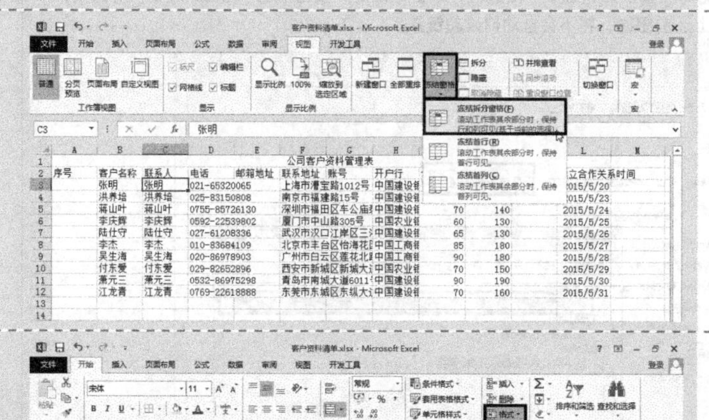

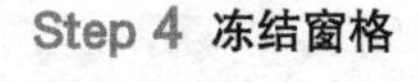

Step 4 冻结窗格

选择 C3 单元格，在“视图”选项卡的“窗口”命令组中依次单击“冻结窗格”→“冻结拆分窗格”命令。

Step 5 调整表格列宽

① 选中任意一个非空单元格，如 B3 单元格，按<Ctrl+A>组合键选中整个工作表，在“开始”选项卡的“单元格”命令组中单击“格式”按钮，在弹出的下拉菜单中选择“自动调整列宽”命令。

② 适当地调整 E 列和 G 列的列宽。

Step 6 输入递增序号

选中 A3 单元格，输入“1”，选中 A3 单元格，按住<Ctrl>键，同时拖曳右下角的填充柄至 A12 单元格。

此时 A3:A12 单元格区域递增填充了数据。

	A	B	C	D	E	F	G	
1							公司客户资料管理表	
2	序号	客户名称	联系人	电话	邮箱地址	联系地址	账号	开户行
3	1	张明	张明	021-65320065		上海市漕宝路1012号		中国建
4	2	洪养培	洪养培	025-83150808		南京市福建路15号		中国建
5	3	蒋山叶	蒋山叶	0755-85726130		深圳市福田区车公庙泰然工业园		中国建
6	4	李庆辉	李庆辉	0592-22539802		厦门市中山路305号		中国农
7	5	陆仕守	陆仕守	027-61208336		武汉市汉口江岸区三洋路23号		中国建
8	6	李杰	李杰	010-83684109		北京市丰台区怡海花园润园3栋2206号		中国工
9	7	吴生海	吴生海	020-86978903		广州市白云区莲花北路		中国工
10	8	付东爱	付东爱	029-82652896		西安市新城区新城大道168号		中国农
11	9	萧元三	萧元三	0532-86975298		青岛市南城大道6011号		中国建
12	10	江龙青	江龙青	0769-22618888		东莞市东城区东纵大道		中国建
13								
14								

Step 7 输入邮件地址

在 E3:E12 单元格区域中输入相应的邮箱地址。当输入电子邮件地址如“用户名@公司名.com”时，Excel 会自动创建超链接。

	A	B	C	D	E	F	G	
1							公司客户资料管理表	
2	序号	客户名称	联系人	电话	邮箱地址	联系地址	账号	开户行
3	1	张明	张明	021-65320065	zhangmin@ujs.edu.cn	上海市漕宝路1012号		中国建
4	2	洪养培	洪养培	025-83150808	hong88@tom.com	南京市福建路15号		中国建
5	3	蒋山叶	蒋山叶	0755-85726130	zhangman@126.com	深圳市福田区车公庙泰然工业园		中国建
6	4	李庆辉	李庆辉	0592-22539802	liuqinghui@163.com	厦门市中山路305号		中国农
7	5	陆仕守	陆仕守	027-61208336	abc088@sina.com.cn	武汉市汉口江岸区三洋路23号		中国建
8	6	李杰	李杰	010-83684109	ljie@126.com	北京市丰台区怡海花园润园3栋2206号		中国工
9	7	吴生海	吴生海	020-86978903	wushenghai@126.com	广州市白云区莲花北路		中国工
10	8	付东爱	付东爱	029-82652896	fda2013@126.com	西安市新城区新城大道168号		中国农
11	9	萧元三	萧元三	0532-86975298	xiaoys@sohu.com	青岛市南城大道6011号		中国建
12	10	江龙青	江龙青	0769-22618888	jiang88@163.com	东莞市东城区东纵大道		中国建
13								
14								

技巧 取消自动超链接

除了电子邮件地址外，当在工作表中输入下列前缀之一开头的条目：http://、www、ftp://、mailto:、file://、news://，Microsoft Excel 2013 均会自动创建超链接。

在 Excel 2013 中取消自动超链接可以使用以下方法。

单击“文件”选项卡，在打开的下拉菜单中选择“选项”命令，弹出“Excel 选项”对话框，单击“校对”选项卡，在右侧的“自动更正选项”区域单击“自动更正选项”按钮，弹出“自动更正”对话框，切换到“键入时自动套用格式”选项卡，取消勾选“Internet 及网络路径替换为超链接”复选框，单击“确定”按钮返回“Excel 选项”对话框，再次单击“确定”按钮。这样未来输入上述前缀时，将不会自动创建超链接。

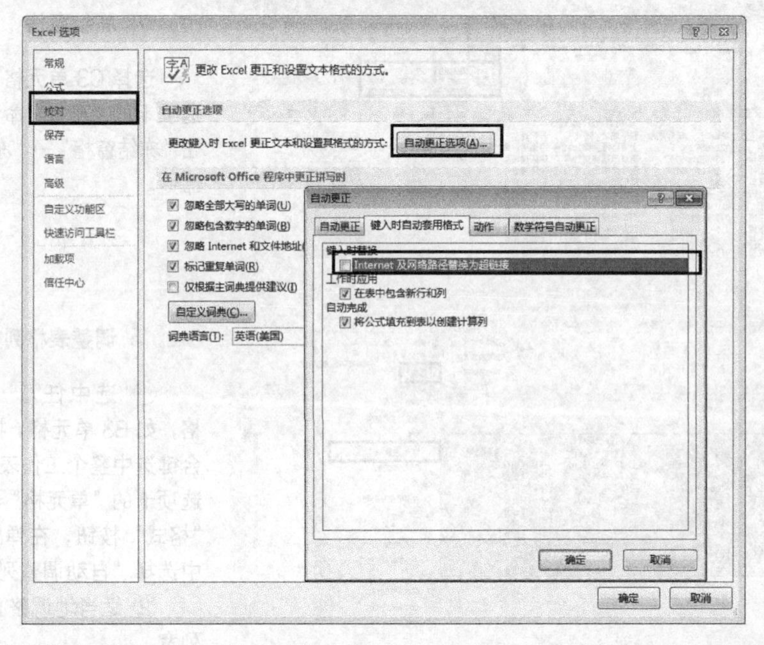

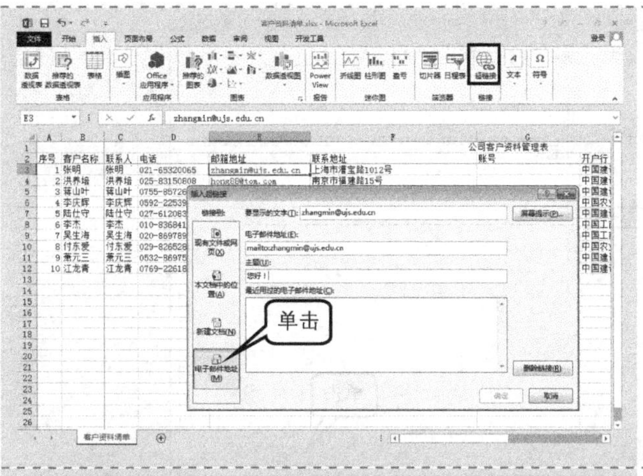

Step 8 编辑超链接

① 选中要编辑超链接的 E3 单元格，切换到“插入”选项卡，在“链接”命令组中单击“超链接”按钮，打开“插入超链接”对话框。

② 在左侧单击“电子邮件地址”选项，在“要显示的文字”和“电子邮件地址”选项的文本框中保留默认的文字，在“主题”文本框中输入邮件的主题，如“您好!”。

③ 用同样的操作方法，分别编辑 E4:E12 单元格区域中各单元格的超链接。

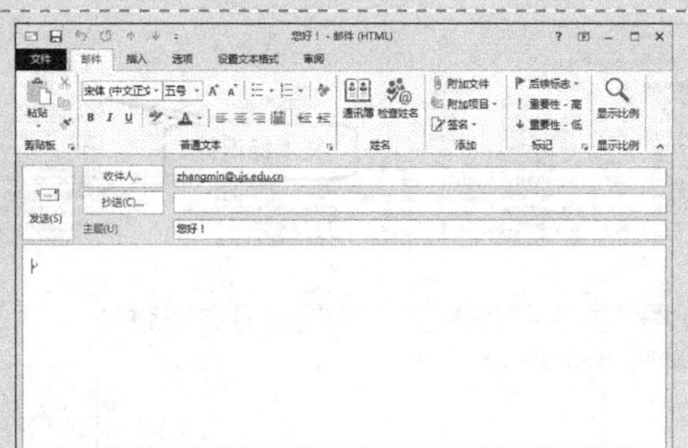

Step 9 使用超链接

单击已经建立超链接的单元格，系统将启动 Office 系列软件 Microsoft Outlook 编辑邮件。编辑邮件对话框打开后，收件人地址和主题会自动输入。

在编辑器中，可进行邮件内容输入、粘贴附件等操作，然后通过因特网发送电子邮件。

选择插入超链接的单元格

在选中超链接的单元格时不能直接单击。有两种方法可以选中：一种是单击单元格且按住鼠标左键不放，直到鼠标指针由 变为 形状时释放鼠标，这样单元格会被选中；另一种是先选中相邻的单元格，然后再用方向键进行上下左右移动以选中该单元格。

删除超链接

单击“插入”选项卡，在“链接”命令组中单击“超链接”按钮，打开“编辑超链接”对话框，在右侧单击“删除链接”按钮。

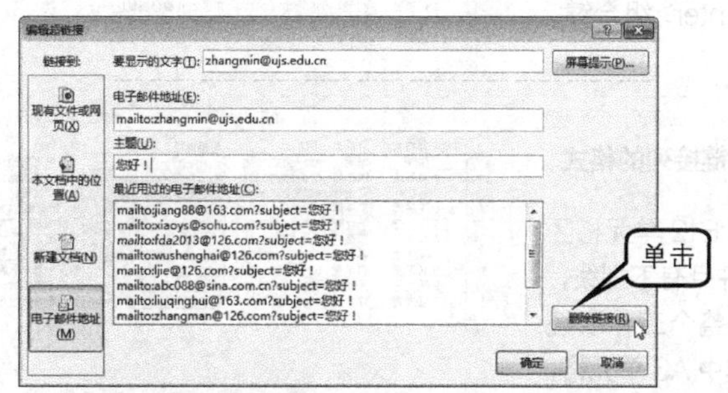

另外还有一种更简便的方法：右键单击准备删除超链接的单元格，在弹出的快捷菜单中选择“取消超链接”命令。

注：选中已经插入超链接的单元格，按<Delete>键删除其中的内容时，并不能删除该超链接，因为超链接格式被认为是单元格的格式。所以在该单元格中重新输入内容，它仍然具有超链接的功能。

Step 10 设置单元格格式

① 选择 G3:G12 单元格区域，按<Ctrl+1>组合键，弹出“设置单元格格式”对话框。

② 单击“数字”选项卡，在“分类”列表框中选择“文本”选项，单击“确定”按钮。

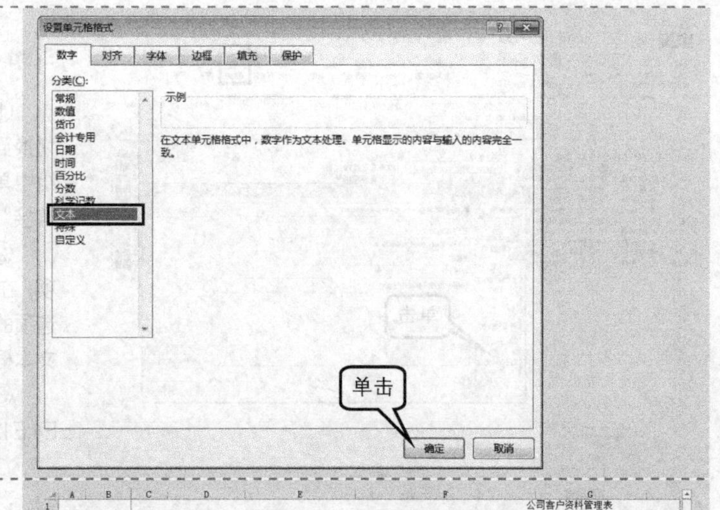

③ 在 G3:G12 单元格区域中输入数字。在文本格式的单元格左上角有个绿色的三角形的文本标识符，说明此单元格的格式为文本格式。

Step 11 设置自定义格式

① 选中 I3:J12 单元格区域，按<Ctrl+1>组合键，弹出“设置单元格格式”对话框，切换到“数字”选项卡。

② 在“分类”列表框中选择“自定义”选项，在右侧的“类型”文本框中输入“0"万"”，单击“确定”按钮。

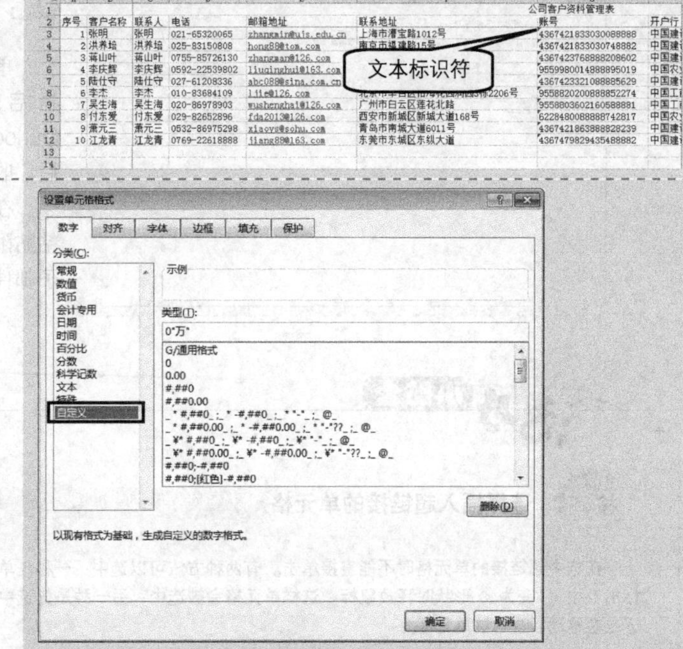

Step 12 批量输入相同数据

选中 K3:K12 单元格区域，输入“代理商”，按<Ctrl+Enter>组合键，批量输入相同数据。

Step 13 调整含有超链接列的格式

含有超链接的 E3:E12 单元格区域，字体颜色为蓝色并且有下划线，欲将此区域的格式与整个工作表统一，进行以下操作：选中 A3 单元格，在“开始”选项卡的“剪贴板”命令组中单击“格式刷”按钮，再拖动鼠标选中 E3:E12 单元格区域。

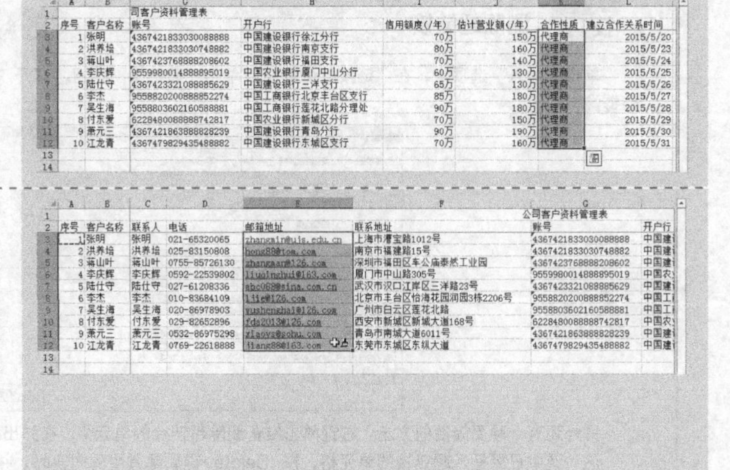

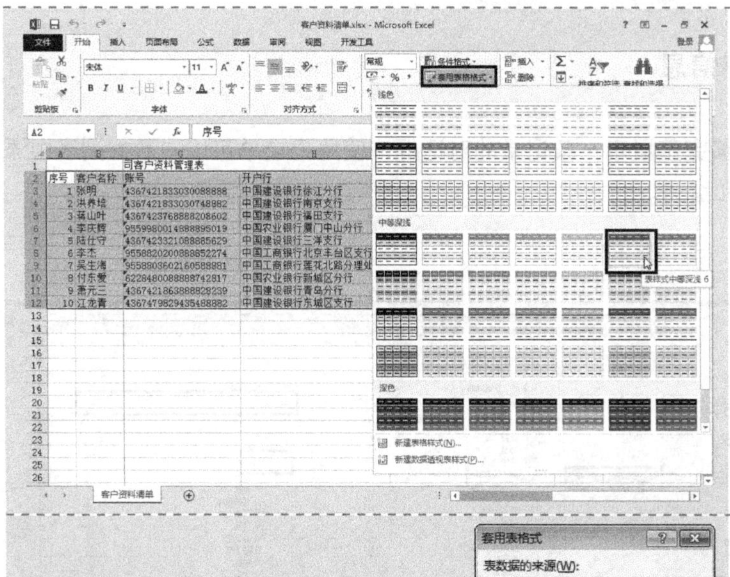

Step 14 套用表格格式

① 选中 A2:L12 单元格区域，在“开始”选项卡的“样式”命令组中单击“套用表格格式”按钮，并在打开的下拉菜单中选择“表样式中等深浅 6”命令。

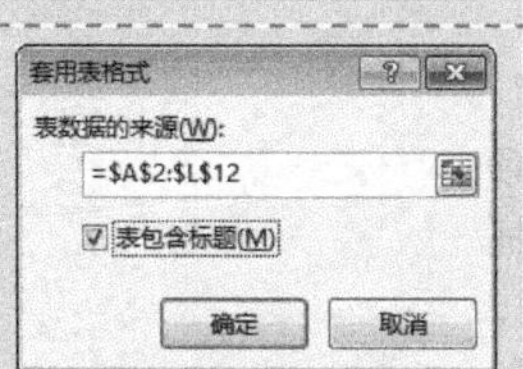

② 弹出“套用表格格式”对话框，默认勾选“表包含标题”复选框，单击“确定”按钮。

利用“套用表格格式”对单元格区域进行格式化，可使工作表的格式化过程变得简单容易。

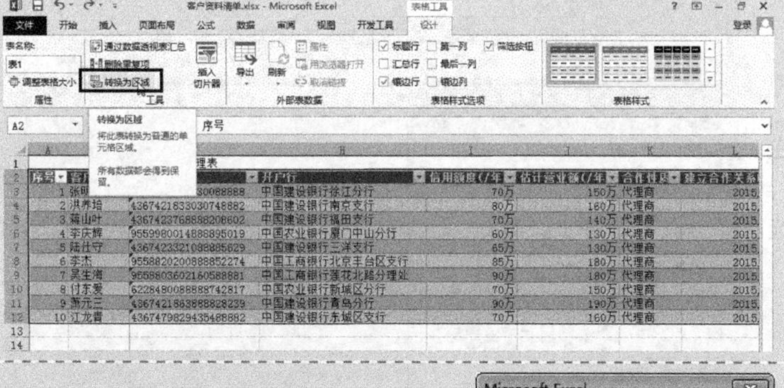

Step 15 转换为区域

① 插入图表后，激活“表格工具”功能区，在“表格工具-设计”选项卡中，单击“工具”命令组中的“转换为区域”按钮。

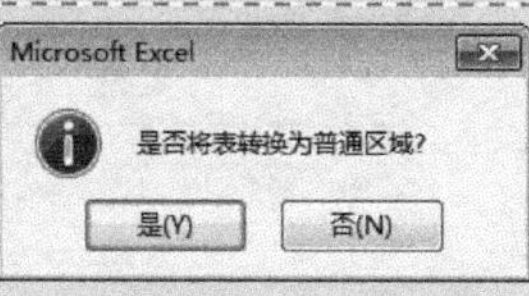

② 弹出“Microsoft Excel”对话框，单击“是”按钮。

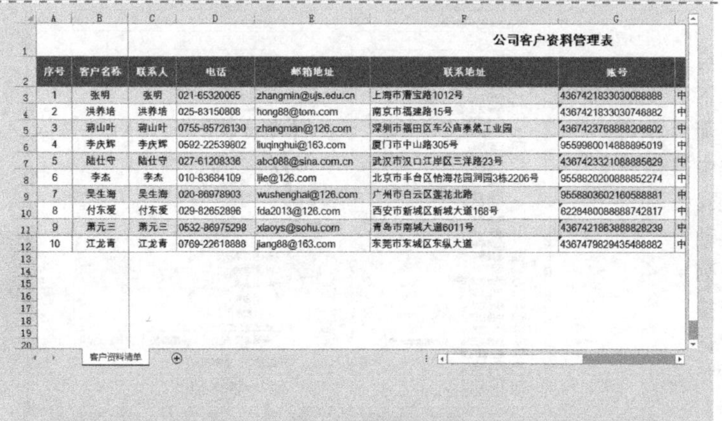

Step 16 美化工作表

套用表格格式虽然方便快捷，但它不仅种类有限而且样式固定。根据实际需要，可以重新设定各表单项的单元格格式。

① 设置字体、字号、加粗、居中和自动换行。

② 调整行高和列宽。

③ 设置框线。

④ 取消编辑栏和网格线显示。

2.1.2 利用记录单管理客户信息

这里制作的记录单是一个能够完整显示一条记录的对话框，使用记录单可以向数据列表中添加记录，也可以对记录进行修改和编辑。

Step 1 新建“记录单”命令组

① 单击“文件”选项卡，在弹出的下拉菜单中选择“选项”命令，弹出“Excel 选项”对话框，单击“自定义功能区”选项卡。

② 在右侧的“自定义功能区”下拉列表框中选择默认的“主选项卡”选项，在下面的列表框中选中“插入”复选框，单击“新建组”按钮，即可在“插入”选项卡中建立一个新的组。

③ 单击“重命名”按钮。

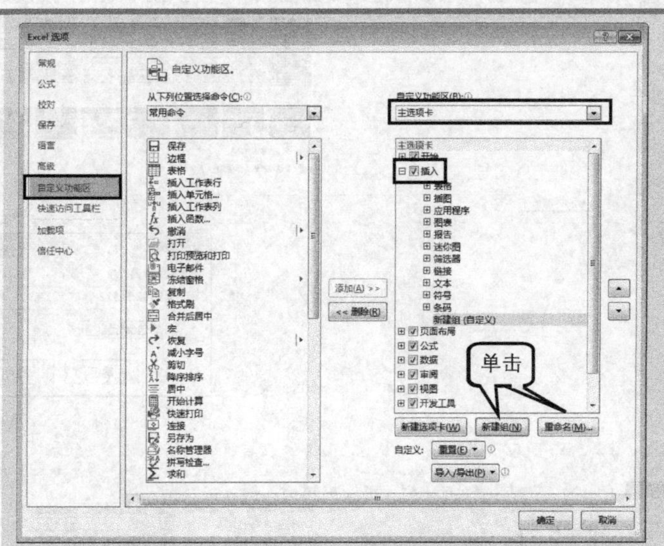

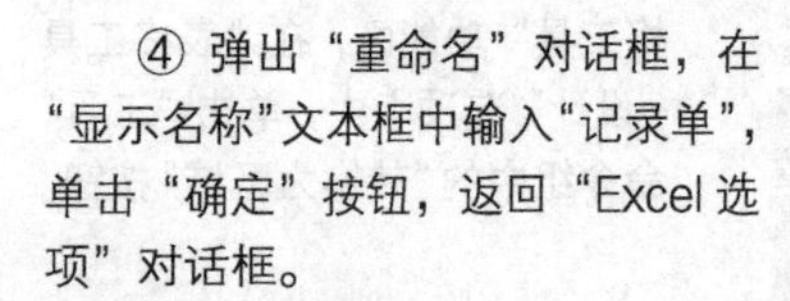

④ 弹出“重命名”对话框，在“显示名称”文本框中输入“记录单”，单击“确定”按钮，返回“Excel 选项”对话框。

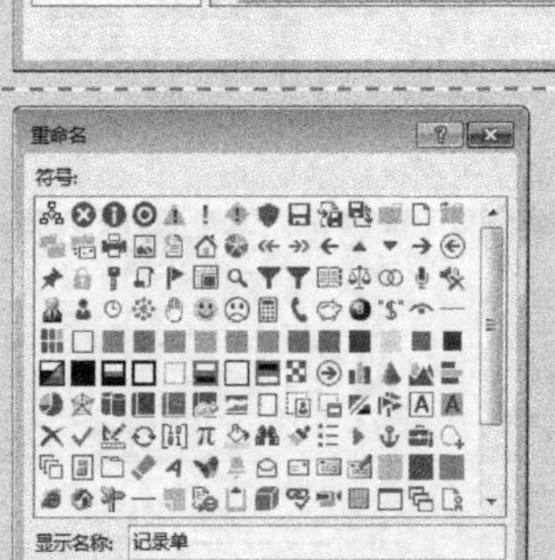

Step 2 添加“记录单”按钮至“记录单”命令组

在“Excel 选项”对话框的“自定义功能区”命令组中，单击“从下列位置选择命令”列表框右侧的下箭头按钮▾，在弹出的下拉列表框中选择“不在功能区中的命令”选项，然后再拖动下方列表框右侧的滚动条至下部位置，选中“记录单”（列表框中项目以汉语拼音首字母排序），单击“添加”按钮，即可将“记录单”添加到“记录单（自定义）”命令组中，单击“确定”按钮。

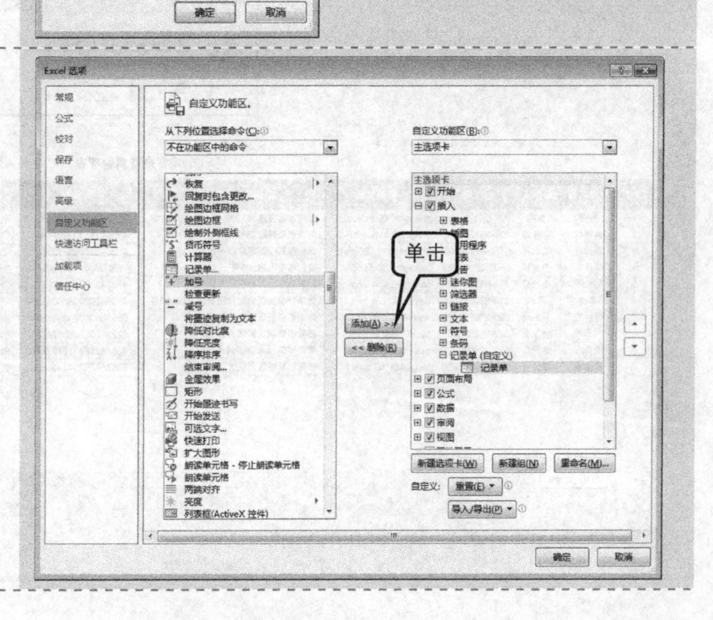

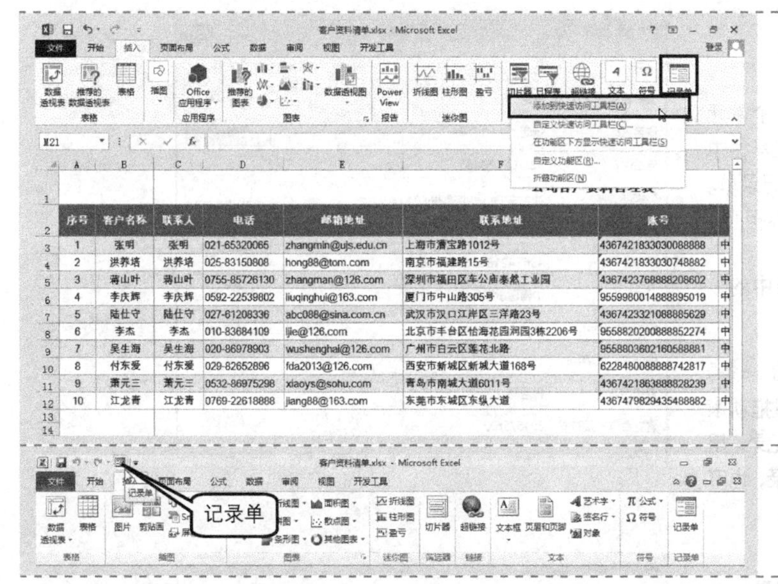

Step 3 添加到“快速访问工具栏”

单击“插入”选项卡，在刚刚添加的“记录单”命令组中，右键单击“记录单”按钮，在弹出的快捷菜单中选择“添加到快速访问工具栏”命令。

此时在“快速访问工具栏”中添加了“记录单”按钮。

活力小贴士

技巧 删除“记录单”按钮

如果在“快速访问工具栏”中不再需要“记录单”按钮，可以右键单击“记录单”按钮，在弹出的快捷菜单中选择“从快速访问工具栏删除”命令即可。

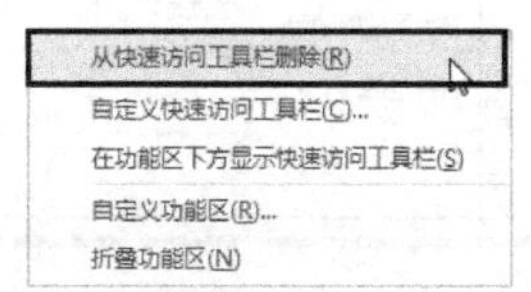

如果在“插入”选项卡中不再需要“记录单”按钮，可以单击“文件”选项卡，在弹出的下拉菜单中选择“选项”命令，弹出“Excel 选项”对话框，单击“自定义功能区”选项卡，在右侧的“自定义功能区”下方的列表框中单击“插入”→“记录单（自定义）”，再单击“删除”按钮，接着单击“确定”按钮即可。

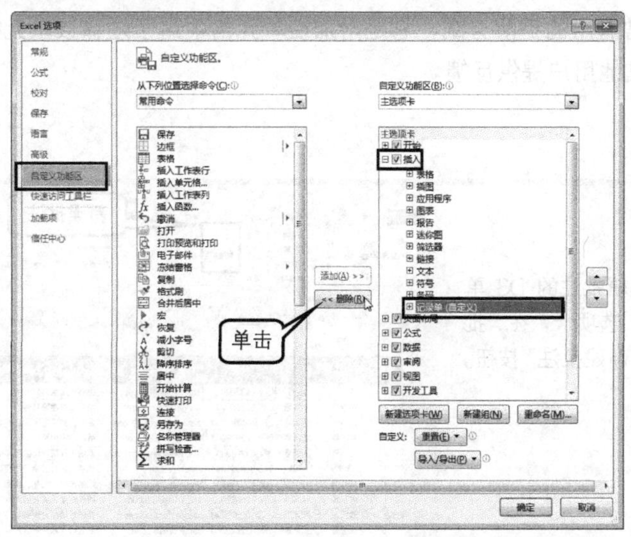

Step 4 打开记录单

选择数据列表中的任意一个单元格如A3单元格，在快速访问工具栏中单击“记录单”按钮，打开记录单。此记录单的名称与工作表的名称相同。

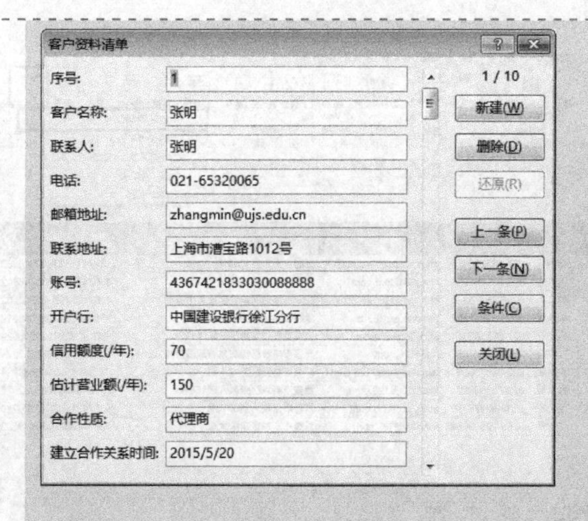

Step 5 修改和删除数据列表中的记录

在该记录单中通过单击“上一条”或者“下一条”按钮，或者通过拖动滚动条即可查找要修改或删除的记录。用户可以直接在记录单中修改记录，也可以单击“删除”按钮将其删除。

Step 6 添加数据列表中的记录

在记录中单击“新建”按钮即可进行记录的添加，添加完成后单击“关闭”按钮。

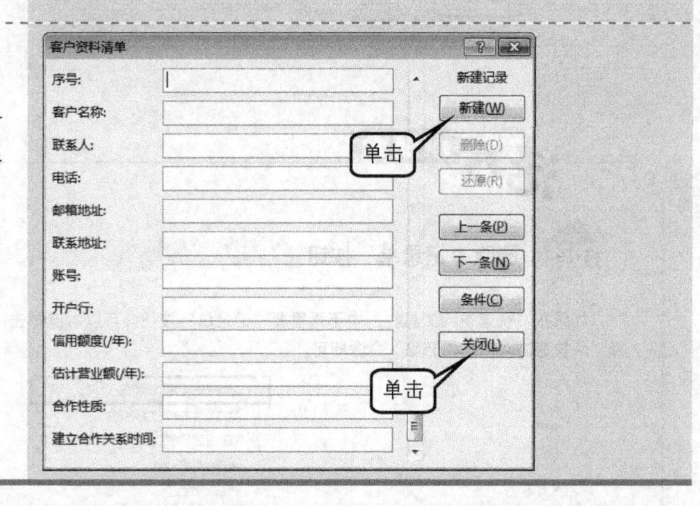

2.1.3 批注

批注是一种非常有用的提醒方式，它是附加在单元格中用于注释该单元格的，如注释复杂的公式如何工作、为其他用户提供反馈。

Step 1 插入批注

① 单击需要编辑批注的D3单元格，单击“审阅”选项卡，在“批注”命令组中单击“新建批注”按钮。

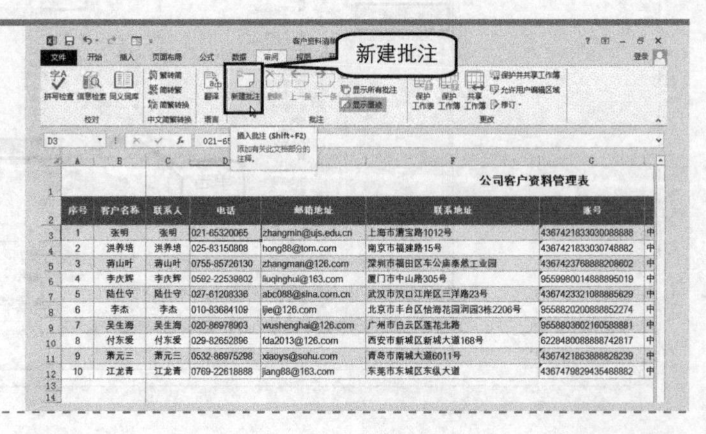

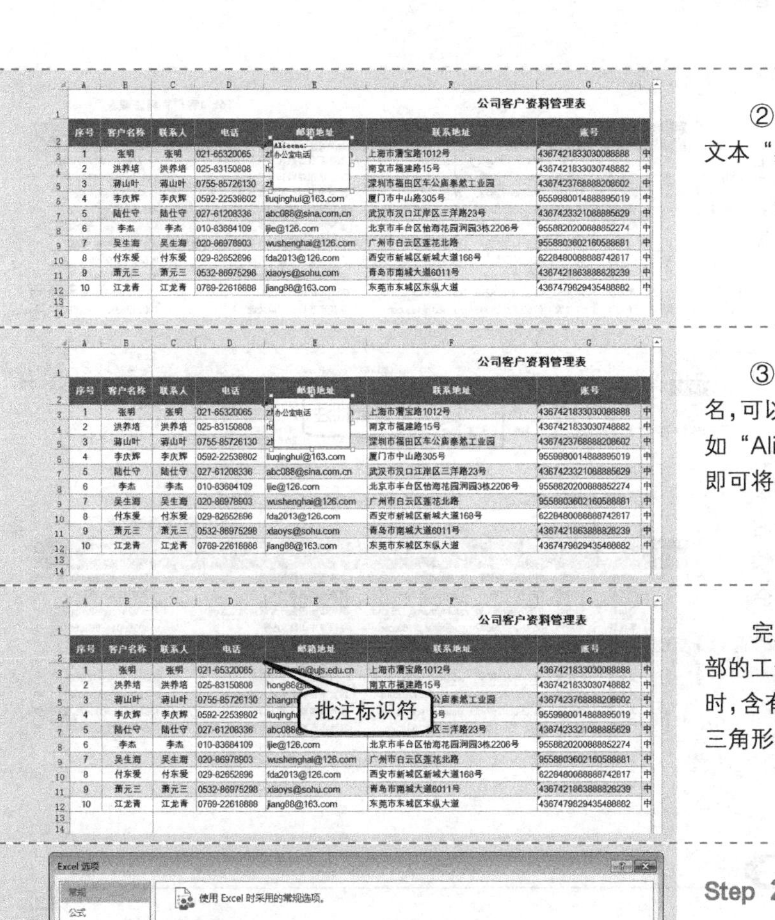

② 在弹出的批注框中输入批注文本“办公室电话”。

③ 如果不想在批注中留有姓名，可以将其删除。选择用户的名字，如“Alieena:”，然后按<Delete>键即可将其删除。

完成文本输入后，单击批注框外部的工作表区域，如 F4 单元格。此时，含有批注的单元格右上角有红色三角形的批注标识符。

Step 2 更改插入新批注时出现的用户名

若要更改用户名，可以单击“文件”选项卡，在弹出的下拉菜单中选择“选项”命令，弹出“Excel 选项”对话框，单击“常规”选项卡，在右侧下方的“对 Microsoft Office 进行个性化设置”下的“用户名”右侧的文本框中输入所需用户名，如“orange”，单击“确定”按钮。

如果删除该用户名，Excel 将使用为计算机建立的默认用户名。

技巧 更改新工作簿的工作表数量

依次单击“文件”选项卡→“选项”命令，弹出“Excel 选项”对话框。单击“常规”选项卡，在“新建工作簿时”下方的“包含的工作表数”微调框中输入“3”，或者单击微调按钮输入“3”，再单击“确定”按钮。

下一次再创建新的工作簿时，默认的工作表数目为 3 个。

Step 3 使用批注标识符

含有批注的单元格的右上角有红色三角形的批注标识符，如果鼠标指针悬停其上，就会显示该单元格的批注内容。

Step 4 编辑批注

选中 D3 单元格，在“审阅”选项卡的“批注”命令组中单击“编辑批注”按钮；或者右键单击 D3 单元格，在弹出的快捷菜单中选择“编辑批注”命令，即可以编辑 D3 单元格的批注内容。

在 D 列中输入其他批注。

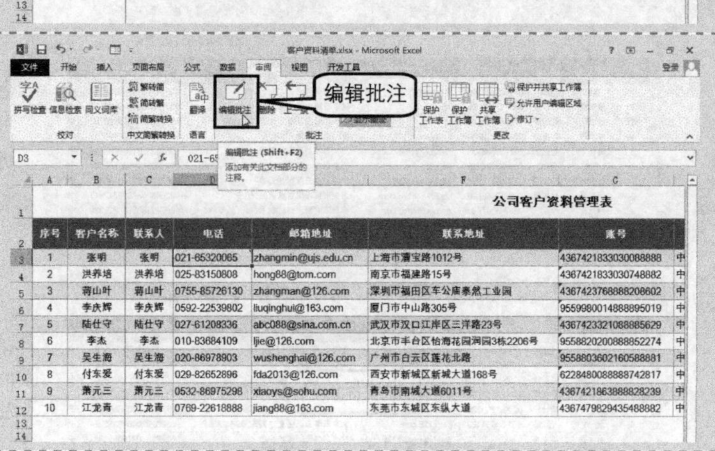

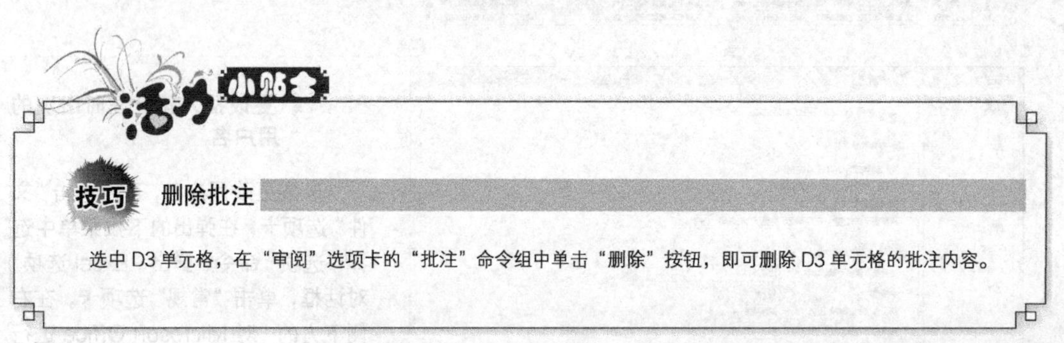

技巧 删除批注

选中 D3 单元格，在“审阅”选项卡的“批注”命令组中单击“删除”按钮，即可删除 D3 单元格的批注内容。

Step 5 显示所有批注

在“审阅”选项卡的“批注”命令组中单击“显示所有批注”按钮。

如果需要按顺序查看所有批注，从所选单元格 D3 开始，单击“批注”命令组的“下一条”按钮。

如果需要以相反顺序查看，单击“上一条”按钮。

Step 6 隐藏批注

单击“显示/隐藏批注”按钮，即可隐藏选中单元格的单元格批注。

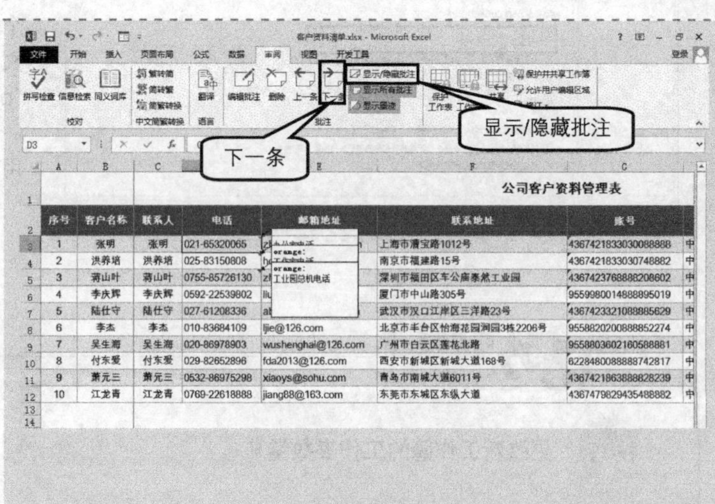

2.1.4 保护工作簿文件不被查看或者编辑

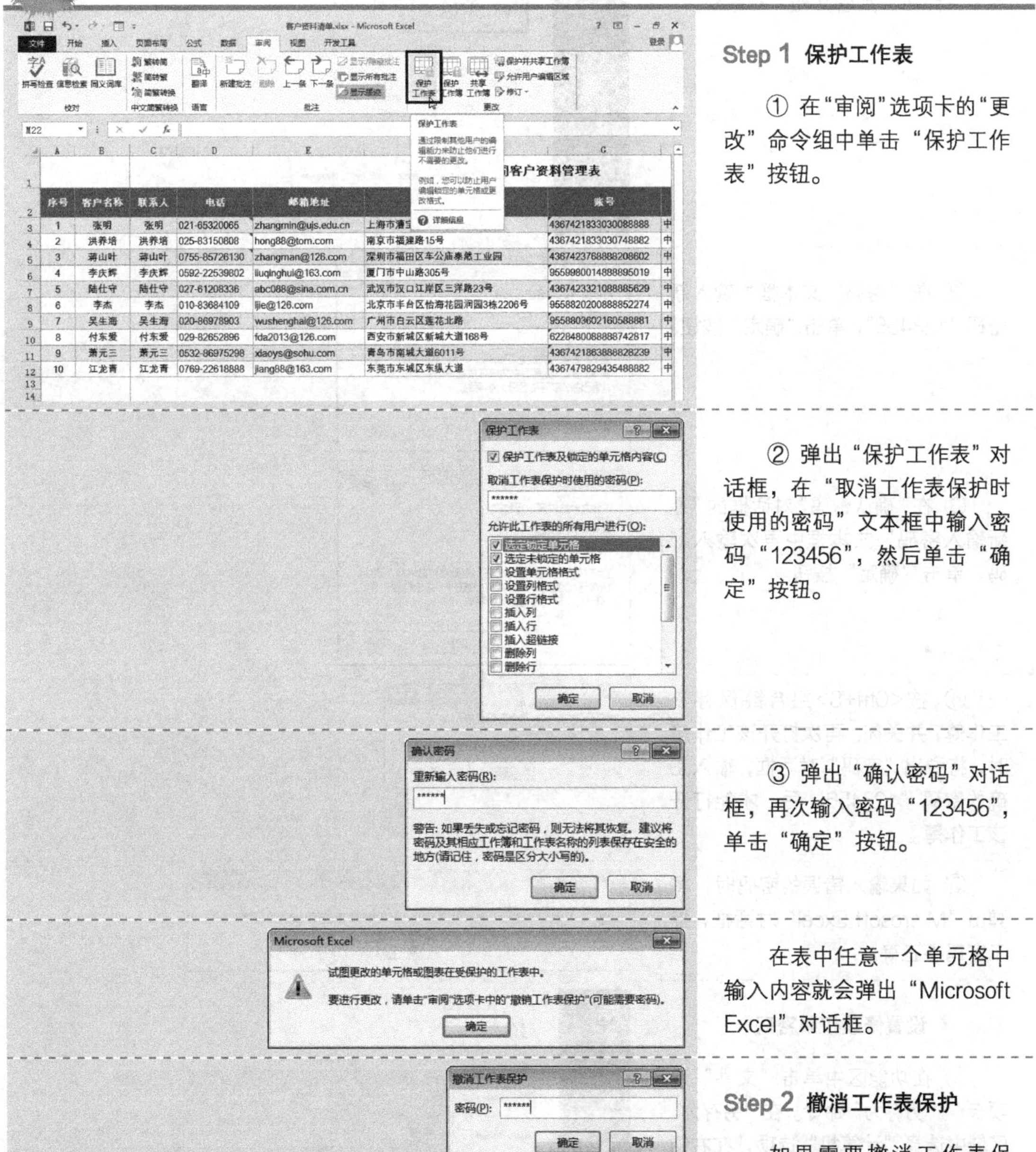

Step 1 保护工作表

① 在"审阅"选项卡的"更改"命令组中单击"保护工作表"按钮。

② 弹出"保护工作表"对话框，在"取消工作表保护时使用的密码"文本框中输入密码"123456"，然后单击"确定"按钮。

③ 弹出"确认密码"对话框，再次输入密码"123456"，单击"确定"按钮。

在表中任意一个单元格中输入内容就会弹出"Microsoft Excel"对话框。

Step 2 撤消工作表保护

如果需要撤消工作表保护，在"审阅"选项卡的"更改"选项组中单击"撤消工作表保护"按钮，弹出"撤消工作表保护"对话框，在"密码"文本框中输入之前设置的密码"123456"即可。

Step 3 加密文档

① 单击“文件”选项卡，在打开的下拉菜单中依次选择“信息”→“保护工作簿”→“用密码进行加密”命令，弹出“加密文档”对话框。

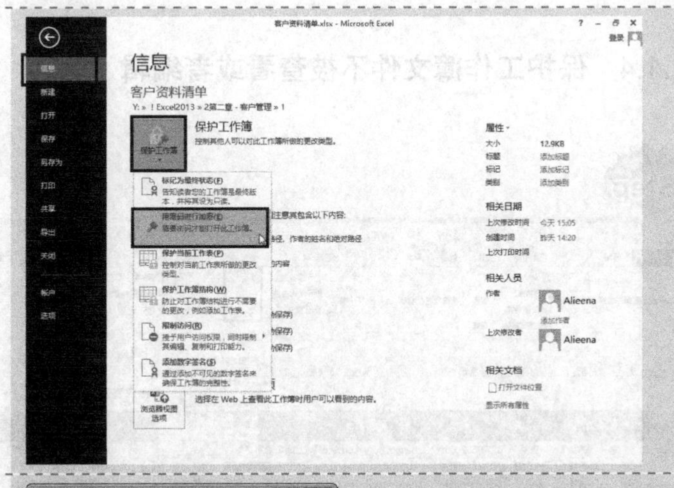

② 在“密码”文本框中输入新密码“123456”，单击“确定”按钮。

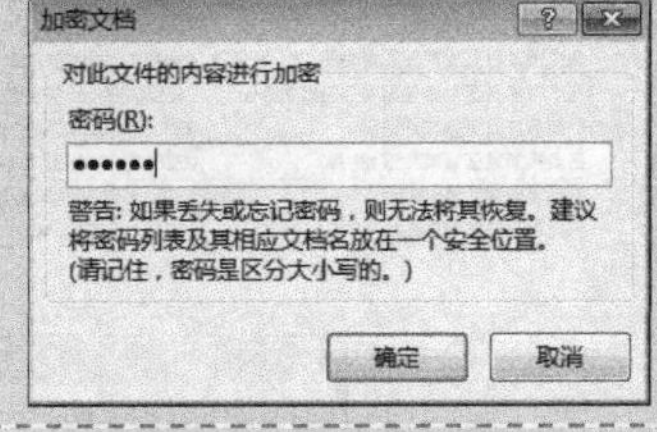

③ 在“确认密码”对话框的“重新输入密码”文本框中再次输入密码，单击“确定”按钮。

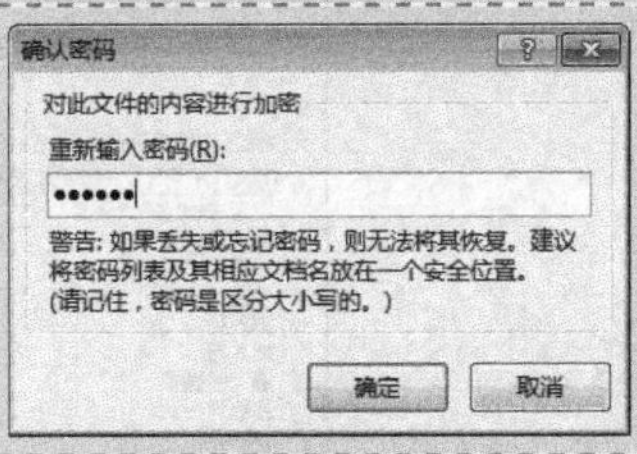

④ 按<Ctrl+S>组合键保存该工作簿，并关闭。再次打开该工作簿时，将弹出“密码”对话框，输入正确的密码“123456”后，才能打开该工作簿。

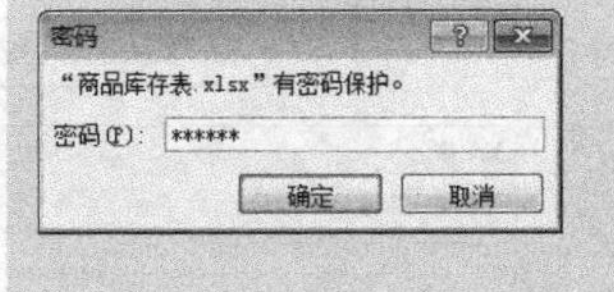

⑤ 如果输入错误的密码时，将弹出“Microsoft Excel”对话框，提示密码不正确。

Step 4 设置修改权限密码

① 在功能区中单击“文件”选项卡→“另存为”命令。在“另存为”区域中选择“计算机”选项，在右侧的“计算机”区域下方选择合适的路径，弹出“另存为”对话框。

② 在弹出的“另存为”对话框中，单击“工具”侧的下三角按钮，在弹出的下拉菜单中选择“常规选项”命令，弹出“常规选项”对话框。

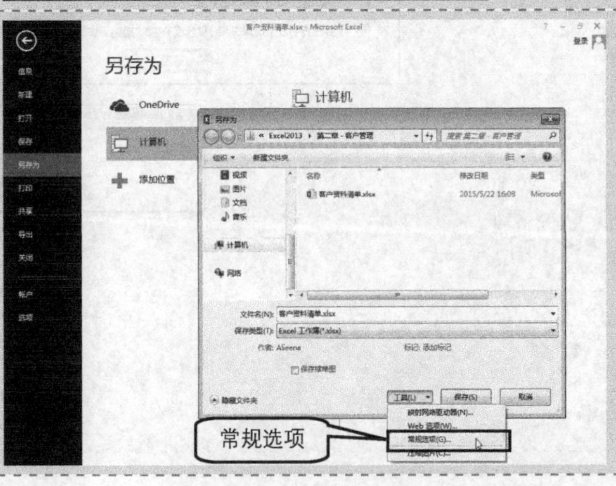

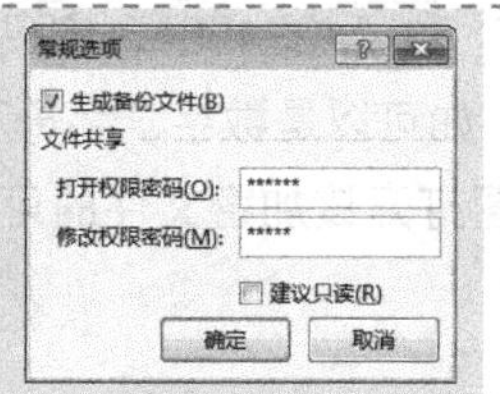

③ 在“修改权限密码”文本框中输入“excel”，为了安全可以勾选“生成备份文件”复选框，单击“确定”按钮。

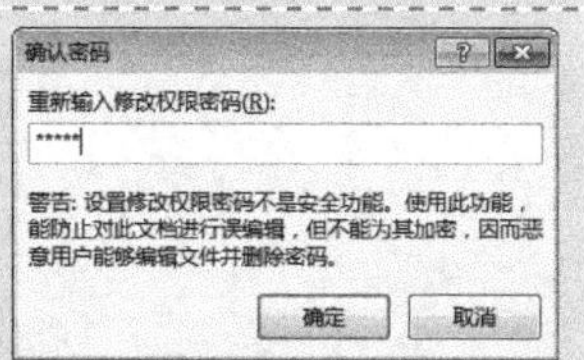

④ 此时弹出“确认密码”对话框，在“重新输入修改权限密码”文本框中输入“excel”，单击“确定”按钮。

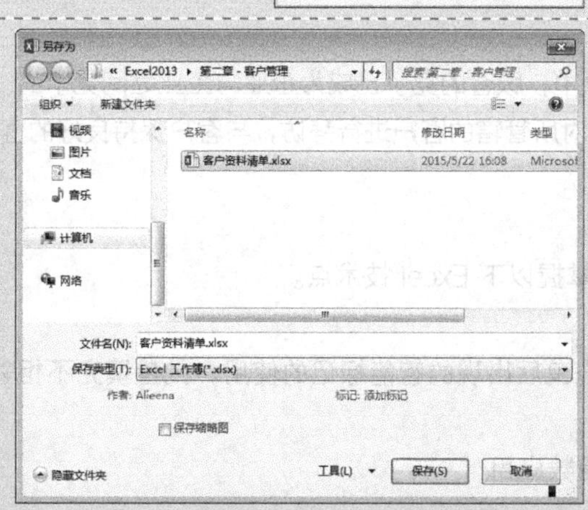

⑤ 返回“另存为”对话框，选中“客户资料清单”，单击“保存”按钮。

⑥ 弹出“确认另存为”对话框，提示“客户资料清单.xlsx 已存在。要替换它吗？”，单击“是”按钮来替换已有的工作簿。

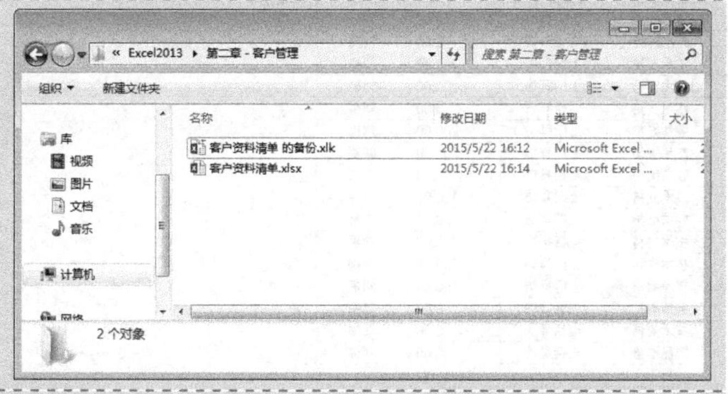

⑦ 关闭该工作簿。此时，就完成了对工作簿的打开权限密码和修改权限密码的设置，并且生成了“客户资料清单的备份.xlk”文件。

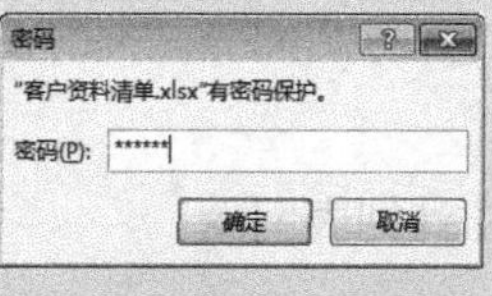

⑧ 再打开“客户资料清单”工作簿，此时会显示如图所示对话框，只有输入正确的密码“123456”才能打开该工作簿。

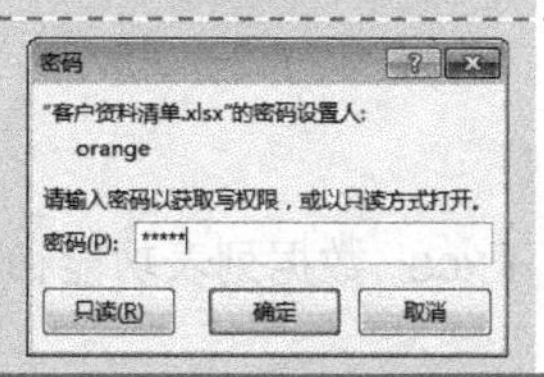

⑨ 接着显示如图所示对话框，只有输入正确的密码“excel”，单击“确定”按钮，才能获取写权限。

本案例中输入的密码是“excel”和“123456”，密码位数不多且仅为数字或字母，实际工作中，读者应尽可能设置复杂的密码，如可以是数字、字母及特殊符号的组合。密码设置得越复杂，那么对于不知道密码的人而言，试图打开该加密文件的可能性就越低，就越能起到保护重要文件的作用。

2.2 客户拜访计划表

案例背景

顾客就是上帝。在现代的商业竞争中，顾客的竞争已成为企业与企业之间竞争的一个主要方面。为了避免客户的流失，销售人员应定期对所管辖的客户进行拜访，与客户保持良好的客情关系。

关键技术点

要实现本例中的功能，读者应当掌握以下 Excel 技术点。

- 表功能介绍
- 单元格自动填充功能：填充拖曳后出现的智能标记的使用，批量填充不相邻区域单元格
- 数据验证
- COUNTIF 函数、COUNTA 函数应用

最终效果展示

客户周拜访计划表

序号	日期	星期	客户名称	拜访内容	拜访方式	客情费	访问者
1	6月1日	星期一	张明	客情维护	电话拜访	0.00	刘梅
2			洪培养	客情维护	上门拜访	100.00	刘梅
3			蒋叶山	技术支持	上门拜访	150.00	刘梅
4	6月2日	星期二	李辉庆	产品维修	电话拜访	0.00	刘梅
5			陆守仕	技术支持	上门拜访	100.00	刘梅
6			李杰	技术支持	上门拜访	200.00	刘梅
7	6月3日	星期三	吴海生	技术支持	电话拜访	0.00	刘梅
8			付爱东	客情维护	上门拜访	200.00	刘梅
9			萧三元	产品维修	上门拜访	200.00	刘梅
10	6月4日	星期四	江青龙	客情维护	电话拜访	0.00	刘梅
11			李杰	技术支持	上门拜访	100.00	刘梅
12			赵文龙	客情维护	上门拜访	100.00	刘梅
13	6月5日	星期五	张明	技术支持	电话拜访	0.00	刘梅
14			洪培养	技术支持	上门拜访	100.00	刘梅
15			蒋叶山	产品维修	上门拜访	150.00	刘梅
16	6月6日	星期六	吴海生	客情维护	电话拜访	0.00	刘梅
17			付爱东	技术支持	电话拜访	0.00	刘梅
18			萧三元	产品维修	电话拜访	0.00	刘梅
汇总						1400.00	

刘梅6月份第一周客户拜访统计

访问方式	次数	占比
电话拜访	8	44.44%
上门拜访	10	55.56%

示例文件

光盘\示例文件\第 2 章\客户周拜访计划表.xlsx

2.2.1 创建列表

本案例中重点要实现两个功能：Excel 数据列表功能和单元格自动填充功能。下面先来完成 Excel 数据列表功能。

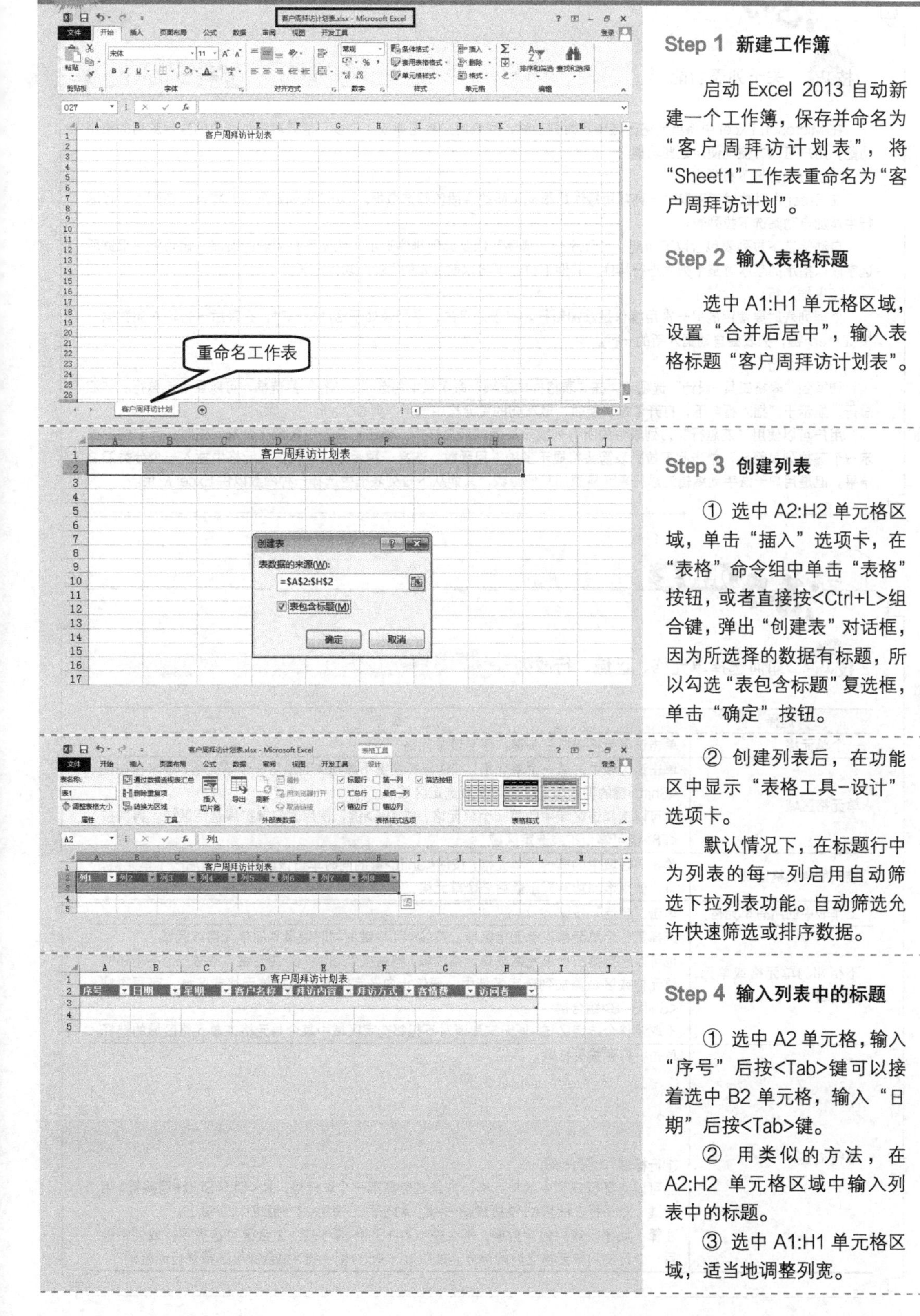

Step 1 新建工作簿

启动 Excel 2013 自动新建一个工作簿，保存并命名为“客户周拜访计划表”，将“Sheet1”工作表重命名为“客户周拜访计划”。

Step 2 输入表格标题

选中 A1:H1 单元格区域，设置“合并后居中”，输入表格标题“客户周拜访计划表”。

Step 3 创建列表

① 选中 A2:H2 单元格区域，单击“插入”选项卡，在“表格”命令组中单击“表格”按钮，或者直接按<Ctrl+L>组合键，弹出“创建表”对话框，因为所选择的数据有标题，所以勾选“表包含标题”复选框，单击“确定”按钮。

② 创建列表后，在功能区中显示“表格工具-设计”选项卡。

默认情况下，在标题行中为列表的每一列启用自动筛选下拉列表功能。自动筛选允许快速筛选或排序数据。

Step 4 输入列表中的标题

① 选中 A2 单元格，输入“序号”后按<Tab>键可以接着选中 B2 单元格，输入“日期”后按<Tab>键。

② 用类似的方法，在 A2:H2 单元格区域中输入列表中的标题。

③ 选中 A1:H1 单元格区域，适当地调整列宽。

技巧 关于列表功能

在 Microsoft Excel 中将单元格区域指定为列表时，列表用户界面集成了许多可能要对该列表中的数据应用的常用功能，用户可以方便地使用这些功能。

（1）自动筛选下拉列表

在 Excel 中对数据所采取的一种常用操作是根据不同的字段值筛选数据。Excel 在创建列表时将自动在列表的标题行中添加自动筛选下拉列表。

自动筛选下拉列表包含以下功能：“升序”“降序”以及其他排序选项，位于下拉列表的顶部。该功能可根据所选字段以指定的顺序对整个列表进行排序。其他下拉选项与以前版本的 Excel 功能一样。

（2）插入行

处理列表时要使用的另一常用操作是添加新行。出于此目的，当列表处于活动状态时，在最后一行输入完数据，按<Enter>键，列表会自动插入新的一行。

（3）汇总行

切换到“表格工具-设计”选项卡，在“表格样式选项”命令组中勾选“汇总行”复选框，可以显示汇总行。“汇总行”显示于“插入行”下，打开汇总功能时，最左侧的单元格中显示“汇总”。

用户可以使用“汇总行”为列表中的所有列显示不同的汇总样式。单击汇总行中任意一个单元格时，其右侧会显示一个下拉列表箭头，单击此下拉列表箭头将显示多种常用函数。选择一种函数，将在该单元格中插入一个分类汇总结果。但是用户无法手动编辑汇总行单元格添加其他函数，只能从下拉列表框中选择一种函数以供 Excel 应用。

技巧 如何选择单元格、区域、行或列

选择	操作
一个单元格	单击该单元格或按箭头键，移至该单元格
单元格区域	单击该区域中的第一个单元格，按住鼠标左键不放拖曳到最后一个单元格，或者在按住<Shift>键的同时按箭头键以扩展选定区域。 也可以选择该区域中的第一个单元格，按<F8>键，使用方向键扩展选定区域，再次按<F8>键可停止扩展选定区域
较大的单元格区域	单击该区域中的第一个单元格，按住<Shift>键的同时单击该区域中的最后一个单元格，可以使用滚动功能显示最后一个单元格
工作表中的所有单元格	单击“全选”按钮
不相邻的单元格或单元格区域	选择第一个单元格或单元格区域，按住<Ctrl>键的同时选择其他单元格或区域。 也可以选择第一个单元格或单元格区域，然后按<Shift+F8>组合键，将另一个不相邻的单元格或区域添加到选定区域中。要停止向选定区域中添加单元格或区域，可再次按<Shift+F8>组合键 不取消整个选定区域，便无法取消对不相邻选定区域中某个单元格或单元格区域的选择
整行或整列	单击行标题或列标题。 A B ② 1 2 ① ①行标题；②列标题 也可以选择行或列中的单元格，方法是选择第一个单元格，按<Ctrl+Shift+箭头键>组合键（对于行，使用<→>键或<←>键；对于列，使用<↑>键或<↓>键）。 注释：如果行或列包含数据，那么按<Ctrl+Shift+箭头键>组合键可选择到行或列中最后一个已使用单元格之前的部分。按<Ctrl+Shift+箭头键>组合键可选择整行或整列

续表

选择	操作
相邻行或列	在行标题或列标题间拖动鼠标。或者选择第一行（或列），按住<Shift>键，同时选择最后一行或（列）
不相邻的行或列	单击选定区域中第一行的行标题或第一列的列标题，按住<Ctrl>键，同时单击要添加到选定区域中的其他行的行标题或其他列的列标题
行或列中的第一个或最后一个单元格	选择行或列中的一个单元格，然后按<Ctrl+箭头键>组合键（对于行，使用<→>键或<←>键；对于列，使用<↑>键或<↓>键）
工作表或 Microsoft Excel 表格中第一个或最后一个单元格	按<Ctrl+Home>组合键，选择工作表或 Excel 列表中的第一个单元格；按<Ctrl+End>组合键，选择工作表或 Excel 列表中最后一个包含数据或格式设置的单元格
工作表中最后一个使用的单元格（右下角）之前的单元格区域	选择第一个单元格，然后按<Ctrl+Shift+End>组合键，将选定单元格区域扩展到工作表中最后一个使用过的单元格（右下角）
到工作表起始处的单元格区域	选择第一个单元格，按<Ctrl+Shift+Home>组合键，将单元格选定区域扩展到工作表的起始处
增加或减少活动选定区域中的单元格	按住<Shift>键，同时单击要包含在新选定区域中的最后一个单元格。活动单元格和用户所单击的单元格之间的矩形区域将成为新的选定区域

2.2.2 输入数据

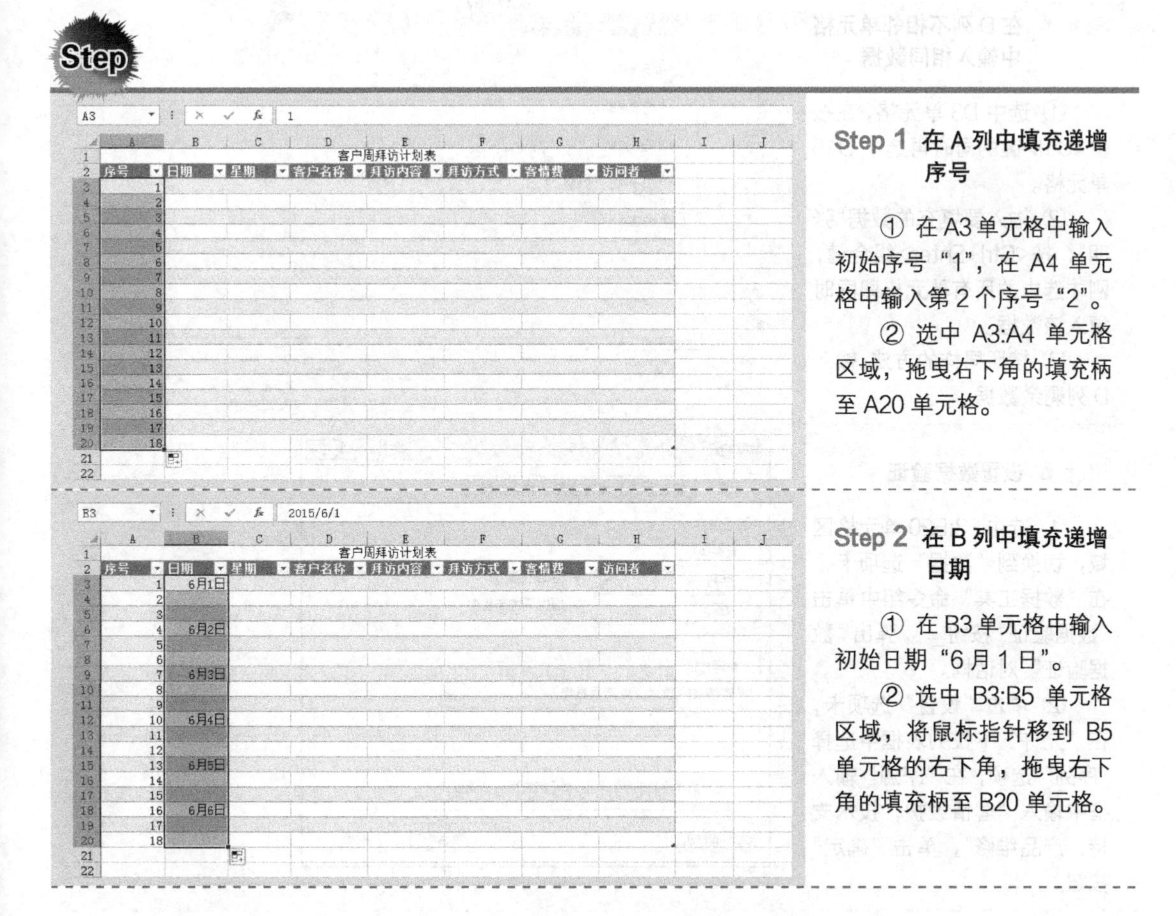

Step 1 在 A 列中填充递增序号

① 在 A3 单元格中输入初始序号“1”，在 A4 单元格中输入第 2 个序号“2”。

② 选中 A3:A4 单元格区域，拖曳右下角的填充柄至 A20 单元格。

Step 2 在 B 列中填充递增日期

① 在 B3 单元格中输入初始日期“6 月 1 日”。

② 选中 B3:B5 单元格区域，将鼠标指针移到 B5 单元格的右下角，拖曳右下角的填充柄至 B20 单元格。

Step 3 智能标记的使用

单击填充后出现的智能标记，展开有以下选项：复制单元格、填充序列、仅填充格式、不带格式填充、以天数填充、以工作日填充、以月填充、以年填充和快速填充。此处默认选择“填充序列”。

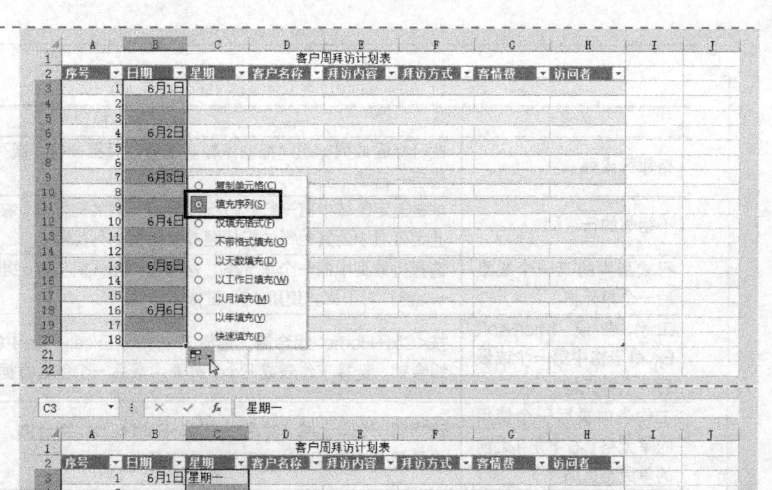

Step 4 输入 C 列数据

采用 Step2 中的方法，选中 C3 单元格，输入“星期一”，选中 C3:C5 单元格区域，将鼠标指针移到C5单元格右下角，拖曳右下角的填充柄至 C20 单元格。

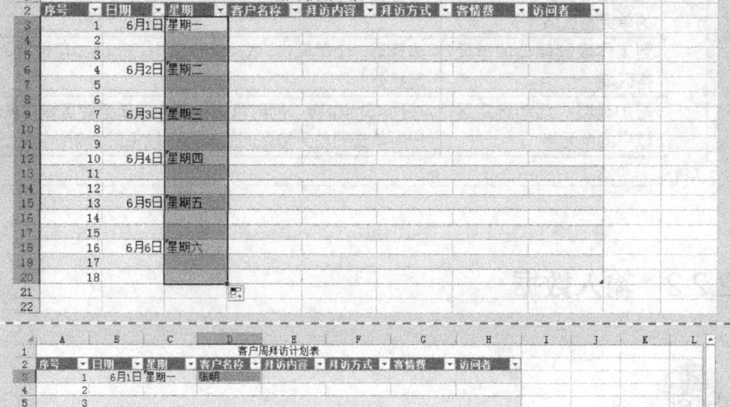

Step 5 在 D 列不相邻单元格中输入相同数据

① 选中 D3 单元格，在按住<Ctrl>键的同时再选中 D15 单元格。

② 输入要填充的数据“张明”，按<Ctrl+Enter>组合键，刚才选中的所有单元格即同时填入该数据。

③ 按照同样的方法，输入 D 列剩余数据。

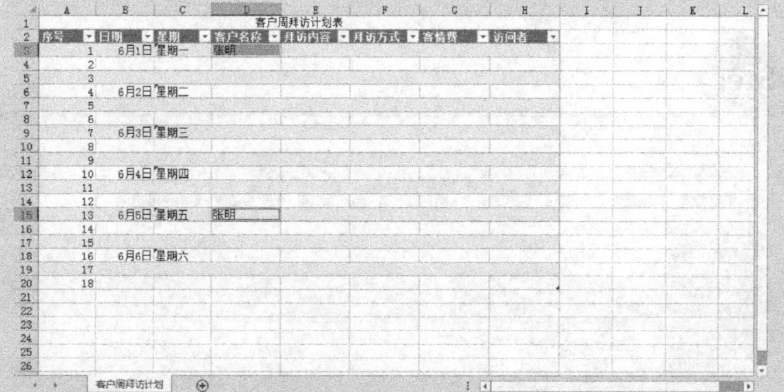

Step 6 设置数据验证

① 选中 E3:E20 单元格区域，切换到“数据”选项卡，在“数据工具”命令组中单击“数据验证”按钮，弹出“数据验证”对话框。

② 单击“设置”选项卡，在“允许”下拉列表框中选择“序列”选项，在“来源”输入框中输入“客情维护，技术支持，产品维修”，单击“确定”按钮。

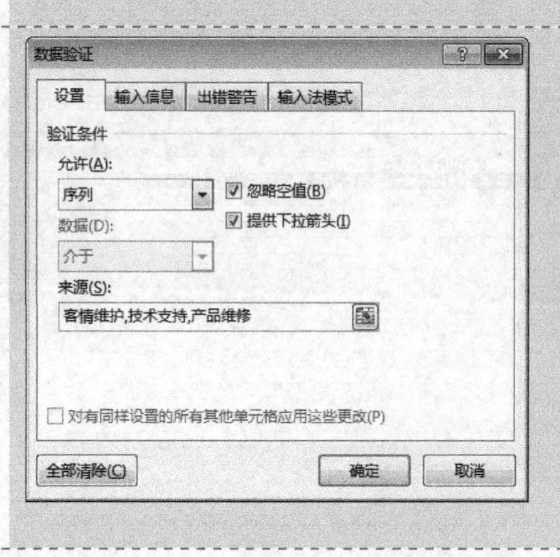

技巧 注意全角和半角

在设置数据验证时，在输入“来源”的引用内容时，请选择半角也就是英文方式下的“=”，而不要选择全角也就是中文方式下的“＝”。

（1）全角：指一个字符占用两个标准字符位置。

汉字字符和规定了全角的英文字符及国标 GB2312-80 中的图形符号和特殊字符都是全角字符。一般的系统命令是不用全角字符的，只是在作文字处理时才会使用全角字符。

（2）半角：指一个字符占用一个标准的字符位置。

通常的英文字母、数字键、符号键都是半角的，半角的显示内码都是一个字节。在系统内部，以上 3 种字符是作为基本代码处理的，所以用户输入命令和参数时一般都使用半角。

（3）全角与半角的区别在于：全角占两个字节，半角占一个字节。

全角就是字母和数字等与汉字占等宽位置的字。全角与半角主要是针对标点符号来说的，全角标点占两个字节，半角占一个字节，而不管是半角还是全角，汉字都还是要占两个字节。

一般是用<Shift+空格>组合键切换全角和半角。

技巧 利用 Excel 数据验证定制下拉列表框

在使用 Excel 的过程中，经常需要录入大量的数据，有些重复输入的数据往往还要注意数据格式等有效性。如果每个数据都通过键盘来输入，非常浪费时间和精力。利用 Excel 的数据验证功能，可以提高数据输入速度和准确性。

例如，要输入一个公司员工信息，员工所属部门一般不多，输入过程中会重复输入这几个部门的名称，如果把几个部门名称集合到一个下拉列表框中，输入时只要做一个选择操作，则会大大简化操作，并节约时间。其实这可以通过数据验证功能来实现，具体操作如下。

选中“所属部门”列的单元格区域，切换到“数据”选项卡，在“数据工具”命令组中单击“数据验证”按钮，弹出“数据验证”对话框，单击“设置”选项卡，在“允许”下拉列表框中选择“序列”选项，在“来源”输入框中输入如“质检部,人事部,财务处,开发部,市场部”等各部门名称，各部门之间以英文格式的逗号隔开，最后单击“确定”按钮。

设置后返回到工作表中，单击“所属部门”列的任何一个单元格，都会在右边显示一个下拉箭头，单击它就会出现下拉列表框。

选择其中的一个选项，相应的部门名称就输入到单元格中了，显得非常方便，而且输入准确不易出错。当单击其他任一单元格时，该单元格的下拉箭头就消失，并不影响操作界面。

客户周拜访计划表

序号	日期	星期	客户名称	拜访内容	拜访方式	客情费	访问者
1	6月1日	星期一	张明				
2			洪培养				
3			蒋叶山				
4	6月2日	星期二	李辉庆				
5			陆守仕				
6			李杰				
7	6月3日	星期三	吴海生				
8			付爱东				
9			萧三元				
10	6月4日	星期四	江青龙				
11			李杰				
12			赵文龙				
13	6月5日	星期五	张明				
14			洪培养				
15			蒋叶山				
16	6月6日	星期六	吴海生				
17			付爱东				
18			萧三元				

客情维护
技术支持
产品维修

Step 7 利用数据验证输入 E 列数据

① 单击 E3 单元格，在其右侧会出现一个下箭头按钮▼，单击该按钮弹出下拉列表框，从中选择“客情维护”。

② 采用类似的方法，在 E 列输入数据。

Step 8 设置数据验证，输入 F 列数据

① 选中 F3:F20 单元格区域，切换到“数据”选项卡，在“数据工具”命令组中单击“数据验证”按钮，弹出“数据验证”对话框。

② 单击“设置”选项卡，在“允许”下拉列表框中选择“序列”选项，在“来源”输入框中输入“电话拜访，上门拜访”，单击“确定”按钮。

③ 单击 F3 单元格右侧的下箭头按钮弹出下拉列表框，从中选择“电话拜访”。

④ 采用类似的方法，在 F 列输入数据。

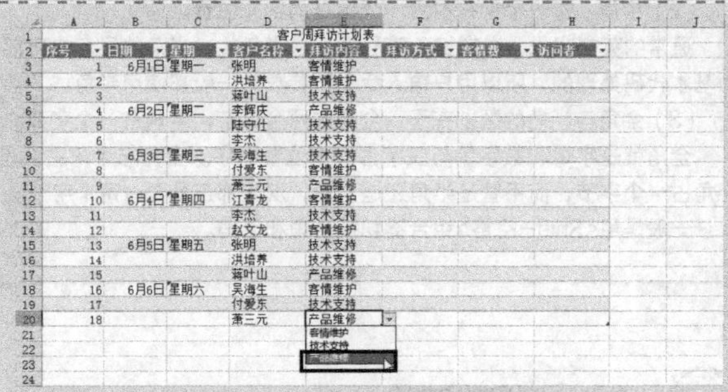

Step 9 输入 G 列数据

在 G3:G20 单元格区域中输入相关数据。

Step 10 在 H 列中填充相同数据

选中 H3:H20 单元格区域，输入“刘梅”，按<Ctrl+Enter>组合键，批量输入相同数据。

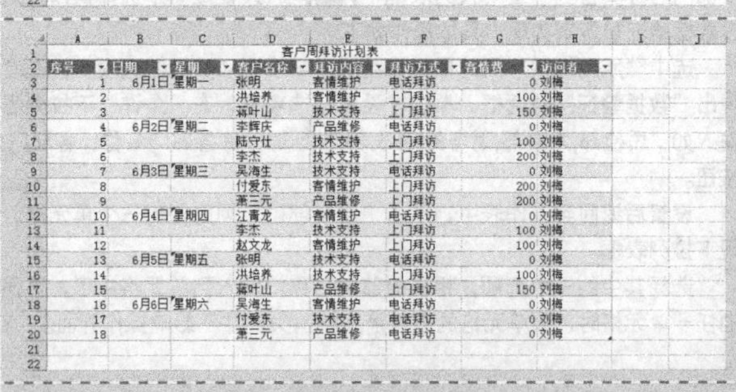

Step 11 添加汇总行

在“表格工具-设计”选项卡的“表格样式选项”命令组中，勾选“汇总行”复选框，可以显示汇总行。

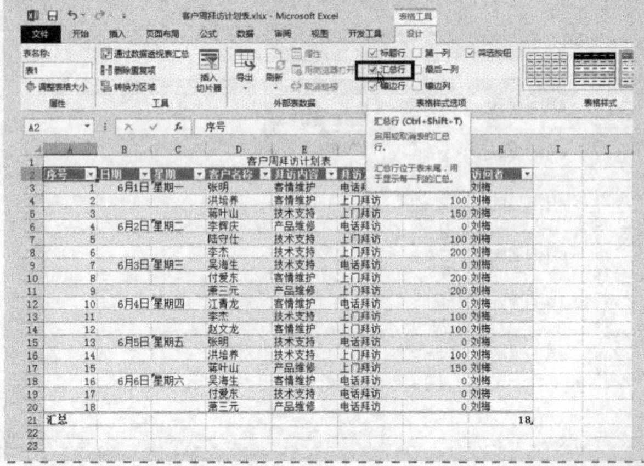

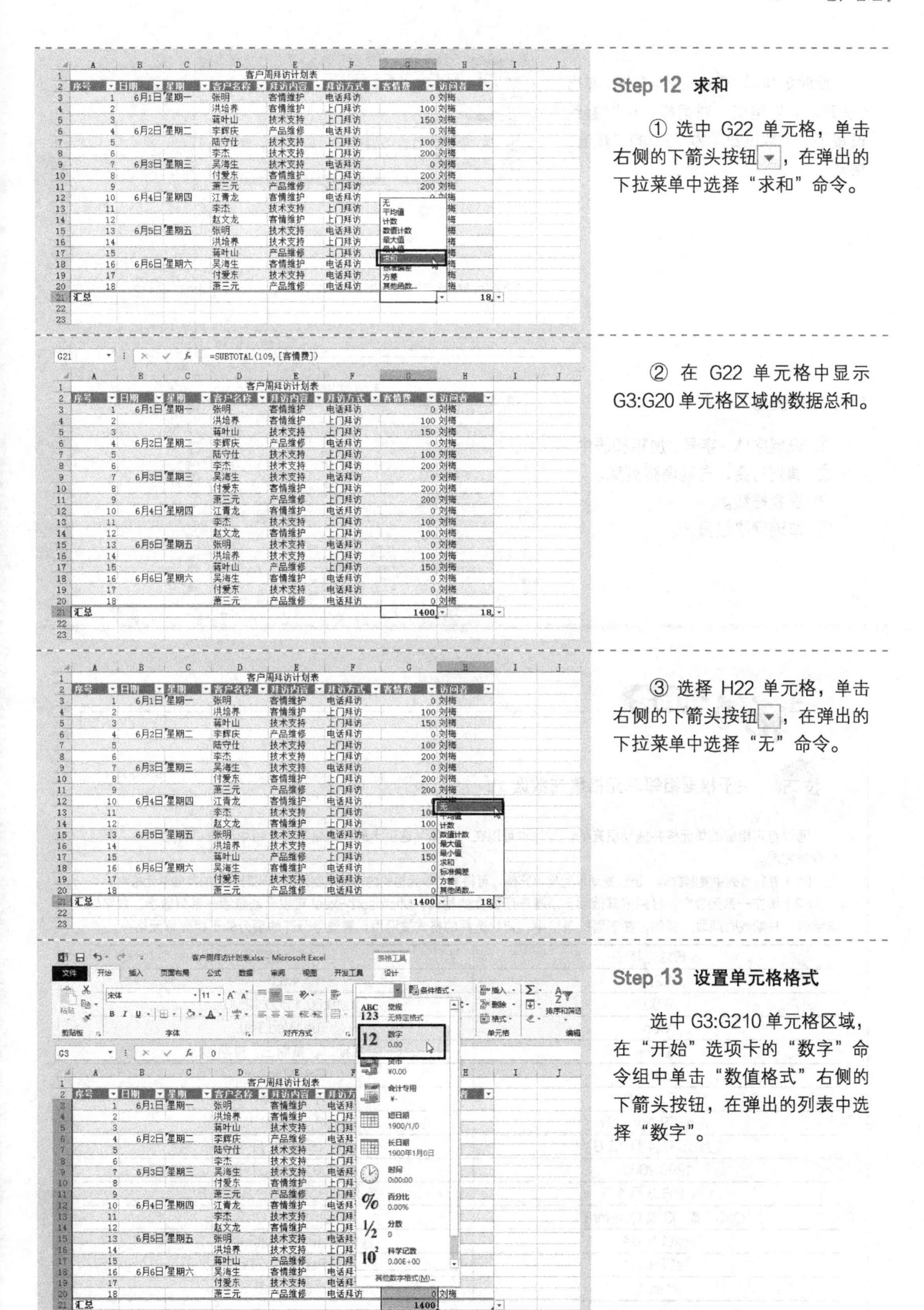

Step 12 求和

① 选中 G22 单元格，单击右侧的下箭头按钮，在弹出的下拉菜单中选择“求和”命令。

② 在 G22 单元格中显示 G3:G20 单元格区域的数据总和。

③ 选择 H22 单元格，单击右侧的下箭头按钮，在弹出的下拉菜单中选择“无”命令。

Step 13 设置单元格格式

选中 G3:G210 单元格区域，在“开始”选项卡的“数字”命令组中单击“数值格式”右侧的下箭头按钮，在弹出的列表中选择“数字”。

此时如果按<Ctrl+1>组合键，弹出“设置单元格格式”对话框，可以看到设置了“小数位数”为“2”的“数值”格式。

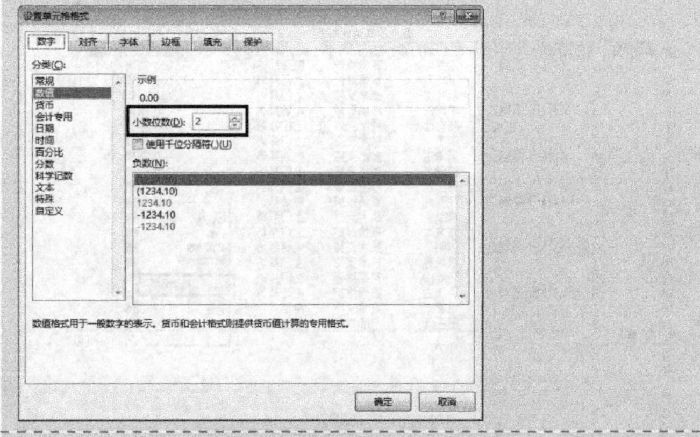

Step 14 美化工作表

① 设置字体、字号、加粗和居中。
② 调整行高，自动调整列宽。
③ 设置框线。
④ 取消网格线显示。

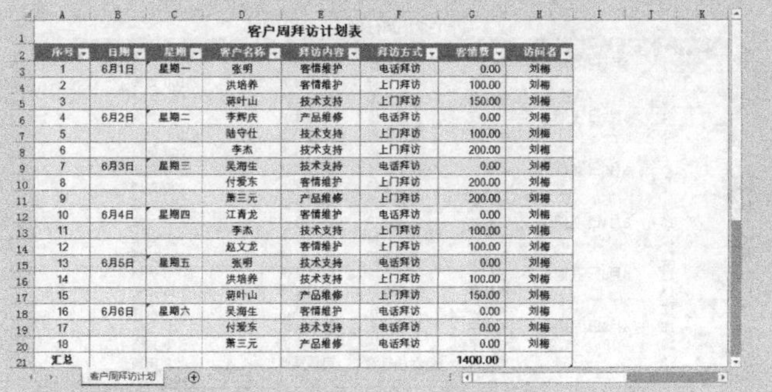

客户周拜访计划表

序号	日期	星期	客户名称	拜访内容	拜访方式	客情费	访问者
1	6月1日	星期一	张明	客情维护	电话拜访	0.00	刘梅
2			洪培养	客情维护	上门拜访	100.00	刘梅
3			蒋叶山	技术支持	上门拜访	150.00	刘梅
4	6月2日	星期二	李辉庆	产品维修	电话拜访	0.00	刘梅
5			陆守仕	技术支持	上门拜访	100.00	刘梅
6			李杰	技术支持	上门拜访	200.00	刘梅
7	6月3日	星期三	吴海生	技术支持	电话拜访	0.00	刘梅
8			付爱东	客情维护	上门拜访	200.00	刘梅
9			萧三元	产品维修	上门拜访	200.00	刘梅
10	6月4日	星期四	江青龙	客情维护	电话拜访	0.00	刘梅
11			李杰	技术支持	上门拜访	100.00	刘梅
12			赵文龙	客情维护	上门拜访	100.00	刘梅
13	6月5日	星期五	张明	技术支持	电话拜访	0.00	刘梅
14			洪培养	技术支持	上门拜访	100.00	刘梅
15			蒋叶山	产品维修	上门拜访	150.00	刘梅
16	6月6日	星期六	吴海生	客情维护	电话拜访	0.00	刘梅
17			付爱东	技术支持	电话拜访	0.00	刘梅
18			萧三元	产品维修	电话拜访	0.00	刘梅
汇总						1400.00	

技巧 关于根据相邻单元格填充数据

通过选定相应的单元格并拖动填充柄，另外也可以在“开始”选项卡的“编辑”命令组中单击“填充”→“系列”命令来完成。

（1）在行或列中复制数据。通过拖动单元格填充柄，可将某个单元格的内容复制到同一行或同一列的其他单元格中。

（2）填充一系列数字、日期或其他项目。基于所建立的格式，Microsoft Excel 可以自动延续一系列数字、数字/文本组合、日期或时间段。例如，在下面的表格中，初始选择的格式被沿用，被逗号分开的项分处于相邻单元格中。

初始选择	扩展序列
1,2,3	4,5,6...
9:00	10:00,11:00,12:00...
Mon	Tue,Wed,Thu...
星期一	星期二，星期三，星期四...
Jan	Feb,Mar,Apr...
一月，四月	七月，十月，一月...
Jan-99,Apr-99	Jul-99,Oct-99,Jan-00...
1 月 15 日,4 月 15 日	7 月 15 日,10 月 15 日...
1999,2000	2001,2002,2003...
1 月 1 日,3 月 1 日	5 月 1 日,7 月 1 日,9 月 1 日...
Qtr3（或 Q3 或 Quarter3）	Qtr4,Qtr1,Qtr2....
text1,textA	text2,textA,text3,textA...
1st Period	2nd Period,3rd Period...
产品 1	产品 2,产品 3...

如果所选区域包含数字，则可控制是要创建等差序列还是等比序列。

（3）创建自定义填充序列。可以为常用文本项创建自定义填充序列，如公司的销售区域名。

2.2.3 创建客户拜访统计表

Step 1 输入表格标题

选中 J2:L2 单元格区域，设置“合并后居中”，输入“刘梅 6 月份第一周客户拜访统计”，设置为“加粗”。

Step 2 输入表格内容

在 J3:L3 和 J4:J5 单元格区域中分别输入表格内容。

Step 3 计算“次数”

① 选中 K4 单元格，输入以下公式，按<Enter>键确认。

```
=COUNTIF(F3:F20,"电话拜访")
```

② 选中 K5 单元格，输入以下公式，按<Enter>键确认。

```
=COUNTIF(F3:F20,"上门拜访")
```

Step 4 计算“占比”

① 选中 L4 单元格，输入以下公式，按<Enter>键确认。

```
=K4/COUNTA(F3:F20)
```

② 选中 L5 单元格，输入以下公式，按<Enter>键确认。

```
=K5/COUNTA(F3:F20)
```

Step 5 设置百分比格式

选中 L4:L5 单元格区域，在“开始”选项卡的“数字”命令组中单击“百分比样式”按钮 %，并两次单击“增加小数位数”按钮 ←.0 .00。

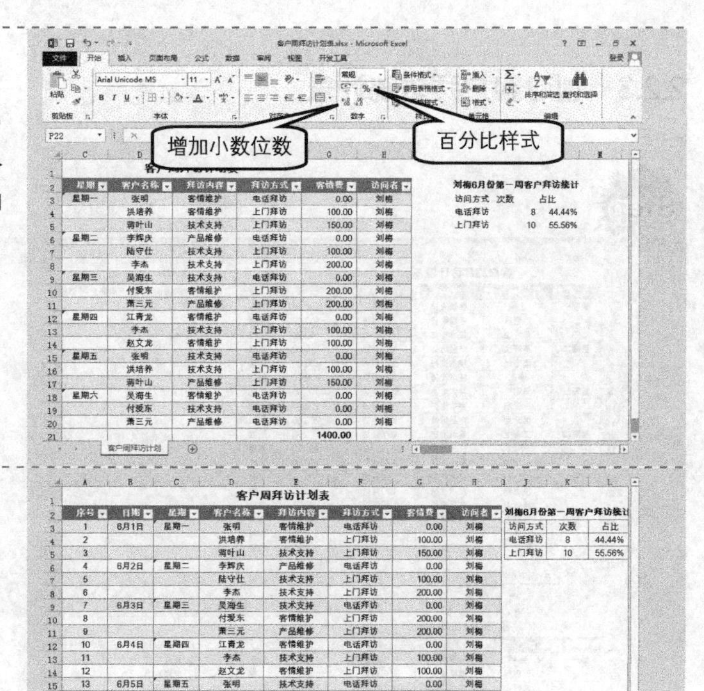

Step 6 美化工作表

① 设置居中。
② 设置框线。
③ 取消编辑栏和网格线显示。

关键知识点讲解

1. 函数应用：COUNTIF 函数

函数用途

统计某个区域内符合指定的单个条件的单元格数量。

函数语法

COUNTIF(range, criteria)

● range 要计数的一个或多个单元格，包括数字或包含数字的名称、数组或引用。空值和文本值将被忽略。

● criteria 定义要进行计数的单元格的数字、表达式、单元格引用或文本字符串，如条件可以表示为 32、">32"、B4、"apples"或"32"。

函数说明

● 可以在条件中使用通配符，即问号（?）和星号（*）。问号匹配任意单个字符，星号匹配任意一串字符。如果要查找实际的问号或星号，请在字符前输入波形符（~）。

● 条件不区分大小写，如字符串"apples"和字符串"APPLES"将匹配相同的单元格。

函数简单示例

示例一：通用 COUNTIF 公式

	A	B
1	数据	数据
2	apples	38
3	oranges	54
4	peaches	75
5	apples	86

示例	公式	说明	结果
1	=COUNTIF(A2:A5,"apples")	计算 A2:A5 单元格区域中 apples 所在单元格的个数	2
2	=COUNTIF(A2:A5,A4)	计算 A2:A5 单元格区域中 peaches 所在单元格的个数	1
3	=COUNTIF(A2:A5,A3)+COUNTIF(A2:A5,A2)	计算 A2:A5 单元格区域中 oranges 和 apples 所在单元格的个数	3
4	=COUNTIF(B2:B5,">56")	计算 B2:B5 单元格区域中值大于 56 的单元格个数	2
5	=COUNTIF(B2:B5,"<>"&B4)	计算 B2:B5 单元格区域中值不等于 75 的单元格个数	3
6	=COUNTIF(B2:B5,">=32")-COUNTIF(B2:B5,">85")	计算 B2:B5 单元格区域中值不小于 32 且不大于 85 的单元格个数	3

示例二：在 COUNTIF 公式中使用通配符和处理空值

	A	B
1	数据	数据
2	apples	Yes
3		no
4	oranges	NO
5	peaches	No
6		
7	apples	Yes

示例	公式	说明	结果
1	=COUNTIF(A2:A7,"*es")	计算 A2:A7 单元格区域中以字母“es”结尾的单元格个数	4
2	=COUNTIF(A2:A7,"?????es")	计算 A2:A7 单元格区域中以“les”结尾且恰好有 7 位字符的单元格个数	2
3	=COUNTIF(A2:A7,"*")	计算 A2:A7 单元格区域中包含文本的单元格个数	4
4	=COUNTIF(A2:A7,"<>*")	计算 A2:A7 单元格区域中不包含文本的单元格个数	2
5	=COUNTIF(B2:B7,"No")/ROWS(B2:B7)	计算 B2:B7 单元格区域中“No”的个数与总行数（包括空白单元格）的占比	0.5
6	=COUNTIF(B2:B7,"Yes")/COUNTIF(B2:B7,"*")	计算 B2:B7 单元格区域中“Yes”的个数与文本单元格个数的占比	0.4

本例公式说明

以下为本例中的公式。

```
=COUNTIF(F3:F20,"电话拜访")
```

其各个参数值指定 COUNTIF 函数从 F3:F20 单元格区域中统计“电话拜访”的次数。

2. 函数应用：COUNTA 函数

函数用途

计算区域中不为空的单元格的个数。

函数语法

COUNTA(value1,[value2],...)

参数说明

- value1 为必需参数。表示要计数的值的第一个参数。
- value2,...为可选参数。表示要计数的值的其他参数，最多可包含 255 个参数。

函数说明

- 计算包含任何类型的信息（包括错误值和空文本("")）的单元格。例如，如果区域中包含的公式返回空字符串，采用 COUNTA 函数计算该值。COUNTA 函数不会对空单元格进行计数。

- 如果不需要对逻辑值、文本或错误值进行计数（换句话说，只希望对包含数字的单元格进行计数），请使用 COUNT 函数。
- 如果只希望对符合某一条件的单元格进行计数，请使用 COUNTIF 函数或 COUNTIFS 函数。

函数简单示例

	A
1	数据
2	产品
3	2012/5/8
4	
5	22
6	11.15
7	FALSE
8	#DIV/0!

示例	公式	说明	结果
1	=COUNTA(A2:A8)	计算 A2:A8 单元格区域中非空单元格的个数	6
2	=COUNTA(A5:A8)	计算 A5:A8 单元格区域中非空单元格的个数	4
3	=COUNTA(A2:A8,2)	计算 A2:A8 单元格区域中非空单元格个数，再加上参数“2”的计数值 1	7
4	=COUNTA(A2:A8,"Two")	计算 A2:A8 单元格区域中非空单元格个数，再加上参数“Two”的计数值 1	7

扩展知识点讲解

函数应用：COUNT 函数

函数用途

计算包含数字的单元格以及参数列表中数字的个数。使用 COUNT 函数获取数字区域或数组中的数字字段中的项目数。

函数语法

COUNT(value1,[value2],...)

- value1 为必需参数。是要计算其中数字个数的第一项、单元格引用或区域。
- value2,...为可选参数。是要计算其中数字个数的其他项、单元格引用或区域，最多可包含 255 个。这些参数可以包含或引用各种类型的数据，但只有数字类型的数据才被计算在内。

函数说明

- 如果参数为数字、日期或者代表数字的文本（例如，用引号括起的数字，如"1"），则将被计算在内。
- 逻辑值和直接输入到参数列表中代表数字的文本被计算在内。
- 如果参数为错误值或不能转换为数字的文本，则不会被计算在内。
- 如果参数是一个数组或引用，则只计算其中的数字。数组或引用中的空白单元格、逻辑值、文本或错误值将不计算在内。
- 若要计算逻辑值、文本值或错误值的个数，请使用 COUNTA 函数。
- 若要计算符合某一条件的数字个数，请使用 COUNTIF 函数或 COUNTIFS 函数。

■ 函数简单示例

	A
1	数据
2	产品
3	2012/5/8
4	
5	22
6	11.15
7	FALSE
8	#DIV/0!

示例	公式	说明	结果
1	=COUNT(A2:A8)	计算 A2:A8 单元格区域中包含数字的单元格个数	3
2	=COUNT(A5:A8)	计算 A5:A8 单元格区域中包含数字的单元格的个数	2
3	=COUNT(A2:A8,2)	计算 A2:A8 单元格区域中包含数字的单元格个数，再加上参数“2”的计数值 1	4

2.3 客户销售份额分布表

案例背景

了解所有客户在全年的总销售占比情况，统计各客户的销售排名。

关键技术点

要实现本例中的功能，读者应当掌握以下 Excel 技术点。

- 单元格的填充功能介绍
- 相对引用、绝对引用和混合引用介绍
- RANK 函数的应用
- 绘制饼图

最终效果展示

2015年客户销售份额分布表

序号	客户名称	地址	销售金额	所占比率	排名
1	张明	上海	¥1,200,000.00	10%	1
2	洪培养	南京	¥840,000.00	7%	8
3	蒋叶山	深圳	¥1,100,000.00	9%	3
4	李辉庆	厦门	¥900,000.00	7%	6
5	陆守仕	武汉	¥800,000.00	7%	9
6	李杰	北京	¥1,050,000.00	9%	4
7	吴海生	广州	¥1,180,000.00	10%	2
8	付爱东	西安	¥870,000.00	7%	7
9	萧三元	青岛	¥680,000.00	6%	10
10	江青龙	东莞	¥920,000.00	8%	5
11	周红梅	杭州	¥650,000.00	5%	11
12	苏珊	珠海	¥500,000.00	4%	13
13	李广	沈阳	¥550,000.00	5%	12
14	张飞	太原	¥360,000.00	3%	15
15	吴小冬	哈尔滨	¥410,000.00	3%	14
合计			¥12,010,000.00		

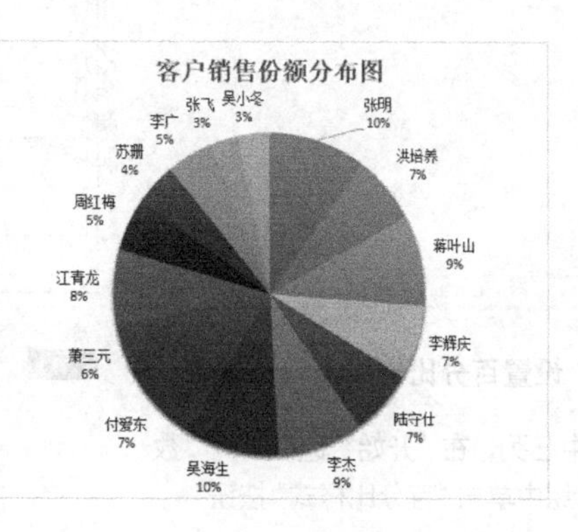

示例文件

光盘\示例文件\第 2 章\客户销售份额分布表.xlsx

2.3.1 创建客户销售份额分布表

本案例中重点要实现两个功能，即创建客户销售份额分布表和绘制饼图。下面先创建客户销售份额分布表。

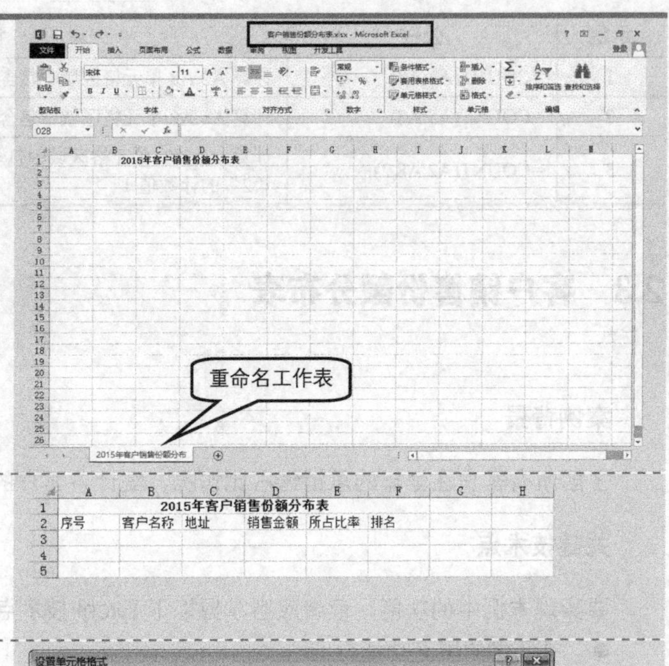

Step 1 新建工作簿

启动 Excel 2013 自动新建一个工作簿，保存并命名为“客户销售份额分布表”，将“Sheet1”工作表重命名为“2015 年客户销售份额分布表”。

Step 2 输入表格标题

选中 A1:F1 单元格区域，设置“合并后居中”，输入表格标题“2015 年客户销售份额分布表”，设置为“加粗”。

Step 3 输入各字段标题

在 A2:F2 单元格区域中输入表格各字段标题。

	A	B	C	D	E	F	G	H
1	2015年客户销售份额分布表							
2	序号	客户名称	地址	销售金额	所占比率	排名		
3								
4								
5								

Step 4 设置货币格式

选中 D 列，设置单元格格式为“货币”，“小数位数”为“2”，“货币符号”为“¥”。

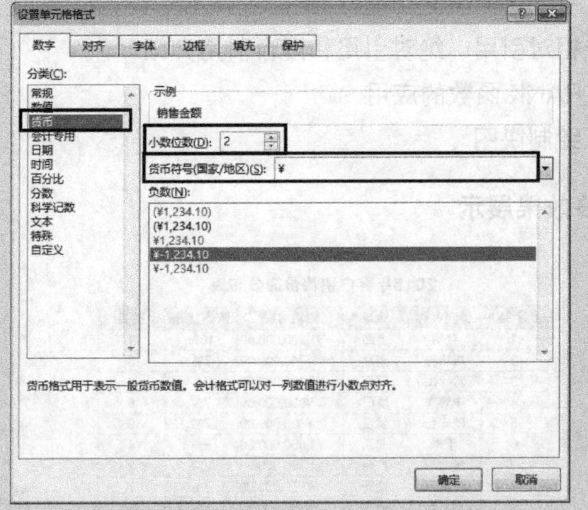

Step 5 设置百分比格式

选中 E 列，在“开始”选项卡的“数字”命令组中单击“百分比样式”按钮 %。

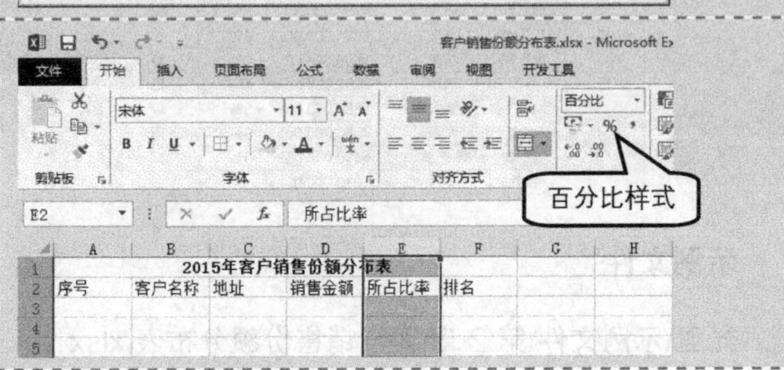

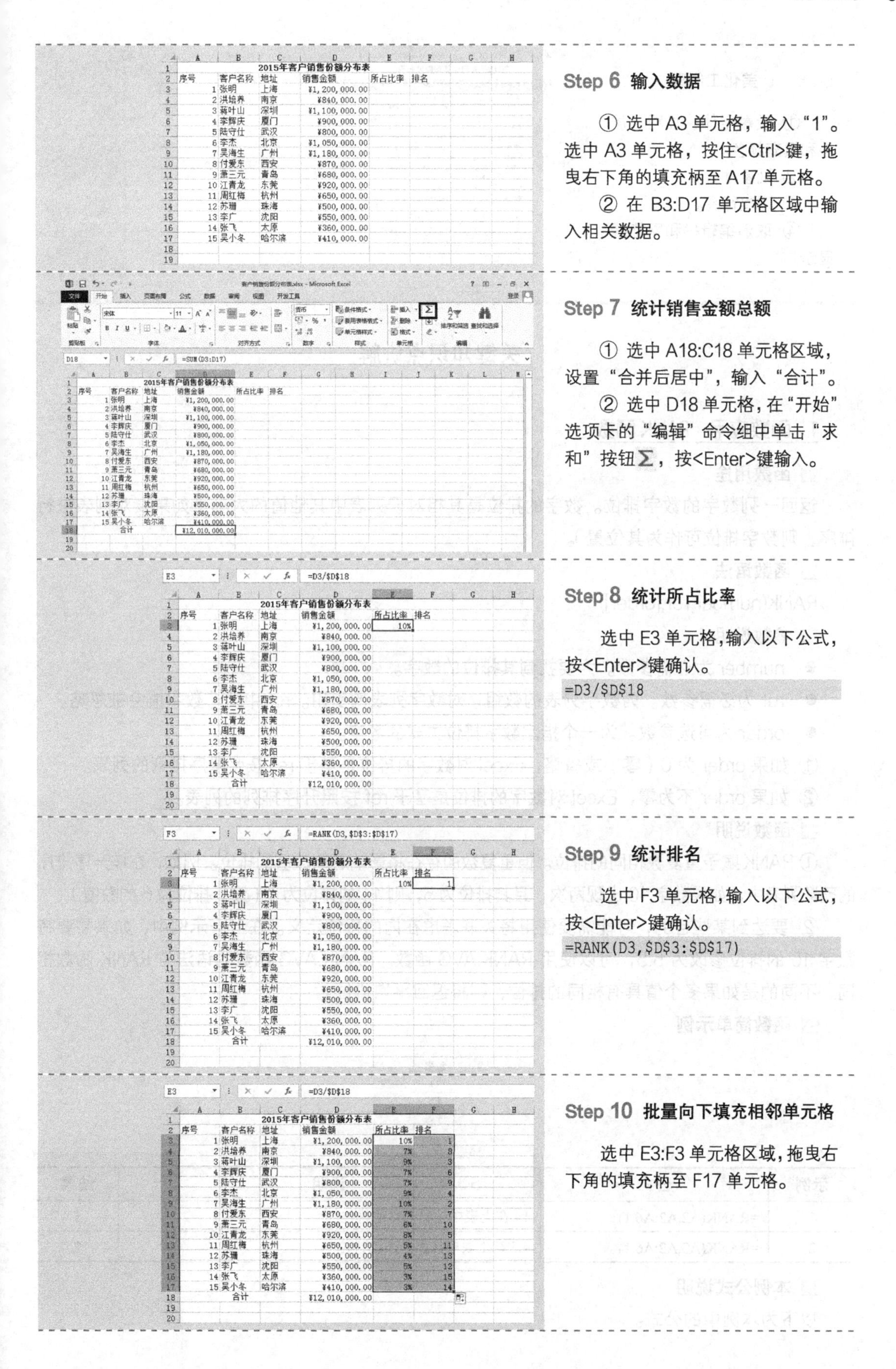

Step 6 输入数据

① 选中 A3 单元格，输入“1”。选中 A3 单元格，按住<Ctrl>键，拖曳右下角的填充柄至 A17 单元格。

② 在 B3:D17 单元格区域中输入相关数据。

Step 7 统计销售金额总额

① 选中 A18:C18 单元格区域，设置“合并后居中”，输入“合计”。

② 选中 D18 单元格，在“开始”选项卡的“编辑”命令组中单击“求和”按钮Σ，按<Enter>键输入。

Step 8 统计所占比率

选中 E3 单元格，输入以下公式，按<Enter>键确认。

```
=D3/$D$18
```

Step 9 统计排名

选中 F3 单元格，输入以下公式，按<Enter>键确认。

```
=RANK(D3,$D$3:$D$17)
```

Step 10 批量向下填充相邻单元格

选中 E3:F3 单元格区域，拖曳右下角的填充柄至 F17 单元格。

Step 11 美化工作表

① 设置字体、加粗、居中和填充颜色。

② 设置框线。

③ 调整行高。

④ 取消编辑栏和网格线显示。

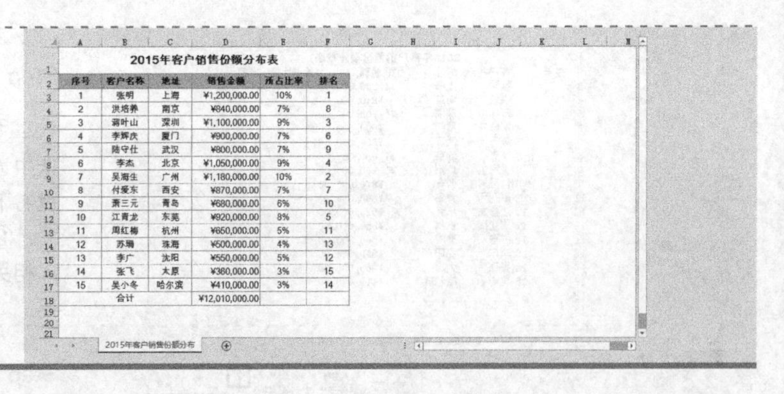

2015年客户销售份额分布表

序号	客户名称	地址	销售金额	所占比率	排名
1	张明	上海	¥1,200,000.00	10%	1
2	洪培养	南京	¥840,000.00	7%	8
3	蒋叶山	深圳	¥1,100,000.00	9%	3
4	李辉庆	厦门	¥900,000.00	7%	6
5	陆守仕	武汉	¥800,000.00	7%	9
6	李杰	北京	¥1,050,000.00	9%	4
7	吴海生	广州	¥1,180,000.00	10%	2
8	付爱东	西安	¥870,000.00	7%	7
9	萧三元	青岛	¥680,000.00	6%	10
10	江青龙	东莞	¥920,000.00	8%	5
11	周红梅	杭州	¥650,000.00	5%	11
12	苏珊	珠海	¥500,000.00	4%	13
13	李广	沈阳	¥550,000.00	5%	12
14	张飞	太原	¥380,000.00	3%	15
15	吴小冬	哈尔滨	¥410,000.00	3%	14
合计			¥12,010,000.00		

关键知识点讲解

1. 函数应用：RANK 函数

函数用途

返回一列数字的数字排位。数字的排位是其相对于列表中其他值的大小（如果要对列表进行排序，则数字排位可作为其位置）。

函数语法

RANK(number,ref,[order])

参数说明

- number 为必需参数。为要找到其排位的数字。
- ref 为必需参数。为数字列表的数组，对数字列表的引用。ref 中的非数字值会被忽略。
- order 为可选参数。为一个指定数字排位方式的数字。

① 如果 order 为 0（零）或省略，Excel 对数字的排位是基于 ref 按照降序排列的列表。

② 如果 order 不为零，Excel 对数字的排位是基于 ref 按照升序排列的列表。

函数说明

① RANK 赋予重复数相同的排位。但重复数的存在将影响后续数值的排位。例如，在按升序排序的整数列表中，如果数字 10 出现两次，且其排位为 5，则 11 的排位为 7（没有排位为 6 的数值）。

② 要达到某些目的，可能需要使用将关联考虑在内的排位定义。在上一示例中，如果需要将数字 10 的排位修改为 5.5，可以使用 RANK.AVG 函数。RANK.AVG 函数的语法与 RANK 函数相同，不同的是如果多个值具有相同的排位，则将返回平均排位。

函数简单示例

	A
1	数据
2	14
3	4.5
4	4.5
5	5
6	3

示例	公式	说明	结果
1	=RANK(A2,A2:A6,1)	14 在上表中按照升序的排位	5
2	=RANK(A3,A2:A6,1)	4.5 在上表中按照升序的排位	2

本例公式说明

以下为本例中的公式。

```
=RANK(D3,$D$3:$D$17)
```

其各个参数值指定 RANK 函数计算 D3 单元格在 D3:D17 单元格区域中按升序排位的位数。

2. 函数应用：相对引用、绝对引用和混合引用

（1）相对引用

相对引用是指相对于包含公式的单元格的相对位置。例如，B2 单元格包含公式“=A1”；Excel 将在距 B2 单元格上面一个单元格和左面一个单元格处的单元格中查找数值。

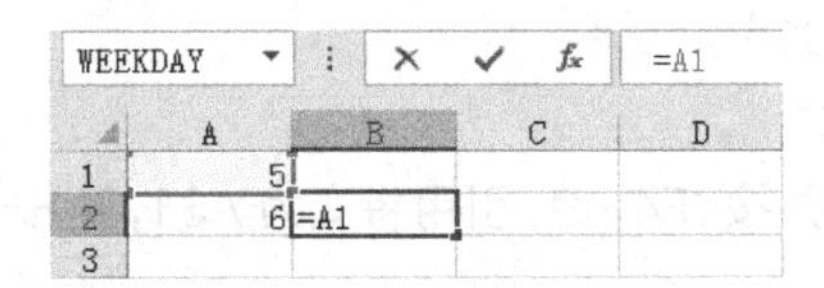

在复制包含相对引用的公式时，Excel 将自动调整复制公式中的引用，以便引用相对于当前公式位置的其他单元格。例如，B2 单元格中含有公式“=A1”，A1 单元格位于 B2 单元格的左上方，拖动 B2 单元格的填充柄将其复制至 B3 单元格时，其中的公式已经改为“=A2”，即 B3 单元格左上方单元格处的单元格。

（2）绝对引用

绝对引用是指引用单元格的绝对名称。例如，如果公式将 A1 单元格乘以单元格 A2(=A1*A2) 放到 A4 单元格中，现在将公式复制到另一单元格中，则 Excel 将调整公式中的两个引用。如果不希望这种引用发生改变，须在引用的“行号”和“列号”前加上美元符号（$），这样就是单元格的绝对引用。A4 单元格中输入公式如下：

```
=$A$1*$A$2
```

复制 A4 单元格中的公式到任何一个单元格，其引用位置都不会改变。

相对引用与绝对引用的区别主要在单元格的复制上，相对引用会随单元格的位置变化而变化；而绝对引用在引用的过程中不会随单元格的位置而改变，总是保持原来的列名或行名不变。

（3）混合引用

混合引用是指将两种单元格的引用混合使用，在行名或列名的前面加上符号“$”，该符号后面的位置是绝对引用。

下面以复制 C5 单元格中的公式为例，比较相对引用和绝对引用的异同，C7、E5 和 E7 单元格中公式的变化情况如下表。

引用类型	C5 单元格中的公式	拖动或复制后的公式		
		C7	E5	E7
相对引用	=A1	=A3	=C1	=C3
绝对引用	=$A$1	=$A$1	=$A$1	=$A$1
混合引用	=$A1	=$A3	=$A1	=$A3
	=A$1	=A$1	=C$1	=C$3

（4）相对引用与绝对引用之间的切换

如果创建了一个公式并希望将相对引用更改为绝对引用，则可按以下操作步骤进行切换。

步骤 1：选定包含该公式的单元格。

步骤 2：在编辑栏中选择要更改的引用，并按<F4>键。

步骤 3：每次按<F4>键时，Excel 会在以下组合间切换：

① 绝对列与绝对行（如$A$1）。

② 相对列与绝对行（如 A$1）。

③ 绝对列与相对行（如$C1）。

④ 相对列与相对行（如 C1）。

例如，在公式中选择$A$1 并按<F4>键，引用将变为 A$1，再按一次<F4>键，引用将变为$A1，以此类推，如下图所示。

=$A$1*$A$2	=A$1*$A$2	=$A1*$A$2	=A1*$A$2
按 1 次<F4>键	按 2 次<F4>键	按 3 次<F4>键	按 4 次<F4>键

前面已讨论过在单元格之间的引用过程。其实在工作表之间也可以建立引用，只要在引用的过程中加上标签即可。例如，要将“Sheet1”工作表中的 A1 单元格与“Sheet2”工作表中的 A2 单元格求和，结果放到“Sheet3”工作表中的 A1 单元格中。此时可以直接在“Sheet3”工作表中的 A1 单元格输入“=SUM(Sheet1!A1,Sheet2!A2)”，然后按<Enter>键求得结果。在工作表之间引用也可以利用直接选取的方法，即在输入公式的过程中切换到相应的工作表中，然后选取单元格或单元格区域即可。

在公式中合理利用上述单元格、工作表之间的引用形式可以使公式变得简单，并且使用起来也非常方便。

2.3.2 绘制饼图

下面来绘制饼图，该图可以形象、直观地表示出每个客户销售金额所占的比率。

Step 1 插入饼图

选中 B2:B17 单元格区域，按住<Ctrl>键不放，再拖动鼠标选中 D2:D17 单元格区域。切换到“插入”选项卡，单击“图表”命令组中的“饼图”按钮，在打开的下拉菜单中选择“二维饼图”下的“饼图”。

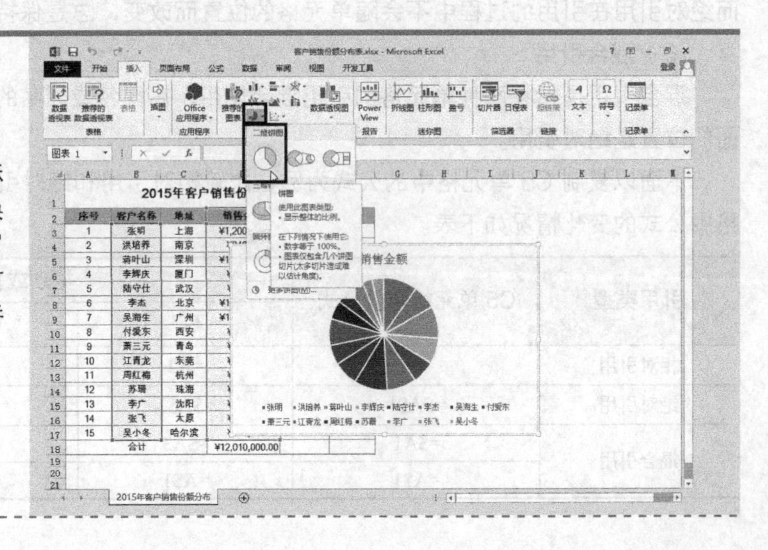

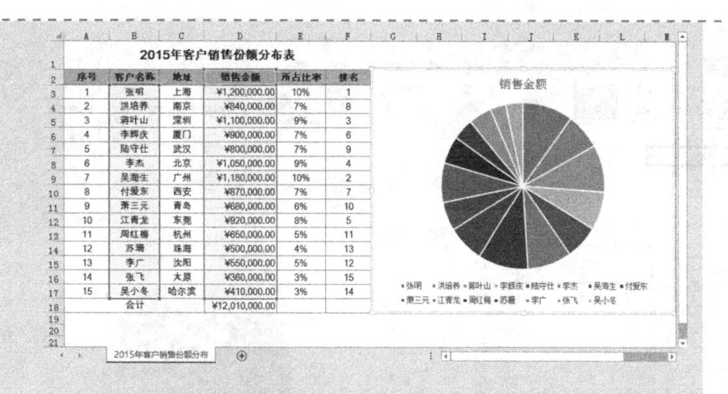

序号	客户名称	地址	销售金额	所占比率	排名
1	张明	上海	¥1,200,000.00	10%	1
2	洪培养	南京	¥840,000.00	7%	8
3	蒋叶山	深圳	¥1,100,000.00	9%	3
4	李辉庆	厦门	¥900,000.00	7%	6
5	陆守仕	武汉	¥800,000.00	7%	9
6	李杰	北京	¥1,050,000.00	9%	4
7	吴海生	广州	¥1,180,000.00	10%	2
8	付爱东	西安	¥870,000.00	7%	7
9	萧三元	青岛	¥680,000.00	6%	10
10	江青龙	东莞	¥920,000.00	8%	5
11	周红梅	杭州	¥650,000.00	5%	11
12	苏珊	珠海	¥500,000.00	4%	13
13	李广	沈阳	¥550,000.00	5%	12
14	张飞	太原	¥360,000.00	3%	15
15	吴小冬	哈尔滨	¥410,000.00	3%	14
	合计		¥12,010,000.00		

Step 2 调整图表位置

在图表空白位置按住鼠标左键，将其拖曳至表格合适位置。

Step 3 调整图表大小

将鼠标指针移至图表的右下角，待鼠标指针变成↘形状时，向外拖曳鼠标，待图表调整至合适大小时释放鼠标。

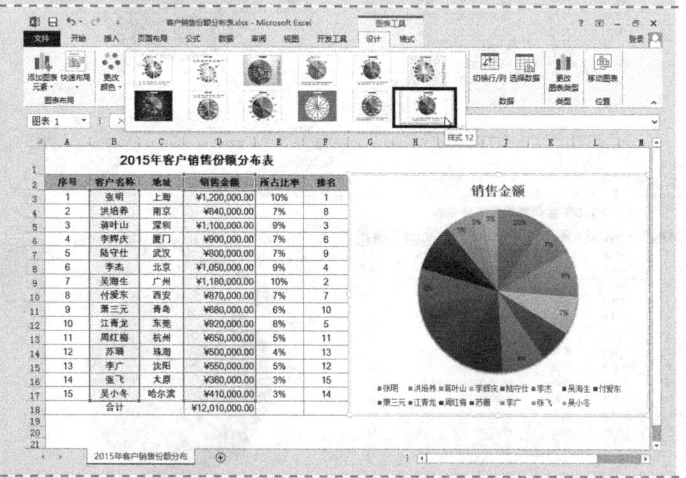

Step 4 设置饼图的图表样式

插入图表后，激活了“图表工具”功能区。在“图表工具-设计”选项卡中单击“图表样式”命令组中列表框右下角的“其他”按钮▿，在打开的列表中选择“样式 12”命令。

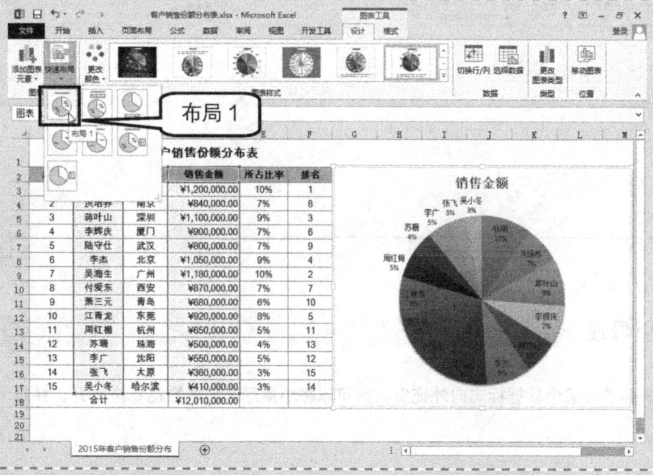

Step 5 设置饼图的图表布局

单击“图表工具-设计”选项卡，在“图表布局”命令组中单击“快速布局”按钮，在打开的样式列表中选择“布局 1”样式。

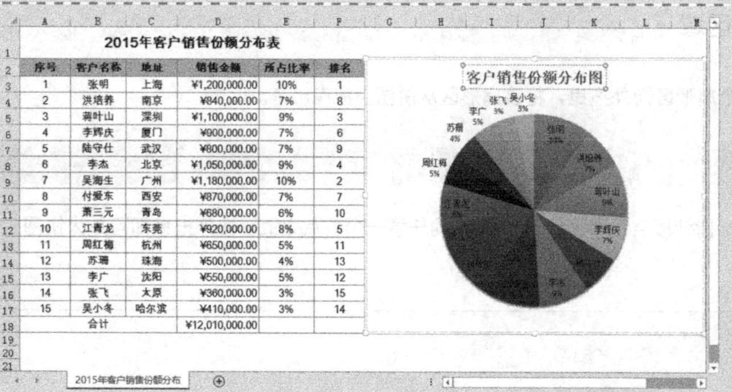

Step 6 编辑图表标题

选中图表标题，将图表标题修改为“客户销售份额分布图”。

Step 7 设置数据标签格式

单击“图表工具-设计”选项卡，在“图表布局”命令组中单击“添加图表元素”的下三角按钮，在弹出的下拉菜单中选择“数据标签”→“数据标签外”命令。

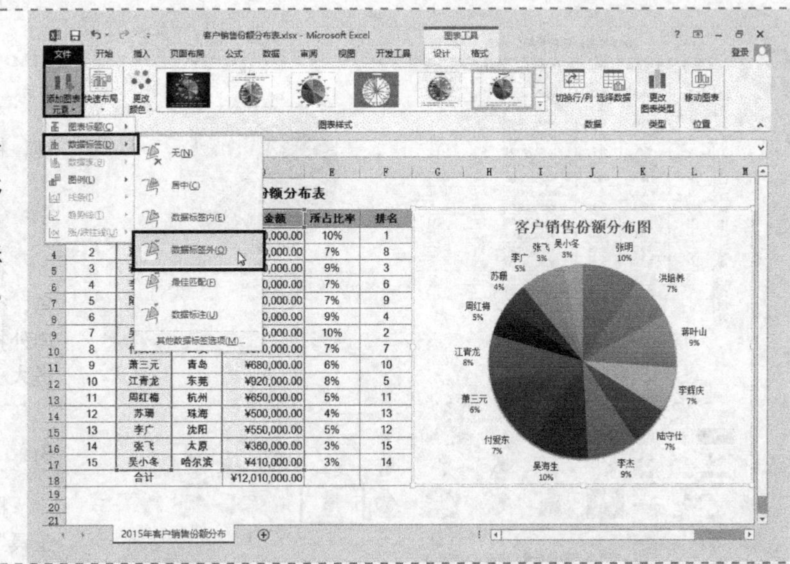

Step 8 调整数据标签位置

如果数据标签拥挤在了一起，可以单击数据标签，此时每个数据标签的每个顶点会出现一个小蓝色圆圈，再次单击需要调整的数据标签，待鼠标指针变为✥形状时，按住鼠标左键不放向外拖曳。

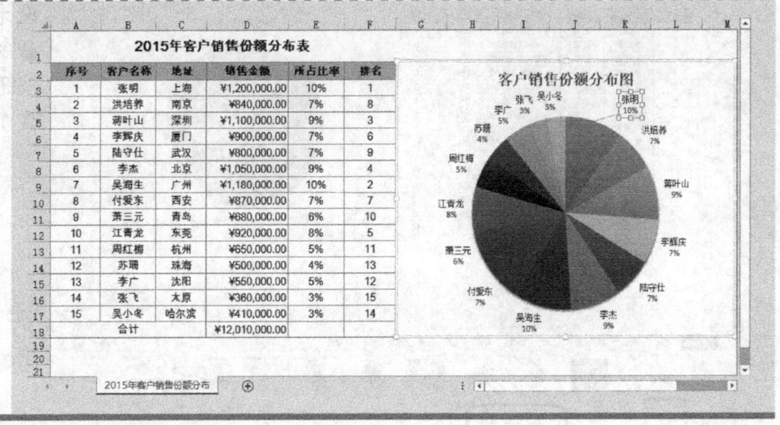

技巧 拉出饼图数据标签的引导线

单击选中饼图的数据标志，停顿片刻再单击某个数据标志向外拖曳，就可以将小扇形区域的数据标志分开，并拉出引导线。

技巧 拉出饼图的某个扇形区域

单击选中饼图，停顿片刻再单击某个扇形区向外拖曳，将该扇形区从饼图中拖曳出来。

技巧 放大或者缩小饼图

单击选中饼图外侧的绘图区，将鼠标指针移至绘图区的 4 个顶点的任意一个顶点之上，向外拖曳即可放大饼图；反之，向里拉即可缩小饼图。

技巧 使用公式时返回的错误信息及解决的方法

在输入公式的过程中可能会出现各种错误。当输入有错时，Excel 会显示一个错误信息，这些错误可能是由很多因素引起的。下面介绍返回的错误信息及解决的办法。

- 错误值为“####!”

该错误信息表示单元格中的数据太长或公式中产生的结果值太大，以至于单元格不能将信息完全显示出来，解决的办法就是调整列宽，以使内容能完全显示。如果单元格内为负值的日期时间，也会显示为“####!”，此时可检查负值的日期时间出现的原因，并进行修改。

- 错误值为“#DIV/0!”

该错误信息表示公式中的除数为 0，或者公式中的除数为空单元格。解决的办法就是修改除数或者填写除数所引用单元格中的值。

- 错误信息为“#NAME?”

该错误信息表示公式中引用了一个无法识别的名称。当删除一个公式正在使用的名称或者在使用文本中有不相称的引用时，也会返回这种错误信息。

- 错误值为“#NULL!”

该错误信息表示在公式或函数中使用了不正确的区域运算或者不正确的单元格引用。例如，余弦值只能在+1～−1之间，在求反余弦函数值时，若超出了这个范围就会显示该信息。

- 错误值为“#NUM!”

该错误信息表示在需要数字参数的函数中使用了不能接受的参数，或者公式计算的结果太大、太小而无法表示。

- 错误值为“#REF!”

该错误信息表示公式中引用了一个无效的单元格。公式中的单元格被删除或者引用的单元格被覆盖后，公式所在的单元格就会显示这样的信息。

- 错误值为“#VALUE!”

该错误信息表示公式中含有一个错误类型的参数或者操作数。操作数是公式中用来计算结果的数值或单元格引用。

以上是 Excel 中公式使用时常见的错误提示信息及解决的办法。当单元格出现错误时，其左上角就会出现一个绿色小三角。选中单元格后，附近就会出现一个小图标，单击该图标会弹出与改正错误有关的菜单。

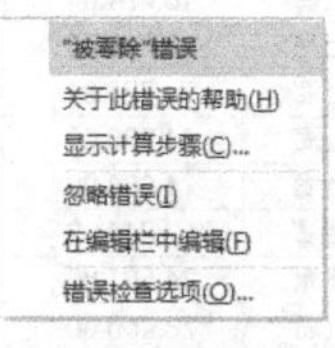

2.4 客户等级分析

案例背景

如果企业是走 KA 渠道的销售模式，会存在各类型的门店，那么根据各门店的销售数据对门店进行等级的划分就显得尤为必要。如何划分呢？假设“销售大于 50000 元的为 A 类门店，销售大于 30000 元且不大于 50000 元的为 B 类门店，销售大于 20000 元且不大于 30000 元的为 C 类门店，销售大于 10000 元且不大于 20000 元的为 D 类门店，销售不大于 10000 元的为 E 类门店”，按此划分方法，便于业务员更有针对性地对门店进行拜访和客情维护。

关键技术点

要实现本例中的功能，读者应当掌握以下 Excel 技术点。

- IF 函数的应用
- LEFT 函数的应用
- COUNTIF 函数与 LEFT 函数的结合应用
- 分步查看公式计算结果
- 保护和隐藏工作表中的公式
- 神奇的<F9>键

最终效果展示

序号	门店名称	所在城市	销售金额	等级
1	家乐福杭州涌金店	杭州	92,622.10	A
2	家乐福南京大行宫店	南京	59,793.10	A
3	家乐福上海古北店	上海	54,860.00	A
4	家乐福上海金桥店	上海	35,991.54	B
5	家乐福上海联洋店	上海	21,482.37	C
6	家乐福上海南方店	上海	4,630.00	E
7	家乐福上海七宝店	上海	6,918.00	E
8	家乐福上海曲阳店	上海	1,023.00	E
9	家乐福苏州店	苏州	13,849.00	D
10	家乐福新里程店	上海	2,205.00	E
11	家乐福杭州涌金店	杭州	30,704.00	B
12	家乐福南京大行宫店	南京	10,868.00	D
13	家乐福上海古北店	上海	9,337.00	E
14	家乐福上海金桥店	上海	12,396.00	D
15	家乐福上海联洋店	上海	13,115.00	D
16	家乐福上海南方店	上海	1,958.00	E
17	家乐福上海七宝店	上海	464.00	E
18	家乐福上海曲阳店	上海	13,082.15	D
19	家乐福苏州店	苏州	15,352.88	D
20	家乐福新里程店	上海	3,308.00	E
21	家乐福杭州涌金店	杭州	3,222.29	E
22	家乐福南京大行宫店	南京	3,122.94	E
23	家乐福上海古北店	上海	16,274.00	D
24	家乐福上海金桥店	上海	26,819.00	C
25	家乐福上海联洋店	上海	726.91	E
26	家乐福上海南方店	上海	14,886.00	D
27	家乐福上海七宝店	上海	4,609.00	E
28	家乐福上海曲阳店	上海	2,214.09	E
29	家乐福苏州店	苏州	34,561.00	B
30	家乐福新里程店	上海	23,456.00	C
31	家乐福杭州涌金店	杭州	15,689.00	D
32	家乐福南京大行宫店	南京	14,731.00	D
33	家乐福上海古北店	上海	16,241.00	D
34	家乐福上海金桥店	上海	19,872.00	D
35	家乐福上海联洋店	上海	21,069.00	C
36	家乐福上海南方店	上海	21,055.00	C
37	家乐福上海七宝店	上海	14,090.00	D
38	家乐福上海曲阳店	上海	9,861.00	E
39	家乐福苏州店	苏州	20,100.00	C

门店等级统计

门店等级统计	
A类门店数	3
B类门店数	3
C类门店数	6
D类门店数	13
E类门店数	14
合计:	39

示例文件

光盘\示例文件\第 2 章\客户等级分析表.xlsx

2.4.1 创建客户等级分析表

本案例中重点要实现两个功能，即创建客户等级分析表和创建门店等级统计表。下面先创建客户等级分析表。

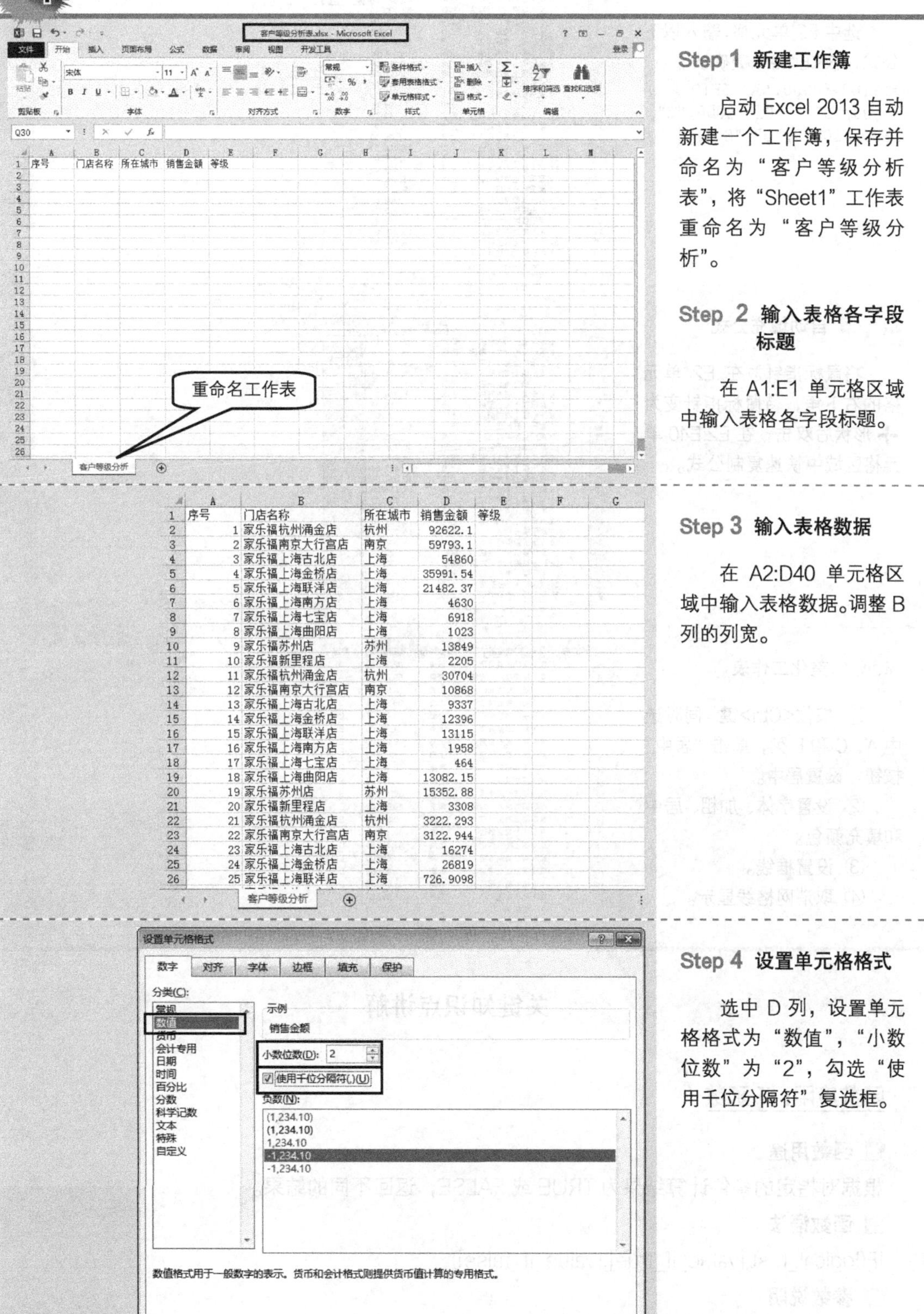

	A	B	C	D	E
1	序号	门店名称	所在城市	销售金额	等级
2	1	家乐福杭州涌金店	杭州	92622.1	
3	2	家乐福南京大行宫店	南京	59793.1	
4	3	家乐福上海古北店	上海	54860	
5	4	家乐福上海金桥店	上海	35991.54	
6	5	家乐福上海联洋店	上海	21482.37	
7	6	家乐福上海南方店	上海	4630	
8	7	家乐福上海七宝店	上海	6918	
9	8	家乐福上海曲阳店	上海	1023	
10	9	家乐福苏州店	苏州	13849	
11	10	家乐福新里程店	上海	2205	
12	11	家乐福杭州涌金店	杭州	30704	
13	12	家乐福南京大行宫店	南京	10868	
14	13	家乐福上海古北店	上海	9337	
15	14	家乐福上海金桥店	上海	12396	
16	15	家乐福上海联洋店	上海	13115	
17	16	家乐福上海南方店	上海	1958	
18	17	家乐福上海七宝店	上海	464	
19	18	家乐福上海曲阳店	上海	13082.15	
20	19	家乐福苏州店	苏州	15352.88	
21	20	家乐福新里程店	上海	3308	
22	21	家乐福杭州涌金店	杭州	3222.293	
23	22	家乐福南京大行宫店	南京	3122.944	
24	23	家乐福上海古北店	上海	16274	
25	24	家乐福上海金桥店	上海	26819	
26	25	家乐福上海联洋店	上海	726.9098	

Step 1 新建工作簿

启动 Excel 2013 自动新建一个工作簿，保存并命名为“客户等级分析表”，将“Sheet1”工作表重命名为“客户等级分析”。

Step 2 输入表格各字段标题

在 A1:E1 单元格区域中输入表格各字段标题。

Step 3 输入表格数据

在 A2:D40 单元格区域中输入表格数据。调整 B 列的列宽。

Step 4 设置单元格格式

选中 D 列，设置单元格格式为“数值”，“小数位数”为“2”，勾选“使用千位分隔符”复选框。

Step 5 计算等级

选中 E2 单元格，输入以下公式，按<Enter>键确认。

```
=IF(D2>50000,"A",IF(D2>30000,"B",IF(D2>20000,"C",IF(D2>10000,"D","E"))))
```

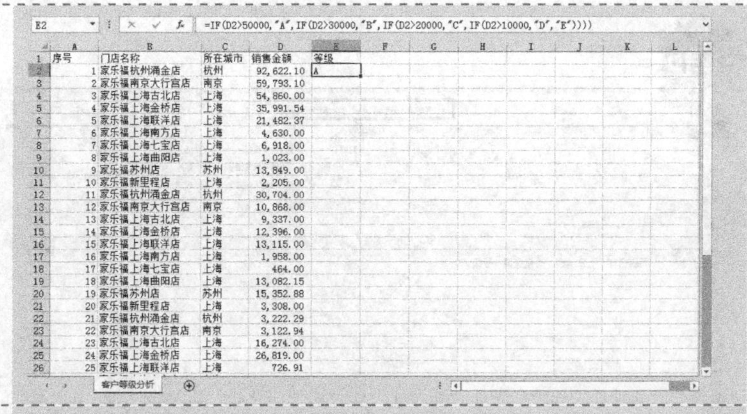

Step 6 自动填充公式

将鼠标指针放在 E2 单元格的右下角，待鼠标指针变为 ✚ 形状后双击，在 E2:E40 单元格区域中快速复制公式。

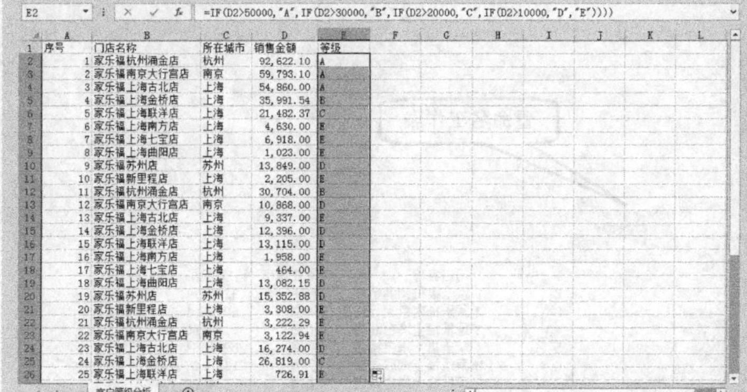

Step 7 美化工作表

① 按住<Ctrl>键，同时选中 A、C 和 E 列，单击“居中”按钮，设置居中。

② 设置字体、加粗、居中和填充颜色。

③ 设置框线。

④ 取消网格线显示。

序号	门店名称	所在城市	销售金额	等级
1	家乐福杭州涌金店	杭州	92,622.10	A
2	家乐福南京大行宫店	南京	59,793.10	A
3	家乐福上海古北店	上海	54,860.00	A
4	家乐福上海金桥店	上海	35,991.54	B
5	家乐福上海联洋店	上海	21,482.37	C
6	家乐福上海南方店	上海	4,630.00	E
7	家乐福上海七宝店	上海	6,918.00	E
8	家乐福上海曲阳店	上海	1,023.00	E
9	家乐福苏州店	苏州	13,849.00	D
10	家乐福新里程店	上海	2,205.00	E
11	家乐福杭州涌金店	杭州	30,704.00	B
12	家乐福南京大行宫店	南京	10,868.00	D
13	家乐福上海古北店	上海	9,337.00	E
14	家乐福上海金桥店	上海	12,396.00	D
15	家乐福上海联洋店	上海	13,115.00	D
16	家乐福上海南方店	上海	1,958.00	E
17	家乐福上海七宝店	上海	464.00	E
18	家乐福上海曲阳店	上海	13,082.15	D
19	家乐福苏州店	苏州	15,352.88	D
20	家乐福新里程店	上海	3,308.00	E

客户等级分析

关键知识点讲解

函数应用：IF 函数

■ 函数用途

根据对指定的条件计算结果为 TRUE 或 FALSE，返回不同的结果。

■ 函数语法

IF(logical_test,[value_if_true],[value_if_false])

■ 参数说明

● logical_test 表示计算结果为 TRUE 或 FALSE 的任意值或表达式。例如，A10=100 就是一个逻辑表达式；如果单元格 A10 中的值等于 100，表达式的计算结果为 TRUE；否则为 FALSE。

此参数可使用任何比较运算符。

- value_if_true 显示在 logical_test 为 TRUE 时返回的值。如果此参数是文本字符串“预算内”，而且 logical_test 参数的计算结果为 TRUE，则 IF 函数显示文本“预算内”。如果 logical_test 为 TRUE 而 value_if_true 为空，则此参数返回 0（零）。若要显示单词 TRUE，请为此参数使用逻辑值 TRUE。value_if_true 可以是其他公式。
- value_if_false 显示在 logical_test 为 FALSE 时返回的值。例如，如果此参数是文本字符串“超出预算”而 logical_test 参数的计算结果为 FALSE，则 IF 函数显示文本“超出预算”。如果 logical_test 为 FALSE 而 value_if_false 被省略（即 value_if_true 后没有逗号），则会返回逻辑值 FALSE。如果 logical_test 为 FALSE 且 value_if_false 为空（即 value_if_true 后有逗号并紧跟着右括号），则会返回值 0（零）。value_if_false 可以是其他公式。

函数说明

- 最多可以使用 64 个 IF 函数作为 value_if_true 和 value_if_false 参数进行嵌套以构造更详尽的测试。此外，若要检测多个条件，请考虑使用 LOOKUP 函数、VLOOKUP 函数或 HLOOKUP 函数。
- 在计算参数 value_if_true 和 value_if_false 时，IF 会返回相应语句执行后的返回值。
- 如果 IF 函数的参数包含数组（数组是指用于建立可生成多个结果或可对在行和列中排列的一组参数进行运算的单个公式。数组区域共用一个公式；数组常量是用作参数的一组常量），则在执行 IF 语句时，数组中的每一个元素都将计算。
- Microsoft Excel 还提供了其他一些函数，它们可根据条件来分析数据。如果要计算某单元格区域内某个文本字符串或数字出现的次数，则可使用 COUNTIF 函数和 COUNTIFS 函数。若要计算基于某区域内一个文本字符串或一个数值的总和，可使用 SUMIF 函数和 SUMIFS 函数。

函数简单示例

示例一：

	A
1	50

示例	公式	说明	结果
1	=IF(A1<=100,"预算内","超出预算")	如果 A1 小于等于 100，则公式将显示“预算内”；否则，公式显示“超出预算”	预算内
2	=IF(A1=100,SUM(C6:C8),"")	如果 A1 为 100，则计算 C6:C8 单元格区域的和；否则返回空文本	

示例二：

	A	B
1	实际费用	预期费用
2	1500	900
3	500	900

示例	公式	说明	结果
1	=IF(A2>B2,"超出预算","预算内")	检查第 2 行是否超出预算	超出预算
2	=IF(A3>B3,"超出预算","预算内")	检查第 3 行是否超出预算	预算内

示例三：

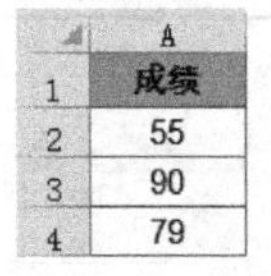

	A
1	成绩
2	55
3	90
4	79

示例	公式	说明	结果
1	=IF(A2>89,"A",IF(A2>79,"B",IF(A2>69,"C",IF(A2>59,"D","F"))))	给 A2 单元格内的成绩指定一个字母等级	F
2	=IF(A3>89,"A",IF(A3>79,"B",IF(A3>69,"C",IF(A3>59,"D","F"))))	给 A3 单元格内的成绩指定一个字母等级	A
3	=IF(A4>89,"A",IF(A4>79,"B",IF(A4>69,"C",IF(A4>59,"D","F"))))	给 A4 单元格内的成绩指定一个字母等级	C

本例公式说明

以下为本例中的公式。

```
=IF(D2>50000,"A",IF(D2>30000,"B",IF(D2>20000,"C",IF(D2>10000,"D","E"))))
```

其各个参数值指定 IF 函数，如果“D2>50000”，则输出“A”；如果“D2>30000”，则输出“B”；如果“D2>20000”，则输出“C”；如果“D2>10000”，则输出“D”；否则输出“E”。

扩展知识点讲解

1. 函数应用：AND 函数

函数用途

所有参数的计算结果为 TRUE 时，返回 TRUE；只要有一个参数的计算结果为 FALSE，即返回 FALSE。

AND 函数的一种常见用途就是扩展执行逻辑测试的其他函数的效用。例如，IF 函数用于执行逻辑测试，它在测试的计算结果为 TRUE 时返回一个值；在测试的计算结果为 FALSE 时返回另一个值。通过将 AND 函数用作 IF 函数的 logical_test 参数，可以测试多个不同的条件，而不仅仅是一个条件。

函数语法

AND(logical1,[logical2],...)

- logical1 为必需参数。为要测试的第一个条件，其计算结果可以为 TRUE 或 FALSE。
- logical2, ...为可选参数。为要测试的其他条件，其计算结果可以为 TRUE 或 FALSE，最多可包含 255 个条件。

函数说明

- 参数的计算结果必须是逻辑值（如 TRUE 或 FALSE），或者参数必须是包含逻辑值的数组或引用。
- 如果数组或引用参数中包含文本或空白单元格，则这些值将被忽略。
- 如果指定的单元格区域未包含逻辑值，则 AND 函数将返回#VALUE!错误值。

函数简单示例

示例一：

示例	公式	说明	结果
1	=AND(TRUE,TRUE)	所有参数均为 TRUE	TRUE
2	=AND(TRUE,FALSE)	有一个参数为 FALSE	FALSE
3	=AND(2+2=4,2+3=5)	所有参数的计算结果均为 TRUE	TRUE

示例二：

	A
1	39
2	120

示例	公式	说明	结果
1	=AND(1<A1,A1<100)	因为 39 介于 1～100 之间	TRUE
2	=IF(AND(1<A2,A2<100),A2,"数值超出范围")	如果 A2 介于 1～100 之间，则显示该数字；否则显示信息	数值超出范围
3	=IF(AND(1<A1,A1<100),A1,"数值超出范围")	如果 A1 介于 1～100 之间，则显示该数字；否则显示信息	39

公式说明

AND 函数一般不单独应用，而是作为嵌套函数与 IF 函数一起应用，如下例所示。

```
=IF(AND(A2-B2<=30,A2-B2>0),A2-B2,0)
```

公式中的“A2-B2<=30，A2-B2>0”部分正是应用 AND 函数来同时判断两个表达式。

（1）A2 与 B2 单元格值的差是否不大于 30。

（2）A2 与 B2 单元格值的差是否大于 0。

如果以上两个表达式的结果都为 TRUE，则 AND 函数返回的值为 TRUE；否则为 FALSE。

由 AND 函数返回的值作为 IF 函数的条件判断依据，最后返回不同的结果。如果判断成立就返回 A2 与 B2 单元格值的差；否则返回零值。

2. 函数基础：逻辑运算

逻辑判断是指一个有具体意义，并能判定真或假的陈述语句，是函数公式的基础，不仅关系到公式的正确与否，也关系到解题思路的简繁。只有逻辑条理清晰，才能写出简洁有效的公式。常用的逻辑关系有 3 种，即“与”“或”“非”。

在 Excel 中，逻辑值只有两个，分别是 TRUE 和 FALSE，它们代表“真”或“假”，用数字表示的话可以分别看作是 1（或非零数字）和 0。

Excel 中用于逻辑运算的函数主要有 AND 函数、OR 函数和 NOT 函数。

AND 函数正是逻辑值之间的“与”运算。

多个逻辑值在进行“与”运算时，具体结果如下。

```
TRUE*TRUE=1*1=1
TRUE*FALSE=1*0=0
```

即真真得真，真假得假。

3. 函数应用：OR 函数

函数用途

在其参数组中，任何一个参数逻辑值为 TRUE，即返回 TRUE；全部参数的逻辑值均为 FALSE 时，返回 FALSE。

函数语法

OR(logical1,[logical2],...)

- logical1，logical2,...是 1～255 个需要进行测试的条件，测试结果可以为 TRUE 或 FALSE。

函数说明

- 参数必须能计算为逻辑值，如 TRUE 或 FALSE，或者为包含逻辑值的数组或引用。
- 如果数组或引用参数中包含文本或空白单元格，则这些值将被忽略。
- 如果指定的区域中不包含逻辑值，则 OR 函数返回错误值#VALUE!。
- 可以使用 OR 数组公式以查看数组中是否包含特定的数值。若要输入数组公式，请按<Ctrl+Shift+Enter>组合键。

OR 函数正是逻辑值之间的“或”运算。

多个逻辑值在进行“或”运算时，具体结果如下。

```
TRUE+TRUE=1+1=2
TRUE+FALSE=1+0=1
```

即真真得真，真假得真。

■ 函数简单示例

示例	公式	说明	结果
1	=OR(TRUE)	参数为 TRUE	TRUE
2	=OR(1+1=1,2+2=5)	所有参数的逻辑值为 FALSE	FALSE
3	=OR(TRUE,FALSE,TRUE)	至少一个参数为 TRUE	TRUE

4. 函数应用：NOT 函数

■ 函数用途

对参数值求反。当要确保一个值不等于某一特定值时，可以使用 NOT 函数。

■ 函数语法

NOT(logical)

- logical 为一个可以计算出 TRUE 或 FALSE 的逻辑值或逻辑表达式。

■ 函数说明

- 如果逻辑值为 FALSE，函数 NOT 返回 TRUE；如果逻辑值为 TRUE，函数 NOT 返回 FALSE。

NOT 函数正是逻辑值之间的“非”运算。

逻辑值在进行“非”运算时，具体结果如下。

```
NOT(TRUE)=FALSE
NOT(FALSE)=TRUE
```

■ 函数简单示例

示例	公式	说明	结果
1	=NOT(FALSE)	对 FALSE 求反	TRUE
2	=NOT(1+1=2)	对计算结果为 TRUE 的公式求反	FALSE

2.4.2 创建门店等级统计表

Step 1 输入单元格标题

选中 G3:H3 单元格区域，设置“合并后居中”，输入标题名称“门店等级统计”。

序号	门店名称	所在城市	销售金额	等级
1	家乐福杭州涌金店	杭州	92,622.10	A
2	家乐福南京大行宫店	南京	59,793.10	A
3	家乐福上海古北店	上海	54,860.00	A
4	家乐福上海金桥店	上海	35,991.54	B
5	家乐福上海联洋店	上海	21,482.37	C
6	家乐福上海南方店	上海	4,630.00	E
7	家乐福上海七宝店	上海	6,918.00	E
8	家乐福上海曲阳店	上海	1,023.00	E
9	家乐福苏州店	苏州	13,849.00	D
10	家乐福新里程店	上海	2,205.00	E
11	家乐福杭州涌金店	杭州	30,704.00	B
12	家乐福南京大行宫店	南京	10,868.00	D
13	家乐福上海古北店	上海	9,337.00	E
14	家乐福上海金桥店	上海	12,396.00	D
15	家乐福上海联洋店	上海	13,115.00	D
16	家乐福上海南方店	上海	1,958.00	E
17	家乐福上海七宝店	上海	464.00	E
18	家乐福上海曲阳店	上海	13,082.15	D
19	家乐福苏州店	苏州	15,352.88	D
20	家乐福新里程店	上海	3,308.00	E

门店等级统计

客户等级分析

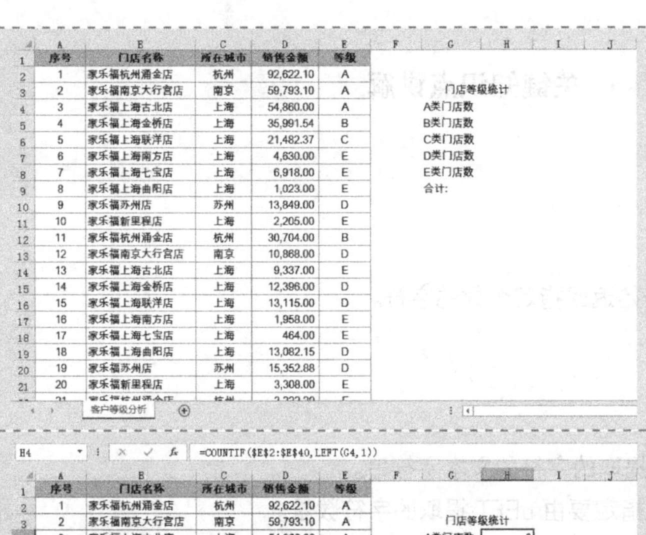

Step 2 输入数据

在 G4:G9 单元格区域中输入各字段的标题名称。调整 G 列的列宽。

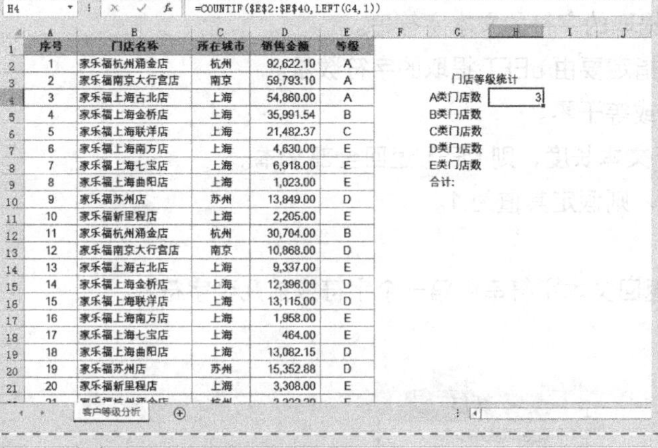

Step 3 统计门店等级

选中 H4 单元格，输入以下公式，按<Enter>键确认。

```
=COUNTIF($E$2:$E$40,LEFT(G4,1))
```

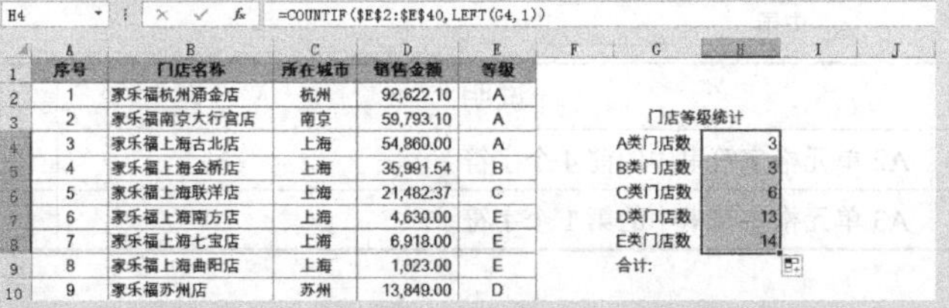

Step 4 自动填充公式

选中 H4 单元格，拖曳右下角的填充柄至 H8 单元格。

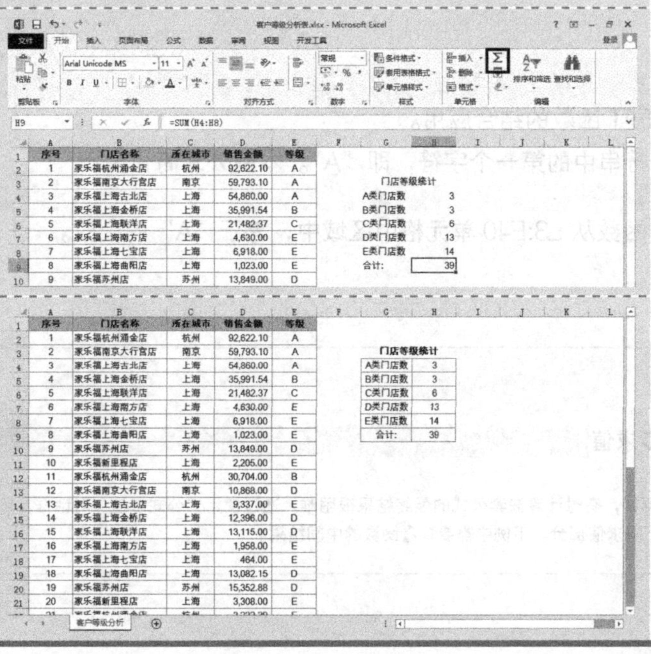

Step 5 统计门店总数

选中 H9 单元格，在“开始”选项卡的“编辑”命令组中单击“求和”按钮Σ，此时在 H9 单元格输入以下公式。

```
=SUM(H4:H8)
```

Step 6 美化工作表

① 设置加粗和居中。

② 设置框线。

关键知识点讲解

函数应用：LEFT 函数

■ 函数用途

从文本字符串的第一个字符开始返回指定个数的字符。

■ 函数语法

LEFT(text,[num_chars])

■ 参数说明

- text 为必需参数。包含要提取的字符的文本字符串。
- num_chars 为可选参数。指定要由 LEFT 提取的字符数量。
  - num_chars 必须大于或等于零。
  - 如果 num_chars 大于文本长度，则 LEFT 返回全部文本。
  - 如果省略 num_chars，则假定其值为 1。

■ 函数说明

根据所指定的字符数，LEFT 返回文本字符串中第一个字符或前几个字符。

■ 函数简单示例

	A
1	数据
2	Influential movie
3	中国

示例	公式	说明	结果
1	=LEFT(A2,4)	A2 单元格字符串中的前 4 个字符	Infl
2	=LEFT(A3)	A3 单元格字符串中的第 1 个字符	中

■ 本例公式说明

以下为本例中的公式。

```
=COUNTIF($E$2:$E$40,LEFT(G4,1))
```

本例中为 COUNTIF 函数与 LEFT 函数的结合应用。

首先，LEFT(G4,1)输出 G4 字符串中的第一个字符，即“A”。本例公式简化为：

```
=COUNTIF($E$2:$E$40,"A")
```

其各个参数值指定 COUNTIF 函数从 E3:E40 单元格中区域中，等于“A”的个数。

对嵌套公式进行分步求值

因为存在若干个中间计算和逻辑测试，有时计算嵌套公式的最终结果很困难。通过使用“公式求值”对话框，可以按计算公式的顺序查看嵌套公式的不同求值部分。下例中需要查看函数的中间结果。

函数简单示例

```
=IF(AVERAGE(A1:A5)>40,SUM(A1:A5),0)
```

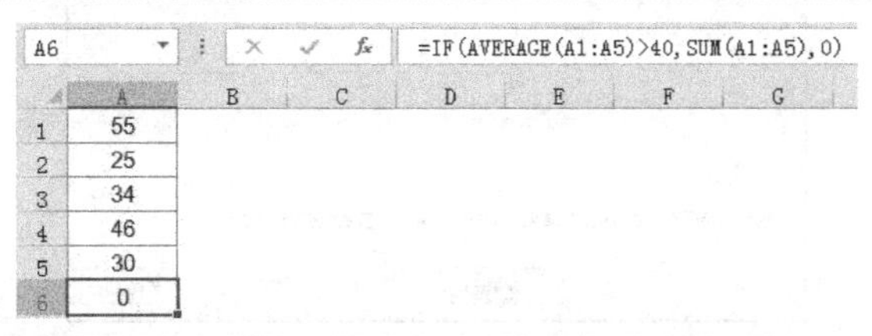

对话框中显示的步骤	说明
=IF(AVERAGE(A1:A5)>40,SUM(A1:A5),0)	最先显示的是此嵌套公式。AVERAGE 函数和 SUM 函数嵌套在 IF 函数内
=IF(38>40,SUM(G2:G5),0)	A1:A5 单元格区域包含值 55、25、34、46 和 30，因此 AVERAGE(A1:A5)函数的结果为 38
=IF(False,SUM(G2:G5),0)	38 不大于 40，因此 IF 函数的第一个参数（logical_test）中的表达式为 False
0	IF 函数返回第三个参数（value_if_false 参数）的值。 SUM 函数不会得到计算，因为只有当表达式为 TRUE 时才会返回 IF 函数的第二个参数（value_if_true 参数）

说明：

（1）选择要求值的单元格。一次只能对一个单元格进行求值。

（2）切换到“公式”选项卡，在“公式审核”命令组中单击“公式求值”按钮，弹出“公式求值”对话框。

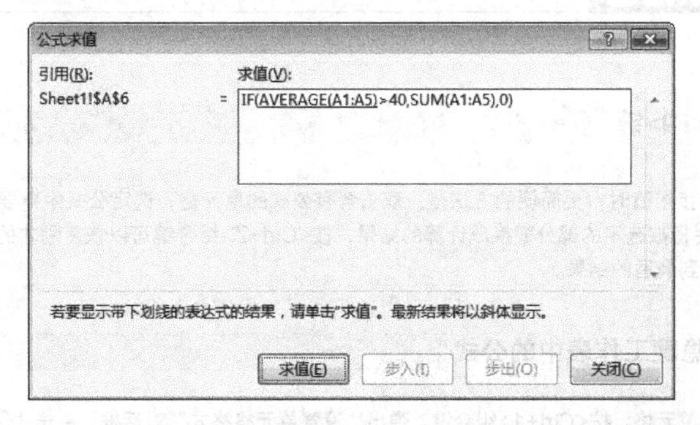

（3）单击“求值”按钮，以检查带下划线的函数引用的值。求值结果将以斜体显示。

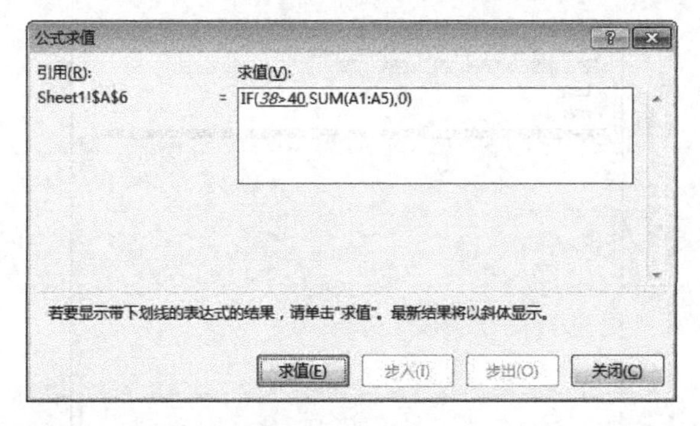

如果公式的下划线部分是对其他公式的引用，请单击“步入”按钮以在“求值”文本框中显示其他公式。单击“步出”按钮将返回到以前的单元格和公式。

（4）继续操作，直到公式的每一部分都已求值完毕。

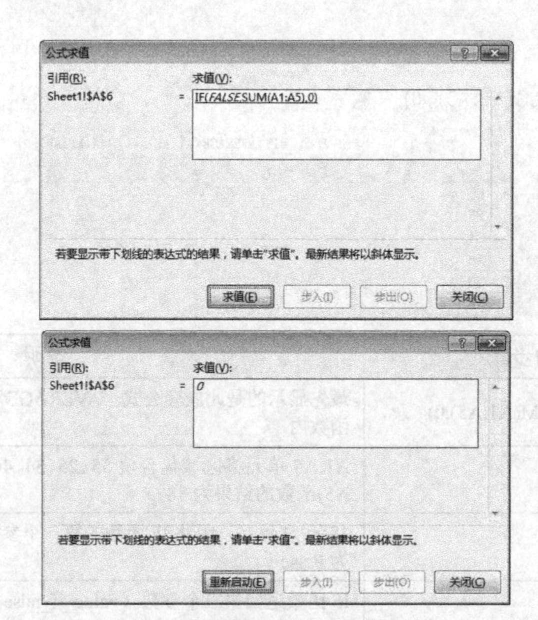

（5）若要再次查看计算过程，请单击“重新启动”按钮。

（6）若要结束求值，请单击“关闭”按钮。

注释：当引用第二次出现在公式中，或者公式引用了另外一个工作簿中的单元格时，“步入”按钮不可用。

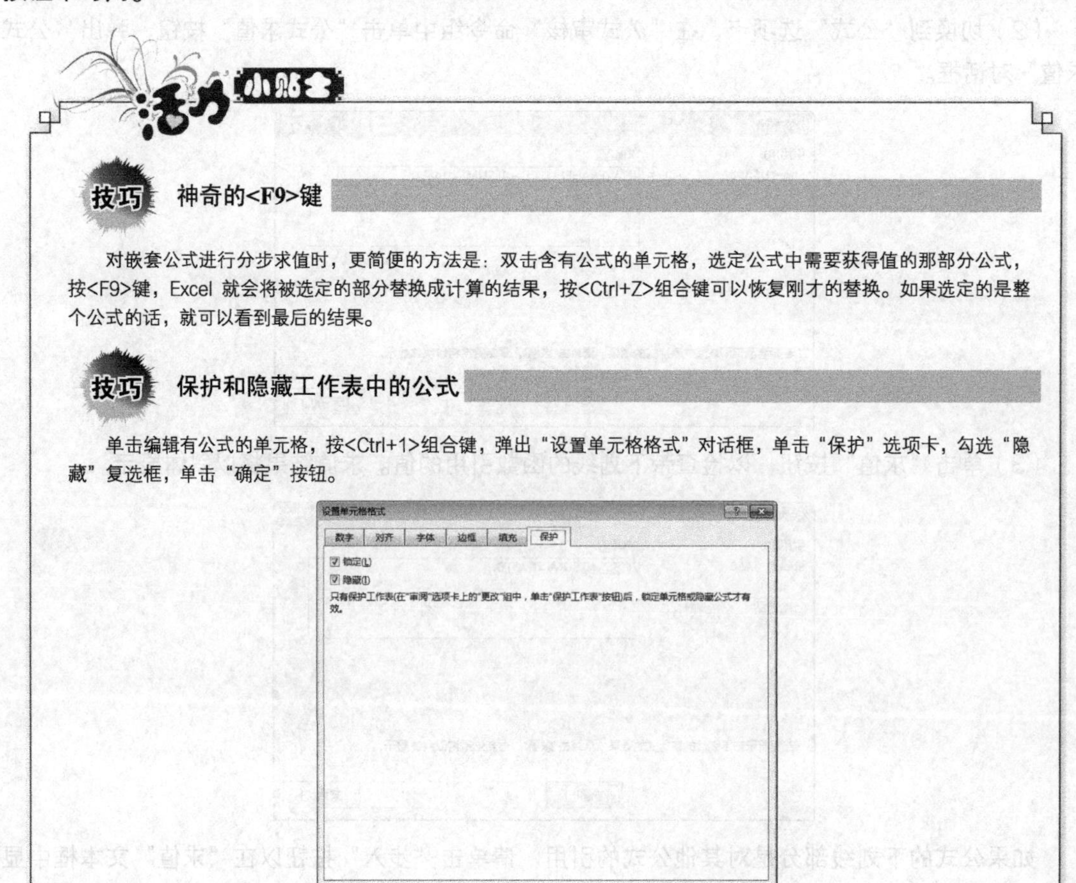

活力小贴士

技巧 神奇的<F9>键

对嵌套公式进行分步求值时，更简便的方法是：双击含有公式的单元格，选定公式中需要获得值的那部分公式，按<F9>键，Excel 就会将被选定的部分替换成计算的结果，按<Ctrl+Z>组合键可以恢复刚才的替换。如果选定的是整个公式的话，就可以看到最后的结果。

技巧 保护和隐藏工作表中的公式

单击编辑有公式的单元格，按<Ctrl+1>组合键，弹出“设置单元格格式”对话框，单击“保护”选项卡，勾选“隐藏”复选框，单击“确定”按钮。

切换到“审阅”选项卡，在“更改”命令组中单击“保护工作表”按钮，在弹出的“保护工作表”对话框中选中所有复选框，在“取消工作表保护时使用的密码”文本框中设置密码，单击“确定”按钮。

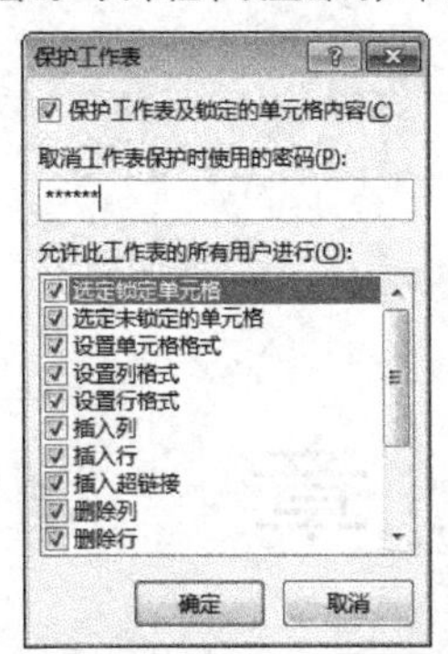

弹出“确认密码”对话框，在“重新输入密码”文本框中再次输入设置的密码，这样当单元格被选中时公式就不会出现在编辑栏中。

第3章 销售业务管理

Excel 2013 高效办公

随着市场竞争的日益激烈，众多企业开始在战略和战术上越来越追求互补与协调，然而一项好的决策、一个策划周密的方案，在许多企业的实际市场操作过程中却显得那么乏力，执行结果与原有的预期目标相差甚远。为什么会出现这种结局？大量的实践资料证明，一个企业仅拥有一个好的决策和方案是远远不够的，更重要的是要使你的决策和方案让每个销售业务员去严格地执行，执行才是关键，没有执行，一切都是空谈。

3.1 业务组织架构图

案例背景

企业进行组织构架设计，以达到企业总体业务分工的目的，组织构架设计的成功与否，关键是能否体现组织管理的协同性和集中性，企业成长的不同阶段，需要适时调整企业构架，以灵活应对企业现实存在的情况。本节将讲述如何使用 Excel 制作公司组织架构图。

关键技术点

要实现本例中的功能，读者应当掌握以下 Excel 技术点。

- 利用 SMARTART 绘制组织结构图
- 插入艺术字组织结构图

最终效果展示

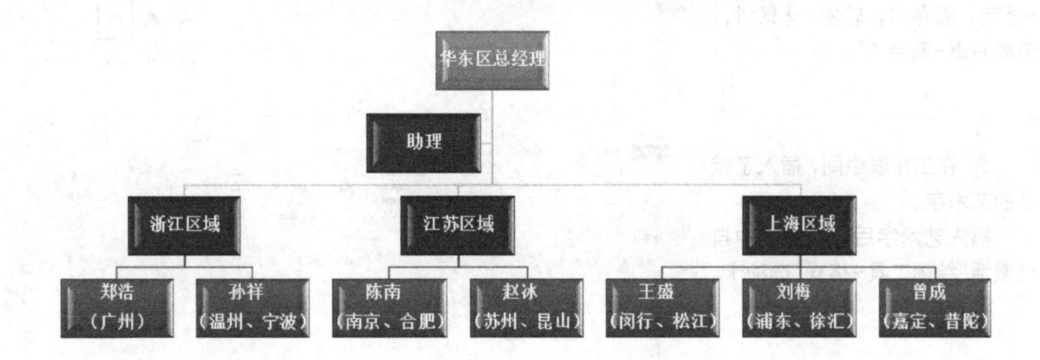

示例文件

光盘\示例文件\第 3 章\业务组织架构图.xlsx

3.1.1 插入艺术字

本案例中重点要实现两个功能，即插入艺术字和创建组织结构图。下面先介绍插入艺术字。

一份目录要想吸引人的注意力就必须要有一个醒目的标题，为此可插入艺术字作为标题行。

Step 1 新建工作簿

启动 Excel 自动新建一个工作簿，保存并命名为“业务组织架构图”，将“Sheet1”工作表重命名为“业务组织架构图”。

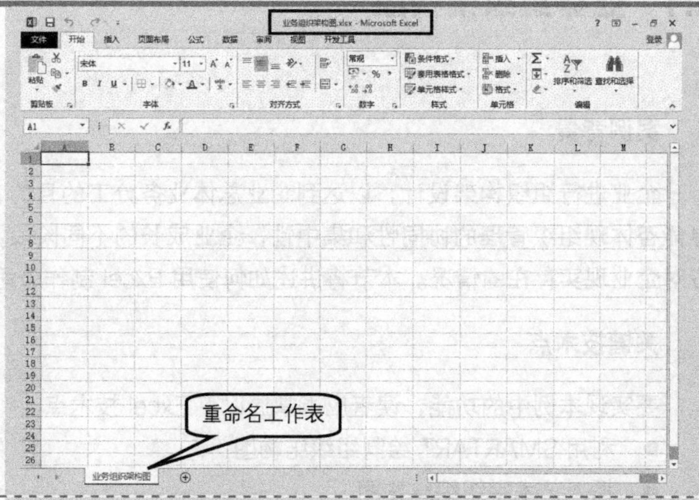

Step 2 插入艺术字

① 切换到“插入”选项卡，单击“文本”命令组中的“艺术字”按钮，并在弹出的样式列表框中选择第 3 行第 3 列的“填充-蓝色，着色 1，轮廓-背景 1，清晰阴影-着色 1”。

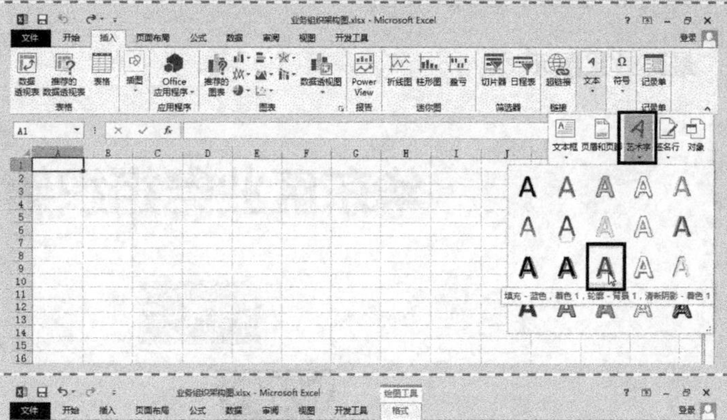

② 在工作表中间，插入了默认的艺术字。

插入艺术字后，功能区中自动激活“绘图工具-格式”选项卡。

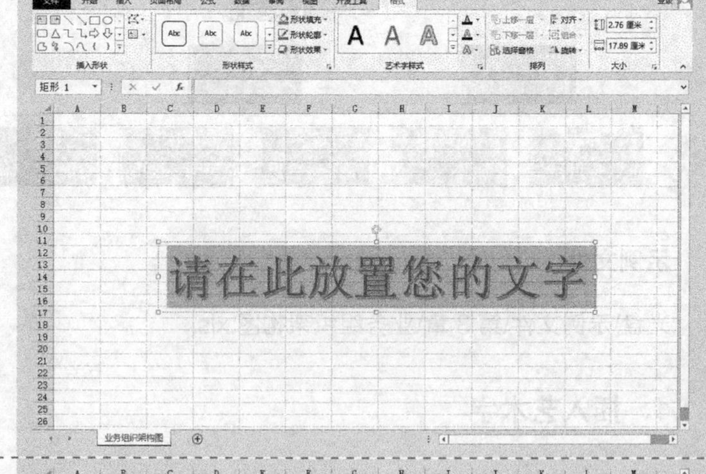

③ 在艺术字中单击，使其处于输入状态，然后输入“华东区业务组织架构图”。

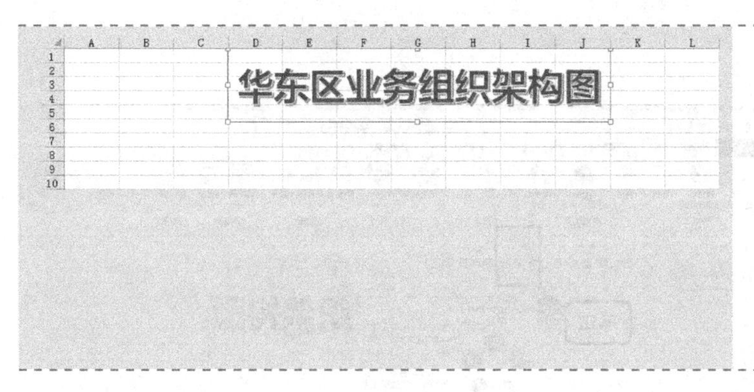

Step 3 设置艺术字的字体样式

① 在艺术字边框上单击，使其处于选中状态，然后通过“开始”选项卡设置其字体为“微软雅黑”，字号为“36”。

② 单击艺术字边框使其处于选中状态，然后按住鼠标左键将其拖曳至表格标题中间。

单击艺术字中部，可以使其处于输入状态，输入文本内容。单击艺术字边框，可使其处于选中状态，此时可以移动艺术字以及设置其格式和样式。

Step 4 设置艺术字的渐变样式

在“绘图工具-格式”选项卡中，单击“艺术字样式”命令组中的“文本填充”按钮右侧的下箭头按钮，在打开的下拉菜单中选择“渐变”→“深色变体”→“线性向右”样式。

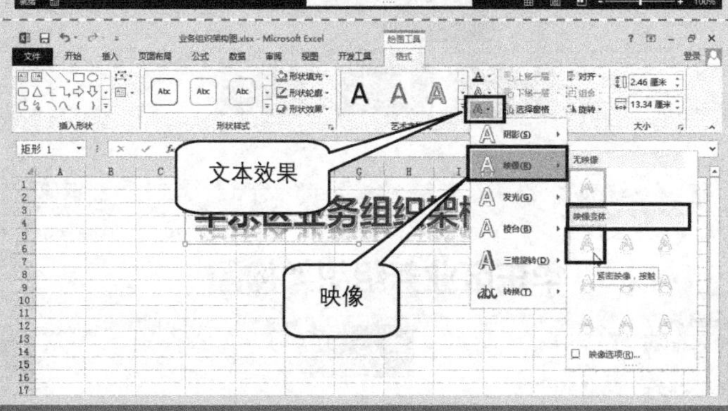

Step 5 设置艺术字的映像效果

单击“艺术字样式”命令组中的“文本效果”按钮右侧的下箭头按钮，在打开的下拉菜单中选择“映像”→“映像变体”→“紧密映像，接触”样式。

3.1.2 创建组织结构图

上一小节完成了插入艺术字的操作，本节创建组织结构图。

Step

Step 1 插入“SmartArt”图形

① 单击“插入”选项卡，在“插图”命令组中单击“SmartArt”按钮，弹出“选择SmartArt图形”对话框。

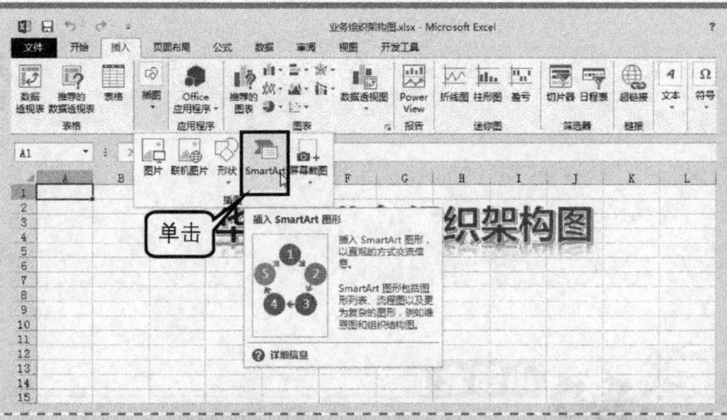

② 单击“层次结构”选项卡，在右侧选中“组织结构图”，单击“确定”按钮。

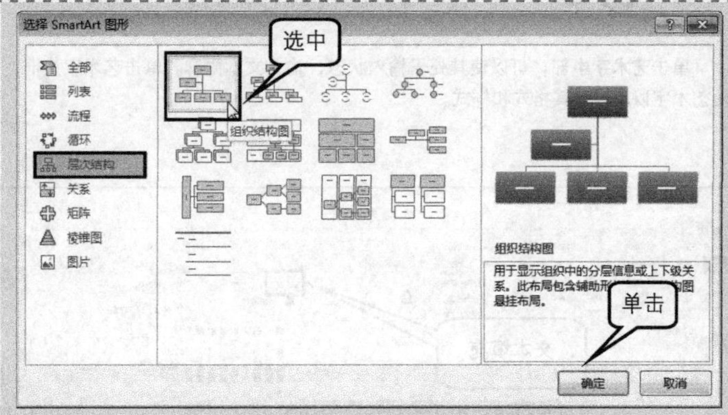

此时，工作簿中插入了最简单的组织结构图。

功能区中自动激活“SMARTART工具-设计”和“SMARTART工具-格式”选项卡。

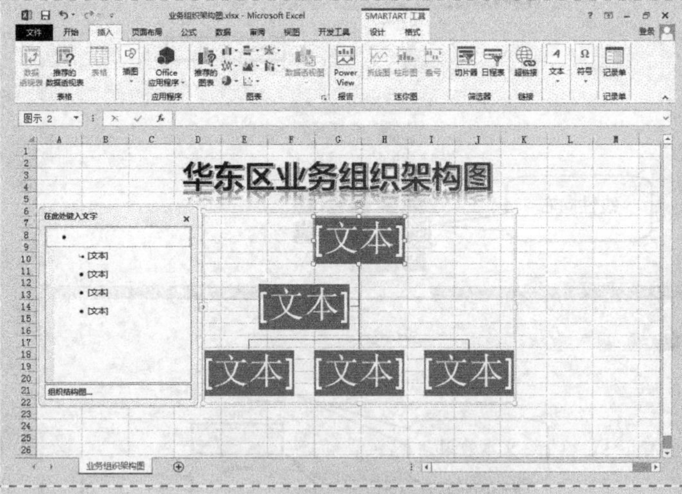

Step 2 输入文字

在“文本窗格”的“在此处键入文字”下方的“[文本]”中输入文字。

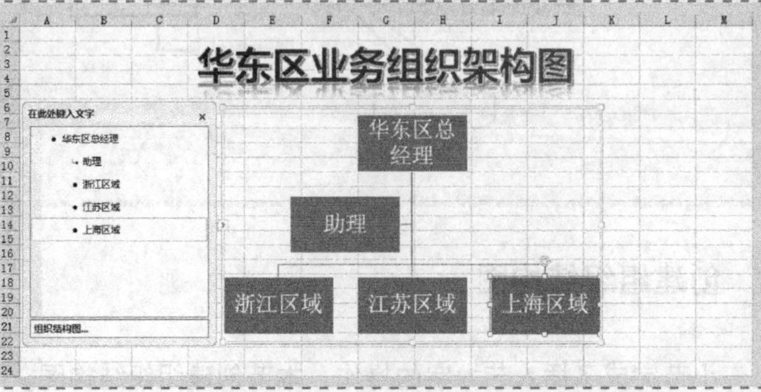

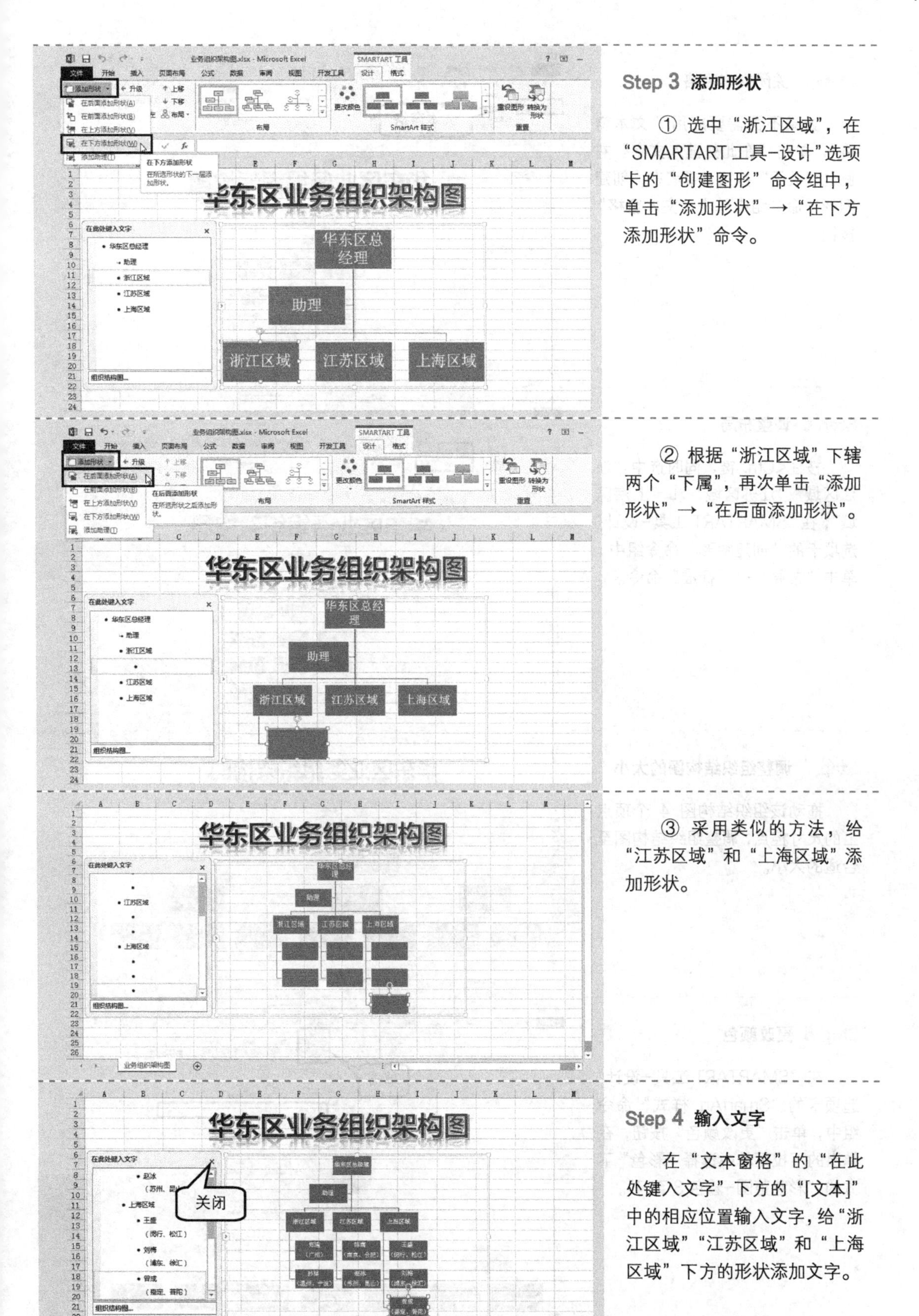

Step 3 添加形状

① 选中“浙江区域”，在“SMARTART 工具-设计”选项卡的“创建图形”命令组中，单击“添加形状”→“在下方添加形状”命令。

② 根据“浙江区域”下辖两个“下属”，再次单击“添加形状”→“在后面添加形状”。

③ 采用类似的方法，给“江苏区域”和“上海区域”添加形状。

Step 4 输入文字

在“文本窗格”的“在此处键入文字”下方的“[文本]”中的相应位置输入文字，给“浙江区域”“江苏区域”和“上海区域”下方的形状添加文字。

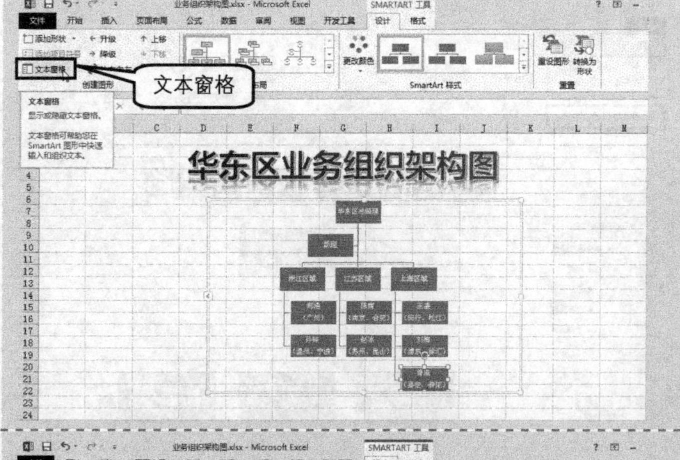

Step 5 关闭文本窗格

如果不再需要应用“文本窗格”，单击“在此处键入文字”右侧的“关闭”按钮，或者在“创建图形”命令组中单击“文本窗格”按钮。

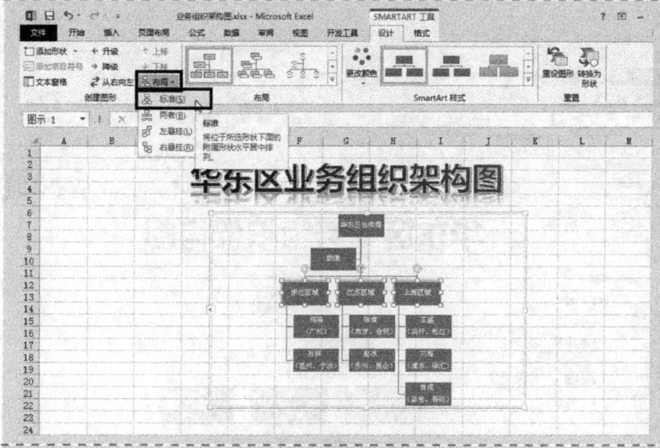

Step 6 调整布局

按住<Ctrl>键，同时选中“浙江区域”“江苏区域”和“上海区域”，在“SMARTART 工具-设计”选项卡的“创建图形”命令组中，单击“布局”→“标准”命令。

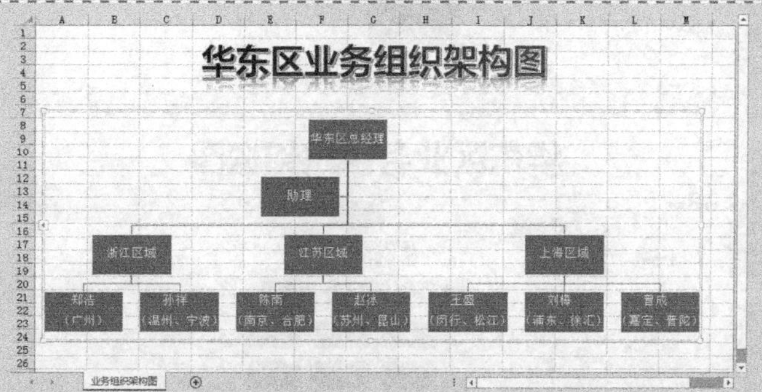

Step 7 调整组织结构图的大小

拖动该组织结构图 4 个顶点上的尺寸控点，调整组织结构图至合适的大小。

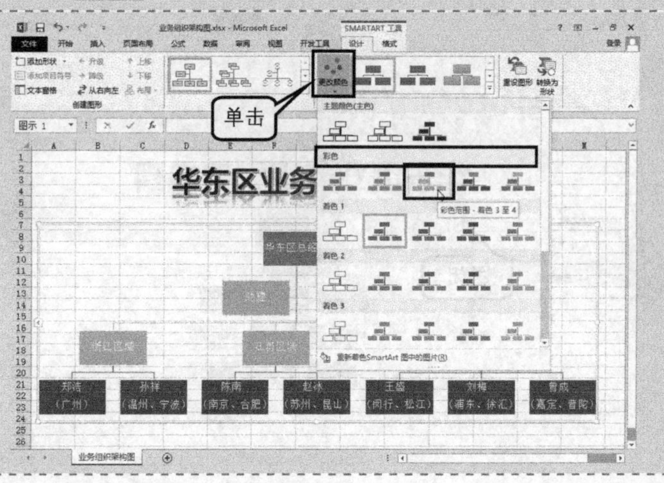

Step 8 更改颜色

在“SMARTART 工具-设计”选项卡的“SmartArt 样式”命令组中，单击“更改颜色”按钮，在弹出的下拉菜单中选择“彩色”下方的“彩色范围-着色 3 至 4”。

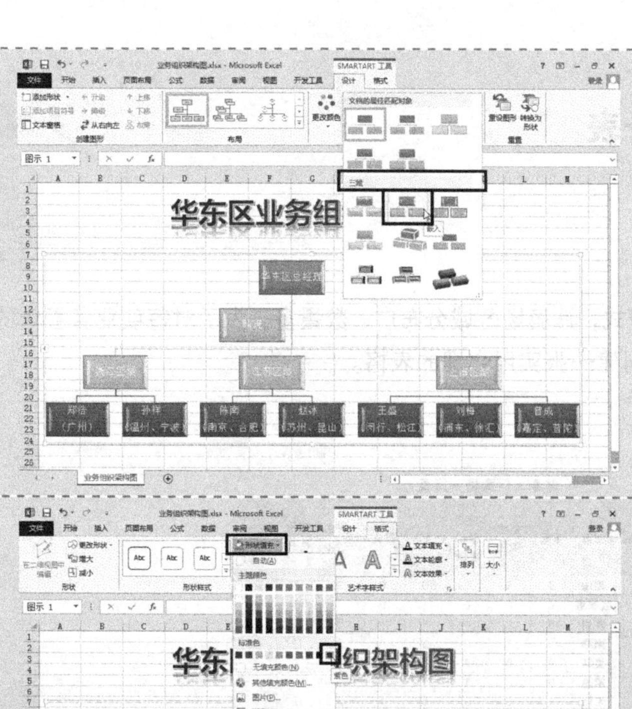

Step 9 更改 SmartArt 样式

在“SMARTART 工具-设计”选项卡的“SmartArt 样式”命令组中，单击右下角的其他按钮，在弹出的下拉菜单中选择“三维”下方的“嵌入”命令。

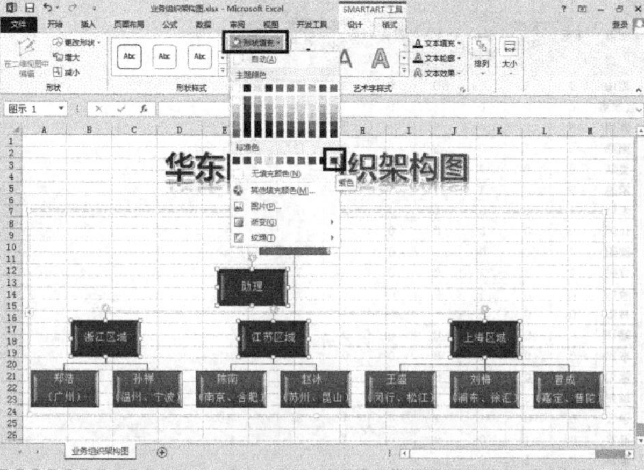

Step 10 更改形状样式

按住<Ctrl>键，同时选中“助理”“浙江区域”“江苏区域”和“上海区域”，在“SMARTART 工具-格式”选项卡的“形状样式”命令组中，依次单击“形状填充”→“紫色”。

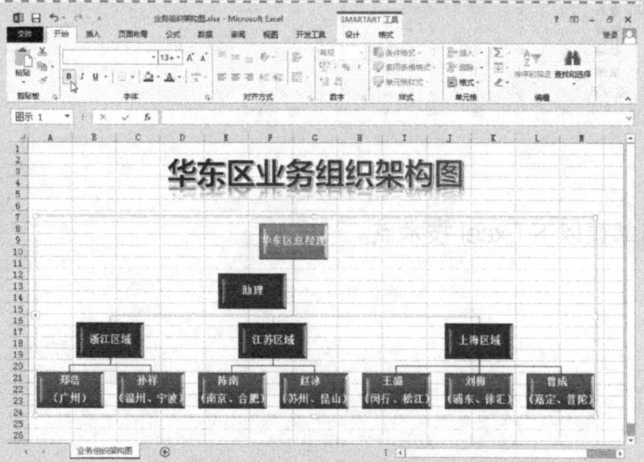

Step 11 设置字体

选中该组织结构图，切换到“开始”选项卡，在“字体”命令组中单击“加粗”按钮。

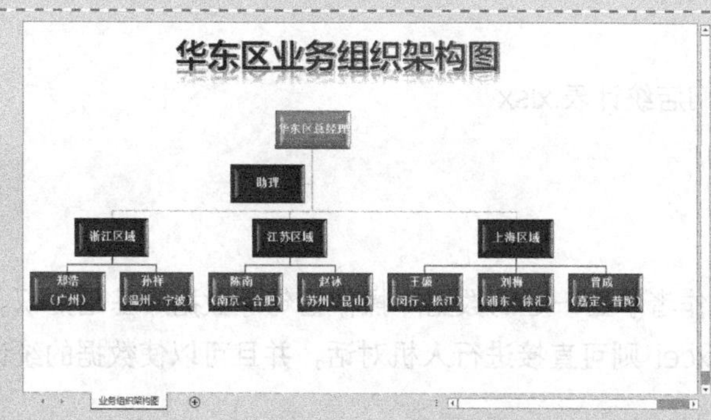

Step 12 隐藏编辑栏、网格线和标题的显示

切换到“视图”选项卡，取消勾选“编辑栏”“网格线”和“标题”复选框。

3.2 业务员管理区域统计表

案例背景

某销售公司走 KA 渠道的销售模式，其卖场区域分布广、数量多，为了对每项业务管辖的区域所包括的卖场进行统计分析，需要创建一张实用合理的表格。

最终效果展示

华东大区卖场一览表

省	负责人	区域	城市	乐购	易初莲花	世纪联华上海	国美	欧尚	宏图三胞	城市合计	区域合计
江苏省	赵冰	苏州区	昆山	0	1	0	0	0	2	3	33
			张家港	0	0	0	1	0	1	2	
			苏州	0	0	1	5	1	5	12	
			南通	0	1	3	5	0	2	11	
			吴江	0	0	0	1	0	0	1	
			常熟	0	0	1	1	1	1	4	
	孙翔	常州无锡区	无锡	1	3	0	5	1	2	12	32
			江阴	0	0	0	0	0	1	1	
			溧阳	0	0	0	0	0	0	0	
			宜兴	1	0	1	0	0	1	3	
			金坛	0	0	1	0	0	0	1	
			丹阳	0	0	0	1	0	1	2	
			靖江	0	0	1	0	0	0	1	
			泰兴	0	0	0	0	0	0	0	
			常州	2	0	0	8	0	2	12	
	陈南	南京区	扬州	0	0	4	3	0	2	9	53
			镇江	0	0	1	1	0	1	3	
			淮安	0	1	0	0	0	1	2	
			徐州	0	1	0	5	0	2	8	
			淮北	0	0	0	0	0	1	1	
			南京	0	2	1	7	1	7	18	
			盐城	0	0	5	0	0	1	6	
			泰州	0	1	1	1	0	1	4	
			连云港	0	0	0	1	0	1	2	
江苏合计				4	10	20	45	4	35	118	118

关键技术点

要实现本例中的功能，读者应当掌握以下 Excel 技术点。

- 导入文本文件
- 定义名称
- 冻结窗格
- 多条件求和

示例文件

光盘\示例文件\第 3 章\业务管辖门店统计表.xlsx

3.2.1 创建原始资料表

要使用数据库管理信息，要求操作者掌握一定的数据库操作语句等数据库基础知识。若使用文本文件则显得杂乱无章，而利用 Excel 则可直接进行人机对话，并且可以使数据的统计分析显得更加直观、方便和快捷。

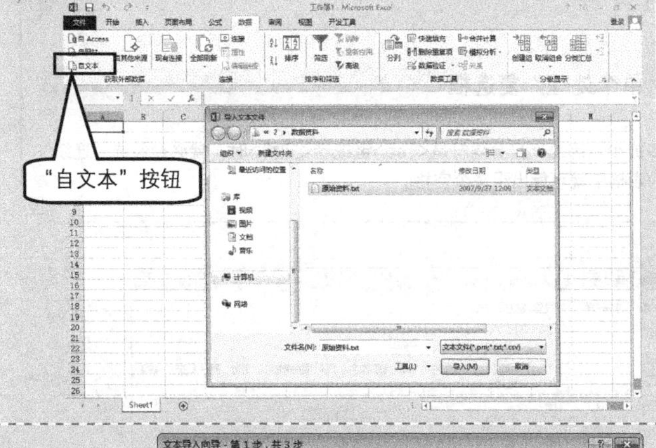

Step 1 导入文本文件

① 启动 Excel 自动新建一个工作簿，单击“数据”选项卡，在“获取外部数据”命令组中，单击“自文本”按钮，弹出“导入文本文件”对话框，选择要导入的文件路径及文件名，然后单击“导入”按钮。

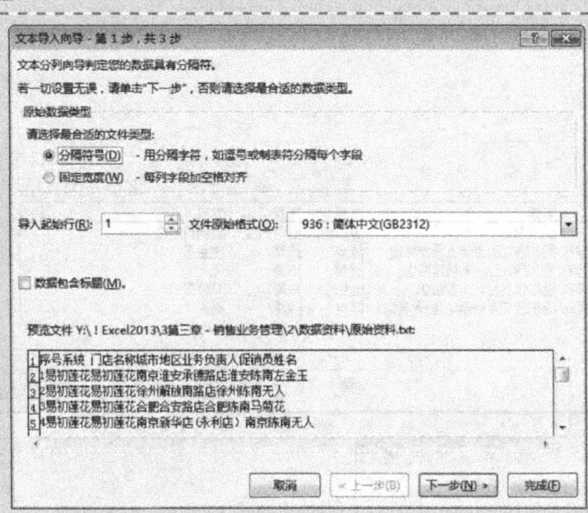

② 弹出“文本导入向导-第 1 步，共 3 步”对话框，在“原始数据类型”组合框的“请选择最合适的文件类型”中默认选中“分隔符号”单选钮，单击“下一步”按钮。

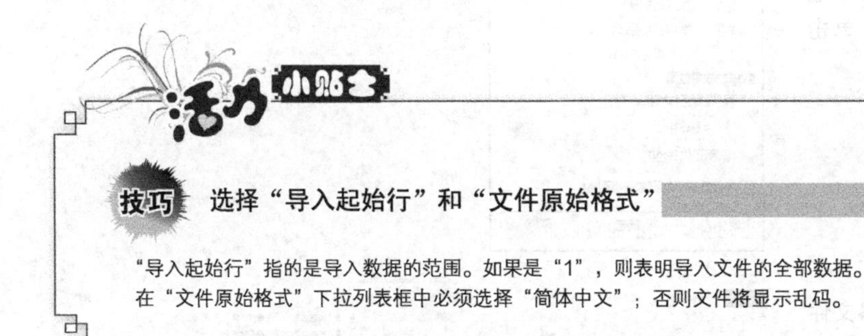

技巧　选择“导入起始行”和“文件原始格式”

“导入起始行”指的是导入数据的范围。如果是“1”，则表明导入文件的全部数据。

在“文件原始格式”下拉列表框中必须选择“简体中文”；否则文件将显示乱码。

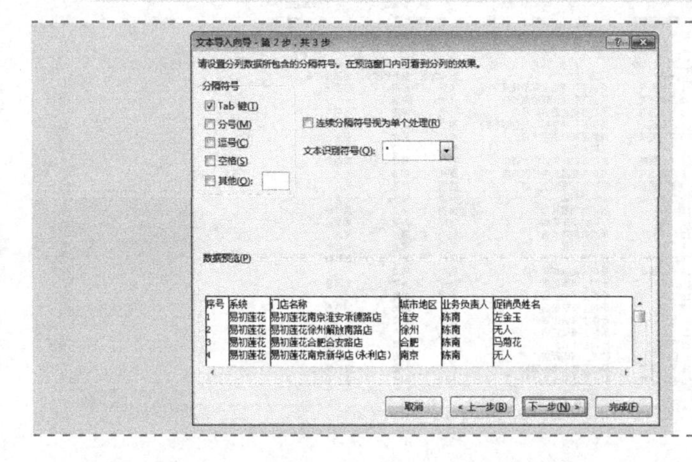

③ 打开“文本导入向导-第 2 步，共 3 步”对话框。在该对话框中默认勾选“Tab 键”复选框（如果用的其他分隔符号，则应在“其他”复选框右侧的文本框中输入该分隔符），单击“下一步”按钮。

另外，用户可以在“数据预览”列表框中预览。

技巧 注意勾选“连续分隔符视为单个处理”复选框

文本数据长短不一，数据之间的分隔符或多或少。因此，当分隔符是<Tab>键或者<空格>时，就必须勾选“连续分隔符号视为单个处理”复选框；否则转换后的表格中就可能出现多个空格。

④ 打开“文本导入向导-第3步，共3步”对话框。选中某一列，然后在“列数据格式”组合框中选择合适的数据格式，单击“完成”按钮。

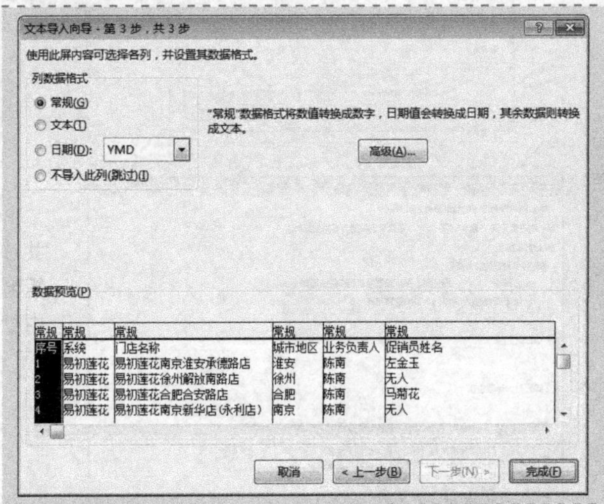

⑤ 弹出“导入数据”对话框，默认情况下，“数据的放置位置”是“现有工作表”，单击“确定”按钮。

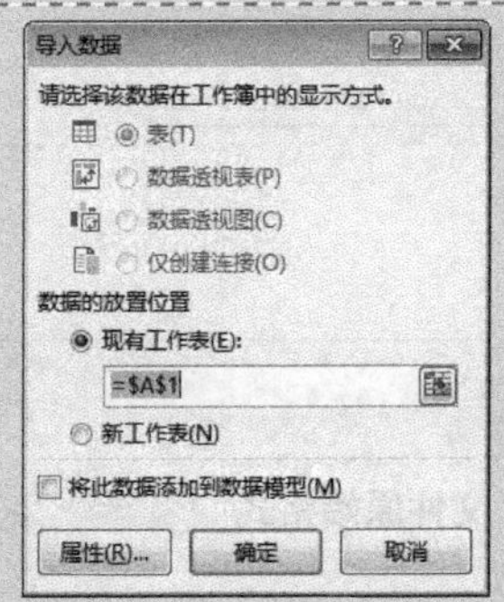

至此，文本文件到表格文件的转换就完成了。

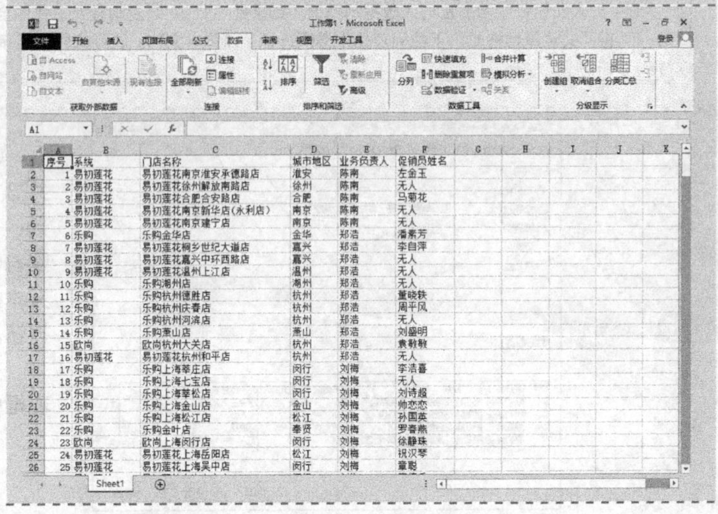

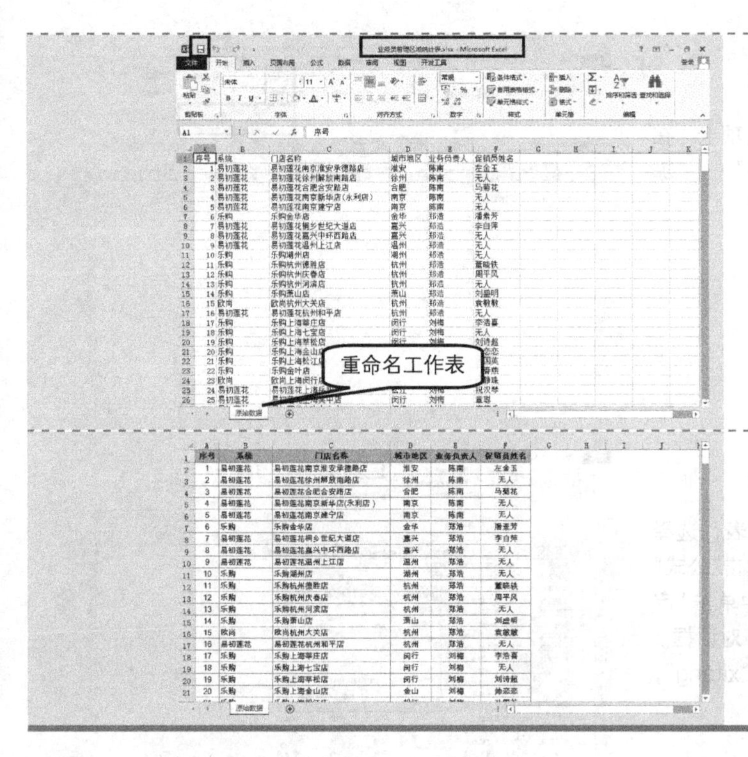

Step 2　保存工作簿

单击“快速访问工具栏”上的“保存”按钮，弹出“另存为”对话框，保存工作簿并命名为“业务员管理区域统计表”，将“Sheet1”工作表重命名为“原始数据”。

Step 3　美化工作表

① 设置字体、字号、加粗、居中和填充颜色。

② 设置框线。

③ 取消网格线显示。

3.2.2　创建业务管理区域统计表

1. 定义名称

Excel 可以使用一些巧妙的方法管理复杂的工程，通过名称来命名单元格或者区域，可以使用这些名称进行导航和代替公式中的单元格地址，使工作表更容易理解和更新。

名称是单元格或者单元格区域的别名，它是代表单元格、单元格区域、公式或常量的单词和字符串，如用名称“进价”来引用区域“Sheet1!C3:C12”是为便于理解和使用。在创建比较复杂的工作簿时，命名有着非常大的好处，因为使用名称表示单元格的内容会比使用单元格地址更直观。在公式或者函数中使用名称代替单元格或者单元格区域的地址，如公式“=AVERAGE(进价)”，就比公式“=AVERAGE(Sheet1!C3:C12)”要更容易记忆和书写。名称不但可以用于所有的工作表，而且在工作表中复制公式时和使用单元格引用的效果相同。

在默认状态下，名称使用的是单元格的绝对引用，形式为$D$5。

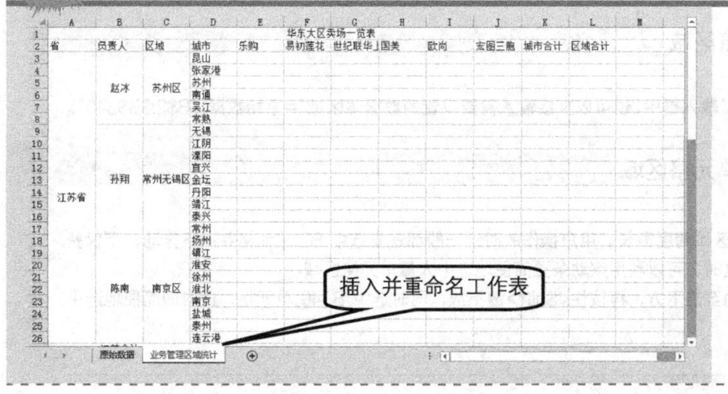

Step 1　重命名工作表

插入一个新的工作表，将“Sheet2”工作表重命名为“业务管理区域统计”。

Step 2　输入工作表内容

在“业务管理区域统计”工作表中输入各字段的标题名称，并合并部分单元格。

Step 3 冻结窗口

选中第 3 行，单击“视图”选项卡，在“窗口”命令组中单击“冻结窗格”→“冻结拆分窗格”命令。

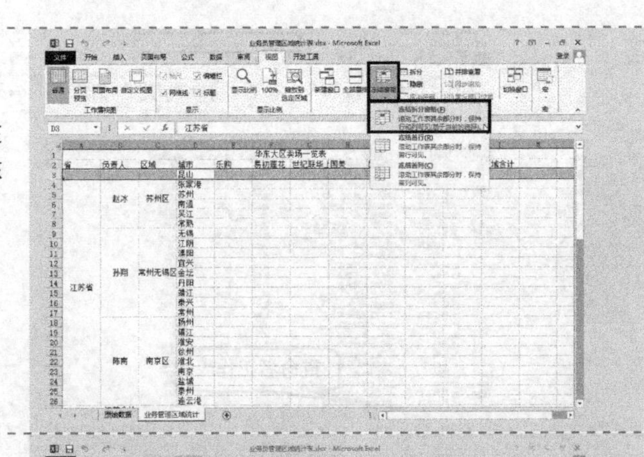

Step 4 定义名称

① 切换到“原始资料”工作表，选择要命名的 B2:B340 单元格区域，单击“公式”选项卡，在“定义的名称”命令组中单击“定义名称”按钮，弹出“新建名称”对话框。

② 在“名称”文本框中输入“xitong”，单击“确定”按钮。

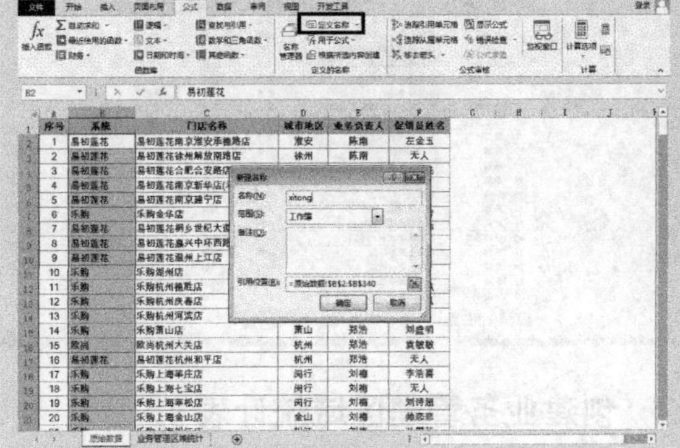

定义好的名称显示在“名称框”中。

此时，B2:B340 单元格区域已经定义名称“xitong”。

再次选中被命名的单元格区域时，名称框中会直接显示所定义的名称，而如果只是选择某一个单元格，则名称框中不会显示区域名称。

技巧 更简便地选择单元格区域

在“新建名称”对话框的“引用位置”输入框中，也可以直接输入需要设置的数据源区域“=原始数据!$B$2:$B$340”。

技巧 更简便地选中大量单元格区域

本例中要选择的 B2:B340 单元格区域跨度很长。用户操作的时候一般都是先选中 B2 单元格并向下拖动，不仅费时而且容易超过需要的单元格区域。这时，可以利用滚动条更简便地选中大量单元格区域。

先选中 B2 单元格，将滚动条拖动至最下方，再按住<Shift>键不放，同时选中 B340 单元格，此时即简便地选中了 B2:B340 单元格区域。

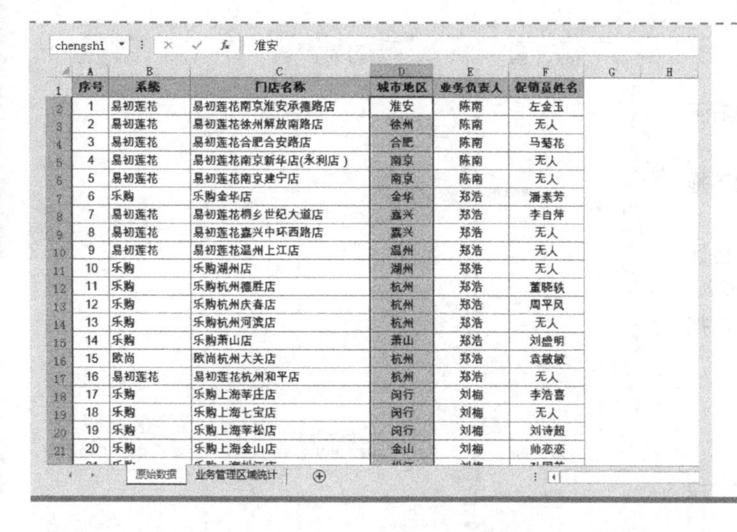

序号	系统	门店名称	城市地区	业务负责人	促销员姓名
1	易初莲花	易初莲花南京淮安承德路店	淮安	陈南	左金玉
2	易初莲花	易初莲花徐州解放南路店	徐州	陈南	无人
3	易初莲花	易初莲花合肥合安路店	合肥	陈南	马菊花
4	易初莲花	易初莲花南京新华店(永利店)	南京	陈南	无人
5	易初莲花	易初莲花南京建宁店	南京	陈南	无人
6	乐购	乐购金华店	金华	郑浩	潘素芳
7	易初莲花	易初莲花桐乡世纪大道店	嘉兴	郑浩	李自斧
8	易初莲花	易初莲花嘉兴中环西路店	嘉兴	郑浩	无人
9	易初莲花	易初莲花温州上江店	温州	郑浩	无人
10	乐购	乐购湖州店	湖州	郑浩	无人
11	乐购	乐购杭州德胜店	杭州	郑浩	董晓铁
12	乐购	乐购杭州庆春店	杭州	郑浩	周平凤
13	乐购	乐购杭州河滨店	杭州	郑浩	无人
14	乐购	乐购萧山店	萧山	郑浩	刘盛明
15	欧尚	欧尚杭州大关店	杭州	郑浩	袁敏敏
16	易初莲花	易初莲花杭州和平店	杭州	郑浩	无人
17	乐购	乐购上海莘庄店	闵行	刘梅	李浩喜
18	乐购	乐购上海七宝店	闵行	刘梅	无人
19	乐购	乐购上海莘松店	闵行	刘梅	刘诗超
20	乐购	乐购上海金山店	金山	刘梅	帅恋恋

Step 5 使用“名称框”定义名称

选中 D2:D340 单元格区域，在“名称框”中输入“chengshi”，按<Enter>键确认，完成名称的定义。

扩展知识点讲解

操作技巧：名称命名的规则

- 名称可以是任意字符与数字组合在一起，但不能以数字开头，更不能以数字作为名称，如7AB。同时，名称不能与单元格地址相同，如 A3。
- 如果要以数字开头，可在前面加上下划线，如_7AB。
- 不能以字母 R、C、r、c 作为名称，因为 R、C 在 R1C1 引用样式中表示工作表的行、列。
- 名称中不能包含空格，可以用下划线或点号代替。
- 不能使用除下划线、点号和反斜线（/）以外的其他符号，允许用问号（?），但不能作为名称的开头，如可以是 Range?，但不可以写成?Range。
- 名称字符不能超过 255 个字符。一般情况下，名称应该便于记忆且尽量简短，否则就违背了定义名称的初衷。
- 名称中的字母不区分大小写。

2. 多条件求和

华东大区卖场一览表											
省	负责人	区域	城市	乐购	易初莲花	世纪联华	国美	欧尚	宏图三胞	城市合计	区域合计
江苏省	赵冰	苏州区	昆山	0							
			张家港								
			苏州								
			南通								
			吴江								
			常熟								
	孙翔	常州无锡区	无锡								
			江阴								
			溧阳								
			宜兴								
			金坛								
			丹阳								
			靖江								
			泰兴								
			常州								
	陈南	南京区	扬州								
			镇江								
			淮安								
			徐州								
			淮北								
			南京								
			盐城								
			泰州								
			连云港								

Step 1 编制数组公式

切换到“业务管理区域统计”工作表，选中 E3 单元格，在编辑栏中输入以下公式，按<Ctrl+Shift+Enter>组合键确认。

```
=SUM((xitong=E$2)*(chengshi=$D3))
```

此时编辑栏里公式两端出现一对数组公式标志，即一对大括号“{}”。

而当公式处于编辑状态时，括号“{}”不出现在数组公式中。

Step 2 批量填充公式

① 选中 E3 单元格，向右拖曳右下角的填充柄至 J3 单元格。

② 选中 E3:J3 单元格区域，向下拖曳右下角的填充柄至 J69 单元格。

③ 删除无需填充公式的单元格区域，按住<Ctrl>键，同时选中 E27:J27、E34:J34 和 E50:J50 单元格区域，按<Delete>键删除。

Step 3 统计“城市合计”

选中 K3 单元格，输入以下公式，按<Enter>键确认。

```
=SUM(E3:J3)
```

Step 4 向下批量填充公式

① 选中 K3 单元格，拖曳右下角的填充柄至 K69 单元格。

② 删除无需填充公式的单元格，按住<Ctrl>键，同时选中 K27、K34 和 K50 单元格，按<Delete>键删除。

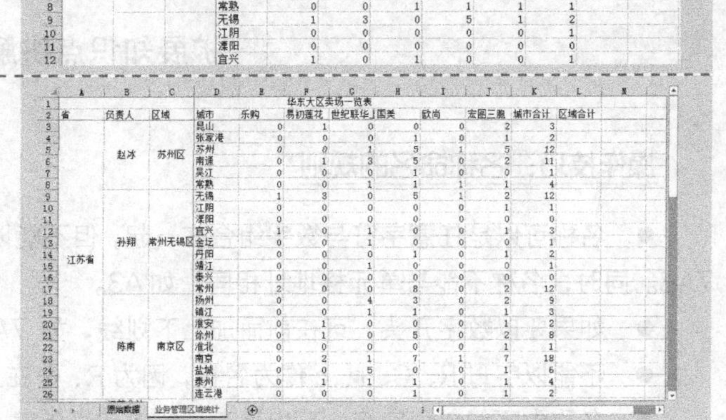

Step 5 统计“江苏合计”等

按住<Ctrl>键，同时选中 E27、E34、E50 和 E70 单元格，在“开始”选项卡的“编辑”命令组中单击求和按钮 Σ。

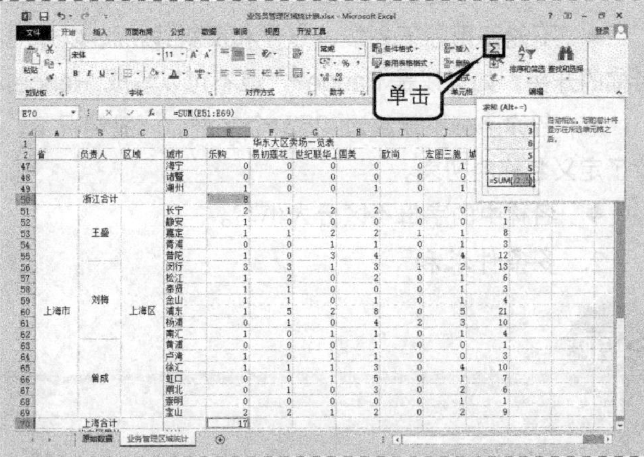

Step 6 向右批量填充公式

① 选中 E27 单元格，拖曳右下角的填充柄至 K27 单元格。

② 选中 E34 单元格，拖曳右下角的填充柄至 K34 单元格。

③ 选中 E50 单元格，拖曳右下角的填充柄至 K50 单元格。

④ 选中 E70 单元格，拖曳右下角的填充柄至 K70 单元格。

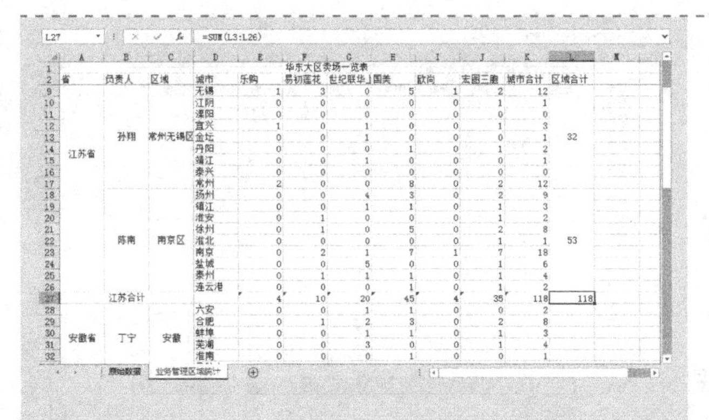

Step 7 统计“区域合计”

① 选中 L3:L8 单元格区域，设置“合并后居中”，输入以下公式，按<Enter>键确认。

```
=SUM(K3:K8)
```

② 选中 L9:L17 单元格区域，设置“合并后居中”，输入以下公式，按<Enter>键确认。

```
=SUM(K9:K17)
```

③ 选中 L18:L26 单元格区域，设置“合并后居中”，输入以下公式，按<Enter>键确认。

```
=SUM(K18:K26)
```

④ 选中 L27 单元格，输入以下公式，按<Enter>键确认。

```
=SUM(L3:L26)
```

⑤ 选中 L28:L33 单元格区域，设置“合并后居中”，输入以下公式，按<Enter>键确认。

```
=SUM(K28:K33)
```

⑥ 选中 L34 单元格，输入以下公式，按<Enter>键确认。

```
=SUM(L28:L33)
```

⑦ 选中 L35:L49 单元格，设置“合并后居中”，输入以下公式，按<Enter>键确认。

```
=SUM(K35:K49)
```

⑧ 选中 L50 单元格，输入以下公式，按<Enter>键确认。

```
=SUM(L35:L49)
```

⑨ 选中 L51:L55 单元格区域，设置“合并后居中”，输入以下公式，按<Enter>键确认。

```
=SUM(K51:K55)
```

⑩ 选中 L56:L62 单元格区域，设置“合并后居中”，输入以下公式，按<Enter>键确认。

```
=SUM(K56:K62)
```

⑪ 选中 L63:L69 单元格区域，设置“合并后居中”，输入以下公式，按<Enter>键确认。

```
=SUM(K63:K69)
```

⑫ 选中 L70 单元格，输入以下公式，设置“合并后居中”，按<Enter>键确认。

```
=SUM(L51:L69)
```

Step 8 统计“华东区累计”

① 选中 E71 单元格，输入以下公式，按<Enter>键确认。

```
=E27+E34+E50+E70
```

② 选中 E71 单元格，拖曳右下角的填充柄至 L71 单元格。

E71 =E27+E34+E50+E70

	A	B	C	D	E	F	G	H	I	J	K	L
1				华东大区卖场一览表								
2	省	负责人	区域	城市	乐购	易初莲花	世纪联华上	国美	欧尚	宏图三胞	城市合计	区域合计
51				长宁	2	1	2	2	0	0	7	
52				静安	1	0	0	0	0	0	1	
53		王盛		嘉定	1	1	2	2	1	1	8	31
54				青浦	0	0	1	1	0	1	3	
55				普陀	1	0	3	4	0	4	12	
56				闵行	3	3	1	3	1	2	13	
57				松江	1	2	0	2	0	1	6	
58				奉贤	1	1	0	0	0	1	3	
59		刘梅		金山	1	1	0	1	0	1	4	61
60	上海市		上海区	浦东	1	5	2	8	0	5	21	
61				杨浦	0	1	0	4	2	3	10	
62				南汇	1	0	1	1	0	1	4	
63				黄浦	0	0	0	1	0	0	1	
64				卢湾	1	0	1	1	0	0	3	
65				徐汇	1	1	1	3	0	4	10	
66		曾成		虹口	0	0	1	5	0	1	7	37
67				闸北	0	1	0	3	0	2	6	
68				崇明	0	0	0	0	0	1	1	
69				宝山	2	2	1	2	0	2	9	
70		上海合计			17	19	16	43	4	30	129	129
71		华东区累计		总计	29	35	43	127	12	93	339	339

原始数据　业务管理区域统计

Step 9 美化工作表

① 设置字体、字号、加粗、居中、自动换行和填充颜色。

② 调整行高和列宽。

③ 设置框线。

④ 取消编辑栏和网格线显示。

	A	B	C	D	E	F	G	H	I	J	K	L
1				华东大区卖场一览表								
2	省	负责人	区域	城市	乐购	易初莲花	世纪联华上海	国美	欧尚	宏图三胞	城市合计	区域合计
3				昆山	0	1	0	0	0	2	3	
4				张家港	0	0	0	1	0	1	2	
5		赵冰	苏州区	苏州	0	0	1	5	1	5	12	33
6				南通	0	1	3	5	0	2	11	
7				吴江	0	0	0	1	0	0	1	
8				常熟	0	0	1	1	1	1	4	
9				无锡	1	3	0	5	1	2	12	
10				江阴	0	0	0	0	0	1	1	
11				溧阳	0	0	0	0	0	0	0	
12				宜兴	1	0	1	0	0	1	3	
13		孙翔	常州无锡区	金坛	0	0	1	0	0	0	1	32
14	江苏省			丹阳	0	0	0	1	0	1	2	
15				靖江	0	0	1	0	0	0	1	
16				泰兴	0	0	0	0	0	0	0	
17				常州	2	0	0	8	0	2	12	
18				扬州	0	0	4	3	0	2	9	

原始数据　业务管理区域统计

关键知识点讲解

函数应用：数组公式

函数用途

数组公式对一组或多组值执行多重计算，并返回一个或多个结果。数组公式包含在大括号{ }中，按<Ctrl+Shift+Enter>组合键可以输入数组公式。数组公式既可以计算单个结果，也可以计算多个结果。

（1）计算单个结果。

可用数组公式执行多个计算而生成单个结果。通过用单个数组公式代替多个不同的公式，可简化工作表模型。

① 单击需输入数组公式的单元格（在合并单元格中无法使用数组公式）。

② 输入数组公式。

③ 按<Ctrl+Shift+Enter>组合键。

例如，下例计算每种水果重量和单价的总和，而不是使用一行单元格来计算并显示出每种水果的总价。

B5 {=SUM(B2:C2*B3:C3)}

	A	B	C	D	E	F
1		苹果	桔子			
2	重量	2	5			
3	单价	3	2.4			
4						
5	总价	18				

当公式{=SUM(B2:C2*B3:C3)}作为数组公式输入时，该公式会将每种水果的“重量”和“单价”相乘，然后再将这些计算结果相加计算总价。

（2）计算多个结果。

如果要使数组公式能计算出多个结果，必须将数组输入到与数组参数具有相同列数和行数的单元格区域中。

① 选中需要输入数组公式的单元格区域。

② 输入数组公式。

③ 按<Ctrl+Shift+Enter>组合键。

例如，给出了相应于 3 个月（A 列中）的 3 个销售量（B 列中），TREND 函数返回销售量的直线拟合值。如果要显示公式的所有结果，应在 C 列的 C1:C3 单元格区域中输入数组公式，再按<Ctrl+Enter>组合键批量输入。

C1 {=TREND(B1:B3,A1:A3)}

	A	B	C	D	E	F
1	1	20123	21437			
2	2	19005	16377			
3	3	10003	11317			

当公式{=TREND(B1:B3,A1:A3)}作为数组公式输入时，它会根据 3 个月的 3 个销售量得到 3 个不同的结果，即 21437、16377 和 11317。

3.3 业务员终端月拜访计划表

案例背景

终端拜访是营销活动中很重要的一个环节，这是因为销售促进要靠它，新品推广需要它，客情维护少不了它，产品陈列和宣传更是离不开它……可以说终端拜访工作的成功与否，直接关系到产品销售及销售其他工作的好坏。然而在现实的销售工作中，发现销售人员的终端拜访存在着诸多的问题，如拜访工作无目的、无规律、准备不足等。因此每个业务员必须对整月的终端拜访情况做详细的计划，使工作更加有序地进行。

关键技术点

要实现本例中的功能，读者应当掌握以下 Excel 技术点。

- COUNTIF 函数的应用
- 数据验证
- 插入特殊符号
- 条件格式

最终效果展示

终端月拜访计划表

营业主任姓名:周红莲

门店级别	门店名称	拜访频率（次/周）	时间（15年5月）																															合计
			1	2	3	4	5	6	7	8	9	#	#	#	#	#	#	#	#	#	#	#	#	#	#	#	#	#	#	#	#	#	#	
A	家乐福上海古北店	2.25	▲				▲			▲				▲				▲				▲				▲			▲			▲		9
A	百安居上海金桥店	2.00		▲				▲			▲				▲				▲				▲					▲			▲			8
A	百安居上海龙阳店	2.25	▲		▲				▲			▲				▲					▲			▲						▲			▲	9
A	百安居上海杨浦店	2.25			▲		▲			▲				▲			▲					▲			▲				▲			▲		9
B	大润发上海康桥店	2.00		▲				▲							▲			▲			▲					▲		▲			▲			8
B	大润发上海杨浦店	1.75			▲				▲					▲			▲		▲						▲					▲				7
B	家乐福上海新里程店	1.25		▲							▲					▲						▲						▲						5
B	乐购上海锦绣店	1.25					▲					▲					▲							▲									▲	5
B	欧尚上海长阳店	1.25			▲					▲					▲								▲						▲					5
B	世纪联华浦东御桥店	1.25	▲									▲						▲							▲						▲			5
C	世纪联华上海鲁班路店	1.00						▲								▲					▲							▲						4
C	乐购上海南汇店	0.75							▲															▲									▲	3
C	欧尚上海中原店	0.75									▲												▲									▲		3
C	沃尔玛上海五角场店	0.75								▲									▲							▲								3
合计			3	3	4	0	3	3	3	4	3	3	0	3	3	3	3	3	3	0	3	3	3	3	3	3	0	4	3	2	3	3	3	83

示例文件

光盘\示例文件\第 3 章\业务员终端月拜访计划表.xlsx

Step 1 新建工作簿

启动 Excel 自动新建一个工作簿，保存并命名为“业务员终端月拜访计划表”，将“Sheet1”工作表重命名为“终端月拜访计划表”。

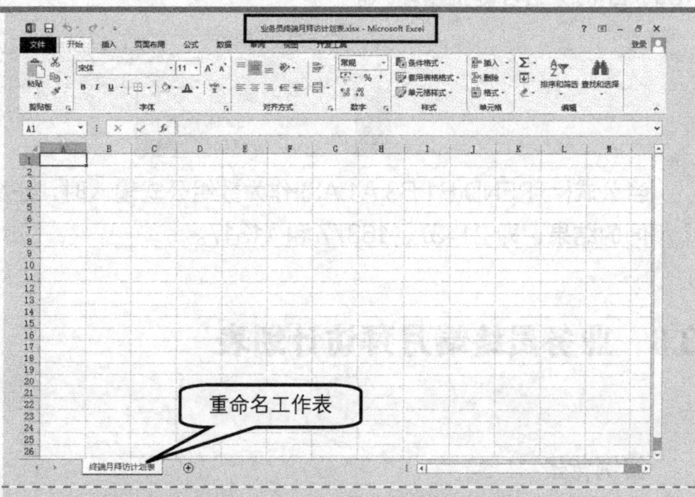

Step 2 输入表格内容

① 选中 A1:AI1 单元格区域，设置“合并后居中”，输入表格标题名称“终端月拜访计划表”。

② 在 A2:B19 单元格区域中输入各字段的标题名称。在 A2 和 C3:AI3 单元格区域中输入表格内容。适当地调整表格的列宽。

③ 分别合并 A2:B2、A3:A4、B3:B4、C3:C4、A19:C19、D3:AH3 和 AI3:AI4 单元格区域。

④ 按住<Ctrl>键，同时选中 A3:A4 和 C3:C4 单元格区域，设置“自动换行”。

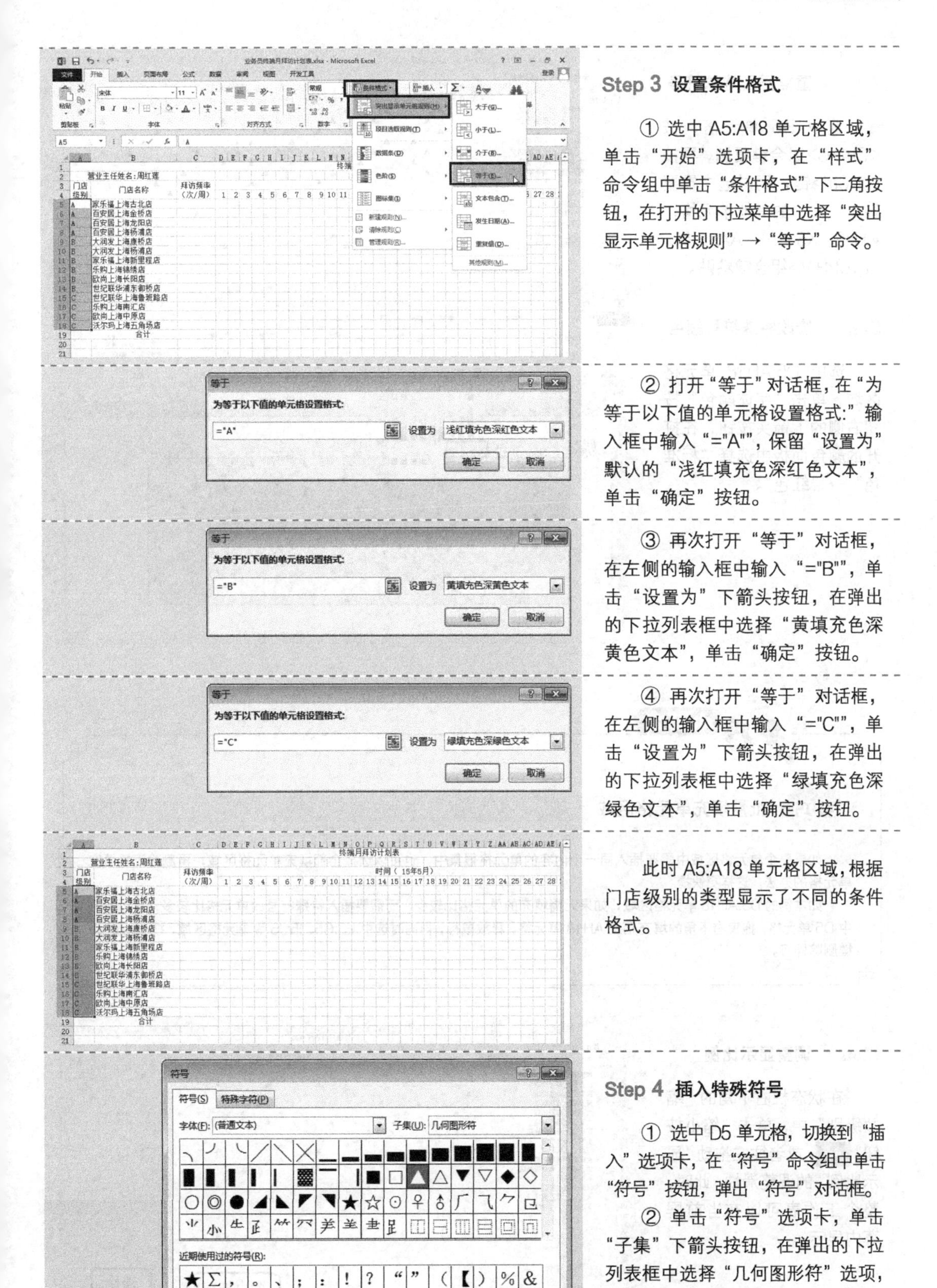

Step 3 设置条件格式

① 选中 A5:A18 单元格区域，单击“开始”选项卡，在“样式”命令组中单击“条件格式”下三角按钮，在打开的下拉菜单中选择“突出显示单元格规则”→“等于”命令。

② 打开“等于”对话框，在“为等于以下值的单元格设置格式:”输入框中输入“="A"”，保留“设置为”默认的“浅红填充色深红色文本”，单击“确定”按钮。

③ 再次打开“等于”对话框，在左侧的输入框中输入“="B"”，单击“设置为”下箭头按钮，在弹出的下拉列表框中选择“黄填充色深黄色文本”，单击“确定”按钮。

④ 再次打开“等于”对话框，在左侧的输入框中输入“="C"”，单击“设置为”下箭头按钮，在弹出的下拉列表框中选择“绿填充色深绿色文本”，单击“确定”按钮。

此时 A5:A18 单元格区域，根据门店级别的类型显示了不同的条件格式。

Step 4 插入特殊符号

① 选中 D5 单元格，切换到“插入”选项卡，在“符号”命令组中单击“符号”按钮，弹出“符号”对话框。

② 单击“符号”选项卡，单击“子集”下箭头按钮，在弹出的下拉列表框中选择“几何图形符”选项，选择需要插入的特殊符号“▲”，单击“插入”按钮，再单击“关闭”按钮，按<Enter>键确认。

Step 5 重复插入特殊符号

选中 D5 单元格，按<Ctrl+C>组合键复制，再按住<Ctrl>键，同时选中需要输入“▲”的其他单元格，如 H5、K5、…、AA18 等，按<Ctrl+V>组合键粘贴。

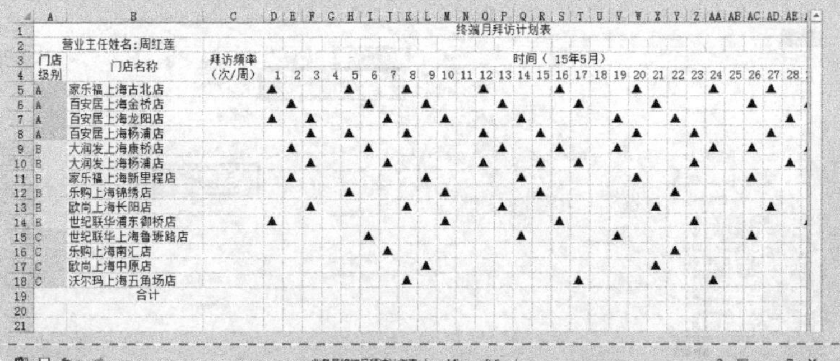

Step 6 修改特殊符号颜色

选中 D5:AH18 单元格区域，单击“字体颜色”按钮右侧的下箭头按钮，在打开的颜色面板中选择“标准色”→“红色”。

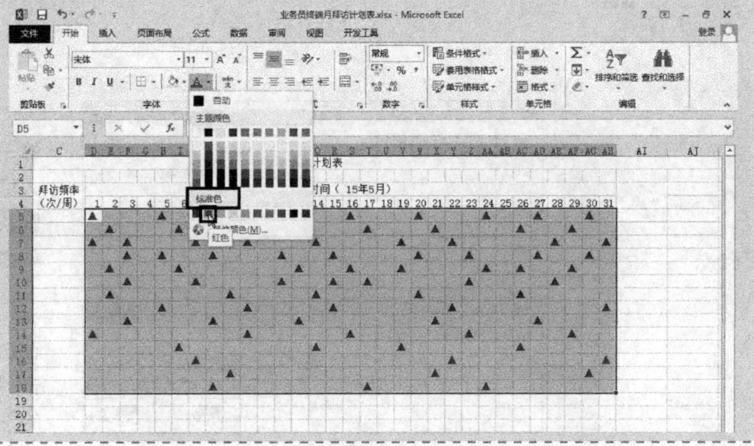

技巧 批量填充单元格区域

如果整个单元格区域中需要插入同一个内容的单元格很集中，也可以选择全部填充单元格区域，再删除无需填充单元格的办法，这样更快捷。

如本例的 D5:AH18 单元格区域，如果无需填充的单元格比较少，而需要插入特殊符号的单元格比较多，可以先选中 D5 单元格，拖曳右下角的填充柄至 AH18 单元格，释放鼠标，再同时选中 E5:G5、I5:J5 等单元格区域，按<Delete>键删除即可。

Step 7 调整显示比例

在状态栏右下角的“缩放级别”中，单击“缩小按钮”▬，或者往左拖动“显示比例”的调整滑块。此时，整个工作表可以在当前屏幕内显示。

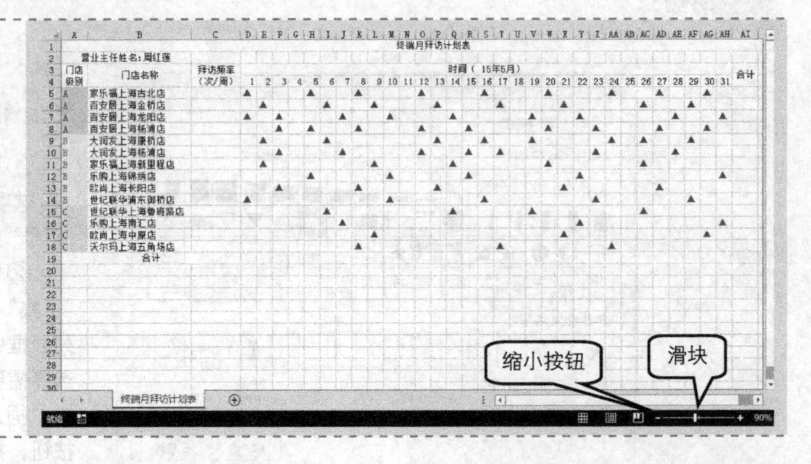

技巧 **调整显示比例的其他方法**

（1）按住<Ctrl>键的同时，再滑动鼠标滚轮使文档在 10%~400%之间进行缩放。

（2）单击“文件”选项卡，在打开的下列菜单中选择“选项”，弹出“Excel 选项”对话框，单击“高级”选项卡。在“编辑选项”下，勾选“用智能鼠标缩放”复选框，再单击“确定”按钮。这样就可以直接滑动鼠标滚轮完成显示比例的缩放。

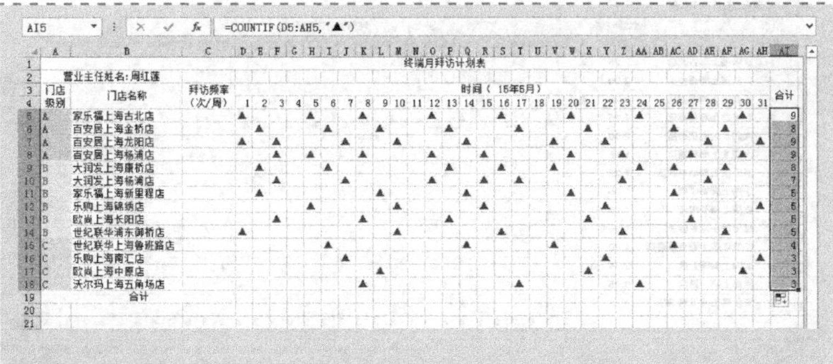

Step 8 统计“合计”

① 选中 AI5 单元格，输入以下公式，按<Enter>键确认。

```
=COUNTIF(D5:AH5,"▲")
```

② 选中 AI5 单元格，拖曳右下角的填充柄至 AI18 单元格。

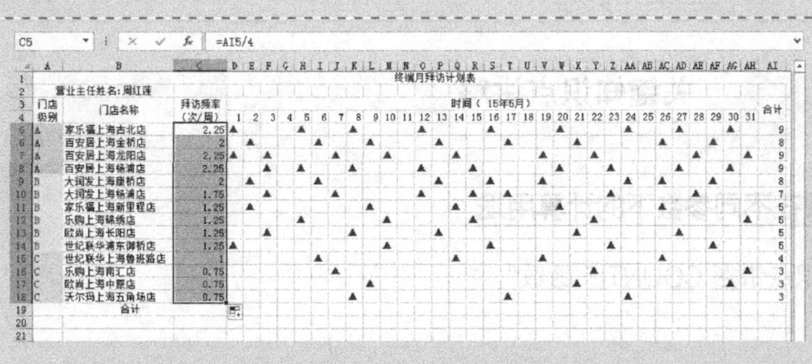

Step 9 统计“拜访频率”

① 选中 C5 单元格，输入以下公式，按<Enter>键确认。

```
=AI5/4
```

② 选中 C5 单元格，拖曳右下角的填充柄至 C18 单元格。

Step 10 设置单元格格式

选中 C5:C18 单元格区域，设置单元格格式为“数值”，“小数位数”为“2”。

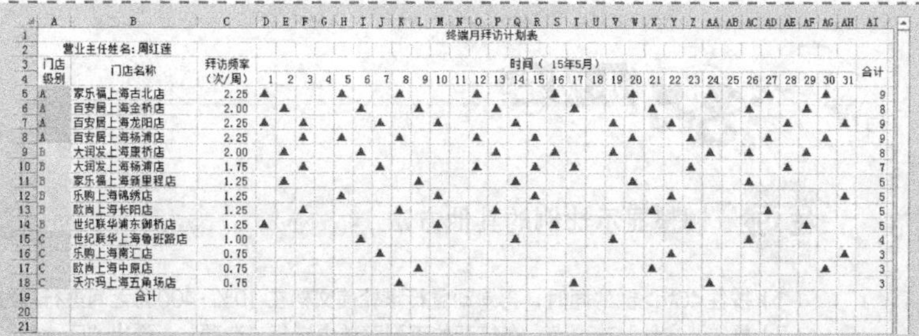

Step 11 统计“合计”

① 选中 D19 单元格，输入以下公式，按<Enter>键确认。

```
=COUNTIF(D5:D18,"▲")
```

② 选中 D19 单元格，拖曳右下角的填充柄至 AH19 单元格。

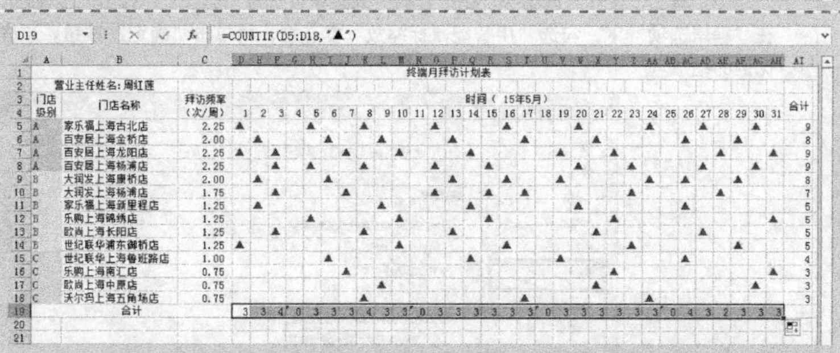

Step 12 统计月拜访次数总和

选中 AI19 单元格，在“开始”选项卡的“编辑”命令组中单击“求和”按钮，按<Enter>键输入。

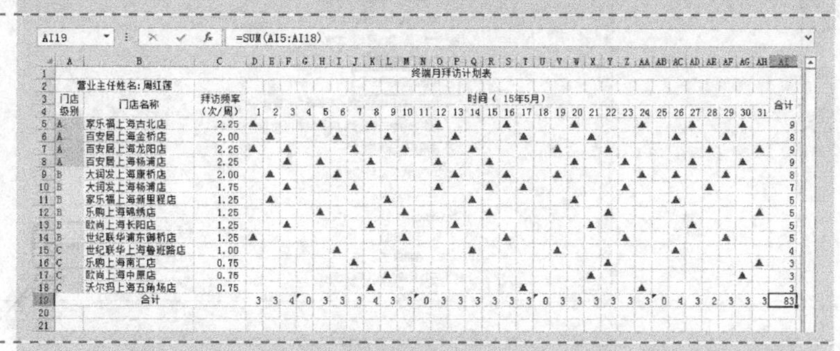

Step 13 美化工作表

① 设置字体、字号、加粗、居中和填充颜色。

② 调整行高和列宽。

③ 绘制边框。

④ 取消编辑栏和网格线显示。

关键知识点讲解

函数应用：COUNTIF 函数在不同参数下的计算用途

参阅 2.2.3 小节“关键知识点讲解 COUNTIF 函数”。

■ **函数简单示例**

数据	备注	公式	结果	含义
23	文本型	=COUNTIF(A2:A20,8)	2	数值8的单元格个数（包括文本008）
080	文本型	=COUNTIF(A2:A20,">8")	3	数值大于8的单元格个数
008	文本型	=COUNTIF(A2:A20,">=8")	4	数值大于等于8的单元格个数
8		=COUNTIF(A2:A20,">"&A5)	3	数值等于8且大于A5的单元格个数
-30		=COUNTIF(A2:A20,"<>8")	18	不等于8（含文本008）的所有单元格个数
50		=COUNTIF(A2:A20,"<>")	18	非真空单元格个数，相当于COUNTA
100		=COUNTIF(A2:A20,"<>""")	19	区域内所有单元格个数
44		=COUNTIF(A2:A20,"=")	1	真空单元格个数
Excel		=COUNTIF(A2:A20,"")	2	真空及假空（空文本）单元格个数
	=""	=COUNTIF(A2:A20,"><")	9	非空文本单元格个数
	真空	=COUNTIF(A2:A20,"*")	10	文本（含空文本）单元格个数
AB		=COUNTIF(A2:A20,"*8*")	2	包含字符8的文本单元格个数
ABC		=COUNTIF(A2:A20,"a?")	1	以a开头且只有两个字符的单元格个数
ABCD		=COUNTIF(A2:A20,"?B*")	3	第2个字符为b的单元格个数
ACDB		=COUNTIF(A2:A20,A10&"*")	2	以A10单元格字符开头的单元格个数
ExcelHome		=COUNTIF(A2:A20,"??")	2	字符长度为2的文本单元格个数
FALSE	逻辑值	=COUNTIF(A2:A20,TRUE)	1	内容为逻辑值TRUE的单元格个数
#DIV/0!	错误值	=COUNTIF(A2:A20,#DIV/0!)	1	被0除错误的单元格个数
TRUE	逻辑值	=COUNTIF(A2:A20,"#DIV/0!")	1	被0除错误的单元格个数

■ **本例公式说明**

以下为本例中的公式。

```
=COUNTIF(D5:AH5,"▲")
```

其各个参数值指定 COUNTIF 函数在 D5:AH5 单元格区域中，统计等于“▲”的单元格个数。

3.4 年度销售计划表

案例背景

销售是企业产品转换为现金流的重要环节，只有制订合理的销售计划，才能促进产品流通和控制产品的生产规模。根据上年的销售情况制订下一年度的销售计划表，可以指导企业调整产品结构、控制生产规模，使得企业生产和经营管理更加合理化，从而实现收益的最大化。

关键技术点

要实现本例中的功能，读者应当掌握以下 Excel 技术点。

- AVERAGE 函数的应用
- 套用表格格式后转化为普通区域，快速完成表格的隔行填充底色的效果

最终效果展示

2015年年度销售计划表

产品名称	2010年销售	2011年销售	2012年销售	2013年销售	2014年销售	平均年增长率	2015年销售
男鞋	208.00	124.00	128.00	269.00	270.00	18.34%	310.50
女鞋	233.00	258.00	340.00	450.00	478.00	20.27%	549.70
童鞋	288.00	183.00	124.00	270.00	333.00	18.09%	382.95
男装	150.00	290.00	171.00	154.00	255.00	26.99%	293.25
女装	162.00	244.00	246.00	166.00	244.00	16.48%	280.60

示例文件

光盘\示例文件\第 3 章\年度销售计划表.xlsx

Step 1 新建工作簿

启动 Excel 自动新建一个工作簿，保存并命名为“年度销售计划表”，将“Sheet1”工作表重命名为“年度销售计划”。

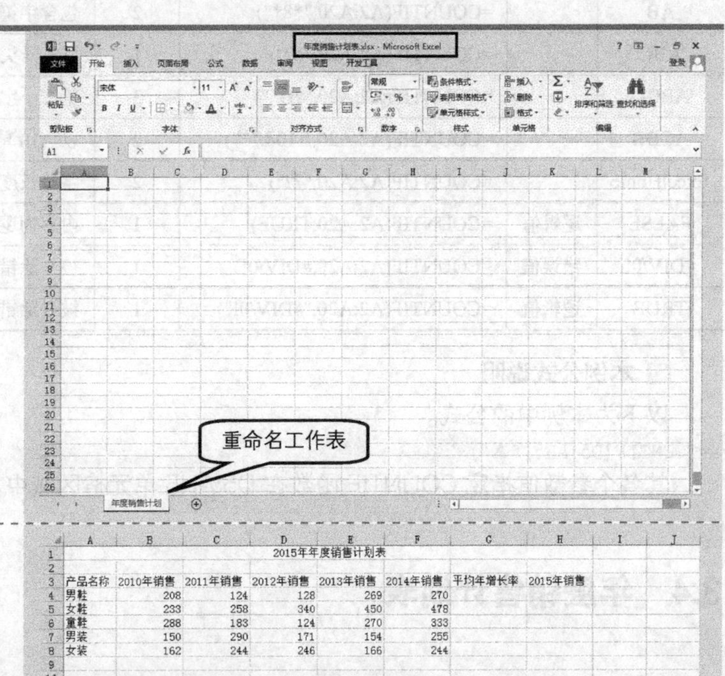

Step 2 输入表格标题和内容

① 选中 A1:H1 单元格区域，设置“合并后居中”，输入表格标题“2015 年年度销售计划表”。

② 选中 A3:H3 单元格区域，输入表格各字段标题。适当地调整表格的列宽。

③ 选中 A4:F8 单元格区域，输入表格内容。

2015年年度销售计划表

产品名称	2010年销售	2011年销售	2012年销售	2013年销售	2014年销售	平均年增长率	2015年销售
男鞋	208	124	128	269	270		
女鞋	233	258	340	450	478		
童鞋	288	183	124	270	333		
男装	150	290	171	154	255		
女装	162	244	246	166	244		

Step 3 计算平均年增长率

选中 G4 单元格，输入以下公式，按<Enter>键确认。

```
=AVERAGE((C4-B4)/B4,(D4-C4)/
C4,(E4-D4)/D4,(F4-E4)/E4)
```

G4 =AVERAGE((C4-B4)/B4,(D4-C4)/C4,(E4-D4)/D4,(F4-E4)/E4)

2015年年度销售计划表

产品名称	2010年销售	2011年销售	2012年销售	2013年销售	2014年销售	平均年增长率	2015年销售
男鞋	208	124	128	269	270	0.183422971	
女鞋	233	258	340	450	478		
童鞋	288	183	124	270	333		
男装	150	290	171	154	255		
女装	162	244	246	166	244		

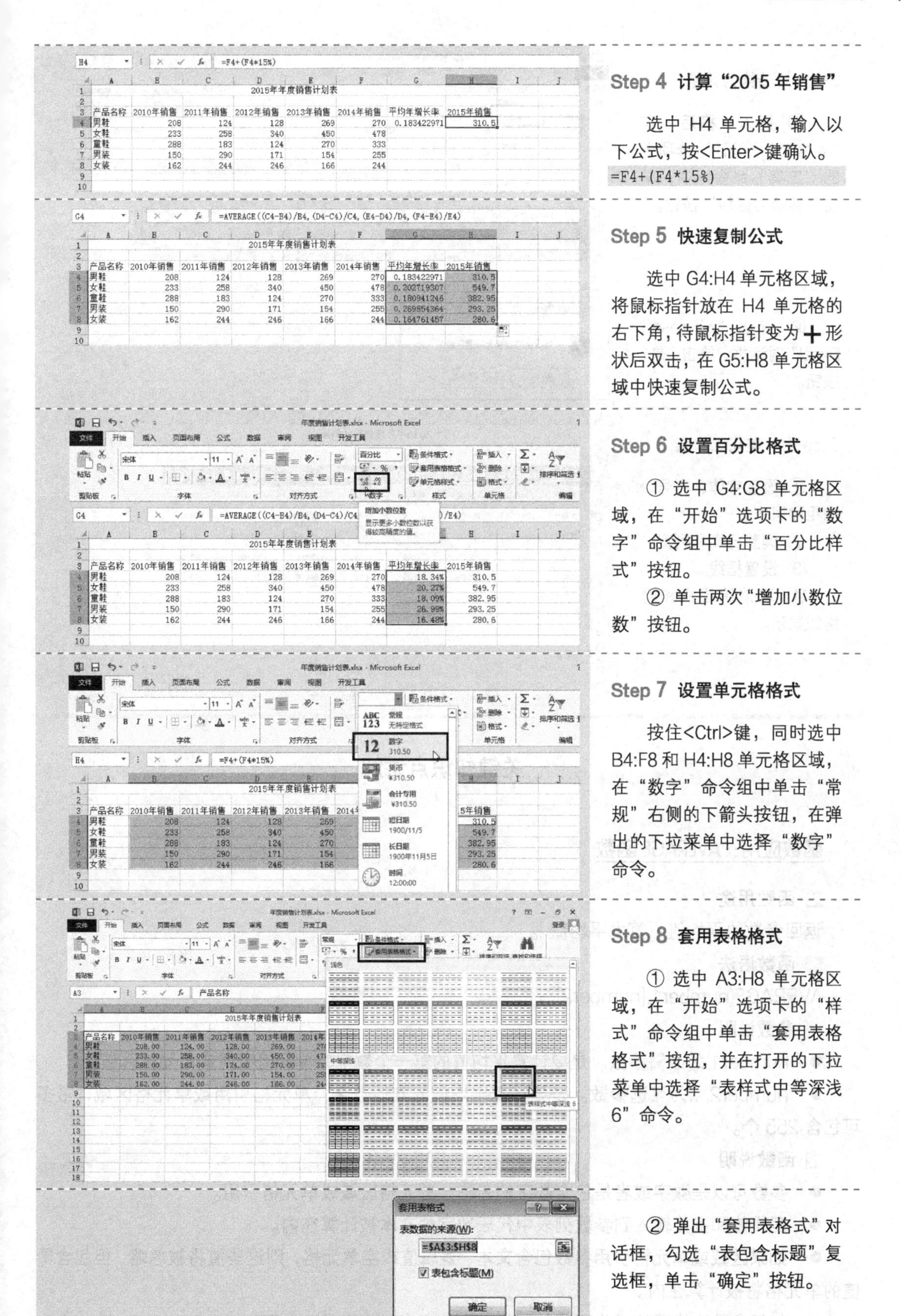

Step 4 计算“2015年销售”

选中H4单元格，输入以下公式，按<Enter>键确认。

```
=F4+(F4*15%)
```

Step 5 快速复制公式

选中G4:H4单元格区域，将鼠标指针放在H4单元格的右下角，待鼠标指针变为✚形状后双击，在G5:H8单元格区域中快速复制公式。

Step 6 设置百分比格式

① 选中G4:G8单元格区域，在“开始”选项卡的“数字”命令组中单击“百分比样式”按钮。

② 单击两次“增加小数位数”按钮。

Step 7 设置单元格格式

按住<Ctrl>键，同时选中B4:F8和H4:H8单元格区域，在“数字”命令组中单击“常规”右侧的下箭头按钮，在弹出的下拉菜单中选择“数字”命令。

Step 8 套用表格格式

① 选中A3:H8单元格区域，在“开始”选项卡的“样式”命令组中单击“套用表格格式”按钮，并在打开的下拉菜单中选择“表样式中等深浅6”命令。

② 弹出“套用表格式”对话框，勾选“表包含标题”复选框，单击“确定”按钮。

Step 9 转换为区域

① 插入表格后，在“表格工具-设计”选项卡的“工具”命令组中，单击“转换为区域”按钮。

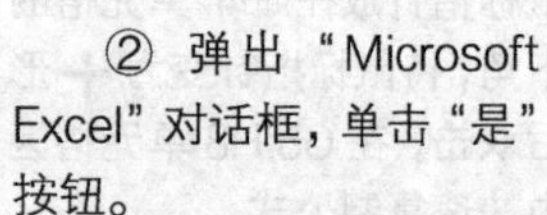

② 弹出“Microsoft Excel”对话框，单击“是”按钮。

Step 10 美化工作表

① 设置字体、字号、加粗和居中。

② 调整行高和列宽。

③ 设置框线。

④ 取消编辑栏和网格线显示。

2015年年度销售计划表

产品名称	2010年销售	2011年销售	2012年销售	2013年销售	2014年销售	平均年增长率	2015年销售
男鞋	208.00	124.00	128.00	269.00	270.00	18.34%	310.50
女鞋	233.00	258.00	340.00	450.00	478.00	20.27%	549.70
童鞋	288.00	183.00	124.00	270.00	333.00	18.09%	382.95
男装	150.00	290.00	171.00	154.00	255.00	26.99%	293.25
女装	162.00	244.00	246.00	166.00	244.00	16.48%	280.60

关键知识点讲解

函数应用：AVERAGE 函数

函数用途

返回参数的平均值（算术平均值）。

函数语法

AVERAGE(number1,[number2],...)

参数说明

- number1 为必需参数。是要计算平均值的第一个数字、单元格引用或单元格区域。
- number2,...为可选参数。是要计算平均值的其他数字、单元格引用或单元格区域，最多可包含 255 个。

函数说明

- 参数可以是数字或者是包含数字的名称、单元格区域或单元格引用。
- 逻辑值和直接输入到参数列表中代表数字的文本被计算在内。
- 如果区域或单元格引用参数包含文本、逻辑值或空单元格，则这些值将被忽略；但包含零值的单元格将被计算在内。
- 如果参数为错误值或为不能转换为数字的文本，将会导致错误。

- 若要在计算中包含引用中的逻辑值和代表数字的文本，可使用 AVERAGEA 函数。
- 若要只对符合某些条件的值计算平均值，可使用 AVERAGEIF 函数或 AVERAGEIFS 函数。

注释

AVERAGE 函数用于计算集中趋势，集中趋势是统计分布中一组数的中心位置。最常用的集中趋势度量方式有以下 3 种。

- 平均值：平均值是算术平均值，由一组数相加然后除以数字的个数计算而得，如 2、3、3、5、7 和 10 的平均值为 30 除以 6，即 5。
- 中值：中值是一组数中间位置的数；即一半数的值比中值大，另一半数的值比中值小，如 2、3、3、5、7 和 10 的中值是 4。
- 众数：众数是一组数中最常出现的数，如 2、3、3、5、7 和 10 的众数是 3。

对于对称分布的一组数来说，这 3 种集中趋势的度量是相同的。对于偏态分布的一组数来说，这 3 种集中趋势的度量可能不同。

提示

当对单元格中的数值求平均值时，应牢记空单元格与含零值单元格的区别，尤其是在清除了 Excel 应用程序的“Excel 选项”对话框中的“在具有零值的单元格中显示零”复选框时。勾选此复选框后，空单元格将不计算在内，但零值会计算在内。

函数简单示例

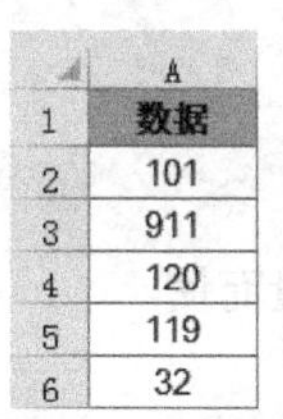

	A
1	数据
2	101
3	911
4	120
5	119
6	32

示例	公式	说明	结果
1	=AVERAGE(A2:A6)	A2:A6 单元格区域数字的平均值	256.6
2	=AVERAGE(A2:A6,7)	A2:A6 单元格区域数字与 7 的平均值	215

本例公式说明

以下为本例中的公式。

```
=AVERAGE((C4-B4)/B4,(D4-C4)/C4,(E4-D4)/D4,(F4-E4)/E4)
```

(C4−B4)/B4、(D4−C4)/C4、(E4−D4)/D4 和(F4−E4)/E4)分别为 2009 年、2010 年、2011 年和 2012 年销售的年增长率。

AVERAGE 函数其各个参数值指定计算 2009 年、2010 年、2011 年和 2012 年销售的年增长率的平均值，即平均年增长率。

Excel 2013 高效办公

促销，顾名思义是为了扩大销量而使用的经营手段。

在市场竞争日益激烈的今天，促销已经偏离了“给消费者购买本品一个额外的理由”之本意，而转化为打击竞争品、争夺顾客、树立品牌形象或抢占市场份额的常规手段。尤其是新产品上市，更是与促销息息相关。

如今企业促销手法已趋于雷同，很难玩出新创意，翻出新花样主要有以下两个因素决定了企业的促销效果。

（1）准确。在合适的时间和市场环境下运用合适的促销方式。

（2）到位。对促销活动各环节工作的细致布置和切实执行。

4.1 促销计划表

案例背景

企业的每一次促销活动都有其目的性，如让消费者更快地接受新产品、发布企业调整信息、树立企业形象及扩大市场影响力等。让促销有计划地进行并起到真正的实效作用，一份周密的市场促销计划是必不可少的。促销计划的关键在于清晰的工作条理性和可执行性。在制订促销计划的过程中会涉及促销费用的问题，为了能够掌握明确的促销费用，需要创建一张美观、实用的表格，以便了解促销费用支出的情况，进而在实施的过程中掌握各个项目的具体实施情况。

关键技术点

要实现本例中的功能，读者应当掌握以下 Excel 技术点。

- SUMIF 函数的应用
- 数据验证
- 选择性粘贴

最终效果展示

促销费用预算表

活动名称:	五一黄金周促销计划
活动目的:	促进黄金周高峰期销售
活动范围:	家乐福华东区30家店
活动时间:	2015年4月27日至2015年5月4日(共8天)
预计增长率:	130%
预计销售额:	¥88,000.00

类别	费用项目	成本或比例	数量 / 店 / 天	天数 / 次数	预算	资金来源
促销费用	免费派发公司样品的数量	1.65	500	8	6,600.00	市场部
	参与活动的消费者可以得到日历卡一张	0.6	400	8	1,920.00	市场部
	购买产品获得的公司卡通	5	100	8	4,000.00	市场部
	商品降价金额	5%	3200	8	1,280.00	销售部
	小计				13,800.00	
店内宣传标识	巨幅海报	400	1		400.00	市场部
	小型宣传单张	0.1	1000	8	800.00	市场部
	直邮	1500	1		1,500.00	销售部
	小计				2,700.00	
促销执行费用	聘用促销小姐费用	70	2	8	1,120.00	销售部
	上缴家乐福促销小姐管理费	30	2	8	480.00	销售部
	其他可能发生的费用(赞助费/入场费等)	2000			2,000.00	销售部
	小计				3,600.00	
后勤费用	赠品运输与管理费用				1,000.00	物流中心
	小计				1,000.00	
	总费用				21,100.00	

示例文件

光盘\示例文件\第 4 章\促销计划表.xlsx

4.1.1 创建促销计划表

Step 1 新建工作簿

启动 Excel 自动新建一个工作簿，保存并命名为“促销计划表”，将“Sheet1”工作表重命名为“促销费用预算”。

Step 2 输入表格标题

选中 A1:G1 单元格区域，设置“合并后居中”，输入表格标题“促销费用预算表”。

Step 3 输入标题

依次在 A2:A7、A9:A10 单元格区域和 A15、A19、A23 单元格中输入各字段的标题名称，并设置为“加粗”。

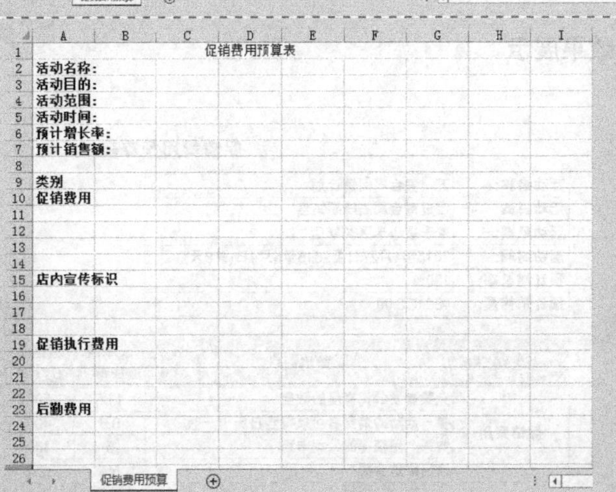

Step 4 复制标题

① 选中 A14:B14 单元格区域，设置“合并后居中”，输入“小计”，并设置为“加粗”。

② 选中 A14:B14 单元格区域，按<Ctrl+C>组合键。

③ 按住<Ctrl>键，同时选中 A18、A22 和 A24 单元格，按 <Ctrl+V> 组合键，将 A14:B14 单元格区域的内容和格式复制于以上所选中的单元格区域。

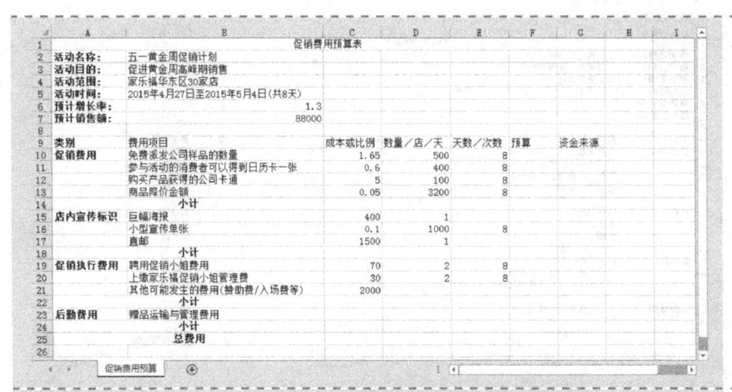

Step 5 输入表格数据

依次在单元格中输入表格数据，适当地调整单元格的列宽。

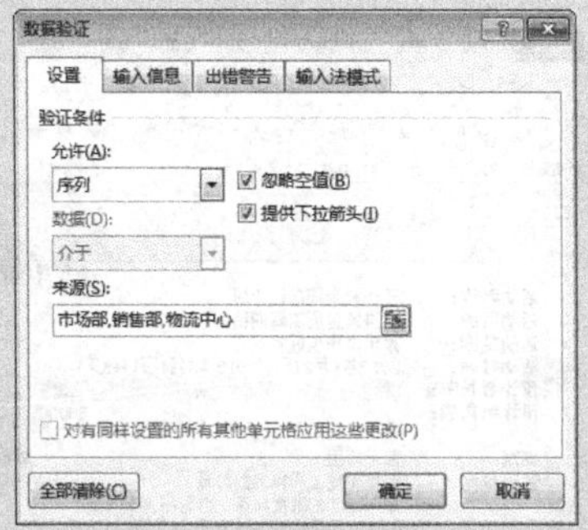

Step 6 设置数据验证

① 选中 G10 单元格，切换到“数据”选项卡，在“数据工具”命令组中单击“数据验证”按钮，弹出“数据验证”对话框。

② 单击“设置”选项卡，在“允许”下拉列表框中选择“序列”选项，在“来源”输入框中输入“市场部，销售部，物流中心”，单击“确定”按钮。

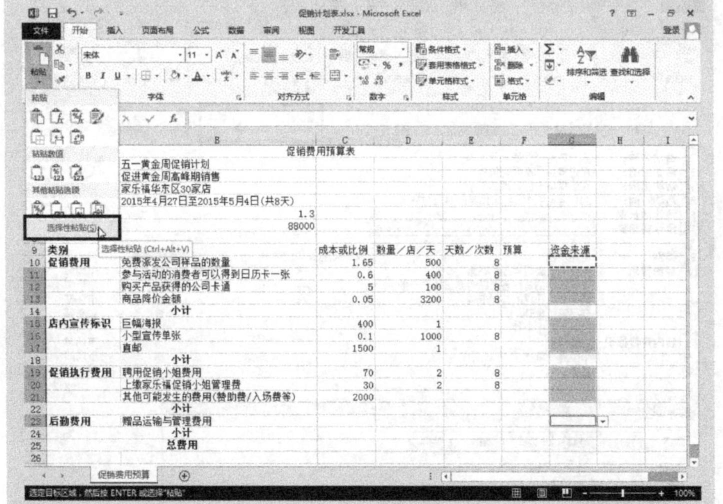

Step 7 复制数据验证设置

① 选中 G10 单元格，按 <Ctrl+C>组合键复制，再按住<Ctrl>键，同时选中 G11:G13、G15:G17、G19:G21 和 G23 单元格区域，单击“开始”选项卡的“剪贴板”命令组中“粘贴”下的三角按钮，在弹出的菜单中选择“选择性粘贴”命令。

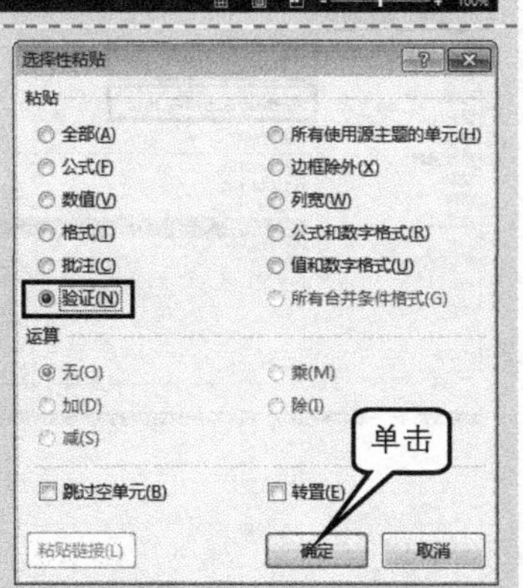

② 弹出“选择性粘贴”对话框，选中“验证”单选钮，单击“确定”按钮。

Step 8 利用数据验证输入数据

在 G10:G14、G15:G17、G19:G21 和 G23 单元格区域中利用数据验证输入数据。

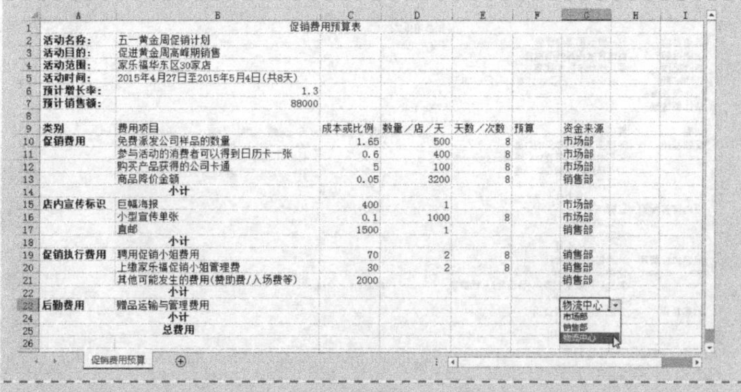

Step 9 设置百分比格式

按住<Ctrl>键的同时选中 B6 和 C13 单元格，在“开始”选项卡的“数字”命令组中单击“百分比样式”按钮。

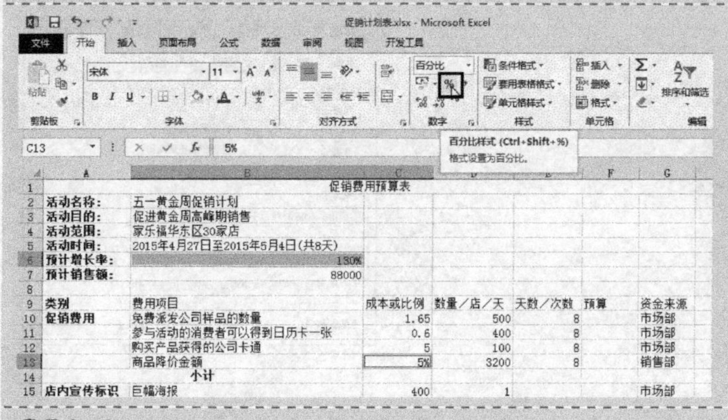

Step 10 设置货币格式

选中 B7 单元格，在“开始”选项卡的“数字”命令组中单击“常规”右侧的下箭头按钮，在弹出的下拉菜单中选择“货币”命令。

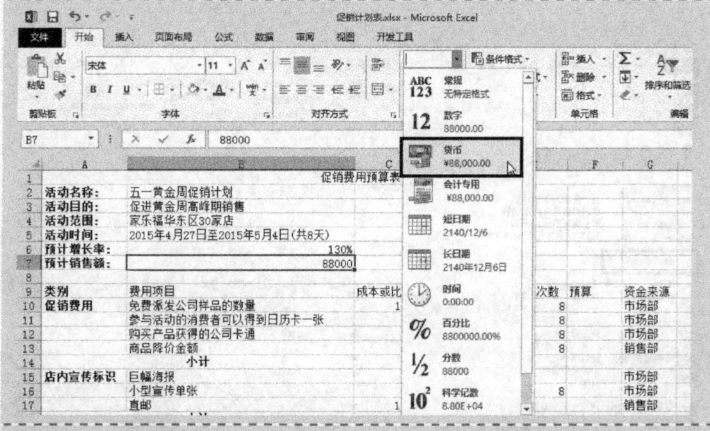

Step 11 设置单元格格式

选中 F10:F25 单元格区域，设置单元格格式为“数值”，“小数位数”为“2”，勾选“使用千位分隔符”复选框。

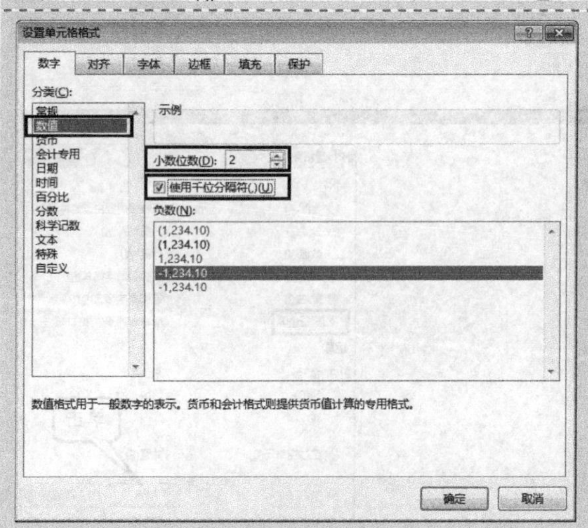

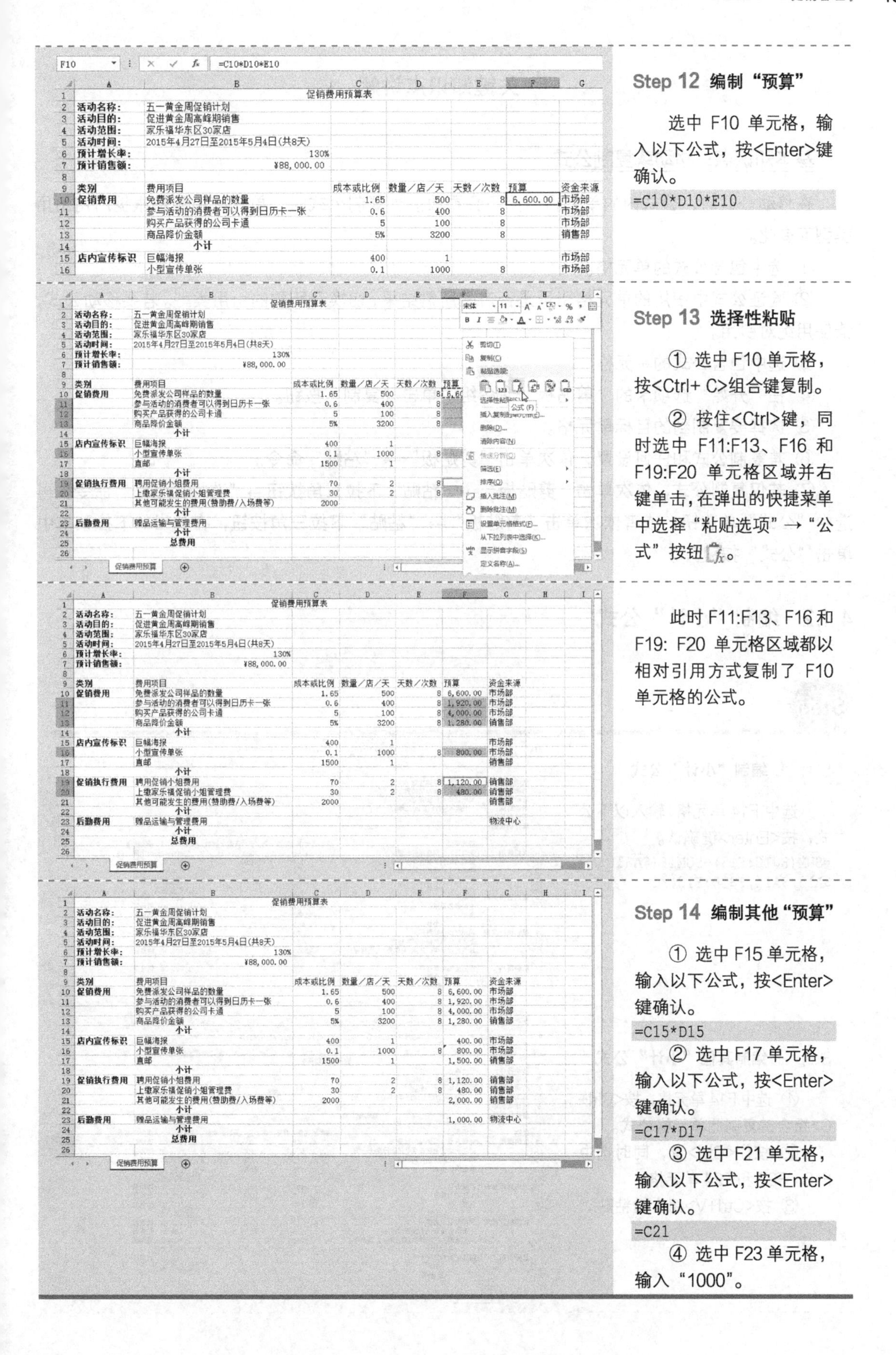

	A	B	C	D	E	F	G
1		促销费用预算表					
2	活动名称:	五一黄金周促销计划					
3	活动目的:	促进黄金周高峰期销售					
4	活动范围:	家乐福华东区30家店					
5	活动时间:	2015年4月27日至2015年5月4日(共8天)					
6	预计增长率:	130%					
7	预计销售额:	¥88,000.00					
8							
9	类别	费用项目	成本或比例	数量/店/天	天数/次数	预算	资金来源
10	促销费用	免费派发公司样品的数量	1.65	500	8	6,600.00	市场部
11		参与活动的消费者可以得到日历卡一张	0.6	400	8	1,920.00	市场部
12		购买产品获得的公司卡通	5	100	8	4,000.00	市场部
13		商品降价金额	5%	3200	8	1,280.00	销售部
14		小计					
15	店内宣传标识	巨幅海报	400	1		400.00	市场部
16		小型宣传单张	0.1	1000	8	800.00	市场部
17		直邮	1500	1		1,500.00	销售部
18		小计					
19	促销执行费用	聘用促销小姐费用	70	2	8	1,120.00	销售部
20		上缴家乐福促销小姐管理费	30	2	8	480.00	销售部
21		其他可能发生的费用(赞助费/入场费等)	2000			2,000.00	销售部
22		小计					
23	后勤费用	赠品运输与管理费用				1,000.00	物流中心
24		小计					
25		总费用					

Step 12 编制“预算”

选中 F10 单元格，输入以下公式，按<Enter>键确认。

=C10*D10*E10

Step 13 选择性粘贴

① 选中 F10 单元格，按<Ctrl+ C>组合键复制。

② 按住<Ctrl>键，同时选中 F11:F13、F16 和 F19:F20 单元格区域并右键单击，在弹出的快捷菜单中选择“粘贴选项”→“公式”按钮。

此时 F11:F13、F16 和 F19: F20 单元格区域都以相对引用方式复制了 F10 单元格的公式。

Step 14 编制其他“预算”

① 选中 F15 单元格，输入以下公式，按<Enter>键确认。

=C15*D15

② 选中 F17 单元格，输入以下公式，按<Enter>键确认。

=C17*D17

③ 选中 F21 单元格，输入以下公式，按<Enter>键确认。

=C21

④ 选中 F23 单元格，输入“1000”。

关键知识点讲解

基本知识点：移动或复制公式

在移动公式时，公式内的单元格引用不会更改。当复制公式时，单元格引用将根据所用引用类型而变化。

① 选中包含公式的单元格。

② 验证公式中使用的单元格引用是否产生所需结果，切换到所需的引用类型。若要移动公式，请使用绝对引用。

③ 选中包含公式的单元格。

④ 在“开始”选项卡的“剪贴板”命令组中单击“复制”按钮。

⑤ 选择要复制到的目标单元格。

⑥ 若复制公式和任何设置，依次单击“剪贴板”→“粘贴”命令。

⑦ 若仅复制公式，依次单击“剪贴板”→“粘贴”下拉三角按钮→“选择性粘贴”命令，再选中“公式”单选钮；或者依次单击“剪贴板”→“粘贴”下拉三角按钮，在弹出的下拉菜单中单击“公式”按钮 。

4.1.2 编制“小计”公式

Step 1 编制“小计”公式

选中 F14 单元格，输入以下公式，按<Enter>键确认。

```
=SUM(F$10:F13)-SUMIF($A$10:$A13,$A14,F$10:F13)*2
```

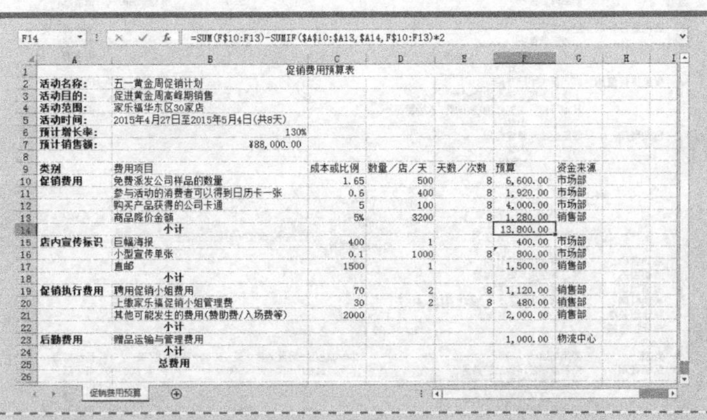

F14 =SUM(F$10:F13)-SUMIF($A$10:$A13,$A14,F$10:F13)*2

	A	B	C	D	E	F	G
1		促销费用预算表					
2	活动名称：	五一黄金周促销计划					
3	活动目的：	促进黄金周高峰期销售					
4	活动范围：	家乐福华东区30家店					
5	活动时间：	2015年4月27日至2015年5月4日(共8天)					
6	预计增长率：	130%					
7	预计销售额：	¥88,000.00					
8							
9	类别	费用项目	成本或比例	数量／店／天	天数／次数	预算	资金来源
10	促销费用	免费派发公司样品的数量	1.65	500	8	6,600.00	市场部
11		参与活动的消费者可以得到日历卡一张	0.6	400	8	1,920.00	市场部
12		购买产品获得的公司卡通	5	100	8	4,000.00	市场部
13		商品降价金额	5%	3200	8	1,280.00	销售部
14		小计				13,800.00	
15	店内宣传标识	巨幅海报	400	1		400.00	市场部
16		小型宣传单张	0.1	1000	8	800.00	市场部
17		直邮	1500	1		1,500.00	销售部
18		小计					
19	促销执行费用	聘用促销小姐费用	70	2	8	1,120.00	销售部
20		上缴家乐福促销小姐管理费	30	2	8	480.00	销售部
21		其他可能发生的费用(赞助费/入场费等)	2000			2,000.00	销售部
22		小计					
23	后勤费用	赠品运输与管理费用				1,000.00	物流中心
24		小计					
25		总费用					
26							

促销费用预算

Step 2 编制其他“小计”公式

① 选中 F14 单元格，按<Ctrl+C>组合键复制此单元格公式。

② 按住<Ctrl>键，同时选中 F18、F22 和 F24 单元格。

③ 按<Ctrl+V>组合键粘贴。

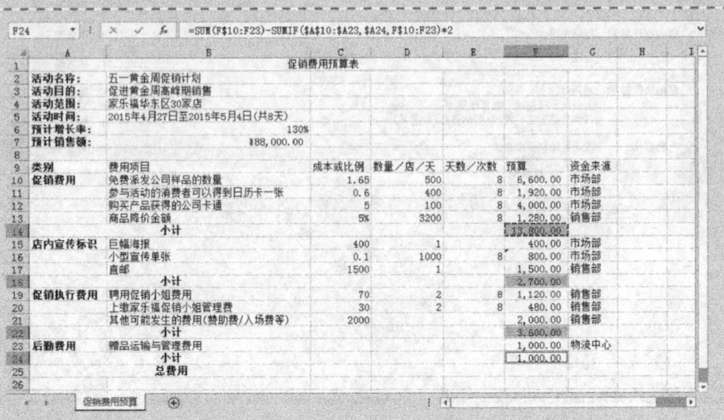

F24 =SUM(F$10:F23)-SUMIF($A$10:$A23,$A24,F$10:F23)*2

	A	B	C	D	E	F	G
1		促销费用预算表					
2	活动名称：	五一黄金周促销计划					
3	活动目的：	促进黄金周高峰期销售					
4	活动范围：	家乐福华东区30家店					
5	活动时间：	2015年4月27日至2015年5月4日(共8天)					
6	预计增长率：	130%					
7	预计销售额：	¥88,000.00					
8							
9	类别	费用项目	成本或比例	数量／店／天	天数／次数	预算	资金来源
10	促销费用	免费派发公司样品的数量	1.65	500	8	6,600.00	市场部
11		参与活动的消费者可以得到日历卡一张	0.6	400	8	1,920.00	市场部
12		购买产品获得的公司卡通	5	100	8	4,000.00	市场部
13		商品降价金额	5%	3200	8	1,280.00	销售部
14		小计				13,800.00	
15	店内宣传标识	巨幅海报	400	1		400.00	市场部
16		小型宣传单张	0.1	1000	8	800.00	市场部
17		直邮	1500	1		1,500.00	销售部
18		小计				2,700.00	
19	促销执行费用	聘用促销小姐费用	70	2	8	1,120.00	销售部
20		上缴家乐福促销小姐管理费	30	2	8	480.00	销售部
21		其他可能发生的费用(赞助费/入场费等)	2000			2,000.00	销售部
22		小计				3,600.00	
23	后勤费用	赠品运输与管理费用				1,000.00	物流中心
24		小计				1,000.00	
25		总费用					
26							

促销费用预算

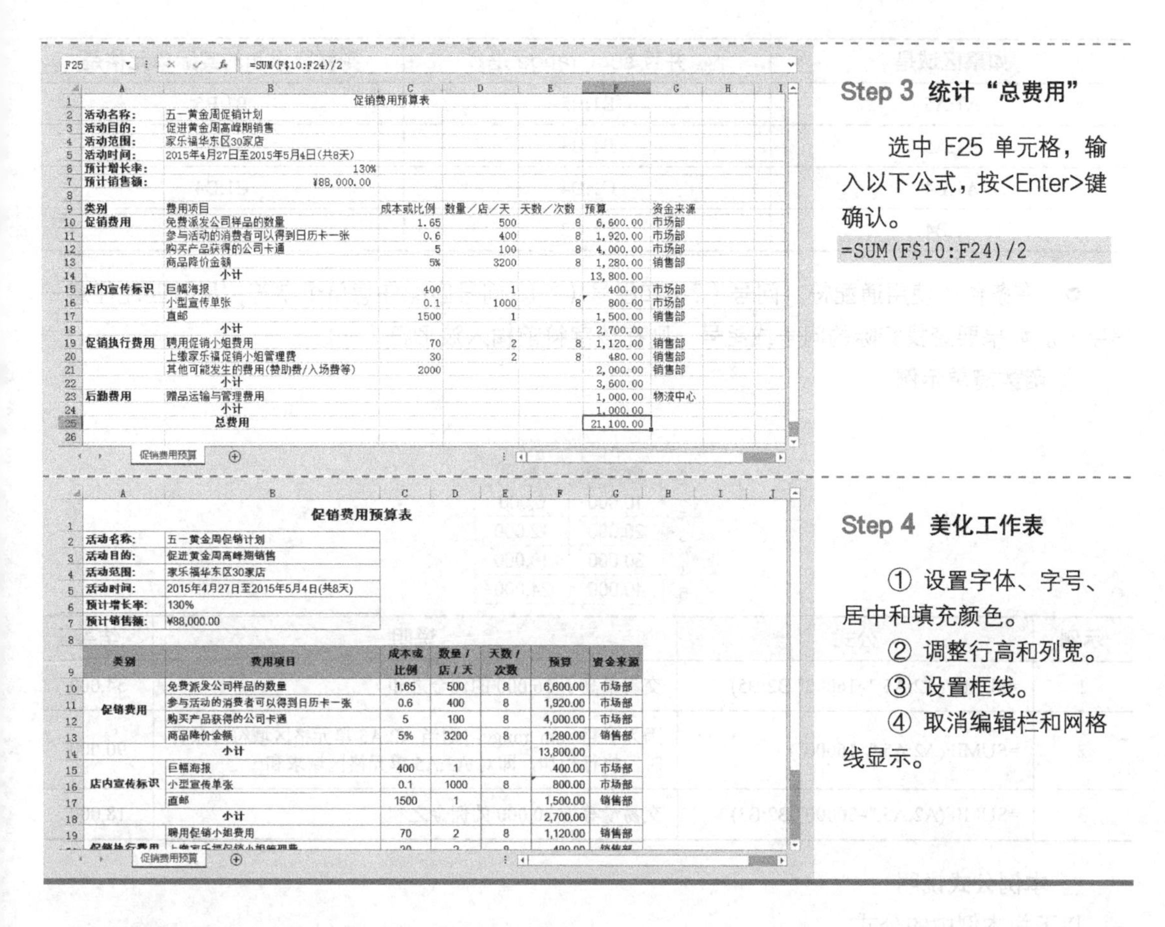

F25 =SUM(F$10:F24)/2

	A	B	C	D	E	F	G
1		促销费用预算表					
2	活动名称:	五一黄金周促销计划					
3	活动目的:	促进黄金周高峰期销售					
4	活动范围:	家乐福华东区30家店					
5	活动时间:	2015年4月27日至2015年5月4日(共8天)					
6	预计增长率:	130%					
7	预计销售额:	¥88,000.00					
8							
9	类别	费用项目	成本或比例	数量/店/天	天数/次数	预算	资金来源
10	促销费用	免费派发公司样品的数量	1.65	500	8	6,600.00	市场部
11		参与活动的消费者可以得到日历卡一张	0.6	400	8	1,920.00	市场部
12		购买产品获得的公司卡通	5	100	8	4,000.00	市场部
13		商品降价金额	5%	3200	8	1,280.00	销售部
14		小计				13,800.00	
15	店内宣传标识	巨幅海报	400	1		400.00	市场部
16		小型宣传单张	0.1	1000	8	800.00	市场部
17		直邮	1500	1		1,500.00	销售部
18		小计				2,700.00	
19	促销执行费用	聘用促销小姐费用	70	2	8	1,120.00	销售部
20		上缴家乐福促销小姐管理费	30	2	8	480.00	销售部
21		其他可能发生的费用(赞助费/入场费等)	2000			2,000.00	销售部
22		小计				3,600.00	
23	后勤费用	赠品运输与管理费用				1,000.00	物流中心
24		小计				1,000.00	
25		总费用				21,100.00	

促销费用预算

	A	B	C	D	E	F	G
1		促销费用预算表					
2	活动名称:	五一黄金周促销计划					
3	活动目的:	促进黄金周高峰期销售					
4	活动范围:	家乐福华东区30家店					
5	活动时间:	2015年4月27日至2015年5月4日(共8天)					
6	预计增长率:	130%					
7	预计销售额:	¥88,000.00					
8							
9	类别	费用项目	成本或比例	数量/店/天	天数/次数	预算	资金来源
10	促销费用	免费派发公司样品的数量	1.65	500	8	6,600.00	市场部
11		参与活动的消费者可以得到日历卡一张	0.6	400	8	1,920.00	市场部
12		购买产品获得的公司卡通	5	100	8	4,000.00	市场部
13		商品降价金额	5%	3200	8	1,280.00	销售部
14		小计				13,800.00	
15	店内宣传标识	巨幅海报	400	1		400.00	市场部
16		小型宣传单张	0.1	1000	8	800.00	市场部
17		直邮	1500	1		1,500.00	销售部
18		小计				2,700.00	
19	促销执行费用	聘用促销小姐费用	70	2	8	1,120.00	销售部

促销费用预算

Step 3 统计“总费用”

选中 F25 单元格，输入以下公式，按<Enter>键确认。

```
=SUM(F$10:F24)/2
```

Step 4 美化工作表

① 设置字体、字号、居中和填充颜色。

② 调整行高和列宽。

③ 设置框线。

④ 取消编辑栏和网格线显示。

关键知识点讲解

函数应用：SUMIF 函数

函数用途

按给定条件对指定单元格求和。

函数语法

SUMIF(range,criteria,[sum_range])

参数说明

- range 是必需参数。为要根据条件计算的单元格区域。每个区域中的单元格都必须是数字和名称、数组和包含数字的引用。空值和文本值将被忽略。
- criteria 是必需参数。为确定对哪些单元格相加的条件，其形式可以为数字、表达式或文本，如条件可以表示为 32、"32"、">32"或"apples"。
- sum_range 是可选参数。为要相加的实际单元格（如果区域内的相关单元格符合条件）。如果省略 sum_range，则当区域中的单元格符合条件时，它们既按条件计算也执行相加。

函数说明

- sum_range 与区域的大小和形状可以不同。相加的实际单元格通过以下方法确定：使用 sum_range 中左上角的单元格作为起始单元格，然后包括与区域大小和形状相对应的单元格，如下表所示。

如果区域是	并且 sum_range 是	则需要求和的实际单元格是
A1:A5	B1:B5	B1:B5
A1:A5	B1:B3	B1:B5
A1:B4	C1:D4	C1:D4
A1:B4	C1:C2	C1:D4

- 在条件中使用通配符、问号（?）和星号（*）。问号匹配任意单个字符；星号匹配任意一串字符。如果要查找实际的问号或星号，则在该字符前输入波形符（~）。

函数简单示例

	A	B
1	交易量	佣金
2	10,000	6,000
3	20,000	12,000
4	30,000	18,000
5	40,000	24,000

示例	公式	说明	结果
1	=SUMIF(A2:A5,">16000",B2:B5)	交易量高于 16,000 的佣金之和	54,000
2	=SUMIF(A2:A5,">16000")	因为省略 sum_range，则当 A2:A5 单元格区域符合条件时，执行相加，即对 A3:A5 单元格区域求和	90,000
3	=SUMIF(A2:A5,"=30000",B2:B3)	交易量等于 30,000 的佣金之和	18,000

本例公式说明

以下为本例中的公式。

```
F14=SUM(F$10:F13)-SUMIF($A$10:$A13,$A14,F$10:F13)*2
```

其各个参数值指定 SUMIF 函数从 A10:A13 单元格区域中，查找是否等于 A14 单元格“小计”的记录，并对 F 列中同一行的相应单元格的数值进行汇总。因为均不等于“小计”，所以 SUMIF 函数结果为 0，则 F14 单元格等于 F10:F13 单元格区域之和。

```
F18=SUM(F$10:F17)-SUMIF($A$10:$A17,$A18,F$10:F17)*2
```

其各个参数值指定 SUMIF 函数从 A10:A17 单元格区域中，查找是否等于 A18 单元格“小计”的记录，并对 F 列中同一行的相应单元格的数值进行汇总。因为 A14 单元格等于“小计”，所以 SUMIF 函数值计算 F10:F17 单元格区域中 F14 单元格的和，则 F18 单元格等于 F10:F17 单元格区域之和减去 2 倍的 F14 单元格的值，即 F15:F18 单元格区域之和。

```
F22=SUM(F$10:F21)-SUMIF($A$10:$A21,$A22,F$10:F21)*2
```

其各个参数值指定 SUMIF 函数从 A10:A21 单元格区域中，查找是否等于 A22 单元格“小计”的记录，并对 F 列中同一行的相应单元格的数值进行汇总。因为 A14 和 A18 单元格等于“小计”，所以 SUMIF 函数值计算 F10:F17 单元格区域中 F14 和 F18 单元格之和。则 F22 单元格等于 F10:F21 单元格区域之和减去 2 倍的 F14 和 F18 单元格之和的值，即 F19:F21 单元格区域之和。

```
F24=SUM(F$10:F23)-SUMIF($A$10:$A23,$A24,F$10:F23)*2
```

同理，F24 单元格等于 F23 单元格的值。

扩展知识点讲解

函数应用：SUMIF 函数的高级应用

参数 criteria 的不同形式

SUMIF 函数的第二个参数 criteria 可以为数字、表达式或文本，也可以是单元格引用。本例中即为单元格引用。

4.2 促销项目安排

案例背景

市场环境多变、竞争多样化是如今市场的真实写照。企业的促销管理也要适应这种市场竞争环境，做出统一的部署和安排，树立促销管理系统观。这样做是为了确保促销推广计划高效、有序地进行，及时了解实施情况。这时，绘制管理本项目中各任务节点推进图就显得尤为重要。

关键技术点

要实现本例中的功能，读者应当掌握以下 Excel 技术点。

- DATEDIF 函数的应用
- 绘制甘特图
- 打印图表，介绍页面的图表选项相关设置

最终效果展示

任务甘特图

	计划开始日	天数	计划结束日
促销计划立案	2015/4/1	2	2015/4/2
促销战略决定	2015/4/4	5	2015/4/8
采购、与卖家谈判	2015/4/9	2	2015/4/10
促销商品宣传设计与印制	2015/4/11	5	2015/4/15
促销准备与实施	2015/4/25	14	2015/5/8
成果评估	2015/5/9	2	2015/5/10

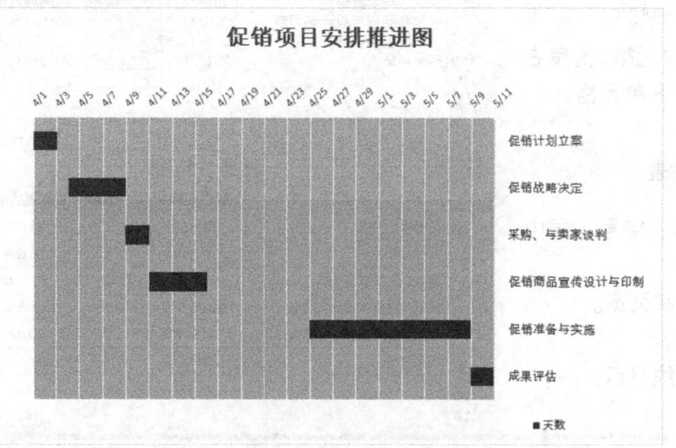

示例文件

光盘\示例文件\第 4 章\促销项目安排.xlsx

4.2.1 创建促销项目安排表

Step 1 新建工作簿

启动 Excel 自动新建一个工作簿，保存并命名为“促销项目安排”，将“Sheet1”工作表重命名为“甘特图”。

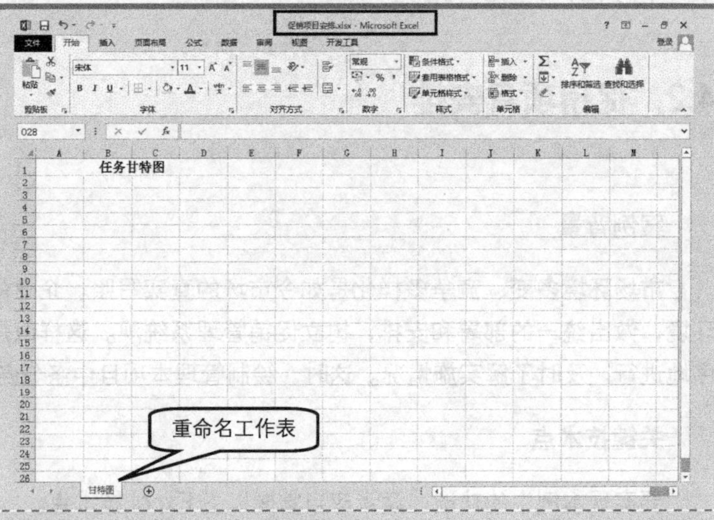

Step 2 输入表格标题

选中 A1:D1 单元格区域，设置“合并后居中”，输入表格标题“任务甘特图”，设置为“加粗”，字号为“14”。

Step 3 输入表格内容

① 在 B2:D2 单元格区域中输入表格各字段标题。

② 在 A3:B8 和 D3:D8 单元格区域中输入表格内容。

③ 适当调整表格列宽。

	A	B	C	D
1	任务甘特图			
2		计划开始日	天数	计划结束日
3	促销计划立案	2015/4/1		2015/4/2
4	促销战略决定	2015/4/4		2015/4/8
5	采购、与卖家谈判	2015/4/9		2015/4/10
6	促销商品宣传设计与印制	2015/4/11		2015/4/15
7	促销准备与实施	2015/4/25		2015/5/8
8	成果评估	2015/5/9		2015/5/10
9				
10				

Step 4 计算“天数”

① 选中 C3 单元格，输入以下公式，按<Enter>键输入。

```
=DATEDIF(B3,D3+1,"D")
```

② 选中 C3 单元格，拖曳右下角的填充柄至 C8 单元格。

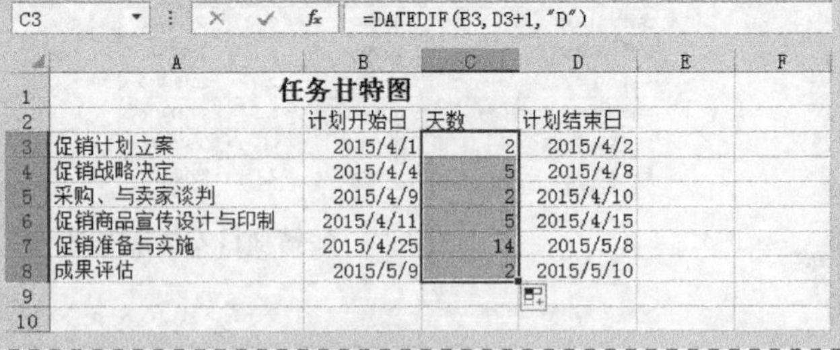

C3 =DATEDIF(B3,D3+1,"D")

	A	B	C	D
1	任务甘特图			
2		计划开始日	天数	计划结束日
3	促销计划立案	2015/4/1	2	2015/4/2
4	促销战略决定	2015/4/4	5	2015/4/8
5	采购、与卖家谈判	2015/4/9	2	2015/4/10
6	促销商品宣传设计与印制	2015/4/11	5	2015/4/15
7	促销准备与实施	2015/4/25	14	2015/5/8
8	成果评估	2015/5/9	2	2015/5/10
9				
10				

Step 5 美化工作表

① 设置字体、字号、居中和填充颜色。

② 调整行高和列宽。

③ 设置框线。

④ 取消网格线显示。

	A	B	C	D
1	任务甘特图			
2		计划开始日	天数	计划结束日
3	促销计划立案	2015/4/1	2	2015/4/2
4	促销战略决定	2015/4/4	5	2015/4/8
5	采购、与卖家谈判	2015/4/9	2	2015/4/10
6	促销商品宣传设计与印制	2015/4/11	5	2015/4/15
7	促销准备与实施	2015/4/25	14	2015/5/8
8	成果评估	2015/5/9	2	2015/5/10
9				
10				

关键知识点讲解

函数应用：DATEDIF 函数

函数用途

DATEDIF 函数比较特殊，它在 Excel 帮助中没有相关介绍，但却用途广泛，用于计算两个日期之间的天数、月数或年数。此函数是为与 Lotus1-2-3 兼容而提供的。（Lotus1-2-3 是 Lotus Software 即美国莲花软件公司自 1983 年推出的电子试算表软件，在 DOS 时期广为 PC 用户所采用，但在 Windows 兴起后，微软强力营销其 Microsoft Office 软件，因此 Lotus1-2-3 日渐式微）。

函数语法

DATEDIF(start_date,end_date,unit)

参数说明

- start_date 代表一段时期的第一个日期或起始日期的日期。日期可以放在引号内作为文本字符串输入（如"2001-1-30"），也可以作为序列数（如“36921”，如果使用的是 1900 日期系统，则它代表 2001 年 1 月 30 日）输入，或作为其他公式或函数的结果（如 DATEVALUE("2001-1-30")）输入。
- end_date 代表一段时期的最后一个日期或结束日期的日期。
- unit 为要返回的信息的类型，如下表所示。

unit	返　回
"Y"	一段时期内完整的年数
"M"	一段时期内完整的月数
"D"	一段时期内的天数
"MD"	start_date 和 end_date 之间相差的天数。忽略日期的月数和年数
"YM"	start_date 和 end_date 之间相差的月数。忽略日期的天数和年数
"YD"	start_date 和 end_date 之间相差的天数。忽略日期的年数

函数说明

日期是作为有序序列数进行存储的，因此可将其用于计算。默认情况下，1900 年 1 月 1 日的序列数为 1，而 2008 年 1 月 1 日的序列数为 39448，因为它是 1900 年 1 月 1 日之后的第 39448 天。

DATEDIF 函数在需要计算年龄的公式中很有用。

函数简单示例

	A	B
1	2011/1/1	2013/1/1
2	2011/6/1	2012/8/15
3	2011/6/1	2012/8/15
4	2011/6/1	2012/8/15

示例	公式	说明	结果
1	=DATEDIF(A1,B1,"Y")	2011-1-1 至 2013-1-1 这段时期经历了两个完整年	2
2	=DATEDIF(A2,B2,"D")	2011 年 6 月 1 日和 2012 年 8 月 15 日之间有 441 天	441
3	=DATEDIF(A3,B3,"YD")	6 月 1 日和 8 月 15 日之间有 75 天，忽略日期的年数	75
4	=DATEDIF(A4,B4,"MD")	开始日期 1 和结束日期 15 之间相差的天数，忽略日期中的年和月	14

■ **本例公式说明**

以下为本例中的公式。

```
=DATEDIF(B3,D3+1,"D")
```

公式计算 D3 单元格中计划结束日和 B3 单元格中计划开始日的时间间隔，返回间隔的天数。计算两个日期的间隔天数，也可以直接相减，本例公式可以使用=D3-B3+1。

4.2.2 绘制甘特图

Excel 不包含内置的甘特图格式，不过可以通过自定义堆积条形图类型在 Excel 中创建甘特图。

Step 1 插入堆积条形图

选中 A2:D8 单元格区域，单击“插入”选项卡，在“图表”命令组中单击“条形图”，在打开的下拉菜单中选择“二维条形图”下的“堆积条形图”命令。

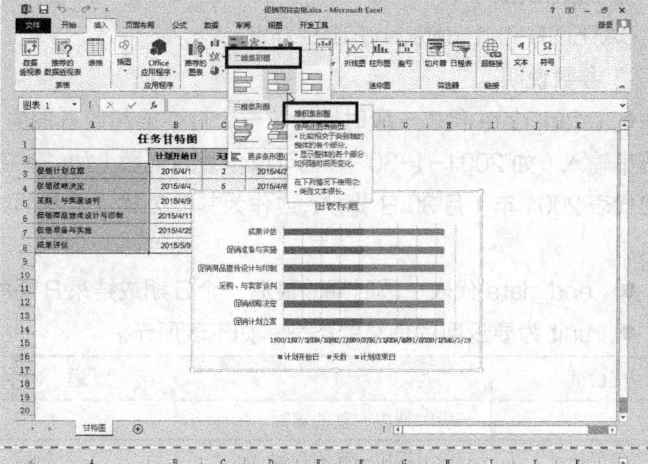

Step 2 调整图表位置

新建的堆积条形图可能会覆盖住含有数据的单元格区域。在图表区域单击，按住鼠标左键不放，拖曳堆积条形图至合适的位置，松开鼠标即可。

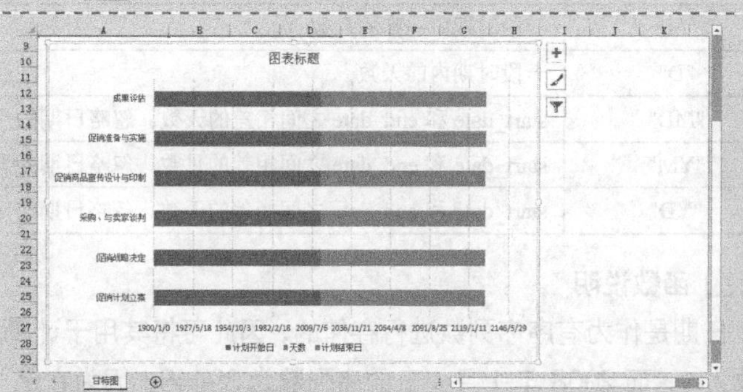

Step 3 设置数据系列格式

① 单击“图表工具-格式”选项卡，然后在“当前所选内容”命令组的“图表元素”下拉列表框中选择“系列‘计划开始日’”选项，再单击“设置所选内容格式”按钮，打开“设置数据系列格式”窗格。

② 依次单击“系列选项”选项→“填充线条”按钮→“填充”选项卡→“无填充”单选钮。

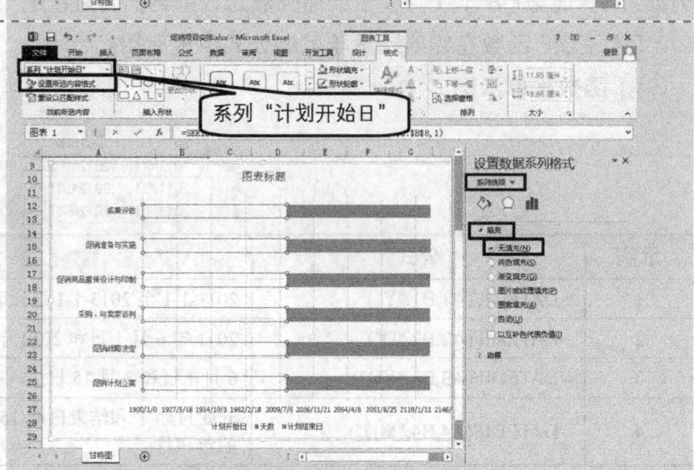

Excel 图表由多个元素组成，要对指定的元素进行编辑，可以通过“图表元素”下拉列表框进行选择，也可以直接单击该元素。但是针对一些比较小的元素，如网格线等，使用鼠标就不便于操作。

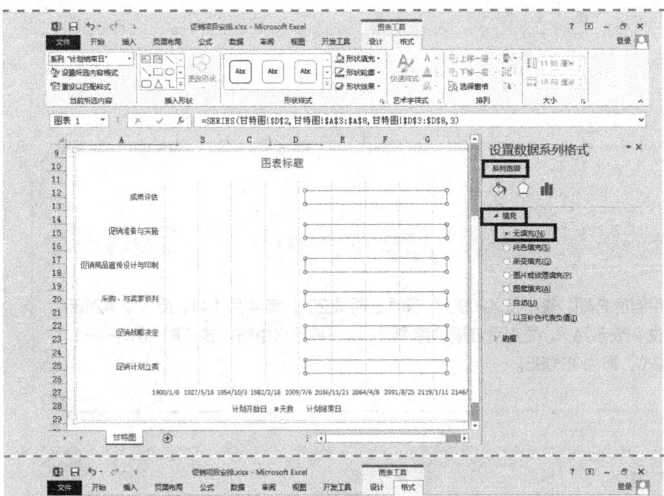

③ 单击图表中的第二个表示“计划结束日”的系列，此时“设置数据系列格式”窗格将要设置的是“计划结束日”系列格式。

④ 依次单击“系列选项”选项→“填充线条”按钮→“填充”选项卡→“无填充”单选钮。

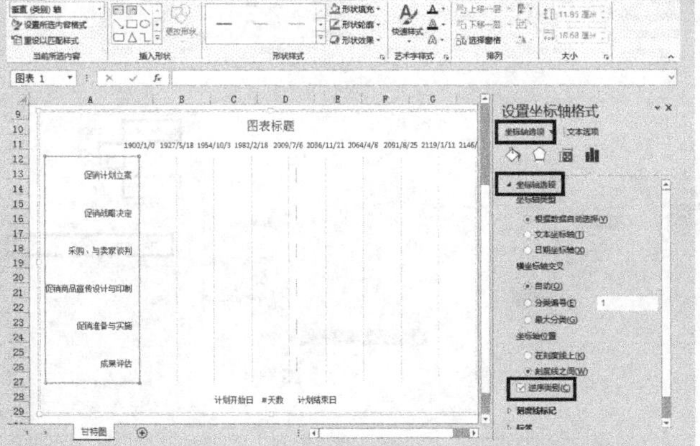

Step 4 设置垂直（类别）轴格式

① 选中“垂直（类别）轴”，此时“设置数据系列格式”窗格变为“设置坐标轴格式”窗格。

② 依次单击“坐标轴选项”选项→“坐标轴选项”按钮→“坐标轴选项”选项卡，勾选“逆序类别”复选框。

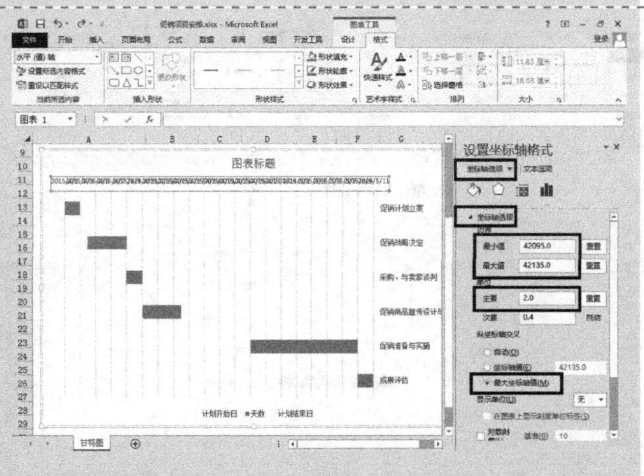

Step 5 设置水平（值）轴格式

① 选中“水平（值）轴”，此时“设置坐标轴格式”窗格将设置的是“水平（值）轴”窗格。

② 依次单击“坐标轴选项”选项→“坐标轴选项”按钮→“坐标轴选项”选项卡，在“边界”下方的“最小值”“最大值”和“主要刻度单位”右侧相对应的文本框中分别输入“42095”“42135”和“2”。在“纵坐标轴交叉”下方选中“最大坐标轴值”单选钮。

③ 单击“坐标轴选项”选项卡，折叠该选项卡，再单击“数字”选项卡，单击“类型”右侧的下箭头按钮，在弹出的下拉列表框中选择“3/14”。

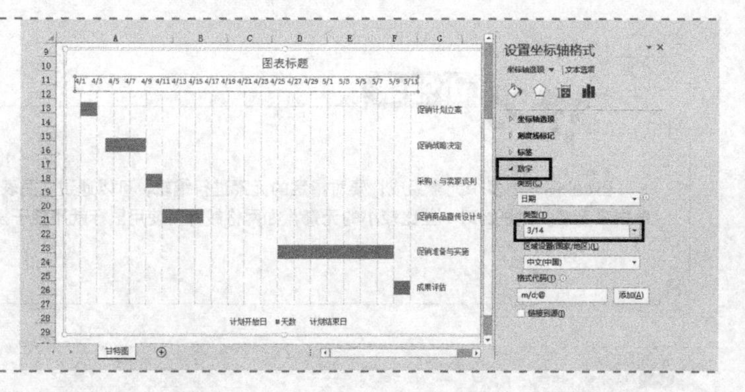

技巧 设置横坐标轴刻度

这些值是一系列数字，代表取值水平轴上用到的日期。最小值 42095 表示的日期是 2015 年 4 月 1 日，最大值 42135 表示的日期是 2015 年 5 月 11 日。主要刻度单位 2 表示两天。要查看日期的序列号，请在单元格中输入该日期 2015-4-1，然后应用“常规”数字格式设置该单元格的格式，即为 42095。

④ 依次单击“坐标轴选项”选项→“大小属性”按钮→“对齐方式”选项卡，在“自定义角度”右侧的文本框中输入“-45”。关闭“设置坐标轴格式”窗格。

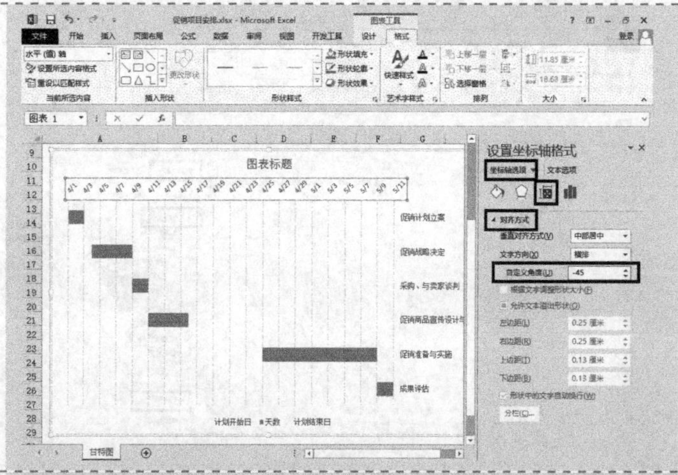

Step 6 编辑图表标题

① 选中图表标题，拖动鼠标选中“图表标题”，将图表标题修改为“促销项目安排推进图”。

② 切换到“开始”选项卡，选中图表标题，设置标题的“字体”为“Arial Unicode MS”，“字号”为“18”，设置为加粗。

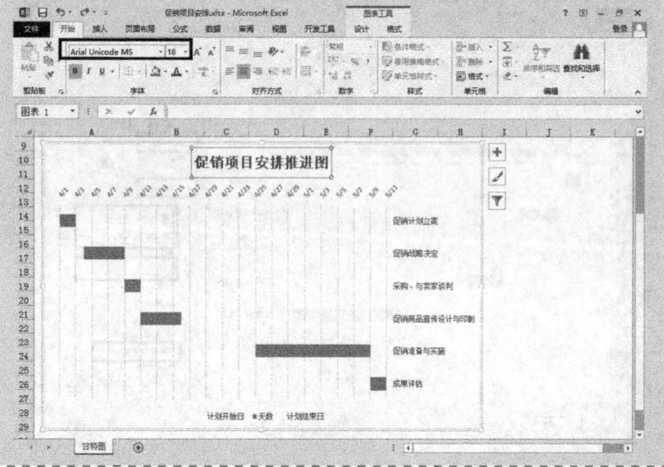

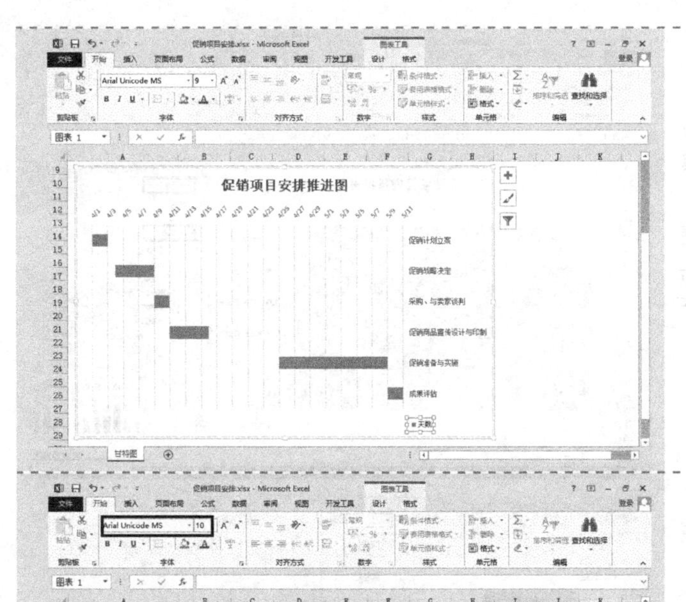

Step 7 删除“系列‘计划开始日’图例”和“系列‘计划结束日’图例”

① 选中“图例”，单击“计划开始日”图例，按<Delete>键将“系列‘计划开始日’图例”删除。

② 再次选中“图例”，单击“计划结束日”图例，按<Delete>键将“系列‘计划结束日’图例”删除。

③ 拖动图例，向右移动至合适位置。

④ 选中图例，设置字体为“Arial Unicode MS”。

Step 8 设置坐标轴字体

选中“垂直（类别）轴”，设置字体为“Arial Unicode MS”，设置字号为“10”。

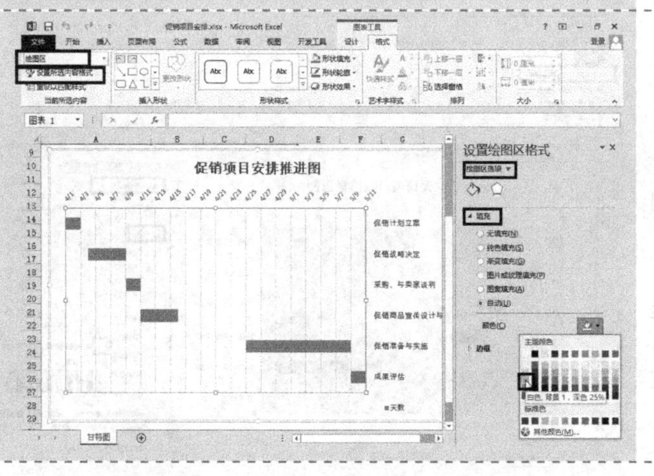

Step 9 设置绘图区格式

① 切换到“图表工具-格式”选项卡，在“当前所选内容”命令组的“图表元素”下拉列表框中选择“绘图区”选项，单击“设置所选内容格式”按钮，打开“设置绘图区格式”窗格。

② 依次单击“绘图区选项”→“填充选项”按钮→“填充”选项卡，单击“颜色”按钮右侧的下箭头按钮，在打开的颜色面板中选择“白色，背景1，深色25%”。

技巧 重设以匹配样式

单击“图表工具-格式”选项卡，在“当前所选内容”命令组的“图表元素”下拉列表框中选择需要设置的选项，然后单击“重设以匹配样式”按钮，可以重设该选项的样式。

Step 10 设置数据系列格式

① 选中"系列'天数'"，此时"设置绘图区格式"窗格变为"设置数据系列格式"窗格。

② 依次单击"系列选项"选项→"填充线条"按钮→"填充"选项卡，单击"颜色"按钮右侧的下箭头按钮，在打开的颜色面板中选择"其他颜色"命令。

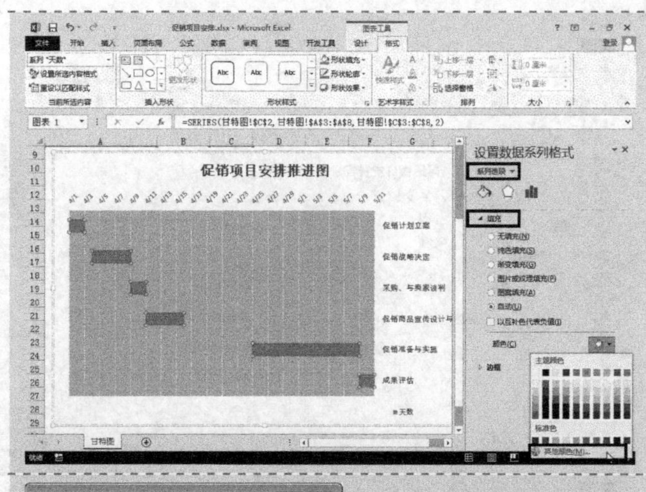

③ 在弹出的"颜色"对话框中，单击"标准"选项卡，选中需要设置的颜色，单击"确定"按钮。

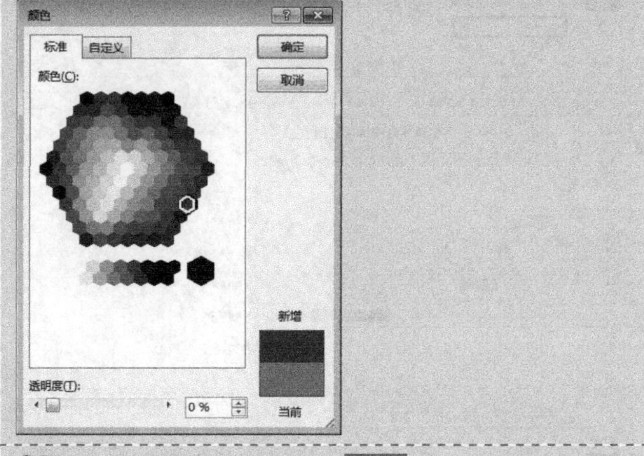

Step 11 设置网格线格式

① 单击"图表工具-格式"选项卡，在"当前所选内容"命令组的"图表元素"下拉列表框中选择"水平（值）轴主要网格线"选项。此时"设置数据系列格式"窗格变为"设置主要网格线格式"窗格。

② 依次单击"主要网格线选项"选项→"填充线条"按钮→"线条"选项卡，单击"颜色"按钮右侧的下箭头按钮，在打开的颜色面板中选择"白色，背景 1"。关闭"设置主要网格线格式"窗格。

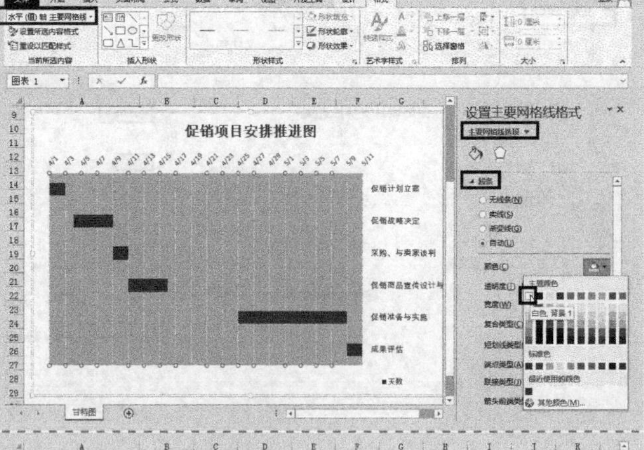

Step 12 调整绘图区大小

选中绘图区，将鼠标指针移到绘图区的 4 个顶点的任意一个之上，向外拖曳即可放大甘特图，反之向里拖曳即可缩小甘特图。

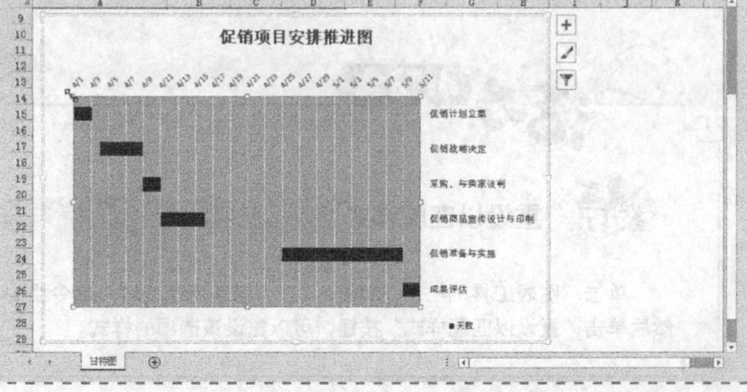

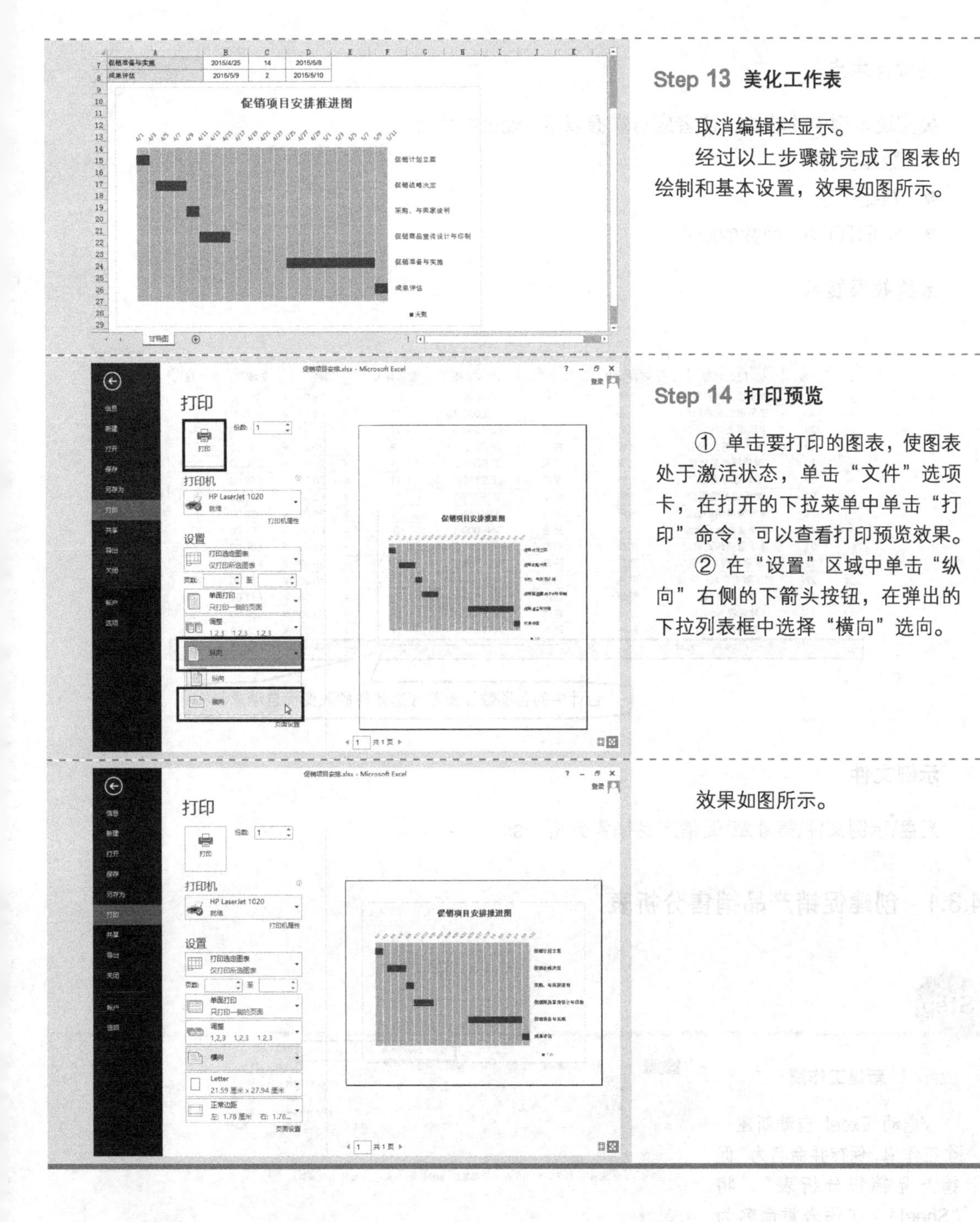

Step 13 美化工作表

取消编辑栏显示。

经过以上步骤就完成了图表的绘制和基本设置，效果如图所示。

Step 14 打印预览

① 单击要打印的图表，使图表处于激活状态，单击“文件”选项卡，在打开的下拉菜单中单击“打印”命令，可以查看打印预览效果。

② 在“设置”区域中单击“纵向”右侧的下箭头按钮，在弹出的下拉列表框中选择“横向”选向。

效果如图所示。

4.3 促销产品销售分析

案例背景

促销活动作为扩大市场、争夺顾客、树立形象的基本营销手段，就必须对促销产品的销售进行分析并跟踪。为了便于及时地掌握销售量和库存量，达到促销预期的效果，需要创建一张清晰的表格，按照门店名称自动筛选出每个区域的销售情况，并统计销售金额。

关键技术点

要实现本例中的功能，读者应当掌握以下 Excel 技术点。

- 数据排序
- 数据筛选
- SUBTOTAL 函数的应用

最终效果展示

	序号	门店名称	所在城市	责任人	产品型号	销售数量	单价	金额	库存
29	18	家乐福上海曲阳店	上海	王盛	0TS700-3	33	¥ 29.00	¥ 957.00	8
30	48	家乐福上海曲阳店	上海	王盛	SHE009-1	11	¥ 66.00	¥ 726.00	8
31	28	家乐福上海曲阳店	上海	王盛	AST500-3	12	¥ 49.00	¥ 588.00	9
32	10	家乐福新里程店	上海	曾成	0PS713-1	19	¥ 39.00	¥ 741.00	7
33	20	家乐福新里程店	上海	曾成	0TS700-3	24	¥ 29.00	¥ 696.00	10
34	40	家乐福新里程店	上海	曾成	JBS010-2	11	¥ 59.00	¥ 649.00	6
35	50	家乐福新里程店	上海	曾成	SHE009-1	8	¥ 66.00	¥ 528.00	8
39	11	家乐福杭州涌金店	杭州	郑浩	0TS700-3	22	¥ 29.00	¥ 638.00	5
40	41	家乐福杭州涌金店	杭州	郑浩	SHE009-1	9	¥ 66.00	¥ 594.00	10
41	21	家乐福杭州涌金店	杭州	郑浩	AST500-3	12	¥ 49.00	¥ 588.00	8
44	12	家乐福南京大行宫店	南京	陈南	0TS700-3	29	¥ 29.00	¥ 841.00	7
45	22	家乐福南京大行宫店	南京	陈南	AST500-3	15	¥ 49.00	¥ 735.00	12
49	19	家乐福苏州店	苏州	赵冰	0TS700-3	29	¥ 29.00	¥ 841.00	9
50	49	家乐福苏州店	苏州	赵冰	SHE009-1	9	¥ 66.00	¥ 594.00	13
51	29	家乐福苏州店	苏州	赵冰	AST500-3	11	¥ 49.00	¥ 539.00	8
52	合计：					656	¥ 1,749.00	¥ 27,887.00	350

合计中的各项数值随着筛选条件的改变而自动求和

示例文件

光盘\示例文件\第 4 章\促销产品销售分析.xlsx

4.3.1 创建促销产品销售分析表

Step 1 新建工作簿

启动 Excel 自动新建一个工作簿，保存并命名为"促销产品销售分析表"，将"Sheet1"工作表重命名为"促销分析"。

Step 2 输入表格标题

在 A1:I1 单元格区域内输入各字段的标题名称。

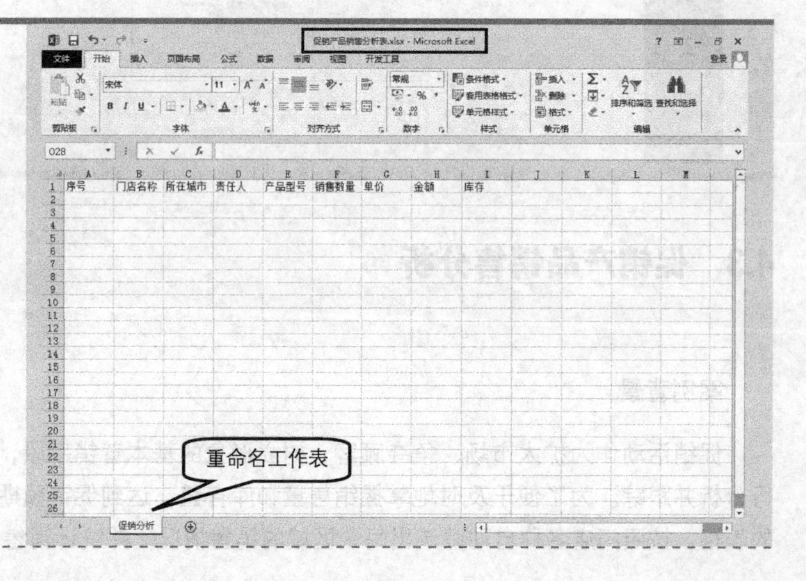

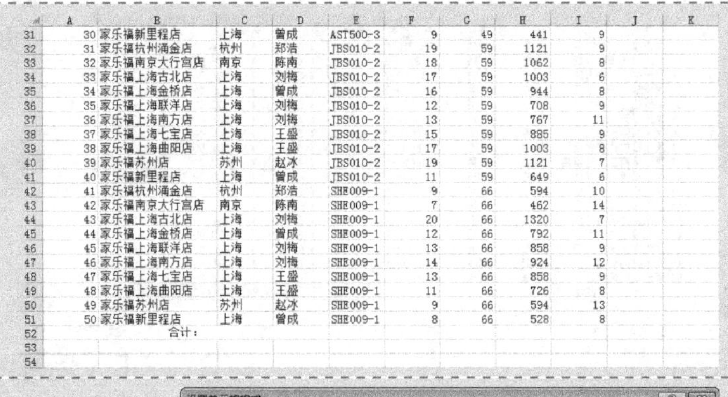

Step 3 输入表格数据

① 选中 A2:I51 单元格区域，输入表格数据，适当地调整 B 列的列宽。

② 选中 A52:D52 单元格区域，设置“合并后居中”，输入“合计：”。

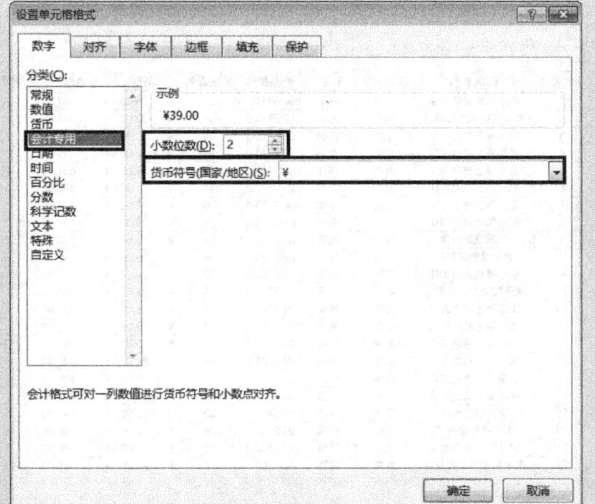

Step 4 设置会计专用格式

① 选中 G2:H52 单元格区域，按<Ctrl+1>组合键，弹出“设置单元格格式”对话框。

② 单击“数字”选项卡，在“分类”列表框中选择“会计专用”，在右侧的“小数位数”微调框中选择“2”，在“货币符号（国家/地区）”下拉列表框中选择“¥”，单击“确定”按钮。

Step 5 冻结窗格

切换到“视图”选项卡，在“窗口”命令组中单击“冻结窗格”→“冻结首行”命令。

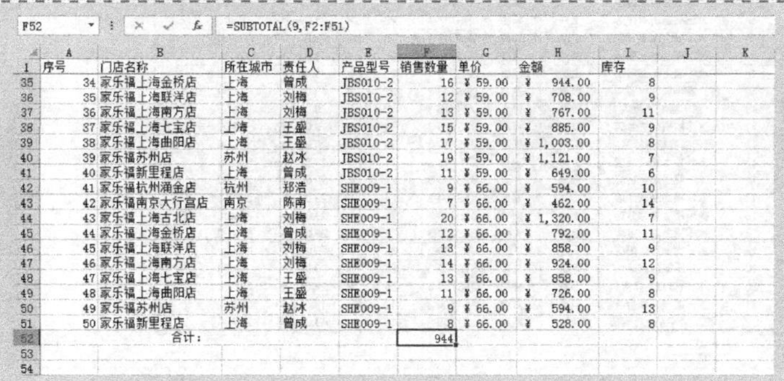

Step 6 统计“合计”

选中 F52 单元格，输入以下公式，按<Enter>键确认。

```
=SUBTOTAL(9,F2:F51)
```

Step 7 复制公式

① 选中 F52 单元格，拖曳右下角的填充柄至 I52 单元格。

② 单击 I52 单元格右下角“自动填充选项”智能标识按钮，在弹出的下拉菜单中选择“不带格式填充”命令。

③ 选中 G52 单元格，按<Delete>键删除。

	A	B	C	D	E	F	G	H	I
1	序号	门店名称	所在城市	责任人	产品型号	销售数量	单价	金额	库存
35	34	家乐福上海金桥店	上海	曾成	JBS010-2	16	¥ 59.00	¥ 944.00	8
36	35	家乐福上海联洋店	上海	刘梅	JBS010-2	12	¥ 59.00	¥ 708.00	9
37	36	家乐福上海南方店	上海	刘梅	JBS010-2	13	¥ 59.00	¥ 767.00	11
38	37	家乐福上海七宝店	上海	王盛	JBS010-2	15	¥ 59.00	¥ 885.00	9
39	38	家乐福上海曲阳店	上海	王盛	JBS010-2	17	¥ 59.00	¥ 1,003.00	8
40	39	家乐福苏州店	苏州	赵冰	JBS010-2	19	¥ 59.00	¥ 1,121.00	7
41	40	家乐福新里程店	上海	曾成	JBS010-2	11	¥ 59.00	¥ 649.00	6
42	41	家乐福杭州涌金店	杭州	郑浩	SHE009-1	9	¥ 66.00	¥ 594.00	10
43	42	家乐福南京大行宫店	南京	陈南	SHE009-1	7	¥ 66.00	¥ 462.00	14
44	43	家乐福上海古北店	上海	刘梅	SHE009-1	20	¥ 66.00	¥ 1,320.00	7
45	44	家乐福上海金桥店	上海	曾成	SHE009-1	12	¥ 66.00	¥ 792.00	11
46	45	家乐福上海联洋店	上海	刘梅	SHE009-1	13	¥ 66.00	¥ 858.00	9
47	46	家乐福上海南方店	上海	刘梅	SHE009-1	14	¥ 66.00	¥ 924.00	12
48	47	家乐福上海七宝店	上海	王盛	SHE009-1	13	¥ 66.00	¥ 858.00	9
49	48	家乐福上海曲阳店	上海	王盛	SHE009-1	11	¥ 66.00	¥ 726.00	8
50	49	家乐福苏州店	苏州	赵冰	SHE009-1	9	¥ 66.00	¥ 594.00	13
51	50	家乐福新里程店	上海	曾成	SHE009-1	8	¥ 66.00	¥ 528.00	8
52		合计：				944	2420	41738	452

复制单元格(C)
仅填充格式(F)
不带格式填充(O)

Step 8 美化工作表

① 设置字体、字号、加粗、居中和填充颜色。

② 调整行高和列宽。

③ 设置框线。

④ 取消编辑栏和网格线显示。

	A	B	C	D	E	F	G	H	I
1	序号	门店名称	所在城市	责任人	产品型号	销售数量	单价	金额	库存
2	1	家乐福杭州涌金店	杭州	郑浩	0PS713-1	33	¥ 39.00	¥ 1,287.00	9
3	2	家乐福南京大行宫店	南京	陈南	0PS713-1	31	¥ 39.00	¥ 1,209.00	4
4	3	家乐福上海古北店	上海	刘梅	0PS713-1	45	¥ 39.00	¥ 1,755.00	2
5	4	家乐福上海金桥店	上海	曾成	0PS713-1	21	¥ 39.00	¥ 819.00	8
6	5	家乐福上海联洋店	上海	刘梅	0PS713-1	23	¥ 39.00	¥ 897.00	7
7	6	家乐福上海南方店	上海	刘梅	0PS713-1	15	¥ 39.00	¥ 585.00	5
8	7	家乐福上海七宝店	上海	王盛	0PS713-1	16	¥ 39.00	¥ 624.00	9
9	8	家乐福上海曲阳店	上海	王盛	0PS713-1	26	¥ 39.00	¥ 1,014.00	11
10	9	家乐福苏州店	苏州	赵冰	0PS713-1	27	¥ 39.00	¥ 1,053.00	8
11	10	家乐福新里程店	上海	曾成	0PS713-1	19	¥ 39.00	¥ 741.00	7
12	11	家乐福杭州涌金店	杭州	郑浩	0TS700-3	22	¥ 29.00	¥ 638.00	5
13	12	家乐福南京大行宫店	南京	陈南	0TS700-3	29	¥ 29.00	¥ 841.00	7
14	13	家乐福上海古北店	上海	刘梅	0TS700-3	31	¥ 29.00	¥ 899.00	9
15	14	家乐福上海金桥店	上海	曾成	0TS700-3	27	¥ 29.00	¥ 783.00	11
16	15	家乐福上海联洋店	上海	刘梅	0TS700-3	24	¥ 29.00	¥ 696.00	13
17	16	家乐福上海南方店	上海	刘梅	0TS700-3	25	¥ 29.00	¥ 725.00	7
18	17	家乐福上海七宝店	上海	王盛	0TS700-3	31	¥ 29.00	¥ 899.00	6
19	18	家乐福上海曲阳店	上海	王盛	0TS700-3	33	¥ 29.00	¥ 957.00	8
20	19	家乐福苏州店	苏州	赵冰	0TS700-3	29	¥ 29.00	¥ 841.00	9
21	20	家乐福新里程店	上海	曾成	0TS700-3	24	¥ 29.00	¥ 696.00	10
22	21	家乐福杭州涌金店	杭州	郑浩	AST500-3	12	¥ 49.00	¥ 588.00	8
23	22	家乐福南京大行宫店	南京	陈南	AST500-3	15	¥ 49.00	¥ 735.00	12

促销分析

4.3.2 销售数据的排序

只有根据条件对数据进行排序，才能从一份毫无头绪的资料中迅速地获得重要的信息。

1. 简单排序

Step 选择排序关键词和顺序

① 选中 A1:I51 单元格区域，切换到“数据”选项卡，在“排序和筛选”命令组中单击“排序”按钮，弹出“排序”对话框。

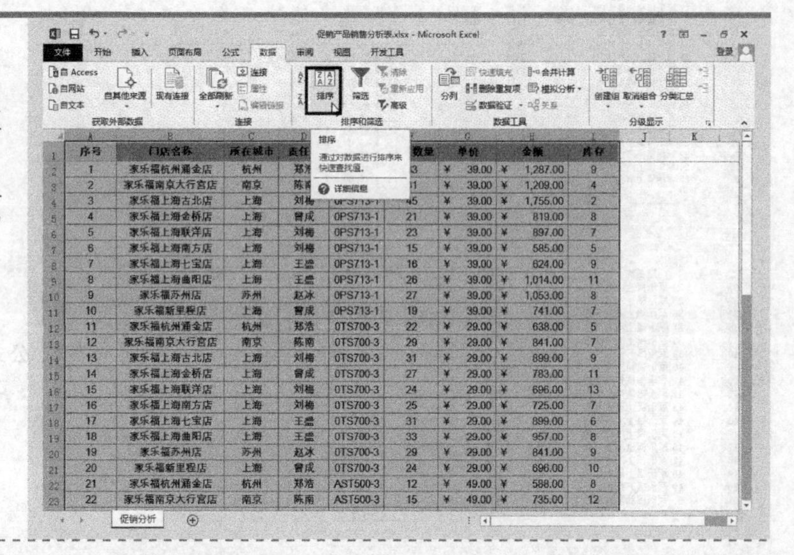

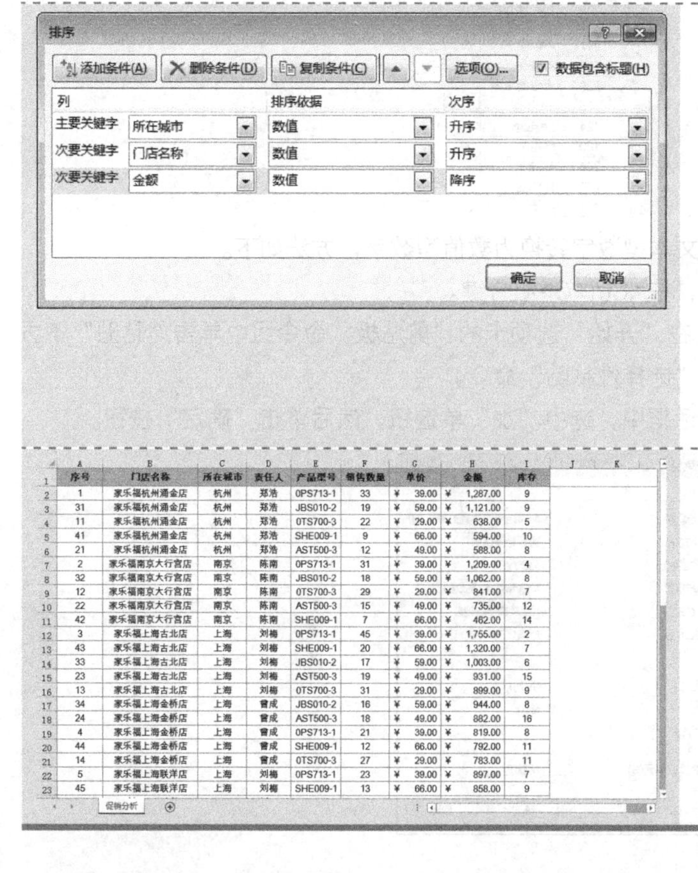

序号	门店名称	所在城市	责任人	产品型号	销售数量	单价	金额	库存
1	家乐福杭州涌金店	杭州	郑浩	0PS713-1	33	¥ 39.00	¥ 1,287.00	9
31	家乐福杭州涌金店	杭州	郑浩	JBS010-2	19	¥ 59.00	¥ 1,121.00	9
11	家乐福杭州涌金店	杭州	郑浩	0TS700-3	22	¥ 29.00	¥ 638.00	5
41	家乐福杭州涌金店	杭州	郑浩	SHE009-1	9	¥ 66.00	¥ 594.00	10
21	家乐福杭州涌金店	杭州	郑浩	AST500-3	12	¥ 49.00	¥ 588.00	8
2	家乐福南京大行宫店	南京	陈南	0PS713-1	31	¥ 39.00	¥ 1,209.00	4
32	家乐福南京大行宫店	南京	陈南	JBS010-2	18	¥ 59.00	¥ 1,062.00	8
12	家乐福南京大行宫店	南京	陈南	0TS700-3	29	¥ 29.00	¥ 841.00	7
22	家乐福南京大行宫店	南京	陈南	AST500-3	15	¥ 49.00	¥ 735.00	12
42	家乐福南京大行宫店	南京	陈南	SHE009-1	7	¥ 66.00	¥ 462.00	14
3	家乐福上海古北店	上海	刘梅	0PS713-1	45	¥ 39.00	¥ 1,755.00	2
43	家乐福上海古北店	上海	刘梅	SHE009-1	20	¥ 66.00	¥ 1,320.00	7
33	家乐福上海古北店	上海	刘梅	JBS010-2	17	¥ 59.00	¥ 1,003.00	6
23	家乐福上海古北店	上海	刘梅	AST500-3	19	¥ 49.00	¥ 931.00	15
13	家乐福上海古北店	上海	刘梅	0TS700-3	31	¥ 29.00	¥ 899.00	9
34	家乐福上海金桥店	上海	曾成	JBS010-2	16	¥ 59.00	¥ 944.00	8
24	家乐福上海金桥店	上海	曾成	AST500-3	18	¥ 49.00	¥ 882.00	16
4	家乐福上海金桥店	上海	曾成	0PS713-1	21	¥ 39.00	¥ 819.00	8
44	家乐福上海金桥店	上海	曾成	SHE009-1	12	¥ 66.00	¥ 792.00	11
14	家乐福上海金桥店	上海	曾成	0TS700-3	27	¥ 29.00	¥ 783.00	11
5	家乐福上海联洋店	上海	刘梅	0PS713-1	23	¥ 39.00	¥ 897.00	7
45	家乐福上海联洋店	上海	刘梅	SHE009-1	13	¥ 66.00	¥ 858.00	9

② 单击“列”区域的“主要关键字”下箭头按钮，在弹出的下拉列表框中选择“所在城市”选项。

③ 单击“添加条件”按钮，单击“次要关键字”下箭头按钮，在弹出的下拉列表框中选择“门店名称”选项。

④ 单击“添加条件”按钮，单击“次要关键字”下箭头按钮，在弹出的下拉列表框中选择“金额”选项。单击“次序”下方右侧的下箭头按钮，在弹出的下拉列表框中选择“降序”，单击“确定”按钮。

Excel 将促销产品按照所在城市、门店名称排序，且按照“金额”的高低降序来排列，结果如图所示。

关键知识点讲解

基本知识点：解决常见的排序故障

● 没有正确选择数据区域，而自动选择的区域中包含有空格

如果需要排序的数据区域不是标准的数据列表，并且包含空格，若在排序前没有手工先选定整个数据区域，只选定数据区域中的任意单元格，排序结果将很可能不正确。因为在这种情况下，Excel 并不总是能为用户自动选择正确的数据区域。

● 内存不足的情况

Excel 是一款桌面型的电子表格软件，当处理过于庞大的数据量时，其性能会低于专业的数据库软件，并完全依赖于计算机的硬件配置。因此，当排序或筛选的数据区域过大时，Excel 可能会提示用户“内存不足”。此时，可以采用以下解决方法。

（1）增加计算机的物理内存。

（2）优化计算机的性能，如关闭暂时不需要的其他程序，清理系统分区以保留足够剩余空间，删除 Windows 临时文件等。

（3）减小排序的数据区域。

● 数据区域中包含有格式化为文本的数字

当数据区域中包含有格式化为文本的数字时，排序结果将会错误。在下图所示的表格中，A5:A10 单元格区域是文本型数字，此时按编号进行排序，则较小的编号可能会排到较大的编号之后。

	A	B
1	编号	名称
2	117	A电池
3	199	3A电池
4	229	太阳能电池
5	105	5A电池
6	124	2A电池
7	189	锂电池
8	244	4A电池
9	291	镍电池
10	402	电子

要想使排序结果正确，必须先将文本型数字转换为数值型数字，方法如下。

（1）单击工作表中任意空单元格，按<Ctrl+C>组合键。

（2）选中 A2:A10 单元格区域，在“开始”选项卡的“剪贴板”命令组中单击“粘贴”下方的下箭头按钮，在弹出的菜单中选中“选择性粘贴”命令。

（3）在弹出的“选择性粘贴”对话框中，选中“加”单选钮，然后单击“确定”按钮。

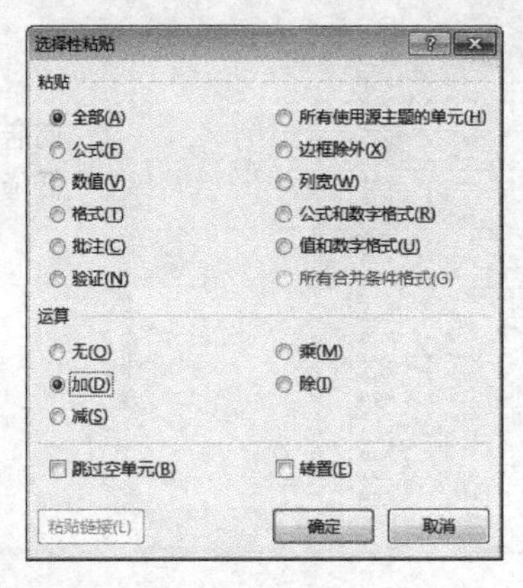

● 排序区域包含合并单元格

如果在排序的时候，Excel 提示“此操作要求合并单元格都具有相同大小”，则说明数据区域中包含合并单元格，并且合并单元格的大小各不相同。如下图所示的表格，A 列的数据是由合并单元格组成，而 B 列和 C 列都没有合并单元格，若对整个数据区域进行排序，则操作将无法进行。

	A	B	C
1	部门	姓名	奖金
2	办公室	办公室_1	1,000
3		办公室_2	1,000
4		办公室_3	1,000
5	科技部	科技部_1	1,500
6		科技部_2	1,500
7		科技部_3	1,500
8		科技部_4	1,500
9	财务部	财务部_1	500
10		财务部_2	500

对于上述情况，需要用户取消合并所有已合并的单元格，然后才能排序。

而在下图所示的表格中，同行次的合并单元格的大小完全相同，因此可以正常排序。

	A	B
1	列一	列二
2-4	B	1
5-7	C	2
8-10	A	3

2. 自定义排序

上述按“所在城市”的排序是按照字符的先后顺序进行排列的。用户也可以根据自己的需要设定排序依据，也就是自定义排序。

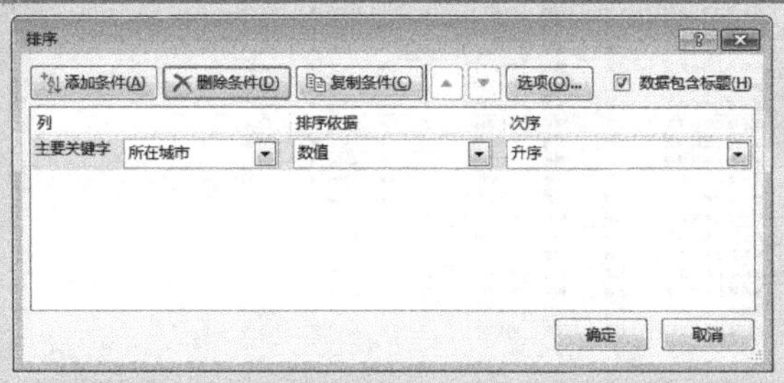

Step 自定义排序

① 选中 A1:I51 单元格区域，在“数据”选项卡的“排序和筛选”命令组中，单击“排序”按钮，弹出“排序”对话框。

② 在“列”下方选中“次要关键字”，单击“删除条件”按钮，分别删除“门店名称”和“金额”两个次要关键字。

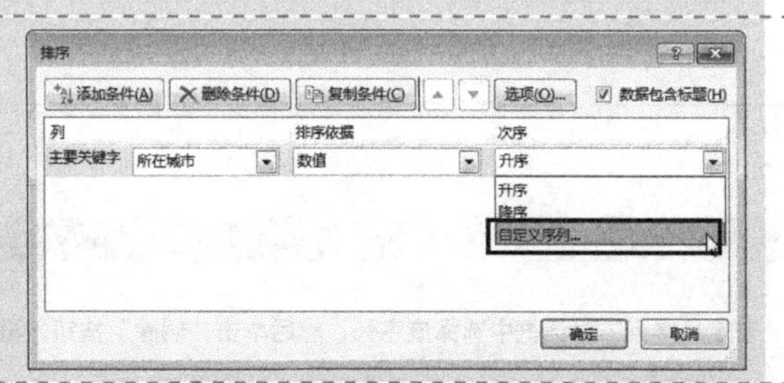

③ 在“主要关键字”右侧的“次序”下选择“自定义序列”选项。

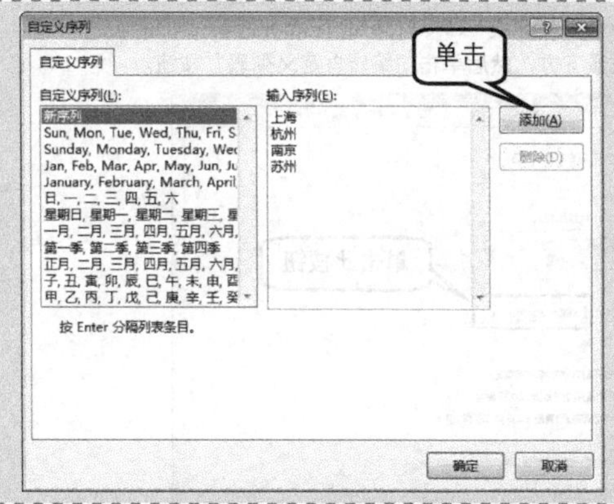

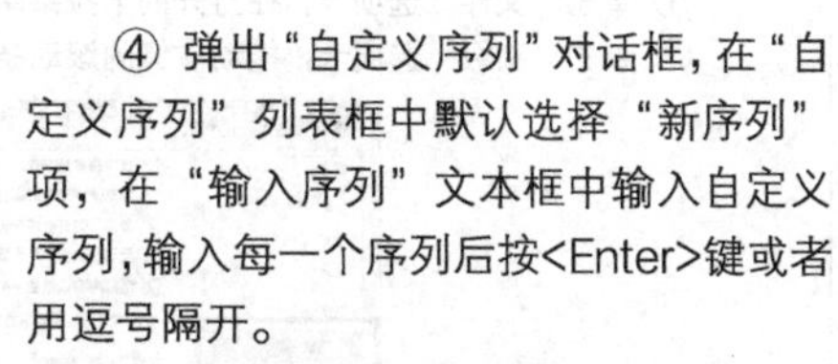

④ 弹出“自定义序列”对话框，在“自定义序列”列表框中默认选择“新序列”项，在“输入序列”文本框中输入自定义序列，输入每一个序列后按<Enter>键或者用逗号隔开。

⑤ 输入完毕后单击“添加”按钮将其添加到“自定义序列”中。

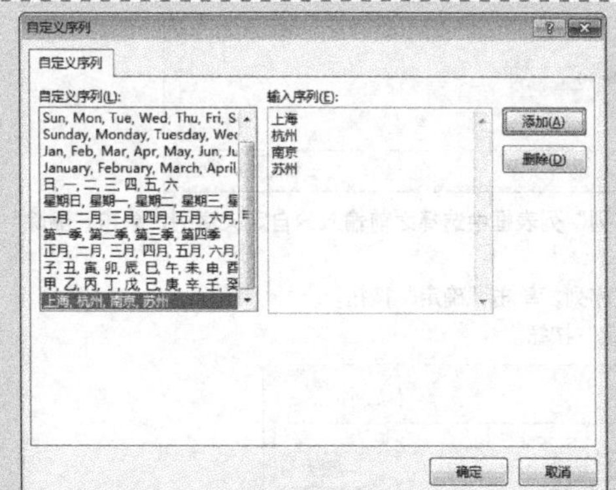

⑥ 此时“自定义序列”列表框中默认选择的是刚刚输入的自定义序列“上海，杭州，南京，苏州”，单击“确定”按钮。

⑦ 返回“排序”对话框，此时“次序”为刚刚输入的自定义序列，单击“确定”按钮。

此时工作表显示出按自定义序列排序的结果。

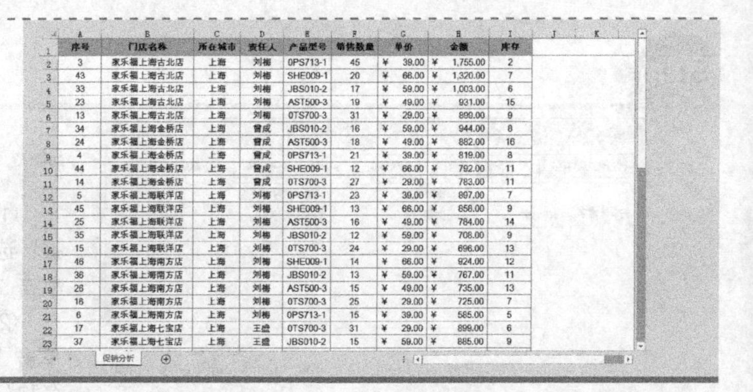

序号	门店名称	所在城市	责任人	产品型号	销售数量	单价	金额	库存
3	家乐福上海古北店	上海	刘梅	0PS713-1	45	¥ 39.00	¥ 1,755.00	2
43	家乐福上海古北店	上海	刘梅	SHE009-1	20	¥ 66.00	¥ 1,320.00	7
33	家乐福上海古北店	上海	刘梅	JBS010-2	17	¥ 59.00	¥ 1,003.00	6
23	家乐福上海古北店	上海	刘梅	AST500-3	19	¥ 49.00	¥ 931.00	15
13	家乐福上海古北店	上海	刘梅	0TS700-3	31	¥ 29.00	¥ 899.00	9
34	家乐福上海金桥店	上海	曾成	JBS010-2	16	¥ 59.00	¥ 944.00	8
24	家乐福上海金桥店	上海	曾成	AST500-3	18	¥ 49.00	¥ 882.00	16
4	家乐福上海金桥店	上海	曾成	0PS713-1	21	¥ 39.00	¥ 819.00	8
44	家乐福上海金桥店	上海	曾成	SHE009-1	12	¥ 66.00	¥ 792.00	11
14	家乐福上海金桥店	上海	曾成	0TS700-3	27	¥ 29.00	¥ 783.00	11
5	家乐福上海联洋店	上海	刘梅	0PS713-1	23	¥ 39.00	¥ 897.00	7
45	家乐福上海联洋店	上海	刘梅	SHE009-1	13	¥ 66.00	¥ 858.00	9
25	家乐福上海联洋店	上海	刘梅	AST500-3	16	¥ 49.00	¥ 784.00	14
35	家乐福上海联洋店	上海	刘梅	JBS010-2	12	¥ 59.00	¥ 708.00	9
15	家乐福上海联洋店	上海	刘梅	0TS700-3	24	¥ 29.00	¥ 696.00	13
46	家乐福上海南方店	上海	刘梅	SHE009-1	14	¥ 66.00	¥ 924.00	12
36	家乐福上海南方店	上海	刘梅	JBS010-2	13	¥ 59.00	¥ 767.00	11
26	家乐福上海南方店	上海	刘梅	AST500-3	15	¥ 49.00	¥ 735.00	13
16	家乐福上海南方店	上海	刘梅	0TS700-3	25	¥ 29.00	¥ 725.00	7
6	家乐福上海南方店	上海	刘梅	0PS713-1	15	¥ 39.00	¥ 585.00	5
17	家乐福上海七宝店	上海	王盛	0TS700-3	31	¥ 29.00	¥ 899.00	6
37	家乐福上海七宝店	上海	王盛	JBS010-2	15	¥ 59.00	¥ 885.00	9

技巧 修改自定义序列

如果对某一个自定义序列需要修改，则可在“自定义序列”对话框中选择该序列，然后单击“删除”按钮，再重新添加自定义序列。

① 单击“文件”选项卡，在打开的下拉菜单中选择“选项”命令，弹出“Excel 选项”对话框。

② 单击“高级”选项卡，拖动右侧的滚动条至最下方，然后单击“编辑自定义列表”按钮。

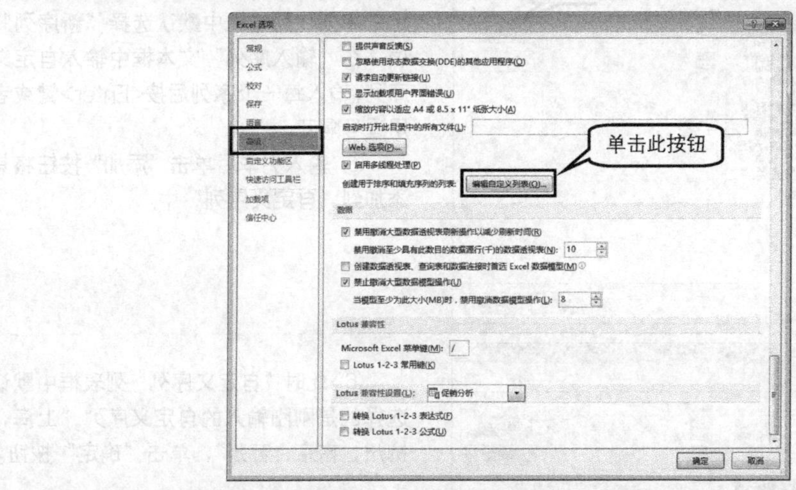

③ 弹出“自定义序列”对话框，在“自定义序列”列表框中选择之前输入的自定义序列，单击“删除”按钮，弹出“Microsoft Excel”对话框，单击“确定”按钮。

④ 在“输入序列”列表框中再重新添加自定义序列，单击“确定”按钮。

⑤ 返回“Excel 选项”对话框，再次单击“确定”按钮。

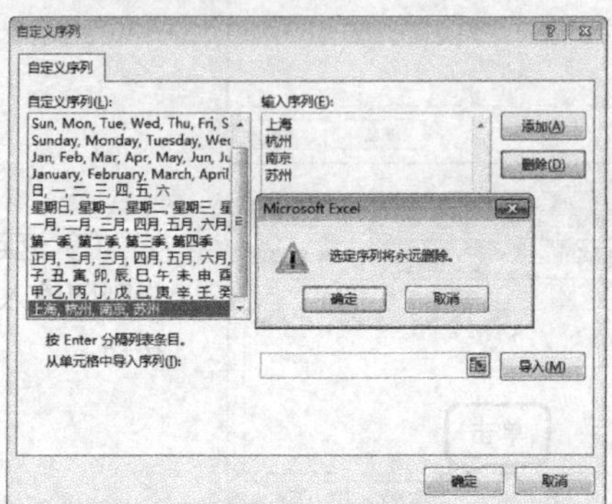

4.3.3 销售数据的自动筛选

利用 Excel 的筛选功能，能够在一份复杂的数据清单中迅速地查到满足条件的数据资料。

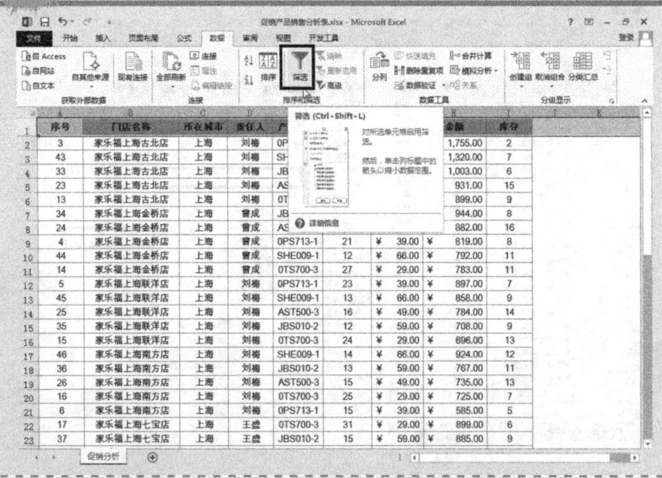

Step 1 设置自动筛选

选中第 1 行，切换到“数据”选项卡，在“排序和筛选”命令组中单击“筛选”按钮，完成自动筛选的设置。

此时在 A1:I1 单元格区域的每个单元格的右侧会出现一个小三角的下箭头按钮▼。

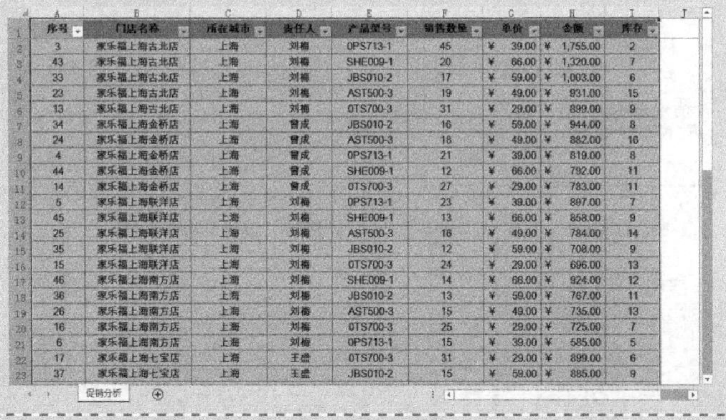

Step 2 自动调整列宽

拖动鼠标选中 A:I 列的列标，在 I 列和 J 列的列标之间双击，自动调整 A:I 列的列宽，使得第 1 行中每个单元格的文字可以完全显示。

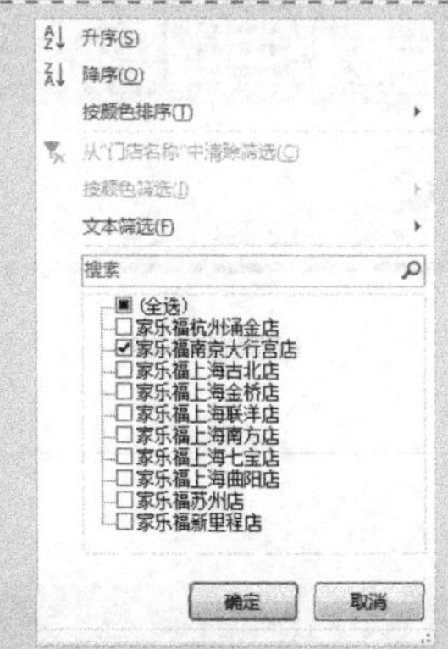

Step 3 对单一值筛选

单击下箭头按钮▼将显示这一列所有不重复的值，用户可以对这些值进行选择。

单击 B1 单元格“门店名称”右侧的下箭头按钮▼，在弹出的下拉列表框中取消勾选“全选”复选框，勾选“家乐福南京大行宫店”复选框，单击“确定”按钮。

	A	B	C	D	E	F	G	H	I
1	序号	门店名称	所在城市	责任人	产品型号	销售数量	单价	金额	库存
42	2	家乐福南京大行宫店	南京	陈南	0PS713-1	31	¥ 39.00	¥ 1,209.00	4
43	32	家乐福南京大行宫店	南京	陈南	JBS010-2	18	¥ 59.00	¥ 1,062.00	8
44	12	家乐福南京大行宫店	南京	陈南	0TS700-3	29	¥ 29.00	¥ 841.00	7
45	22	家乐福南京大行宫店	南京	陈南	AST500-3	15	¥ 49.00	¥ 735.00	12
46	42	家乐福南京大行宫店	南京	陈南	SHE009-1	7	¥ 66.00	¥ 462.00	14
52		合计：				100	¥ 242.00	¥ 4,309.00	45
53									
54									

Excel 将会显示出与这个数据有关的记录，其他的记录都会被隐藏起来。筛选出来的记录的行标记会变为蓝色。这些蓝色的行标记是在原始数据清单中的行标记。

Step 4 清除筛选

在“数据”选项卡的“排序和筛选”命令组中，单击“清除”按钮，即可清除已有的筛选。

Step 5 指定条件筛选

① 单击 H1 单元格“金额”右侧的下箭头按钮▼，在弹出的下拉列表框中选择“数字筛选”→“小于”命令，弹出“自定义自动筛选方式”对话框。

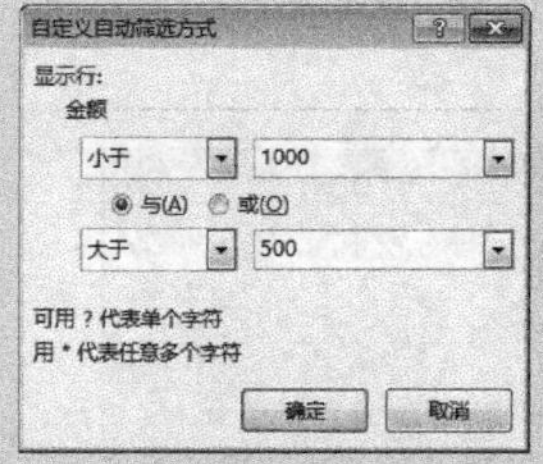

② 将“金额”的条件设置为“小于 1000”和“大于 500”，两者的关系是“与”，单击“确定”按钮。

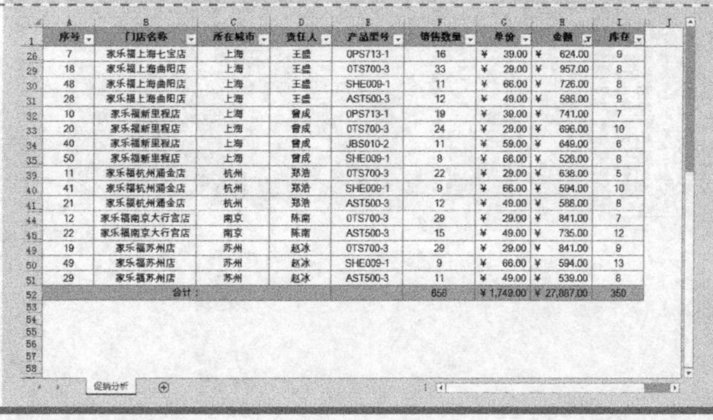

筛选后的结果是“金额”在 500～1000 之间的记录。

第 52 行中显示的是筛选后的各列的合计。

技巧 下箭头按钮的其他功能

当单击下箭头按钮▼时，在其下拉列表框中还有“升序”和“降序”两个选项，这就是 Excel 的另一个功能，在筛选的同时还可以排序，即将筛选结果按照“升序”或者“降序”的方式进行排序。

如果只需要取消某列如“金额”的筛选结果，在下拉列表框中选择“从‘金额’中清除筛选”选项，则可清除针对该列的筛选。

如果要撤消数据列的下箭头按钮▼，在“排序和筛选”命令组中再次单击“筛选”按钮，使其处于不激活状态。

关键知识点讲解

函数应用：SUBTOTAL 函数的应用

函数用途

返回列表或数据库中的分类汇总。通常使用“数据”选项卡上“分级显示”命令组中的“分类汇总”按钮，更便于创建带有分类汇总的列表。一旦创建了分类汇总，就可以通过编辑 SUBTOTAL 函数对该列表进行修改。

函数语法

SUBTOTAL(function_num,ref1,[ref2],...)

- function_num 是必需参数。为 1～11（包含隐藏值）或 101～111（忽略隐藏值）之间的数字，指定使用何种函数在列表中进行分类汇总计算。

Function_num（包含隐藏值）	Function_num（忽略隐藏值）	函数
1	101	AVERAGE
2	102	COUNT
3	103	COUNTA
4	104	MAX
5	105	MIN
6	106	PRODUCT
7	107	STDEV
8	108	STDEVP
9	109	SUM
10	110	VAR
11	111	VARP

- ref1，ref2 为要进行分类汇总计算的 1～254 个区域或引用。

函数说明

- 如果在 ref1，ref2，…中有其他的分类汇总（嵌套分类汇总），将忽略这些嵌套分类汇总，以避免重复计算。
- 当 function_num 为 1～11 的常数时，SUBTOTAL 函数将包括通过“隐藏行”命令所隐藏的行中的值，该命令位于“工作表”选项卡上“单元格”命令组中“格式”命令的“隐藏和取消隐藏”子菜单下面。若要对列表中的隐藏和非隐藏数字进行分类汇总时，可使用这些常数。当 function_num 为 101～111 的常数时，SUBTOTAL 函数将忽略通过“隐藏行”命令所隐藏的行中的值。若只对列表中的非隐藏数字进行分类汇总时，则使用这些常数。
- SUBTOTAL 函数忽略任何不包括在筛选结果中的行，不论使用什么 function_num 值。
- SUBTOTAL 函数适用于数据列或垂直区域。不适用于数据行或水平区域。例如，当 function_num 不小于 101 时需要分类汇总某个水平区域时，如 SUBTOTAL(109,B2:G2)，则隐藏某一列不影响分类汇总。但是隐藏分类汇总的垂直区域中的某一行就会对其产生影响。

- 如果所指定的某一引用为三维引用，SUBTOTAL 函数将返回错误值#VALUE!。

函数简单示例

	A
1	13
2	14
3	250
4	1024

示例	公式	说明	结果
1	=SUBTOTAL(9,A1:A4)	对 A1:A4 单元格区域使用 SUM 函数计算出的分类汇总	1301
2	=SUBTOTAL(1,A1:A4)	使用 AVERAGE 函数对 A1:A4 单元格区域计算出的分类汇总	325.25

本例公式说明

以下为本例中的公式。

```
=SUBTOTAL(9,F2:F51)
```

其各个参数值指定 SUBTOTAL 函数对 F2:F51 单元格区域应用 SUM 函数计算出的分类汇总。

4.4 产品销售占比分析

案例背景

每一次促销活动结束，就必须对促销活动进行分析。通过分析产品的销售排行、销售占比、销售的增长等实现对经营产品的优胜劣汰，达到产品结构调整与更新，并通过分析得出的数字，更有利于评估分析促销活动的效果。

关键技术点

要实现本例中的功能，读者应当掌握以下 Excel 技术点。

- 分类汇总的应用
- 分类汇总下的打印与复制、选择性粘贴
- 绘制三维饼图

最终效果展示

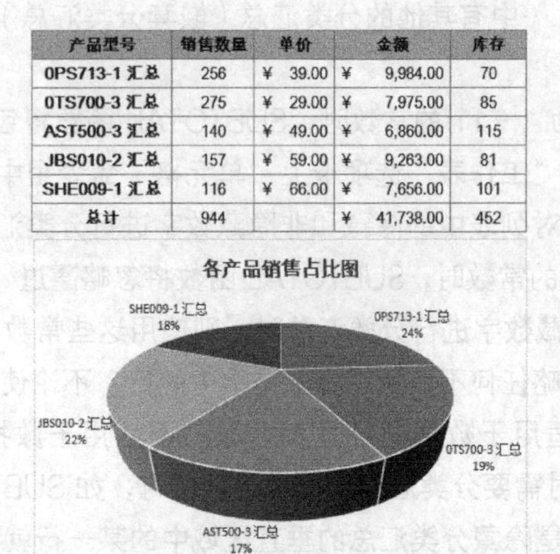

产品型号	销售数量	单价	金额	库存
0PS713-1 汇总	256	¥ 39.00	¥ 9,984.00	70
0TS700-3 汇总	275	¥ 29.00	¥ 7,975.00	85
AST500-3 汇总	140	¥ 49.00	¥ 6,860.00	115
JBS010-2 汇总	157	¥ 59.00	¥ 9,263.00	81
SHE009-1 汇总	116	¥ 66.00	¥ 7,656.00	101
总计	944		¥ 41,738.00	452

示例文件

光盘\示例文件\第 4 章\促销产品销售占比分析.xlsx

4.4.1 分类汇总

分类汇总是对数据列表进行数据分析的一种方法，即对数据列表中指定的字段进行分类，然后统计同一类记录的有关信息。汇总的内容由用户指定，既可以汇总同一类记录的记录总数，也可以对某些字段值进行计算。

Step 1 打开工作簿

① 单击 Windows 的“开始”菜单→“所有程序”→“Microsoft Office 2013”→“Excel 2013”启动 Microsoft Excel 2013。

② 单击“文件”选项卡，在打开的下拉菜单中选择“打开”命令，弹出“打开”对话框，找到“促销产品销售分析表”并单击，然后单击“打开”按钮。

这样就打开了“促销产品销售分析”工作簿。

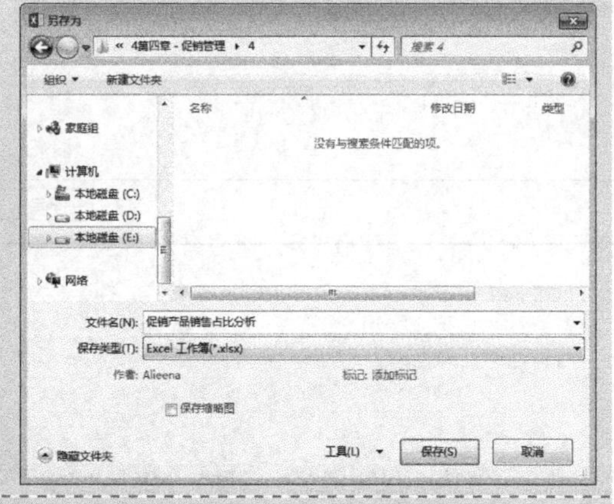

Step 2 另存为工作簿

① 在功能区中单击“文件”选项卡→“另存为”命令。在“另存为”区域中选择“计算机”选项，在右侧的“计算机”区域下方单击“浏览”按钮。

② 弹出“另存为”对话框，在该对话框左侧列表框中选择具体的文件存放路径，在“文件名”框中输入工作簿的名称“促销产品销售占比分析”，然后单击“保存”按钮。

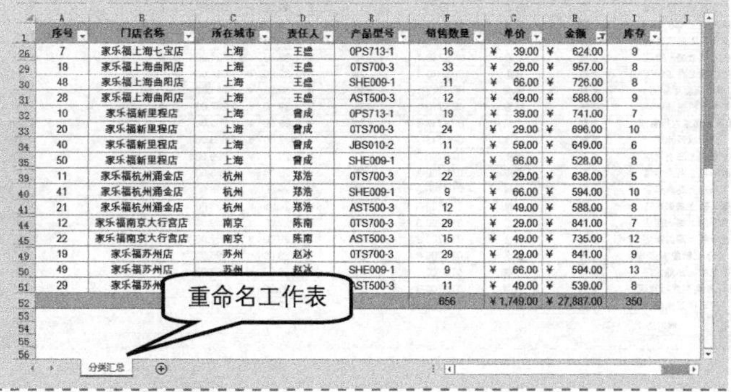

③ 将“促销分析”工作表重命名为“分类汇总”。

Step 3 取消筛选，删除行和列

① 在“数据”选项卡的“排序和筛选”命令组中单击“筛选”按钮，取消筛选状态。

② 右键单击A列，在弹出的快捷菜单中选择“删除”命令，删除A列。

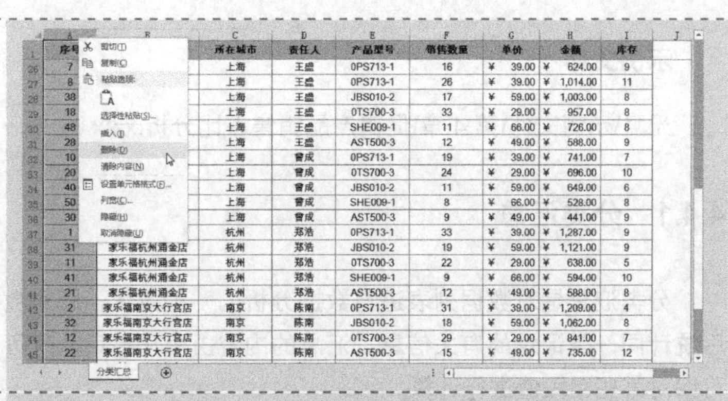

③ 选中第52行，在“开始”选项卡的“单元格”命令组中单击“删除”按钮，删除第52行。

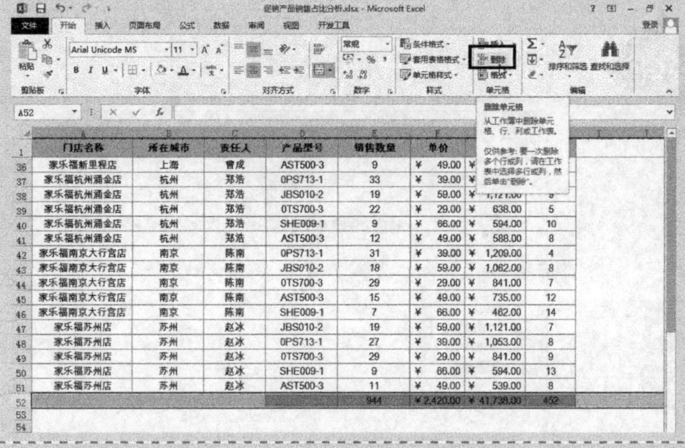

Step 4 排序

① 在工作表中选择任意非空单元格，如D4单元格，在“数据”选项卡的“排序和筛选”命令组中单击“排序”按钮，弹出“排序”对话框。

② 单击“列”区域的“主要关键字”下箭头按钮，在弹出的下拉列表框中选择“产品型号”选项。

③ 单击“次序”下箭头按钮，在弹出的下拉列表框中选择“升序”选项，单击“确定”按钮。

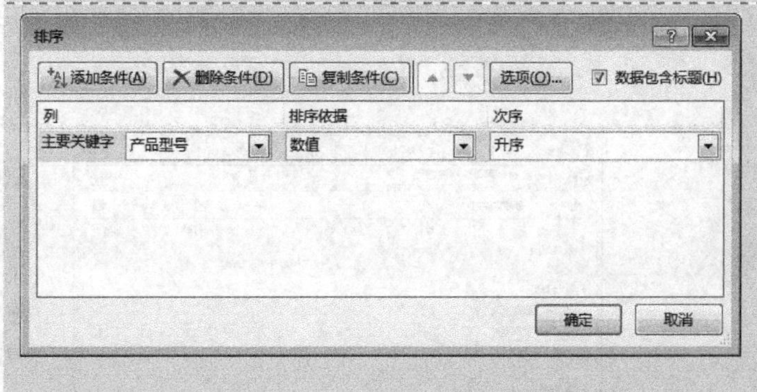

此时工作表按照D列产品型号的升序进行排序，效果如图所示。

	门店名称	所在城市	责任人	产品型号	销售数量	单价	金额	库存
2	家乐福上海古北店	上海	刘梅	0PS713-1	45	¥ 39.00	¥ 1,755.00	2
3	家乐福上海金桥店	上海	曾成	0PS713-1	21	¥ 39.00	¥ 819.00	8
4	家乐福上海联洋店	上海	刘梅	0PS713-1	23	¥ 39.00	¥ 897.00	7
5	家乐福上海南方店	上海	刘梅	0PS713-1	15	¥ 39.00	¥ 585.00	5
6	家乐福上海七宝店	上海	王鑫	0PS713-1	16	¥ 39.00	¥ 624.00	9
7	家乐福上海曲阳店	上海	王鑫	0PS713-1	26	¥ 39.00	¥ 1,014.00	11
8	家乐福新里程店	上海	曾成	0PS713-1	19	¥ 39.00	¥ 741.00	7
9	家乐福杭州涌金店	杭州	郑浩	0PS713-1	33	¥ 39.00	¥ 1,287.00	9
10	家乐福南京大行宫店	南京	陈南	0PS713-1	31	¥ 39.00	¥ 1,209.00	4
11	家乐福苏州店	苏州	赵冰	0PS713-1	27	¥ 39.00	¥ 1,053.00	8
12	家乐福上海古北店	上海	刘梅	0TS700-3	31	¥ 29.00	¥ 899.00	9
13	家乐福上海金桥店	上海	曾成	0TS700-3	27	¥ 29.00	¥ 783.00	11
14	家乐福上海联洋店	上海	刘梅	0TS700-3	24	¥ 29.00	¥ 696.00	13
15	家乐福上海南方店	上海	刘梅	0TS700-3	25	¥ 29.00	¥ 725.00	7
16	家乐福上海七宝店	上海	王鑫	0TS700-3	31	¥ 29.00	¥ 899.00	6
17	家乐福上海曲阳店	上海	王鑫	0TS700-3	33	¥ 29.00	¥ 957.00	8
18	家乐福新里程店	上海	曾成	0TS700-3	24	¥ 29.00	¥ 696.00	10
19	家乐福杭州涌金店	杭州	郑浩	0TS700-3	22	¥ 29.00	¥ 638.00	5
20	家乐福南京大行宫店	南京	陈南	0TS700-3	29	¥ 29.00	¥ 841.00	7
21	家乐福苏州店	苏州	赵冰	0TS700-3	29	¥ 29.00	¥ 841.00	9

Step 5 分类汇总

① 在工作表中选中任意非空单元格，如 C5 单元格，在“数据”选项卡的“分级显示”命令组中单击“分类汇总”按钮，弹出“分类汇总”对话框。

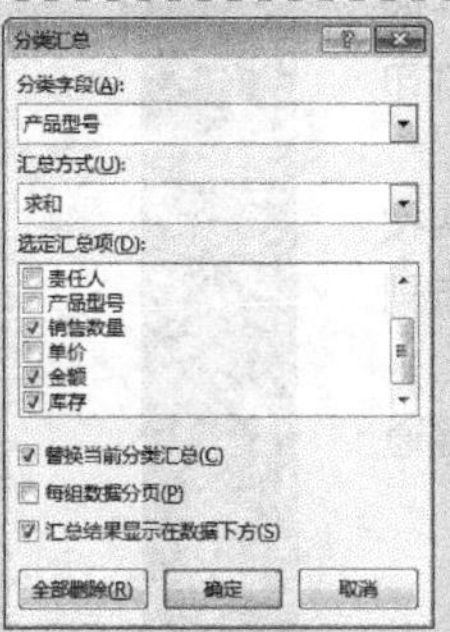

② 单击“分类字段”下箭头按钮，在弹出的下拉列表框中选择“产品型号”选项；在“汇总方式”下拉列表框中默认选择“求和”选项；在“选定汇总项”列表框中勾选“销售数量”“金额”和“库存”复选框；默认勾选“替换当前分类汇总”和“汇总结果显示在数据下方”复选框，单击“确定”按钮。

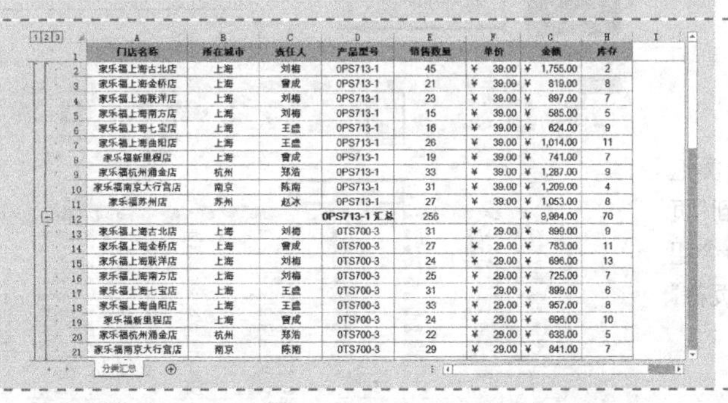

此时每个型号的促销产品的分类汇总清晰地显示在工作表中。

分类汇总是根据字段名进行汇总的。因此要对销售数据表进行分类汇总，数据表中的每一个字段就必须有字段名，即每一列都有列标题。

如果要取消数据的分类汇总，只要打开“分类汇总”对话框，单击“全部删除”按钮，即可将销售数据恢复原样。

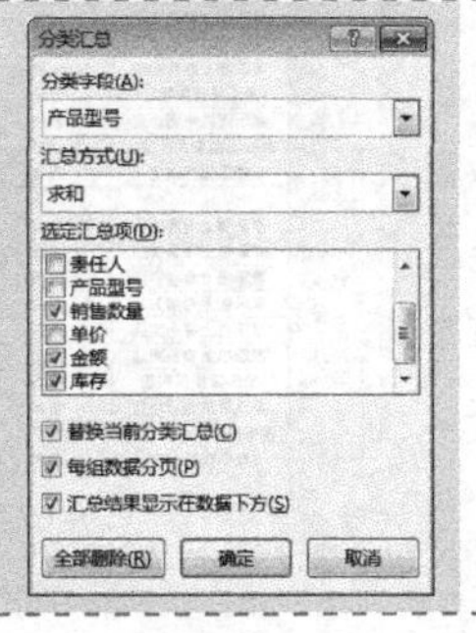

Step 6 每组数据分页

选中数据清单中的任意一个非空单元格，在“数据”选项卡的“分级显示”命令组中单击“分类汇总”按钮，弹出“分类汇总”对话框，勾选“每组数据分页”复选框，然后单击“确定”按钮即可完成分页显示分类汇总。

此时在每一个分类汇总项下会出现一条虚线。

Step 7 打印预览

① 单击“文件”选项卡，在打开的下拉菜单中选择“打印”命令，在“打印预览”页面中只有一个汇总项。

② 单击“无缩放”右侧的下箭头按钮，在弹出的下拉菜单中选择“将所有列调整为一页”命令。

单击“返回”按钮，即可返回至普通视图状态。

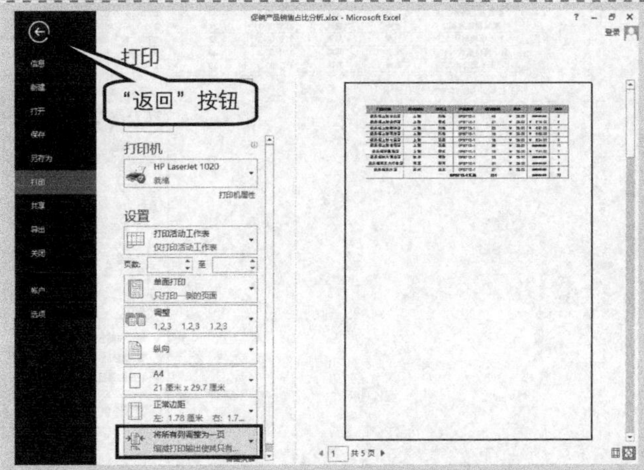

Step 8 重设所有分页符

如果想取消 Step6 中每一个分类汇总项下的虚线，即分页符，可以切换到“页面布局”选项卡，在“页面设置”命令组中，单击“分隔符”→“重设所有分页符”命令。

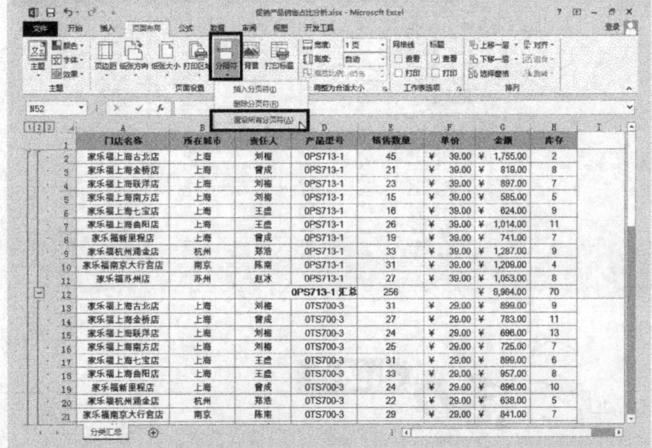

Step 9 填充“单价”字段

在分类汇总时，只有对选中的“分类字段”和“选定汇总项”进行分类汇总，其余的字段不会显示。因此，单价的汇总行的单元格是空的。

① 选中 F2:F56 单元格区域，在“开始”选项卡的“编辑”命令组中单击“查找和选择”按钮，在弹出的下拉菜单中选择“定位条件”命令；或者直接按<F5>快捷键，在弹出的“定位”对话框中单击“定位条件”按钮，也可弹出“定位条件”对话框。

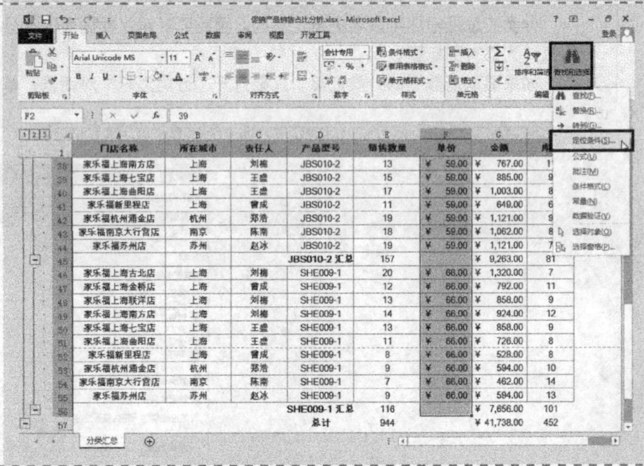

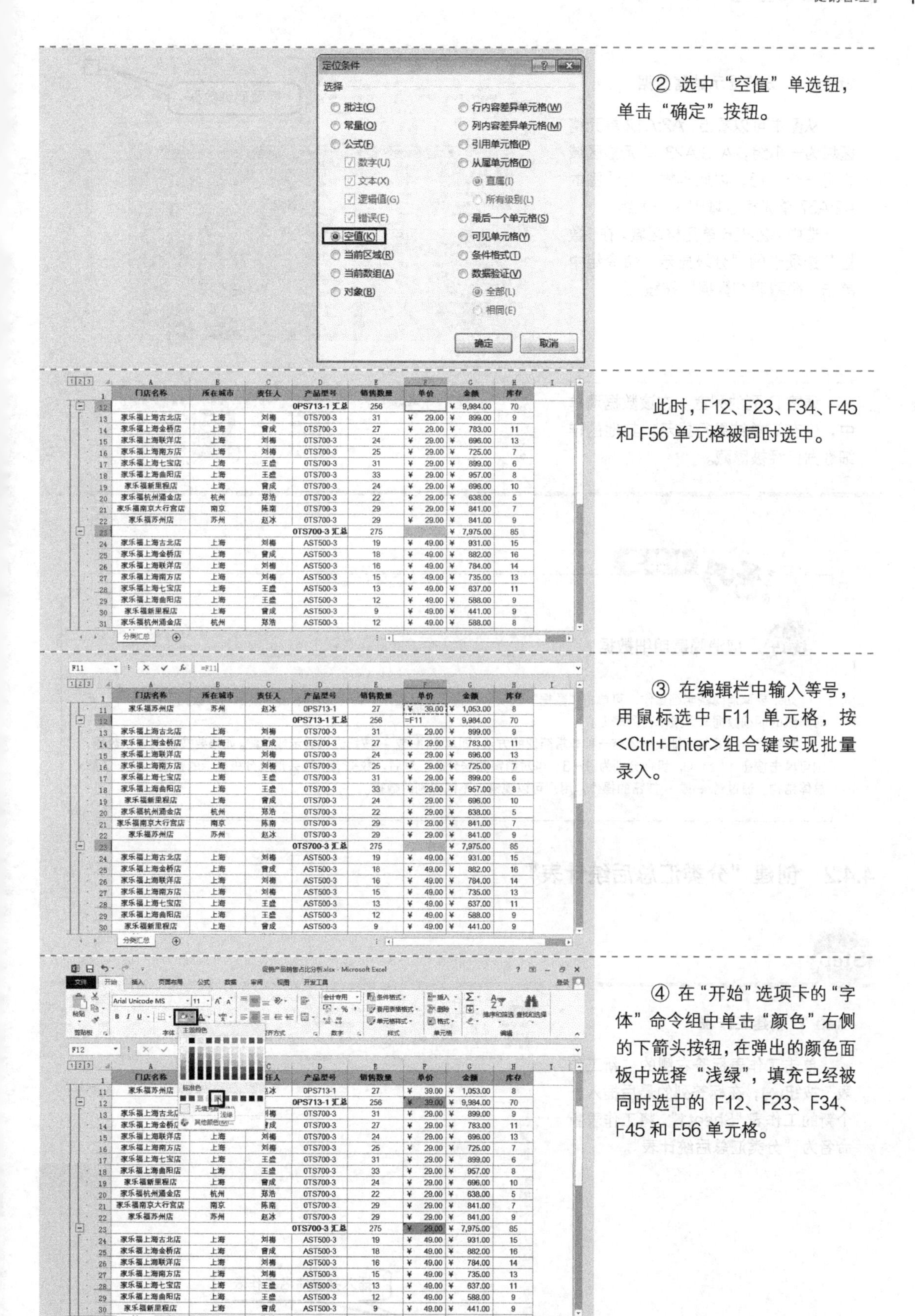

② 选中“空值”单选钮，单击“确定”按钮。

此时，F12、F23、F34、F45和F56单元格被同时选中。

③ 在编辑栏中输入等号，用鼠标选中F11单元格，按<Ctrl+Enter>组合键实现批量录入。

④ 在“开始”选项卡的“字体”命令组中单击“颜色”右侧的下箭头按钮，在弹出的颜色面板中选择“浅绿”，填充已经被同时选中的F12、F23、F34、F45和F56单元格。

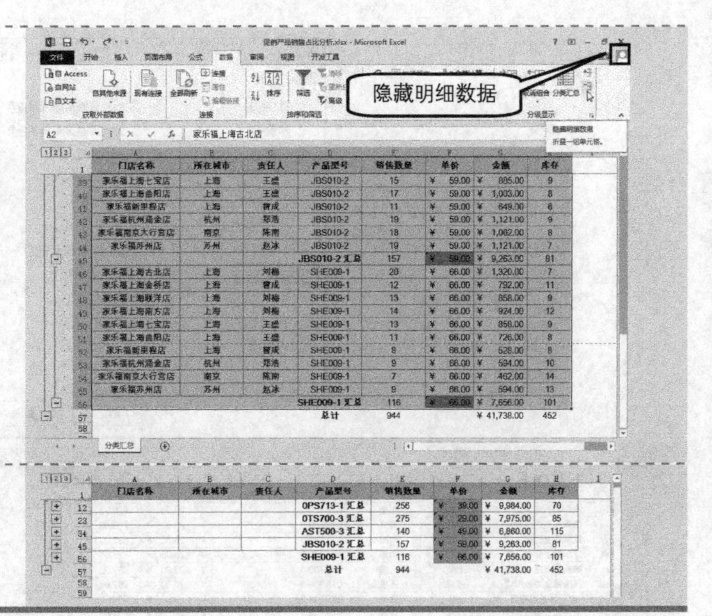

Step 10 分级显示销售数据

从图中可以看出，A2:A12 单元格区域为一小组，A13:A23 单元格区域为另一个小组，以此类推，最外围的 A2:A57 单元格区域则为一大组。

选中 A2:H56 单元格区域，在“数据”选项卡的“分级显示”命令组中单击“隐藏明细数据”按钮 。

调整 D 列的列宽。在该数据清单中，仅有汇总结果行显示，其他的详细数据已经被隐藏。

	门店名称	所在城市	责任人	产品型号	销售数量	单价	金额	库存
12				0PS713-1 汇总	256	¥ 39.00	¥ 9,984.00	70
23				0TS700-3 汇总	275	¥ 29.00	¥ 7,975.00	85
34				AST500-3 汇总	140	¥ 49.00	¥ 6,860.00	115
45				JBS010-2 汇总	157	¥ 59.00	¥ 9,263.00	81
56				SHE009-1 汇总	116	¥ 66.00	¥ 7,656.00	101
57				总计	944		¥ 41,738.00	452

技巧 取消隐藏明细数据

如果要取消隐藏明细操作，可单击“数据”选项卡，在“分级显示”命令组中单击“显示明细数据”按钮 ，此时隐藏的明细数据又会显示在列表上。

其实显示和隐藏明细数据还有一种非常简便的方法，即单击+或-按钮进行显示或隐藏。如果要按级别显示数据，则可单击按钮 1 2 3，级别分别为 1~3。当对销售数据分类汇总后，数据清单就会形成分级显示的样式，便于了解总体结构。通过对+或-按钮的操作，用户可以观察到不同级别的数据。

4.4.2 创建“分类汇总后统计表”

Step 1 新建工作表

单击工作表标签右侧的“新工作表”按钮⊕，在标签列的最后插入一个新的工作表“Sheet1”，将工作表重命名为“分类汇总后统计表”。

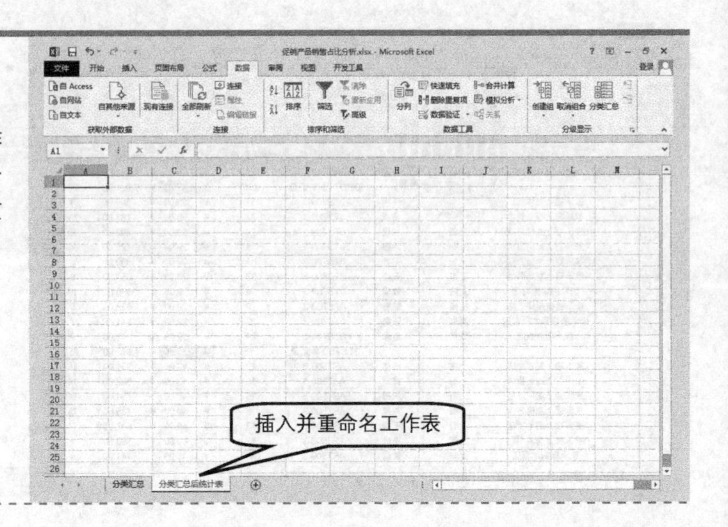

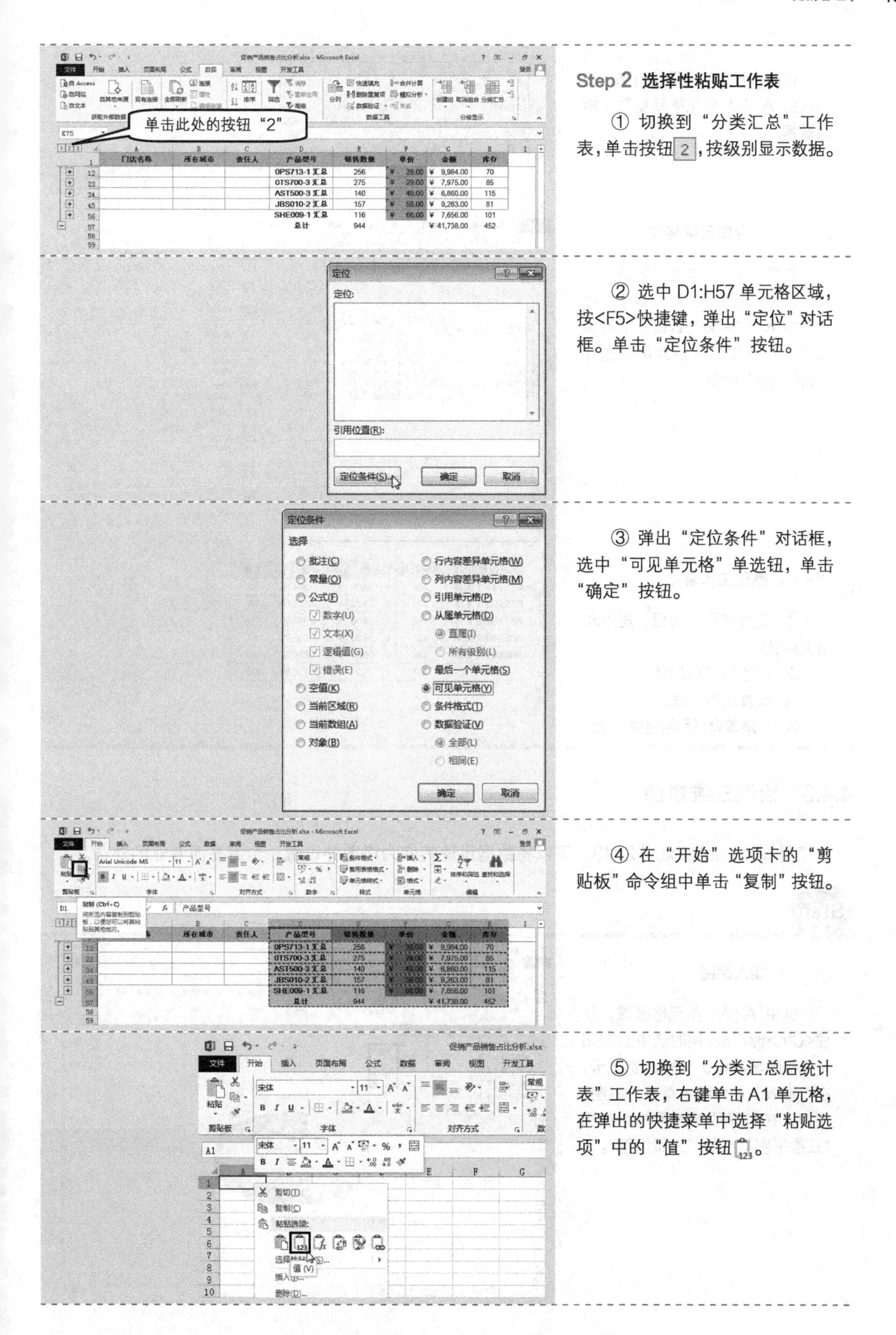

Step 2 选择性粘贴工作表

① 切换到“分类汇总”工作表，单击按钮 2 ，按级别显示数据。

② 选中 D1:H57 单元格区域，按<F5>快捷键，弹出“定位”对话框。单击“定位条件”按钮。

③ 弹出“定位条件”对话框，选中“可见单元格”单选钮，单击“确定”按钮。

④ 在“开始”选项卡的“剪贴板”命令组中单击“复制”按钮。

⑤ 切换到“分类汇总后统计表”工作表，右键单击 A1 单元格，在弹出的快捷菜单中选择“粘贴选项”中的“值”按钮。

此时“分类汇总后统计表”工作表的 A1:E7 单元格就复制了相关数据。

产品型号	销售数量	单价	金额	库存
0PS713-1	256	39	9984	70
0TS700-3	275	29	7975	85
AST500-3	140	49	6860	115
JBS010-2	157	59	9263	81
SHE009-1	116	66	7656	101
总计	944		41738	452

Step 3 设置单元格格式

选择 C2:D7 单元格区域，单击“开始”选项卡，在“数字”命令组中单击“常规”右侧的下箭头按钮，在弹出的下拉菜单中选择“会计专用”命令。

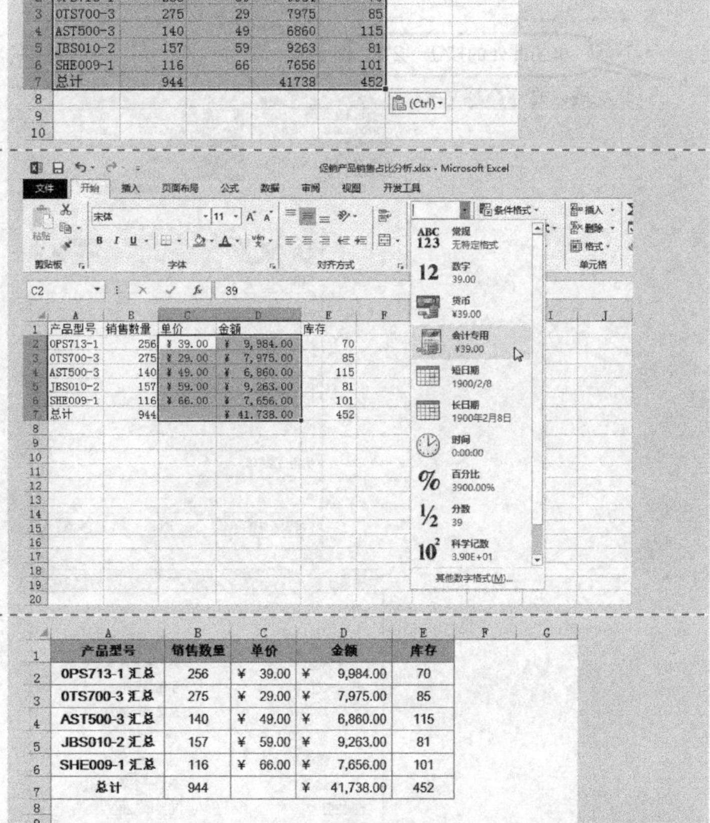

Step 4 美化工作表

① 设置字号、加粗、居中和填充颜色。

② 调整行高和列宽。

③ 设置所有框线。

④ 取消编辑栏和网格线显示。

产品型号	销售数量	单价	金额	库存
0PS713-1 汇总	256	¥ 39.00	¥ 9,984.00	70
0TS700-3 汇总	275	¥ 29.00	¥ 7,975.00	85
AST500-3 汇总	140	¥ 49.00	¥ 6,860.00	115
JBS010-2 汇总	157	¥ 59.00	¥ 9,263.00	81
SHE009-1 汇总	116	¥ 66.00	¥ 7,656.00	101
总计	944		¥ 41,738.00	452

4.4.3 绘制三维饼图

使用 Microsoft Excel 2013，可以将数据迅速转变为饼图并设置一个漂亮而专业的外观。

Step 1 插入饼图

选中 A2:A6 单元格区域，按住<Ctrl>键不放，同时选中 D2:D6 单元格区域。单击“插入”选项卡，在“图表”命令组中单击“饼图”按钮，在打开的下拉菜单中选择“三维饼图”下的“三维饼图”。

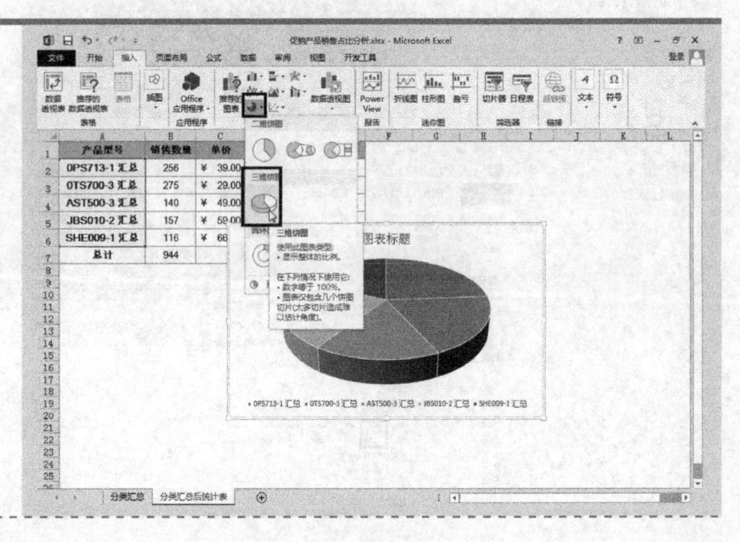

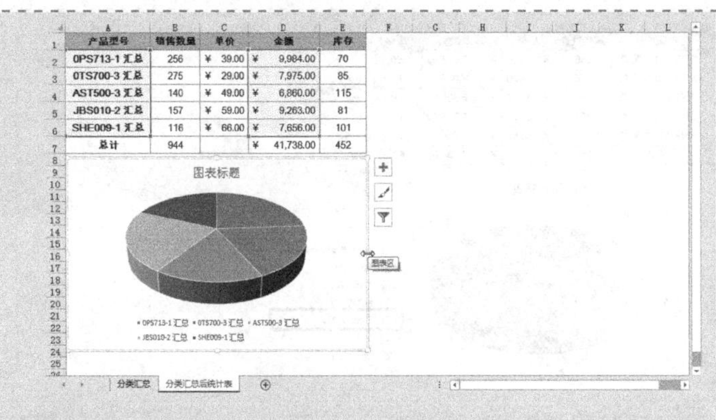

Step 2 调整图表位置

在图表空白位置按住鼠标左键，将其拖至工作表合适位置。

Step 3 调整图表大小

将鼠标指针移近三维饼图的控制点，当指针变为⇔形状时，拖动鼠标左键不放，待图表调整至合适大小时释放鼠标。

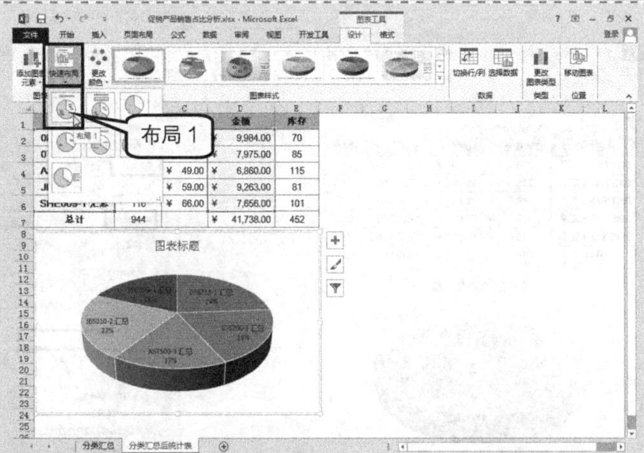

Step 4 设置饼图的布局方式

单击“图表工具-设计”选项卡，在“图表布局”命令组中单击“快速布局”→“布局 1”样式。

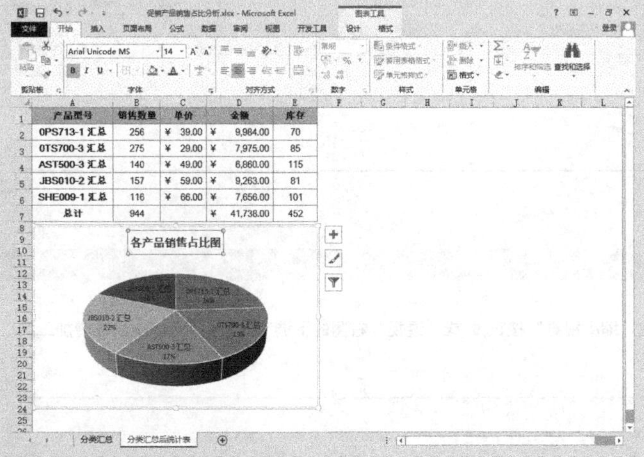

Step 5 编辑图表标题

选中图表标题，将图表标题修改为“各产品销售占比图”，设置字体为“Arial Unicode MS”，设置为加粗。

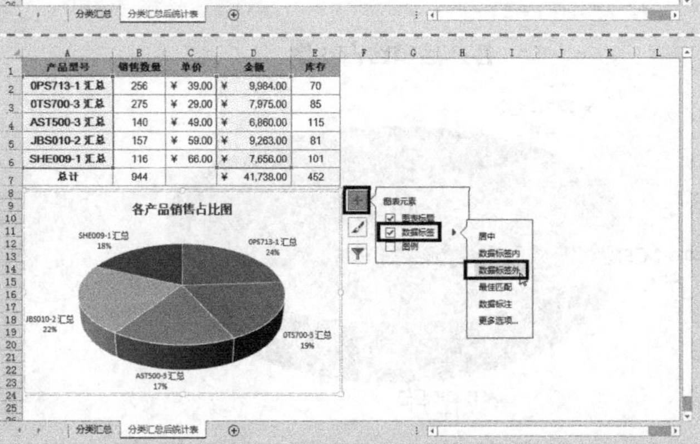

Step 6 调整数据标签位置

单击图表边框右侧的“图表元素”按钮，在打开的“图表元素”列表中单击“数据标签”右侧的三角按钮，在打开的级联菜单中选择“数据标签外”命令。

Step 7 设置三维旋转

① 右键单击三维饼图的图表区，从弹出的快捷菜单中选择“三维旋转”，打开“设置图表区格式”窗格。

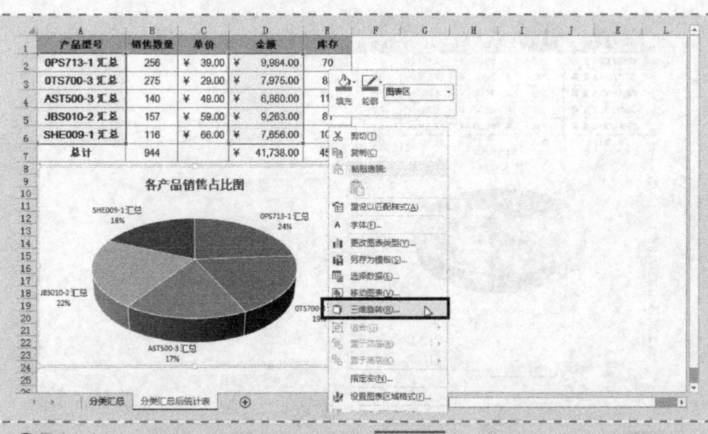

② 在“设置图表区格式”窗格中，依次单击“图表选项”选项→“效果”按钮→“三维旋转”选项卡，在“透视”右侧的文本框中输入“30”。关闭“设置图表区格式”窗格。

技巧 调整透视的视野

“透视”的默认值是“15”。单击一次“缩小视野”按钮或“透视”右侧的下调节旋钮，可以减少或增加三维视图的上下仰角 5°。

此时，简洁美观的三维饼图绘制完成，效果如图所示。

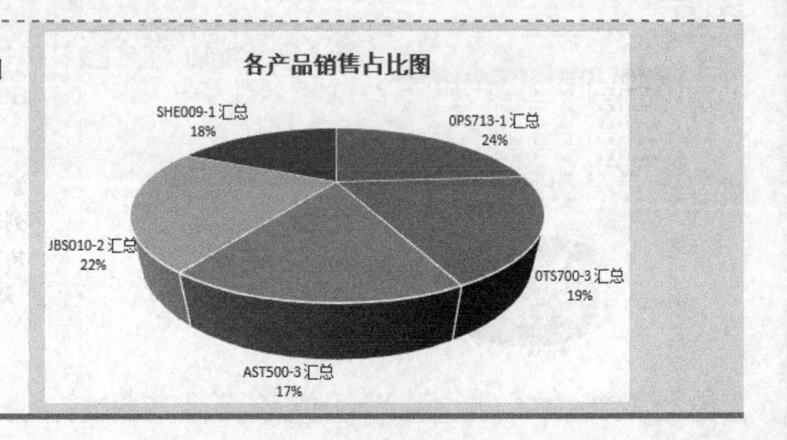

4.5 促销效果评估分析

案例背景

促销活动效果评估，是对促销策划方案实施结果进行总结和分析，通过对促销商品的评估，得出最佳的促销商品及促销方式，亦可优化促销流程。通过评估每次促销活动的效果、成功经验和教训，总结促销活动成功或失败的原因，可以积累促销的经验。

关键技术点

要实现本例中的功能，读者应当掌握以下 Excel 技术点。

- 绘制簇状柱形图
- 打印图表

最终效果展示

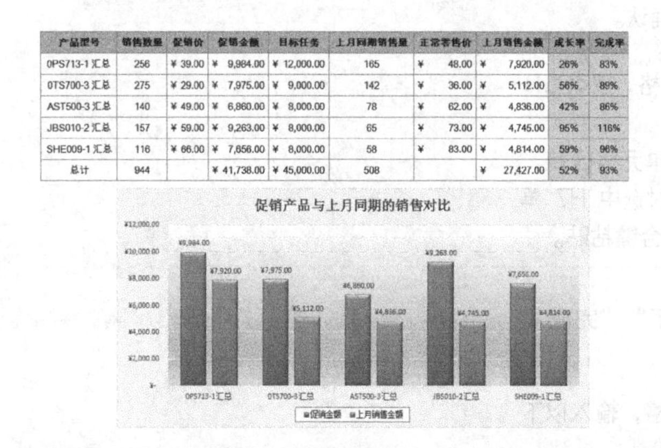

产品型号	销售数量	促销价	促销金额	目标任务	上月同期销售量	正常零售价	上月销售金额	成长率	完成率
0PS713-1 汇总	256	¥ 39.00	¥ 9,984.00	¥ 12,000.00	165	¥ 48.00	¥ 7,920.00	26%	83%
0TS700-3 汇总	275	¥ 29.00	¥ 7,975.00	¥ 9,000.00	142	¥ 36.00	¥ 5,112.00	56%	89%
AST500-3 汇总	140	¥ 49.00	¥ 6,860.00	¥ 8,000.00	78	¥ 62.00	¥ 4,836.00	42%	86%
JBS010-2 汇总	157	¥ 59.00	¥ 9,263.00	¥ 8,000.00	65	¥ 73.00	¥ 4,745.00	95%	116%
SHE009-1 汇总	116	¥ 66.00	¥ 7,656.00	¥ 8,000.00	58	¥ 83.00	¥ 4,814.00	59%	96%
总计	944		¥ 41,738.00	¥ 45,000.00	508		¥ 27,427.00	52%	93%

示例文件

光盘\示例文件\第 4 章\促销效果评估分析.xlsx

4.5.1 创建促销效果评估分析表

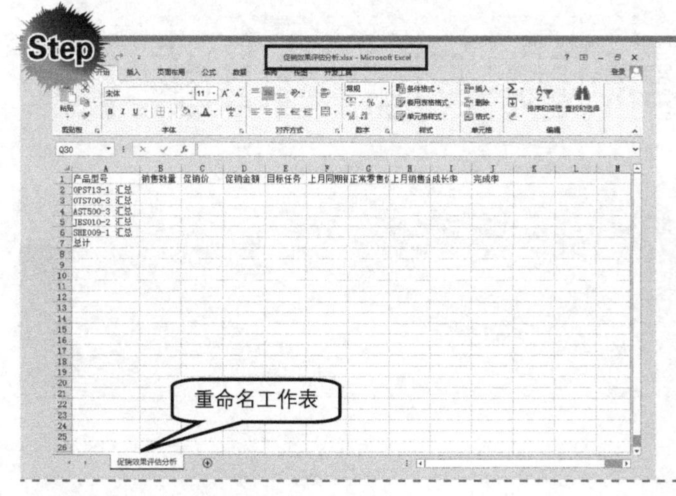

Step 1 新建工作簿

启动 Excel 自动新建一个工作簿，保存并命名为“促销效果评估分析”，将“Sheet1”工作表重命名为“促销效果评估分析”。

Step 2 输入表格标题

在 A1:J1 单元格区域内输入表格各字段标题名称。在 A2:A7 单元格区域内输入表格各行的标题名称。适当调整表格的列宽。

Step 3 输入表格数据

依次在 B2:G6 单元格区域中输入每一款产品的销售信息。

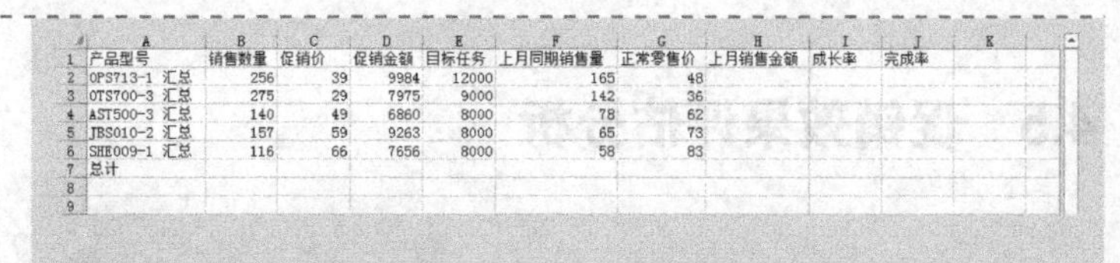

产品型号	销售数量	促销价	促销金额	目标任务	上月同期销售量	正常零售价	上月销售金额	成长率	完成率
OPS713-1 汇总	256	39	9984	12000	165	48			
OTS700-3 汇总	275	29	7975	9000	142	36			
AST500-3 汇总	140	49	6860	8000	78	62			
JBS010-2 汇总	157	59	9263	8000	65	73			
SHE009-1 汇总	116	66	7656	8000	58	83			
总计									

Step 4 编制“上月销售金额”公式

① 选中 H2 单元格，输入以下公式，按<Enter>键确认。

```
=F2*G2
```

② 选中 H2 单元格，拖曳右下角的填充柄至 H6 单元格。

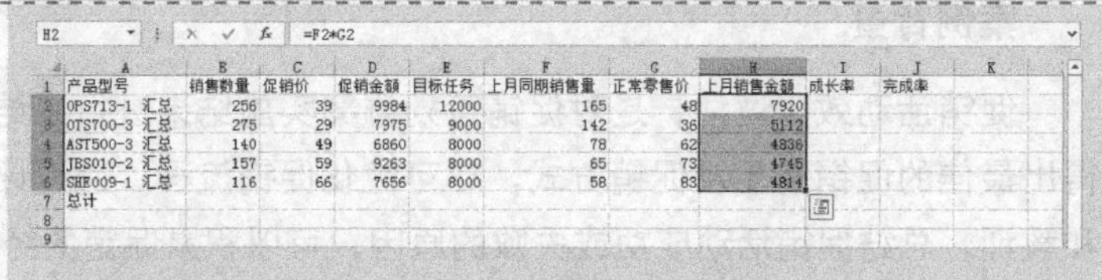

H2 =F2*G2

产品型号	销售数量	促销价	促销金额	目标任务	上月同期销售量	正常零售价	上月销售金额	成长率	完成率
OPS713-1 汇总	256	39	9984	12000	165	48	7920		
OTS700-3 汇总	275	29	7975	9000	142	36	5112		
AST500-3 汇总	140	49	6860	8000	78	62	4836		
JBS010-2 汇总	157	59	9263	8000	65	73	4745		
SHE009-1 汇总	116	66	7656	8000	58	83	4814		
总计									

Step 5 编制“总计”公式

① 选中 B7 单元格，输入以下公式，按<Enter>键确认。

```
=SUM(B2:B6)
```

② 选中 B7 单元格，按<Ctrl+C>组合键复制。

③ 选中 D7:F7 单元格区域，按住<Ctrl>键，再同时选中 H7 单元格，按<Ctrl+V>组合键粘贴。

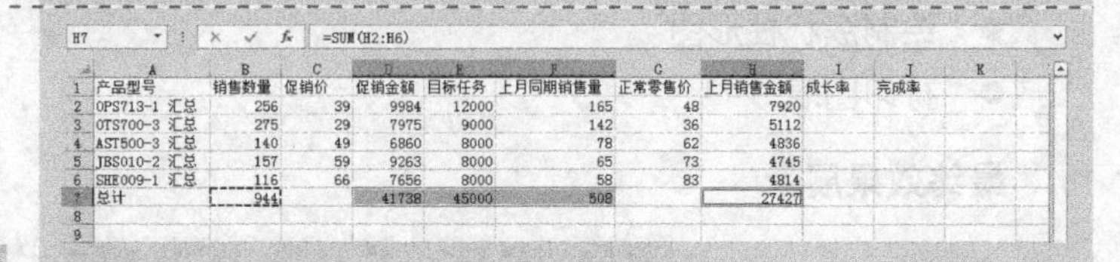

H7 =SUM(H2:H6)

产品型号	销售数量	促销价	促销金额	目标任务	上月同期销售量	正常零售价	上月销售金额	成长率	完成率
OPS713-1 汇总	256	39	9984	12000	165	48	7920		
OTS700-3 汇总	275	29	7975	9000	142	36	5112		
AST500-3 汇总	140	49	6860	8000	78	62	4836		
JBS010-2 汇总	157	59	9263	8000	65	73	4745		
SHE009-1 汇总	116	66	7656	8000	58	83	4814		
总计	944		41738	45000	508		27427		

Step 6 编制“成长率”“完成率”公式

① 选中 I2 单元格，输入以下公式，按<Enter>键确认。

```
=(D2-H2)/H2
```

② 选中 J2 单元格，输入以下公式，按<Enter>键确认。

```
=D2/E2
```

③ 选中 I2:J2 单元格区域，拖曳右下角的填充柄至 J7 单元格。

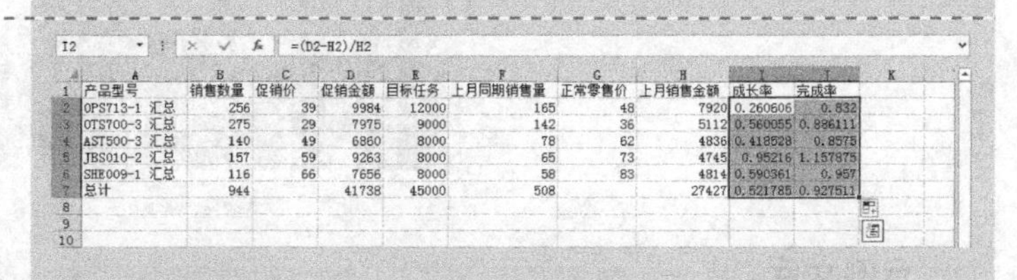

I2 =(D2-H2)/H2

产品型号	销售数量	促销价	促销金额	目标任务	上月同期销售量	正常零售价	上月销售金额	成长率	完成率
OPS713-1 汇总	256	39	9984	12000	165	48	7920	0.260606	0.832
OTS700-3 汇总	275	29	7975	9000	142	36	5112	0.560055	0.886111
AST500-3 汇总	140	49	6860	8000	78	62	4836	0.418528	0.8575
JBS010-2 汇总	157	59	9263	8000	65	73	4745	0.95216	1.157875
SHE009-1 汇总	116	66	7656	8000	58	83	4814	0.590361	0.957
总计	944		41738	45000	508		27427	0.521785	0.927511

Step 7 设置单元格格式

① 按住<Ctrl>键，同时选中 C2:E7 和 G2:H7 单元格区域，在“开始”选项卡的“数字”命令组中单击“常规”右侧的下箭头按钮，在弹出的下拉菜单中选择“会计专用”命令。

② 选中 I2:J7 单元格区域，设置单元格格式为“百分比”。

产品型号	销售数量	促销价	促销金额	目标任务	上月同期销售量	正常零售价	上月销售金额	成长率	完成率
OPS713-1 汇总	256	¥ 39.00	¥ 9,984.00	¥ 12,000.00	165	¥ 48.00	¥ 7,920.00	26%	83%
OTS700-3 汇总	275	¥ 29.00	¥ 7,975.00	¥ 9,000.00	142	¥ 36.00	¥ 5,112.00	56%	89%
AST500-3 汇总	140	¥ 49.00	¥ 6,860.00	¥ 8,000.00	78	¥ 62.00	¥ 4,836.00	42%	86%
JBS010-2 汇总	157	¥ 59.00	¥ 9,263.00	¥ 8,000.00	65	¥ 73.00	¥ 4,745.00	95%	116%
SHE009-1 汇总	116	¥ 66.00	¥ 7,656.00	¥ 8,000.00	58	¥ 83.00	¥ 4,814.00	59%	96%
总计	944		¥ 41,738.00	¥ 45,000.00	508		¥ 27,427.00	52%	93%

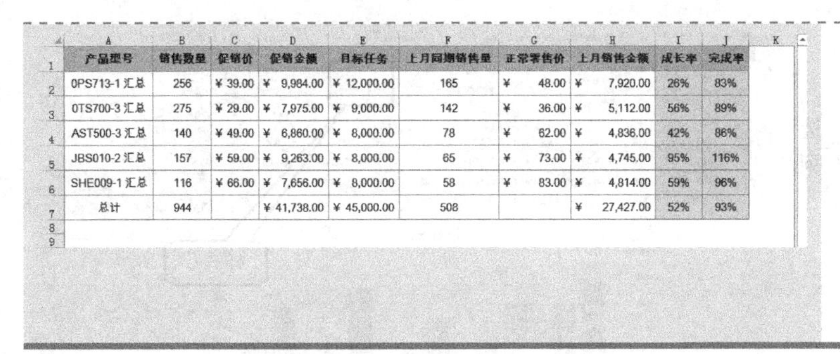

产品型号	销售数量	促销价	促销金额	目标任务	上月同期销售量	正常零售价	上月销售金额	成长率	完成率
0PS713-1 汇总	256	¥ 39.00	¥ 9,984.00	¥ 12,000.00	165	¥ 48.00	¥ 7,920.00	26%	83%
0TS700-3 汇总	275	¥ 29.00	¥ 7,975.00	¥ 9,000.00	142	¥ 36.00	¥ 5,112.00	56%	89%
AST500-3 汇总	140	¥ 49.00	¥ 6,860.00	¥ 8,000.00	78	¥ 62.00	¥ 4,836.00	42%	86%
JBS010-2 汇总	157	¥ 59.00	¥ 9,263.00	¥ 8,000.00	65	¥ 73.00	¥ 4,745.00	95%	116%
SHE009-1 汇总	116	¥ 66.00	¥ 7,656.00	¥ 8,000.00	58	¥ 83.00	¥ 4,814.00	59%	96%
总计	944		¥ 41,738.00	¥ 45,000.00	508		¥ 27,427.00	52%	93%

Step 8 美化工作表

① 设置字体、字号、加粗、居中和填充颜色。

② 调整行高和列宽。

③ 设置所有框线。

④ 取消编辑栏和网格线显示。

4.5.2 绘制簇状柱形图

“柱形图”常用来展示数据量不是很大的情况下数据项之间的对比情况，用来描绘同一系列的不同数据点或多个系列相应数据点之间的不同。

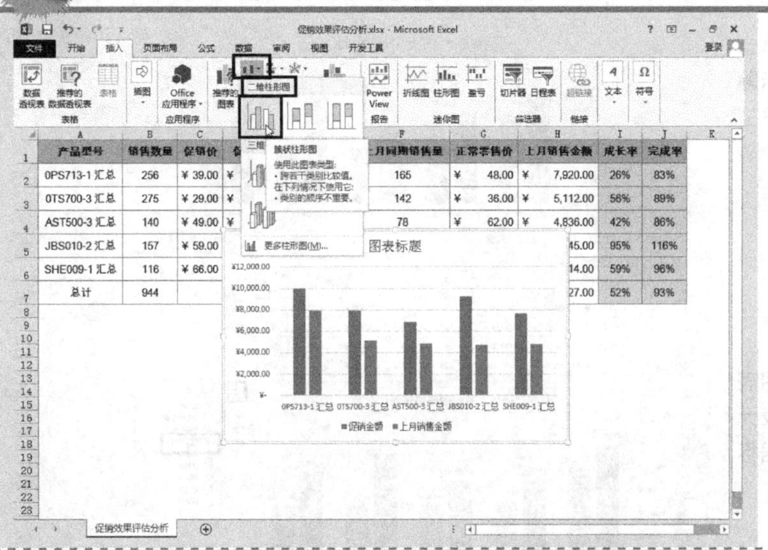

Step 1 插入簇状柱形图

选中 A1:A6 单元格区域，按住<Ctrl>键不放，同时选中 D1:D6 和 H1:H6 单元格区域。单击“插入”选项卡，在“图表”命令组中单击“柱形图”按钮，在打开的下拉菜单中选择“二维柱形图”下的“簇状柱形图”。

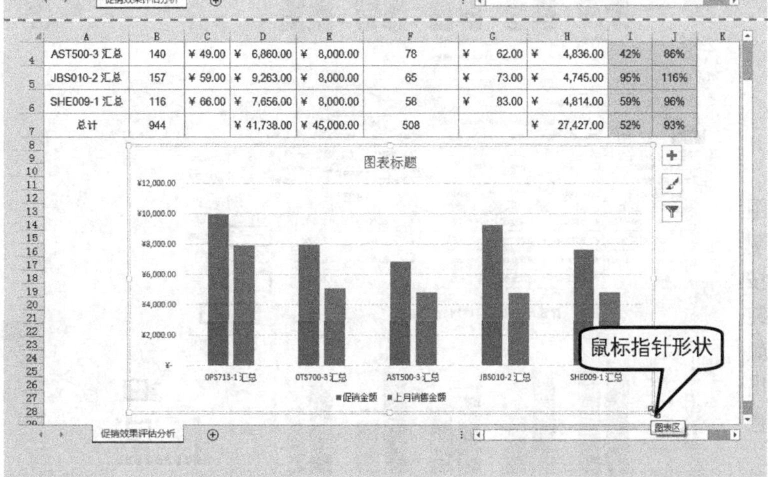

Step 2 调整图表位置

在图表空白位置按住鼠标左键，将其拖至工作表合适位置。

Step 3 调整图表大小

将鼠标指针移至图表的右下角，待指针变为⤡形状时向外拖曳，待图表调整至合适大小时释放鼠标。

Step 4 设置图表样式

单击“图表工具-设计”选项卡，然后单击“图表样式”列表中的“样式 6”。

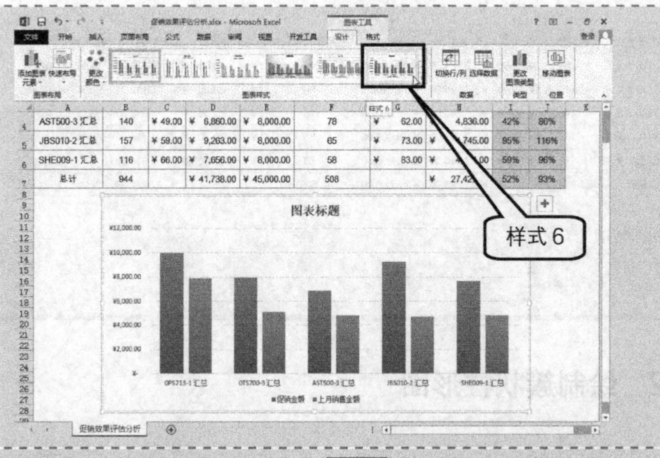

Step 5 编辑图表标题

① 选中“图表标题”，修改其内容为“促销产品与上月同期的销售对比”。

② 选中该图表标题，单击“开始”选项卡，设置图表标题的字体为“Arial Unicode MS”。

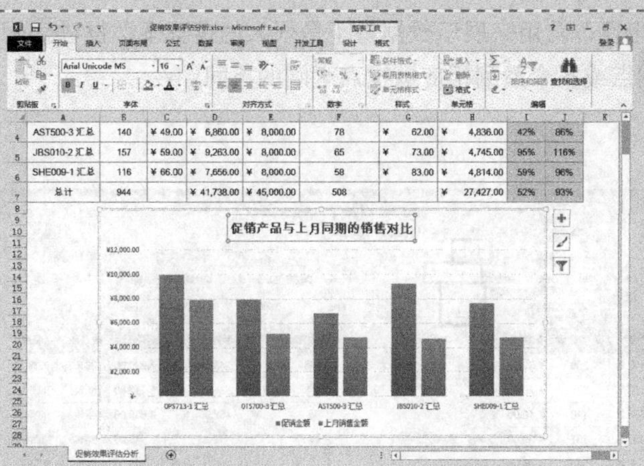

Step 6 添加数据标签

单击图表边框右侧的“图表元素”按钮，在打开的“图表元素”下拉列表框中勾选“数据标签”复选框。

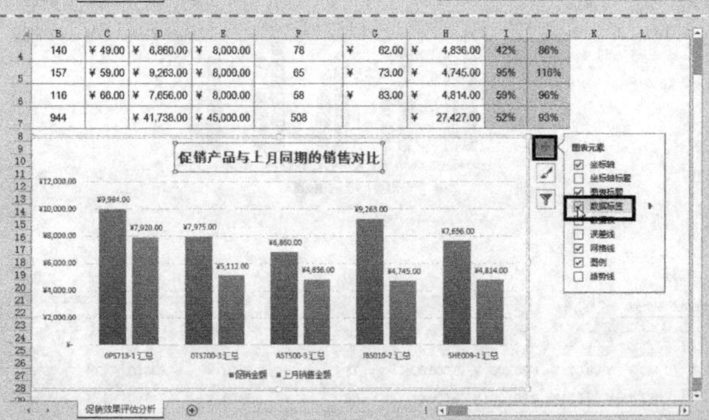

Step 7 设置图表区格式

双击图表区，打开“设置图表区格式”窗格，依次单击“图表选项”选项→“填充线条”按钮→“填充”选项卡，选中“纯色填充”单选钮，然后单击“颜色”右侧的下箭头按钮，在弹出的颜色面板中选择“金色，着色 4，淡色 80%”。

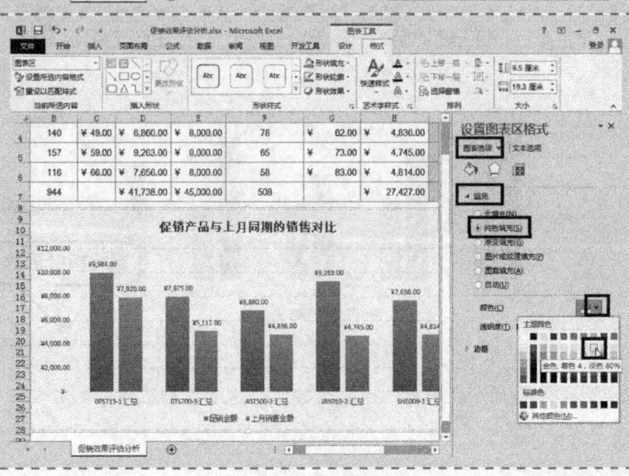

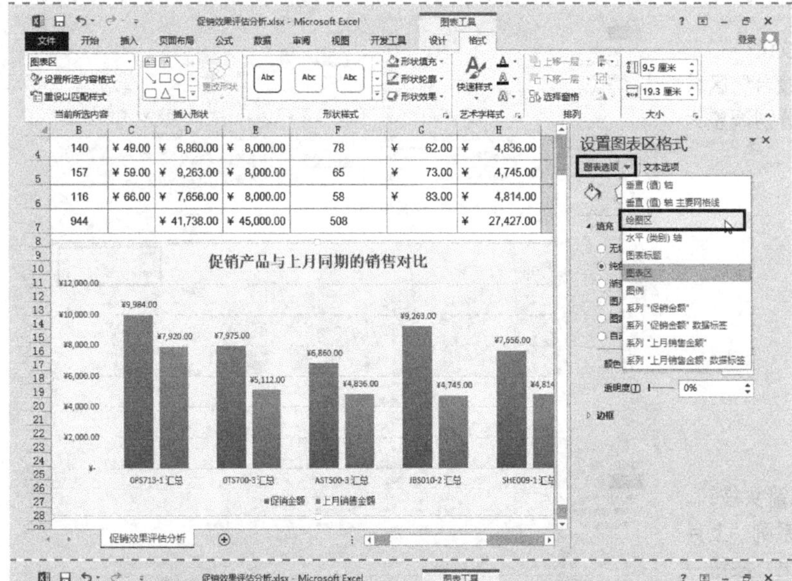

Step 8 设置绘图区格式

① 单击“图表选项”选项右侧的下箭头按钮，在弹出的下拉菜单中选择“绘图区”，此时“设置图表区格式”窗格变为“设置绘图区格式”窗格。

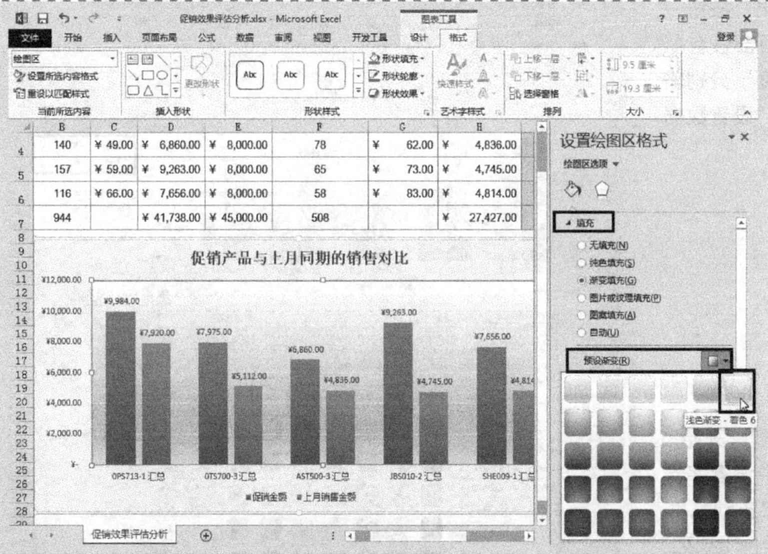

② 依次单击“填充线条”按钮→“填充”选项卡，选中“渐变填充”单选钮。单击“预设渐变”右侧的下箭头按钮，在弹出的下拉列表框中选择“浅色渐变，着色 6”。

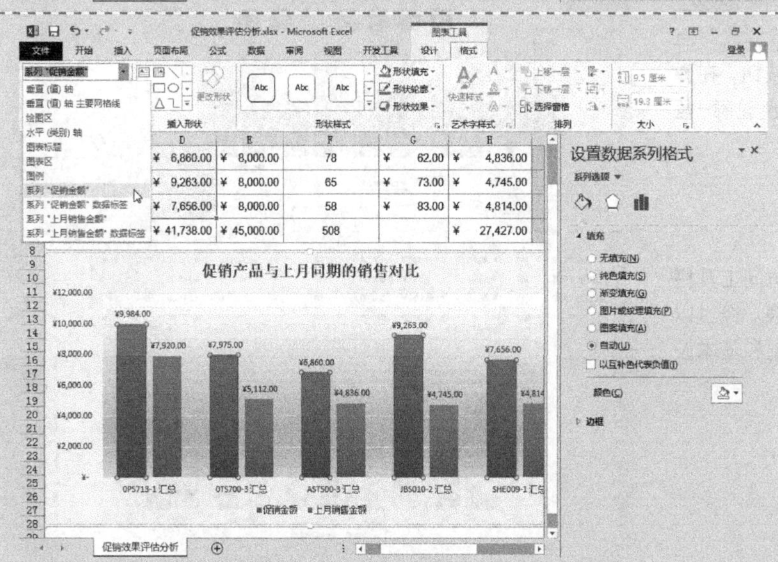

Step 9 设置数据系列格式

① 单击“图表工具–格式”选项卡，在“当前所选内容”命令组中单击“图表元素”右侧的下箭头按钮，在弹出的下拉菜单中选择“系列‘促销金额’”。此时“设置绘图区格式”窗格变为“设置数据系列格式”窗格。

② 依次单击“效果”按钮→“三维格式”选项卡，在“顶部棱台”区域中，将“宽度”和“高度”分别调整为“6磅”和“2磅”。

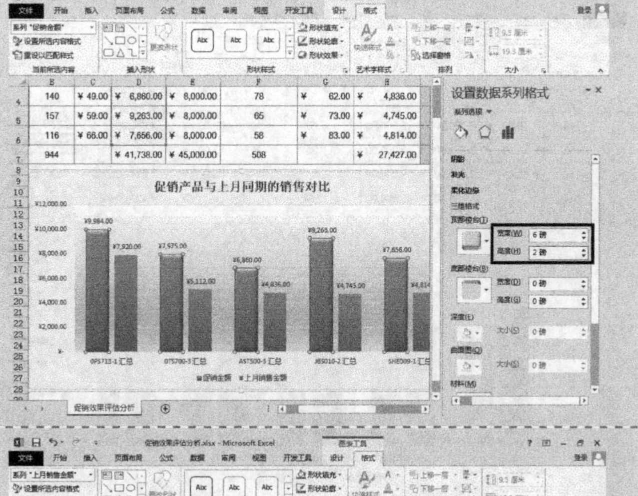

③ 单击“图表元素”下箭头按钮，在弹出的下拉菜单中选择“系列‘上月销售金额’”，依次单击“效果”按钮→“三维格式”选项卡，在“顶部棱台”区域中，将“宽度”和“高度”分别输入“6磅”和“2磅”。关闭“设置数据系列格式”窗格。

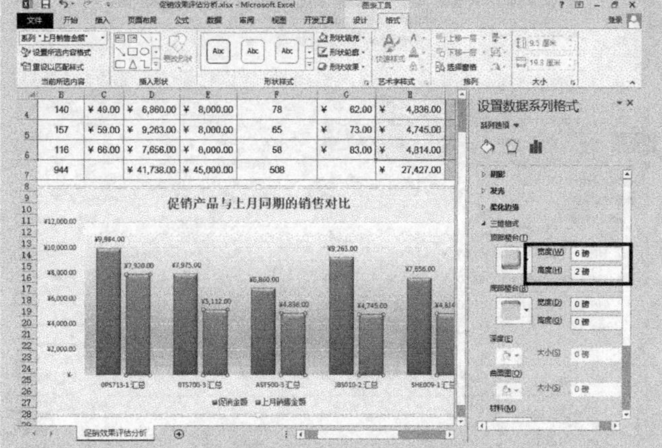

Step 10 设置图例格式

① 选中“图例”，切换到“开始”选项卡，在“字体”命令组中设置字号为“10”，设置字体颜色为“自动”。

② 选中“图例”，切换到“图表工具-格式”选项卡，在“形状样式”命令组中单击右侧的“其他”按钮，在弹出的样式列表框中选择“彩色轮廓-蓝色，强调颜色5”。

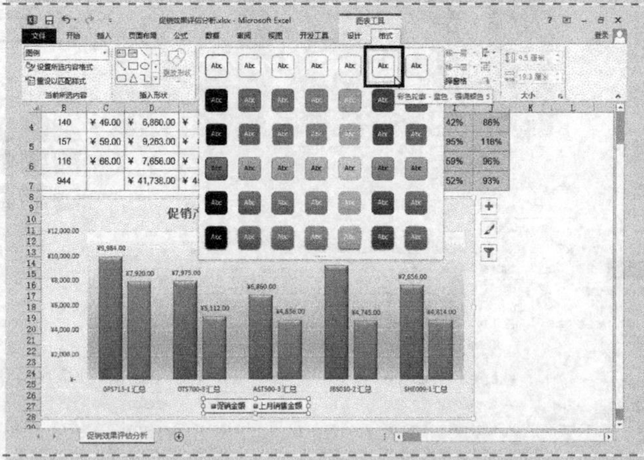

设置完毕后，单击快速访问工具栏中的“保存”按钮保存工作表。经过以上步骤，就完成了图表的绘制和基本设置，效果如图所示。

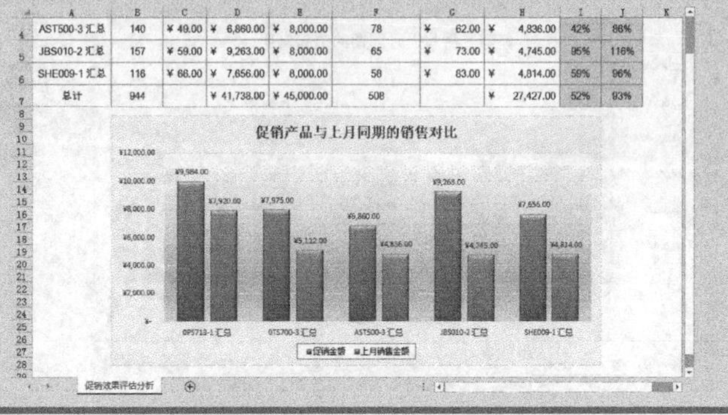

4.5.3 打印工作表

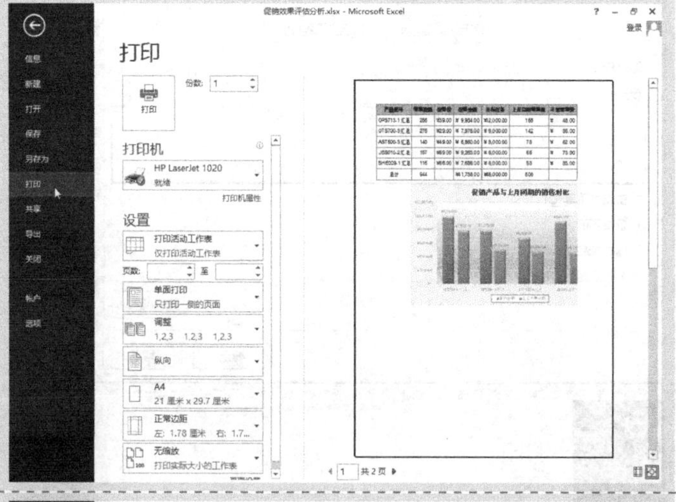

Step 1 打印预览

单击“文件”选项卡，在打开的下拉菜单中选择“打印”命令。

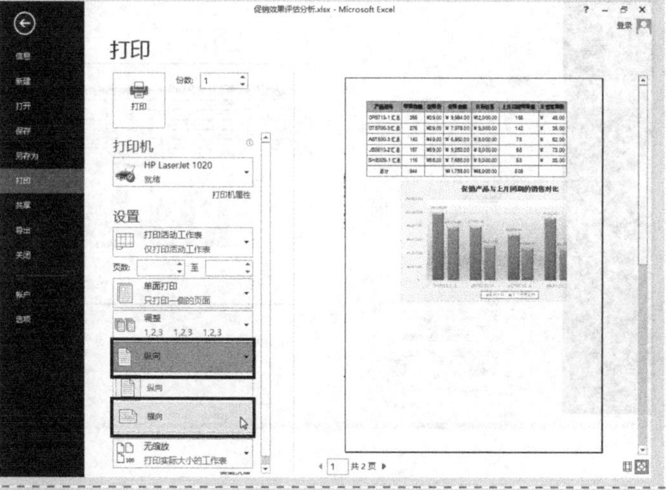

Step 2 设置纸张方向

在“打印预览”页面中，单击“纵向”右侧的下箭头按钮，在弹出的列表中选择“横向”。

也可以切换到“页面布局”选项卡，在“页面设置”命令组中单击“纸张方向”→“横向”命令。

Step 3 设置页眉

① 在“打印预览”页面中，单击下方的“页面设置”按钮，弹出“页面设置”对话框，切换到“页眉/页脚”选项卡，单击“自定义页眉”按钮。

② 弹出“页眉”对话框，在“右”文本框中输入“促销产品与上月同期的销售对比”，单击“确定”按钮。

③ 返回“页眉设置”对话框，再次单击“确定”按钮。

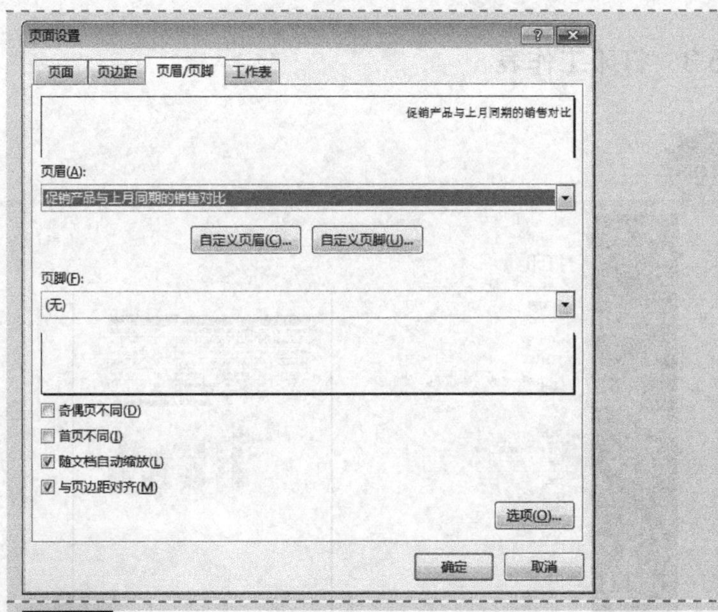

④ 返回“打印预览”页面中，可以预览设置“纸张方向”为“横向”和设置自定义页眉的效果。

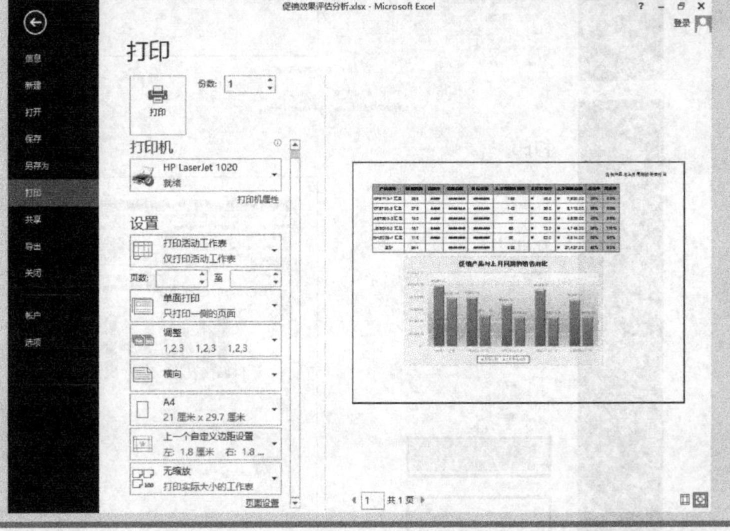

第 5 章 销售数据管理与分析

Excel 2013 高效办公

当前市场竞争趋于同质化，数据营销已经成为一种趋势。随着销售人员级别的日益提高，所接触的数据越来越多，市场对销售人员的销售数据分析能力的要求也越来越高。新时代的精益化营销对销售人员提出了更高的要求，因此每名销售人员必须具有强烈的数据敏感性与较强的数据分析能力，并通过这些销售数据的有效利用与精确分析，实现对市场的准确判断，对销售的有效预测，对产品的有效推广。

销售人员应有的数据敏感性与数据分析能力是指销售人员要善于进行相关数据的统计与整理，并从现有的数据分析中发现市场存在的问题，进而挖掘市场的潜能。具体来说它包括两个方面的能力：一是对相关数据的统计及整理能力；二是对数据的分析及运用能力。

5.1 月度销售分析

案例背景

销售经理一般侧重于关心自己所负责区域销售任务的完成、费用控制比率等公司考核的相关数据，但这是一种被动的状态。其实数据不仅是考核的指标，通过数据分析还有助于发现市场存在的问题，找到新的销量增长点，在几乎不增加市场额外投入的情况下，通过提升管理的效率来提升产品销量。通过月度数据分析调整市场策略，可以有效地增加区域市场的销量，下面举例来说明。

关键技术点

要实现本例中的功能，读者应当掌握以下 Excel 技术点。

- 创建数据透视表
- 在数据透视表中插入计算字段
- 切片器的应用
- 数据透视表美化、格式设置、条件格式应用
- 创建数据透视图

最终效果展示

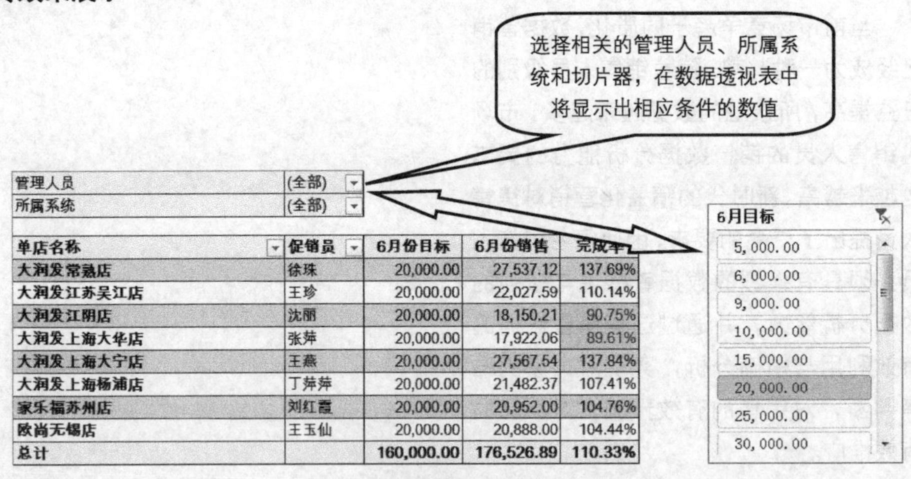

管理人员	(全部)			
所属系统	(全部)			

单店名称	促销员	6月份目标	6月份销售	完成率
大润发常熟店	徐珠	20,000.00	27,537.12	137.69%
大润发江苏吴江店	王珍	20,000.00	22,027.59	110.14%
大润发江阴店	沈丽	20,000.00	18,150.21	90.75%
大润发上海大华店	张莽	20,000.00	17,922.06	89.61%
大润发上海大宁店	王燕	20,000.00	27,567.54	137.84%
大润发上海杨浦店	丁莽莽	20,000.00	21,482.37	107.41%
家乐福苏州店	刘红霞	20,000.00	20,952.00	104.76%
欧尚无锡店	王玉仙	20,000.00	20,888.00	104.44%
总计		160,000.00	176,526.89	110.33%

数据透视表分析

管理人员	求和项:6月销售
曾成	464,688.37
陈南	369,262.60
刘梅	172,419.17
孙飞	157,319.99
王盛	244,790.99
夏东海	516,961.34
郑浩	326,208.05
朱红霞	293,786.53
总计	2,545,437.04

求和

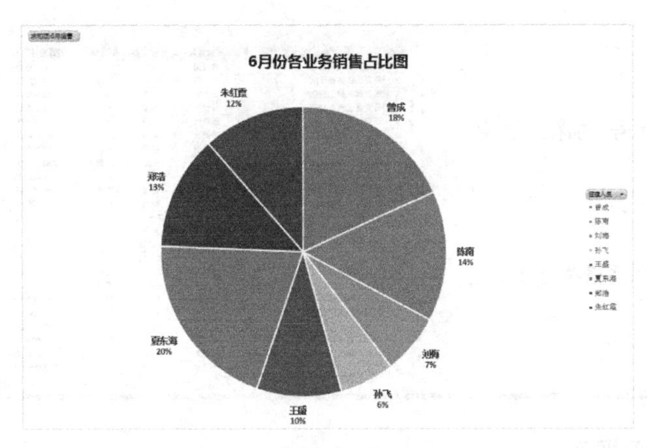

数据透视图

示例文件

光盘\示例文件\第 5 章\月度销售分析.xlsx

5.1.1 创建原始数据表

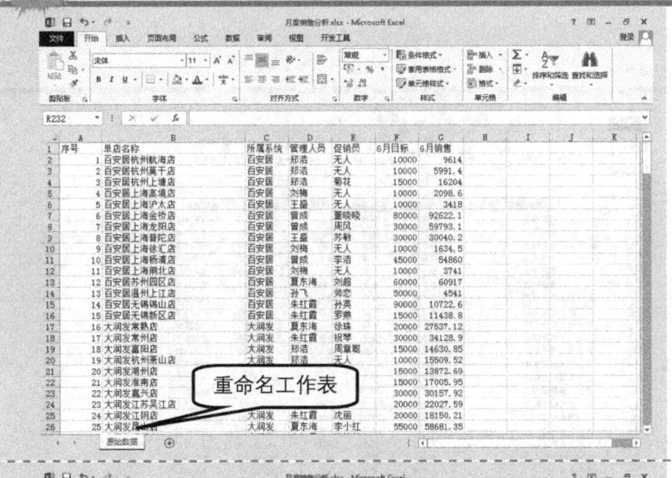

Step 1 新建工作簿

启动 Excel 自动新建一个工作簿，保存并命名为“月度销售分析”，将“Sheet1”工作表重命名为“原始数据”。

Step 2 输入原始数据

在“原始数据”工作表中，输入原始数据。

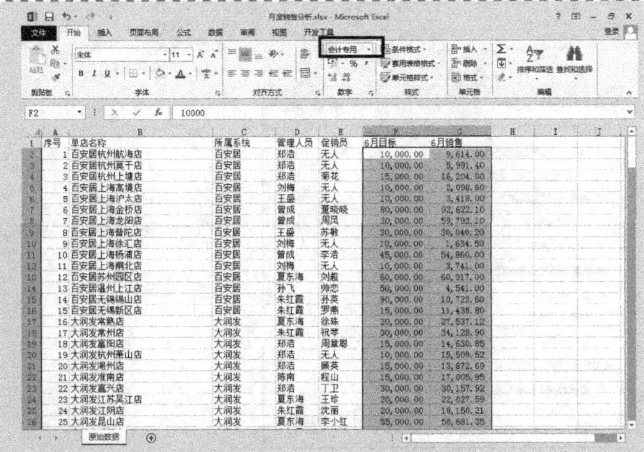

Step 3 设置单元格格式

选中 F2:G224 单元格区域，在“开始”选项卡的“数字”命令组中单击“常规”右侧的下箭头按钮，在弹出的列表中选择“数字”，再单击“千位分隔样式”按钮 **,** 。

此时如果按<Ctrl+1>组合键，可以看到此区域设置为“会计专用”格式，“小数位数”为“2”，“货币符号”为“无”。

Step 4 美化工作表

① 设置字体、字号、加粗、居中和填充颜色。

② 调整行高和列宽。

③ 设置框线。

④ 取消编辑栏和网格线显示。

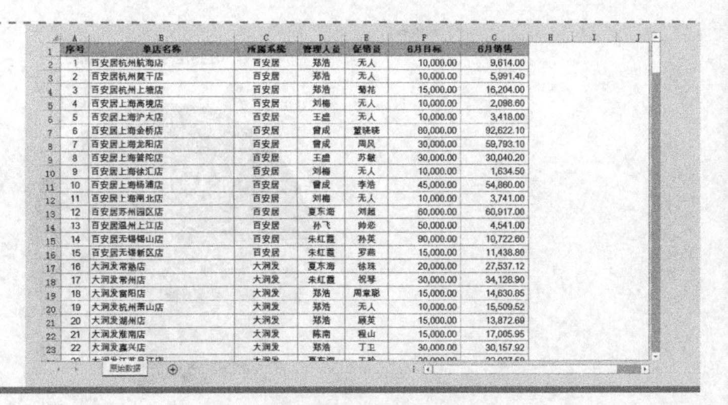

序号	单店名称	所属系统	管理人员	促销员	6月目标	6月销售
1	百安居杭州航海店	百安居	郑浩	无人	10,000.00	9,614.00
2	百安居杭州莫干店	百安居	郑浩	无人	10,000.00	5,991.40
3	百安居杭州上塘店	百安居	郑浩	菊花	15,000.00	16,204.00
4	百安居上海高境店	百安居	刘梅	无人	10,000.00	2,098.60
5	百安居上海沪太店	百安居	王盛	无人	10,000.00	3,418.00
6	百安居上海金桥店	百安居	曾成	董晓晓	80,000.00	92,622.10
7	百安居上海龙阳店	百安居	曾成	周风	30,000.00	59,793.10
8	百安居上海普陀店	百安居	王盛	苏敏	30,000.00	30,040.20
9	百安居上海徐汇店	百安居	刘梅	无人	10,000.00	1,634.50
10	百安居上海杨浦店	百安居	曾成	李浩	45,000.00	54,860.00
11	百安居上海闸北店	百安居	刘梅	无人	10,000.00	3,741.00
12	百安居苏州园区店	百安居	夏东海	刘超	60,000.00	60,917.00
13	百安居温州上江店	百安居	孙飞	帅恋	50,000.00	4,541.00
14	百安居无锡锡山店	百安居	朱红霞	孙英	90,000.00	10,722.60
15	百安居无锡新区店	百安居	朱红霞	罗燕	15,000.00	11,438.80
16	大润发常熟店	大润发	夏东海	徐珠	20,000.00	27,537.12
17	大润发常州店	大润发	朱红霞	祝琴	30,000.00	34,128.90
18	大润发富阳店	大润发	郑浩	周章聪	15,000.00	14,630.85
19	大润发杭州萧山店	大润发	郑浩	无人	10,000.00	15,509.52
20	大润发湖州店	大润发	郑浩	顾英	15,000.00	13,872.69
21	大润发淮南店	大润发	陈南	程山	15,000.00	17,005.95
22	大润发嘉兴店	大润发	郑浩	丁卫	30,000.00	30,157.92

5.1.2 创建数据透视表

原始数据已经有了，接下来要在此基础上创建数据透视表。数据透视表是一种交互式的、交叉制表的电子表格，具有快速汇总和按条件筛选数据的功能。它的透视和筛选能力使其具有极强的数据分析能力，可以查看源数据的不同汇总结果，并且可以显示不同的页面来筛选数据，还可以根据需要显示区域中的明细数据。

本例将介绍创建数据透视表的方法，通过“数据透视表字段列表”任务窗格添加和编辑数据透视表字段，通过“数据透视表样式选项”和“数据透视表样式”命令组设置数据透视表的样式。

1. 创建“数据透视表分析”工作表

Step 1 创建数据透视表

① 在工作表中，单击任意非空单元格，切换到“插入”选项卡，单击“表格”命令组中的“数据透视表”按钮。

② 弹出“创建数据透视表”对话框，“表/区域”文本框中默认的工作表数据区域为“原始数据!$A$1:$G$224”，“选择放置数据透视表的位置”默认选中“新工作表”单选钮，单击“确定”按钮。

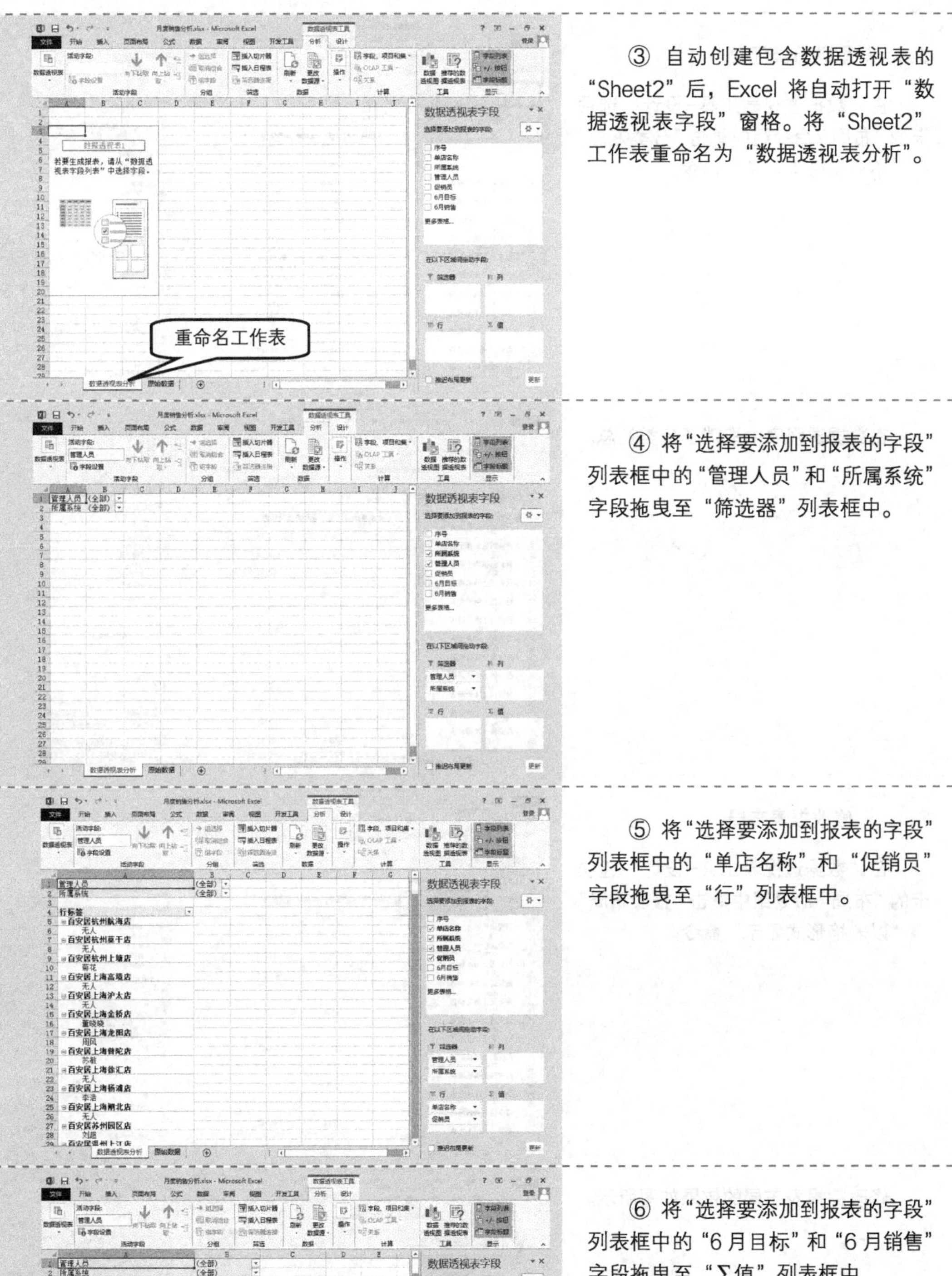

③ 自动创建包含数据透视表的“Sheet2”后，Excel 将自动打开“数据透视表字段”窗格。将“Sheet2”工作表重命名为“数据透视表分析”。

④ 将“选择要添加到报表的字段”列表框中的“管理人员”和“所属系统”字段拖曳至“筛选器”列表框中。

⑤ 将“选择要添加到报表的字段”列表框中的“单店名称”和“促销员”字段拖曳至“行”列表框中。

⑥ 将“选择要添加到报表的字段”列表框中的“6 月目标”和“6 月销售”字段拖曳至“∑值”列表框中。

Step 2 取消分类汇总

在“数据透视表工具-设计”选项卡的“布局”命令组中单击“分类汇总”→“不显示分类汇总”命令。

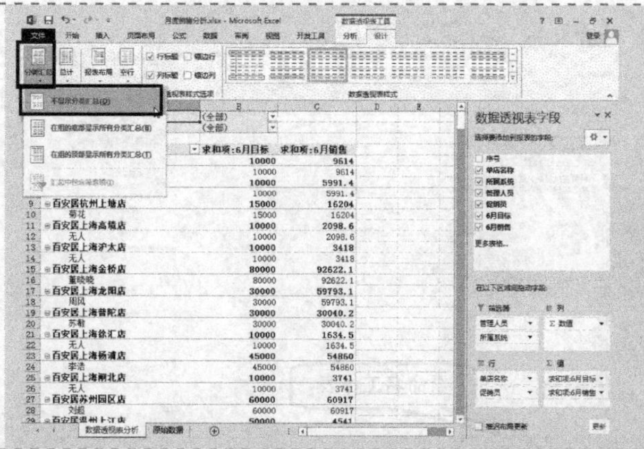

在数据透视表中取消了分类汇总。

Step 3 修改报表布局

在“数据透视表工具-设计”选项卡的“布局”命令组中单击“报表布局”→“以表格形式显示”命令。

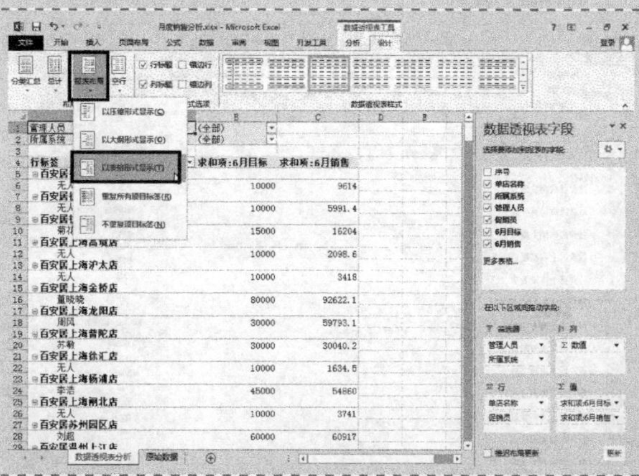

修改完报表布局的效果如图所示。

单店名称	促销员	求和项:6月目标	求和项:6月销售
百安居杭州航海店	无人	10000	9614
百安居杭州莫干店	无人	10000	5991.4
百安居杭州上塘店	菊花	15000	16204
百安居上海高镜店	无人	10000	2098.6
百安居上海沪太店	无人	10000	3418
百安居上海金桥店	董晓晓	80000	92622.1
百安居上海龙阳店	周风	30000	59793.1
百安居上海普陀店	苏敏	30000	30040.2
百安居上海徐汇店	无人	10000	1634.5
百安居上海杨浦店	李浩	45000	54860
百安居上海闸北店	无人	10000	3741
百安居苏州园区店	刘超	60000	60917
百安居温州上江店	帅恋	50000	4541
百安居无锡锡山店	孙英	90000	10722.6
百安居无锡新区店	罗燕	15000	11438.8
大润发常熟店	徐珠	20000	27537.12
大润发常州店	祝琴	30000	34128.9
大润发富阳店	周嘉彩	15000	14630.85
大润发杭州萧山店	无人	10000	15509.52
大润发湖州店	顾英	15000	13872.69
大润发淮南店	程山	15000	17005.95
大润发嘉兴店	丁卫	30000	30157.92
大润发江苏吴江店	王珍	20000	22027.59
大润发江阴店	沈丽	20000	18150.21

数据透视表具有快速筛选数据的功能。单击“报表筛选”或者“行标签”单元格右侧的下箭头按钮▾，在打开的下拉菜单中选择要筛选的字段，然后单击“确定”按钮即可。

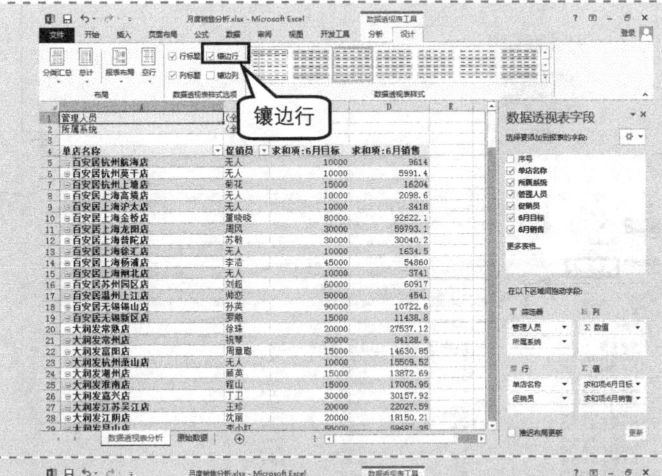

Step 4 镶边行

在“数据透视表工具-设计”选项卡的“数据透视表样式选项”命令组中，勾选“镶边行”复选框。

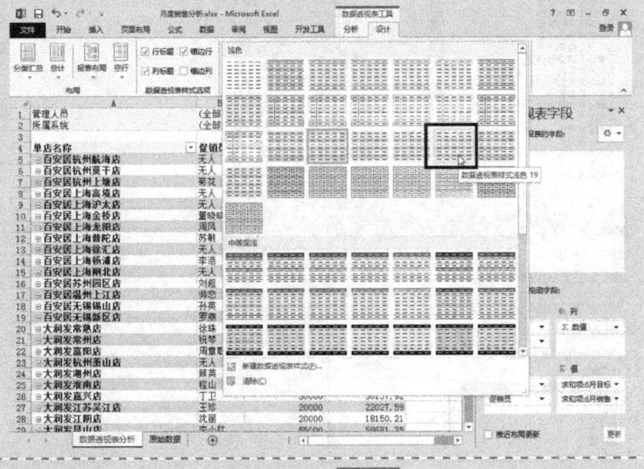

Step 5 设置数据透视表样式

在“数据透视表工具-设计”选项卡中，单击“数据透视表样式选项”命令组右下角的“其他”按钮▾，在弹出的样式下拉列表框中选择“浅色”下第 3 行第 6 列的“数据透视表样式浅色 19”。

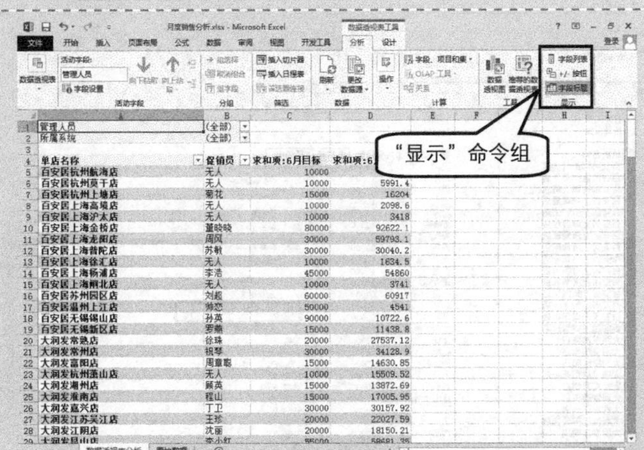

Step 6 隐藏元素

在“数据透视表工具-分析”选项卡的“显示”命令组中，单击“字段列表”和“+/-按钮”隐藏这两个元素。

技巧 隐藏数据透视表中的元素

数据透视表中包含多个元素，为使数据简洁，用户可以将某些元素隐藏。方法：切换到“数据透视表工具-分析”选项卡，默认情况下，“显示”命令组中的 3 个按钮都处于按下状态，单击“字段列表”按钮，可以隐藏“字段列表”任务窗格；单击“+/-按钮”按钮，可以隐藏行标签字段左侧的按钮；单击“字段标题”按钮，可以隐藏“行标签”和“值”单元格中的字段标题。

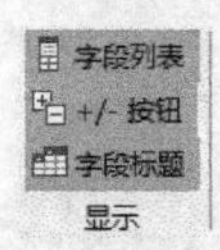

Step 7 更改透视字段名称

① 选中 C4 单元格，在“数据透视表工具-分析”选项卡的“活动字段”命令组中，单击“字段设置”按钮，弹出“值字段设置”对话框。

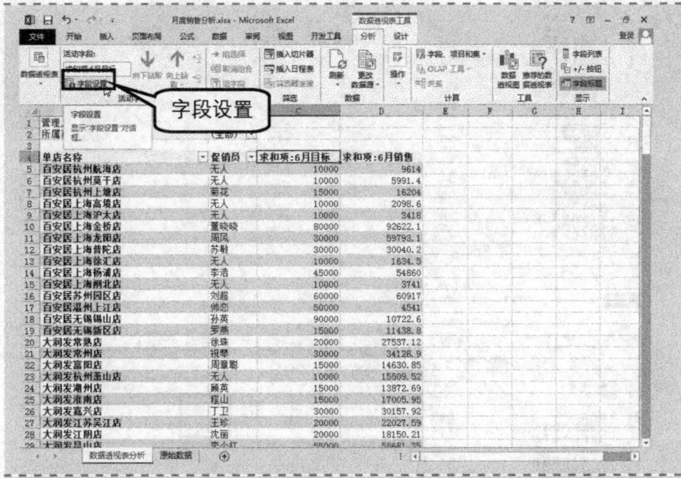

② 在“自定义名称”文本框中，将旧名称“求和项:6 月目标”修改为新名称“6 月份目标”，单击“确定”按钮。

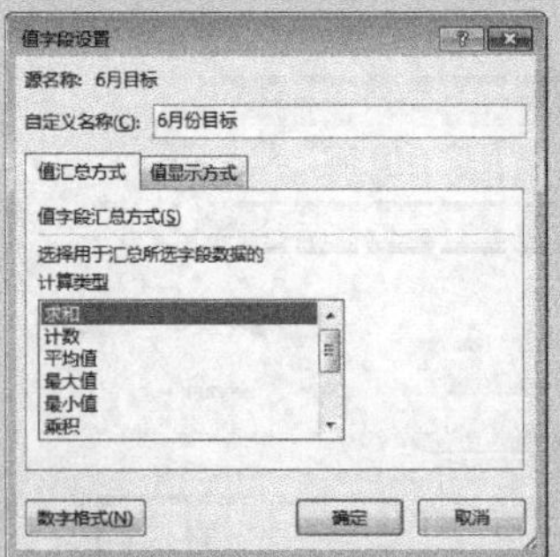

③ 右键单击 D4 单元格，在弹出的快捷菜单中选择“值字段设置”，弹出“值字段设置”对话框。

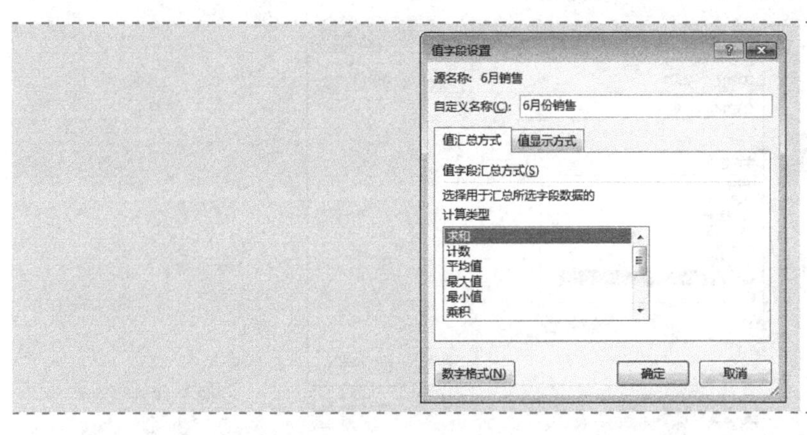

④ 在“自定义名称”文本框中，将旧名称“求和项:6 月销售”修改为新名称“6 月份销售”，单击“确定”按钮。

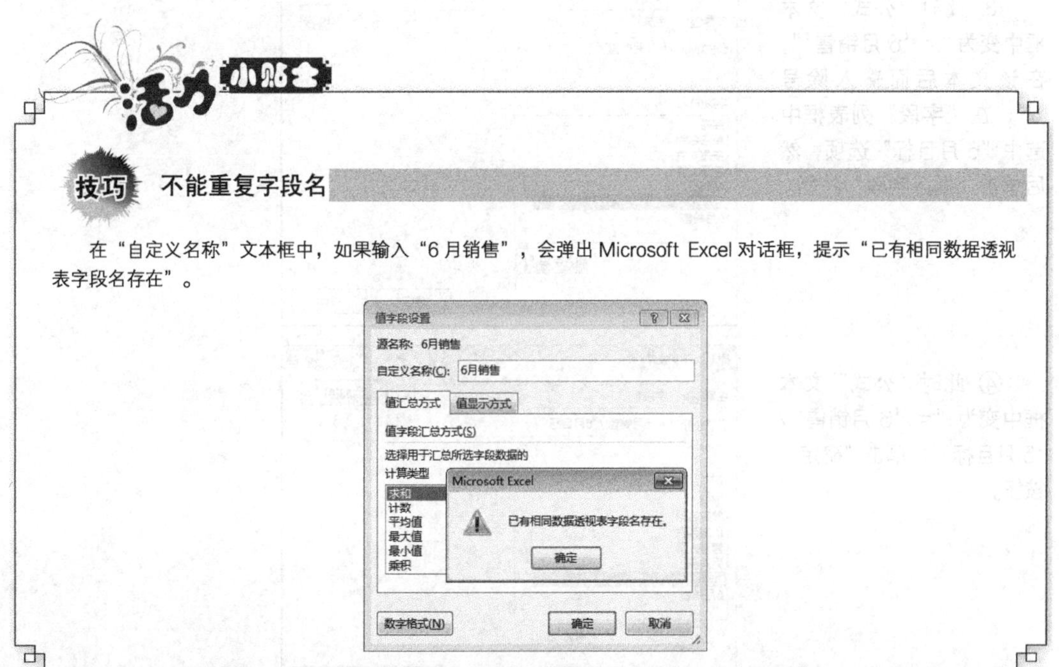

活力小贴士

技巧 不能重复字段名

在“自定义名称”文本框中，如果输入“6 月销售”，会弹出 Microsoft Excel 对话框，提示“已有相同数据透视表字段名存在”。

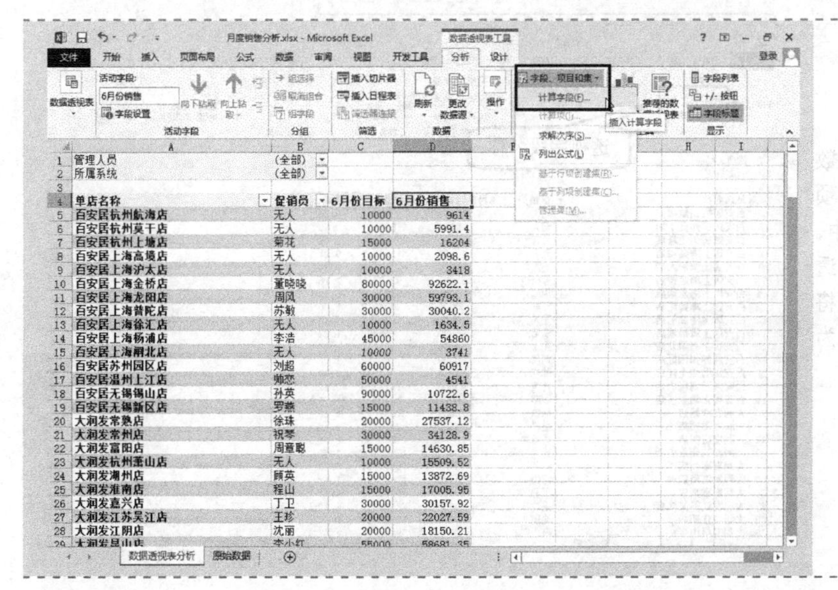

Step 8 计算字段

① 在“数据透视表工具-分析”选项卡的“计算”命令组中，单击“字段、项目和集”→“计算字段”命令。

② 弹出“插入计算字段”对话框，在“字段”列表框中选中“6月销售”选项，再拖动鼠标选中“公式”文本框中的“0”，然后单击“插入字段”按钮。

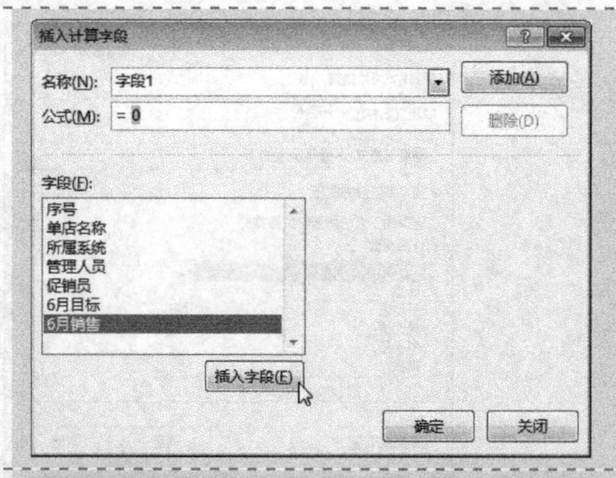

③ 此时“公式”文本框中变为“= ‘6月销售’”，在该文本后面输入除号“/”，在“字段”列表框中选中“6月目标”选项，然后单击“插入字段”按钮。

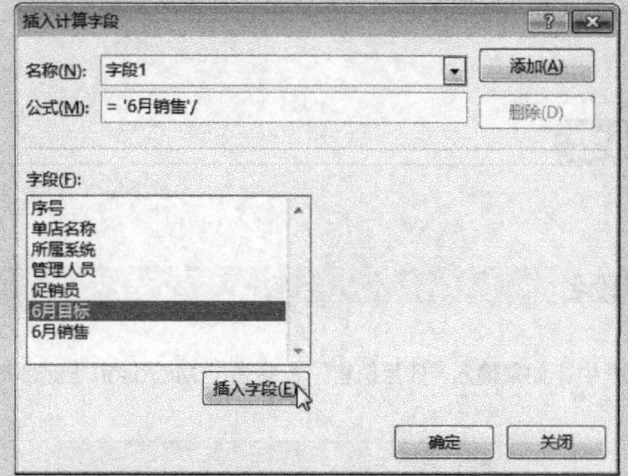

④ 此时“公式”文本框中变为“= ‘6月销售’/‘6月目标’”，单击“确定”按钮。

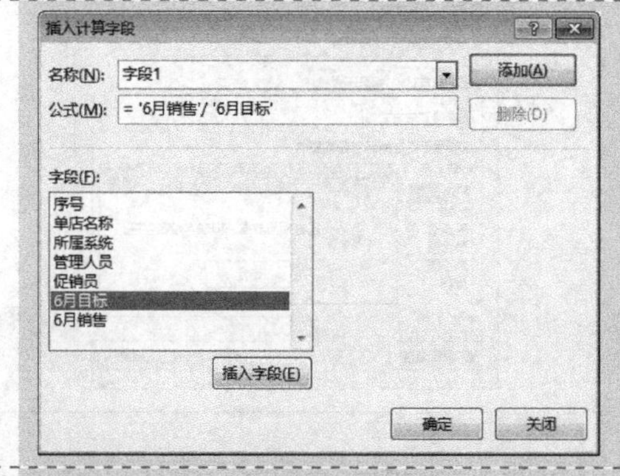

Step 9 更改透视字段名称

选中E4单元格，在“数据透视表工具-分析”选项卡的“活动字段”命令组中，在“活动字段:”下方的“透视字段名称”文本框中，将“求和项：字段1”修改为“完成率”。

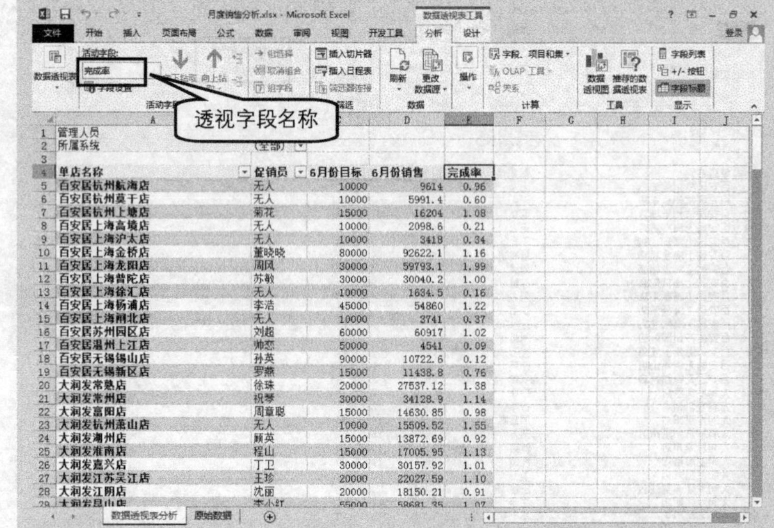

Step 10 设置“6 月份目标”数值格式

① 右键单击 C4 单元格，在弹出的快捷菜单中选择“数字格式”命令，弹出“设置单元格格式”对话框。

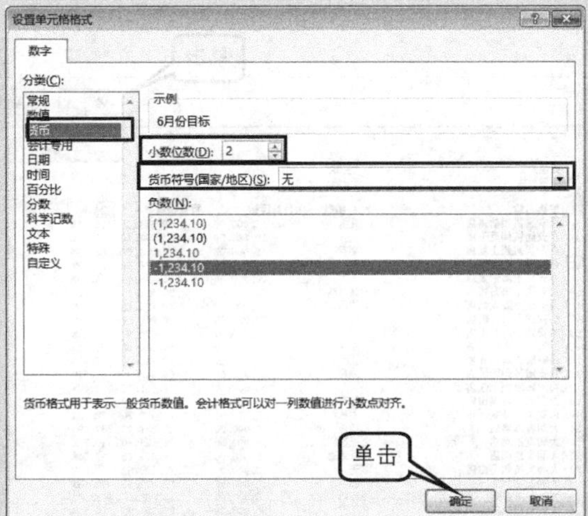

② 在“分类”列表框中选择“货币”，在右侧的“小数位数”微调框中选择“2”，单击“货币符号”下箭头按钮，在弹出的下拉列表框中选择“无”，单击“确定”按钮。

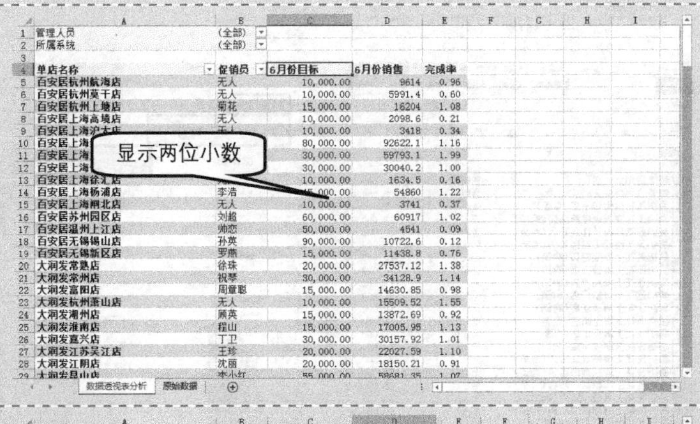

此时，“6 月份目标”列的格式修改为“小数位数”为“2”的数值格式。

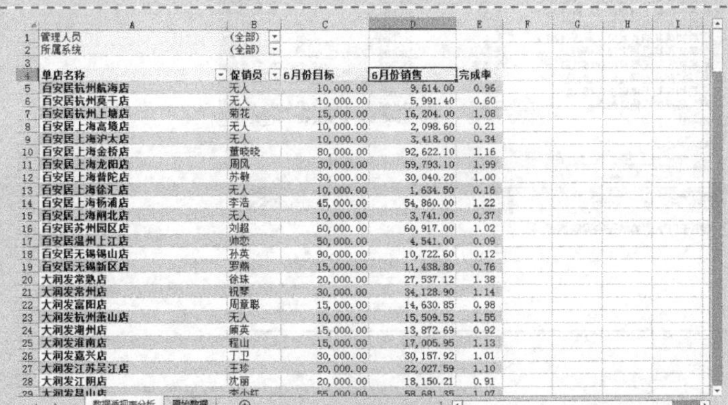

使用同样的方法，设置“6 月份销售”列为“小数位数”为“2”的数值格式。

Step 11 设置“完成率”的百分比格式

右键单击 E4 单元格，在弹出的快捷菜单中选择“数字格式”命令，弹出“设置单元格格式”对话框，设置“小数位数”为“2”的“百分比”格式，单击“确定”按钮。

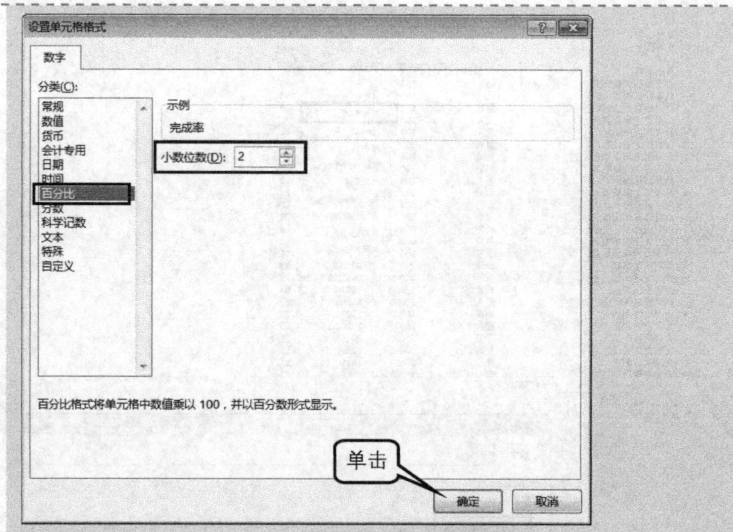

此时 E 列中的“完成率”修改为“小数位数”为“2”的“百分比”格式。

Step 12 设置条件格式

为了便于发现指标较低的部分以进行改善，可对表格数据设置条件格式。本例设定以不同方式显示完成率低于100%的单元格。

① 选中 E5:E228 单元格区域，在“开始”选项卡的“样式”命令组中，单击“条件格式”按钮，在打开的下拉菜单中选择“突出显示单元格规则”→“小于”命令。

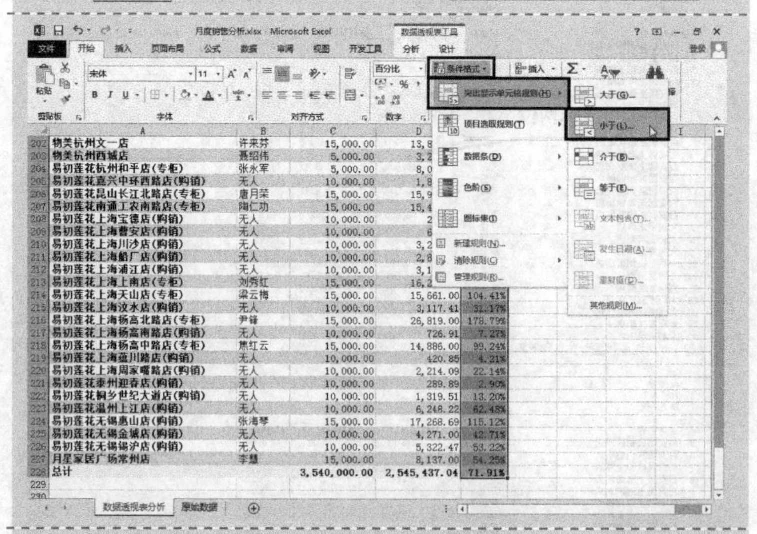

② 弹出“小于”对话框，在“为小于以下值的单元格设置格式:”输入框中输入“1”，“设置为”选项保留默认的“浅红填充色深红色文本”，单击“确定”按钮。

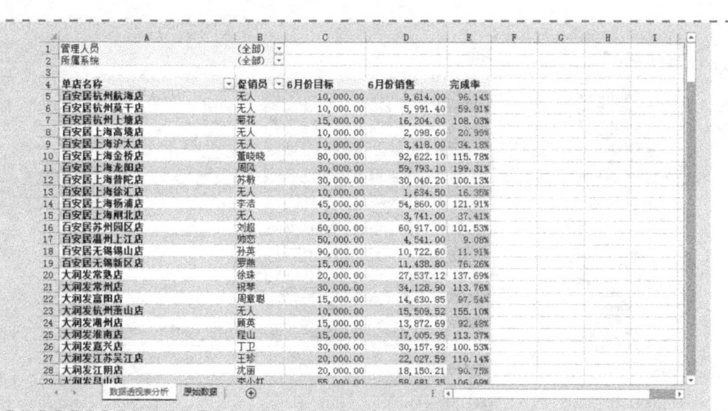

此时，“完成率”中都应用了条件格式，凡是值小于“1”的单元格，均显示为“浅红填充色深红色文本”，效果如图所示。

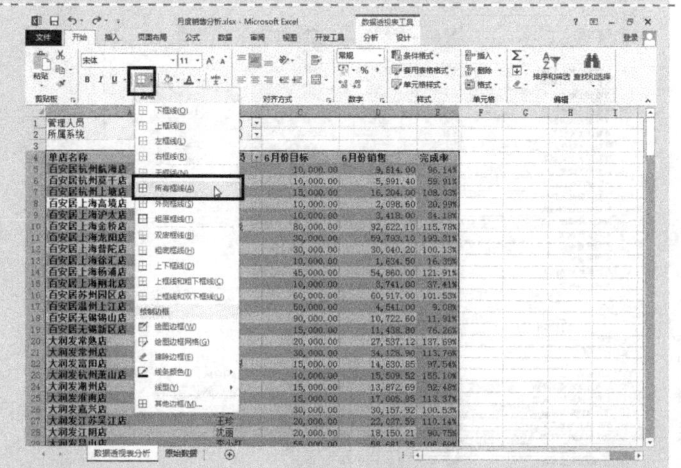

Step 13 设置边框

在数据透视表区域中单击任意非空单元格，再按<Ctrl+A>组合键选中 A4:E228 单元格区域，在“开始”选项卡的“字体”命令组中单击“边框”按钮，在打开的下拉菜单中选择“所有框线”命令。

Step 14 美化工作表

① 设置字体和居中。

② 调整列宽。

③ 取消网格线显示。

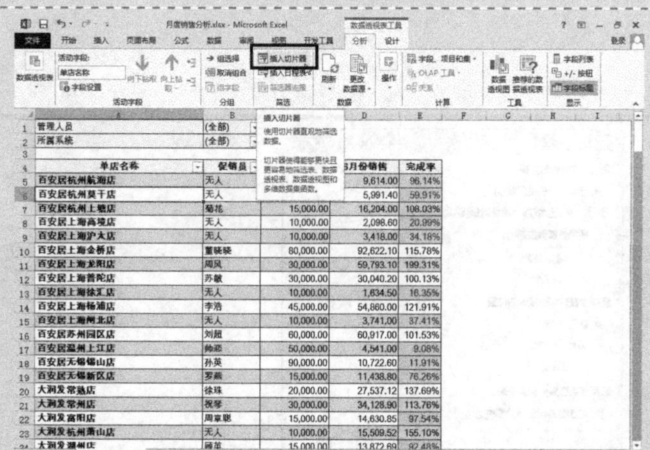

Step 15 插入切片器

① 在数据透视表区域中单击任意非空单元格，在“数据透视表工具-分析”选项卡的“筛选”命令组中单击“插入切片器”按钮。

② 弹出“插入切片器”对话框，勾选“6 月目标”复选框，单击“确定”按钮。

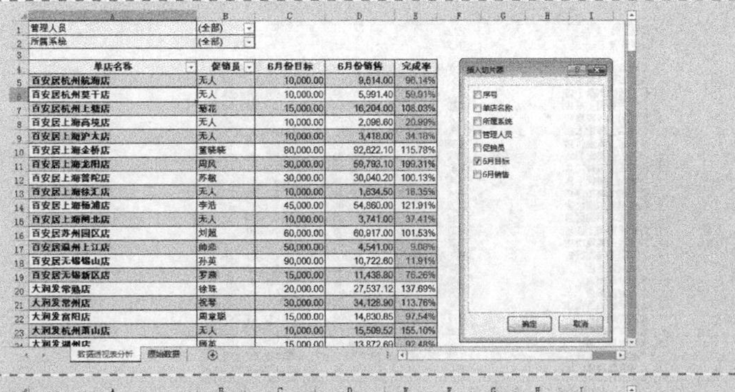

单店名称	促销员	6月份目标	6月份销售	完成率
百安居杭州航海店	无人	10,000.00	9,614.00	96.14%
百安居杭州莫干店	无人	10,000.00	5,991.40	59.91%
百安居杭州上塘店	菊花	15,000.00	16,204.00	108.03%
百安居上海高境店	无人	10,000.00	2,098.60	20.99%
百安居上海沪太店	无人	10,000.00	3,418.00	34.18%
百安居上海金桥店	董晓晓	80,000.00	92,822.10	115.78%
百安居上海龙阳店	周凤	30,000.00	59,793.10	199.31%
百安居上海普陀店	苏敏	30,000.00	30,040.20	100.13%
百安居上海徐汇店	无人	10,000.00	1,634.50	16.35%
百安居上海杨浦店	李浩	45,000.00	54,860.00	121.91%
百安居上海闸北店	无人	10,000.00	3,741.00	37.41%
百安居苏州园区店	刘超	60,000.00	60,917.00	101.53%
百安居温州上江店	帅杰	50,000.00	4,541.00	9.08%
百安居无锡锡山店	孙英	90,000.00	10,722.60	11.91%
百安居无锡新区店	罗燕	15,000.00	11,438.80	76.26%
大润发常熟店	徐珠	20,000.00	27,537.12	137.69%
大润发常州店	祝琴	30,000.00	34,128.90	113.76%
大润发富阳店	周章聪	15,000.00	14,630.85	97.54%
大润发杭州萧山店	无人	10,000.00	15,509.52	155.10%

此时切片器效果如图所示。

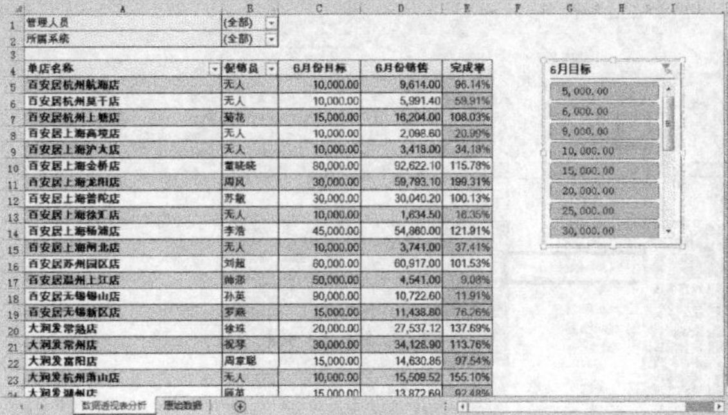

单店名称	促销员	6月份目标	6月份销售	完成率
百安居杭州航海店	无人	10,000.00	9,614.00	96.14%
百安居杭州莫干店	无人	10,000.00	5,991.40	59.91%
百安居杭州上塘店	菊花	15,000.00	16,204.00	108.03%
百安居上海高境店	无人	10,000.00	2,098.60	20.99%
百安居上海沪太店	无人	10,000.00	3,418.00	34.18%
百安居上海金桥店	董晓晓	80,000.00	92,822.10	115.78%
百安居上海龙阳店	周凤	30,000.00	59,793.10	199.31%
百安居上海普陀店	苏敏	30,000.00	30,040.20	100.13%
百安居上海徐汇店	无人	10,000.00	1,634.50	16.35%
百安居上海杨浦店	李浩	45,000.00	54,860.00	121.91%
百安居上海闸北店	无人	10,000.00	3,741.00	37.41%
百安居苏州园区店	刘超	60,000.00	60,917.00	101.53%
百安居温州上江店	帅杰	50,000.00	4,541.00	9.08%
百安居无锡锡山店	孙英	90,000.00	10,722.60	11.91%
百安居无锡新区店	罗燕	15,000.00	11,438.80	76.26%
大润发常熟店	徐珠	20,000.00	27,537.12	137.69%
大润发常州店	祝琴	30,000.00	34,128.90	113.76%
大润发富阳店	周章聪	15,000.00	14,630.85	97.54%
大润发杭州萧山店	无人	10,000.00	15,509.52	155.10%

③ 在“6 月目标”切片器中选择“5000”。此时数据透视表将显示 6 月目标为“5000”的相关数据。

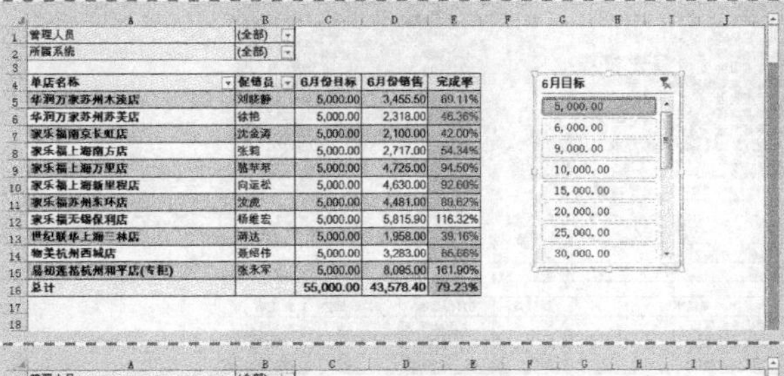

单店名称	促销员	6月份目标	6月份销售	完成率
华润万家苏州木渎店	刘晓静	5,000.00	3,455.50	69.11%
华润万家苏州苏美店	徐艳	5,000.00	2,318.00	46.36%
家乐福南京长虹店	沈金涛	5,000.00	2,100.00	42.00%
家乐福上海南方店	张莉	5,000.00	2,717.00	54.34%
家乐福上海万里店	骆苹萍	5,000.00	4,725.00	94.50%
家乐福上海新里程店	向运松	5,000.00	4,630.00	92.60%
家乐福苏州东环店	汝虎	5,000.00	4,481.00	89.62%
家乐福无锡保利店	杨维宏	5,000.00	5,815.90	116.32%
世纪联华上海三林店	蒋达	5,000.00	1,958.00	39.16%
物美杭州西城店	聂绍伟	5,000.00	3,283.00	65.66%
易初莲花杭州和平店(专柜)	张永军	5,000.00	8,095.00	161.90%
总计		55,000.00	43,578.40	79.23%

④ 在“6 月目标”切片器中选择“20000”。此时数据透视表将显示 6 月目标为“20000”的相关数据。

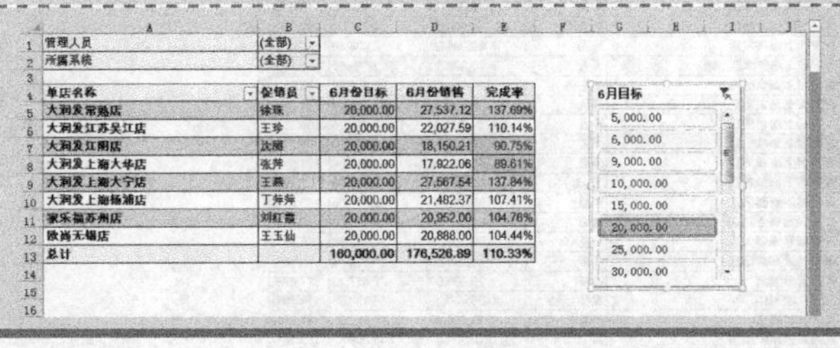

单店名称	促销员	6月份目标	6月份销售	完成率
大润发常熟店	徐珠	20,000.00	27,537.12	137.69%
大润发江苏吴江店	王珍	20,000.00	22,027.59	110.14%
大润发江阴店	沈丽	20,000.00	18,150.21	90.75%
大润发上海大华店	张萍	20,000.00	17,922.06	89.61%
大润发上海大宁店	王燕	20,000.00	27,567.54	137.84%
大润发上海杨浦店	丁莽莽	20,000.00	21,482.37	107.41%
家乐福苏州店	刘红霞	20,000.00	20,952.00	104.76%
欧尚无锡店	王玉仙	20,000.00	20,888.00	104.44%
总计		160,000.00	176,526.89	110.33%

2. 创建“求和”工作表

Step 1 创建数据透视表

① 切换到“原始数据”工作表，单击任意非空单元格，切换到“插入”选项卡，单击“表格”命令组中的“数据透视表”按钮。

② 打开“创建数据透视表”对话框后，保持默认选项，单击“确定”按钮。

创建数据透视表
请选择要分析的数据
选择一个表或区域(S)
表/区域(T): 原始数据!$A$1:$G$224
使用外部数据源(U)
选择连接(C)...
连接名称:
选择放置数据透视表的位置
新工作表(N)
现有工作表(E)
位置(L):
选择是否想要分析多个表
将此数据添加到数据模型(M)
确定 取消

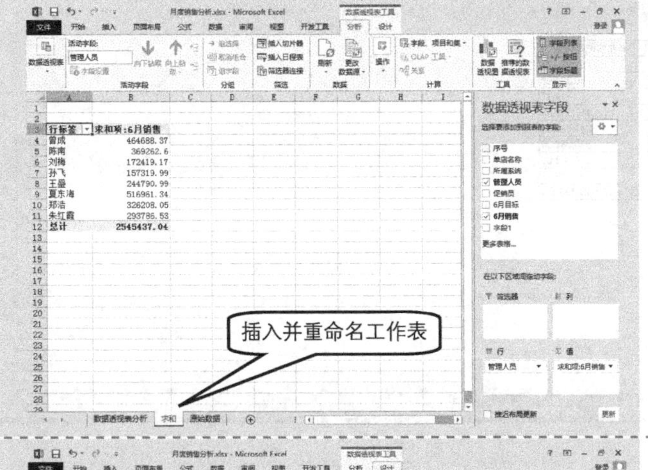

③ 自动生成包含数据透视表的“Sheet3”工作表，将工作表重命名为“求和”。

④ 将“选择要添加到报表的字段”列表框中的“管理人员”字段拖至“行”列表框中。

⑤ 将“选择要添加到报表的字段”列表框中的“6 月销售”拖至“Σ值”列表框中。

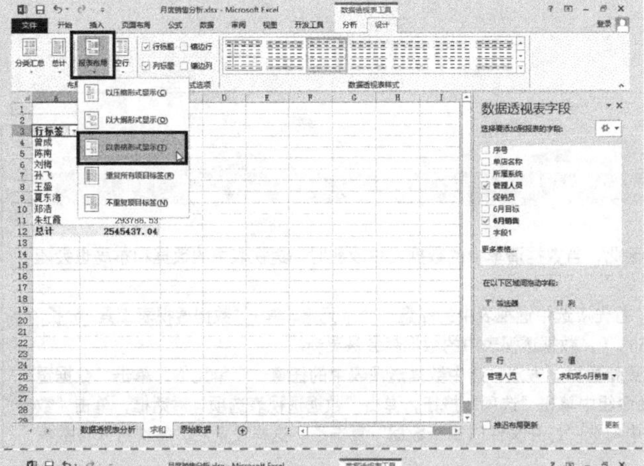

Step 2 修改报表布局

① 在“数据透视表工具-设计”选项卡的“布局”命令组中单击“报表布局”→“以表格形式显示”命令。

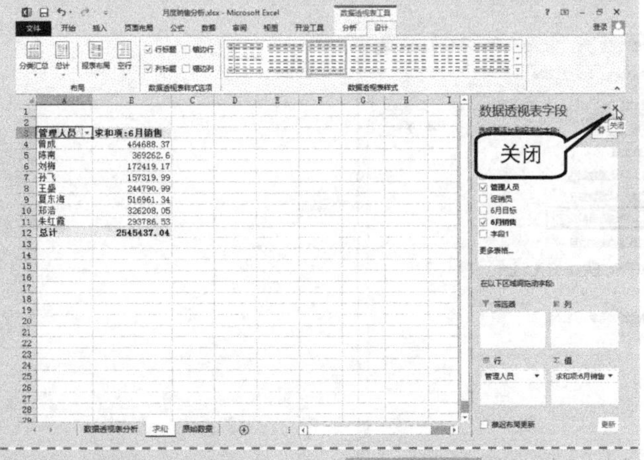

② 单击“数据透视表字段”窗格右侧的“关闭”按钮，关闭该字段列表。

	A	B	C	D
1				
2				
3	管理人员	求和项:6月销售		
4	曾成	464,688.37		
5	陈南	369,262.60		
6	刘梅	172,419.17		
7	孙飞	157,319.99		
8	王盛	244,790.99		
9	夏东海	516,961.34		
10	郑浩	326,208.05		
11	朱红霞	293,786.53		
12	总计	2,545,437.04		
13				
14				

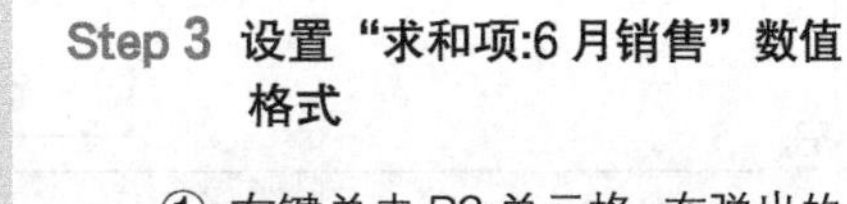

Step 3 设置“求和项:6 月销售”数值格式

① 右键单击 B3 单元格，在弹出的快捷菜单中选择“数字格式”命令，弹出“设置单元格格式”对话框。

② 设置单元格格式为“货币”，“小数位数”为“2”，“货币符号”为“无”。

此时，“6 月销售”列的格式修改为货币格式。

Step 4 美化工作表

① 设置字体和居中。

② 绘制边框。

③ 取消网格线显示。

至此“求和”数据透视表创建完成。

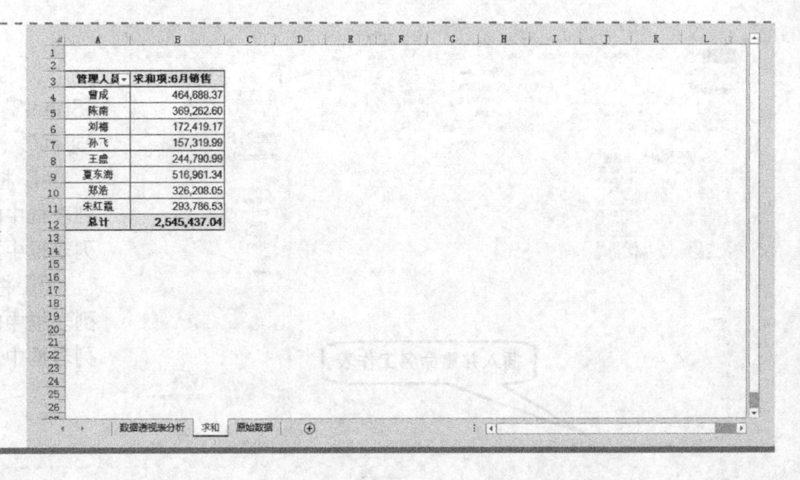

管理人员	求和项:6月销售
曾成	464,688.37
陈南	369,262.60
刘梅	172,419.17
孙飞	157,319.99
王晶	244,790.99
夏东海	516,961.34
郑浩	326,208.05
朱红霞	293,786.53
总计	2,545,437.04

技巧 数据的更新

数据透视表中的数据与数据源是相连的。因此，当数据清单中的数据发生改变时，透视表中的数据和布局也会随之发生相应的改变。

当更改数据清单后需要更新数据透视表时，首先应选中透视表中的任意一个单元格，单击“数据透视表工具-分析”选项卡，在“数据”命令组中单击“刷新”按钮，数据透视表中的数据就会被更新。

也可以设置在每次打开数据透视表时自动更新数据。方法：选中数据透视表中的任意一个单元格，单击“数据透视表工具-分析”选项卡，在“数据透视表”命令组中单击“选项”按钮，弹出“数据透视表选项”对话框，单击“数据”选项卡，在“数据透视表数据”选项区域中勾选“打开文件时刷新数据”复选框。这样设置后，每次打开该数据透视表时，系统就会自动地刷新数据。

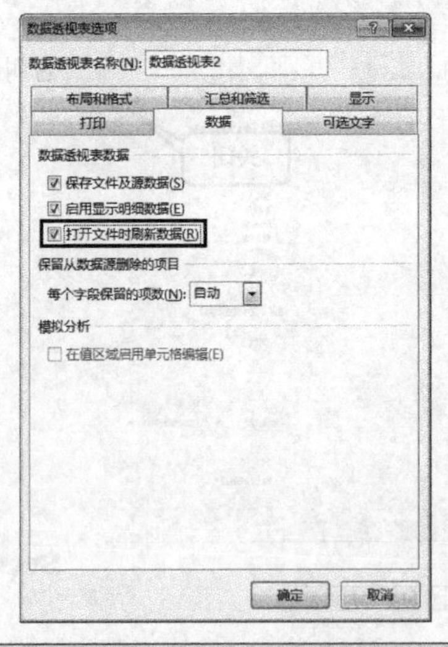

5.1.3 创建数据透视图

如果需要更直观地查看和比较数据透视表中的结果，则可利用 Excel 提供的数据透视图来实现。

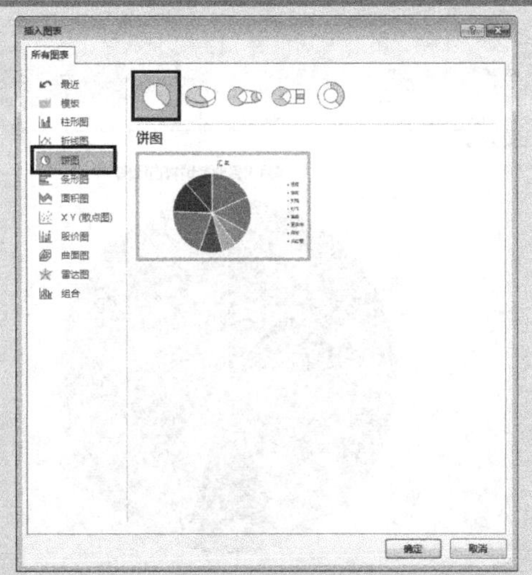

Step 1 创建数据透视图

在“求和”工作表中的 A3:B12 单元格区域中单击任意单元格，在“数据透视表工具-分析”选项卡的“工具”命令组中，单击“数据透视图”按钮，弹出“插入图表”对话框。在左侧选中“饼图”类型，在右侧单击“饼图”图标按钮，单击“确定”按钮。

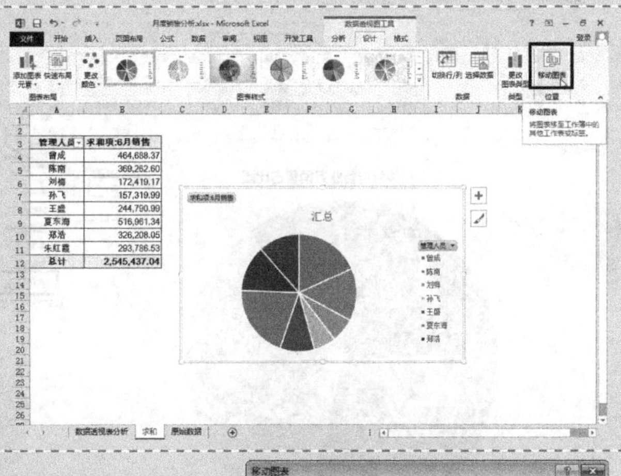

Step 2 移动图表

① 在“数据透视表工具-设计”选项卡的“位置”命令组中，单击“移动图表”按钮。

② 弹出“移动图表”对话框，选中“新工作表”单选钮，并在右侧的文本框中输入“数据透视图”。单击“确定”按钮，则透视图被移动到“数据透视图”工作表中。

技巧 数据透视图的灵活性

数据透视图中的每个字段都有下拉菜单，更具灵活性。可以单击其下箭头按钮，然后在弹出的下拉菜单中选择要查看的项，随后数据透视图就会根据所选的项形成所需的透视图。

其他字段的移动、添加或删除等操作都与数据透视表中的对应操作相同。

另外，在改变数据透视图中数据的同时，数据透视表也会随之改变。

数据透视图除了拥有与数据透视表相同的功能外，它还同时拥有图表的各项功能，如更改图表类型、格式化图表类型等。

Step 3 编辑图表标题

① 选中图表标题，将图表标题修改为“6 月份各业务销售占比图”。

② 选中图表标题，切换到“开始”选项卡，设置标题的“字体”为“微软雅黑”，设置字号为“18”，设置为加粗，设置字体颜色为“自动”。

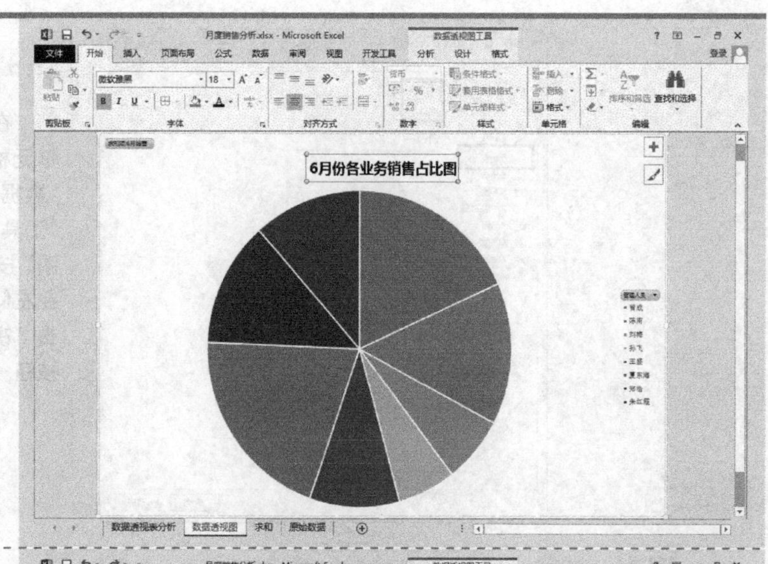

Step 4 设置数据标签格式

① 单击图表边框右侧的“图表元素”按钮，在打开的“图表元素”下拉菜单中单击“数据标签”右侧的三角按钮，在打开的级联菜单中选择“更多选项”命令，打开“设置数据标签格式”窗格。

② 依次单击“标签选项”选项→“标签选项”按钮→“标签选项”选项卡，在“标签包括”区域中勾选“类别名称”和“百分比”复选框，取消勾选“值”复选框。在“标签位置”区域中选中“数据标签外”单选钮。关闭“设置数据标签格式”窗格。

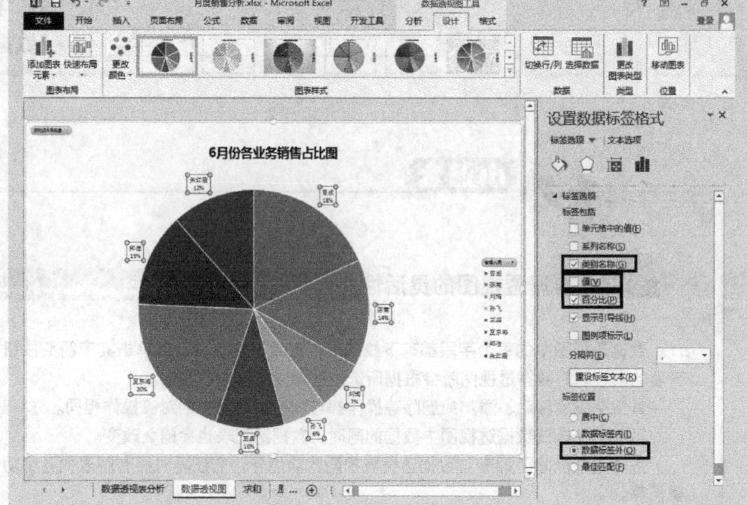

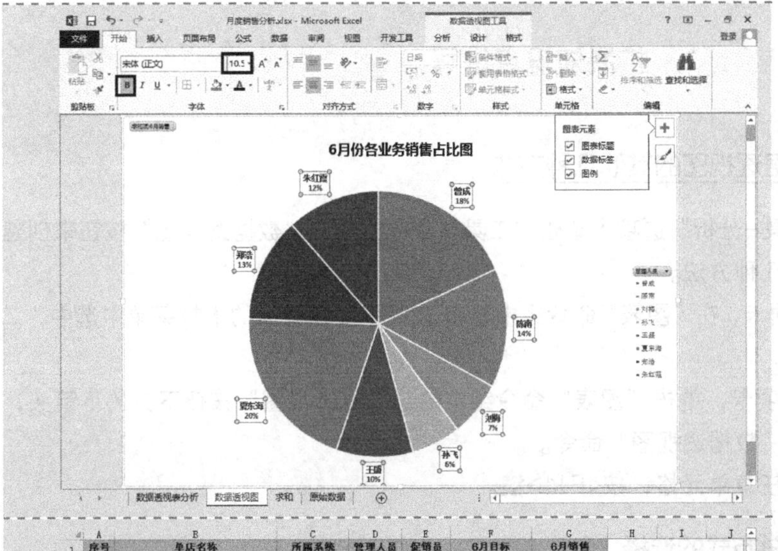

③ 选中数据标签，切换到“开始”选项卡，在“字体”命令组中单击“加粗”按钮和两次单击“增大字号”按钮，设置数据标签的“字号”为“10.5”。

序号	单店名称	所属系统	管理人员	促销员	6月目标	6月销售
1	百安居杭州航海店	百安居	郑浩	无人	10,000.00	9,614.00
2	百安居杭州莫干店	百安居	郑浩	无人	10,000.00	5,991.40
3	百安居杭州上塘店	百安居	郑浩	菊花	15,000.00	16,204.00
4	百安居上海高境店	百安居	刘梅	无人	10,000.00	2,098.60
5	百安居上海沪太店	百安居	王盛	无人	10,000.00	3,418.00
6	百安居上海金桥店	百安居	曾成	董晓晓	80,000.00	92,622.10
7	百安居上海龙阳店	百安居	曾成	周风	30,000.00	59,793.10
8	百安居上海普陀店	百安居	王盛	苏敏	30,000.00	30,040.20
9	百安居上海徐汇店	百安居	刘梅	无人	10,000.00	1,634.50
10	百安居上海杨浦店	百安居	曾成	李浩	45,000.00	54,860.00
11	百安居上海闸北店	百安居	刘梅	无人	10,000.00	3,741.00
12	百安居苏州园区店	百安居	夏东海	刘超	60,000.00	60,917.00
13	百安居温州上江店	百安居	孙飞	帅恋	50,000.00	4,541.00
14	百安居无锡锡山店	百安居	朱红霞	孙英	90,000.00	10,722.60
15	百安居无锡新区店	百安居	朱红霞	罗燕	15,000.00	11,438.80
16	大润发常熟店	大润发	夏东海	徐珠	20,000.00	27,537.12
17	大润发常州店	大润发	朱红霞	祝琴	30,000.00	34,128.90
18	大润发富阳店	大润发	郑浩	周章聪	15,000.00	14,630.85
19	大润发杭州萧山店	大润发	郑浩	无人	10,000.00	15,509.52
20	大润发湖州店	大润发	郑浩	顾英	15,000.00	13,872.69
21	大润发淮南店	大润发	陈南	程山	15,000.00	17,005.95
22	大润发嘉兴店	大润发	郑浩	丁卫	30,000.00	30,157.92

原始数据 | 数据透视表分析 | 数据透视图 | 求和

Step 5 移动工作表

单击“原始数据”工作表标签，按下鼠标不放，当鼠标指针变为形状时，拖动鼠标至“数据透视表分析”工作表标签的左侧，释放鼠标。

关键知识点讲解

基本知识点：创建数据透视表和数据透视图

（1）设置字段

数据透视表的行字段达到两个以上时，Excel 会自动在行字段上添加求和的分类汇总。除了可以设置是否显示分类汇总外，还可设置分类汇总项。

（2）格式化数据透视表

数据透视表的格式设置和普通单元格的格式设置一样，既可套用表格格式，也可手动修改美化数据透视表。

（3）更新数据

数据透视表中的数据与数据源紧密相联，因此，如果改变数据清单中的数据，那么数据透视表中的数据也会随之改变。

（4）数据透视图

如果需要更直观地查看和比较数据透视表的结果，则可由数据透视表生成数据透视图来实现。数据透视图与一般图表的不同之处在于：一般的图表为静态图表，而数据透视图与数据透视表一样，为交互式的动态图表。

扩展知识点讲解

1. 操作技巧：创建数据透视图的其他几种方法

除了在“数据透视表工具-分析”选项卡单击“工具”命令组中的“数据透视图”按钮来创建数据透视图以外，还有其他几种方法。

（1）切换到“插入”选项卡，在“图表”命令组中单击“饼图”，在弹出的下拉菜单中选中“二维饼图”下的“饼图”样式。

（2）切换到“插入”选项卡，单击“图表”命令组中的“数据透视图”按钮下方的下箭头，再在打开的下拉菜单中选择“数据透视图”命令。

（3）单击数据透视表中任意单元格，按<F11>键。

2. 基础知识：数据汇总方式的选择

单击数据透视表中的数据区域中任意单元格，切换到“数据透视表工具-分析”选项卡，在“活动字段”命令组中单击“字段设置”按钮，弹出“值字段设置”对话框。

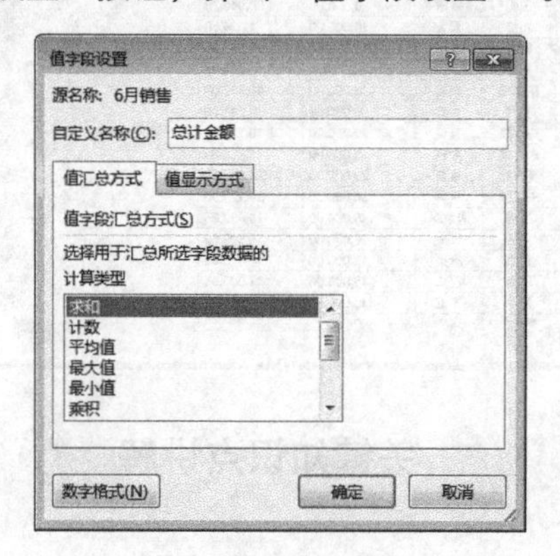

“值字段设置”对话框

“值汇总方式”列表框中显示“求和、计数、平均值、最大值、最小值、乘积、计数值、标准偏差、总体标准偏差、方差、总体方差”共 11 个函数，从中任意选择一种，单击“确定”按钮，即可改变字段的汇总方式。

5.2 季度销售分析表

案例背景

对于销售经理必须关心所负责区域的每日销售情况，依据目标达成情况进行销售策略的调整也是非常必要的，那么一张可以动态更新的日销售达成简报尤为重要。

关键技术点

要实现本例中的功能，读者应当掌握以下 Excel 技术点。

- 用“表”处理数据源，实现数据源动态扩展
- 创建数据透视表
- 设置数据透视表汇总方式——按某一字段汇总
- CHOOSE 函数、OFFSET 函数、ROW 函数、COLUMN 函数的应用
- 利用 GETPIVOTDATA 函数计算达成率

最终效果展示

第一季度销售数据分析模板

第一季度销售总额按产品(万元)			
	2014年	2015年	增长比例
男鞋	3,525	3,696	4.85%
女鞋	1,682	2,500	48.63%
配件	2,339	2,478	5.94%
合计	7,546	8,674	14.95%

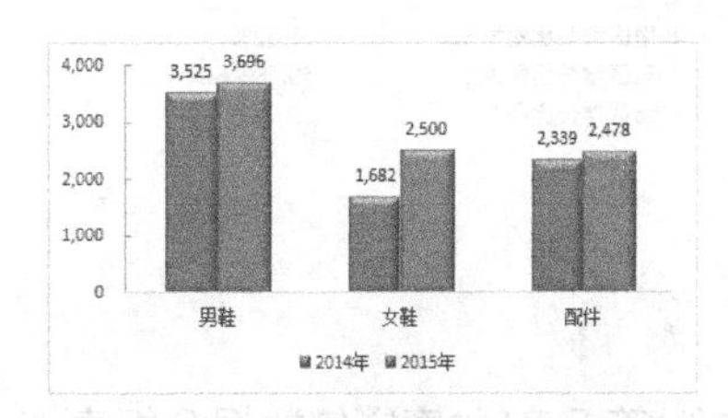

第一季度销售总额按型号(万元)			
	2014年	2015年	增长比例
S09E2001	1,826	1,954	7.01%
S09R9001	2,943	3,515	19.44%
P09S0001	2,836	3,021	6.52%
合计	7,605	8,490	11.64%

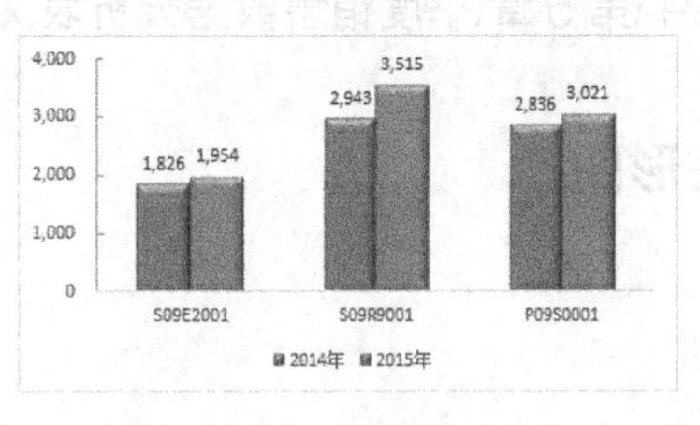

第一季度销售总额按区域(万元)			
	2014年	2015年	增长比例
华南区	1,953	2,100	7.53%
华东区	2,308	3,450	49.48%
华北区	1,135	1,500	32.16%
合计	5,396	7,050	30.65%

第一季度销售数据分析模板

第一季度回款分析(元)	
目标回款	2,000,000
实际回款	1,763,421
完成率	88%

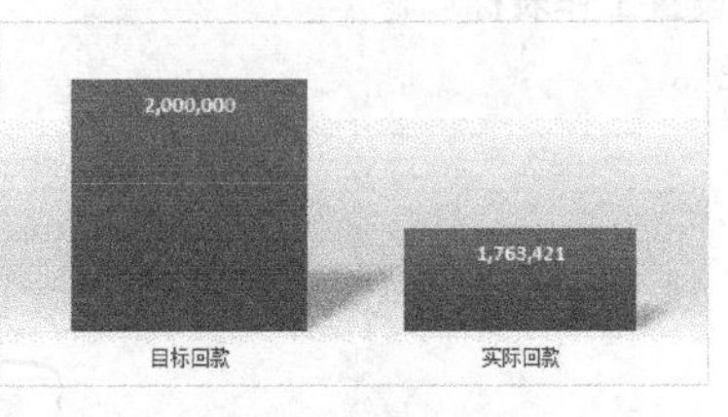

第一季度各区域回款占比(元)	
华南区	823,000
华东区	630,050
华北区	310,371
合计	1,763,421

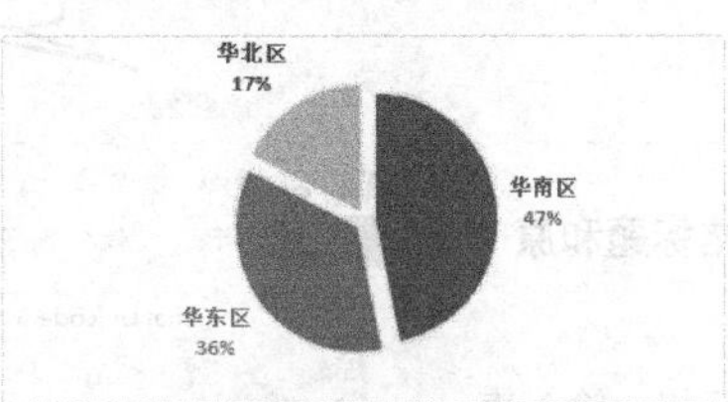

第一季度市场费用使用占比(元)	
电视广告	200,000
公关费用	48,928
海报费用	30,960
场地租用	19,800
合计	299,688

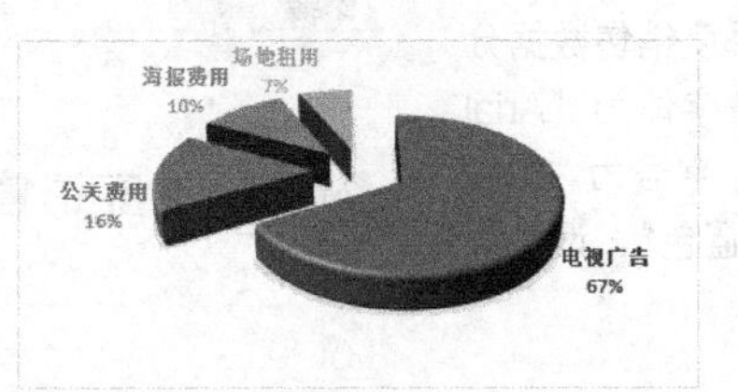

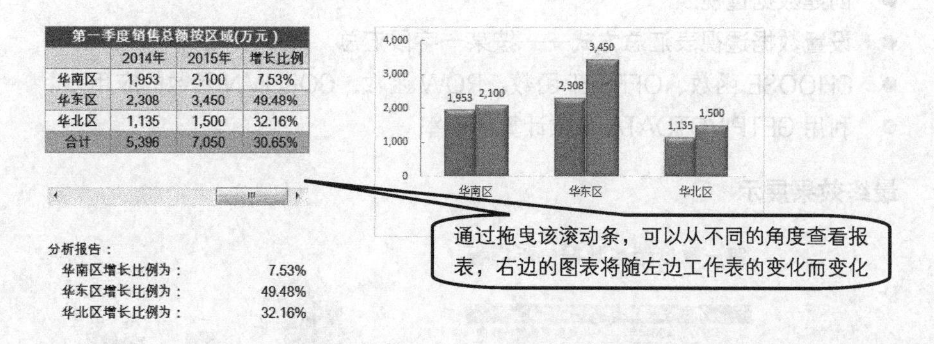

示例文件

光盘\示例文件\第 5 章\季度销售数据分析表.xlsx

5.2.1 绘制柱形图

Step 1 新建工作簿

启动 Excel 自动新建一个工作簿，保存并命名为“季度销售数据分析表”，将“Sheet1”工作表重命名为“绘制柱形图”，设置工作表标签颜色为“红色”。

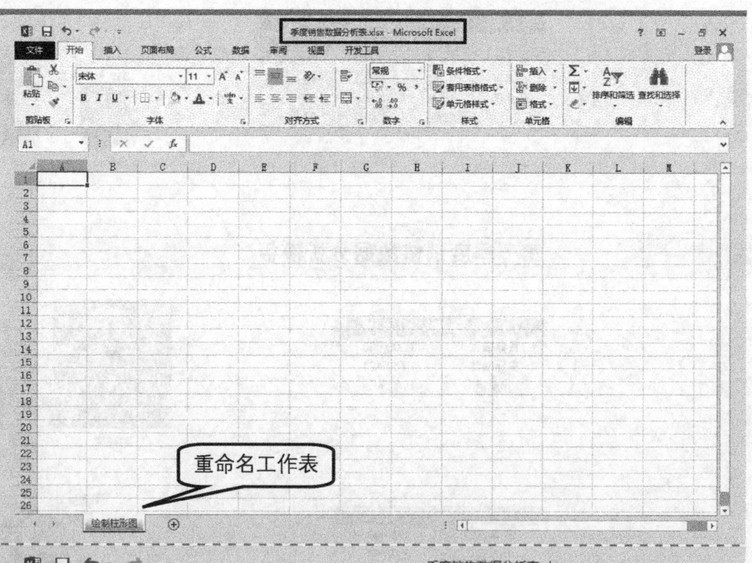

Step 2 输入表格标题和原始数据

选择 A1 单元格，输入表格标题“第一季度销售数据分析模板”，设置字体为“Arial Unicode MS”，字号为“20”，字体颜色为“蓝色”，设置为“加粗”。

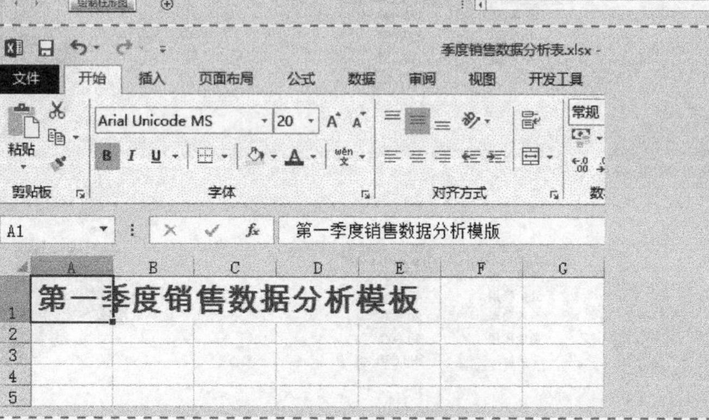

D6 =C6/B6-1

第一季度销售数据分析模板

第一季度销售总额按产品(万元)			
	2014年	2015年	增长比例
男鞋	3525	3696	0.048511
女鞋	1682	2500	0.486326
配件	2339	2478	0.059427
合计	7546	8674	0.149483

Step 3 输入原始数据

① 在 A4:D9 单元格区域输入“第一季度销售总额按产品（万元）”清单。

② 选中 B9:C9 单元格区域，在“开始”选项卡的“编辑”命令组中单击“求和”按钮。

③ 选中 D6 单元格，输入以下公式，按<Enter>键输入。

```
=C6/B6-1
```

④ 选中 D6 单元格，拖曳右下角的填充柄至 D9 单元格区域。

D17 =C17/B17-1

第一季度销售数据分析模板

第一季度销售总额按产品(万元)			
	2014年	2015年	增长比例
男鞋	3525	3696	0.048511
女鞋	1682	2500	0.486326
配件	2339	2478	0.059427
合计	7546	8674	0.149483

第一季度销售总额按型号(万元)			
	2014年	2015年	增长比例
S09E2001	1826	1954	0.070099
S09R9001	2943	3515	0.194359
P09S0001	2836	3021	0.065233
合计	7605	8490	0.116371

⑤ 在 A15:D20 单元格区域输入“第一季度销售总额按型号（万元）”清单。

⑥ 选中 D17 单元格，输入以下公式，按<Enter>键输入。

```
=C17/B17-1
```

⑦ 选中 D17 单元格，拖曳右下角的填充柄至 D20 单元格区域。

D30 =C30/B30-1

第一季度销售总额按型号(万元)			
	2014年	2015年	增长比例
S09E2001	1826	1954	0.070099
S09R9001	2943	3515	0.194359
P09S0001	2836	3021	0.065233
合计	7605	8490	0.116371

第一季度销售总额按区域(万元)			
	2014年	2015年	增长比例
华南区	1953	2100	0.075269
华东区	2308	3450	0.494801
华北区	1135	1500	0.321586
合计	5396	7050	0.306523

⑧ 在 A28:D33 单元格区域输入“第一季度销售总额按区域（万元）”清单。

⑨ 选中 D30 单元格，输入以下公式，按<Enter>键输入。

```
=C30/B30-1
```

⑩ 选中 D30 单元格，拖曳右下角的填充柄至 D33 单元格区域。

第一季度销售数据分析模板

第一季度销售总额按产品(万元)			
	2014年	2015年	增长比例
男鞋	3,525	3,696	4.85%
女鞋	1,682	2,500	48.63%
配件	2,339	2,478	5.94%
合计	7,546	8,674	14.95%

第一季度销售总额按型号(万元)			
	2014年	2015年	增长比例
S09E2001	1,826	1,954	7.01%
S09R9001	2,943	3,515	19.44%
P09S0001	2,836	3,021	6.52%
合计	7,605	8,490	11.64%

Step 4 设置数值格式和百分比格式

① 按住<Ctrl>键，同时选中 B6:C9、B17:C20 和 B30:C33 单元格区域，设置单元格格式为“数值”，“小数位数”为“0”，勾选“使用千位分隔符”复选框。

② 按住<Ctrl>键，同时选中 D6:D9、D17:D20 和 D30:D33 单元格区域，在“数字”命令组中单击“百分比样式”按钮，单击两次“增加小数位数”按钮。

Step 5 套用表格样式

① 选中 A4:D9 单元格区域，在“开始”选项卡的“样式”命令组中单击“套用表格格式”按钮，并在打开的下拉菜单中选择“表样式中等深浅 6”命令。

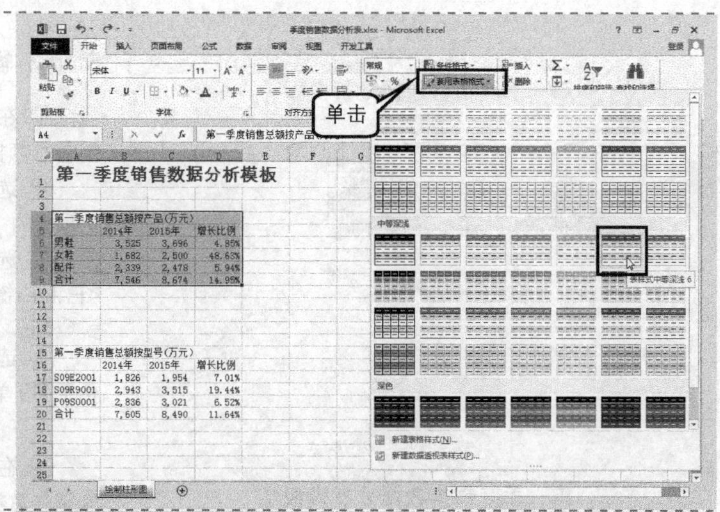

② 弹出“套用表格式”对话框，默认勾选“表包含标题”复选框，单击“确定”按钮。

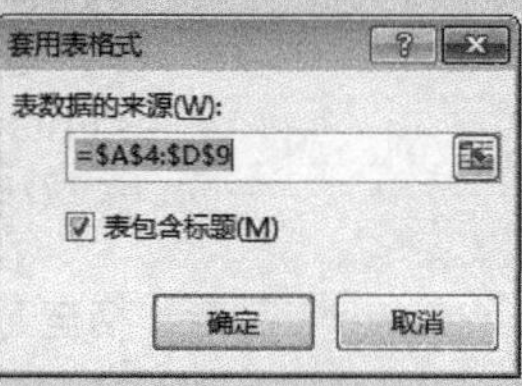

Step 6 转换为区域

① 插入图表后，激活“表格工具”功能区，在“表格工具-设计”选项卡中，单击“工具”命令组中的“转换为区域”按钮。

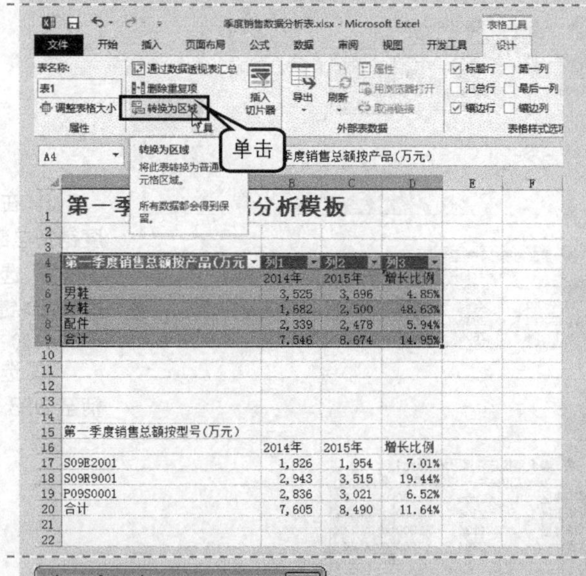

② 弹出“Microsoft Excel”对话框，单击“是”按钮。

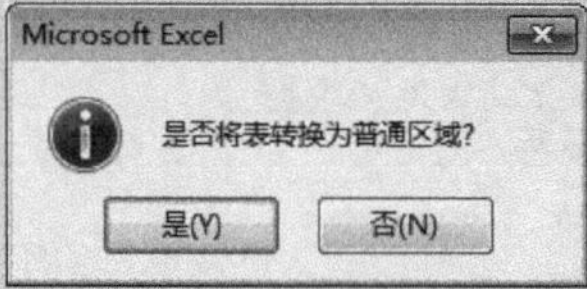

Step 7 合并单元格

① 选中 A4:D4 单元格区域，在“开始”选项卡的“对齐方式”命令组中单击“合并后居中”按钮。

② 弹出“Microsoft Excel”对话框，单击“确定”按钮。

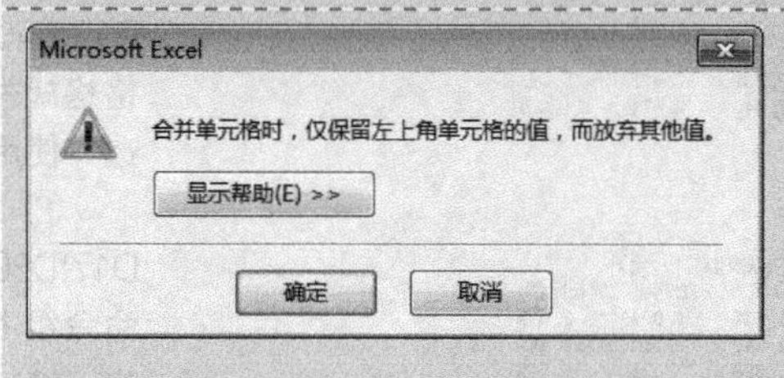

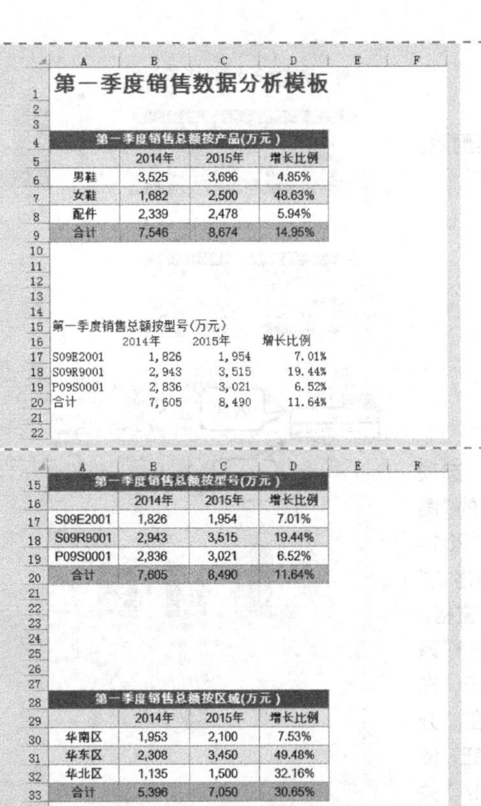

第一季度销售数据分析模板

第一季度销售总额按产品(万元)			
	2014年	2015年	增长比例
男鞋	3,525	3,696	4.85%
女鞋	1,682	2,500	48.63%
配件	2,339	2,478	5.94%
合计	7,546	8,674	14.95%

第一季度销售总额按型号(万元)			
	2014年	2015年	增长比例
S09E2001	1,826	1,954	7.01%
S09R9001	2,943	3,515	19.44%
P09S0001	2,836	3,021	6.52%
合计	7,605	8,490	11.64%

第一季度销售总额按区域(万元)			
	2014年	2015年	增长比例
华南区	1,953	2,100	7.53%
华东区	2,308	3,450	49.48%
华北区	1,135	1,500	32.16%
合计	5,396	7,050	30.65%

Step 8 美化工作表

① 选中 A4:D9 单元格区域，设置字体、居中和填充颜色。

② 调整列宽。

③ 设置框线。

④ 取消网格线显示。

Step 9 复制格式

① 选中 A4:D9 单元格区域，在“开始”选项卡的“剪贴板”命令组中双击“格式刷”按钮。

② 拖动鼠标分别选中 A15:D20 和 A28:D33 单元格区域。

③ 单击“格式刷”按钮，退出“格式刷”状态。

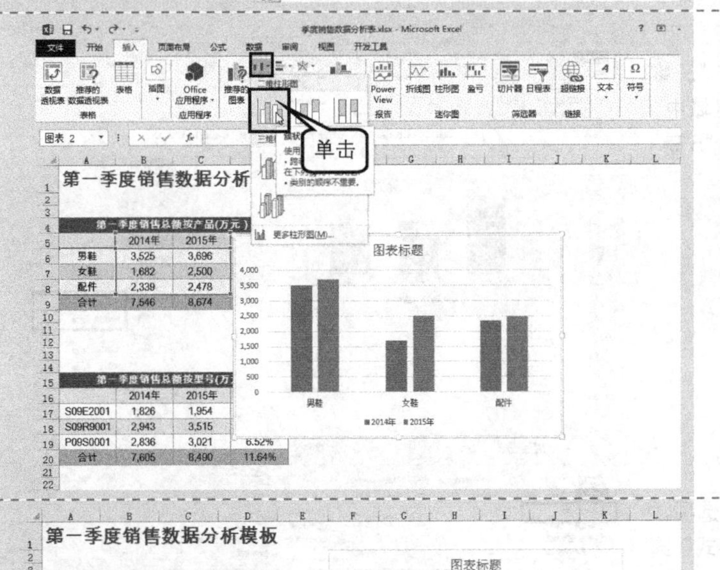

Step 10 插入簇状柱形图

选中 A5:C8 单元格区域，切换到“插入”选项卡，单击“图表”命令组中的“柱形图”按钮，在打开的下拉菜单中选择“二维柱形图”下的“簇状柱形图”。

Step 11 调整图表位置

在图表空白位置按住鼠标左键，将其拖曳至工作表合适位置。

Step 12 调整图表大小

将鼠标移至图表的右下角，待鼠标指针变为↘形状时，向内拉动鼠标，待图表调整至合适大小时释放鼠标。

Step 13 删除图表标题

选中图表标题，按<Delete>键删除。

第一季度销售数据分析模板

第一季度销售总额按产品(万元)			
	2014年	2015年	增长比例
男鞋	3,525	3,696	4.85%
女鞋	1,682	2,500	48.63%
配件	2,339	2,478	5.94%
合计	7,546	8,674	14.95%

第一季度销售总额按型号(万元)			
	2014年	2015年	增长比例
S09E2001	1,826	1,954	7.01%
S09R9001	2,943	3,515	19.44%
P09S0001	2,836	3,021	6.52%
合计	7,605	8,490	11.64%

Step 14 设置数据系列格式

① 切换到“图表工具-格式”选项卡，然后在“当前所选内容”命令组的“图表元素”下拉列表框中选择“系列‘2014年’”选项，再单击“设置所选内容格式”按钮，打开“设置数据系列格式”窗格。

② 依次单击“系列选项”选项→“系列选项”按钮→“系列选项”选项卡，在“系列重叠”微调框中输入“0”，在“分类间距”微调框中调节上下调节旋钮，使得框中显示的值为“150%”。单击“关闭”按钮。

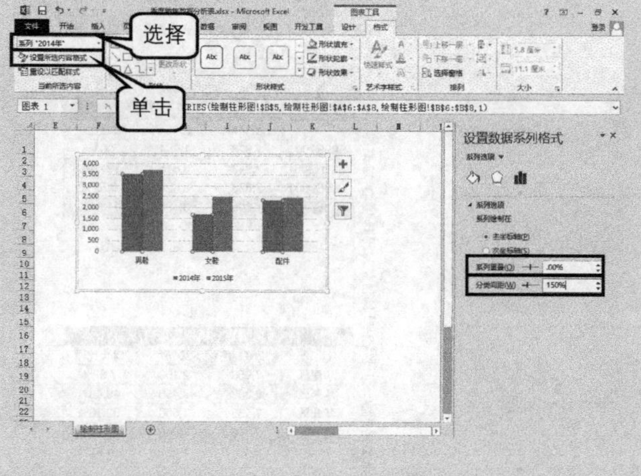

③ 依次单击“效果”按钮→“三维格式”选项卡，在“顶部棱台”区域中，将“宽度”和“高度”分别调整为“5磅”和“2磅”。

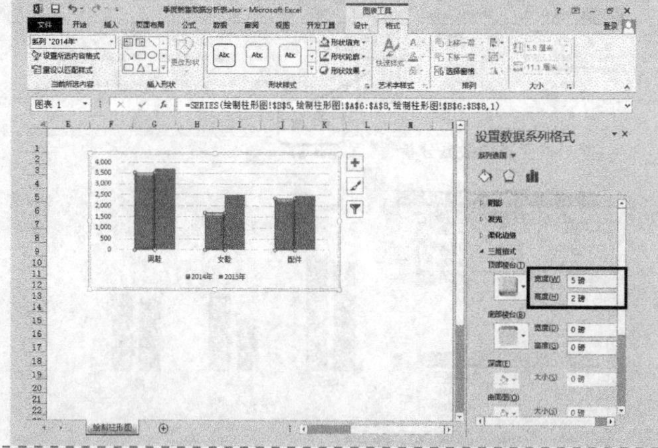

④ 选中“系列‘2015年’”选项，依次单击“效果”按钮→“三维格式”选项卡，在“顶部棱台”区域中，将“宽度”和“高度”分别输入“5磅”和“2磅”。

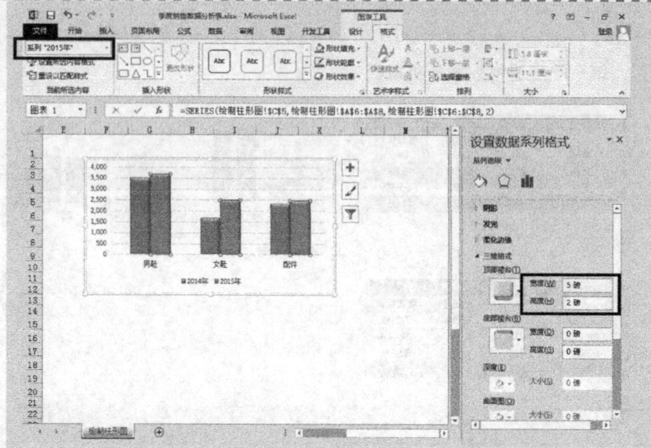

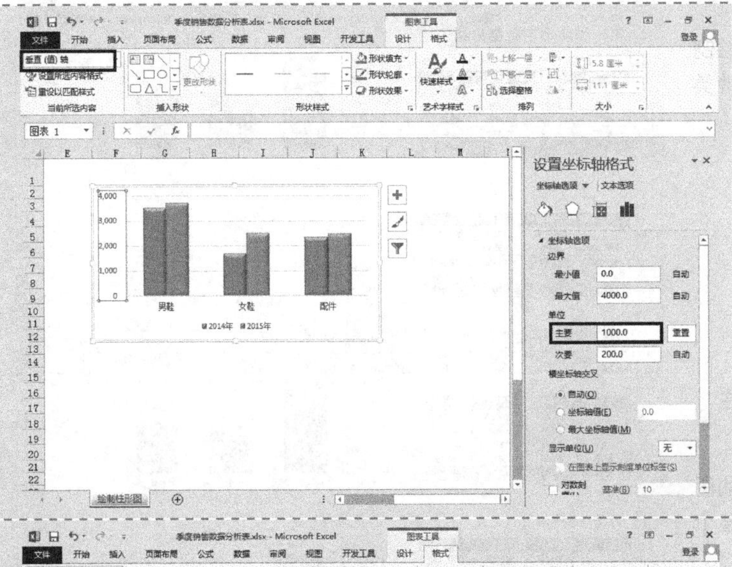

Step 15 设置垂直（值）轴格式

① 选中垂直（值）轴，依次单击“坐标轴选项”选项→“坐标轴选项”按钮→“坐标轴选项”选项卡，在“单位”区域“主要”右侧的文本框中输入“1000”。

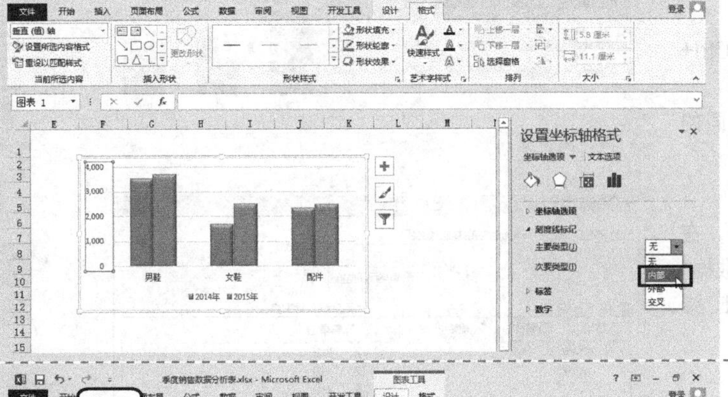

② 单击“坐标轴选项”选项卡，收起扩展项。单击“刻度线标记”选项卡，再单击“主要类型”下箭头按钮，在弹出的下拉列表框中选择“内部”选项。

关闭“设置坐标轴格式”窗格。

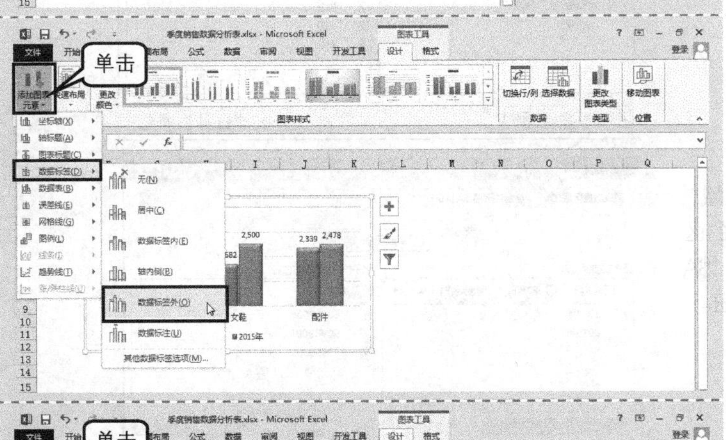

Step 16 设置数据标签格式

单击“图表工具-设计”选项卡，在“图表布局”命令组中单击“添加图表元素”按钮，在弹出的下拉菜单中选择“数据标签”→“数据标签外”命令。

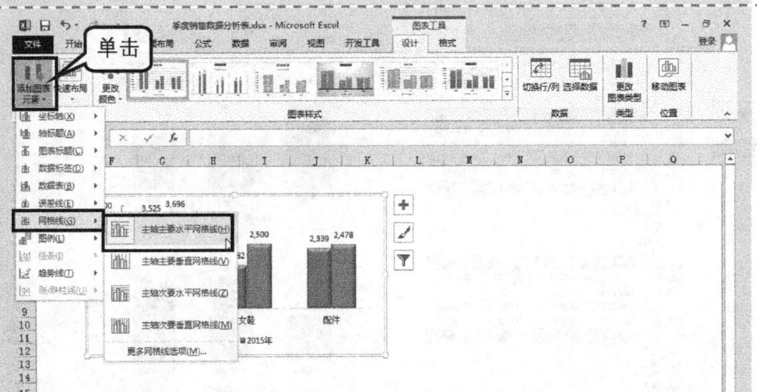

Step 17 删除网格线

单击“图表工具-设计”选项卡，在“图表布局”命令组中单击“添加图表元素”命令，在弹出的下拉菜单中选择“网格线”→“主轴主要水平网格线”命令，删除网格线。

第 1 个美观的簇状柱形图绘制完毕。下面要在此基础上绘制其他类似的簇状柱形图。

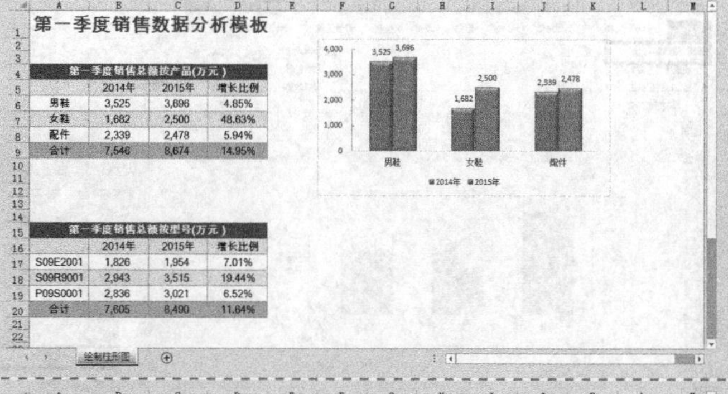

Step 18 快速创建类似的簇状柱形图

① 选中第 1 个簇状柱形图的图表区，按<Ctrl+C>组合键复制整个柱形图。

② 选中 F15 单元格，按<Ctrl+V>组合键粘贴。

此时即可生成一个完全相同的簇状柱形图。

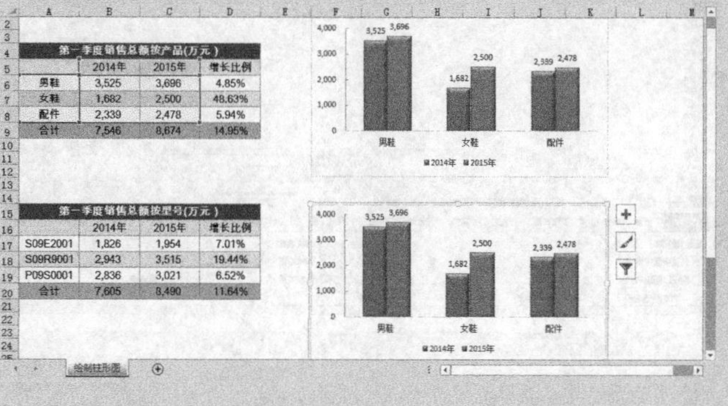

③ 选中第 2 个簇状柱形图，在“图表工具-设计”选项卡的“数据”命令组中单击“选择数据”按钮，弹出“选择数据源”对话框。

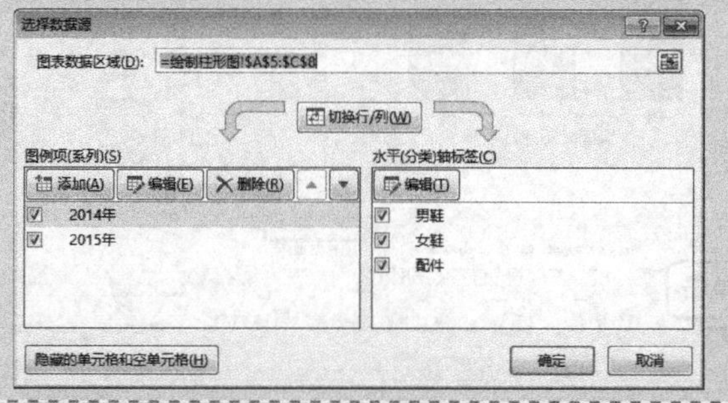

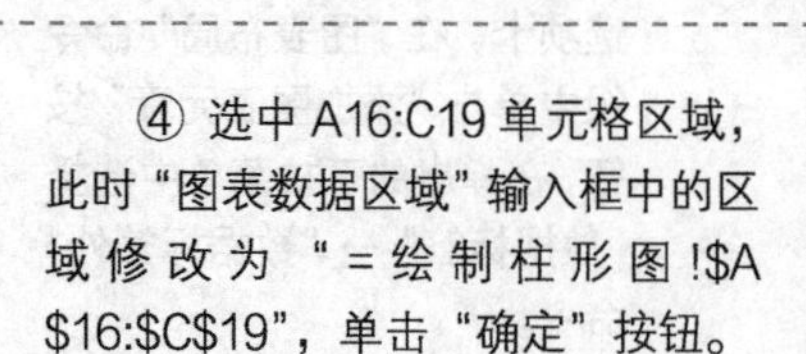

④ 选中 A16:C19 单元格区域，此时“图表数据区域”输入框中的区域修改为“=绘制柱形图!$A$16:$C$19”，单击“确定”按钮。

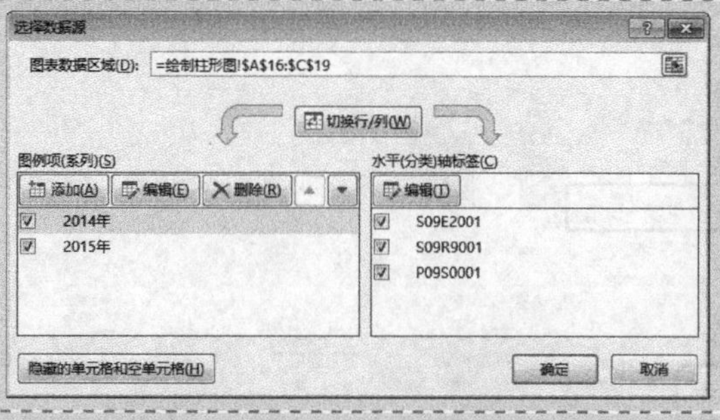

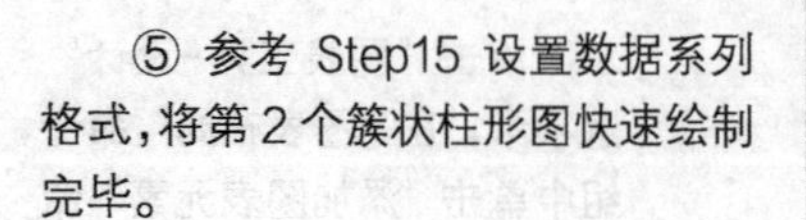

⑤ 参考 Step15 设置数据系列格式，将第 2 个簇状柱形图快速绘制完毕。

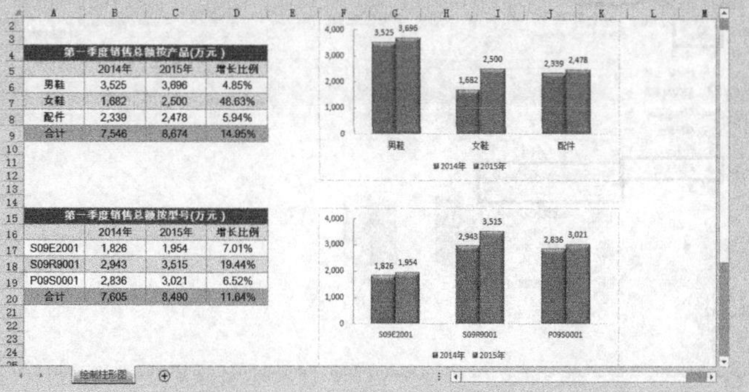

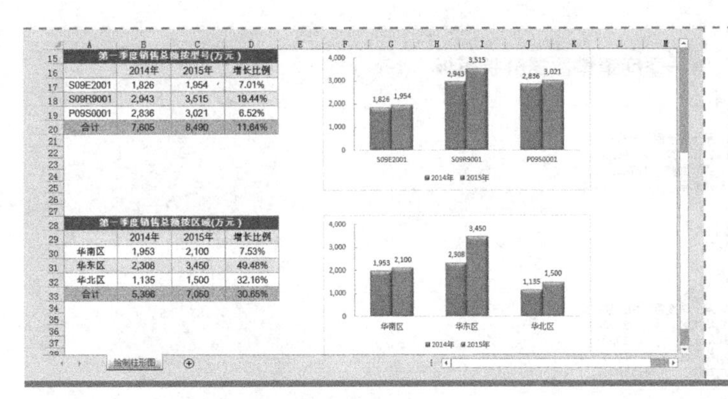

⑥ 使用同样的操作方法绘制第 3 个簇状柱形图。

5.2.2 绘制三维饼图

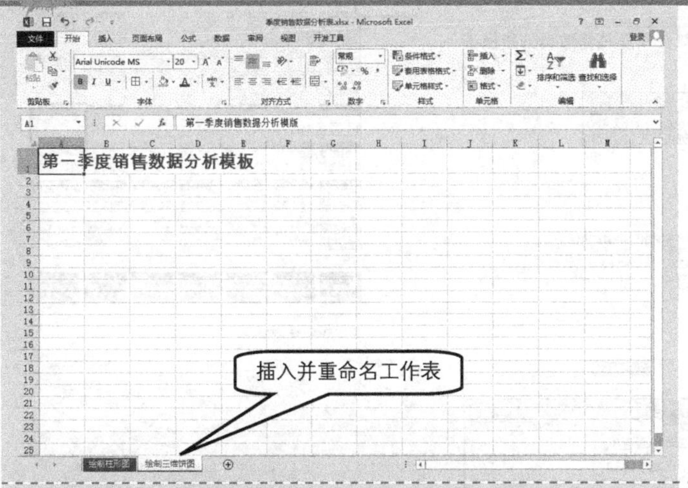

Step 1 输入表格标题

① 插入一个新的工作表，重命名为“绘制三维饼图”，设置工作表标签颜色为“黄色”。

② 在“绘制柱形图”工作表中选择 A1 单元格，按<Ctrl+C>组合键复制，切换至“绘制三维饼图”工作表，选中 A1 单元格，按<Ctrl+V>组合键粘贴。

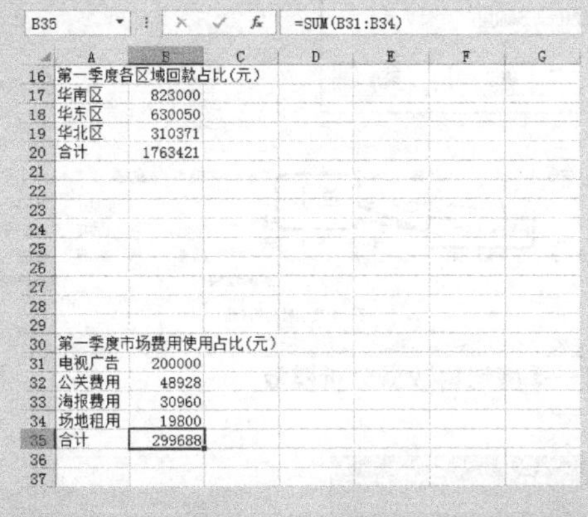

Step 2 输入原始数据

① 在 A5:B8 单元格区域输入“第一季度回款分析（元）”清单。选中 B8 单元格，输入以下公式，按<Enter>键输入。

```
=B7/B6
```

② 在 A16:B20 单元格区域输入“第一季度各区域回款占比（元）”清单。选中 B20 单元格，单击“开始”选项卡的“编辑”命令组中的“求和”按钮，按<Enter>键输入。

③ 在 A30:B35 单元格区域输入“第一季度市场费用使用占比（元）”清单。选中 B35 单元格，单击“开始”选项卡的“编辑”命令组中的“求和”按钮，按<Enter>键输入。

Step 3 设置数值格式和百分比格式

① 按住<Ctrl>键，同时选中 B6:B7、B17:B20 和 B31:B35 单元格区域，设置单元格格式为“数值”，“小数位数”为“0”，勾选“使用千位分隔符”复选框。

② 选中 B8 单元格，在“数字”命令组中单击“百分比样式”按钮。

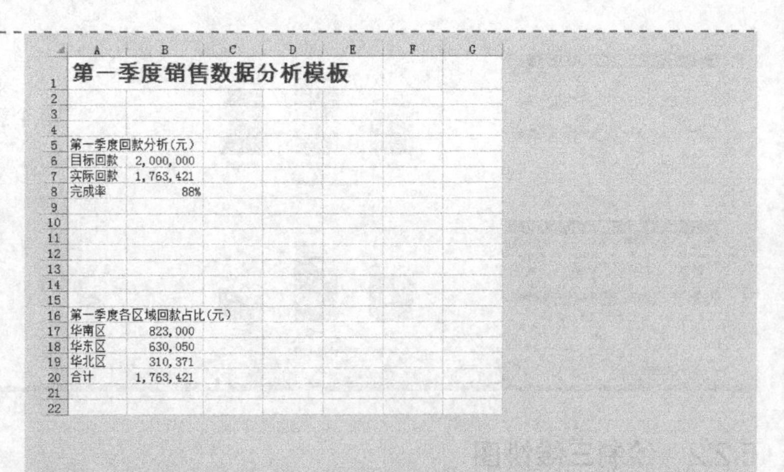

Step 4 套用表格格式

① 选中 A5:B8 单元格区域，在“开始”选项卡的“样式”命令组中单击“套用表格格式”按钮，并在打开的下拉菜单中选择“表样式中等深浅 7”命令。

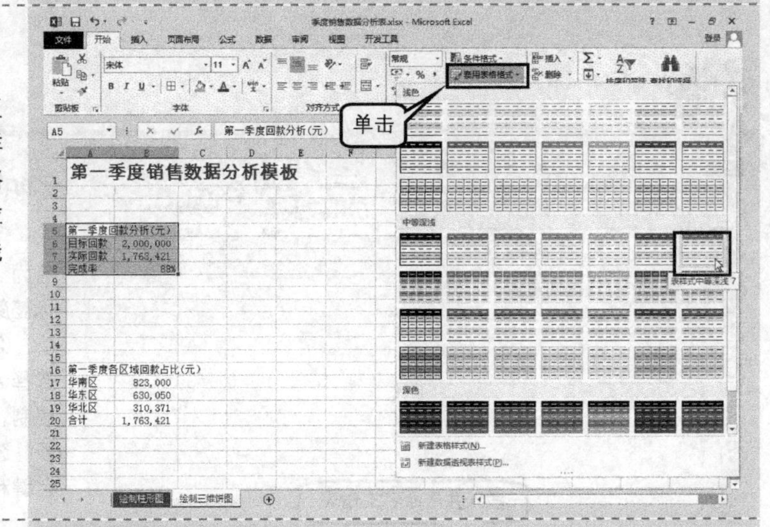

② 弹出“套用表格式”对话框，勾选“表包含标题”复选框，单击“确定”按钮。

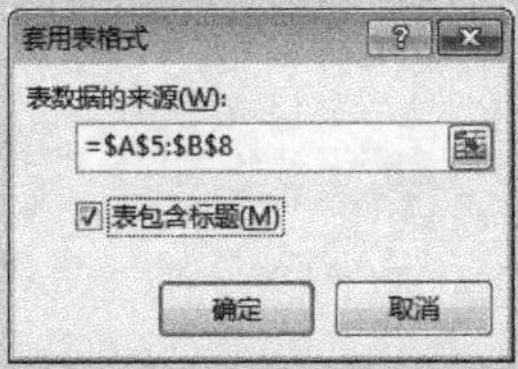

Step 5 转换为区域

① 在“表格工具-设计”选项卡中，单击“工具”命令组中的“转换为区域”按钮。

② 弹出“Microsoft Excel”对话框，单击“是”按钮。

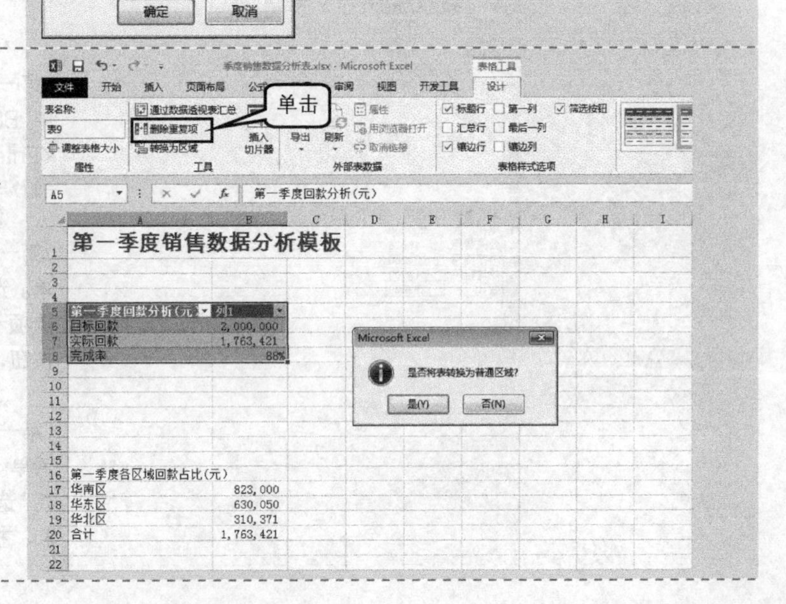

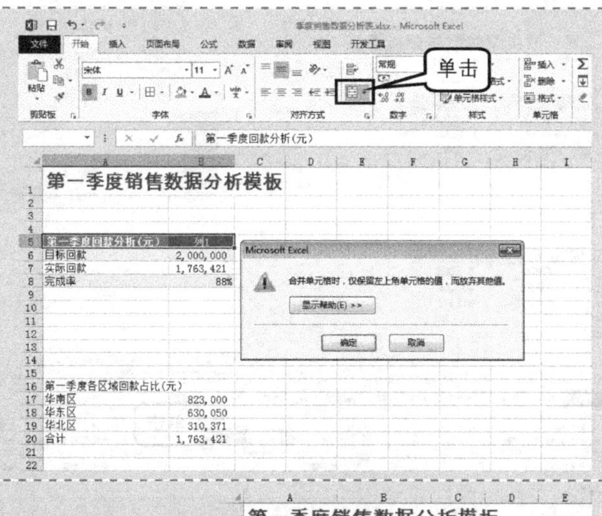

Step 6 合并单元格

① 选中 A5:B5 单元格区域，在“开始”选项卡的“对齐方式”命令组中单击“合并后居中”按钮。

② 弹出“Microsoft Excel”对话框，单击“确定”按钮。

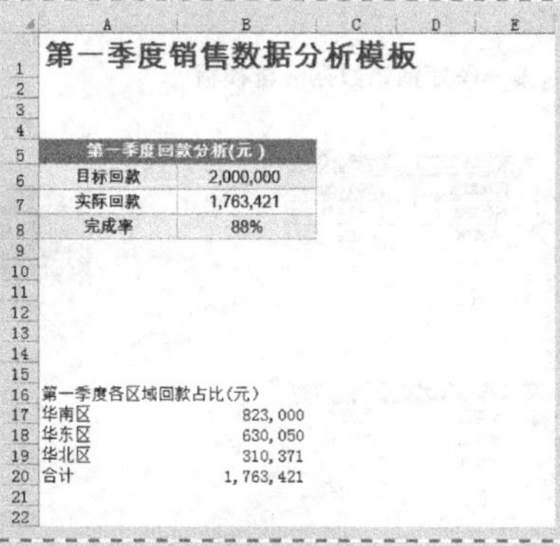

Step 7 美化工作表

① 设置字体、居中和填充颜色。
② 调整行高和列宽。
③ 设置框线。
④ 取消网格线显示。

Step 8 设置其他区域单元格格式

采用类似的方法，在 A16:B20 和 A30:B35 单元格区域中套用表格格式、转换为区域、合并单元格和美化工作表。

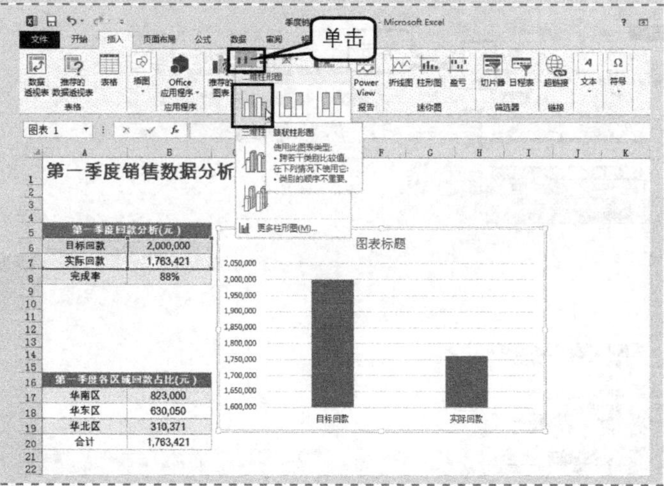

Step 9 插入簇状柱形图

选中 A6:B7 单元格区域，切换到“插入”选项卡，单击“图表”命令组中的“柱形图”按钮，然后在打开的下拉菜单中选择“二维柱形图”下的“簇状柱形图”。

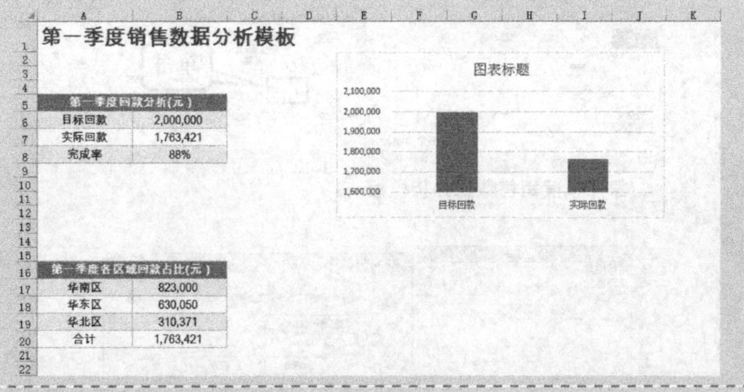

Step 10 调整图表位置和大小

① 在图表空白位置按住鼠标左键，将其拖曳至工作表合适位置。

② 将鼠标移至图表的右下角，向内拖曳鼠标，待图表调整至合适大小时，释放鼠标。

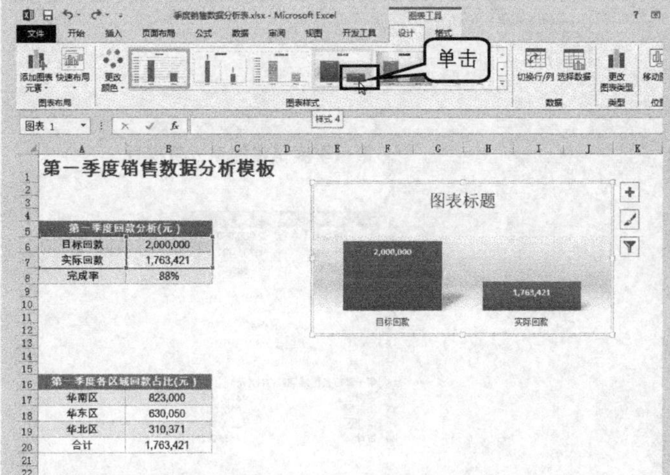

Step 11 设置图表样式

单击“图表工具-设计”选项卡，然后单击“图表样式”命令组中的“样式 4”。

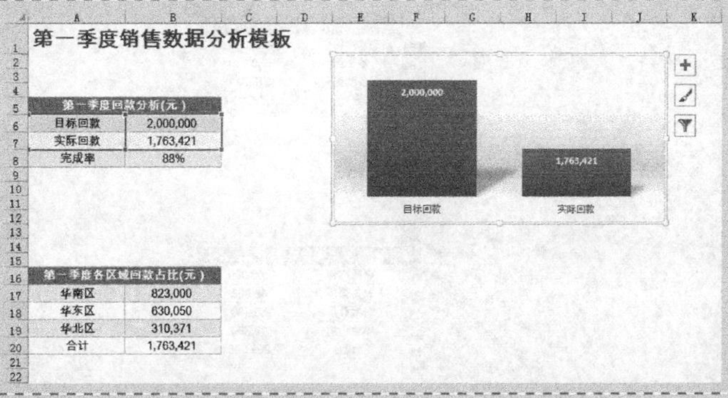

Step 12 删除图表标题

选中图表标题，按<Delete>键删除。

此时簇状柱形图绘制完毕。

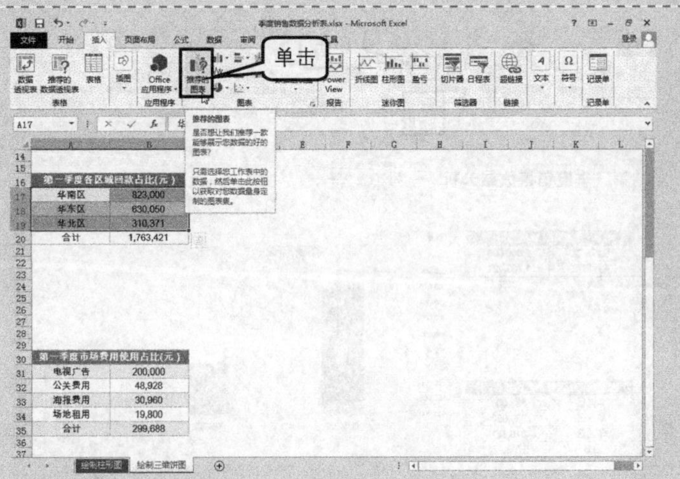

Step 13 插入饼图

选中 A17:B19 单元格区域，切换到“插入”选项卡，单击“图表”命令组中的“推荐的图表”按钮。

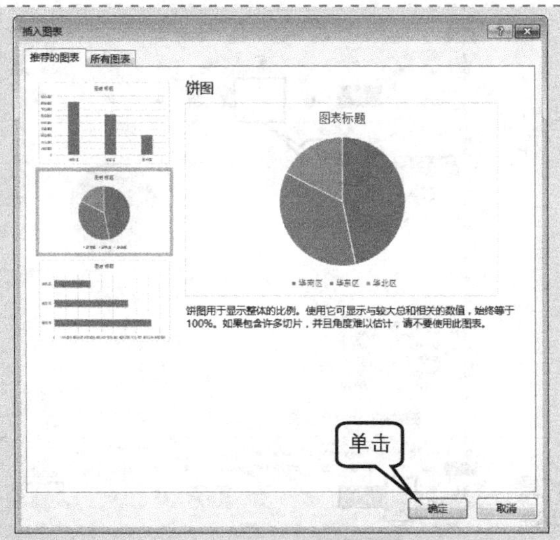

弹出“插入图表”对话框，在“推荐的图表”选项卡中单击“饼图”，单击“确定”按钮。

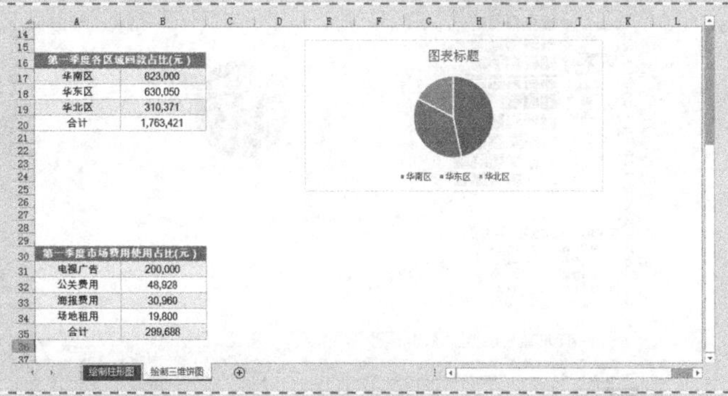

Step 14 调整图表位置和大小

① 在图表空白位置按住鼠标左键，将其拖曳至工作表合适位置。

② 将鼠标移至图表的右下角，向内拖曳鼠标，待图表调整至合适大小时释放鼠标。

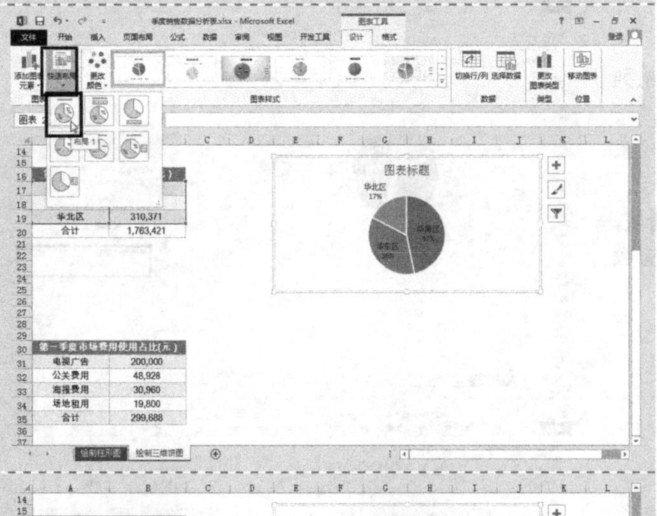

Step 15 设置图表布局

选中该饼图，单击“图表工具-设计”选项卡，在“图表布局”命令组中单击“快速布局”→“布局 1”样式。

Step 16 删除图表标题

选中图表标题，按<Delete>键删除。

Step 17 设置图表样式

① 单击“图表工具-设计”选项卡，然后单击“图表样式”命令组中的“样式 9”。

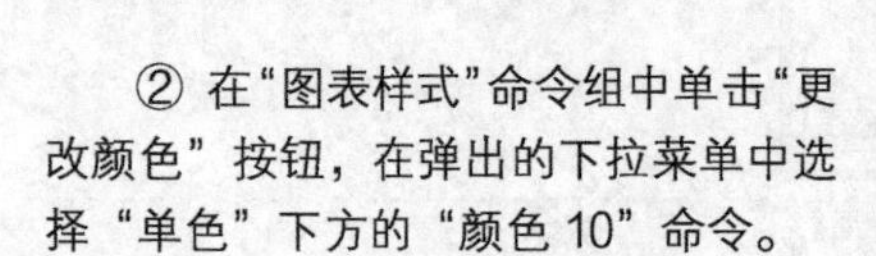

② 在“图表样式”命令组中单击“更改颜色”按钮，在弹出的下拉菜单中选择“单色”下方的“颜色 10”命令。

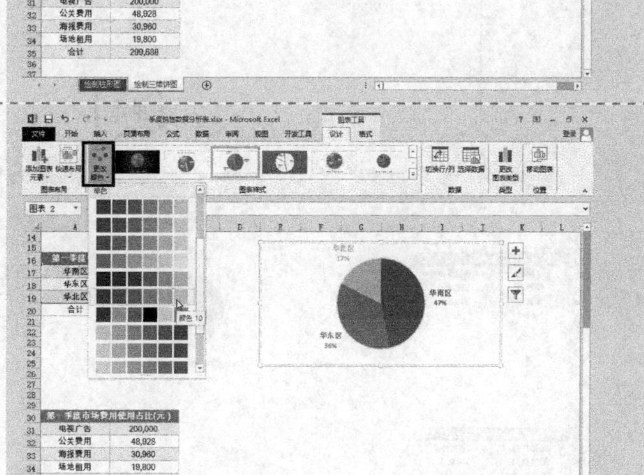

Step 18 调整饼图分离程度

① 双击饼图，打开“设置数据系列格式”窗格。

② 依次单击“系列选项”选项→“系列选项”按钮→“系列选项”选项卡，在“饼图分离程度”下方往右拖动滑块，使微调框中显示“9%”。关闭“设置数据系列格式”窗格。

Step 19 设置数据标签格式

选中“华北区 17%”数据标签，切换到“开始”选项卡，在“字体”命令组中设置字体颜色为“红色”。

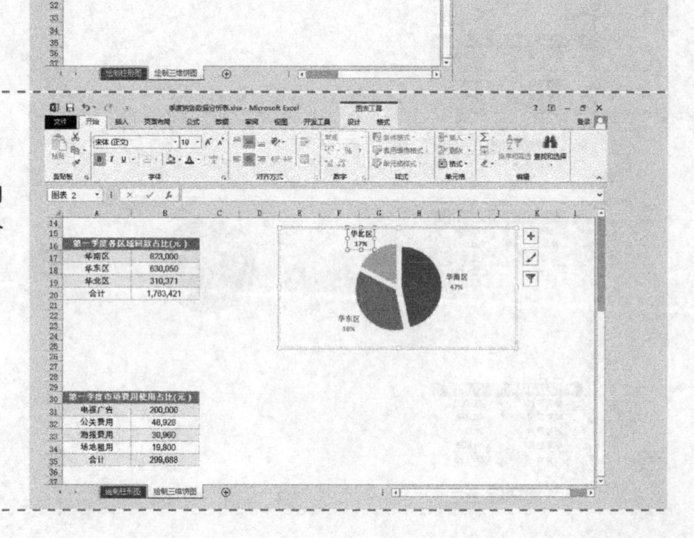

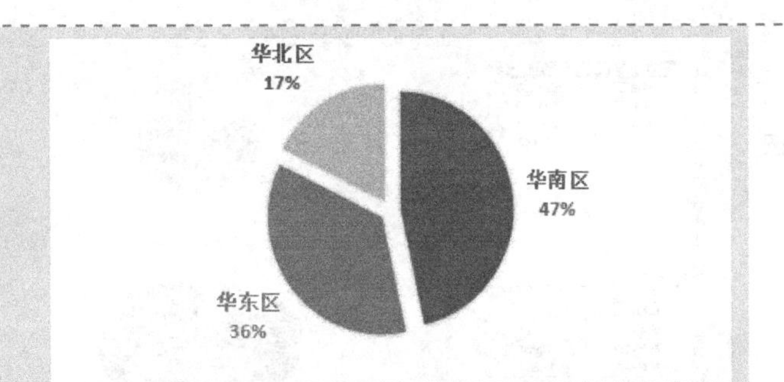

此时饼图绘制完毕。

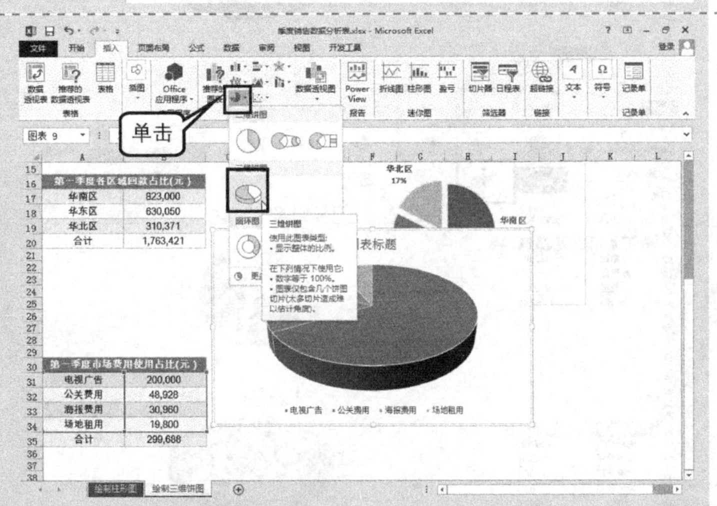

Step 20 插入三维饼图

选中 A31:B34 单元格区域，切换到“插入”选项卡，单击“图表”命令组中的“饼图”按钮，在打开的下拉菜单中选择“三维饼图”下的“三维饼图”命令。

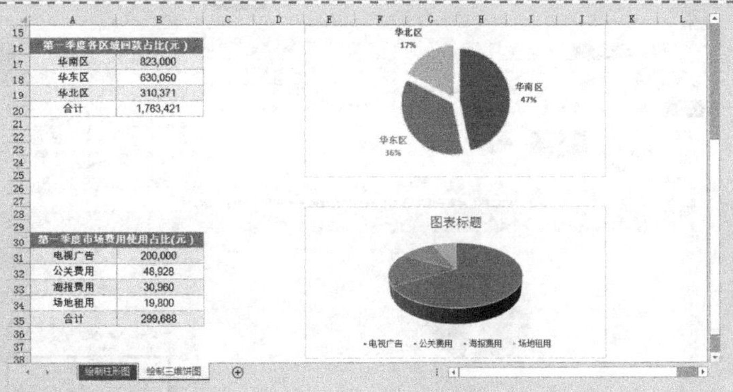

Step 21 调整图表位置和大小

① 在图表空白位置按住鼠标左键，将其拖曳至工作表合适位置。

② 将鼠标移至图表的右下角，向内拖曳鼠标，待图表调整至合适大小时释放鼠标。

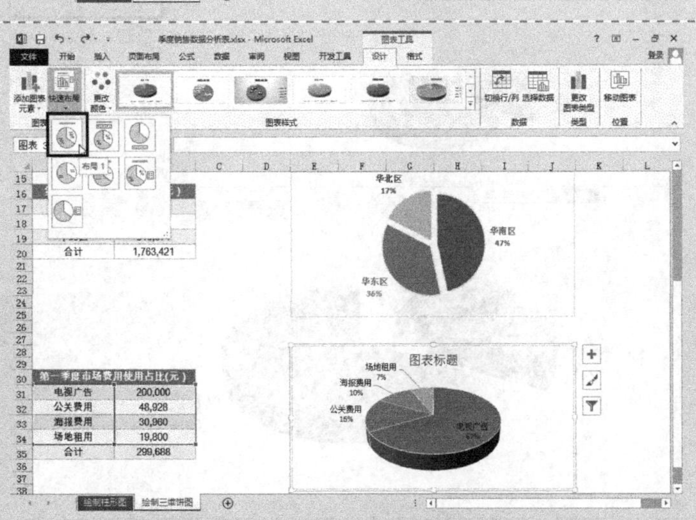

Step 22 设置布局方式

选中该三维饼图，单击“图表工具-设计”选项卡，然后在“图表布局”命令组中单击“快速布局”按钮，在弹出的下拉菜单中选择“布局 1”样式。

Step 23 删除图表标题

选中“图表标题”，按<Delete>键删除。

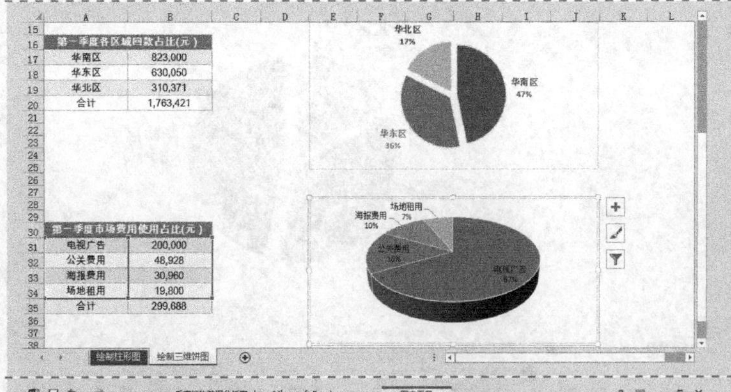

Step 24 设置图表样式

单击“图表工具-设计”选项卡，然后单击“图表样式”命令组中的“样式 8”命令。

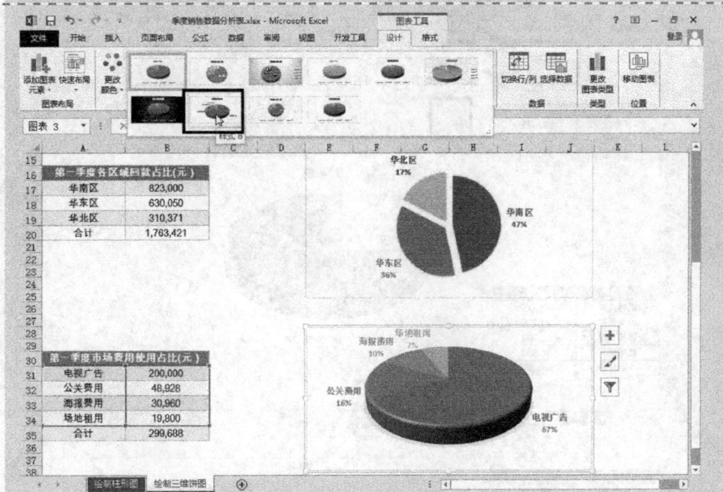

Step 25 调整饼图分离程度

① 双击饼图，打开“设置数据系列格式”窗格。

② 依次单击“系列选项”选项→“系列选项”按钮→“系列选项”选项卡，在“饼图分离程度”下方往右拖动滑块，使微调框中显示“30%”。关闭“设置数据系列格式”窗格。

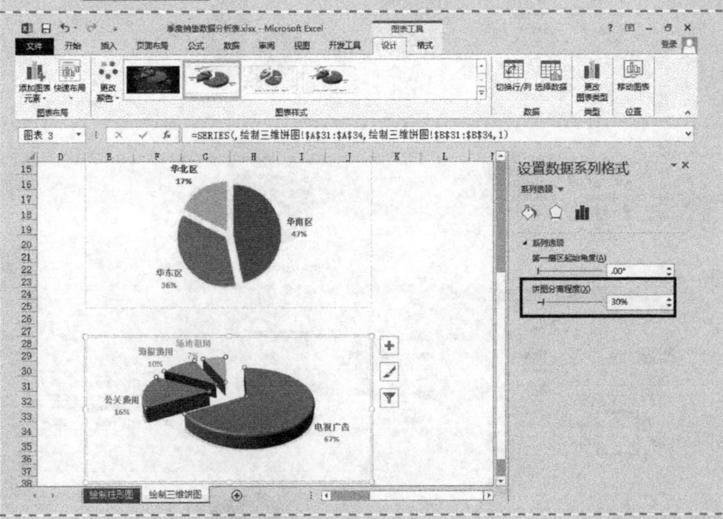

Step 26 设置数据标签格式

选中“电视广告 67%”数据标签，切换到“开始”选项卡，在“字体”命令组中设置字体颜色为“红色”。

此时三维饼图绘制完毕。

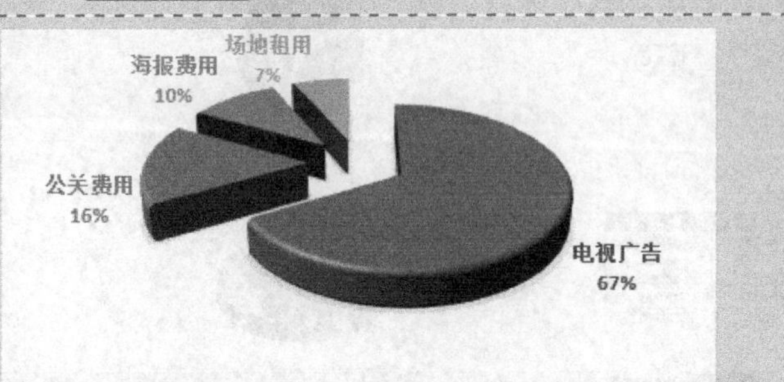

5.2.3 绘制动态图表

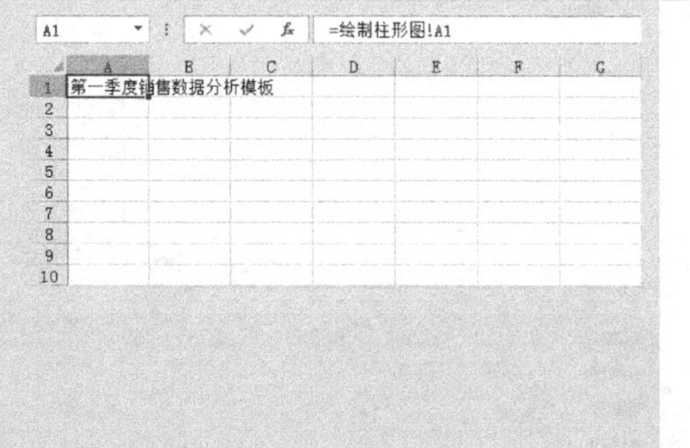

Step 1 输入表格标题

① 插入一个新的工作表，重命名为“绘制动态图表”，设置工作表标签颜色为“蓝色”。

② 选中 A1 单元格，输入“=绘制柱形图!A1”。

“绘制动态图表”工作表中 A1 单元格的内容将随着“第一季度销售数据分析”工作表中 A2 单元格的内容变化而变动。

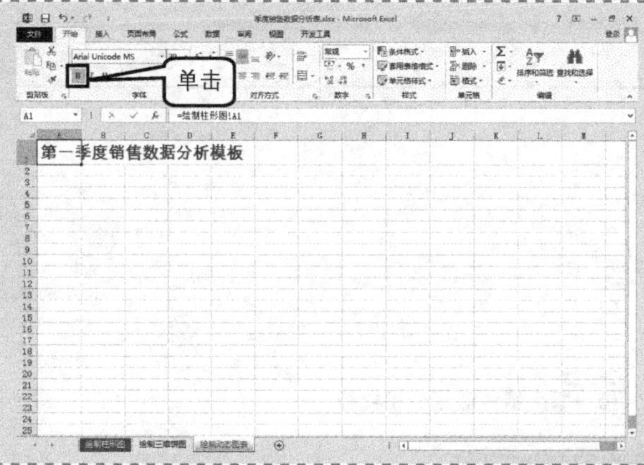

Step 2 复制格式

切换至“绘制柱形图”工作表，选中 A1 单元格，在“开始”选项卡的“剪贴板”命令组中单击“格式刷”按钮，切换至“绘制动态图表”工作表，单击 A1 单元格，格式复制完成。

Step 3 绘制“滚动条”

① 切换到“开发工具”选项卡，在“控件”命令组中单击“插入”按钮，在弹出的下拉菜单中选择“表单控件”下的“滚动条（窗体控件）”命令。

② 当鼠标指针变为十形状时，在工作表的 A12:D12 单元格区域位置拖动鼠标指针确定滚动条的大小，释放鼠标，工作表中即可添加一个滚动条。

Step 4 设置控件格式

① 在“开发工具”选项卡的“控件”命令组中单击“属性”按钮，弹出“设置控件格式”对话框，切换到“控制”选项卡。

② 设置“当前值”为“1”，设置“最小值”为“1”，设置“最大值”为“3”，设置“步长”为“1”，设置“页步长”为“1”。在“单元格链接”输入框中输入“$A$12”，单击“确定”按钮。

Step 5 插入定义名称

① 切换到“公式”选项卡，在“定义的名称”命令组中单击“定义名称”按钮，弹出“新建名称”对话框。

② 在“名称”文本框中输入要定义的名称“_1”。

③ 在“引用位置:”输入框中输入需要设置的数据源区域“=CHOOSE(绘制动态图表!$A$12，绘制柱形图!$A$4，绘制柱形图!$A$15，绘制柱形图!$A$28)”，单击“确定”按钮。

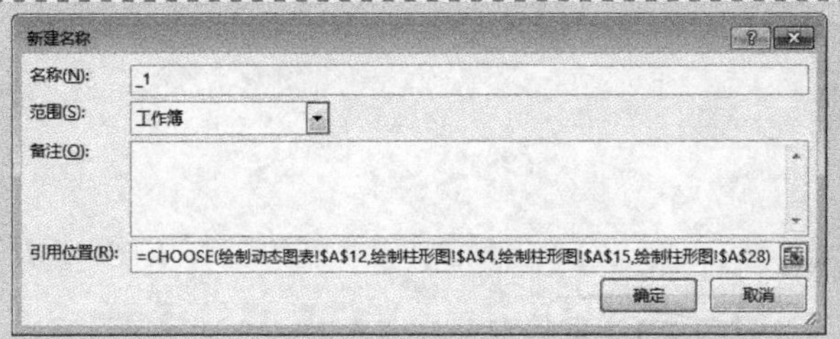

Step 6 调用标题名称

选中 A4 单元格，输入“=_1”。

此时，如果拖动滚动条，A4 单元格中的名称会随着滚动条的步长改变而相应地显示为“绘制柱形图”工作表中的每个标题名称。

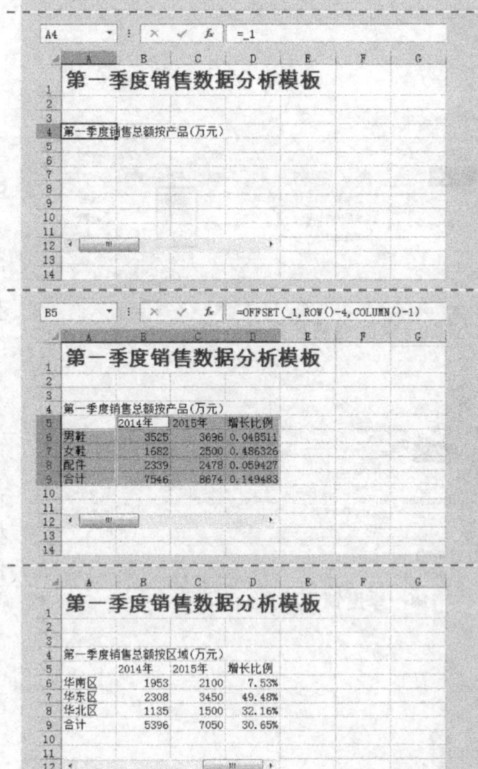

Step 7 调用数据

① 按住<Ctrl>键，同时选中 A6:A9 和 B5:D9 单元格区域，在编辑栏中输入以下公式，按<Ctrl+Enter>组合键输入。

```
=OFFSET(_1,ROW()-4,COLUMN()-1)
```

② 选中 D6:D9 单元格区域，设置“小数位数”为“2”的百分比格式。

此时，如果拖动滚动条，A5:D9 单元格中的数据会随着滚动条的步长改变而显示为“第 3 季度销售数据分析”中的对应数据。

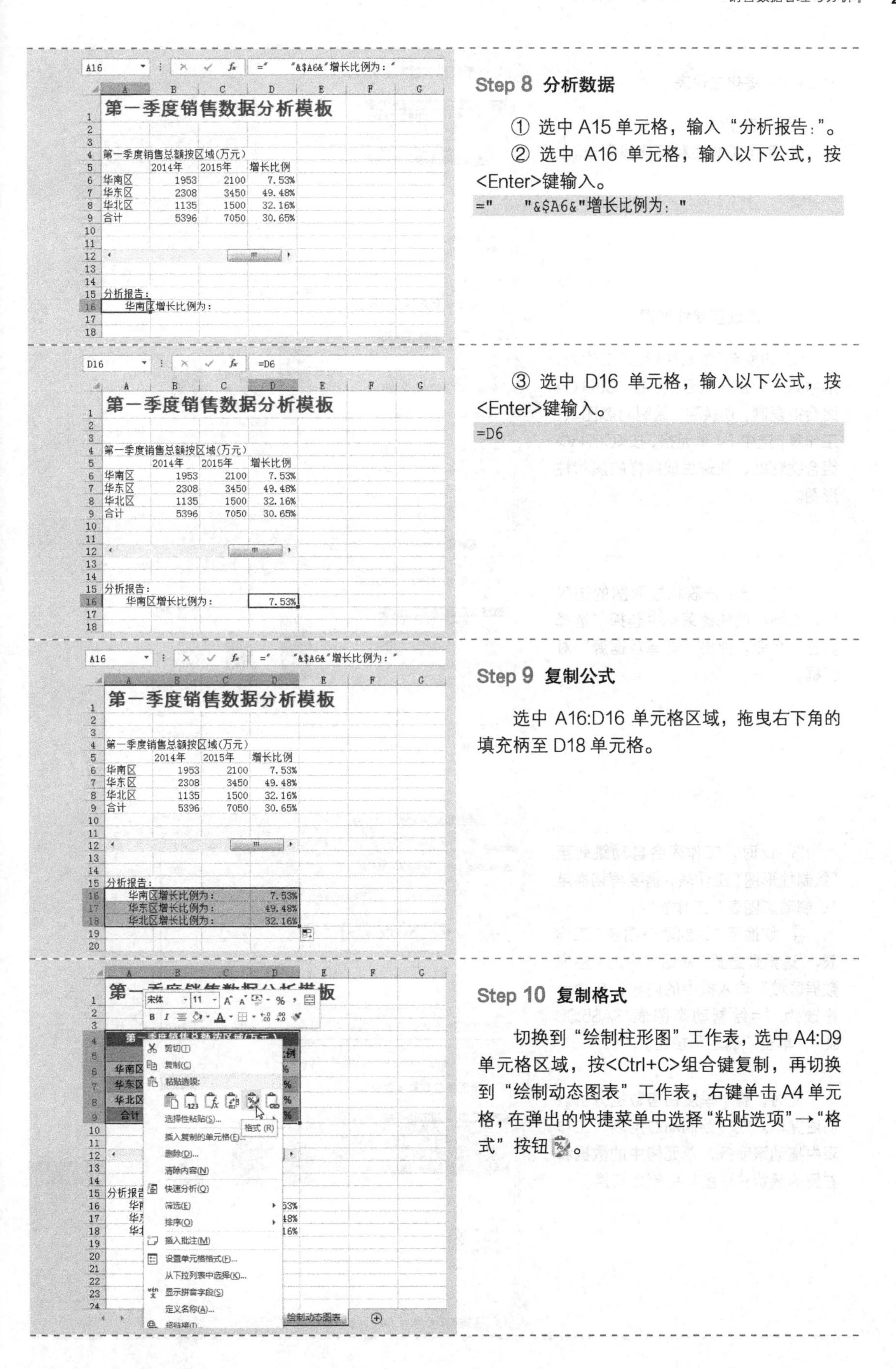

Step 8 分析数据

① 选中 A15 单元格，输入“分析报告:”。

② 选中 A16 单元格，输入以下公式，按<Enter>键输入。

```
="    "&$A6&"增长比例为: "
```

③ 选中 D16 单元格，输入以下公式，按<Enter>键输入。

```
=D6
```

Step 9 复制公式

选中 A16:D16 单元格区域，拖曳右下角的填充柄至 D18 单元格。

Step 10 复制格式

切换到“绘制柱形图”工作表，选中 A4:D9 单元格区域，按<Ctrl+C>组合键复制，再切换到“绘制动态图表”工作表，右键单击 A4 单元格，在弹出的快捷菜单中选择“粘贴选项”→“格式”按钮。

Step 11 美化工作表

① 调整字体。

② 取消编辑栏和网格线显示。

Step 12 复制簇状柱形图

① 切换至“绘制柱形图”工作表，选中第 1 个簇状柱形图，按<Ctrl+C>组合键复制，切换到“绘制动态图表”工作表，选中 F4 单元格，按<Ctrl+V>组合键粘贴，快速生成同样的簇状柱形图。

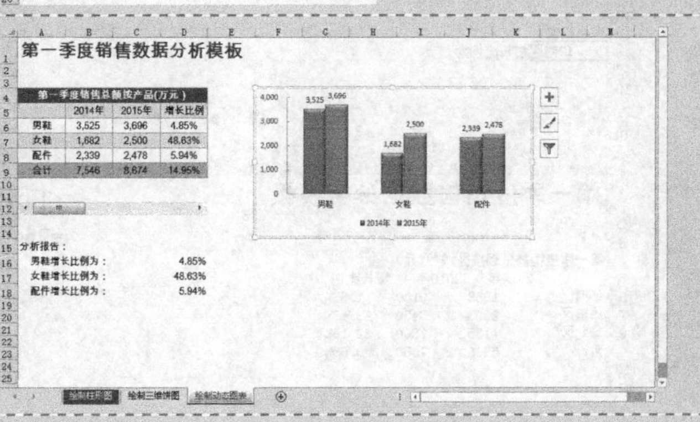

② 右键单击簇状柱形图的图表区，在弹出的快捷菜单中选择“选择数据”命令，弹出“选择数据源”对话框。

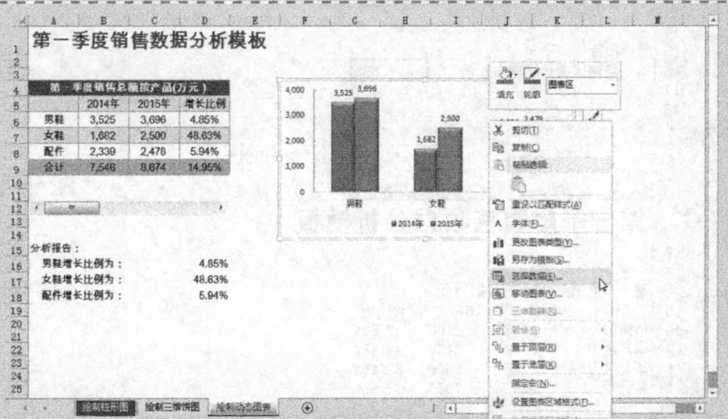

③ 此时，工作表会自动跳转至“绘制柱形图”工作表，需要再切换至“绘制动态图表”工作表。

④ 切换至“绘制动态图表”工作表，“选择数据源”对话框中的“图表数据区域”输入框中的内容，自动地修改为“=绘制动态图表!$A$5:$C$8”，单击“确定”按钮。

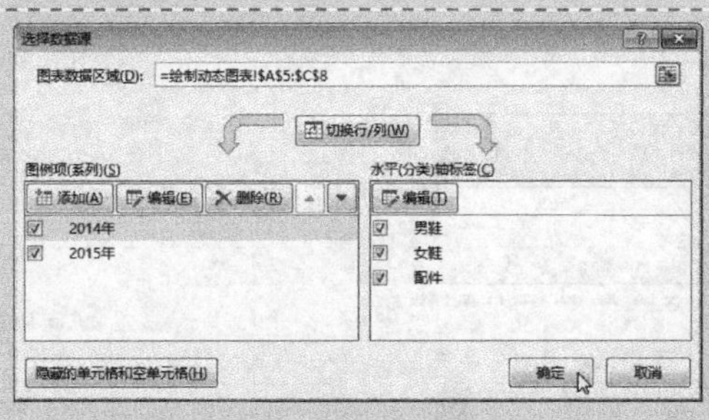

此时，整个季度销售数据分析表创建完毕。在“绘制动态图表”工作表中拖动滚动条，单元格中的数据和右侧的簇状柱形图都会随之切换。

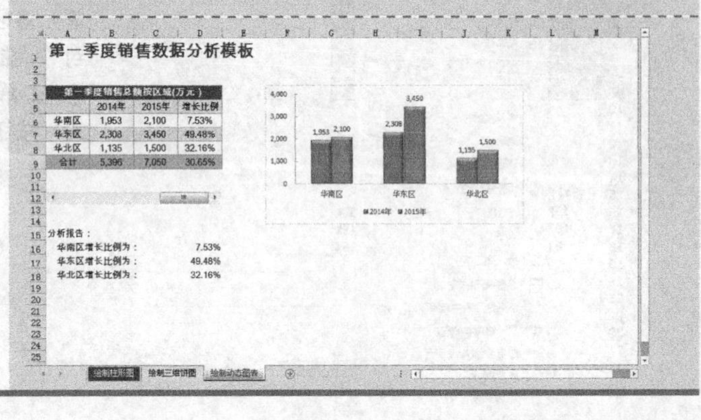

关键知识点讲解

1. 函数应用：CHOOSE 函数

函数用途

可以使用 index_num 返回数值参数列表中的数值。使用函数 CHOOSE 可以基于索引号返回多达 254 个基于 index number 待选数值中的任一数值。例如，如果数值 1～7 表示一个星期的 7 天，当用 1～7 之间的数字作 index_num 时，函数 CHOOSE 返回其中的某一天。

函数语法

CHOOSE(index_num,value1,[value2],...)

index_num 为必需参数。用以指明待选参数序号的参数值。Index_num 必须为 1～29 之间的数字，或者是包含数字 1～29 的公式或单元格引用。

- 如果 index_num 为 1，函数 CHOOSE 返回 value1；如果为 2，CHOOSE 函数返回 value2，以此类推。
- 如果 index_num 小于 1 或大于列表中最后一个值的序号，CHOOSE 函数返回错误值#VALUE!。
- 如果 index_num 为小数，则在使用前将被截尾取整。

value1,value2,...为 1～254 个数值参数，CHOOSE 函数基于 index_num，从中选择一个数值或执行相应的操作。参数可以为数字、单元格引用、已定义的名称、公式、函数或文本。

函数说明

- 如果 index_num 为一个数组，则在计算 CHOOSE 函数时，每一个值都将计算。
- CHOOSE 函数的数值参数不仅可以为单个数值，也可以为区域引用。

例如，下面的公式。

```
=SUM(CHOOSE(2, A1:A10, B1:B10, C1:C10))
```

相当于以下公式。

```
=SUM(B1:B10)
```

基于 B1:B10 单元格区域中的数值返回值。

CHOOSE 函数先被计算，返回引用 B1:B10 单元格区域。SUM 函数用 B1:B10 单元格区域进行求和计算，即 CHOOSE 函数的结果是 SUM 函数的参数。

函数简单示例

示例一：

	A	B
1	第1名	韩梅梅
2	第2名	丁果果
3	第3名	常蓝蓝
4	第4名	李雷雷

示例	公式	说明	结果
1	=CHOOSE(2,A1,A2,A3,A4)	第 2 个参数 A2 的值	第 2 名
2	=CHOOSE(4,B1,B2,B3,B4)	第 4 个参数 B4 的值	李雷雷

示例二：

	A
1	12
2	34
3	56
4	78

示例	公式	说明	结果
1	=SUM(A1:CHOOSE(2,A2,A3,A4))	A1:A3 单元格区域中所有数值的和	102

本例公式说明

以下为本例中的公式。

```
=CHOOSE(绘制动态图表!$A$12,绘制柱形图!$A$4,绘制柱形图!$A$15,绘制柱形图!$A$28)
```

其各个参数值指定 CHOOSE 函数基于绘制动态图表!$A$12 的值，来返回数值参数列表中的数值。绘制动态图表!$A$12 的值与滚动条的值相链接，随着滚动条向右滚动，Sheet1!$A$11 的值在 1~3 变化。

2. 函数应用：ROW 函数

函数用途

返回引用的行号。

函数语法

ROW(reference)

- reference 为需要得到其行号的单元格或单元格区域。

函数说明

- 如果省略 reference，则假定是对函数 ROW 所在单元格的引用。
- 如果 reference 为一个单元格区域，并且函数 ROW 作为垂直数组输入，则函数 ROW 将 reference 的行号以垂直数组的形式返回。
- reference 不能引用多个区域。

函数简单示例

示例	公式	说明	结果
1	=ROW()	公式所在行的行号	2
2	=ROW(C10)	引用所在行的行号	10

本例公式说明

以下为本例中的公式。

```
=ROW()
```

其各个参数值指定 ROW 函数返回公式所在行的行号。

3. 函数应用：COLUMN 函数

函数用途

返回给定引用的列标。

函数语法

COLUMN(reference)

- reference 为需要得到其列标的单元格或单元格区域。

函数说明

- 如果省略 reference，则假定为是对函数 COLUMN 所在单元格的引用。
- 如果 reference 为一个单元格区域，并且函数 COLUMN 作为水平数组输入，则函数 COLUMN 将 reference 中的列标以水平数组的形式返回。
- reference 不能引用多个区域。

■ 函数简单示例

示例	公式	说明	结果
1	=COLUMN()	公式所在的列	1
2	=COLUMN(A10)	引用的列	1

■ 本例公式说明

以下为本例中的公式。

```
=COLUMN()
```

其各个参数值指定 COLUMN 函数返回公式所在列的列号。

4. 函数应用：OFFSET 函数

■ 函数用途

以指定的引用为参照系，通过给定偏移量得到新的引用。返回的引用可以为一个单元格或单元格区域，并可以指定返回的行数或列数。

■ 函数语法

OFFSET(reference,rows,cols,[height],[width])

- reference 是必需参数。为要以其作为偏移量参照系的引用区域。reference 必须为对单元格或相邻单元格区域的引用；否则 OFFSET 函数返回错误值#VALUE!。
- rows 是必需参数。为相对于偏移量参照系的左上角单元格上（下）偏移的行数。如果使用 5 作为参数 rows，则说明目标引用区域的左上角单元格比 reference 低 5 行。行数可为正数（代表在起始引用的下方）或负数（代表在起始引用的上方）。
- cols 是必需参数。为相对于偏移量参照系的左上角单元格左（右）偏移的列数。如果使用 5 作为参数 cols，则说明目标引用区域的左上角的单元格比 reference 靠右 5 列。列数可为正数（代表在起始引用的右边）或负数（代表在起始引用的左边）。
- height 是可选参数。为高度，即所要返回的引用区域的行数。height 必须为正数。
- width 是可选参数。为宽度，即所要返回的引用区域的列数。width 必须为正数。

■ 函数说明

- 如果 rows 和 cols 的偏移使引用超出工作表边缘，则 OFFSET 函数返回错误值#REF!。
- 如果省略 height 或 width，则假设其高度或宽度与 reference 相同。
- OFFSET 函数实际上并不移动任何单元格或更改选定区域，它只是返回一个引用。OFFSET 函数可以与任何期待引用参数的函数一起使用。例如，公式 SUM(OFFSET(C2,1,2,3,1))将计算以 C2 单元格为基点，向下偏移 1 行，向右偏移两列的 3 行 1 列区域（即 E3:E5 单元格区域）的总值。

■ 函数简单示例

	A	B	C	D	E	F
1	1	8	7	9	6	5
2	2	6	4	1	8	4
3	45	4	21	31	3	7
4	5	7	44	74	4	21
5	3	2	5	65	6	26

示例	公式	说明	结果
1	=OFFSET(C3,2,3,1,1)	显示单元格 F5 中的值	26
2	=SUM(OFFSET(C3:E5,−1,0,3,3))	对数据区域 C2:E4 求和	190
3	=OFFSET(C3:E5,0,−3,3,3)	以 C3:E5 为基点，向左偏移 3 列，新的引用区域超出工作表边缘	#REF!

本例公式说明

以下为本例中的公式。

```
B6=OFFSET(_1,ROW()-4,COLUMN()-1)
```

该公式中，ROW()=6，COLUMN()＝2，所以公式可以简化为下面的形式。

```
B6=OFFSET(_1,2,1)
```

名称“_1”被定义为：

```
"=CHOOSE(绘制动态图表!$A$12,绘制柱形图!$A$4,绘制柱形图!$A$15,绘制柱形图!$A$28)"
```

因为绘制动态图表!$A$12 的值与滚动条的值相链接，随着滚动条向右滚动，绘制动态图表!$A$12 的值在 1~3 之间变化。假设滚动条的值为 2，则“绘制动态图表!$A$12”=2，所以，“_1”被定义为“绘制柱形图!$A$15”，因此公式可表示为以下形式。

```
B6=OFFSET(绘制柱形图!$A$15,2,1)
```

即 B6 单元格为“绘制柱形图!$B$17”的值“1826”。

扩展知识点讲解

函数应用：ROWS 函数

函数用途

返回引用或数组的行数。

函数语法

ROWS(array)

- array 为需要得到其行数的数组、数组公式或对单元格区域的引用。

函数简单示例

示例	公式	说明	结果
1	=ROWS(C1:E4)	引用中的行数	4
2	=ROWS({1,2,3;4,5,6})	数组常量中的行数	2

5.3 数据分析表格分解

案例背景

销售公司季度的专业数据分析，不同于由财务部门提交给决策部门的财务报表，而是对营销过程的数据分析。

宏是一组指令，能自动操作 Excel 的某些方面，这样用户可以更有效地工作并减少错误的发生，创建并使用简单的 VBA 宏并不是什么难事，Excel 提供两种创建宏的方法：一是开启 Excel 宏录制器，录制用户的操作；二是直接在 VBA 模块中输入代码。

创建数据透视表，对透视表进行布局，将“责任人 2”字段放于页标签，以应用透视表选项“显示报表筛选页功能”进行表格拆分。拆分完成后，选为工作组，将透视表批量处理为普通表格。

关键技术点

要实现本例中的功能，读者应当掌握以下 Excel 技术点。

- 名称的高级定义，在名称框中使用公式
- 数据透视表

最终效果展示

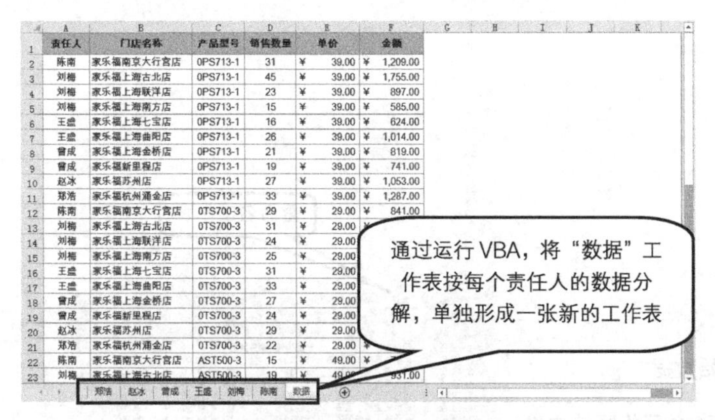

利用 Visual Basic 将一表划分为多表

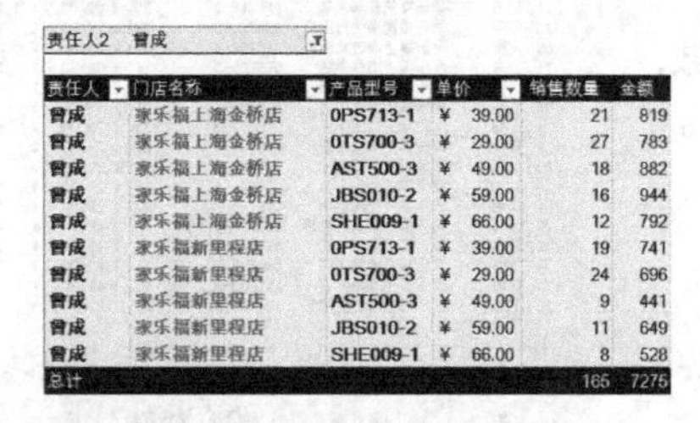

利用数据透视表将一表划分为多表

示例文件

光盘\示例文件\第 5 章\销售分析一表划分多表.xlsx
光盘\示例文件\第 5 章\销售分析一表划分多表-透视表方法.xlsx

5.3.1 利用 VBA 将一表划分多表

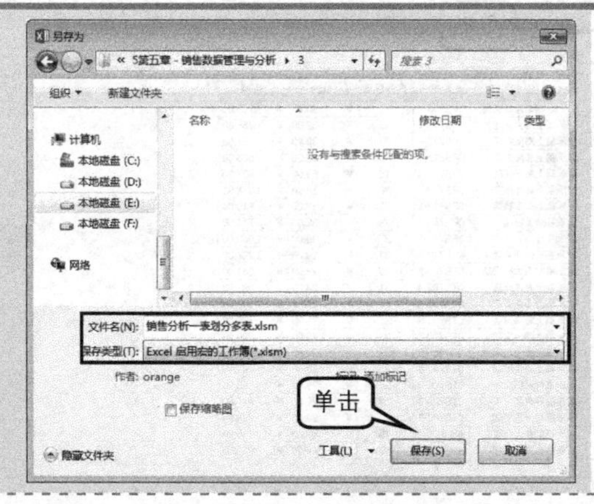

Step 1 新建工作簿

新建一个空工作簿，单击“快速访问工具栏”上的“保存”按钮，弹出“另存为”对话框，选择需要保存的文件路径后，单击“保存类型”下箭头按钮，在弹出的下拉列表框中选择“Excel 启用宏的工作簿(*.xlsm)”选项，在“文件名”框中输入“销售分析一表划分多表.xlsm”，单击“保存”按钮。

将“Sheet1”工作表重命名为“数据”，设置“数据”工作表标签颜色为“橙色”。

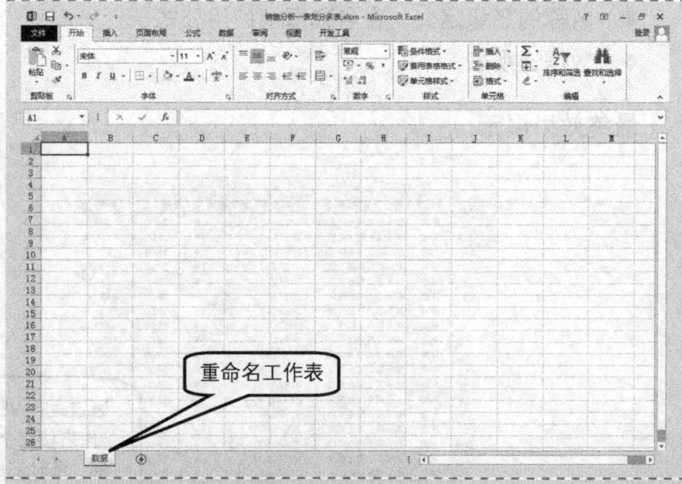

Step 2 输入原始数据

① 在 A1:F51 单元格区域中输入原始数据。

② 选择 E2:F51 单元格区域，设置单元格格式为“会计专用”。

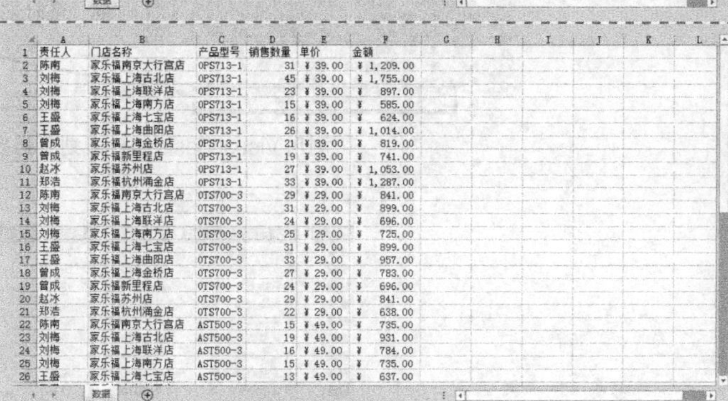

	A	B	C	D	E	F
1	责任人	门店名称	产品型号	销售数量	单价	金额
2	陈南	家乐福南京大行宫店	0PS713-1	31	¥ 39.00	¥ 1,209.00
3	刘梅	家乐福上海古北店	0PS713-1	45	¥ 39.00	¥ 1,755.00
4	刘梅	家乐福上海联洋店	0PS713-1	23	¥ 39.00	¥ 897.00
5	刘梅	家乐福上海南方店	0PS713-1	15	¥ 39.00	¥ 585.00
6	王盛	家乐福上海七宝店	0PS713-1	16	¥ 39.00	¥ 624.00
7	王盛	家乐福上海曲阳店	0PS713-1	26	¥ 39.00	¥ 1,014.00
8	曾成	家乐福上海金桥店	0PS713-1	21	¥ 39.00	¥ 819.00
9	曾成	家乐福新里程店	0PS713-1	19	¥ 39.00	¥ 741.00
10	赵冰	家乐福苏州店	0PS713-1	27	¥ 39.00	¥ 1,053.00
11	郑浩	家乐福杭州涌金店	0PS713-1	33	¥ 39.00	¥ 1,287.00
12	陈南	家乐福南京大行宫店	0TS700-3	29	¥ 29.00	¥ 841.00
13	刘梅	家乐福上海古北店	0TS700-3	31	¥ 29.00	¥ 899.00
14	刘梅	家乐福上海联洋店	0TS700-3	24	¥ 29.00	¥ 696.00
15	刘梅	家乐福上海南方店	0TS700-3	25	¥ 29.00	¥ 725.00
16	王盛	家乐福上海七宝店	0TS700-3	31	¥ 29.00	¥ 899.00
17	王盛	家乐福上海曲阳店	0TS700-3	33	¥ 29.00	¥ 957.00
18	曾成	家乐福上海金桥店	0TS700-3	27	¥ 29.00	¥ 783.00
19	曾成	家乐福新里程店	0TS700-3	24	¥ 29.00	¥ 696.00
20	赵冰	家乐福苏州店	0TS700-3	29	¥ 29.00	¥ 841.00
21	郑浩	家乐福杭州涌金店	0TS700-3	22	¥ 29.00	¥ 638.00
22	陈南	家乐福南京大行宫店	AST500-3	15	¥ 49.00	¥ 735.00
23	刘梅	家乐福上海古北店	AST500-3	19	¥ 49.00	¥ 931.00
24	刘梅	家乐福上海联洋店	AST500-3	16	¥ 49.00	¥ 784.00
25	刘梅	家乐福上海南方店	AST500-3	15	¥ 49.00	¥ 735.00
26	王盛	家乐福上海七宝店	AST500-3	13	¥ 49.00	¥ 637.00

Step 3 美化工作表

① 设置字体、字号、加粗、居中和填充颜色。

② 调整行高和列宽。

③ 设置框线。

④ 取消编辑栏和网格线显示。

	A	B	C	D	E	F
1	责任人	门店名称	产品型号	销售数量	单价	金额
2	陈南	家乐福南京大行宫店	0PS713-1	31	¥ 39.00	¥ 1,209.00
3	刘梅	家乐福上海古北店	0PS713-1	45	¥ 39.00	¥ 1,755.00
4	刘梅	家乐福上海联洋店	0PS713-1	23	¥ 39.00	¥ 897.00
5	刘梅	家乐福上海南方店	0PS713-1	15	¥ 39.00	¥ 585.00
6	王盛	家乐福上海七宝店	0PS713-1	16	¥ 39.00	¥ 624.00
7	王盛	家乐福上海曲阳店	0PS713-1	26	¥ 39.00	¥ 1,014.00
8	曾成	家乐福上海金桥店	0PS713-1	21	¥ 39.00	¥ 819.00
9	曾成	家乐福新里程店	0PS713-1	19	¥ 39.00	¥ 741.00
10	赵冰	家乐福苏州店	0PS713-1	27	¥ 39.00	¥ 1,053.00
11	郑浩	家乐福杭州涌金店	0PS713-1	33	¥ 39.00	¥ 1,287.00
12	陈南	家乐福南京大行宫店	0TS700-3	29	¥ 29.00	¥ 841.00
13	刘梅	家乐福上海古北店	0TS700-3	31	¥ 29.00	¥ 899.00
14	刘梅	家乐福上海联洋店	0TS700-3	24	¥ 29.00	¥ 696.00
15	刘梅	家乐福上海南方店	0TS700-3	25	¥ 29.00	¥ 725.00
16	王盛	家乐福上海七宝店	0TS700-3	31	¥ 29.00	¥ 899.00
17	王盛	家乐福上海曲阳店	0TS700-3	33	¥ 29.00	¥ 957.00
18	曾成	家乐福上海金桥店	0TS700-3	27	¥ 29.00	¥ 783.00
19	曾成	家乐福新里程店	0TS700-3	24	¥ 29.00	¥ 696.00
20	赵冰	家乐福苏州店	0TS700-3	29	¥ 29.00	¥ 841.00
21	郑浩	家乐福杭州涌金店	0TS700-3	22	¥ 29.00	¥ 638.00
22	陈南	家乐福南京大行宫店	AST500-3	15	¥ 49.00	¥ 735.00
23	刘梅	家乐福上海古北店	AST500-3	19	¥ 49.00	¥ 931.00

Step 4 打开 Visual Basic 窗口

切换到“开发工具”选项卡，在“代码”命令组中单击“Visual Basic”按钮，弹出 VBE 窗口。

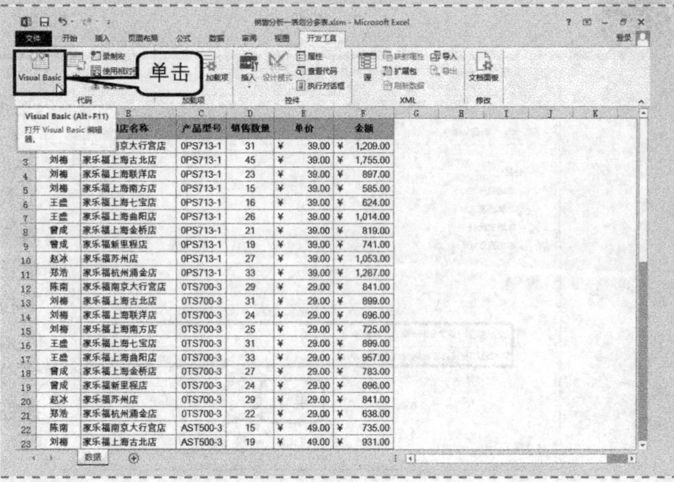

	A	B	C	D	E	F
1		店名称	产品型号	销售数量	单价	金额
2		京大行宫店	0PS713-1	31	¥ 39.00	¥ 1,209.00
3	刘梅	家乐福上海古北店	0PS713-1	45	¥ 39.00	¥ 1,755.00
4	刘梅	家乐福上海联洋店	0PS713-1	23	¥ 39.00	¥ 897.00
5	刘梅	家乐福上海南方店	0PS713-1	15	¥ 39.00	¥ 585.00
6	王盛	家乐福上海七宝店	0PS713-1	16	¥ 39.00	¥ 624.00
7	王盛	家乐福上海曲阳店	0PS713-1	26	¥ 39.00	¥ 1,014.00
8	曾成	家乐福上海金桥店	0PS713-1	21	¥ 39.00	¥ 819.00
9	曾成	家乐福新里程店	0PS713-1	19	¥ 39.00	¥ 741.00
10	赵冰	家乐福苏州店	0PS713-1	27	¥ 39.00	¥ 1,053.00
11	郑浩	家乐福杭州涌金店	0PS713-1	33	¥ 39.00	¥ 1,287.00
12	陈南	家乐福南京大行宫店	0TS700-3	29	¥ 29.00	¥ 841.00
13	刘梅	家乐福上海古北店	0TS700-3	31	¥ 29.00	¥ 899.00
14	刘梅	家乐福上海联洋店	0TS700-3	24	¥ 29.00	¥ 696.00
15	刘梅	家乐福上海南方店	0TS700-3	25	¥ 29.00	¥ 725.00
16	王盛	家乐福上海七宝店	0TS700-3	31	¥ 29.00	¥ 899.00
17	王盛	家乐福上海曲阳店	0TS700-3	33	¥ 29.00	¥ 957.00
18	曾成	家乐福上海金桥店	0TS700-3	27	¥ 29.00	¥ 783.00
19	曾成	家乐福新里程店	0TS700-3	24	¥ 29.00	¥ 696.00
20	赵冰	家乐福苏州店	0TS700-3	29	¥ 29.00	¥ 841.00
21	郑浩	家乐福杭州涌金店	0TS700-3	22	¥ 29.00	¥ 638.00
22	陈南	家乐福南京大行宫店	AST500-3	15	¥ 49.00	¥ 735.00
23	刘梅	家乐福上海古北店	AST500-3	19	¥ 49.00	¥ 931.00

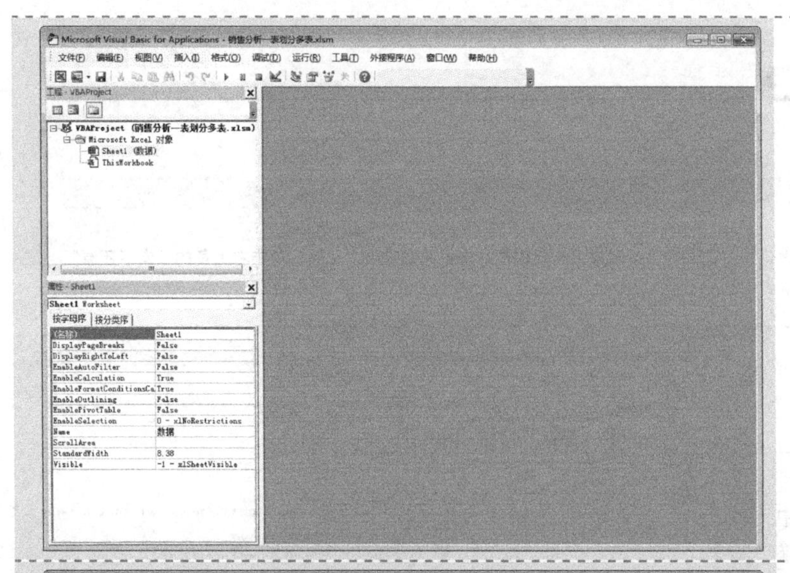

此时打开 Visual Basic 编辑器。

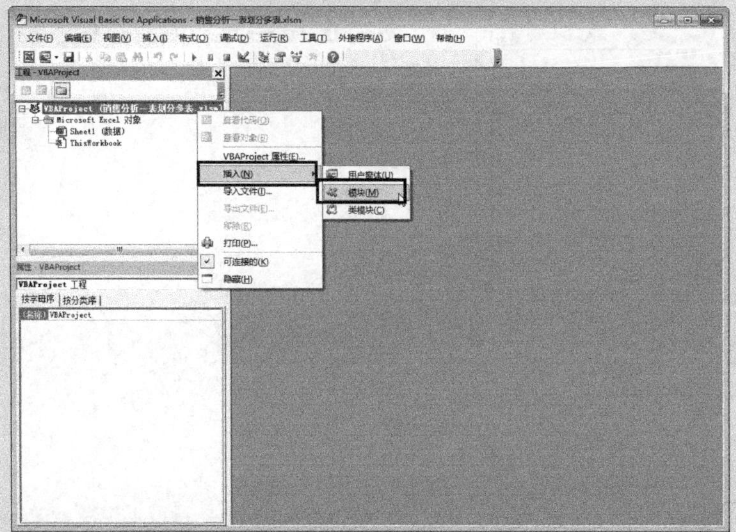

Step 5 插入模块

在 VBE 窗口中的“工程-VBAProject”窗口中，右键单击“VBAProject（销售分析—表划分多表.xlsm）”，在弹出的快捷菜单中选择“插入”→“模块”命令。

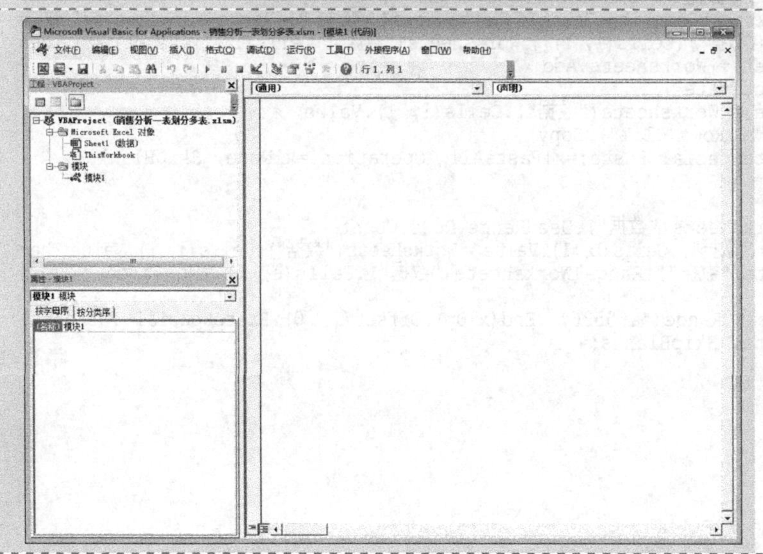

此时打开了模块 1 的代码框。

技巧 最大化代码框

单击代码框右上角的“最大化”按钮，可以最大化代码框。当代码框被最大化后，单击右上角的“向下还原”按钮，可以还原代码框的大小。

Step 6 编辑代码

① 在模块 1 的代码窗口中输入以下代码。

② 单击“标准”工具栏中的“保存”按钮，保存所输入的代码。

以下为一表划分为多表的代码。

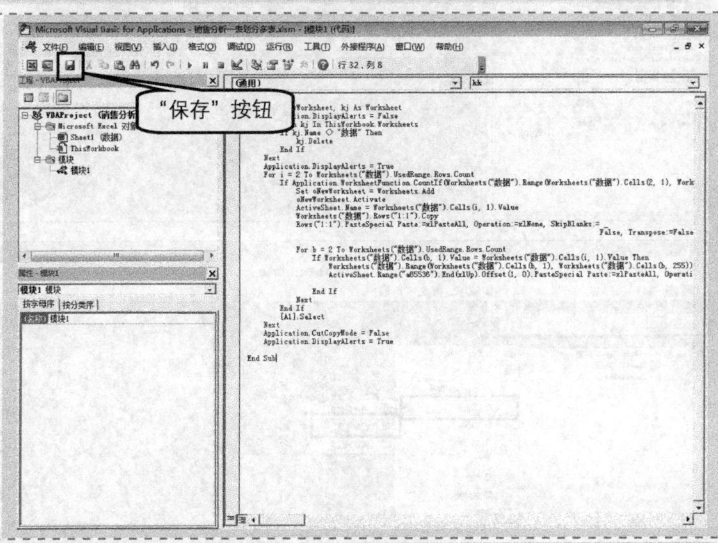


```
Sub kk()
    Dim oNewWorksheet, kj As Worksheet
    Application.DisplayAlerts = False
    For Each kj In ThisWorkbook.Worksheets
        If kj.Name <> "数据" Then
            kj.Delete
        End If
    Next
    Application.DisplayAlerts = True
    For i = 2 To Worksheets("数据").UsedRange.Rows.Count
        If Application.WorksheetFunction.CountIf(Worksheets(" 数 据 ").Range(Worksheets(" 数 据
").Cells(2, 1), Worksheets("数据").Cells(i, 1)), Worksheets("数据").Cells(i, 1).Value) = 1 Then
            Set oNewWorksheet = Worksheets.Add
            oNewWorksheet.Activate
            ActiveSheet.Name = Worksheets("数据").Cells(i, 1).Value
            Worksheets("数据").Rows("1:1").Copy
            Rows("1:1").PasteSpecial Paste:=xlPasteAll, Operation:=xlNone, SkipBlanks:=_
False, Transpose:=False

            For b = 2 To Worksheets("数据").UsedRange.Rows.Count
                If Worksheets("数据").Cells(b, 1).Value = Worksheets("数据").Cells(i, 1).Value Then
                    Worksheets("数据").Range(Worksheets("数据").Cells(b, 1), Worksheets("数据
").Cells(b, 255)).Copy
                    ActiveSheet.Range("a65536").End(xlUp).Offset(1, 0).PasteSpecial Paste:=xl
PasteAll, Operation:=xlNone, SkipBlanks:=_

False, Transpose:=False
                End If
            Next
        End If
        [A1].Select
    Next
    Application.CutCopyMode = False
    Application.DisplayAlerts = True

End Sub
```

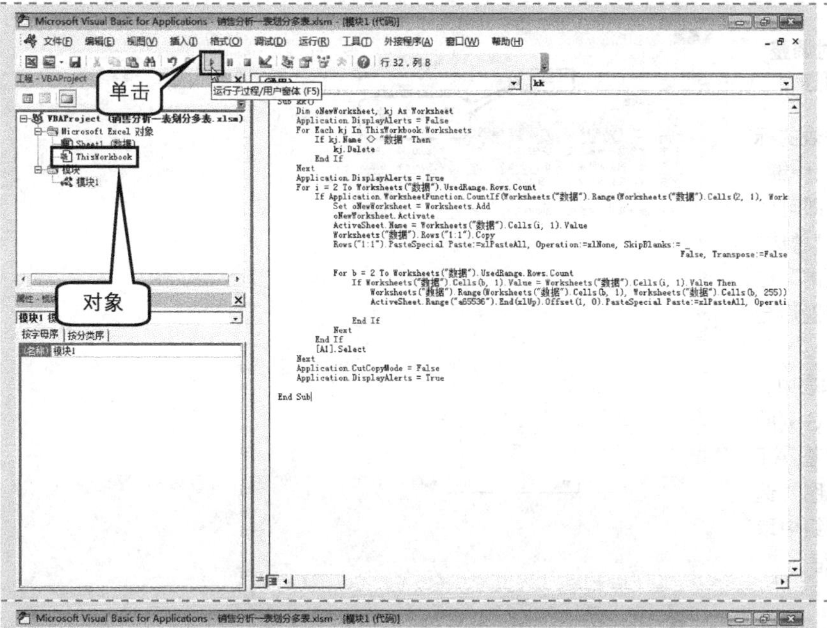

Step 7 运行程序

① 单击“标准”工具栏里的“运行子过程/用户窗体（F5）”按钮 ▶，运行初始化代码程序。

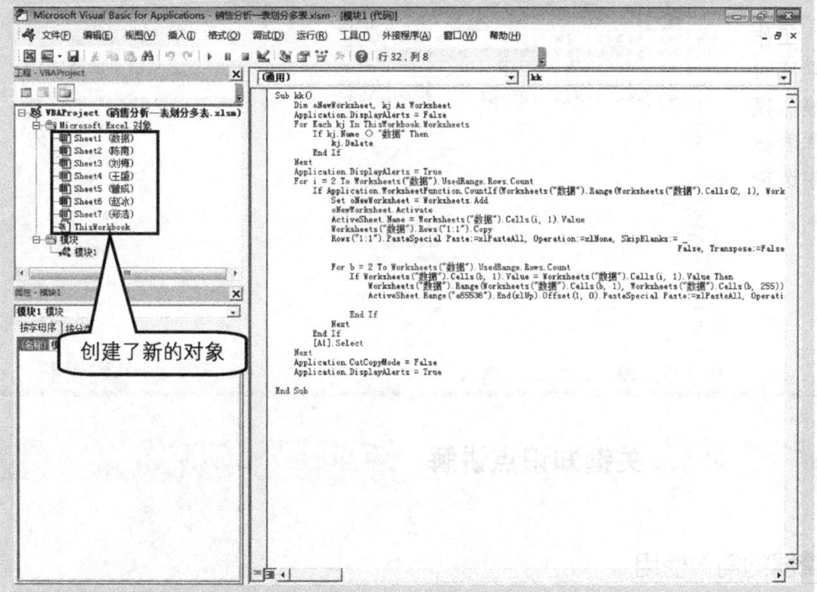

此时，在 Microsoft Excel 对象下自动创建了新的对象“陈南”“刘梅”“王盛”“曾成”“赵冰”和“郑浩”。

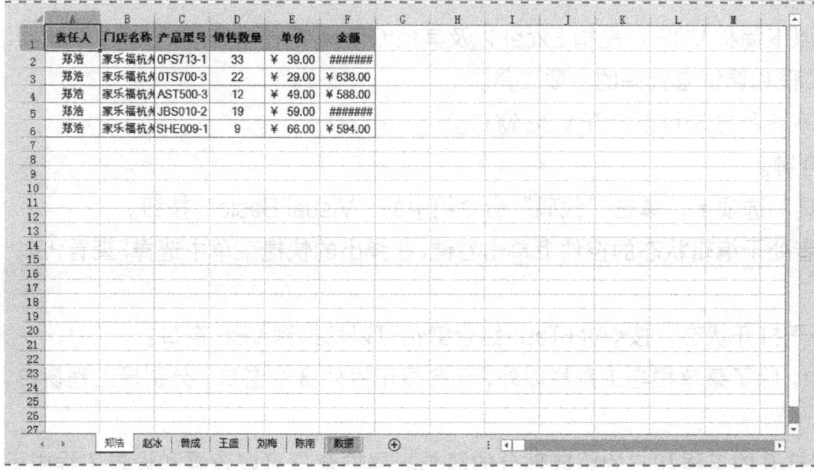

② 单击“标准”工具栏中的“视图 Microsoft Excel（Alt+F11）”按钮 返回视图状态，此时自动创建了“郑浩”“赵冰”“曾成”“王盛”“刘梅”和“陈南”工作表。

Step 8 使用工作组同时调整各个工作表的列宽

① 单击第 1 个工作表的标签名“郑浩”，按住<Shift>键，单击“陈南”工作表，即可同时选中“郑浩”“赵冰”“曾成”“王盛”“刘梅”和“陈南”工作表，在 Excel 菜单栏标题后会自动添加[工作组]字样。

② 在“郑浩”工作表中，选中 A:F 列，在 F 列和 G 列的列标之间双击，自动调整 A:F 列的列宽。切换到“视图”选项卡，在“显示”命令组中取消勾选“网格线”复选框。

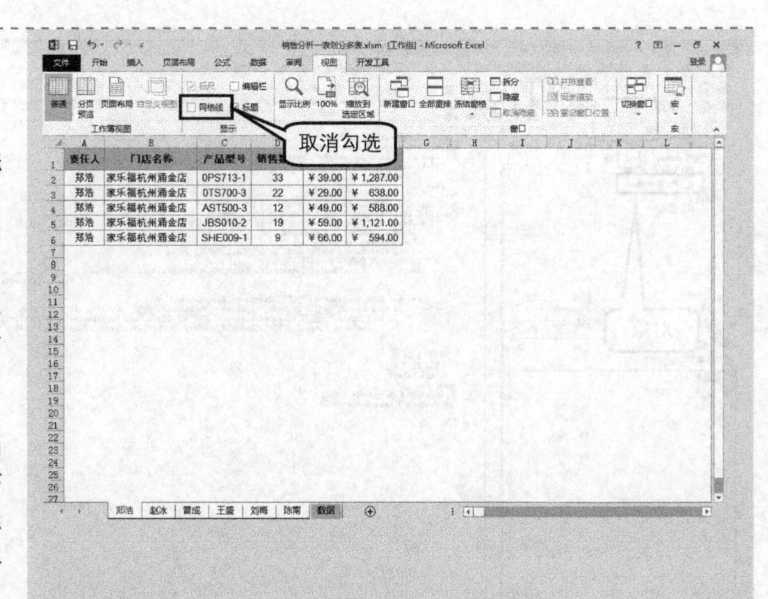

③ 在第 1 张“郑浩”工作表中进行的所有操作都会同时影响所选择的多个工作表。操作完成后，右键单击工作表标签，在弹出的快捷菜单中选择“取消组合工作表”命令。

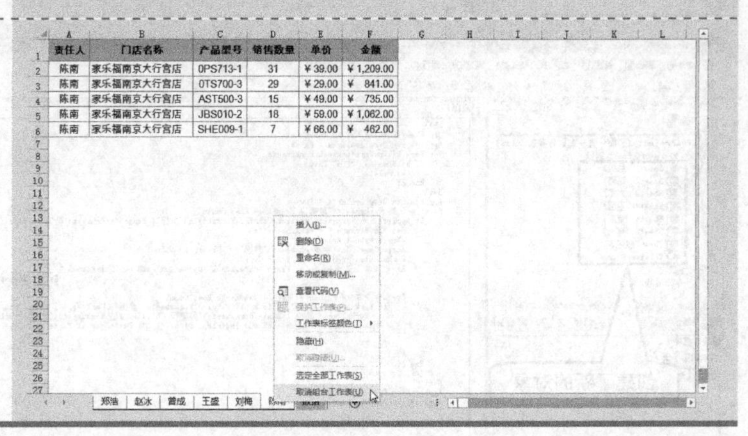

关键知识点讲解

基本概念：VBA 编辑器的简单使用

Visual Basic Editor（以下简称 VBE），是指 Excel 以及其他 Office 组件中集成的 VBA 编辑器，是用于创建和编辑 VBA 工程和调试宏代码的主要工具。

在 Excel 界面中有以下 4 种方法可以打开 VBE 窗口。

- 按<Alt+F11>组合键。
- 切换到“开发工具”选项卡，单击“代码”命令组中的“Visual Basic”按钮。
- 在工作表标签或者处于编辑状态的控件上单击右键，在弹出的快捷菜单中选择“查看代码”命令。
- 如果 VBE 已经处于打开状态，按<Alt+Tab>组合键也可以切换到 VBE 窗口。

在默认的 VBE 窗口中，除了菜单栏与工具栏以外，还会显示另外 3 个窗口，分别是工程窗口、属性窗口和代码窗口。

工程窗口显示了当前打开的工程和它的组成部分的清单。属性窗口可以查看和设置工程中不同对象的属性。代码窗口用来编写VBA程序，也可以用来查看和修改录制的宏代码以及已有的VBA过程。每个模块能在独立的代码窗口中打开。

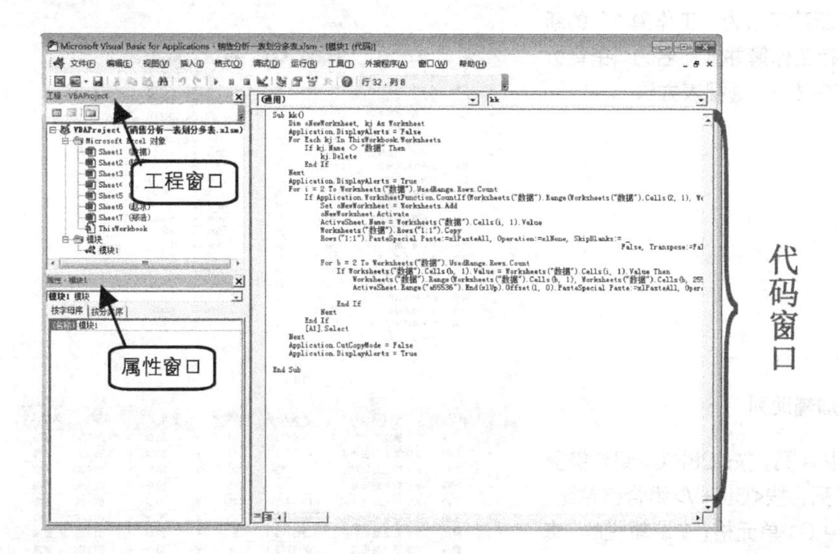

5.3.2 利用数据透视表将一表划分多表

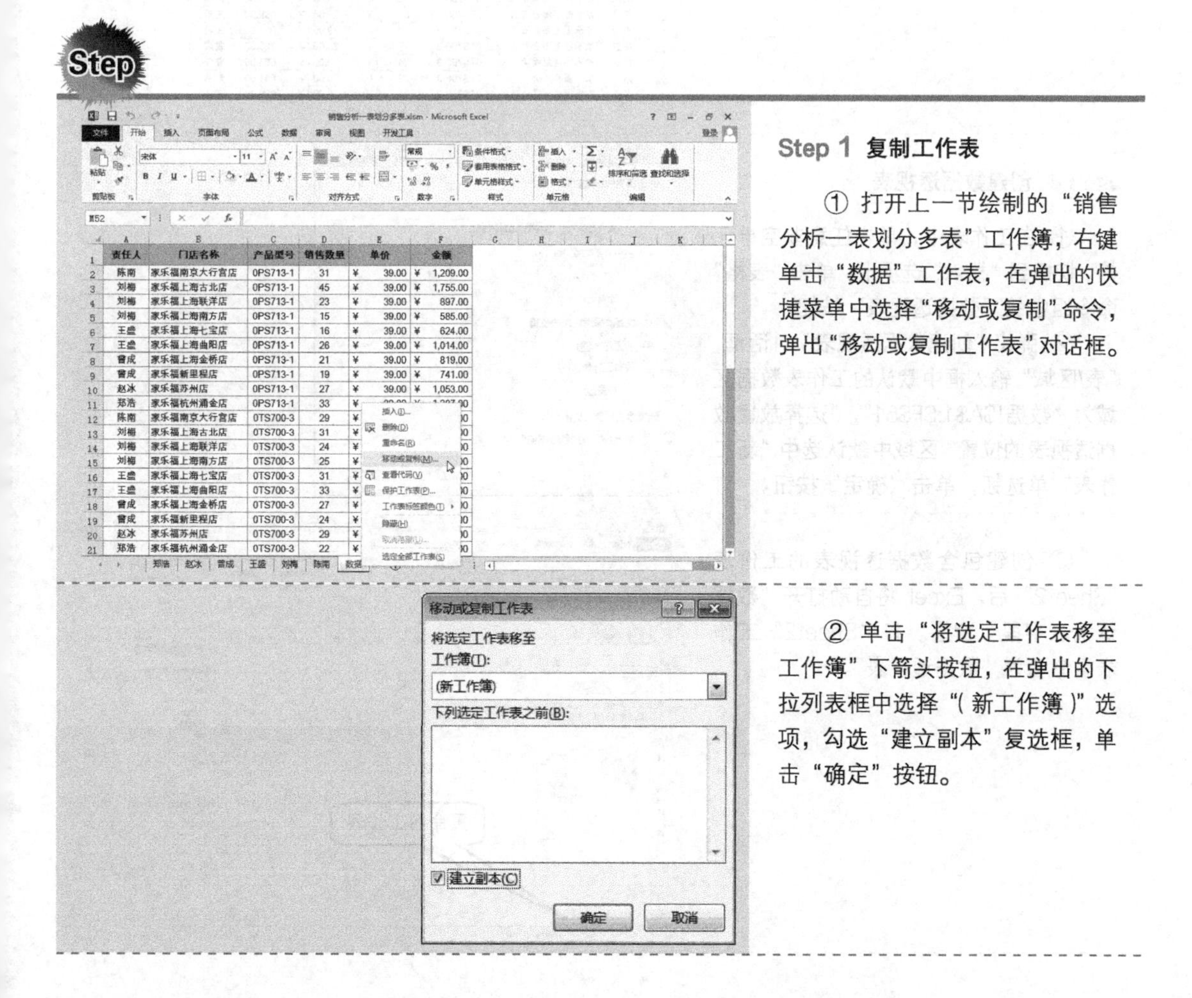

Step 1 复制工作表

① 打开上一节绘制的“销售分析—表划分多表”工作簿，右键单击“数据”工作表，在弹出的快捷菜单中选择“移动或复制”命令，弹出“移动或复制工作表”对话框。

② 单击“将选定工作表移至工作簿”下箭头按钮，在弹出的下拉列表框中选择“(新工作簿)”选项，勾选“建立副本”复选框，单击“确定”按钮。

Step 2 另存为工作簿

此时，新建了名为“工作簿 1”的新工作簿，保存工作簿并重命名为“销售分析一表划分多表 – 透视表方法”。

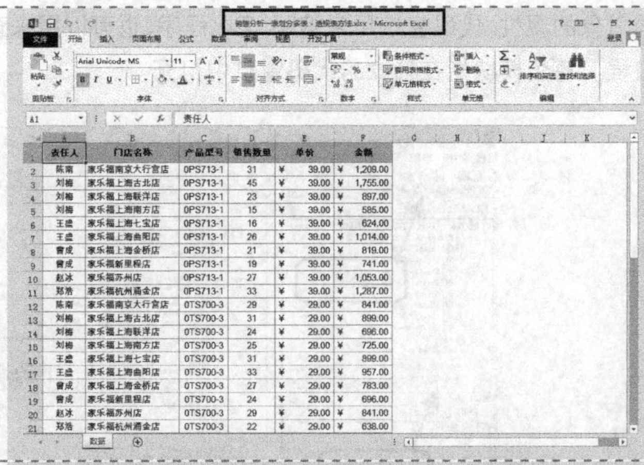

Step 3 增加辅助列

① 选中 A 列，按<Ctrl+C>组合键复制，选中 F 列，按<Ctrl+V>组合键粘贴。

② 选中 G1 单元格，在编辑栏的“责任人”后输入“2”，使得 G1 单元格中的数值为“责任人 2”。

	责任人	门店名称	产品型号	销售数量	单价	金额	责任人2
2	陈南	家乐福南京大行宫店	0PS713-1	31	¥ 39.00	¥ 1,209.00	陈南
3	刘梅	家乐福上海古北店	0PS713-1	45	¥ 39.00	¥ 1,755.00	刘梅
4	刘梅	家乐福上海联洋店	0PS713-1	23	¥ 39.00	¥ 897.00	刘梅
5	刘梅	家乐福上海南方店	0PS713-1	15	¥ 39.00	¥ 585.00	刘梅
6	王盎	家乐福上海七宝店	0PS713-1	16	¥ 39.00	¥ 624.00	王盎
7	王盎	家乐福上海曲阳店	0PS713-1	26	¥ 39.00	¥ 1,014.00	王盎
8	曾成	家乐福上海金桥店	0PS713-1	21	¥ 39.00	¥ 819.00	曾成
9	曾成	家乐福新里程店	0PS713-1	19	¥ 39.00	¥ 741.00	曾成
10	赵冰	家乐福苏州店	0PS713-1	27	¥ 39.00	¥ 1,053.00	赵冰
11	郑浩	家乐福杭州涌金店	0PS713-1	33	¥ 39.00	¥ 1,287.00	郑浩
12	陈南	家乐福南京大行宫店	0TS700-3	29	¥ 29.00	¥ 841.00	陈南
13	刘梅	家乐福上海古北店	0TS700-3	31	¥ 29.00	¥ 899.00	刘梅
14	刘梅	家乐福上海联洋店	0TS700-3	24	¥ 29.00	¥ 696.00	刘梅
15	刘梅	家乐福上海南方店	0TS700-3	25	¥ 29.00	¥ 725.00	刘梅
16	王盎	家乐福上海七宝店	0TS700-3	31	¥ 29.00	¥ 899.00	王盎
17	王盎	家乐福上海曲阳店	0TS700-3	33	¥ 29.00	¥ 957.00	王盎
18	曾成	家乐福上海金桥店	0TS700-3	27	¥ 29.00	¥ 783.00	曾成
19	曾成	家乐福新里程店	0TS700-3	24	¥ 29.00	¥ 696.00	曾成
20	赵冰	家乐福苏州店	0TS700-3	29	¥ 29.00	¥ 841.00	赵冰
21	郑浩	家乐福杭州涌金店	0TS700-3	22	¥ 29.00	¥ 638.00	郑浩

Step 4 创建数据透视表

① 在工作表中，单击任意非空单元格，切换到“插入”选项卡，单击“表格”命令组中的“数据透视表”按钮。

② 弹出“创建数据透视表”对话框，“表/区域”输入框中默认的工作表数据区域为“数据!$A$1:$F$51”，“选择放置数据透视表的位置”区域中默认选中“新工作表”单选钮，单击“确定”按钮。

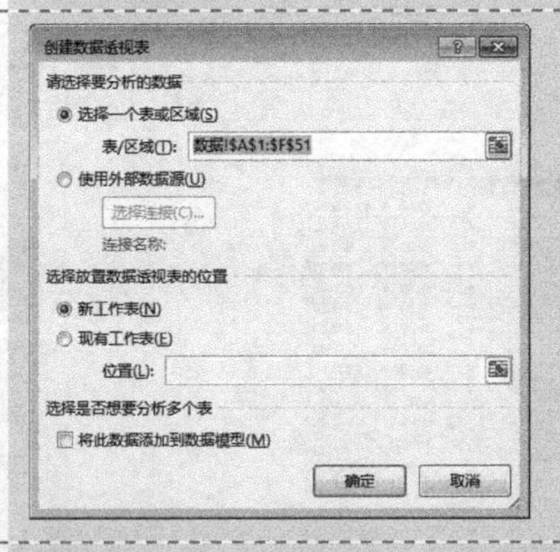

③ 创建包含数据透视表的工作表“Sheet2”后，Excel 将自动打开“数据透视表字段”窗格。将“Sheet2”工作表重命名为“数据透视表”。

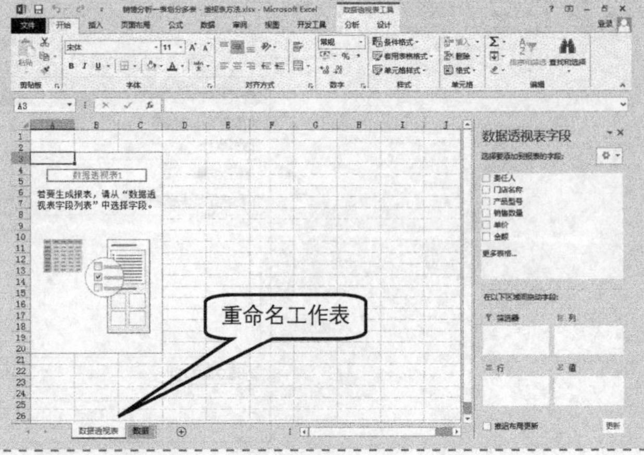

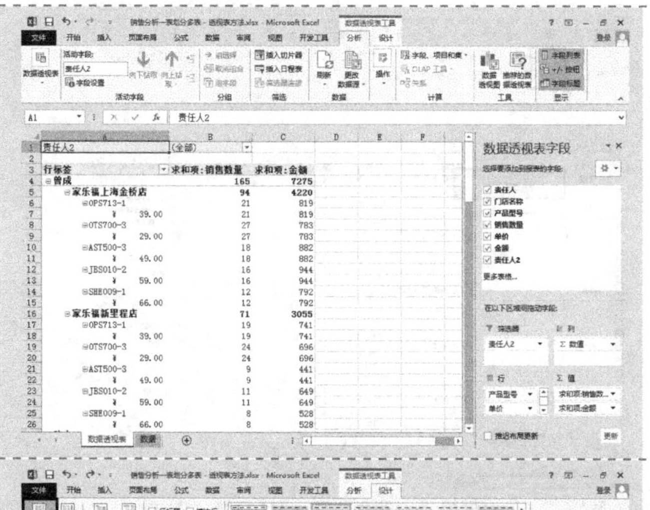

④ 将“选择要添加到报表的字段”列表框中的“责任人 2”字段拖曳至“筛选器”列表框中。

⑤ 将“选择要添加到报表的字段”列表框中的“责任人”“门店名称”“产品型号”和“单价”字段拖曳至“行”列表框中。

⑥ 将“选择要添加到报表的字段”列表框中的“销售数量”和“金额”字段拖曳至“∑值”列表框中。

关闭“数据透视表字段”窗格。

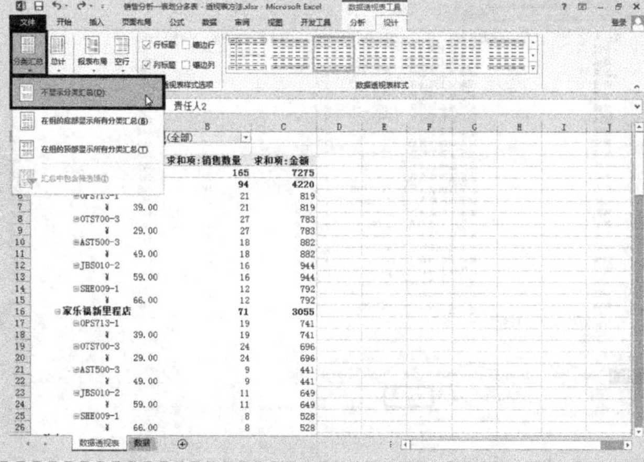

Step 5 取消分类汇总

在“数据透视表工具-设计”选项卡的“布局”命令组中单击“分类汇总”→“不显示分类汇总”命令。

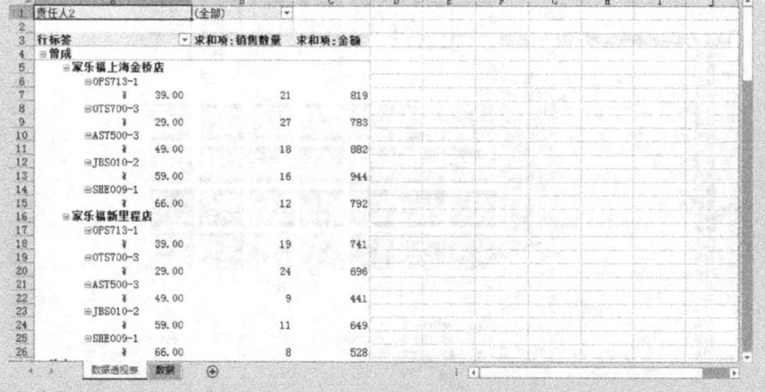

在数据透视表中取消了分类汇总。

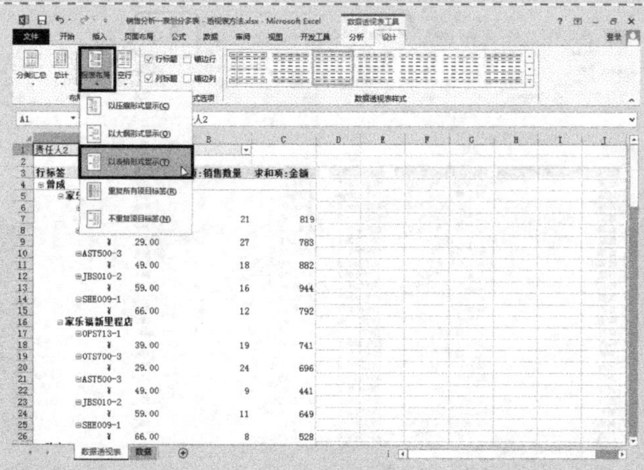

Step 6 修改报表布局

① 在“数据透视表工具-设计”选项卡的“布局”命令组中单击“报表布局”→“以表格形式显示”命令。

② 在“数据透视表工具-设计”选项卡的“布局”命令组中单击“报表布局”→“重复所有项目标签”命令。

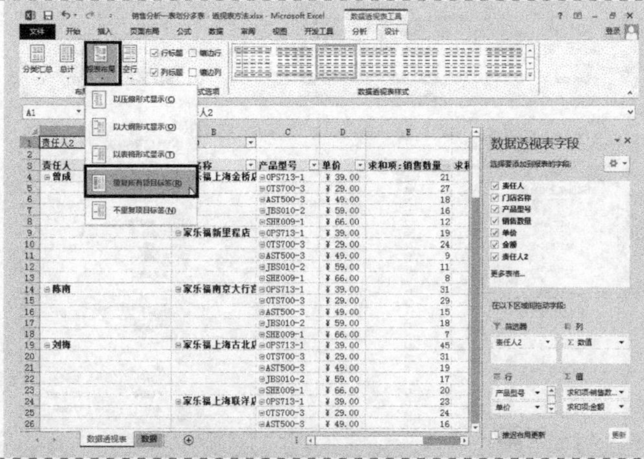

修改完报表布局的效果如图所示。

Step 7 设置数据透视表样式

在“数据透视表工具-设计”选项卡中，单击“数据透视表样式”命令组右下角的“其他”按钮▼，在弹出的样式列表中选择“中等深浅”下第3行第2列的“数据透视表样式浅色16”。

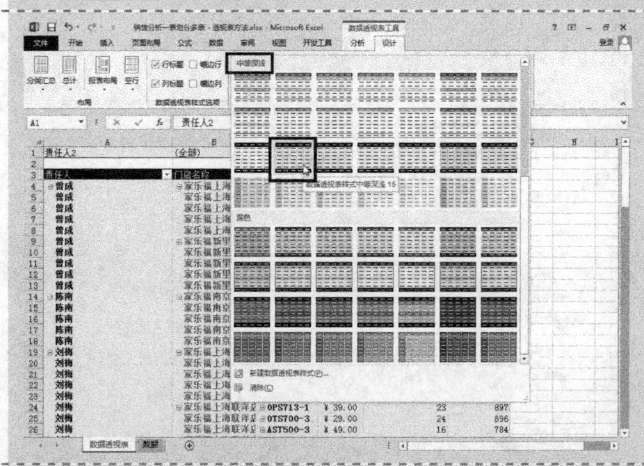

Step 8 隐藏元素

在“数据透视表工具-分析”选项卡的“显示”命令组中，单击“+/-按钮”隐藏该元素。

调整B列的列宽。

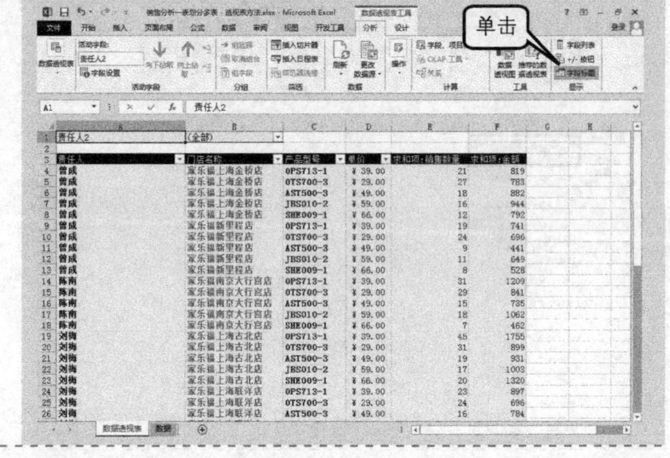

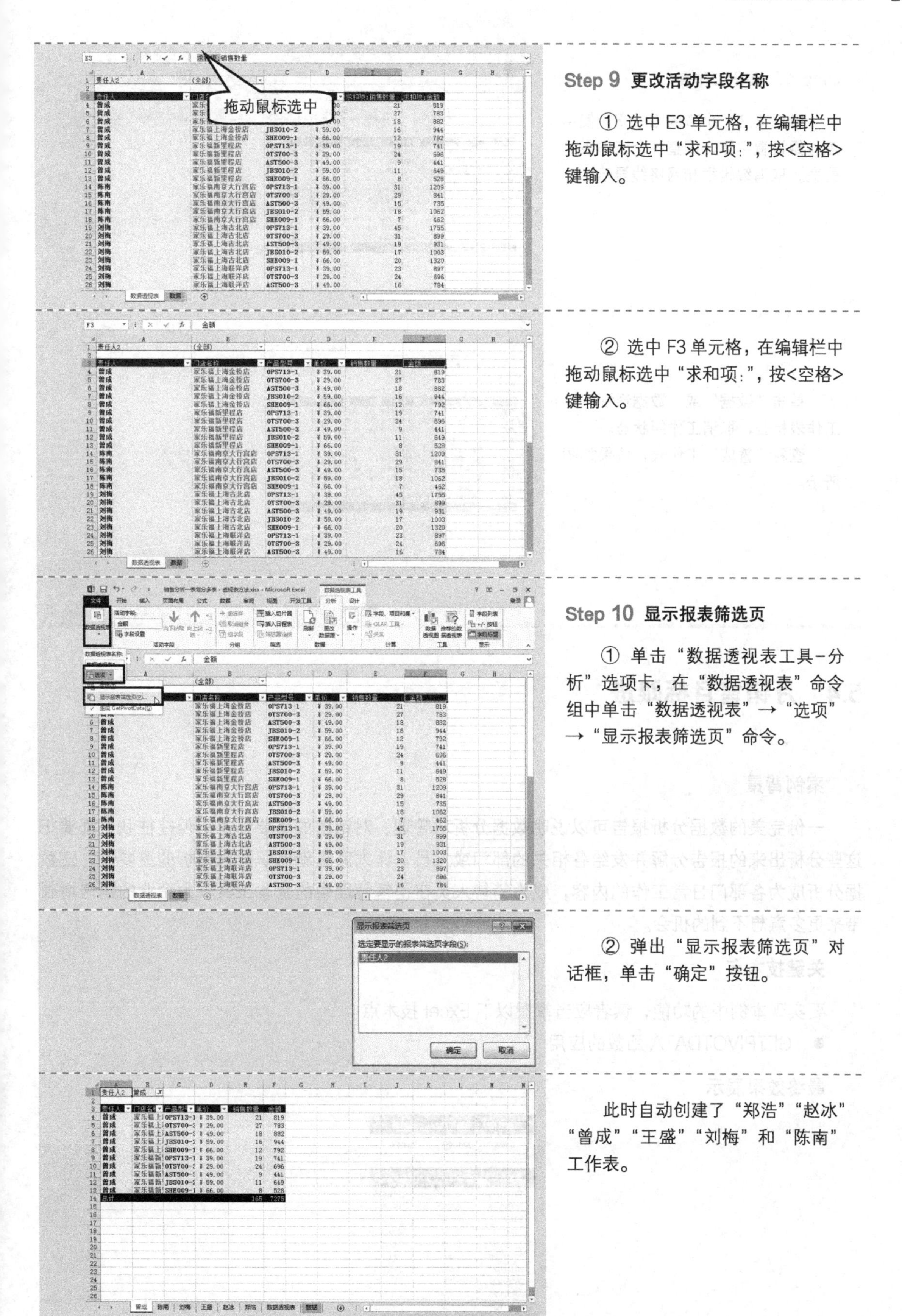

Step 9 更改活动字段名称

① 选中 E3 单元格，在编辑栏中拖动鼠标选中“求和项:”，按<空格>键输入。

② 选中 F3 单元格，在编辑栏中拖动鼠标选中“求和项:”，按<空格>键输入。

Step 10 显示报表筛选页

① 单击“数据透视表工具-分析”选项卡，在“数据透视表”命令组中单击“数据透视表”→“选项”→“显示报表筛选页”命令。

② 弹出“显示报表筛选页”对话框，单击“确定”按钮。

此时自动创建了“郑浩”“赵冰”“曾成”“王盛”“刘梅”和“陈南”工作表。

Step 11 美化工作表

参考 5.3.1 小节的 Step8，使用工作组设置字体，调整各个工作表的列宽，取消编辑栏和网格线显示。

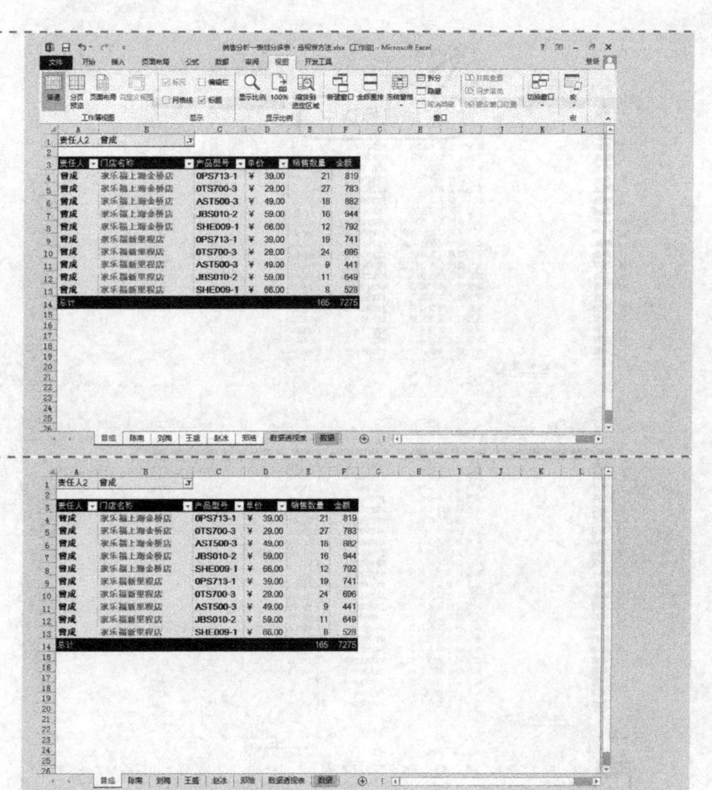

单击“数据”或“数据透视表”工作表标签，取消工作组状态。

查看“曾成”工作表，效果如图所示。

5.4 月销售目标跟进

案例背景

一份完美的数据分析报告可以说明数据分析对管理、对销售的重要作用。但往往我们都要把这些分析出来的报告分解并发给各相关的部门或人员，让大家重新认识数据分析的重要性，使数据分析成为各部门日常工作的内容，成为销售人员在销售管理中的基本工具，为企业的销售增长带来更多意想不到的机会。

关键技术点

要实现本例中的功能，读者应当掌握以下 Excel 技术点。

- GETPIVOTDATA 函数的应用

最终效果展示

店铺名称	销售指标	完成率
福州店	320,000	90.84%

销售日期	日销售额	累计完成销售额
2015/1/15	16,709	184,498
2015/1/16	6,989	191,487
2015/1/17	10,743	202,230
2015/1/18	4,130	206,360
2015/1/19	5,835	212,195
2015/1/20	15,906	228,101
2015/1/21	17,613	245,714
2015/1/22	16,709	262,423
2015/1/23	16,488	278,911
2015/1/24	11,782	290,693
总计	290,693	

示例文件

光盘\示例文件\第 5 章\月销售目标跟进.xlsx

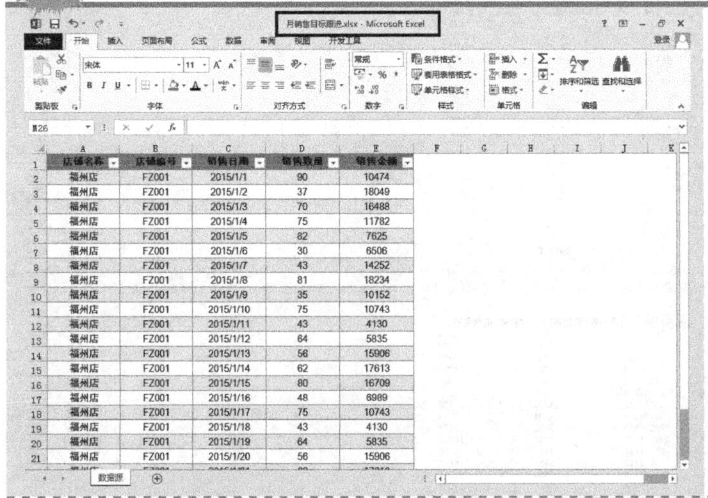

Step 1 另存为工作簿

打开“数据源”工作簿，另存为“月销售目标跟进”工作簿。

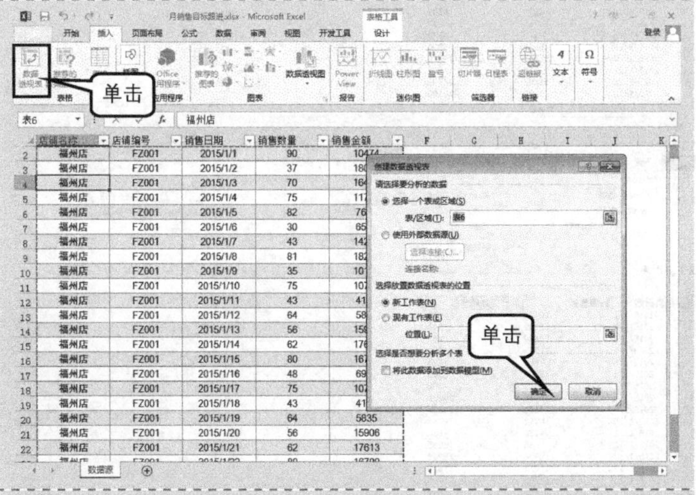

Step 2 创建数据透视表

① 在工作表中，单击任意非空单元格，切换到“插入”选项卡，单击“表格”命令组中的“数据透视表”按钮。

② 弹出“创建数据透视表”对话框，保留默认选项，单击“确定”按钮。

③ 创建包含数据透视表的“Sheet2”工作表后，将“Sheet2”工作表重命名为“月销售目标跟进”。

④ 将“选择要添加到报表的字段”列表框中的“销售日期”字段拖曳至“行”列表框中。

⑤ 将“选择要添加到报表的字段”列表框中的“销售金额”字段拖曳至“∑值”列表框中。再次将“销售金额”字段拖曳至“∑值”列表框中。

关闭“数据透视表字段”窗格。

Step 3 修改报表布局

在“数据透视表工具-设计”选项卡的“布局”命令组中单击“报表布局”→“以表格形式显示”命令。

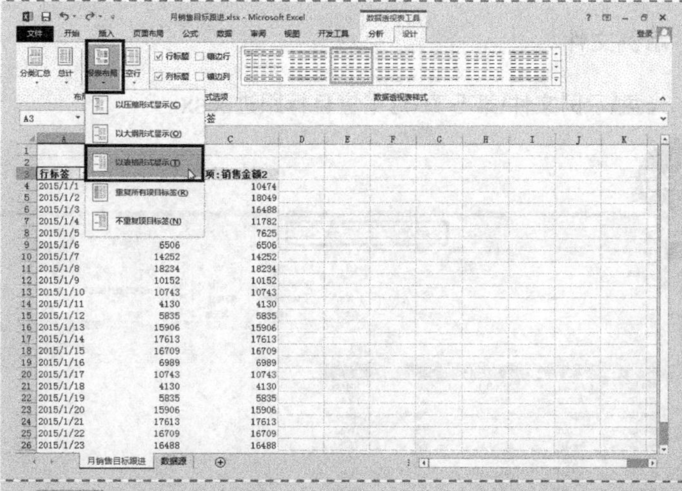

修改完报表布局的效果如图所示。

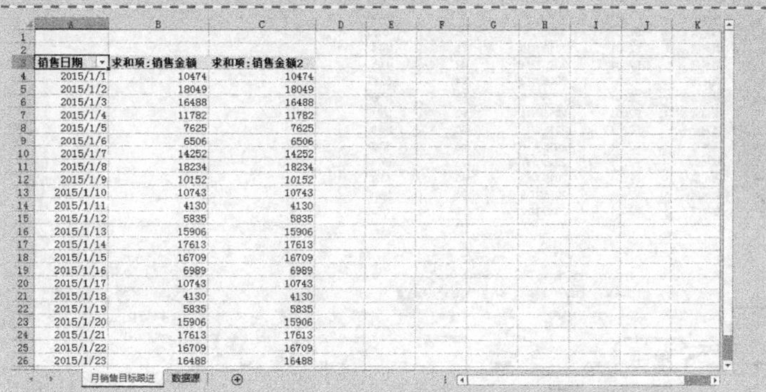

Step 4 更改透视字段名称

① 选中 C3 单元格，在编辑栏中修改为“日销售额”。

② 选中 D3 单元格，在编辑栏中修改为“累计完成销售额”。

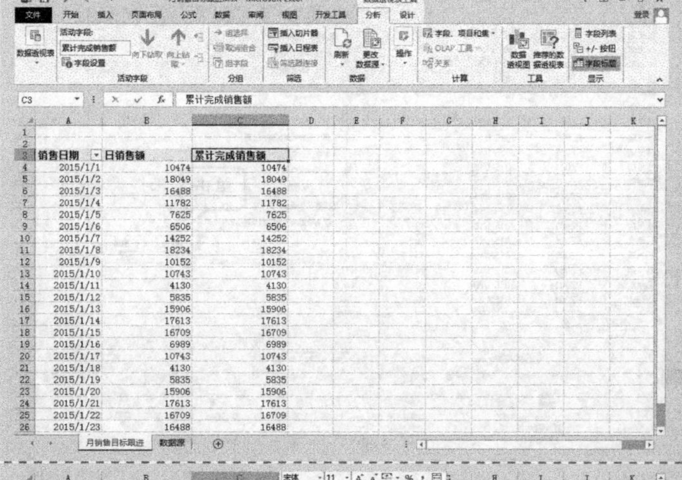

Step 5 设置“值显示方式”

右键单击 D4 单元格，在弹出的快捷菜单中选择“值显示方式”→“按某一字段汇总”命令。

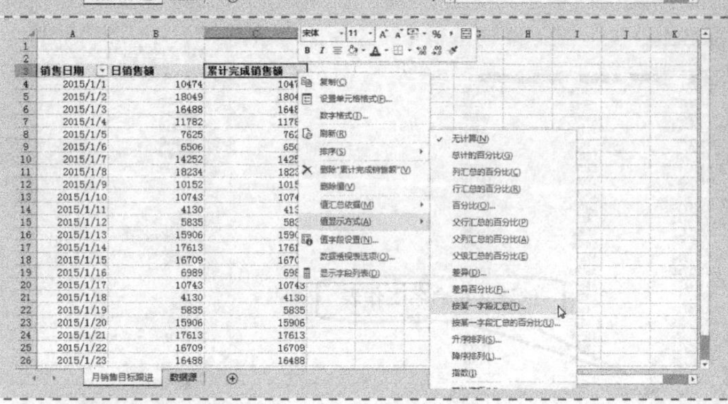

弹出“值显示方式（累计完成销售额）”对话框，单击“确定”按钮。

设置完“值显示方式”报表布局的效果如图所示。

技巧 字段设置

选中 C3 单元格，在“数据透视表工具–分析”选项卡的“活动字段”命令组中单击“字段设置”按钮，弹出“值字段设置”对话框。单击“值显示方式”选项卡，单击“值显示方式”下箭头按钮，在弹出的下拉列表框中选择“按某一字段汇总”选项。在“基本字段”列表框中默认选中“销售日期”选项，单击“确定”按钮。也可以完成 Step5 中的设置“值显示方式”。

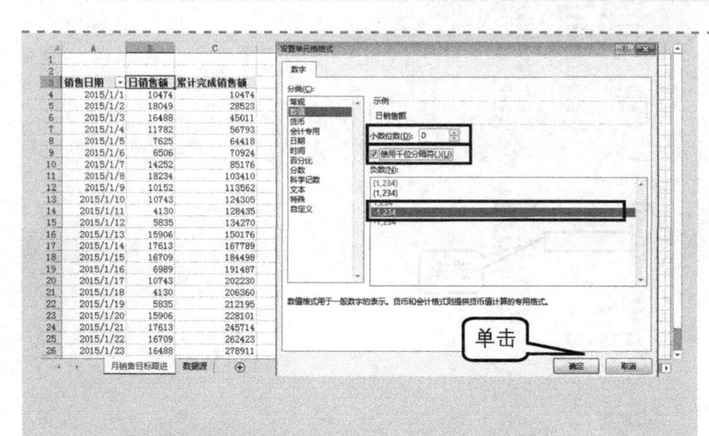

Step 6 设置“日销售额”和“累计完成销售额”的数字格式

① 右键单击 C4 单元格，在弹出的快捷菜单中选择“数字格式”命令，弹出“设置单元格格式”对话框。

② 在“分类”列表框中选择“数值”选项，在右侧的“小数位数”微调框中选择“0”，勾选“使用千位分隔符”复选框，在“负数”列表框中默认选择第 4 个选项，单击“确定”按钮。

使用同样的方法，设置“累计完成销售额”列的“小数位数”为“2”的数值格式。

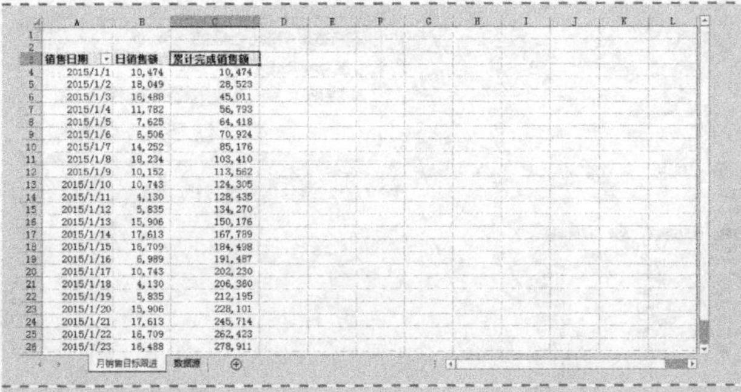

Step 7 设置数据透视表样式

在“数据透视表工具-设计”选项卡中，单击“数据透视表样式选项”命令组右下角的“其他”按钮，在弹出的样式列表框中选择“浅色”下第3行第2列的“数据透视表样式浅色16”。

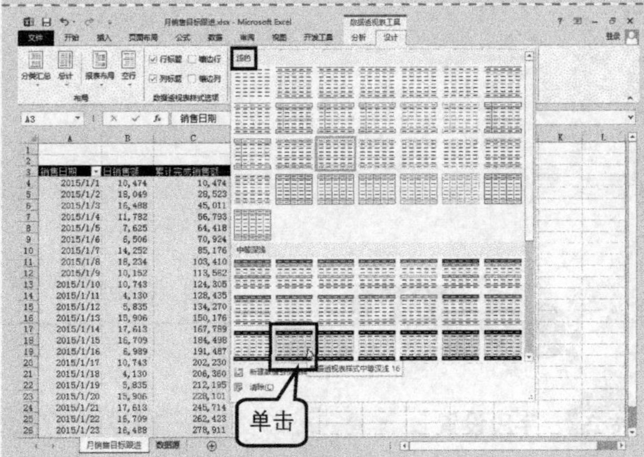

Step 8 插入行

① 右键单击第1行，在弹出的快捷菜单中选择“插入”命令。

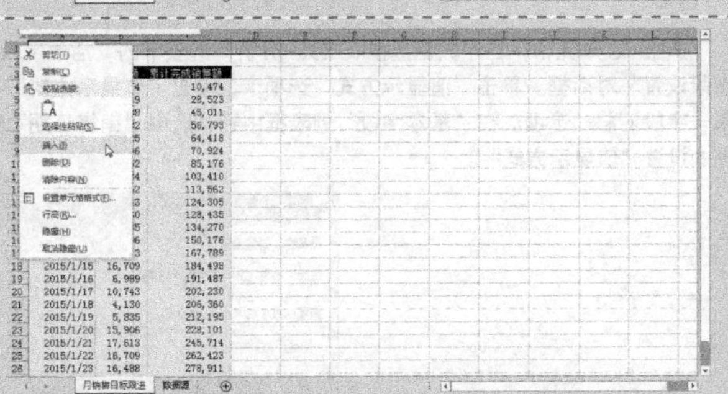

② 按<F4>键，重复上一步操作，再次插入新的一行。

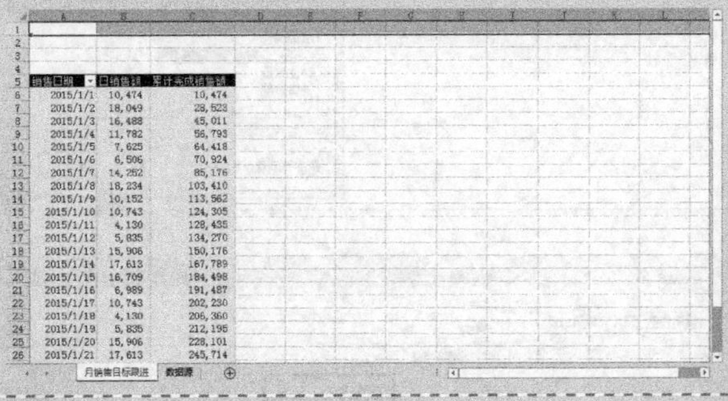

Step 9 插入列

右键单击第1列，在弹出的快捷菜单中选择“插入”命令。

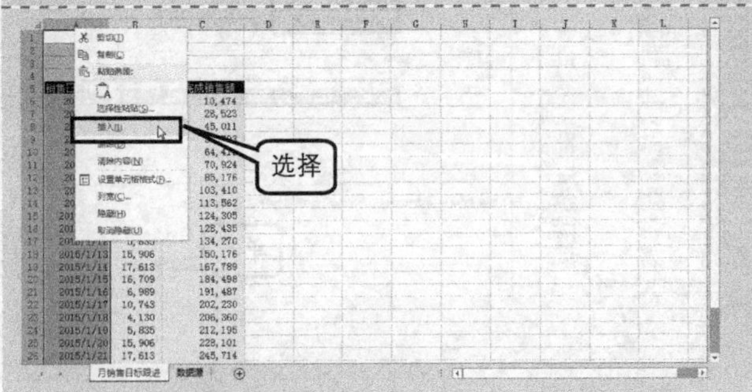

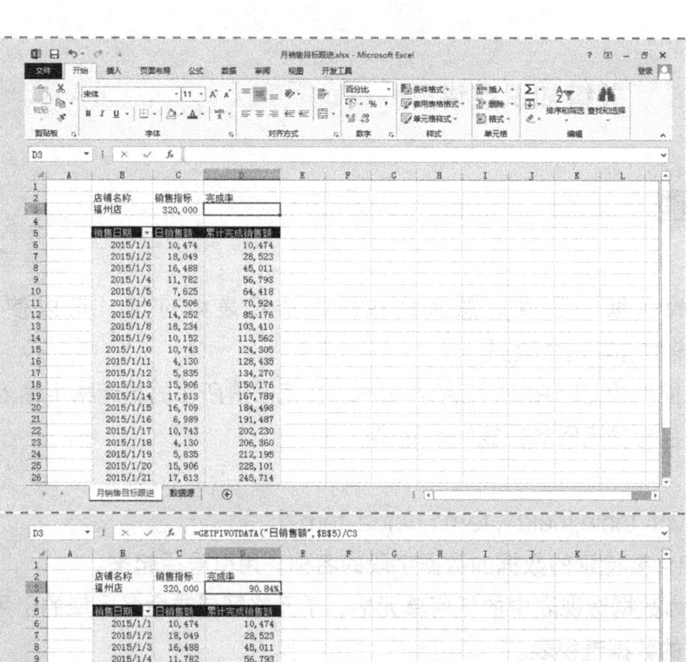

Step 10 输入其他数据

① 在 B2:D3 单元格区域，输入店铺名称、销售指标和完成率数据。

② 选择 C3 单元格，设置单元格格式的“小数位数”为“0”，勾选“使用千位分隔符”复选框的数值格式。

③ 选中 D3 单元格，设置小数位数为“2”的百分比格式。

Step 11 计算完成率

选中 D3 单元格，输入以下公式，按<Enter>键确定。

```
=GETPIVOTDATA("日销售额",$B$5)/C3
```

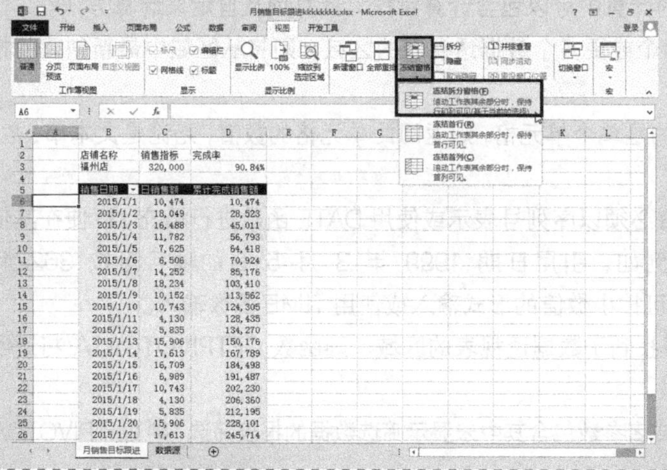

Step 12 冻结首行

选中 A6 单元格，单击“视图”选项卡，在“窗口”命令组中单击“冻结窗格”→“冻结拆分单元格”命令。

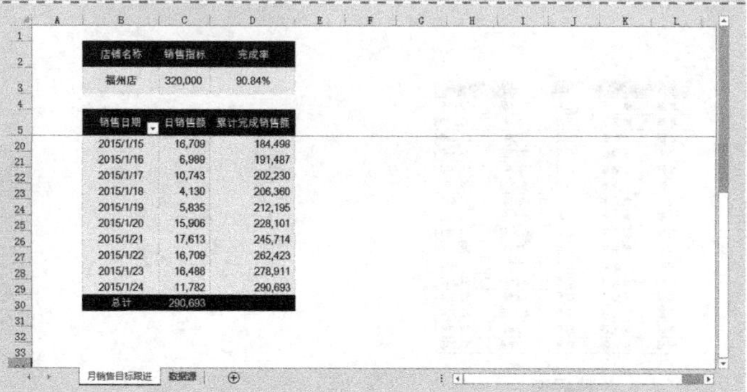

Step 13 美化工作表

① 设置背景颜色、字体颜色、字体和居中。

② 调整列宽。

③ 取消网格线显示。

关键知识点讲解

函数应用：GETPIVOTDATA 函数

函数用途

返回存储在数据透视表中的数据。如果汇总数据在数据透视表中可见，可以使用 GETPIVOTDATA 函数从数据透视表中检索汇总数据。

通过以下方法可以快速地输入简单的 GETPIVOTDATA 公式：在返回值所在的单元格中输入=（等号），然后在数据透视表中单击包含要返回的数据的单元格。

函数语法

GETPIVOTDATA(data_field,pivot_table,[field1,item1,field2,item2],...)

- data_field 是必需参数。包含要检索的数据的数据字段的名称，用引号括起来。
- pivot_table 是必需参数。为数据透视表中的任何单元格、单元格区域或命名区域的引用。此信息用于确定包含要检索的数据的数据透视表。
- field1、item1、field2、item2 是可选参数。描述要检索的数据的 1～126 个字段名称对和项目名称对。这些参数对可按任何顺序排列。字段名称和项目名称而非日期和数字用引号括起来。对于 OLAP 数据透视表，项目可以包含维度的源名称，也可以包含项目的源名称。OLAP 数据透视表的字段和项目对可能类似于"[产品]","[产品].[所有产品].[食品].[烤制食品]"。

函数说明

- 在函数 GETPIVOTDATA 的计算中可以包含计算字段、计算项及自定义计算方法。
- 如果 pivot_table 为包含两个或更多个数据透视表的区域，则将从区域中最新创建的报表中检索数据。
- 如果字段和项的参数描述的是单个单元格，则返回此单元格的数值，无论是文本串、数字、错误值还是其他的值。
- 如果项目包含日期，则此值必须以序列号表示或使用 DATE 函数进行填充，以便在其他位置打开此工作表时将保留此值。例如，引用日期 1999 年 3 月 5 日的项目可按 36224 或 DATE(1999,3,5)的形式输入。时间可按小数值的形式输入或使用 TIME 函数输入。
- 如果 pivot_table 并不代表找到了数据透视表的区域，则函数 GETPIVOTDATA 将返回错误值#REF!。
- 如果参数未描述可见字段，或者参数包含其中未显示筛选数据的报表筛选，则 GETPIVOTDATA 返回错误值#REF!。

函数简单示例

地区	销售人员	月份	产品	销售额
北部	侯书宁	三月	农产品	102,010
北部	侯书宁	三月	饮料	35,220
北部	任媛媛	三月	饮料	87,250
北部	任媛媛	三月	农产品	78,890
北部	丁培培	四月	饮料	55,940
北部	丁培培	四月	农产品	72,650
北部	黄天璐	四月	饮料	54,610
北部	黄天璐	四月	农产品	6,680
南部	侯书宁	三月	农产品	13,564
南部	侯书宁	三月	饮料	26,248
南部	任媛媛	三月	饮料	21,617
南部	任媛媛	三月	农产品	51,749
南部	丁培培	四月	饮料	32,904
南部	丁培培	四月	农产品	22,794
南部	黄天璐	四月	饮料	12,794
南部	黄天璐	四月	农产品	53,938

数据源

	A	B	C	D	E
1					
2	地区	北部			
3					
4	总销售额		产品		
5	月份	销售人员	农产品	饮料	总计
6	三月	侯书宁	102010	35220	137230
7		任媛媛	78890	87250	166140
8	三月 汇总		180900	122470	303370
9	四月	丁培培	72650	55940	128590
10		黄天璐	6680	54610	61290
11	四月 汇总		79330	110550	189880
12	总计		260230	233020	493250

在“数据源”基础上绘制的数据透视表

示例	公式	结果
1	=GETPIVOTDATA("销售额",$A$4)	返回“销售额”字段的总计值¥493,250
2	=GETPIVOTDATA("总销售额",$A$4)	也返回“销售额”字段的总计值¥493,250。字段名可以按照它在工作表上显示的内容直接输入，也可以只输入主要部分（没有“求和项”“计数项”等）
3	=GETPIVOTDATA("销售额",$A$4,"月份","三月")	返回“三月”的总计值¥303,370
4	=GETPIVOTDATA("销售额",$A$4,"月份","三月"," 产品","农产品","销售人员","侯书宁")	返回¥102,010
5	=GETPIVOTDATA("销售额",$A$4,"区域","南部")	返回错误值#REF!，这是因为“南部”地区的数据是不可见的
6	=GETPIVOTDATA("销售额",$A$4,"产品","饮料"," 销售人","张三丰")	返回错误值#REF!，这是因为没有“张三丰”的饮料销售额的总计值

■ 本例公式说明

以下为本例中的公式。

```
=GETPIVOTDATA("日销售额",$B$5)/C3
```

其各个参数值指定返回“日销售额”字段的总计值与 C3 单元格“销售指标”的比率，也就是完成率。

5.5 产销率分析

案例背景

产品产销率是指企业在一定时期已经销售的产品总量与可供销售的工业产品总量之比，它反映了产品生产实现销售的程度，即生产与销售衔接程度。这一比率越高，说明产品符合社会现实需要的程度越大；反之则越小，其计算式为：产销率（%）= 总产值/总销售值×100%。

计算产品产销率既能反映生产的发展和销售规模，又能反映生产成果的实现情况，即产销衔接的情况。这样做改变了过去只从生产一个方面反映工业经济的状况，而是把生产和销售结合起来反映整个工业经济发展的面貌，不仅看生产了多少，更要看销出去多少，这样更适应市场经济的发展，有利于提高企业家的市场意识，促进市场机制的完善。

关键技术点

要实现本例中的功能，读者应当掌握以下 Excel 技术点。

● VLOOKUP 函数的应用

最终效果展示

畅销产品产销率分析

序号	产品	采购收货合计	实际发货合计	产销率
1	0PS713-5	23,653	18,313	77.42%
2	0TS701-3	10,137	6,522	64.34%
3	0TS702-3	53,428	29,328	54.89%
4	0TS703-3	8,117	7,012	86.39%
5	0TS710-3	17,497	10,790	61.67%
6	0TS711-3	42,347	40,452	95.53%
7	0TS720-3	37,629	21,685	57.63%
8	AST500-1	11,100	6,590	59.37%
9	AST500-2	72,397	65,430	90.38%
10	AST500-3	58,974	36,871	62.52%
11	AST500-4	15,671	10,543	67.28%
12	AST500-5	127,358	96,857	76.05%
13	AST500-6	91,033	86,555	95.08%

示例文件

光盘\示例文件\第 5 章\产销率分析表.xlsx

5.5.1 创建“采购汇总”和“销售汇总”工作表

Step 1 新建工作簿

启动 Excel 自动新建一个工作簿，保存并命名为“产销率分析表”，将“Sheet1”工作表重命名为“采购汇总”。

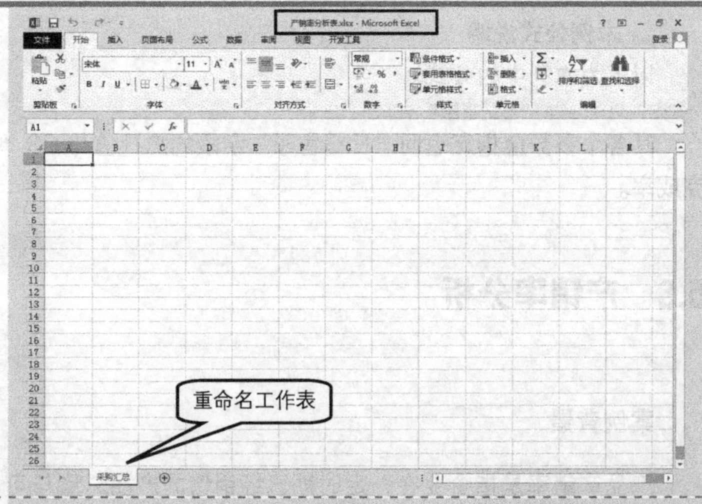

Step 2 创建“采购汇总”工作表

① 在 A1:E1 单元格区域输入标题，适当地调整单元格的列宽。

② 在 A2:D21 单元格区域输入原始数据。

③ 选中 E2 单元格，输入以下公式，按<Enter>键确认。

```
=C2-D2
```

④ 选中 E2 单元格，拖曳右下角的填充柄至 E21 单元格。

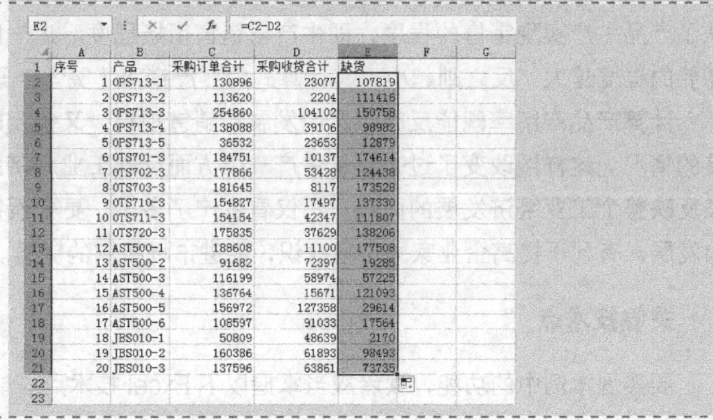

序号	产品	采购订单合计	采购收货合计	缺货
1	0PS713-1	130896	23077	107819
2	0PS713-2	113620	2204	111416
3	0PS713-3	254860	104102	150758
4	0PS713-4	138088	39106	98982
5	0PS713-5	36532	23653	12879
6	0TS701-3	184751	10137	174614
7	0TS702-3	177866	53428	124438
8	0TS703-3	181645	8117	173528
9	0TS710-3	154827	17497	137330
10	0TS711-3	154154	42347	111807
11	0TS720-3	175835	37629	138206
12	AST500-1	188608	11100	177508
13	AST500-2	91682	72397	19285
14	AST500-3	116199	58974	57225
15	AST500-4	136764	15671	121093
16	AST500-5	156972	127358	29614
17	AST500-6	108597	91033	17564
18	JBS010-1	50809	48639	2170
19	JBS010-2	160386	61893	98493
20	JBS010-3	137596	63861	73735

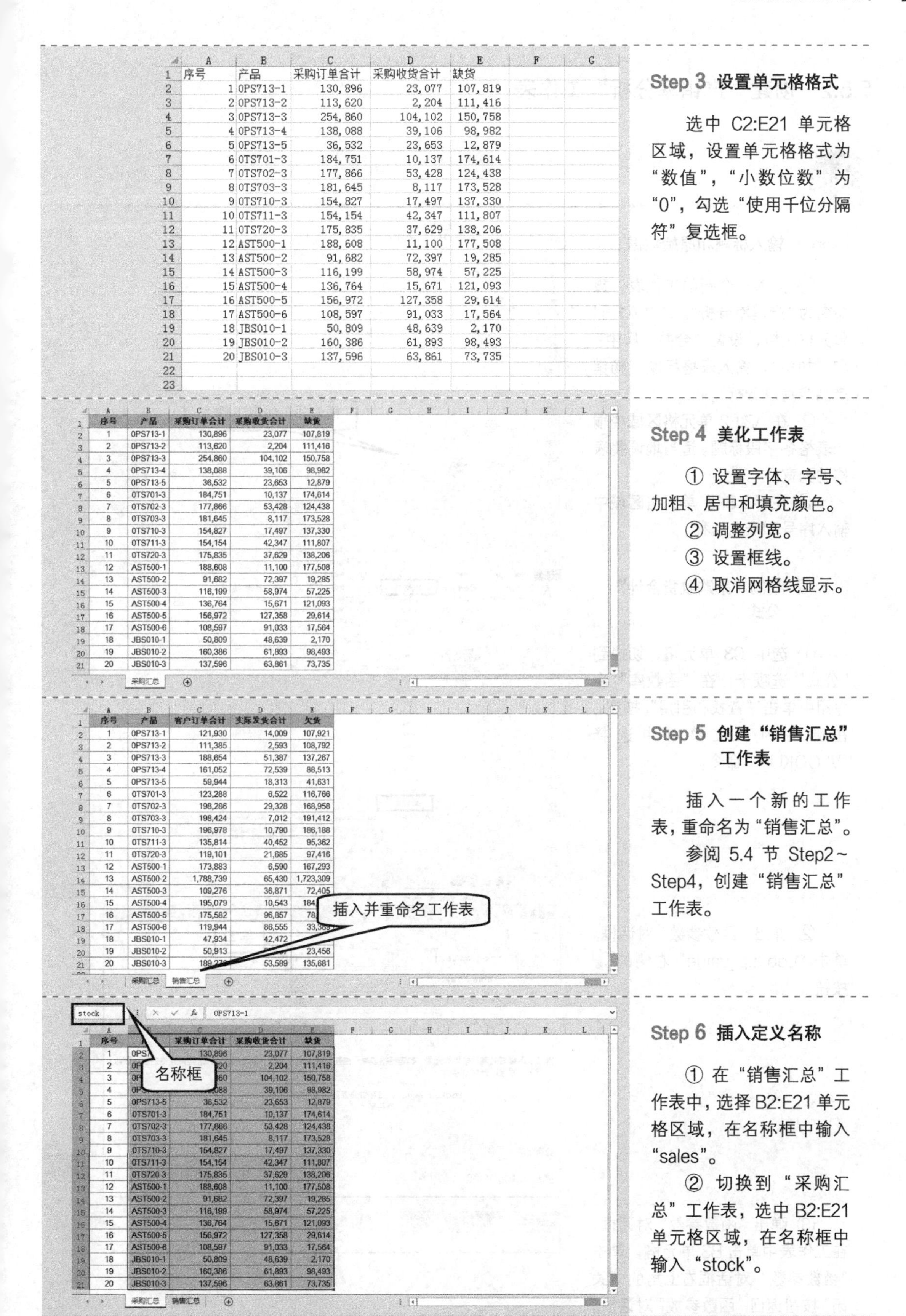

	A	B	C	D	E
1	序号	产品	采购订单合计	采购收货合计	缺货
2	1	0PS713-1	130,896	23,077	107,819
3	2	0PS713-2	113,620	2,204	111,416
4	3	0PS713-3	254,860	104,102	150,758
5	4	0PS713-4	138,088	39,106	98,982
6	5	0PS713-5	36,532	23,653	12,879
7	6	0TS701-3	184,751	10,137	174,614
8	7	0TS702-3	177,866	53,428	124,438
9	8	0TS703-3	181,645	8,117	173,528
10	9	0TS710-3	154,827	17,497	137,330
11	10	0TS711-3	154,154	42,347	111,807
12	11	0TS720-3	175,835	37,629	138,206
13	12	AST500-1	188,608	11,100	177,508
14	13	AST500-2	91,682	72,397	19,285
15	14	AST500-3	116,199	58,974	57,225
16	15	AST500-4	136,764	15,671	121,093
17	16	AST500-5	156,972	127,358	29,614
18	17	AST500-6	108,597	91,033	17,564
19	18	JBS010-1	50,809	48,639	2,170
20	19	JBS010-2	160,386	61,893	98,493
21	20	JBS010-3	137,596	63,861	73,735

	A	B	C	D	E
1	序号	产品	客户订单合计	实际发货合计	欠货
2	1	0PS713-1	121,930	14,009	107,921
3	2	0PS713-2	111,385	2,593	108,792
4	3	0PS713-3	188,654	51,387	137,267
5	4	0PS713-4	161,052	72,539	88,513
6	5	0PS713-5	59,944	18,313	41,631
7	6	0TS701-3	123,288	6,522	116,766
8	7	0TS702-3	198,286	29,328	168,958
9	8	0TS703-3	198,424	7,012	191,412
10	9	0TS710-3	196,978	10,790	186,188
11	10	0TS711-3	135,814	40,452	95,362
12	11	0TS720-3	119,101	21,685	97,416
13	12	AST500-1	173,883	6,590	167,293
14	13	AST500-2	1,788,739	65,430	1,723,309
15	14	AST500-3	109,276	36,871	72,405
16	15	AST500-4	195,079	10,543	[illegible]
17	16	AST500-5	175,582	96,857	[illegible]
18	17	AST500-6	119,944	86,555	[illegible]
19	18	JBS010-1	47,934	42,472	[illegible]
20	19	JBS010-2	50,913	[illegible]	23,456
21	20	JBS010-3	[illegible]	53,589	135,681

Step 3 设置单元格格式

选中 C2:E21 单元格区域，设置单元格格式为“数值”，“小数位数”为“0”，勾选“使用千位分隔符”复选框。

Step 4 美化工作表

① 设置字体、字号、加粗、居中和填充颜色。

② 调整列宽。

③ 设置框线。

④ 取消网格线显示。

Step 5 创建“销售汇总”工作表

插入一个新的工作表，重命名为“销售汇总”。

参阅 5.4 节 Step2～Step4，创建“销售汇总”工作表。

Step 6 插入定义名称

① 在“销售汇总”工作表中，选择 B2:E21 单元格区域，在名称框中输入“sales”。

② 切换到“采购汇总”工作表，选中 B2:E21 单元格区域，在名称框中输入“stock”。

5.5.2 创建“产销率分析”工作表

Step 1 输入标题和原始数据

① 插入一个新的工作表，重命名为“产销率分析”。选中 A1:E1 单元格区域，设置“合并后居中”和“加粗”，输入表格标题“畅销产品产销率分析”。

② 在 A2:E2 单元格区域中输入表格各字段标题。适当地调整表格的列宽。

③ 在 A3:B15 单元格区域中输入序号和产品名称。

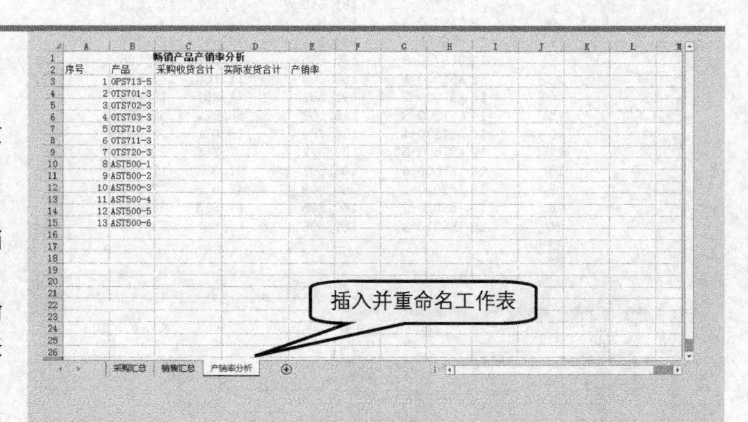

Step 2 编辑“采购收货合计”公式

① 选中 C3 单元格，切换到“公式”选项卡，在“函数库”命令组中单击“查找和引用”按钮，在弹出的下拉菜单中选择“VLOOKUP”命令。

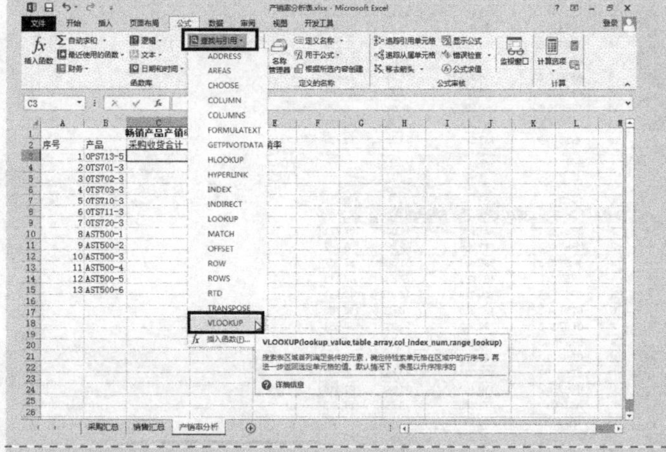

② 弹出“函数参数”对话框。单击“Lookup_value”右侧的按钮。

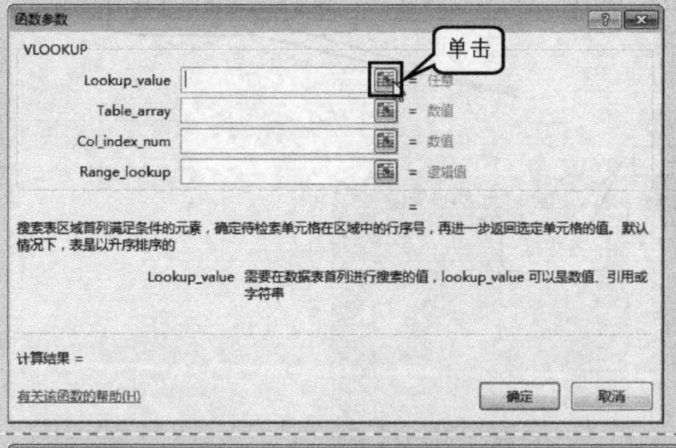

③ 弹出“函数参数”对话框，在工作表中单击 B3 单元格，单击“函数参数”对话框右上角的“关闭”按钮返回“函数参数”对话框。

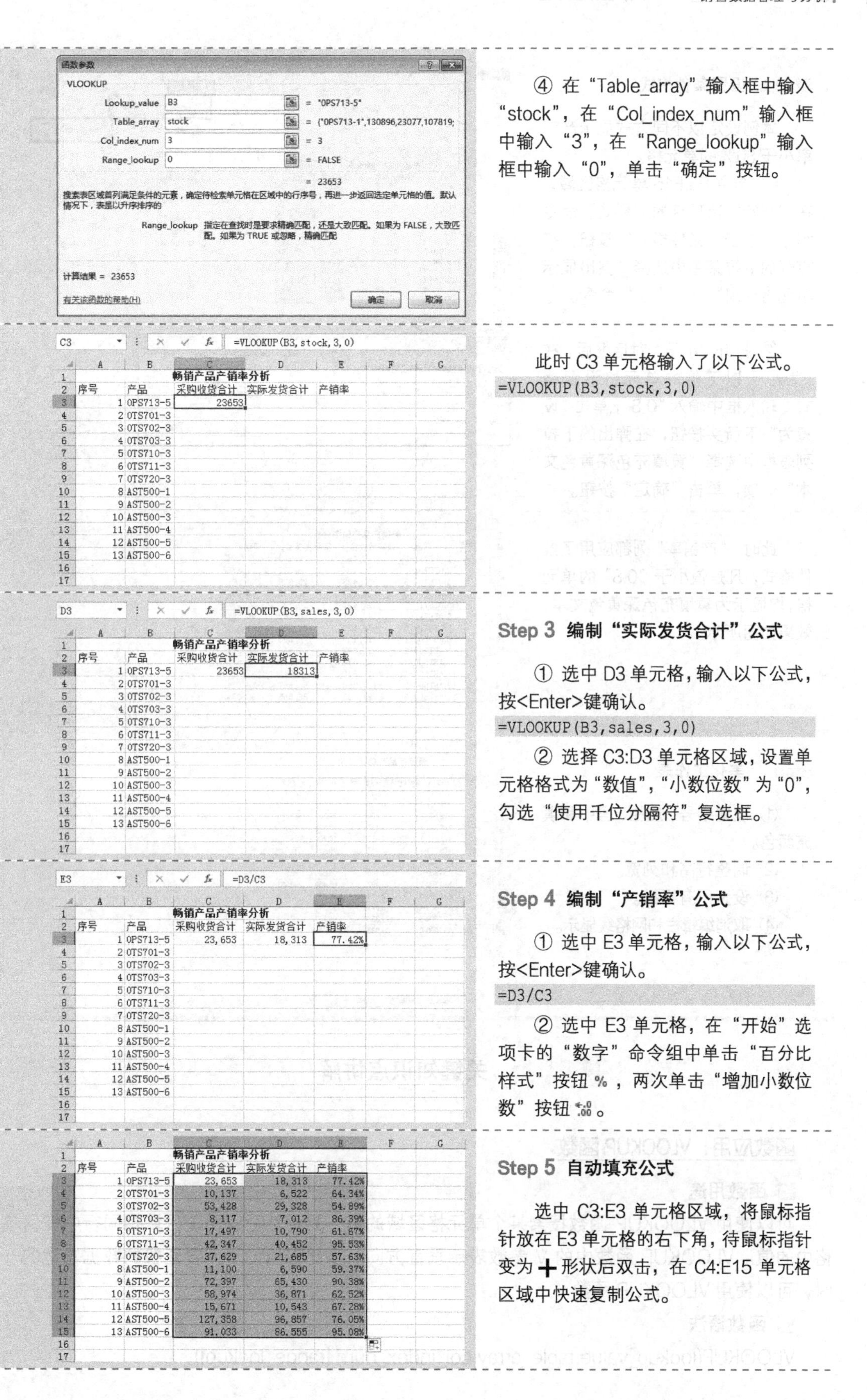

	A	B	C	D	E
1			畅销产品产销率分析		
2	序号	产品	采购收货合计	实际发货合计	产销率
3	1	0PS713-5	23,653	18,313	77.42%
4	2	0TS701-3	10,137	6,522	64.34%
5	3	0TS702-3	53,428	29,328	54.89%
6	4	0TS703-3	8,117	7,012	86.39%
7	5	0TS710-3	17,497	10,790	61.67%
8	6	0TS711-3	42,347	40,452	95.53%
9	7	0TS720-3	37,629	21,685	57.63%
10	8	AST500-1	11,100	6,590	59.37%
11	9	AST500-2	72,397	65,430	90.38%
12	10	AST500-3	58,974	36,871	62.52%
13	11	AST500-4	15,671	10,543	67.28%
14	12	AST500-5	127,358	96,857	76.05%
15	13	AST500-6	91,033	86,555	95.08%

④ 在“Table_array”输入框中输入“stock”，在“Col_index_num”输入框中输入“3”，在“Range_lookup”输入框中输入“0”，单击“确定”按钮。

此时 C3 单元格输入了以下公式。

```
=VLOOKUP(B3,stock,3,0)
```

Step 3 编制“实际发货合计”公式

① 选中 D3 单元格，输入以下公式，按<Enter>键确认。

```
=VLOOKUP(B3,sales,3,0)
```

② 选择 C3:D3 单元格区域，设置单元格格式为“数值”，“小数位数”为“0”，勾选“使用千位分隔符”复选框。

Step 4 编制“产销率”公式

① 选中 E3 单元格，输入以下公式，按<Enter>键确认。

```
=D3/C3
```

② 选中 E3 单元格，在“开始”选项卡的“数字”命令组中单击“百分比样式”按钮 %，两次单击“增加小数位数”按钮 .00。

Step 5 自动填充公式

选中 C3:E3 单元格区域，将鼠标指针放在 E3 单元格的右下角，待鼠标指针变为 ✚ 形状后双击，在 C4:E15 单元格区域中快速复制公式。

Step 6 设置条件格式

本例设定以不同方式显示产销率小于80%的单元格。

① 选中E3:E15单元格区域，在“开始”选项卡的“样式”命令组中，单击“条件格式”按钮，在打开的下拉菜单中选择“突出显示单元格规则”→“小于”命令。

② 打开“小于”对话框后，在“为小于以下值的单元格设置格式:”输入框中输入“0.8”，单击“设置为”下箭头按钮，在弹出的下拉列表框中选择“黄填充色深黄色文本”选项，单击“确定”按钮。

此时，“产销率”列都应用了条件格式，凡是值小于“0.8”的单元格，均显示为黄填充色深黄色文本，效果如图所示。

Step 7 美化工作表

① 设置字号、加粗、居中和填充颜色。

② 调整行高和列宽。

③ 设置所有框线。

④ 取消编辑栏和网格线显示。

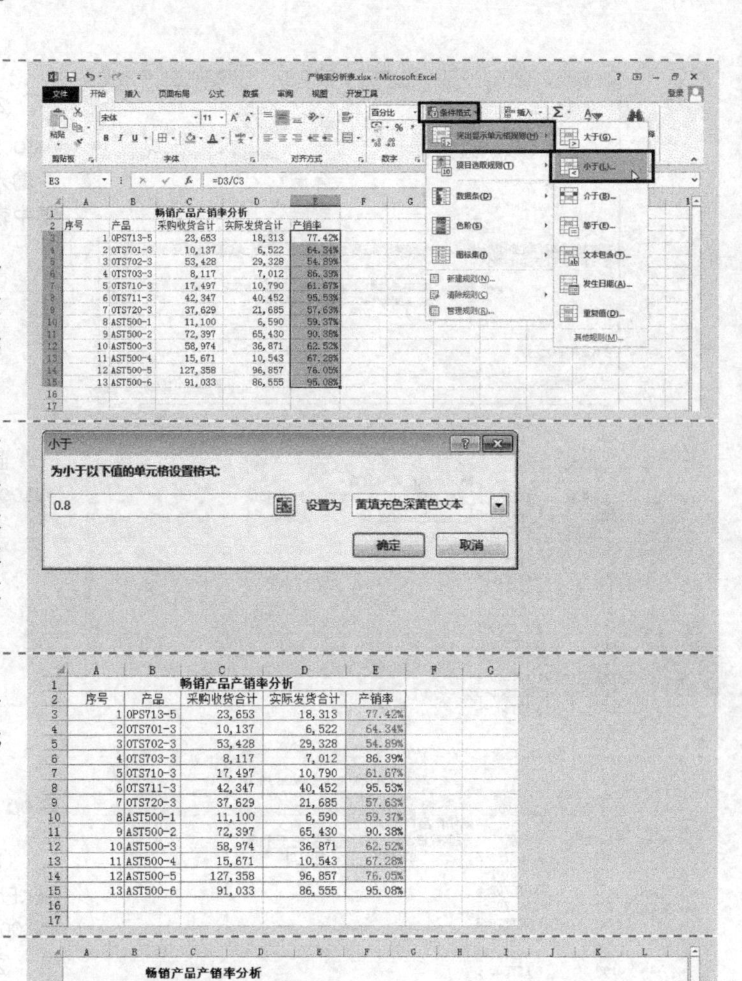

畅销产品产销率分析

序号	产品	采购收货合计	实际发货合计	产销率
1	0PS713-5	23,653	18,313	77.42%
2	0TS701-3	10,137	6,522	64.34%
3	0TS702-3	53,428	29,328	54.89%
4	0TS703-3	8,117	7,012	86.39%
5	0TS710-3	17,497	10,790	61.67%
6	0TS711-3	42,347	40,452	95.53%
7	0TS720-3	37,629	21,685	57.63%
8	AST500-1	11,100	6,590	59.37%
9	AST500-2	72,397	65,430	90.38%
10	AST500-3	58,974	36,871	62.52%
11	AST500-4	15,671	10,543	67.28%
12	AST500-5	127,358	96,857	76.05%
13	AST500-6	91,033	86,555	95.08%

关键知识点讲解

函数应用：VLOOKUP函数

函数用途

可以使用VLOOKUP函数搜索某个单元格区域的第一列，然后返回该区域相同行中任何单元格中的值。VLOOKUP函数中的V参数表示垂直方向。当比较值位于需要查找的数据左边的一列时，可以使用VLOOKUP函数。

函数语法

VLOOKUP(lookup_value,table_array,col_index_num,[range_lookup])

● lookup_value 为必需参数。为要在表格或区域的第一列中搜索的值。lookup_value 参数可以是值或引用。如果为 lookup_value 参数提供的值小于 table_array 参数第一列中的最小值，则 VLOOKUP 将返回错误值#N/A。

● table_array 为必需参数。为包含数据的单元格区域。可以使用对区域（如 A2:D8）或区域名称的引用。table_array 第一列中的值是由 lookup_value 搜索的值。这些值可以是文本、数字或逻辑值。文本不区分大小写。

● col_index_num 为必需参数。table_array 参数中必须返回的匹配值的列号。col_index_num 参数为 1 时，返回 table_array 第一列中的值；col_index_num 为 2 时，返回 table_array 第二列中的值，以此类推。

如果 col_index_num 参数：

- 小于 1，则 VLOOKUP 返回错误值#REF!。
- 大于 table_array 的列数，则 VLOOKUP 返回错误值#REF!。

● range_lookup 是可选参数。为一个逻辑值，指定希望 VLOOKUP 查找精确匹配值还是近似匹配值：

- 如果 range_lookup 为 TRUE 或被省略，则返回精确匹配值或近似匹配值。如果找不到精确匹配值，则返回小于 lookup_value 的最大值。

注意：如果 range_lookup 为 TRUE 或被省略，则 table_array 第一列中的值必须以升序排序；否则，VLOOKUP 可能无法返回正确的值。

- 如果为 FALSE，VLOOKUP 将只寻找精确匹配值。在此情况下，table_array 第一列的值不需要排序。如果 table_array 第一列中有两个或多个值与 lookup_value 匹配，则使用第一个找到的值。如果找不到精确匹配值，则返回错误值#N/A。

■ 函数说明

● 在 table_array 第一列中搜索文本值时，请确保 table_array 第一列中的数据没有前导空格、尾部空格、直引号（'或"）与弯引号（‘或“）不一致或非打印字符；否则，VLOOKUP 可能返回不正确或意外的值。

● 在搜索数字或日期值时，请确保 table_array 第一列中的数据未存储为文本值；否则，VLOOKUP 可能返回不正确或意外的值。

● 如果 range_lookup 为 FALSE 且 lookup_value 为文本，则可以在 lookup_value 中使用通配符、问号（?）和星号（*）。问号匹配任意单个字符；星号匹配任意一串字符。如果要查找实际的问号或星号，请在该字符前输入波形符（~）。

■ 函数简单示例

示例一：本示例搜索大气特征表的“密度”列以查找“黏度”和“温度”列中对应的值（该值是在海平面 0℃或 1 个大气压下对空气的测定）。

	A	B	C
1	密度	粘度	温度
2	1.128	1.91	40
3	1.165	1.86	30
4	1.205	1.81	20
5	1.247	1.77	10
6	1.293	1.72	0
7	1.342	1.67	-10
8	1.395	1.62	-20
9	1.453	1.57	-30
10	1.515	1.52	-40

示例	公式	说明	结果
1	=VLOOKUP(1.2,A2:C10,2)	使用近似匹配搜索 A 列中的值 1.2，在 A 列中找到小于等于 1.2 的最大值 1.165，然后返回同一行中 B 列的值	1.86
2	=VLOOKUP(1.2,A2:C10,3,TRUE)	使用近似匹配搜索 A 列中的值 1.2，在 A 列中找到小于等于 1.2 的最大值 1.165，然后返回同一行中 C 列的值	30
3	=VLOOKUP(0.7,A2:C10,3,FALSE)	使用精确匹配在 A 列中搜索值 0.7。因为 A 列中没有精确匹配的值，所以返回一个错误值	#N/A
4	=VLOOKUP(1,A2:C10,2,TRUE)	使用近似匹配在 A 列中搜索值 1。因为 1 小于 A 列中最小的值，所以返回一个错误值	#N/A
5	=VLOOKUP(2,A2:C10,2,TRUE)	使用近似匹配搜索 A 列中的值 2，在 A 列中找到小于等于 2 的最大值 1.515，然后返回同一行中 B 列的值	1.52

示例二：本示例搜索婴幼儿用品表中“货品 ID”列并在“成本”和“涨幅”列中查找与之匹配的值，以计算价格并测试条件。

	A	B	C	D
1	货品 ID	货品	成本	涨幅
2	ST-340	童车	￥234.56	20%
3	BI-567	奶嘴	￥8.53	30%
4	DI-328	奶瓶	￥42.80	15%
5	WI-989	摇铃	￥5.50	30%
6	AS-469	湿纸巾	￥3.80	25%

示例	公式	说明	结果
1	=VLOOKUP("DI-328",A2:D6,3,FALSE)*(1+VLOOKUP("DI-328",A2:D6,4,FALSE))	涨幅加上成本，计算奶瓶的零售价	49.22
2	=(VLOOKUP("WI-989",A2:D6,3,FALSE)*(1+VLOOKUP("WI-989",A2:D6,4,FALSE)))*(1-20%)	零售价减去指定折扣，计算摇铃的销售价格	￥5.72
3	=IF(VLOOKUP(A2,A2:D6,3,FALSE)>=20,"涨幅为"&100*VLOOKUP(A2,A2:D6,4,FALSE)&"%","成本低于￥20.00")	如果 A2 货品的成本大于或等于 20，则显示字符串“涨幅为 nn%”；否则，显示字符串“成本低于￥20.00”	涨幅为20%
4	=IF(VLOOKUP(A3,A2:D6,3,FALSE)>=20,"涨幅为:"&100*VLOOKUP(A3,A2:D6,4,FALSE)&"%","成本为￥"&VLOOKUP(A3,A2:D6,3,FALSE))	如果 A3 货品的成本大于或等于 20，则显示字符串“涨幅为 nn%”；否则，显示字符串“成本为￥n.nn”	成本为￥8.53

示例三：本示例搜索员工表的 ID 列并查找其他列中的匹配值，以计算年龄并测试错误条件。

	A	B	C	D	E
1	ID	姓	名	职务	出生日期
2	1	茅	颖杰	销售代表	1988/10/18
3	2	胡	亮中	销售总监	1964/2/28
4	3	赵	晶晶	销售代表	1973/8/8
5	4	徐	红岩	销售副总监	1967/3/19
6	5	郭	婷	销售经理	1970/11/4
7	6	钱	昱希	销售代表	1983/7/22

示例	公式	说明	结果
1	=INT(YEARFRAC(DATE(2014,6,30),VLOOKUP(5,A2:E7,5,FALSE),1))	针对 2014 财政年度，查找 ID 为 5 的员工的年龄。使用 YEARFRAC 函数，以此财政年度的结束日期减去出生日期，然后使用 INT 函数将结果以整数形式显示	33
2	=IFERROR(VLOOKUP(5,A2:E7,2,FALSE),"未发现员工")	如果有 ID 为 5 的员工，则显示该员工的姓氏；否则，显示消息“未发现员工”。 当 VLOOKUP 函数结果为错误值#NA 时，IFERROR 函数返回"未发现员工"	郭

续表

示例	公式	说明	结果
3	=IFERROR(VLOOKUP(15,A2:E7,2,FALSE),"未发现员工")	如果有 ID 为 15 的员工，则显示该员工的姓氏；否则，显示消息“未发现员工”。 当 VLOOKUP 函数结果为错误值#NA 时，IFERROR 函数返回"未发现员工"	未发现员工
4	=VLOOKUP(4,A2:E7,2,FALSE)&VLOOKUP(4,A2:E7,3,FALSE)&" 是 "&VLOOKUP(4,A2:E7,4,FALSE)&"。"	对于 ID 为 4 的员工，将 3 个单元格的值连接为一个完整的句子	徐红岩是销售副总监。

本例公式说明

以下为本例中的公式。

```
=VLOOKUP(B3,stock,3,0)
```

在“产销率分析”工作表中的公式。

```
B3=0PS713-5
```

名称“stock”被定义为以下形式。

```
=采购汇总!$B$2:$E$21
```

其各个参数值指定 VLOOKUP 函数在 stock 区域内（即“采购汇总”工作表中的 B2:E21 单元格区域内）的第 1 列（即 B 列）中查找 B3 单元格（其值为 0PS713-5）。因为“0PS713-5”在“采购汇总”工作表中位于 B6 单元格，那么 VLOOKUP 函数将从 B2:E21 单元格区域的相同行（第 6 行）的第 3 列（即 D 列）中返回值，也就是 D6 单元格的值 23653。

扩展知识点讲解

函数应用：HLOOKUP 函数

函数用途

在表格的首行或数值数组中搜索值，然后返回表格或数组中指定行的所在列中的值。当比较值位于数据表格的首行时，如果要向下查看指定的行数，则可使用 HLOOKUP。当比较值位于所需查找的数据的左边一列时，则可使用 VLOOKUP。

HLOOKUP 中的 H 代表“行”。

函数语法

HLOOKUP(lookup_value,table_array,row_index_num,[range_lookup])

- lookup_value 为必需参数。为要在表格的第一行中查找的值。lookup_value 可以是数值、引用或文本字符串。
- table_array 为必需参数。为在其中查找数据的信息表。使用对区域或区域名称的引用。
    - table_array 的第一行的数值可以为文本、数字或逻辑值。
    - 如果 range_lookup 为 TRUE，则 table_array 的第一行的数值必须按升序排列：...−2、−1、0、1、2、...，A～Z，FALSE、TRUE；否则，HLOOKUP 将不能给出正确的数值。如果 range_lookup 为 FALSE，则 table_array 不必进行排序。
    - 文本不区分大小写。
    - 将数值从左到右按升序排列。
- row_index_num 为必需参数。table_array 中将返回的匹配值的行号。

row_index_num 为 1 时，返回 table_array 的第一行的值；row_index_num 为 2 时，返回 table_array 第二行中的值，以此类推。如果 row_index_num 小于 1，则 HLOOKUP 返回错误值 #VALUE!；如果 row_index_num 大于 table_array 的行数，则 HLOOKUP 返回错误值#REF!。

- range_lookup 为可选参数。为一个逻辑值，指定希望 HLOOKUP 查找精确匹配值还是近似匹配值。如果为 TRUE 或省略，则返回近似匹配值。换言之，如果找不到精确匹配值，则返回小于 lookup_value 的最大值。如果为 FALSE，则 HLOOKUP 将查找精确匹配值。如果找不到精确匹配值，则返回错误值#N/A。

■ 函数说明

- 如果 HLOOKUP 函数找不到 lookup_value，且 range_lookup 为 TRUE，则使用小于 lookup_value 的最大值。
- 如果HLOOKUP 函数小于 table_array 第一行中的最小数值，HLOOKUP 函数返回错误值#N/A。
- 如果 range_lookup 为 FALSE 且 lookup_value 为文本，则可以在 lookup_value 中使用通配符（问号（?）和星号（*））。问号匹配任意单个字符；星号匹配任意一串字符。如果要查找实际的问号或星号，请在字符前输入波形符（~）。

■ 函数简单示例

	A	B	C
1	Axles	Bearings	Bolts
2	13	11	18
3	25	26	27
4	15	16	21

示例	公式	说明	结果
1	=HLOOKUP("Axles",A1:C4,2,TRUE)	在首行查找 Axles，并返回同列中第 2 行的值	13
2	=HLOOKUP("Bearings",A1:C4,3,FALSE)	在首行查找 Bearings，并返回同列中第 3 行的值	26
3	=HLOOKUP("B",A1:C4,3,TRUE)	在首行查找 B，并返回同列中第 3 行的值。由于第四个参数不是精确匹配，因此将使用小于 B 的最大值 Axles	25
4	=HLOOKUP("Bolts",A1:C4,4)	在首行查找 Bolts，并返回同列中第 4 行的值	21
5	=HLOOKUP(3,{1,2,3;"a","b","c";"d","e","f"},2,TRUE)	在数组常量的第一行中查找 3，并返回同列中第 2 行的值	c

5.6 淡旺季销售分析

案例背景

旺季做销量，淡季做品牌。企业应充分地利用好市场的需求进行企业资源的配置，不要只注重旺季的销售，而忽视淡季的推广。品牌的美誉度和忠诚度不是一朝一夕铸就的，这需要平时点滴的培养。在旺季没有时间和精力做的工作，可以在淡季充分地利用人力资源进行如服务等的推广活动，而它产生的效应仅仅靠广告是达不到的。

关键技术点

要实现本例中的功能，读者应当掌握以下 Excel 技术点。

- MIN、MAX、NA 函数的应用
- 制作带数据标记的折线图

最终效果展示

淡旺季销售分析

产品	销售月份	总销售额（元）	淡季月	旺季月
童装	1月	8,100.00	#N/A	#N/A
童装	2月	10,000.00	#N/A	10,000.00
童装	3月	7,800.00	#N/A	#N/A
童装	4月	8,000.00	#N/A	#N/A
童装	5月	8,500.00	#N/A	#N/A
童装	6月	8,200.00	#N/A	#N/A
童装	7月	8,300.00	#N/A	#N/A
童装	8月	7,700.00	7,700.00	#N/A
童装	9月	7,900.00	#N/A	#N/A
童装	10月	9,000.00	#N/A	#N/A
童装	11月	9,300.00	#N/A	#N/A
童装	12月	9,500.00	#N/A	#N/A

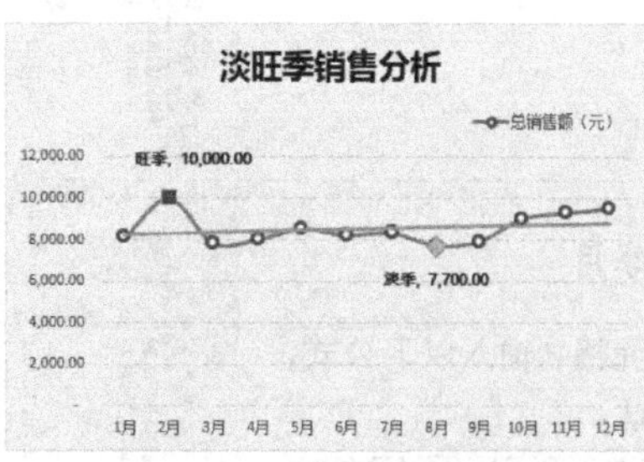

示例文件

光盘\示例文件\第 5 章\淡旺季销售分析.xlsx

5.6.1 创建工作表

Step

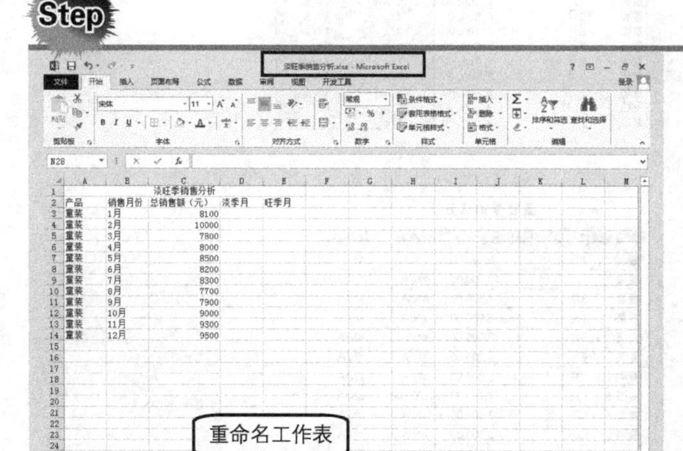

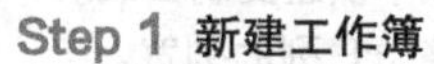

Step 1 新建工作簿

启动 Excel 自动新建一个工作簿，保存并命名为“淡旺季销售分析”，将“Sheet1”工作表重命名为“淡旺季销售分析”。

Step 2 输入表格标题和内容

① 选择A1:E1单元格区域，设置“合并后居中”，输入表格标题“淡旺季销售分析”。

② 选中 A2:E2 单元格区域，输入表格各字段标题，调整列宽。

③ 选中 A3:C14 单元格区域，输入表格内容。

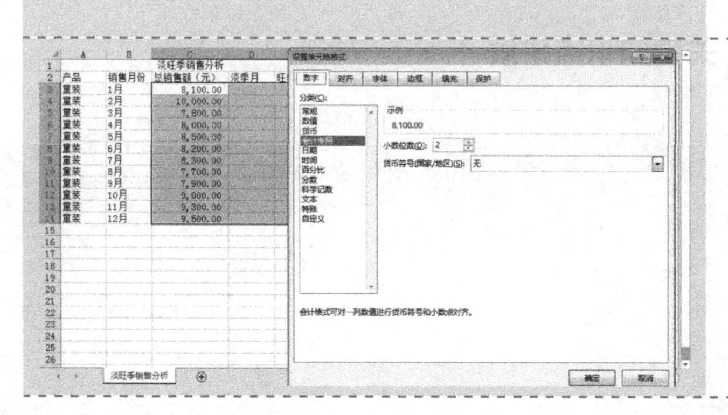

Step 3 设置单元格格式

选中 C3:E14 单元格区域，设置单元格格式为“会计专用”，“小数位数”为“2”，“货币符号”为“无”。

Step 4 计算淡季月

选中 D3 单元格，输入以下公式，按<Enter>键确认。

```
=IF(C3=MIN($C$3:$C$14),C3,NA())
```

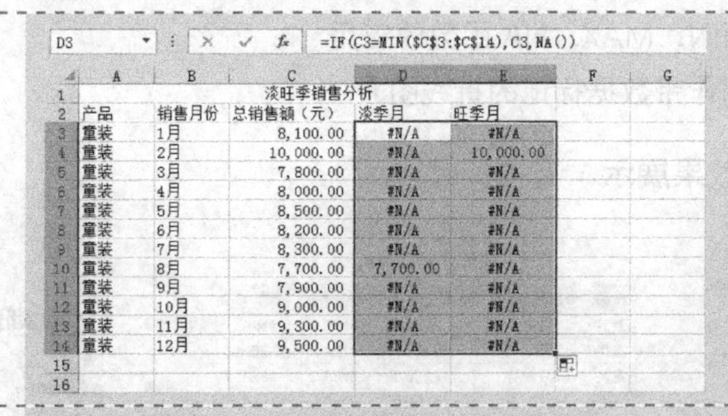

D3 =IF(C3=MIN($C$3:$C$14),C3,NA())

	A	B	C	D	E
1			淡旺季销售分析		
2	产品	销售月份	总销售额（元）	淡季月	旺季月
3	童装	1月	8,100.00	#N/A	#N/A
4	童装	2月	10,000.00	#N/A	10,000.00
5	童装	3月	7,800.00	#N/A	#N/A
6	童装	4月	8,000.00	#N/A	#N/A
7	童装	5月	8,500.00	#N/A	#N/A
8	童装	6月	8,200.00	#N/A	#N/A
9	童装	7月	8,300.00	#N/A	#N/A
10	童装	8月	7,700.00	7,700.00	#N/A
11	童装	9月	7,900.00	#N/A	#N/A
12	童装	10月	9,000.00	#N/A	#N/A
13	童装	11月	9,300.00	#N/A	#N/A
14	童装	12月	9,500.00	#N/A	#N/A

Step 5 计算旺季月

选中 D3 单元格，输入以下公式，按<Enter>键确认。

```
=IF(C3=MAX($C$3:$C$14),C3,NA())
```

E3 =IF(C3=MAX($C$3:$C$14),C3,NA())

	A	B	C	D	E
1			淡旺季销售分析		
2	产品	销售月份	总销售额（元）	淡季月	旺季月
3	童装	1月	8,100.00	#N/A	#N/A
4	童装	2月	10,000.00		
5	童装	3月	7,800.00		
6	童装	4月	8,000.00		
7	童装	5月	8,500.00		
8	童装	6月	8,200.00		
9	童装	7月	8,300.00		
10	童装	8月	7,700.00		
11	童装	9月	7,900.00		
12	童装	10月	9,000.00		
13	童装	11月	9,300.00		
14	童装	12月	9,500.00		

Step 6 复制公式

① 选中 D3:E3 单元格区域，将鼠标指针放在 E3 单元格的右下角，待鼠标指针变为 + 形状后双击，在 D3:E14 单元格区域中快速复制公式。

② 适当地调整 D:E 列的列宽。

D3 =IF(C3=MIN($C$3:$C$14),C3,NA())

	A	B	C	D	E
1			淡旺季销售分析		
2	产品	销售月份	总销售额（元）	淡季月	旺季月
3	童装	1月	8,100.00	#N/A	#N/A
4	童装	2月	10,000.00	#N/A	10,000.00
5	童装	3月	7,800.00	#N/A	#N/A
6	童装	4月	8,000.00	#N/A	#N/A
7	童装	5月	8,500.00	#N/A	#N/A
8	童装	6月	8,200.00	#N/A	#N/A
9	童装	7月	8,300.00	#N/A	#N/A
10	童装	8月	7,700.00	7,700.00	#N/A
11	童装	9月	7,900.00	#N/A	#N/A
12	童装	10月	9,000.00	#N/A	#N/A
13	童装	11月	9,300.00	#N/A	#N/A
14	童装	12月	9,500.00	#N/A	#N/A

Step 7 美化工作表

① 设置字号、加粗和居中。

② 调整行高和列宽。

③ 设置框线。

④ 取消编辑栏和网格线显示。

效果如图所示。

淡旺季销售分析

产品	销售月份	总销售额（元）	淡季月	旺季月
童装	1月	8,100.00	#N/A	#N/A
童装	2月	10,000.00	#N/A	10,000.00
童装	3月	7,800.00	#N/A	#N/A
童装	4月	8,000.00	#N/A	#N/A
童装	5月	8,500.00	#N/A	#N/A
童装	6月	8,200.00	#N/A	#N/A
童装	7月	8,300.00	#N/A	#N/A
童装	8月	7,700.00	7,700.00	#N/A
童装	9月	7,900.00	#N/A	#N/A
童装	10月	9,000.00	#N/A	#N/A
童装	11月	9,300.00	#N/A	#N/A
童装	12月	9,500.00	#N/A	#N/A

关键知识点讲解

1. 函数应用：MIN 函数

函数用途

返回一组值中的最小值。

函数语法

MIN(number1,[number2],...)

● number1,number2,...是要从中查找最小值的 1～255 个数字。

函数说明

● 参数可以是数字或者是包含数字的名称、数组或引用。

● 逻辑值和直接输入到参数列表中代表数字的文本被计算在内。

● 如果参数为数组或引用，则只使用该数组或引用中的数字。数组或引用中的空白单元格、逻辑值或文本将被忽略。

● 如果参数中不含数字，则 MIN 函数返回 0。

● 如果参数为错误值或为不能转换为数字的文本，将会导致错误。

● 如果要使计算包括引用中的逻辑值和代表数字的文本，请使用 MINA 函数。

函数简单示例

A
数据
20
18
11
16
1

示例	公式	说明	结果
1	=MIN(A2:A6)	上面数据中的最小值	1
2	=MIN(A2:A6,0)	上面的数值和 0 中的最小值	0

本例公式说明

以下为本例中的公式。

```
=MIN($C$3:$C$14)
```

该公式是指在 C3:C14 单元格区域中寻找数字最小的值。

2. 函数应用：MAX 函数

函数用途

返回一组值中的最大值。

函数语法

MAX(number1,[number2],...)

● number1,number2,...是要从中找出最大值的 1～255 个数字。

函数说明

● 参数可以是数字或者是包含数字的名称、数组或引用。

● 逻辑值和直接输入到参数列表中代表数字的文本被计算在内。

● 如果参数为数组或引用，则只使用该数组或引用中的数字。数组或引用中的空白单元格、逻辑值或文本将被忽略。

● 如果参数不包含数字，MAX 函数返回 0（零）。

● 如果参数为错误值或为不能转换为数字的文本，将会导致错误。

● 如果要使计算包括引用中的逻辑值和代表数字的文本，请使用 MAXA 函数。

函数简单示例

A
数据
20
18
11
16
1

示例	公式	说明	结果
1	=MAX(A2:A6)	上面一组数字中的最大值	20
2	=MAX(A2:A6,30)	上面一组数字和 30 中的最大值	30

■ **本例公式说明**

以下为本例中的公式。

```
=MAX($C$3:$C$14)
```

该公式是指在 C3:C14 单元格区域中寻找数字最大的值。

3. 函数应用：NA 函数

■ **函数用途**

返回错误值#N/A。错误值#N/A 表示“无法得到有效值”。请使用 NA 标志空白单元格。在没有内容的单元格中输入“#N/A”，可以避免不小心将空白单元格计算在内而产生的问题（当公式引用到含有#N/A 的单元格时，会返回错误值#N/A）。

■ **函数语法**

NA( )

■ **函数说明**

- 在函数名后面必须包括圆括号；否则 Microsoft Excel 无法识别该函数。
- 也可直接在单元格中输入#N/A。提供 NA 函数是为了与其他电子表格程序兼容（当公式引用到含有#N/A 的单元格时，会返回错误值#N/A）。

5.6.2 绘制折线图

Step 1 插入折线图

选中 B2:C14 单元格区域，切换到“插入”选项卡，单击“图表”命令组中的“折线图”按钮，在打开的下拉菜单中选择“二维折线图”下的“带数据标记的折线图”命令。

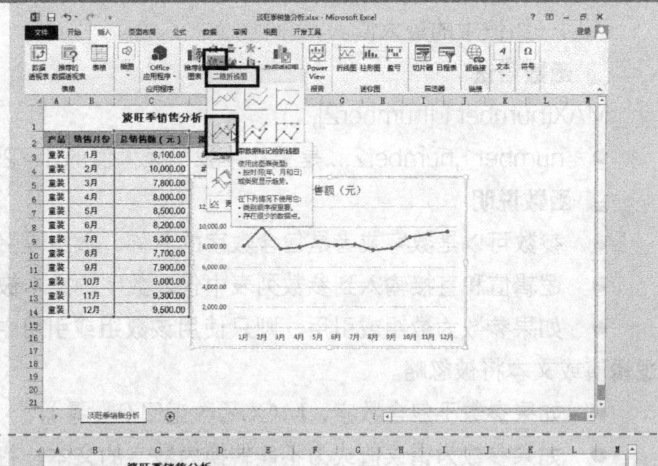

Step 2 调整图表位置和大小

① 在图表空白位置按住鼠标左键，将其拖曳至工作表合适位置。

② 将鼠标指针移至图表的右下角，待鼠标指针变为⤡形状时向外拖曳，待图表调整至合适大小时释放鼠标。

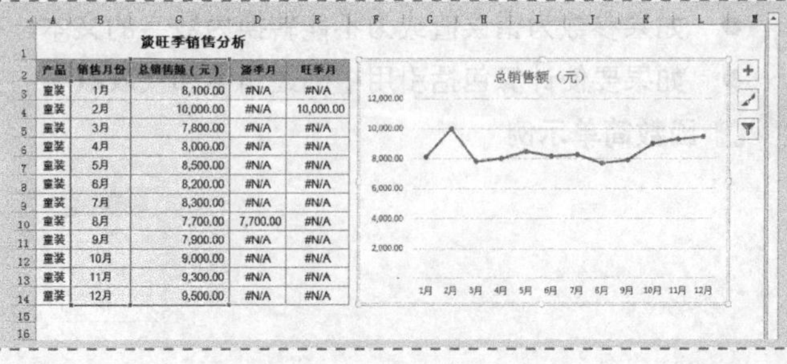

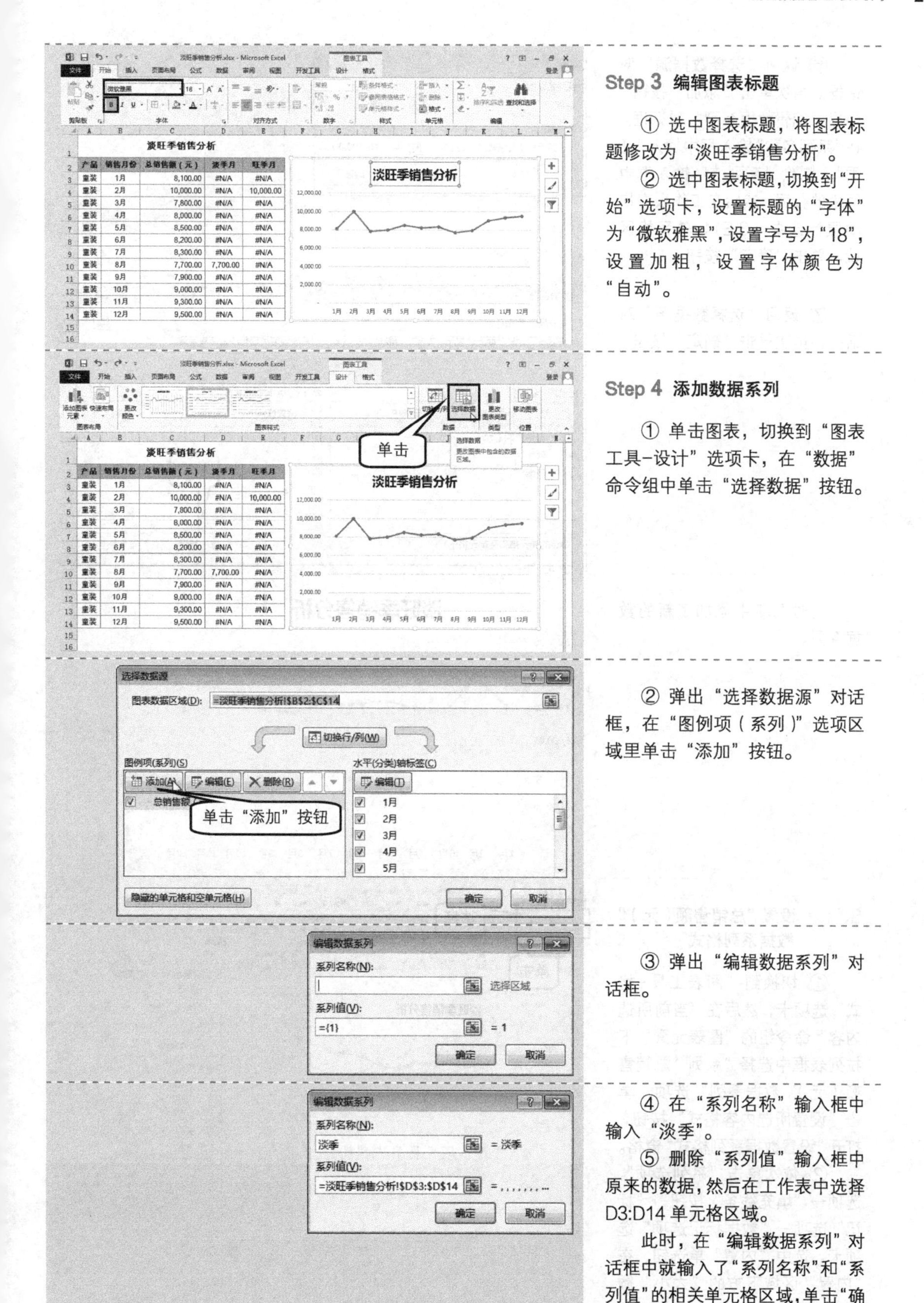

Step 3 编辑图表标题

① 选中图表标题，将图表标题修改为“淡旺季销售分析”。

② 选中图表标题，切换到“开始”选项卡，设置标题的“字体”为“微软雅黑”，设置字号为“18”，设置加粗，设置字体颜色为“自动”。

Step 4 添加数据系列

① 单击图表，切换到“图表工具-设计”选项卡，在“数据”命令组中单击“选择数据”按钮。

② 弹出“选择数据源”对话框，在“图例项（系列）”选项区域里单击“添加”按钮。

③ 弹出“编辑数据系列”对话框。

④ 在“系列名称”输入框中输入“淡季”。

⑤ 删除“系列值”输入框中原来的数据，然后在工作表中选择 D3:D14 单元格区域。

此时，在“编辑数据系列”对话框中就输入了“系列名称”和“系列值”的相关单元格区域，单击“确定”按钮。

⑥ 返回“选择数据源”对话框。再次单击“添加”按钮，弹出“编辑数据系列”对话框。在“系列名称”输入框中输入“旺季”。删除“系列值”输入框中原来的数据，然后在工作表中拖动鼠标选中 E3:E14 单元格区域，单击“确定”按钮。

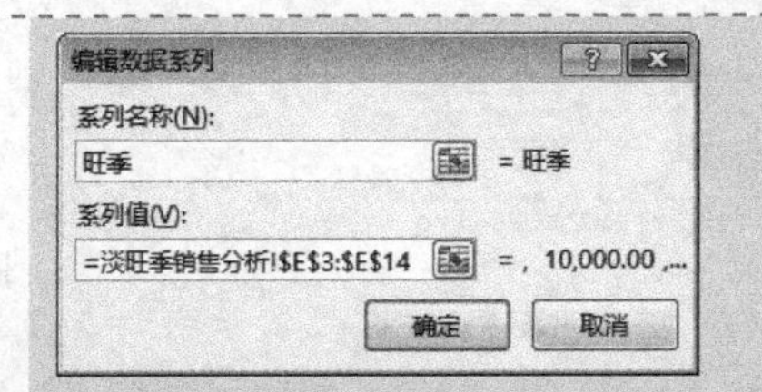

⑦ 返回“选择数据源”对话框，再次单击“确定”按钮。

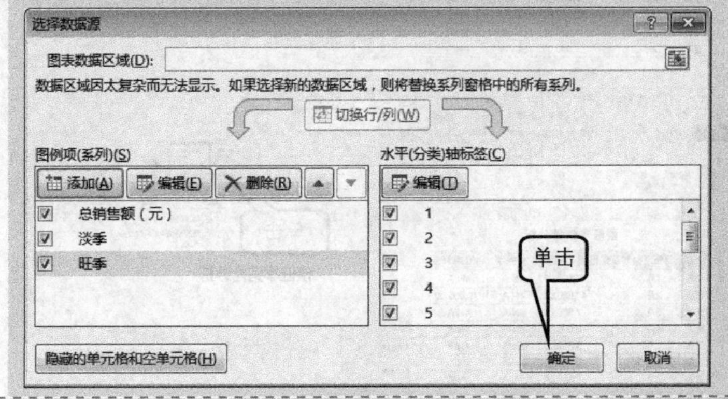

此时图表中添加了新的数据系列。

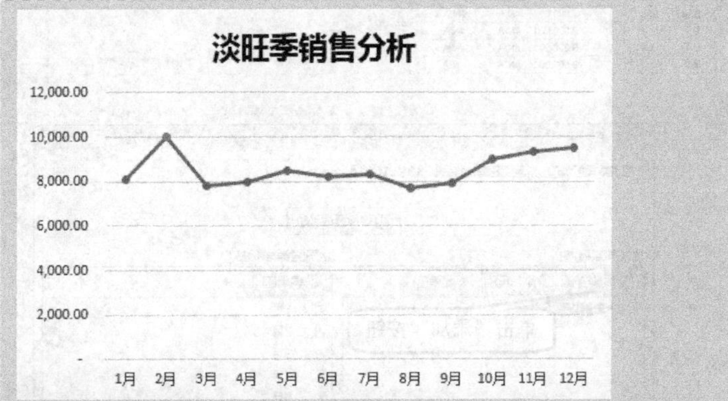

Step 5 设置“总销售额（元）”数据系列格式

① 切换到“图表工具-格式”选项卡，然后在“当前所选内容”命令组的“图表元素”下拉列表框中选择“系列‘总销售额（元）’数据系列”选项，单击“设置所选内容格式”按钮，打开“设置数据系列格式”窗格。

② 依次单击“系列选项”选项→“填充线条”按钮→“标记”选项→“数据标记选项”选项卡，选中“内置”单选钮，在“内置”区域下方的“大小”微调框中输入“7”。

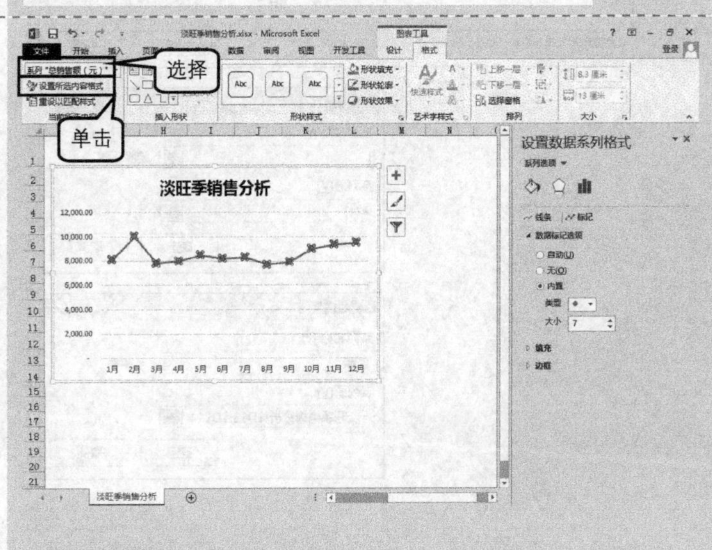

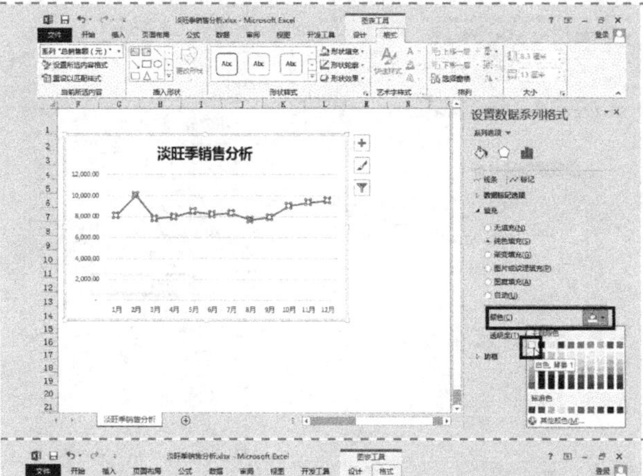

③ 单击“数据标记选项”选项卡，折叠该选项卡，再单击“填充”选项卡，单击“颜色”下箭头按钮，在弹出的颜色面板中选择“白色，背景 1”。

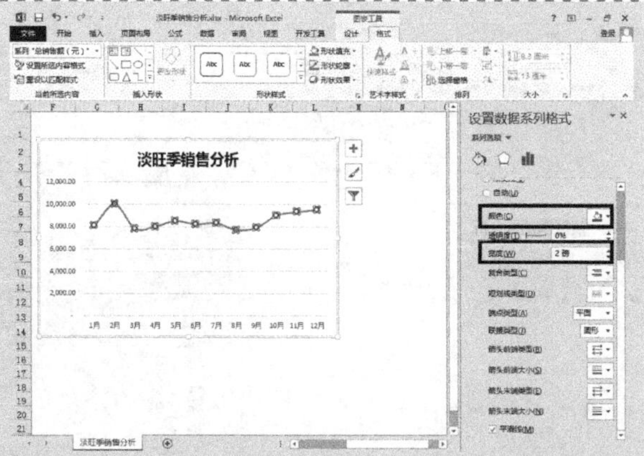

④ 单击“填充”选项卡，折叠该选项卡，再单击“边框”选项卡，单击“颜色”下箭头按钮，在弹出的颜色面板中选择“标准色”下的“红色”。单击“宽度”微调按钮，使得框中显示的数值为“2 磅”。勾选“平滑线”复选框。

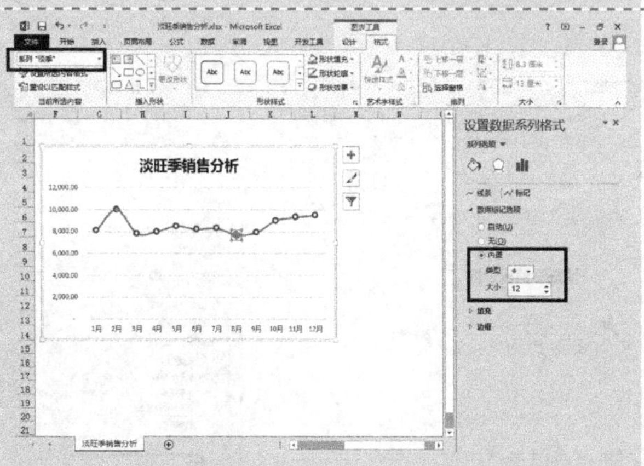

Step 6 设置“系列‘淡季’”数据系列格式

① 在“当前所选内容”命令组的“图表元素”下拉列表框中选择“系列‘淡季’数据系列”选项。

② 在“设置数据系列格式”窗格中依次单击“系列选项”选项→“填充线条”按钮→“标记”选项→“数据标记选项”选项卡，选中“内置”单选钮，在“内置”下方单击“类型”下箭头按钮，在弹出的下拉列表框中选择第 2 种样式，在“大小”右侧的微调框中输入“12”。

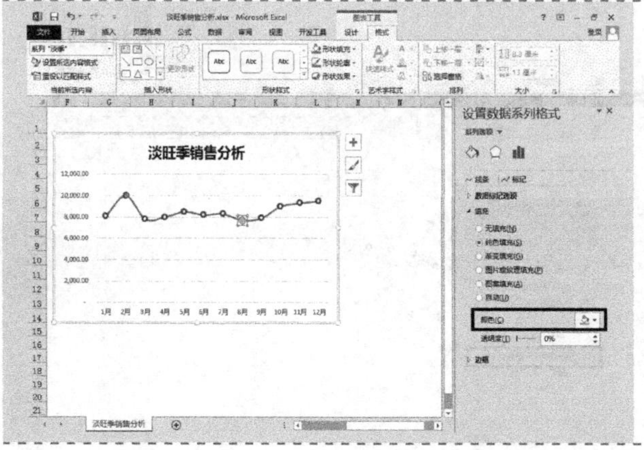

③ 单击“数据标记选项”选项卡，折叠该选项卡，再单击“填充”选项卡，单击“颜色”下箭头按钮，在弹出的颜色面板中选择“标准色”下的“橙色”。

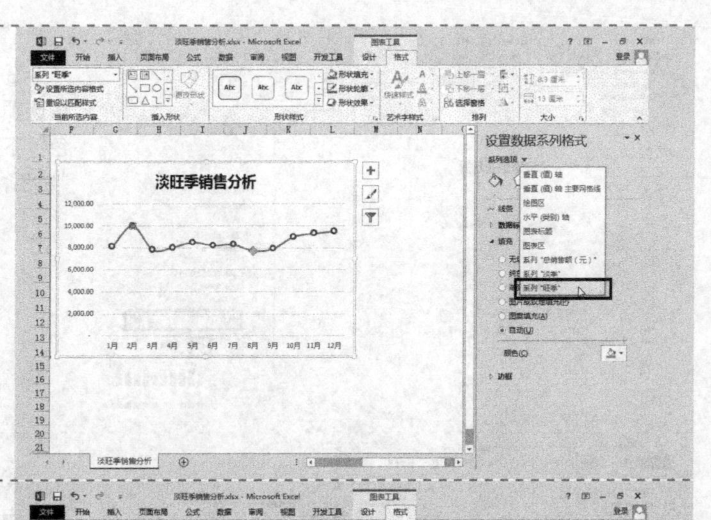

Step 7 设置“系列‘旺季’”数据系列格式

① 在“设置数据系列格式”窗格中，单击“系列选项”选项右侧的下箭头按钮，在弹出的下拉列表框中选择“系列‘旺季’”选项。

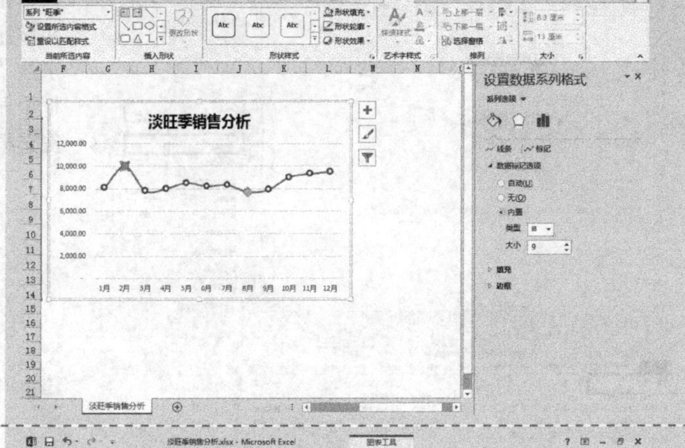

② 依次单击“系列选项”选项→“填充线条”按钮→“标记”选项→“数据标记选项”选项卡，选中“内置”单选钮，在“内置”下方，单击“类型”下箭头按钮，在弹出的下拉列表框中选择第 1 种样式，在“大小”微调框中输入“9”。

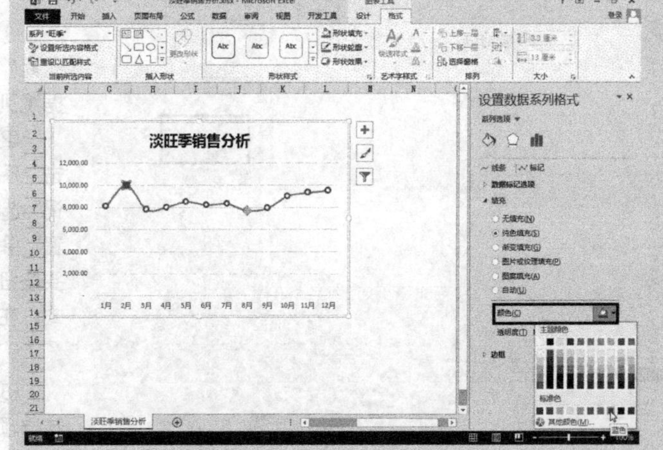

③ 单击“数据标记选项”选项卡，折叠该选项卡，再单击“填充”选项卡，单击“颜色”下箭头按钮，在弹出的颜色面板中选择“标准色”下的“蓝色”。

关闭“设置数据系列格式”窗格。

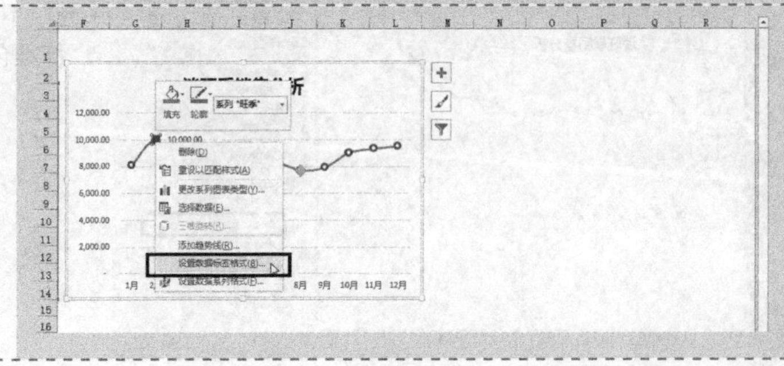

Step 8 添加“旺季”数据标签

① 右键单击“旺季”数据系列，在弹出的快捷菜单中选择“添加数据标签”命令。

② 再次右键单击“旺季”数据系列，在弹出的快捷菜单中选择“设置数据标签格式”命令。

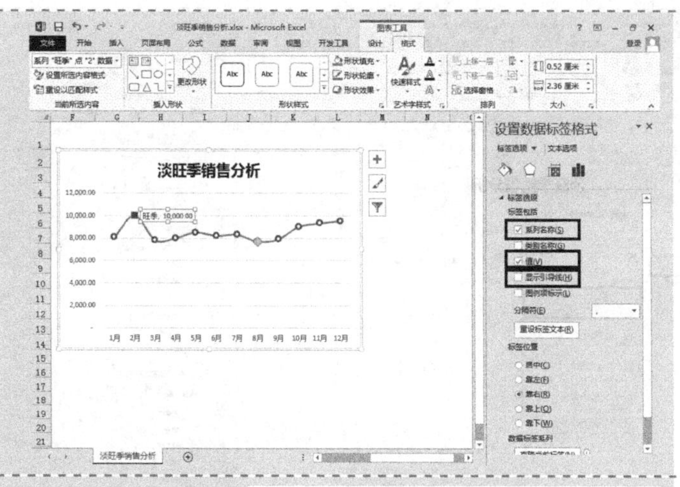

③ 打开“设置数据标签格式”窗格，依次单击“标签选项”选项→“标签选项”按钮→“标签选项”选项卡，在“标签包括”下方勾选“系列名称”和“值”复选框，取消勾选“显示引导线”复选框。

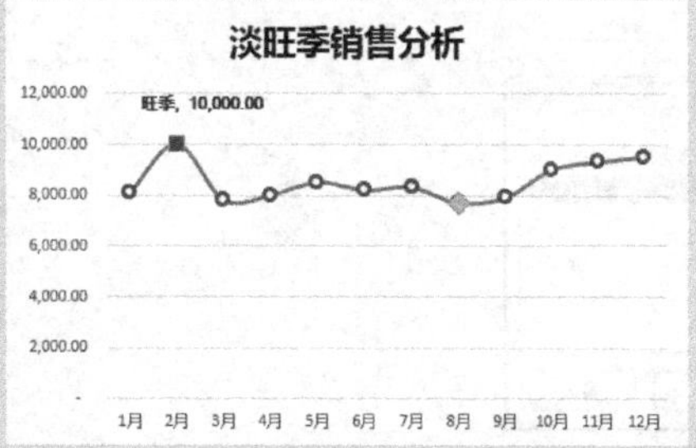

④ 选中该数据标签，在“开始”选项卡的“字体”命令组中设置字体为“Arial Unicode MS”，设置为“加粗”。拖动该数据标签至合适的位置。

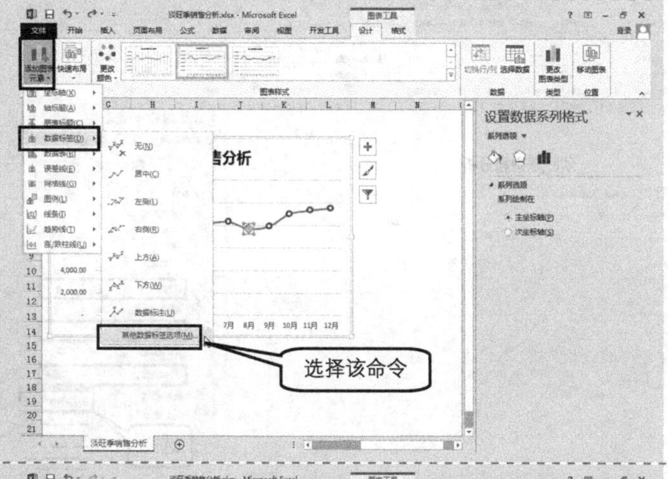

Step 9 添加“淡季”数据标签

① 单击“淡季”数据系列，在“图表工具-格式”选项卡的“标签”命令组中单击“添加图表元素”→“数据标签”→“其他数据标签选项”命令。

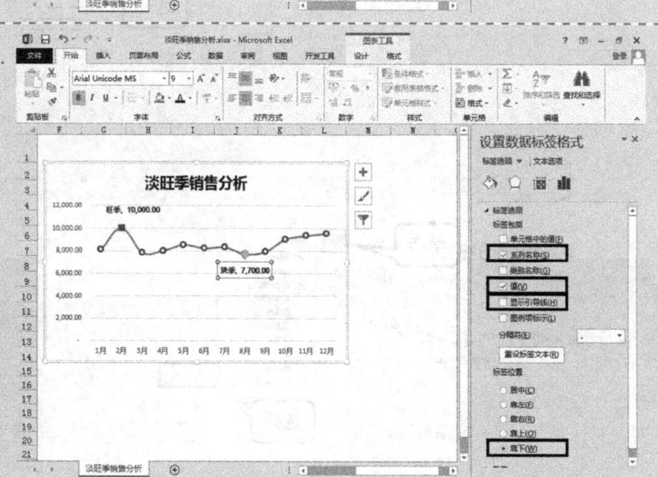

② 在“设置数据标签格式”窗格中，依次单击“标签选项”选项→“标签选项”按钮→“标签选项”选项卡，在“标签包括”下方勾选“系列名称”和“值”复选框，取消勾选“显示引导线”复选框。在“标签位置”下方选中“靠下”单选钮。

③ 选中该数据标签，在“开始”选项卡的“字体”命令组中设置字体为“Arial Unicode MS”，设置为“加粗”。

Step 10 添加趋势线

① 切换到“图表工具-设计”选项卡，在“图表布局”命令组中依次单击“添加图表元素”→“趋势线”→“线性”命令。

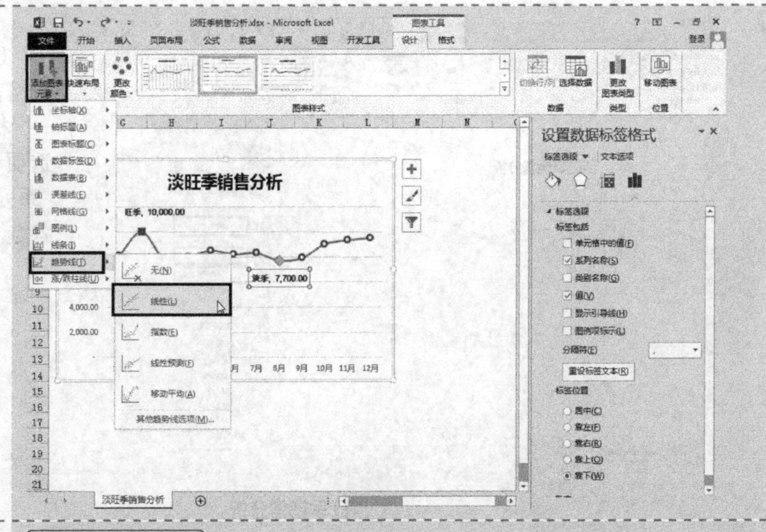

② 弹出“添加趋势线”对话框，选中默认的“总销售额（元）”，单击“确定”按钮。

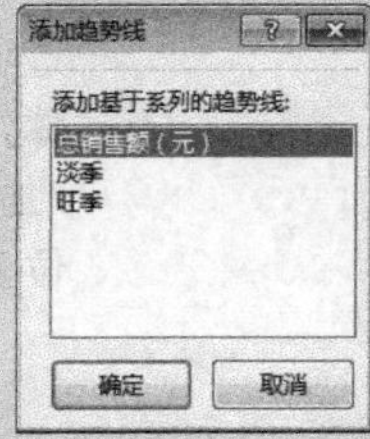

Step 11 设置趋势线格式

① 选中该趋势线，此时刚刚的“设置数据标签格式”窗格变为“设置趋势线格式”窗格。

② 依次单击“趋势线选项”选项→“填充线条”按钮→“线条”选项卡，单击“颜色”下箭头按钮，在弹出的颜色面板中选择“白色，背景 1，深色 35%”。在“宽度”微调框中调节上调节旋钮，使得输入的文字为“2 磅”。单击“短划线类型”下箭头按钮，在弹出的下拉列表框中选择第一种实线。

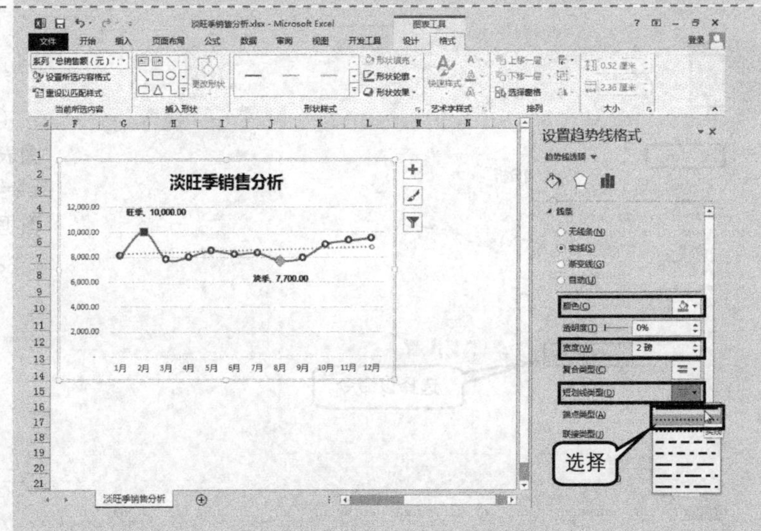

Step 12 设置图例格式

① 单击图表边框右侧的“图表元素”按钮，在打开的“图表元素”列表框中单击“图例”右侧的三角按钮，在打开的下级列表中选择“顶部”。

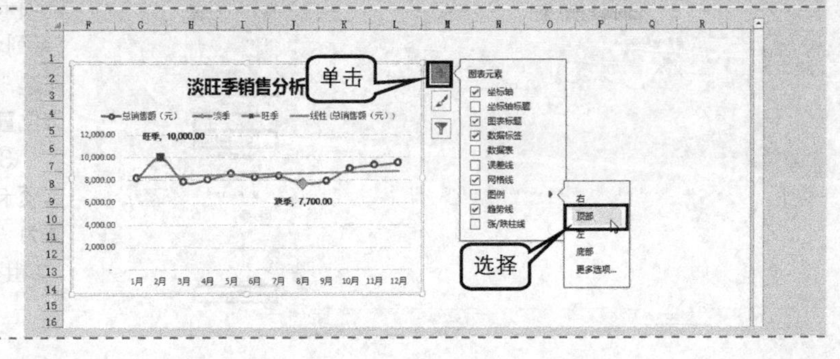

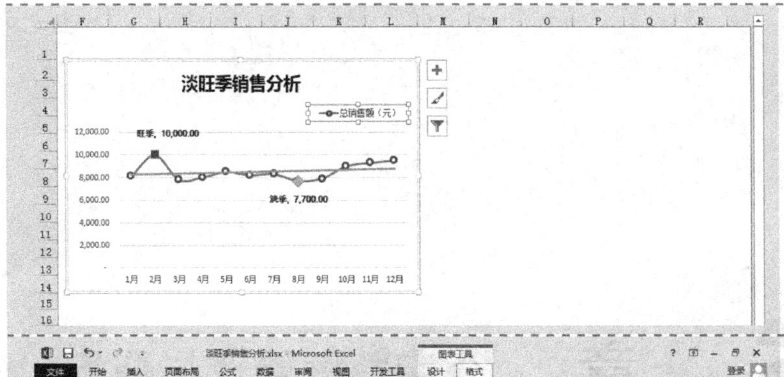

② 单击选中整个图例，再单击“淡季”图例，按<Delete>键删除。同样地，删除“旺季”和“线性(总销售额(元))”图例。

③ 拖动图例至右上角合适的位置。

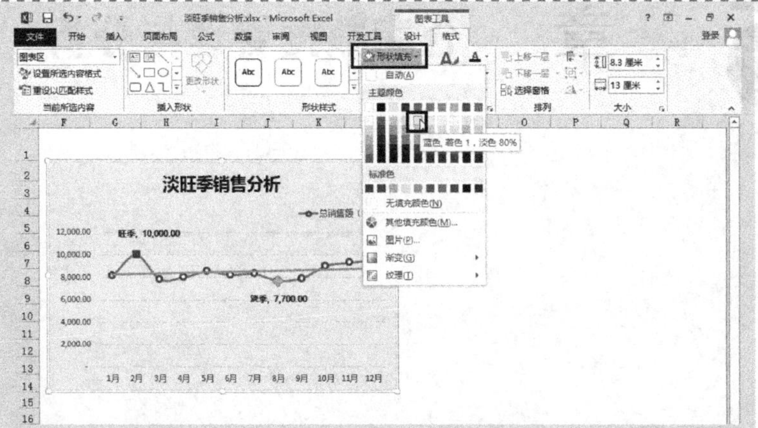

Step 13 设置绘图区格式

单击绘图区，切换到“图表工具-格式”选项卡，在“形状样式”命令组中单击“形状填充”按钮，在弹出的颜色列表中选择“主题颜色”下的“蓝色，着色 1，淡色 80%”。

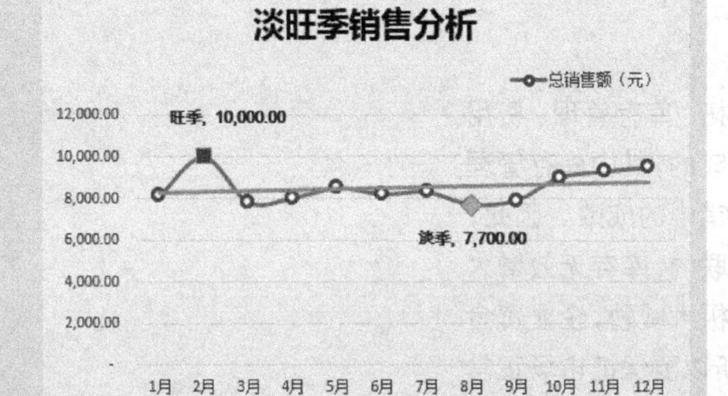

经过以上步骤，就完成了带数据标记的折线图的绘制和基本设置，效果如图所示。

第6章 仓库数据管理与分析

Excel 2013 高效办公

营销是由市场开拓、库存管理、费用及利润等关键因素组成的，其中库存管理直接关系到企业在营销中的成败。因此，库存与销售是紧密相联的，库存无效增大将对企业的利润构成极大威胁，企业资金周转就会存在缺口，所以要保证市场正常运转，必须要控制库存；否则库存将侵吞掉利润。

6.1 库存结构分析

案例背景

从分析对象来说，库存结构可以分为总额、结构和比率总额等。根据这些信息，可以反映库存总金额、各类产品库存总金额结构以及各类产品占总库存金额的比例。

关键技术点

要实现本例中的功能，读者应当掌握以下 Excel 技术点。

- 添加辅助列
- 制作窗体控件实现数据链接
- 绘制分离型三维饼图

最终效果展示

年份	男性服装	女性服装	中性服装	男鞋	女鞋	童鞋
2012年	178,693	64,563	98,566	95,453	84,635	68,385
2013年	278,564	84,527	118,532	105,531	104,520	78,021
2014年	378,533	102,357	182,256	195,821	114,112	88,230
2015年	574,293	124,587	208,746	287,121	124,214	99,991

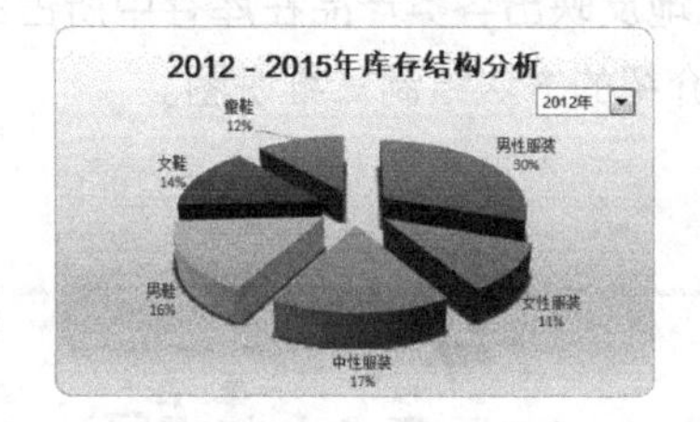

示例文件

光盘\示例文件\第 6 章\库存结构分析.xlsx

6.1.1 创建库存结构分析表

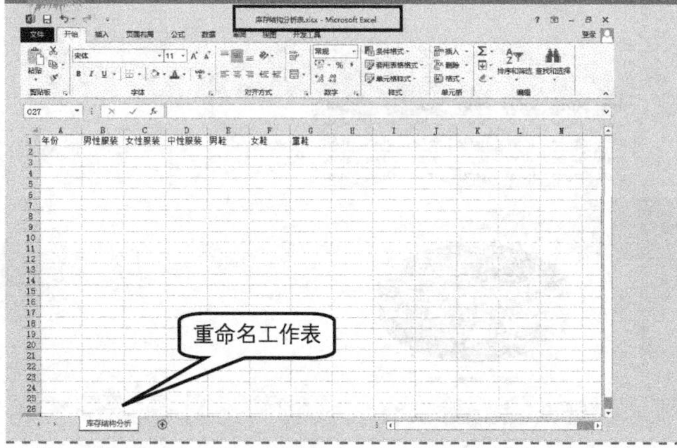

Step 1 新建工作簿

启动 Excel 自动新建一个工作簿，保存并命名为“库存结构分析表”，将“Sheet1”工作表重命名为“库存结构分析”。

Step 2 输入表格各字段标题

依次在 A1:G1 单元格区域中输入表格各字段的标题。

Step 3 输入表格数据

① 在 A2:G5 单元格区域中输入表格数据。

② 选中 B2:G5 单元格区域，设置单元格格式为“数值”，“小数位数”为“0”，勾选“使用千位分隔符”复选框。

	A	B	C	D	E	F	G	H	I
1	年份	男性服装	女性服装	中性服装	男鞋	女鞋	童鞋		
2	2012年	178,693	64,563	98,566	95,453	84,635	68,385		
3	2013年	278,564	84,527	118,532	105,531	104,520	78,021		
4	2014年	378,533	102,357	182,256	195,821	114,112	88,230		
5	2015年	574,293	124,587	208,746	287,121	124,214	99,991		
6									
7									

Step 4 美化工作表

① 设置字体、字号、加粗、居中和填充颜色。

② 调整行高和列宽。

③ 设置所有框线。

④ 取消网格线显示。

	A	B	C	D	E	F	G	H	I
1	年份	男性服装	女性服装	中性服装	男鞋	女鞋	童鞋		
2	2012年	178,693	64,563	98,566	95,453	84,635	68,385		
3	2013年	278,564	84,527	118,532	105,531	104,520	78,021		
4	2014年	378,533	102,357	182,256	195,821	114,112	88,230		
5	2015年	574,293	124,587	208,746	287,121	124,214	99,991		
6									
7									

6.1.2 绘制三维饼图

根据库存结构分析表，利用各项产品库存数据绘制图表（示例选用饼图），对各年份产品库存作相应的分析，从而生动、形象地反映出各类产品在库存中所占的比例，以便公司做好相应的生产计划调整。参阅 5.2.2 小节中介绍的方法绘制三维饼图。

Step 1 插入饼图

在工作表中选择任意非空单元格，如 B2 单元格，切换到“插入”选项卡，单击“图表”命令组中的“饼图”按钮，然后在打开的下拉菜单中选择“三维饼图”下的“三维饼图”命令。

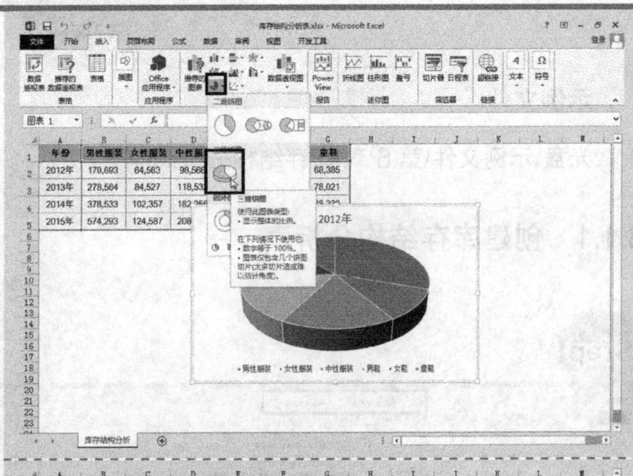

Step 2 调整图表位置

在图表空白位置按住鼠标左键，将其拖曳至工作表合适位置。

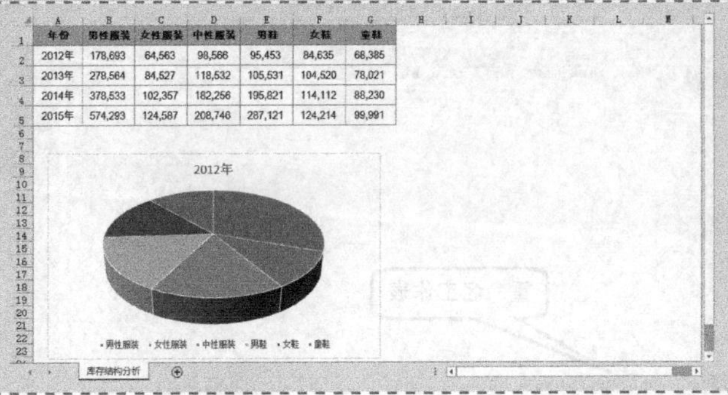

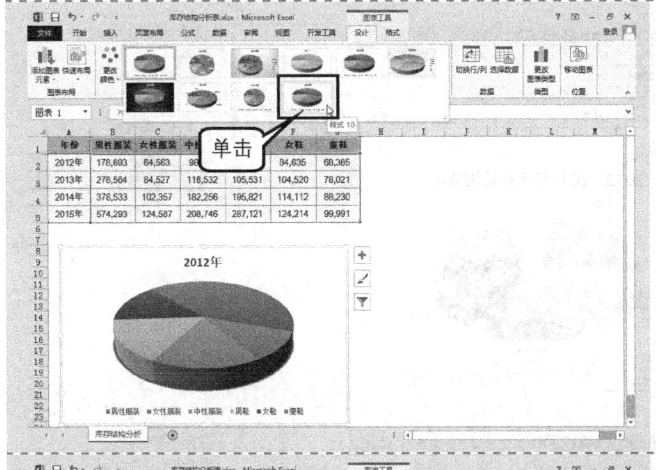

Step 3 设置图表样式

单击“图表工具-设计”选项卡，然后单击“图表样式”命令组中的“样式 10”。

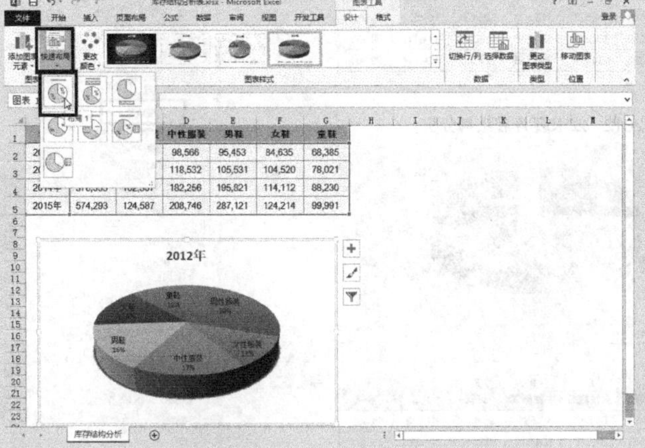

Step 4 设置图表布局

选中该饼图，单击“图表工具-设计”选项卡，在“图表布局”命令组中单击“快速布局”→“布局 1”样式。

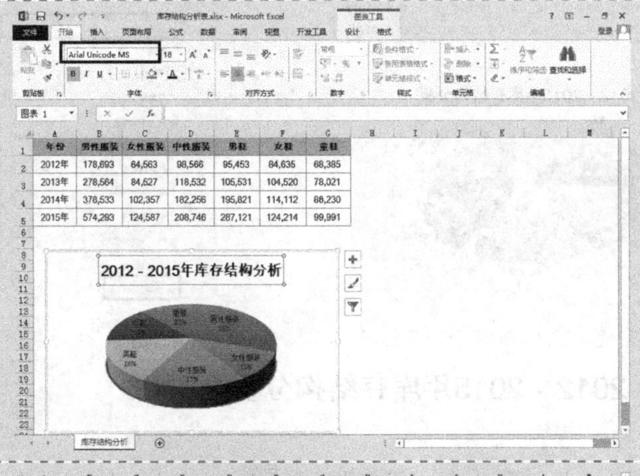

Step 5 编辑图表标题

① 选中图表标题，修改为“2012-2015 年库存结构分析”。

② 选中图表标题，切换到“开始”选项卡，设置标题的字体为“Arial Unicode MS”，设置字号为“18”，设置为加粗，设置字体颜色为“自动”。

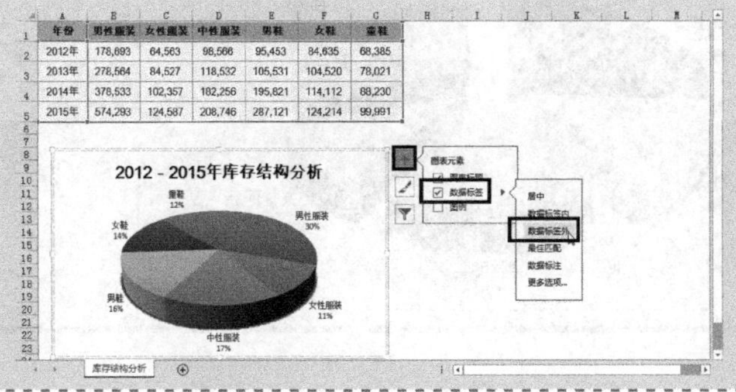

Step 6 设置数据标签格式

① 单击图表边框右侧的“图表元素”按钮，在打开的“图表元素”列表框中单击“数据标签”右侧的三角按钮，在打开的下级列表中选择“数据标签外”选项。

② 选中“童鞋”数据标签，向左拖动。

Step 7 设置数据系列格式

① 双击饼图，打开“设置数据系列格式”窗格。

② 依次单击“系列选项”选项→“系列选项”按钮→“系列选项”选项卡，在“饼图分离程度”下方往右拖动滑块，使得右侧微调框中显示“25%”。

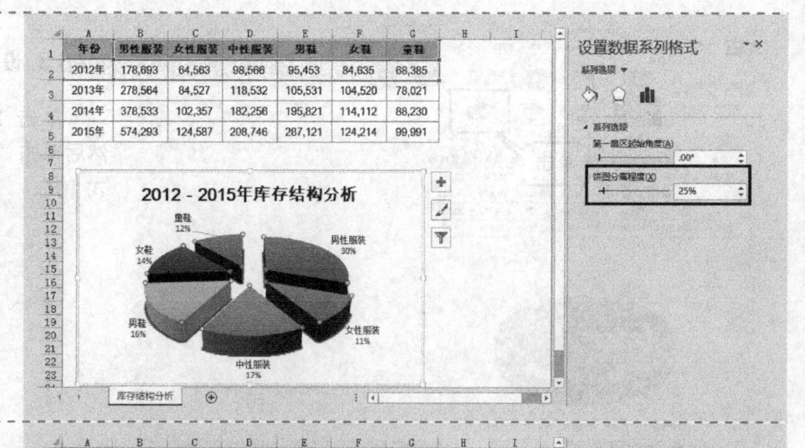

Step 8 设置图表区格式

① 选中“图表区”，此时刚刚的“设置数据系列格式”窗格变为“设置图表区格式”窗格。

② 依次单击“图表选项”选项→“填充线条”按钮→“填充”选项卡，选中“渐变填充”单选钮。

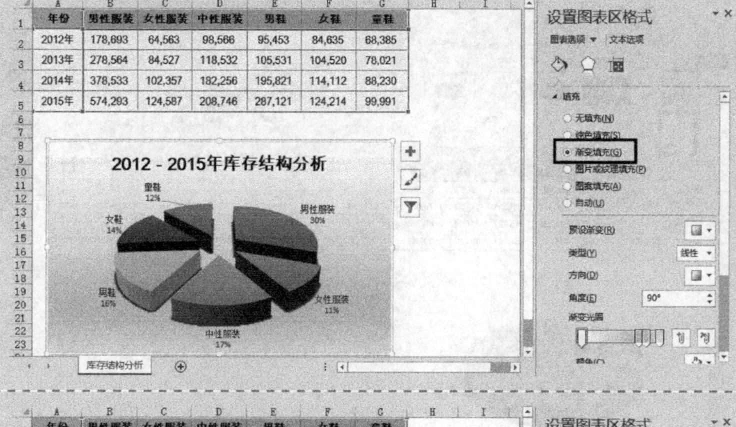

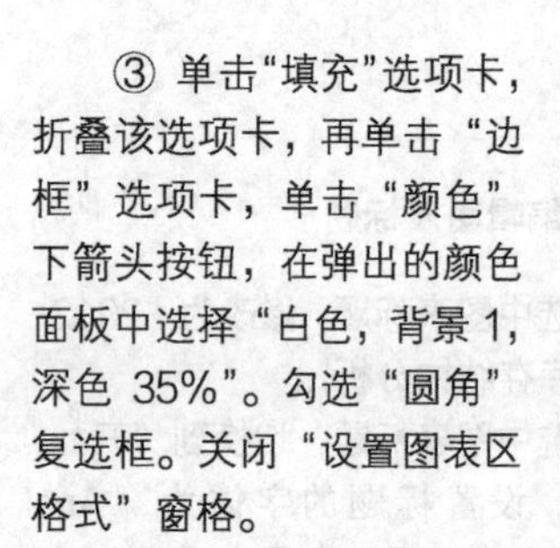

③ 单击“填充”选项卡，折叠该选项卡，再单击“边框”选项卡，单击“颜色”下箭头按钮，在弹出的颜色面板中选择“白色，背景 1，深色 35%”。勾选“圆角”复选框。关闭“设置图表区格式”窗格。

至此，三维饼图的格式设置完毕，效果如图所示。

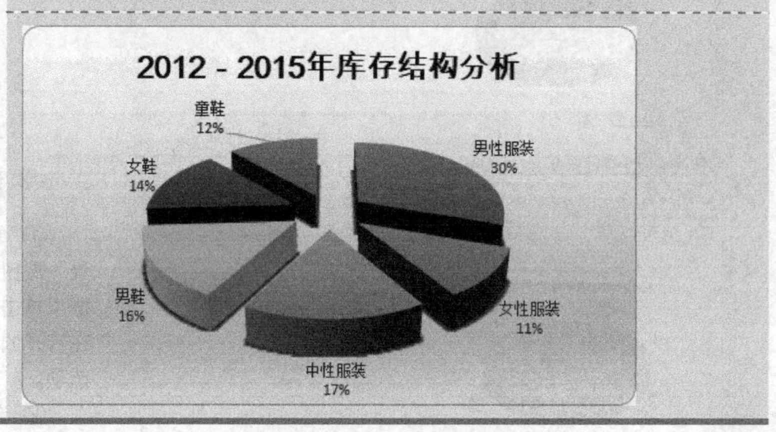

6.1.3 应用组合框绘制动态图表

1. 为图表添加组合框

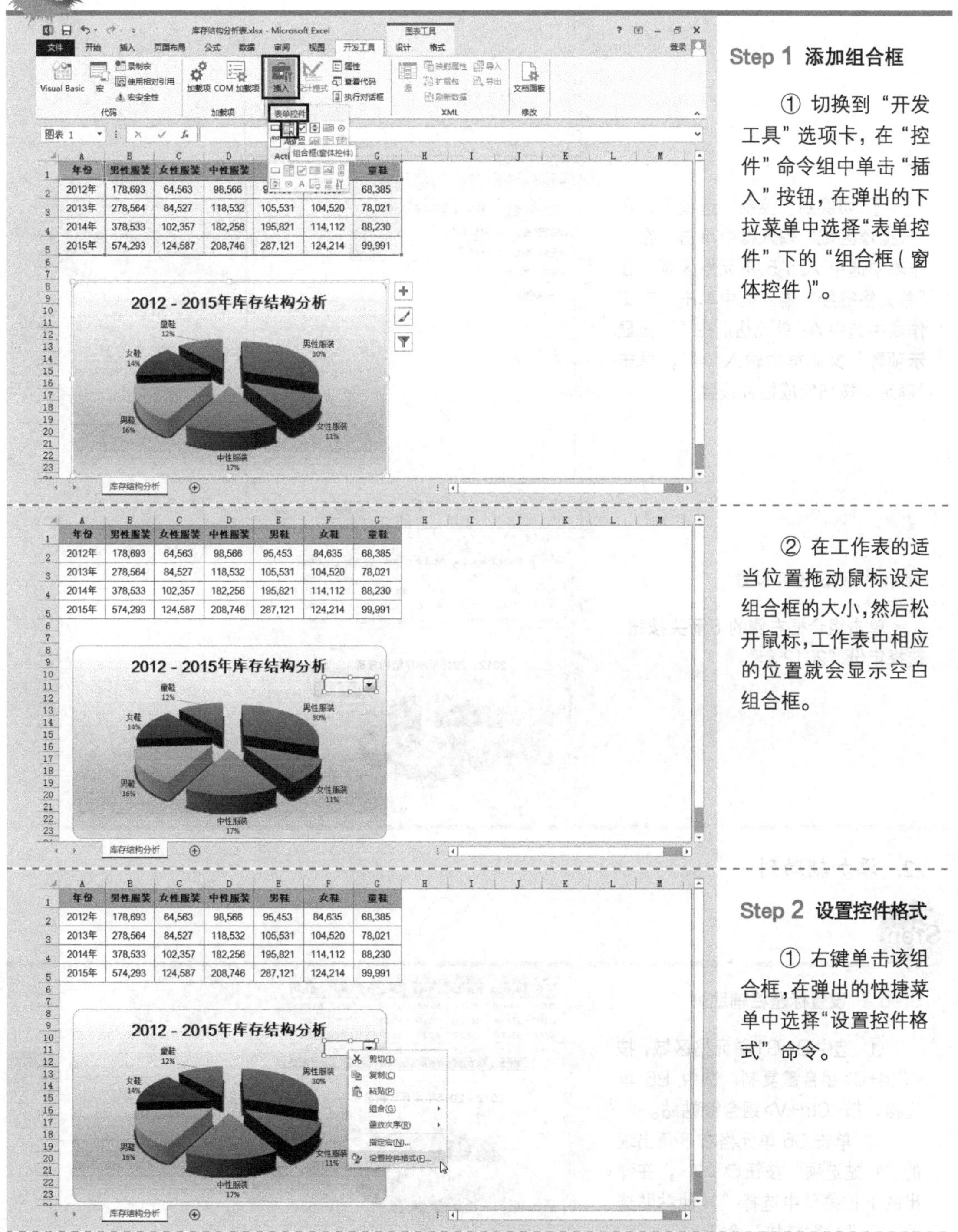

Step 1 添加组合框

① 切换到“开发工具”选项卡，在“控件”命令组中单击“插入”按钮，在弹出的下拉菜单中选择“表单控件”下的“组合框（窗体控件）”。

② 在工作表的适当位置拖动鼠标设定组合框的大小，然后松开鼠标，工作表中相应的位置就会显示空白组合框。

Step 2 设置控件格式

① 右键单击该组合框，在弹出的快捷菜单中选择“设置控件格式”命令。

② 弹出“设置控件格式”对话框，切换到“大小”选项卡，在“大小和转角”区域中可以调整控件的高度和宽度。

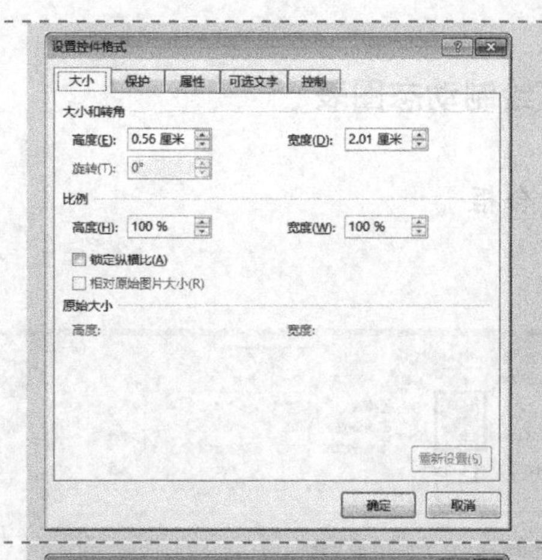

③ 切换到“控制”选项卡，在“数据源区域”输入框中单击，在工作表中选中 A2:A5 单元格区域。在“单元格链接”输入框中单击，在工作表中选中 A7 单元格。在“下拉显示项数”文本框中输入“4”，单击“确定”按钮完成控件设置。

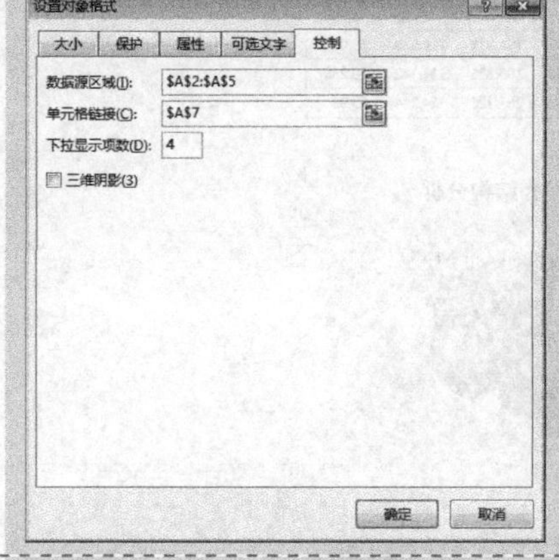

Step 3 测试控件设置

单击组合框右侧的下箭头按钮，选择年份“2012 年”。

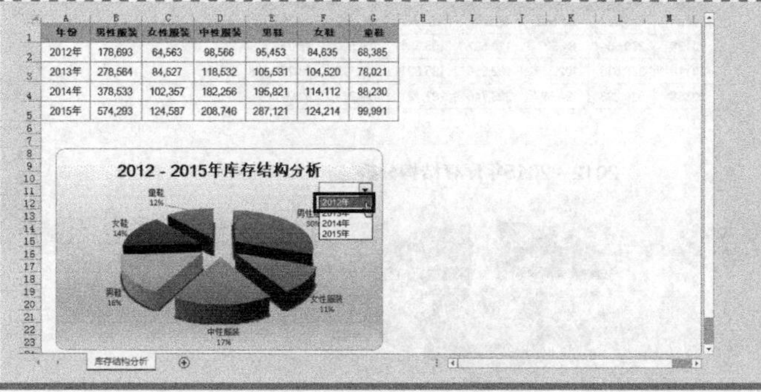

2. 添加辅助列

Step 1 设置标题栏辅助列

① 选中 B1:G1 单元格区域，按<Ctrl+C>组合键复制，选中 B6 单元格，按<Ctrl+V>组合键粘贴。

② 单击 G6 单元格右下角出现的“粘贴选项”按钮(Ctrl)▾，在弹出的下拉菜单中选择“其他粘贴选项”→“粘贴链接”命令。

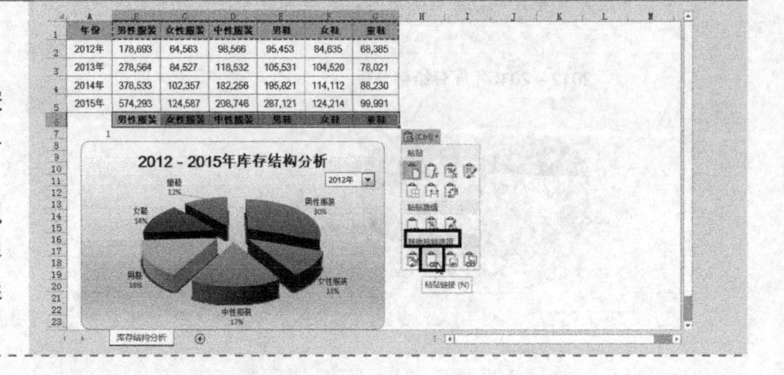

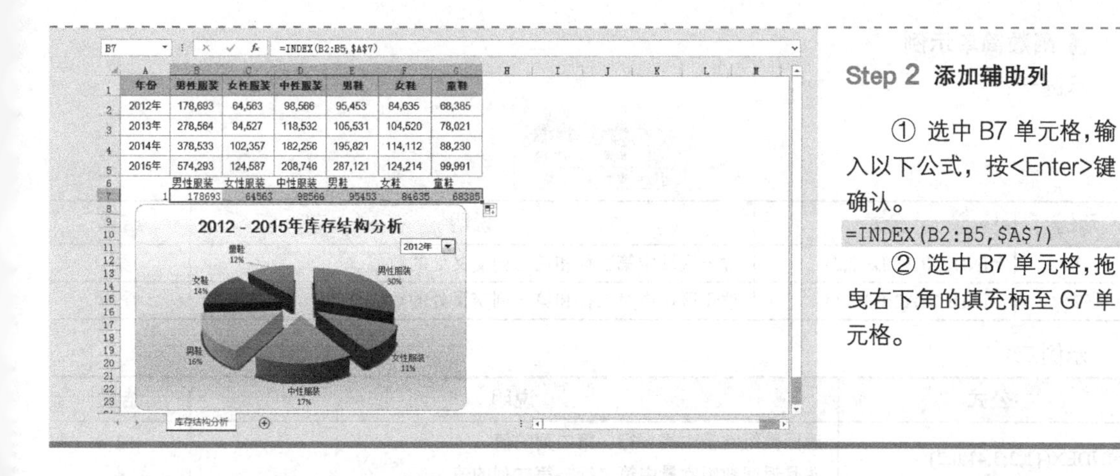

Step 2 添加辅助列

① 选中 B7 单元格，输入以下公式，按<Enter>键确认。

```
=INDEX(B2:B5,$A$7)
```

② 选中 B7 单元格，拖曳右下角的填充柄至 G7 单元格。

关键知识点讲解

函数应用：INDEX 函数的数组形式

■ 函数用途

返回表格或区域中的值或值的引用。

INDEX 函数有两种形式，即数组形式和引用形式。数组形式通常返回指定单元格或单元格数组的值，引用形式通常返回指定单元格的引用。当 INDEX 函数的第一个参数为数组常数时，使用数组形式。

■ 函数语法

INDEX(array,row_num,[column_num])

- array 是必需参数，为单元格区域或数组常量。

  ➢ 如果数组只包含一行或一列，则相对应的参数 row_num 或 column_num 为可选参数。

  ➢ 如果数组有多行和多列，但只使用 row_num 或 column_num，INDEX 函数返回数组中的整行或整列，且返回值也为数组。

- row_num 是必需参数，为数组中某行的行号，INDEX 函数从该行返回数值。如果省略 row_num，则必须有 column_num。
- column_num 是可选参数，为数组中某列的列标，INDEX 函数从该列返回数值。如果省略 column_num，则必须有 row_num。

■ 函数说明

- 如果同时使用参数 row_num 和 column_num，INDEX 函数返回 row_num 和 column_num 交叉处的单元格中的值。
- 如果将 row_num 或 column_num 设置为 0，INDEX 函数则分别返回整个列或行的数组数值。若要使用以数组形式返回的值，请将 INDEX 函数以数组公式形式输入，对于行以水平单元格区域的形式输入，对于列以垂直单元格区域的形式输入。若要输入数组公式，请按<Ctrl+Shift+Enter>组合键。
- row_num 和 column_num 必须指向数组中的一个单元格；否则，INDEX 函数返回错误值 #REF!。

函数简单示例

示例一：

	A	B
1	数据	数据
2	苹果	柠檬
3	香蕉	梨

示例	公式	说明	结果
1	=INDEX(A2:B3,2,2)	位于区域中第二行和第二列交叉处的数值	梨
2	=INDEX(A2:B3,2,1)	位于区域中第二行和第一列交叉处的数值	香蕉

示例二：

公式	说明	结果
=INDEX({1,2;3,4},0,2)	返回数组常量中第一行、第二列的值 并且返回数组常量中第二行、第二列的值	2 4

示例中的公式必须以数组公式的形式输入，即按<Ctrl+Shift+Enter>组合键输入公式。如果公式不是以数组公式的形式输入，则返回单个结果值 2，而不是整个第 2 列的数组数值。

本例公式说明

以下为本例中的公式。

```
=INDEX(B2:B5,A7)
```

其各个参数值指定 INDEX 函数返回 B2:B5 单元格区域中的第 A7 行的值。

扩展知识点讲解

函数应用：INDEX 函数的引用形式

函数用途

返回指定的行与列交叉处的单元格引用。如果引用由不连续的选定区域组成，可以选择某一选定区域。

函数语法

INDEX(reference,row_num,[column_num],[area_num])

- reference 为必需参数。为对一个或多个单元格区域的引用。
  - 如果为引用输入一个不连续的区域，必须将其用括号括起来。
  - 如果引用中的每个区域只包含一行或一列，则相应的参数 row_num 或 column_num 分别为可选项。例如，对于单行的引用，可以使用函数 INDEX(reference,,column_num)。
- row_num 为必需参数。为引用中某行的行号，函数从该行返回一个引用。
- column_num 为可选参数。为引用中某列的列标，函数从该列返回一个引用。
- area_num 为可选参数。为选择引用中的一个区域，返回该区域中 row_num 和 column_num 的交叉区域。选中或输入的第一个区域序号为 1，第二个为 2，依此类推。如果省略 area_num，则函数 INDEX 使用区域 1。

例如，如果引用描述的单元格为(A1:B4,D1:E4,G1:H4)，则 area_num1 为 A1:B4 区域，area_num2 为 D1:E4 区域，而 area_num3 为 G1:H4 区域。

函数说明

- reference 和 area_num 选择了特定的区域后，row_num 和 column_num 将进一步选择

特定的单元格：row_num1 为区域的首行，column_num1 为首列，以此类推。函数 INDEX 返回的引用即为 row_num 和 column_num 的交叉区域。

- 如果将 row_num 或 column_num 设置为 0，函数 INDEX 分别返回对整列或整行的引用。
- row_num、column_num 和 area_num 必须指向 reference 中的单元格；否则，函数 INDEX 返回错误值#REF!。如果省略 row_num 和 column_num，函数 INDEX 返回由 area_num 所指定的引用中的区域。
- INDEX 函数的结果为一个引用，且在其他公式中也被解释为引用。根据公式的需要，INDEX 函数的返回值可以作为引用或是数值。例如，公式 CELL("width",INDEX(A1:B2,1,2))等价于公式 CELL("width",B1)。CELL 函数将 INDEX 函数的返回值作为单元格引用。而在另一方面，公式 2*INDEX(A1:B2,1,2)将 INDEX 函数的返回值解释为 B1 单元格中的数字。

■ **函数简单示例**

	A	B	C
1	水果	最高价格	最低价格
2	红富士苹果	9.00	8.00
3	火龙果	9.60	8.00
4	巨峰葡萄	25.00	13.00
5	李子	10.00	5.00
6	荔枝	26.00	16.00
7	榴莲	18.00	17.00
8	芒果	13.00	8.00
9	木瓜	4.50	4.10
10	柠檬	11.00	10.00

示例	公式	说明	结果
1	=INDEX(A2:C6,2,3)	A2:C6 区域中第二行和第三列的交叉处，即 C3 单元格的内容	8
2	=INDEX((A1:C6,A8:C11),2,2,2)	A8:C11 区域中第二行和第二列的交叉处，即 B9 单元格的内容	4.5
3	=SUM(INDEX(A1:C11,0,3,1))	对第一个 A1:C11 区域中的第三列求和，即对 C1:C6 区域求和	89.1
4	=SUM(B2:INDEX(A2:C6,5,2))	返回以 B2 单元格开始到 A2:A6 区域中第五行和第二列交叉处结束的单元格区域的和，即 B2:B6 区域的和	79.6

3. 设置图表动态数据链接

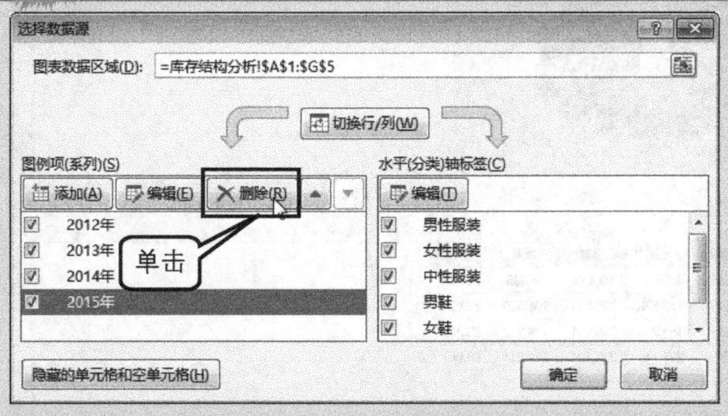

Step 1 设置“源数据”

① 选中图表，切换到“图表工具-设计”选项卡，在“数据”命令组中单击“选择数据”按钮。

② 弹出“选择数据源”对话框，在“图例项(系列)”选项区域中分别选中“2015 年”“2014 年”和“2013 年”复选框，依次单击“删除”按钮。再选中“2012 年”复选框，单击“编辑”按钮，弹出“编辑数据系列”对话框。

③ 单击“系列值”输入框右侧的按钮，弹出“编辑数据系列”对话框。

④ 在工作表中拖动鼠标选中B7:G7单元格区域，单击“关闭”按钮 返回“编辑数据系列”对话框。

编辑数据系列

=库存结构分析!$B$7:$G$7

⑤ 单击“确定”按钮，返回“选择数据源”对话框。

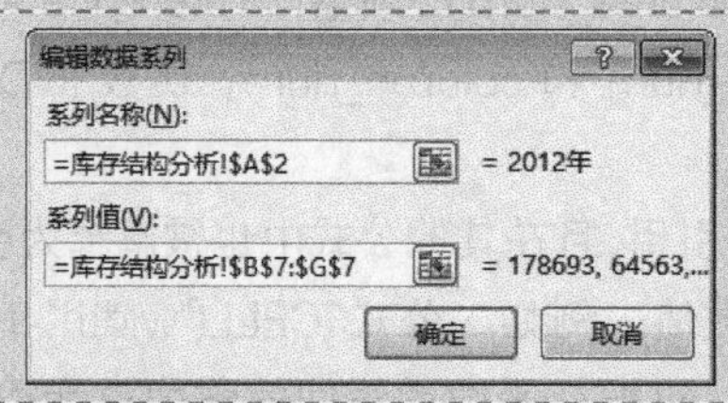

⑥ 单击“确定”按钮，完成数据区域链接动态数据单元。

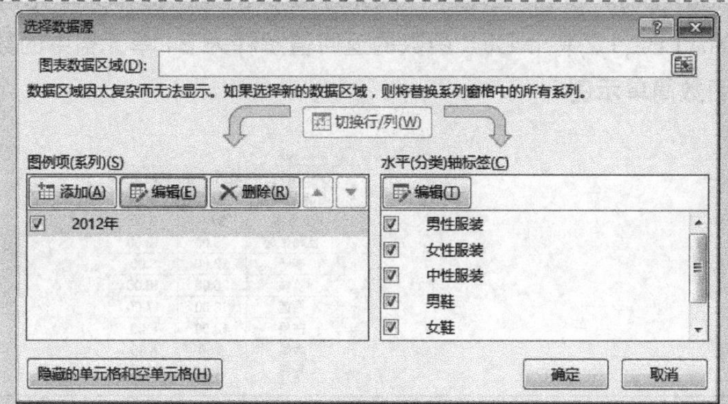

Step 2 隐藏数据

选中A6:G7单元格区域，切换到“开始”选项卡，在“字体”命令组中设置字体颜色为“白色，背景1”。

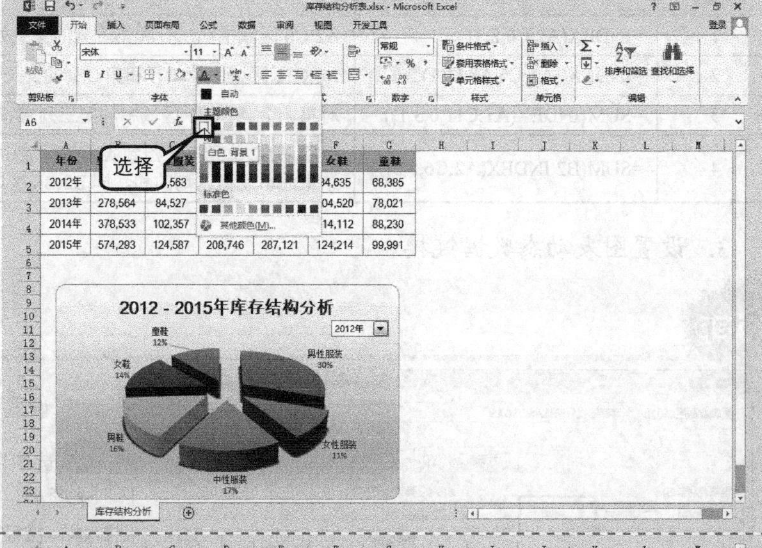

Step 3 查看效果

单击图表组合框的下箭头按钮，选择“2015年”选项，查看2015年份的动态图表效果。

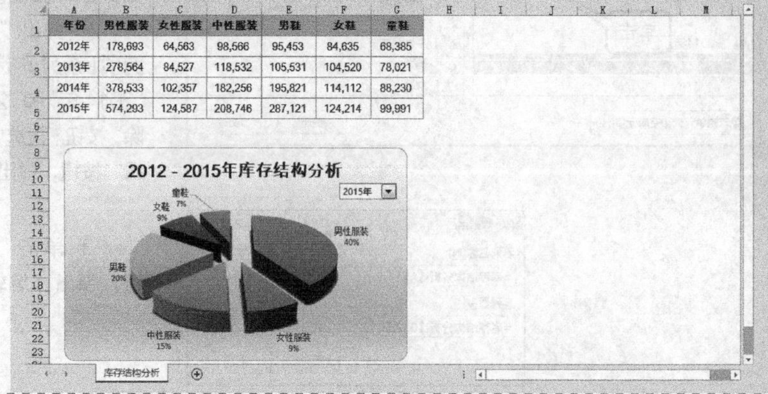

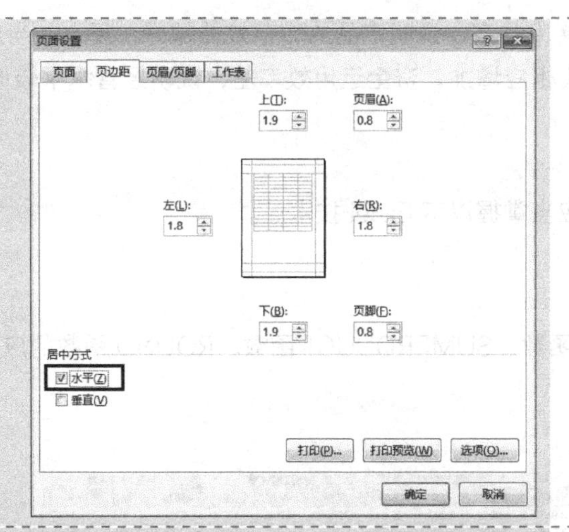

Step 4 设置页边距

单击工作表中任意单元格，在“页面布局”选项卡中，单击“页面设置”命令组中右下角的对话框启动器按钮，弹出“页面设置”对话框，单击“页边距”选项卡，在“居中方式”区域勾选“水平”复选框。

Step 5 设置页脚

切换到“页眉/页脚”选项卡，单击“页脚”下箭头按钮，在弹出的下拉列表框中选择“第 1 页”样式。

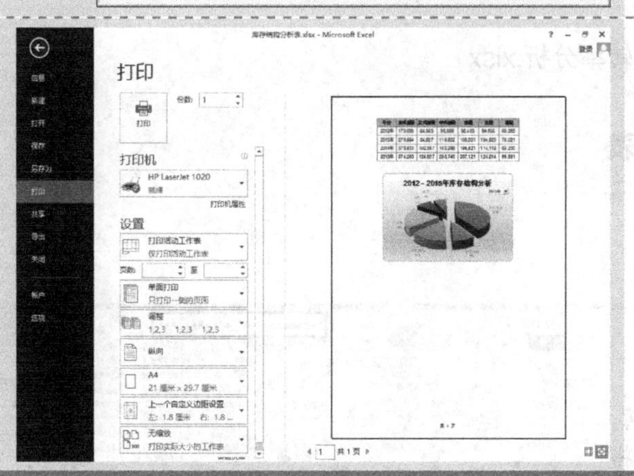

Step 6 查看打印预览

单击“页面设置”对话框右下角的“打印预览”按钮，可以看到页面的下方显示页脚“第 1 页”。

6.2 库存周转率分析

案例背景

产品的库存周转率=销售额/产品的库存价值。从这个公式可以看出，在销售额一定的情况下，库存品的资金占用越少，库存周转率越高，说明产品的库存效益越好；反之，当库存周转率降低时，库存占用资金多，库存费用会相应增加，资金运用效率差，说明经营水平较低。

关键技术点

要实现本例中的功能，读者应当掌握以下 Excel 技术点。

- 自定义格式
- 设置条件格式
- EOMONTH 函数、DAY 函数、SUMPRODUCT 函数、ROUND 函数的应用

最终效果展示

月份	销售			平均库存			商品周转率			商品周转天数		
	服装	配件	鞋	服装	配件	鞋	服装	配件	鞋	服装	配件	鞋
2014-1	451	701	3,933	5,951	3,200	66,893	235%	679%	182%	13	5	17
2014-2	92	124	3,978	11,922	29,380	69,531	22%	12%	160%	130	237	17
2014-3	1,657	279	6,085	52,298	52,814	217,970	98%	16%	87%	32	189	36
2014-4	2,417	462	5,368	59,860	42,367	270,007	121%	33%	60%	25	92	50
2014-5	913	716	1,933	58,330	44,210	242,837	49%	50%	25%	64	62	126
2014-6	217	150	4,109	51,366	40,985	267,598	13%	11%	46%	237	273	65
2014-7	946	3,302	6,396	61,405	54,512	273,864	48%	188%	72%	65	17	43
2014-8	990	2,170	6,400	63,718	50,811	264,066	48%	132%	75%	64	23	41
2014-9	726	640	6,565	52,866	36,551	226,957	41%	53%	87%	73	57	35
2014-10	1,433	948	4,381	51,671	55,264	217,819	86%	53%	62%	36	58	50
2014-11	722	726	3,970	61,267	49,174	260,854	35%	44%	46%	85	68	66
2014-12	535	581	5,609	58,602	72,833	291,840	28%	25%	60%	110	125	52
2014年	**931**	**911**	**4,900**	**49,331**	**44,487**	**223,406**	**689%**	**747%**	**801%**	**53**	**49**	**46**
2015-1	1,189	491	3,525	77,897	93,336	301,938	47%	16%	36%	66	190	86
2015-2	880	1,227	6,726	73,196	88,439	263,780	34%	39%	71%	83	72	39
2015-3	3,124	798	5,663	79,229	88,754	220,825	122%	28%	79%	25	111	39
2015-4	3,551	1,120	3,998	90,417	65,486	230,544	118%	51%	52%	25	58	58
2015-5	1,370	447	1,546	99,302	51,509	216,927	43%	27%	22%	72	115	140
2015-6	915	418	1,697	141,224	43,561	289,321	19%	29%	18%	154	104	170
2015-7	1,728	922	6,105	170,102	64,049	306,046	31%	45%	62%	98	69	50
2015-8	2,071	2,168	7,970	149,720	131,538	253,437	43%	51%	97%	72	61	32
2015-9	4,145	2,038	7,648	137,399	74,731	197,954	91%	82%	116%	33	37	26
2015-10	2,801	437	3,731	163,842	76,380	241,786	53%	18%	48%	58	175	65
2015-11	1,757	225	3,839	183,917	78,121	278,410	29%	9%	41%	105	347	73
2015-12	984	1,641	4,620	195,722	112,198	305,636	16%	45%	47%	199	68	66
2015年	**2,046**	**993**	**4,745**	**130,544**	**80,778**	**258,951**	**572%**	**449%**	**669%**	**64**	**81**	**55**

示例文件

光盘\示例文件\第 6 章\库存周转率分析.xlsx

6.2.1 创建库存周转率分析表

Step 1 新建工作簿

启动 Excel 自动新建一个工作簿，保存并命名为“库存周转率分析”，将“Sheet1”工作表重命名为“库存周转率分析”。

Step 2 输入表格字段标题

在 A1:M2 单元格区域中输入表格各字段标题，合并部分单元格，设置“加粗”和“居中”。

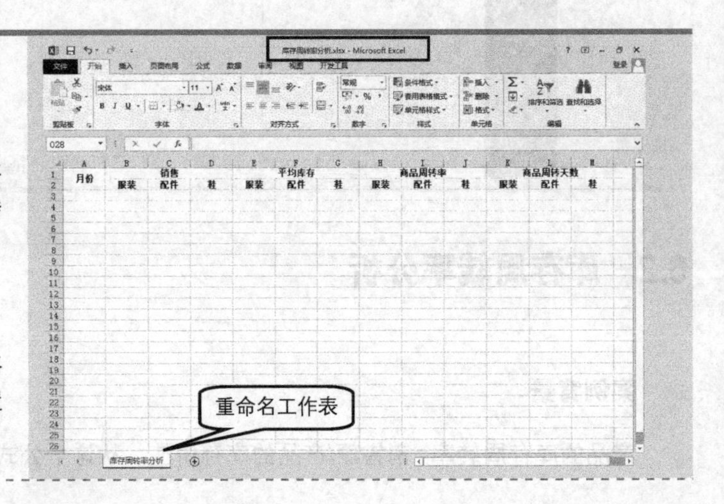

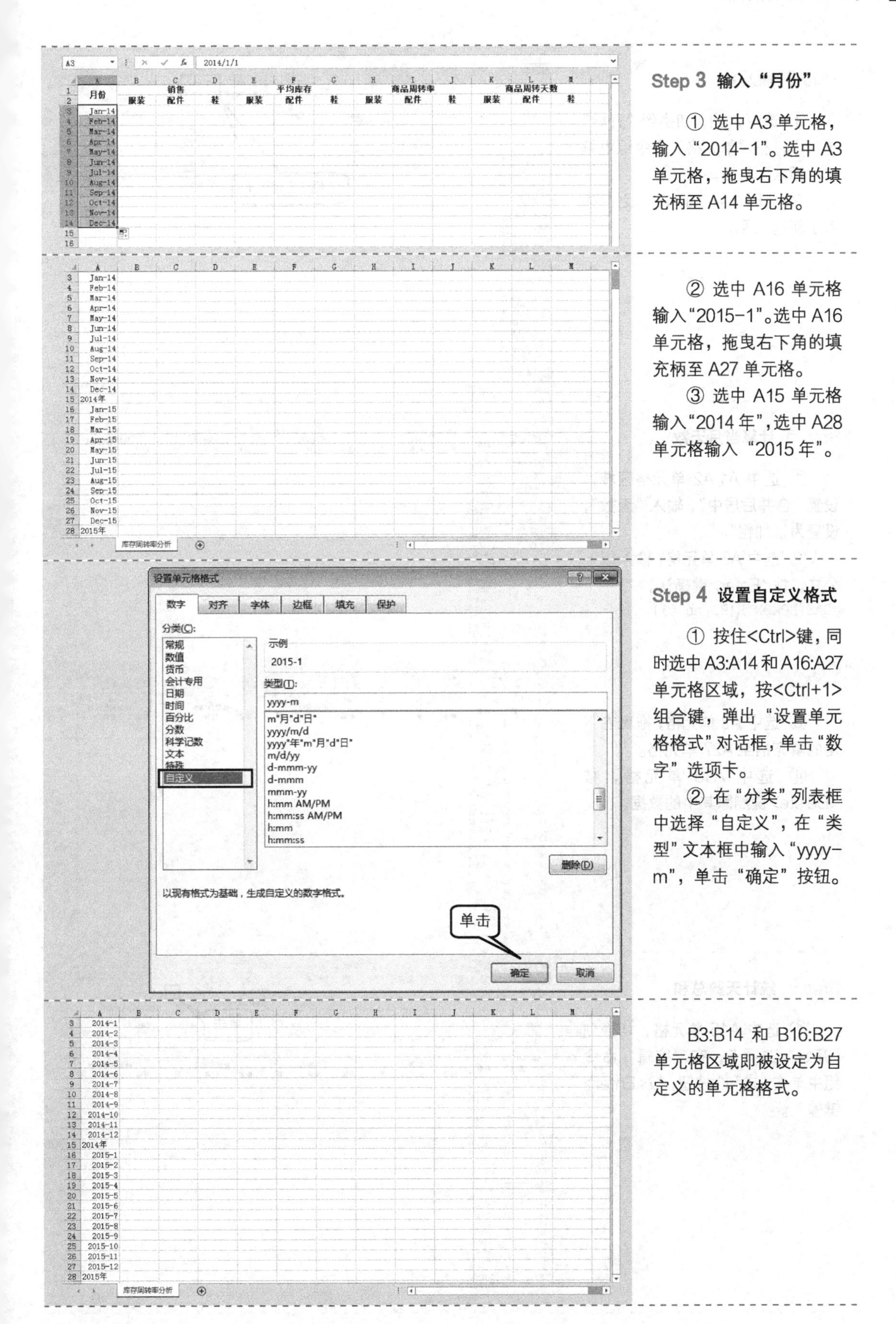

Step 3 输入“月份”

① 选中 A3 单元格，输入“2014-1”。选中 A3 单元格，拖曳右下角的填充柄至 A14 单元格。

② 选中 A16 单元格输入“2015-1”。选中 A16 单元格，拖曳右下角的填充柄至 A27 单元格。

③ 选中 A15 单元格输入“2014 年”，选中 A28 单元格输入“2015 年”。

Step 4 设置自定义格式

① 按住<Ctrl>键，同时选中 A3:A14 和 A16:A27 单元格区域，按<Ctrl+1>组合键，弹出“设置单元格格式”对话框，单击“数字”选项卡。

② 在“分类”列表框中选择“自定义”，在“类型”文本框中输入“yyyy-m”，单击“确定”按钮。

B3:B14 和 B16:B27 单元格区域即被设定为自定义的单元格格式。

Step 5 插入列

① 选中 A 列，切换到“开始”选项卡，在“单元格”命令组中单击“插入”按钮。

② 此时在原来的 A 列之前插入了新的 A 列。

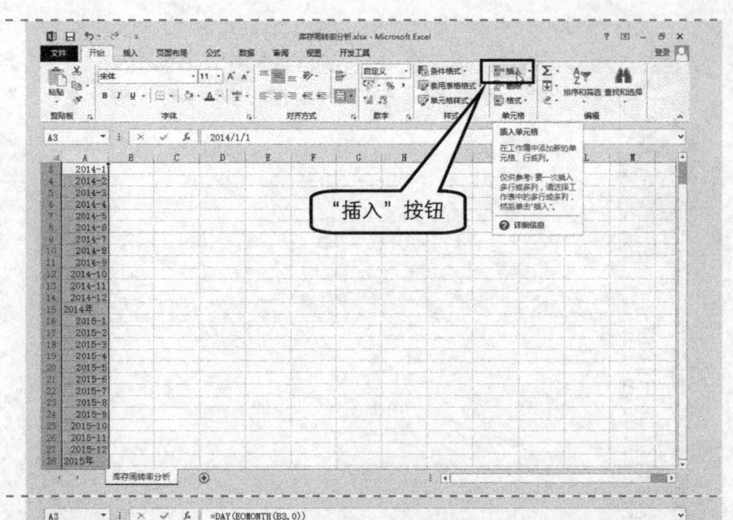

Step 6 计算当月天数

① 选中 A1:A2 单元格区域，设置“合并后居中”，输入“天数”，设置为“加粗”。

② 选中 A3 单元格，输入以下公式，按<Enter>键确认。

```
=DAY(EOMONTH(B3 nb,0))
```

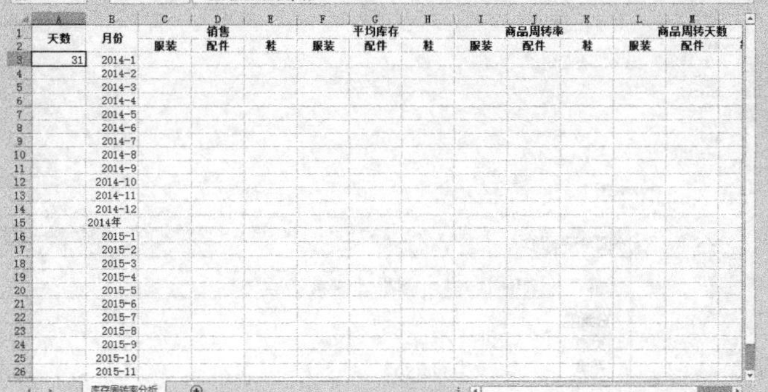

③ 选中 A3 单元格，拖曳右下角的填充柄至 A27 单元格。

④ 选中 A15 单元格，按<Delete>键删除其中的数据。

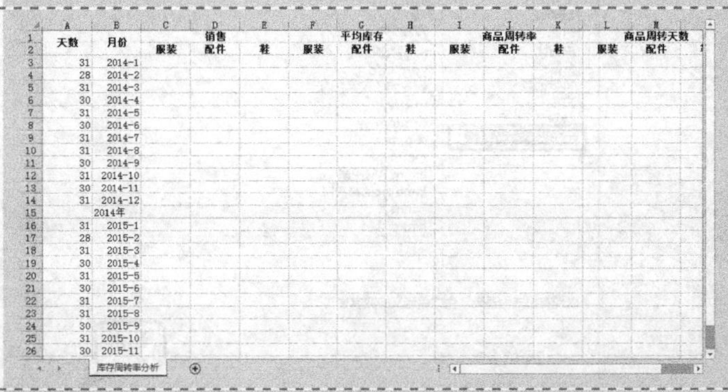

Step 7 统计天数总和

① 选中 A15 单元格，切换到“开始”选项卡，在“编辑”命令组中单击“求和”按钮，按<Enter>键输入。

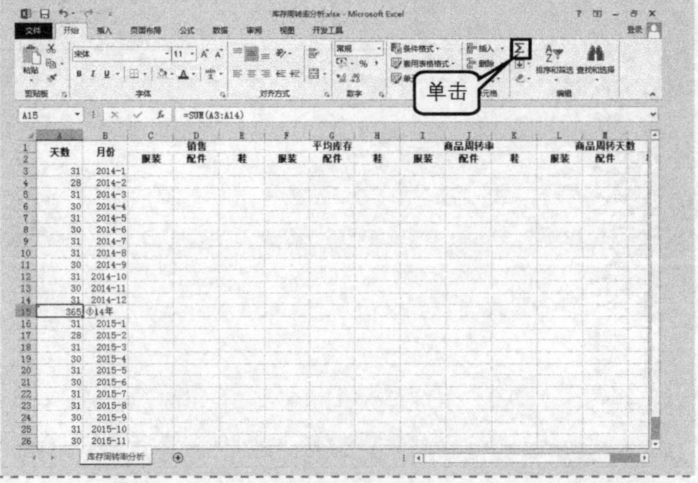

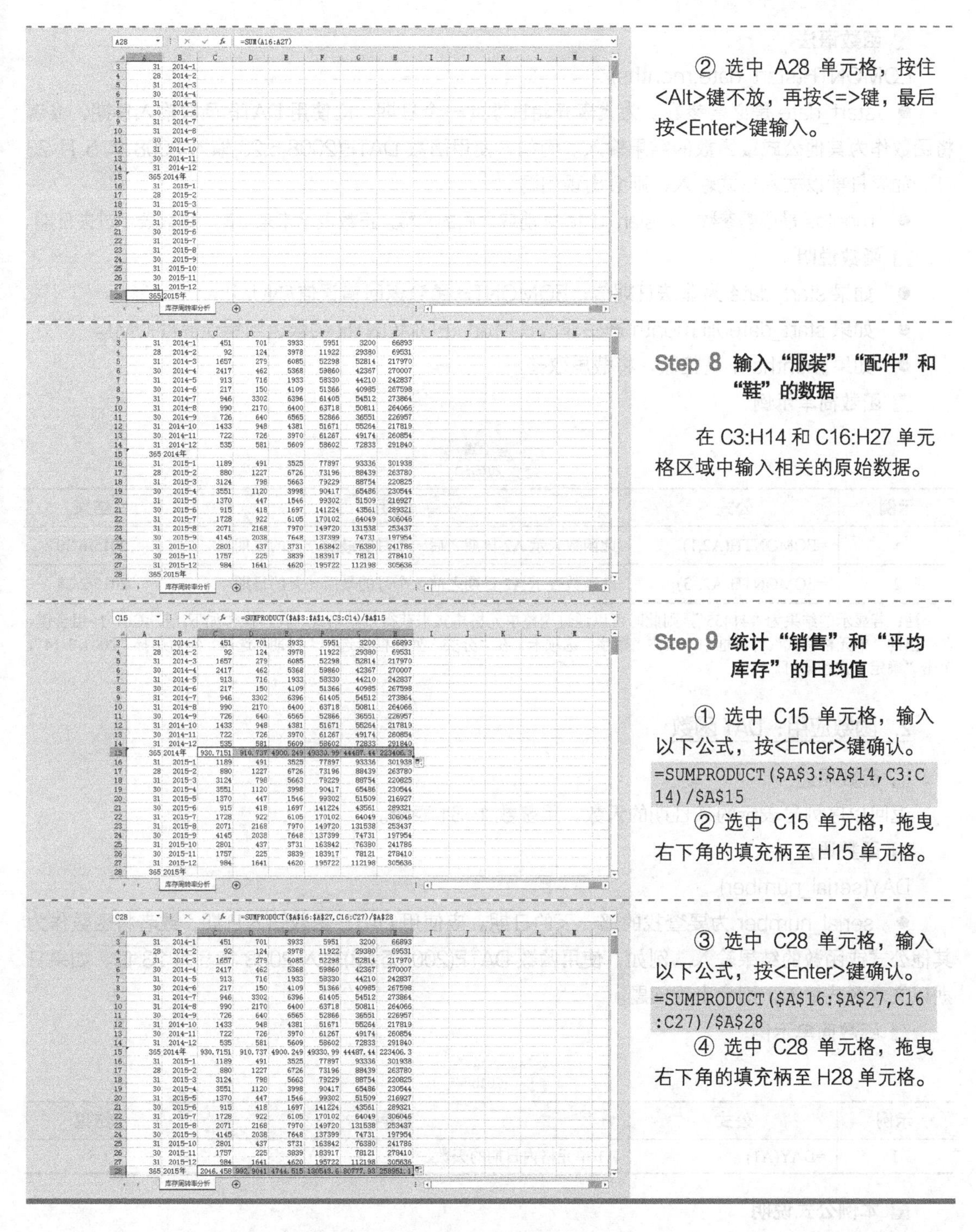

② 选中 A28 单元格，按住<Alt>键不放，再按<=>键，最后按<Enter>键输入。

Step 8 输入“服装”“配件”和“鞋”的数据

在 C3:H14 和 C16:H27 单元格区域中输入相关的原始数据。

Step 9 统计“销售”和“平均库存”的日均值

① 选中 C15 单元格，输入以下公式，按<Enter>键确认。

```
=SUMPRODUCT($A$3:$A$14,C3:C14)/$A$15
```

② 选中 C15 单元格，拖曳右下角的填充柄至 H15 单元格。

③ 选中 C28 单元格，输入以下公式，按<Enter>键确认。

```
=SUMPRODUCT($A$16:$A$27,C16:C27)/$A$28
```

④ 选中 C28 单元格，拖曳右下角的填充柄至 H28 单元格。

关键知识点讲解

1. 函数应用：EOMONTH 函数

函数用途

返回 start_date 之前或之后用于指示月份的该月最后一天的序列号。用 EOMONTH 函数可计算正好在特定月份中最后一天内的到期日或发行日。

函数语法

EOMONTH(start_date,months)

- start_date 是必需参数。为代表开始日期的一个日期。应使用 DATE 函数输入日期，或者将函数作为其他公式或函数的结果输入。例如，使用函数 DATE(2008,5,23)输入 2008 年 5 月 23 日。如果日期以文本形式输入，则会出现问题。
- months 是必需参数。为 start_date 之前或之后的月数。正数表示未来日期，负数表示过去日期。

函数说明

- 如果 start_date 为非法日期值，EOMONTH 函数返回错误值#NUM!。
- 如果 start_date 加 month 产生非法日期值，EOMONTH 函数返回错误值#NUM!。
- 如果 months 不是整数，将截尾取整。

函数简单示例

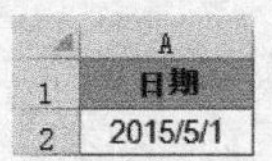

	A
1	日期
2	2015/5/1

示例	公式	说明	结果
1	=EOMONTH(A2,1)	此函数表示 A2 日期之后一个月的最后一天的日期	2015/6/30
2	=EOMONTH(A2,-3)	此函数表示 A2 日期之前 3 个月的最后一天的日期	2015/2/28

注：若显示的结果为“41455”，则此时可以通过调整单元格格式来获得日期格式。具体操作如下：按<Ctrl+1>组合键，在弹出的“单元格格式”对话框中，单击“数字”选项卡，在“分类”列表框里选中“日期”选项，然后选择“2001-3-14”，单击“确定”按钮即可。

2. 函数应用：DAY 函数

函数用途

返回以序列号表示的某日期的天数，用整数 1~31 表示。

函数语法

DAY(serial_number)

- serial_number 为要查找的那一天的日期。应使用 DATE 函数输入日期，或者将函数作为其他公式或函数的结果输入。例如，使用函数 DATE(2008,5,23)输入 2008 年 5 月 23 日。如果日期以文本形式输入，则会出现问题。

函数简单示例

	A
1	2015/5/5

示例	公式	说明	结果
1	=DAY(A1)	A1 单元格内日期的天数	5

本例公式说明

以下为本例中的公式。

```
=DAY(EOMONTH(B3,0))
```

其各个参数值指定 DAY 函数计算 B3 单元格所在日期当月的天数。

3. 函数应用：SUMPRODUCT 函数

函数用途

在给定的几组数组中，将数组间对应的元素相乘，并返回乘积之和。

函数语法

SUMPRODUCT(array1,[array2],[array3],...)

- array1 为必需参数。其相应元素需要进行相乘并求和的第一个数组参数。
- array2,array3,... 为可选参数。为 2～255 个数组参数，其相应元素需要进行相乘并求和

函数说明

- 数组参数必须具有相同的维数；否则 SUMPRODUCT 函数将返回错误值#VALUE!。
- SUMPRODUCT 函数将非数值型的数组元素作为 0 处理。

函数简单示例

示例数据如下。

	A	B	C	D
1	Array 1	Array 1	Array 2	Array 2
2	5	7	3	8
3	11	3	9	17
4	6	8	3	4

SUMPRODUCT 函数应用示例如下。

公式	说明	结果
=SUMPRODUCT(A2:B4,C2:D4)	两个数组的所有元素对应相乘，然后把乘积相加，即 5*3+7*8+11*9+3*17+6*3+8*4	271

说明：

上例所返回的乘积之和，与以数组形式输入的公式=SUM（A2:B4*C2:D4)的计算结果相同。使用数组公式可以为类似于 SUMPRODUCT 函数的计算提供更通用的解法。例如，使用公式=SUM(A2:B4^2)并按<Ctrl+Shift+Enter>组合键，可以计算 A2:B4 单元格区域中所有元素的平方和。

本例公式说明

以下为本例中的公式。

```
=SUMPRODUCT($A$3:$A$14,C3:C14)/$A$15
```

其各个参数值指定 SUMPRODUCT 函数将 A3:A14 和 C3:C14 单元格区域两个数组的所有元素对应相乘，然后把乘积相加后再除以 A15 单元格的值。

6.2.2 商品周转率和周转天数

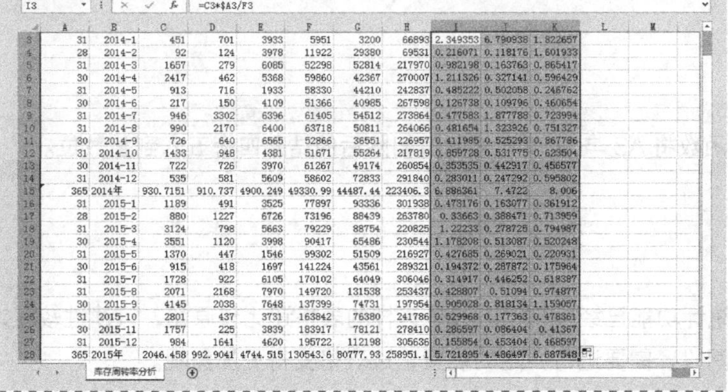

I3 =C3*$A3/F3

	A	B	C	D	E	F	G	H	I	J	K
3	31	2014-1	451	701	3933	5951	3200	66893	2.349353	6.790938	1.822657
4	28	2014-2	92	124	3978	11922	29380	69531	0.216071	0.118176	1.601933
5	31	2014-3	1657	279	6085	52298	52814	217970	0.982198	0.163763	0.865417
6	30	2014-4	2417	462	5368	59860	42367	270007	1.211326	0.327141	0.596429
7	31	2014-5	913	716	1933	58330	44210	242837	0.485222	0.502058	0.246762
8	30	2014-6	217	150	4109	51366	40985	267598	0.126738	0.109796	0.460654
9	31	2014-7	946	3302	6396	61405	54512	273864	0.477583	1.877788	0.723994
10	31	2014-8	990	2170	6400	63718	50811	264066	0.481654	1.323926	0.751327
11	30	2014-9	726	640	6565	52866	36551	226957	0.411985	0.525293	0.867786
12	31	2014-10	1433	948	4381	51671	55264	217819	0.859728	0.531775	0.623504
13	30	2014-11	722	726	3970	61267	49174	260854	0.353535	0.442917	0.456577
14	31	2014-12	535	581	5609	58602	72833	291840	0.283011	0.247292	0.595802
15	365	2014年	930.7151	910.737	4900.249	49330.99	44487.44	223406.3	6.886361	7.4722	8.006
16	31	2015-1	1189	491	3525	77897	93336	301938	0.473176	0.163077	0.361912
17	28	2015-2	880	1227	6726	73196	88439	263780	0.33663	0.388471	0.713959
18	31	2015-3	3124	798	5663	79229	88754	220825	1.22233	0.278725	0.794987
19	30	2015-4	3551	1120	3998	90417	65486	230544	1.178208	0.513087	0.520248
20	31	2015-5	1370	447	1546	99302	51509	216927	0.427685	0.269021	0.220931
21	30	2015-6	915	418	1697	141224	43561	289321	0.194372	0.287872	0.175964
22	31	2015-7	1728	922	6105	170102	64049	306046	0.314917	0.446252	0.618387
23	31	2015-8	2071	2168	7970	149720	131538	253437	0.428807	0.51094	0.974877
24	30	2015-9	4145	2038	7648	137399	74731	197954	0.905028	0.818134	1.159057
25	31	2015-10	2801	437	3731	163842	76380	241786	0.529968	0.177363	0.478361
26	30	2015-11	1757	225	3839	183917	78121	278410	0.286597	0.086404	0.41367
27	31	2015-12	984	1641	4620	195722	112198	305636	0.155854	0.453404	0.468597
28	365	2015年	2046.458	992.9041	4744.515	130543.6	80777.93	258951.1	5.721895	4.486497	6.687548

库存周转率分析

Step 1 计算商品周转率

① 选中 I3 单元格，输入以下公式，按<Enter>键确认。

```
=C3*$A3/F3
```

② 选中 I3 单元格，向右拖曳右下角的填充柄至 K3 单元格。选中 I3:K3 单元格区域，向下拖曳填充柄至 K28 单元格。

Step 2 计算商品周转天数

① 选中 L3 单元格，输入以下公式，按<Enter>键确认。

```
=ROUND($A3/I3,0)
```

② 选中 L3 单元格，向右拖曳右下角的填充柄至 N3 单元格。选中 L3:N3 单元格区域，向下拖曳填充柄至 N28 单元格。

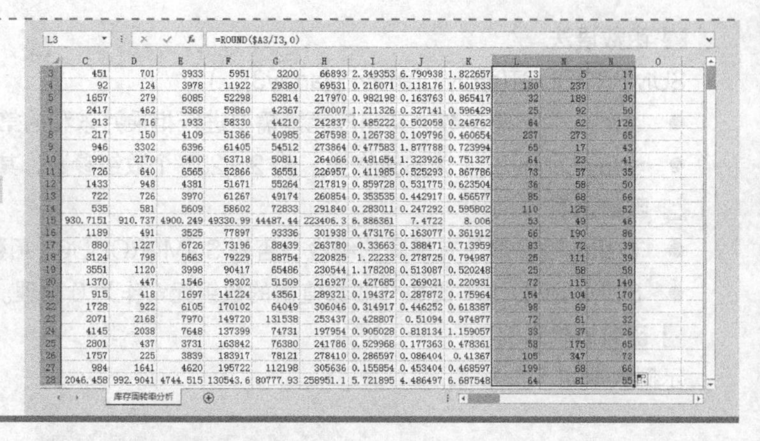

关键知识点讲解

函数应用：ROUND 函数

函数用途

返回某个数字按指定位数取整后的数字。

函数语法

ROUND(number,num_digits)

- number 是需要进行四舍五入的数字。
- num_digits 是指定的位数，按此位数进行四舍五入。

函数说明

- 如果 num_digits 大于 0，则四舍五入到指定的小数位。
- 如果 num_digits 等于 0，则四舍五入到最接近的整数。
- 如果 num_digits 小于 0，则在小数点左侧进行四舍五入。

函数简单示例

示例	公式	说明	结果
1	=ROUND(2.15,1)	将 2.15 四舍五入到 1 个小数位	2.2
2	=ROUND(2.149,2)	将 2.149 四舍五入到 2 个小数位	2.15
3	=ROUND(−1.475,2)	将−1.475 四舍五入到 2 个小数位	−1.48
4	=ROUND(21.5,−1)	将 21.5 四舍五入到小数点左侧 1 位	20

本例公式说明

以下为本例中的公式。

```
=ROUND($A3/I3,0)
```

其各个参数值指定 ROUND 函数将 A3 与 I3 单元格的值相除后的结果四舍五入到整数位。

6.2.3 设置表格格式

通过以上操作，表格的主要统计功能已经实现了。但是这样的表格还比较原始，可读性较差，为了便于区分各个统计数据和时间段，需要进行一定的设置，让表格变得更加美观。

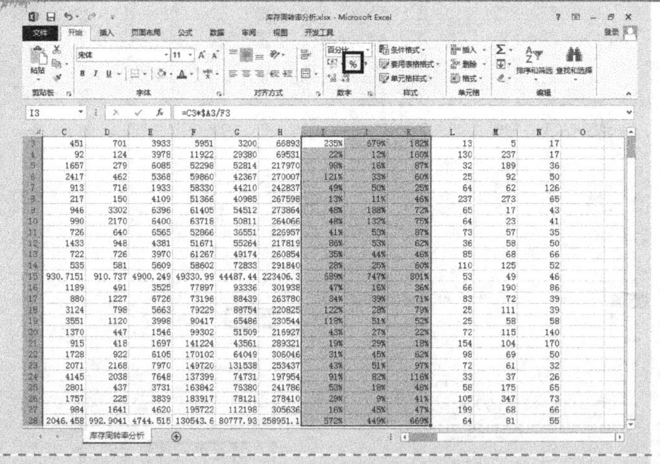

Step 1 设置百分比格式

选中 I3:K28 单元格区域，在“开始”选项卡的“数字”命令组中单击“百分比样式”按钮。

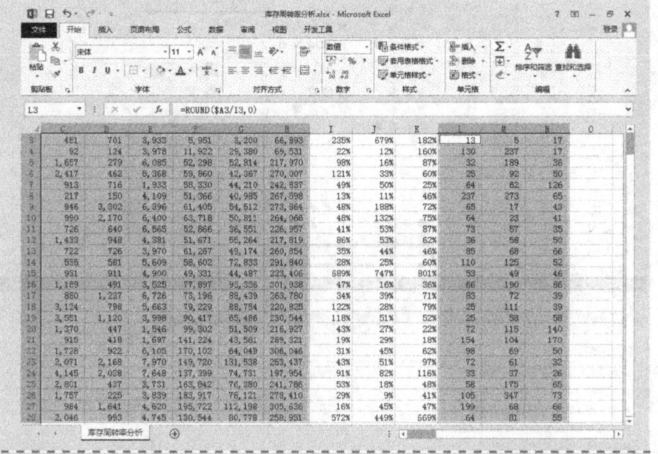

Step 2 设置单元格格式

按住 <Ctrl> 键，同时选中 C3:H28 和 L3:N28 单元格区域，设置单元格格式为“数值”，“小数位数”为“0”，勾选“使用千位分隔符”复选框。

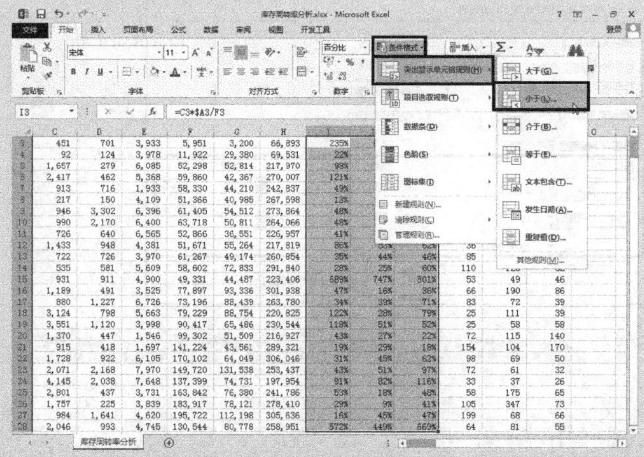

Step 3 设置“商品周转率”条件格式

本例设定以不同方式显示商品周转率小于 50%的单元格。

① 选中 I3:K28 单元格区域，单击“开始”选项卡，在“样式”命令组中单击“条件格式”按钮，在打开的下拉菜单中选择“突出显示单元格规则”→“小于”命令。

② 打开“小于”对话框后，在“为小于以下值的单元格设置格式:”输入框中输入“0.5”，单击“设置为”下箭头按钮，在弹出的下拉列表框中选择“红色文本”选项，单击“确定”按钮。

此时，I3:K28 单元格区域中凡是值小于 0.5，即小于 50%的单元格，均显示为红色。

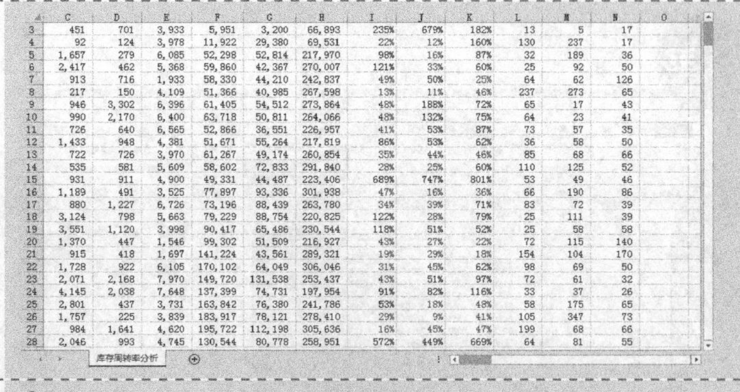

Step 4 设置“商品周转天数”条件格式

① 选中 L3:N28 单元格区域，单击“开始”选项卡，在“样式”命令组中单击“条件格式”按钮，在打开的下拉菜单中选择“图标集”→“其他规则”。

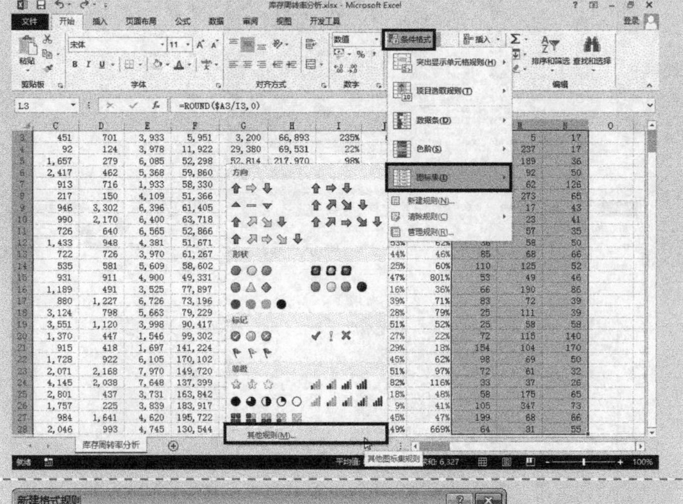

② 打开“新建格式规则”对话框后，在“选择规则类型”列表框中选择“基于各自值设置所有单元格的格式”选项，在“编辑规则说明”框的“图标”区域中，依次选择图标“红色十字形符号”，当值是“>=”值“120”，类型“数字”；图标“无单元格图标”，当<120 且“>=”值“30”，类型“数字”；图标“黄色感叹号”，当<30，单击“确定”按钮。

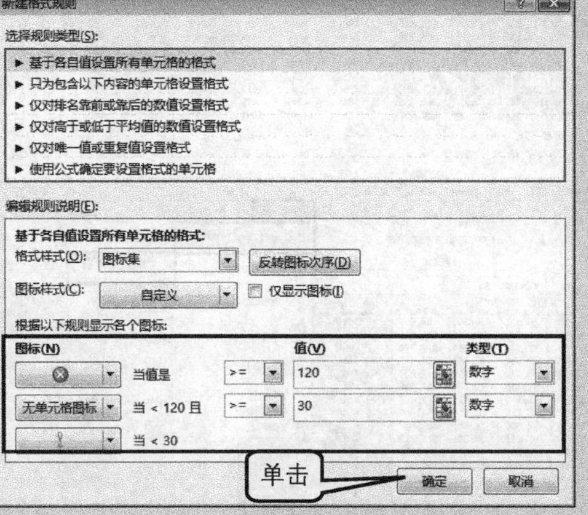

Step 5 美化工作表

① 设置字体、字号、居中和填充颜色。

② 调整列宽。

③ 设置所有框线。

④ 取消编辑栏和网格线显示。

剪切(T)
复制(C)
粘贴选项:
选择性粘贴(S)...
插入(I)
删除(D)
清除内容(N)
设置单元格格式(F)...
列宽(C)...
隐藏(H)
取消隐藏(U)

天数			销售		平均库存			商品周转率			商品周转天数		
			配件	鞋	服装	配件	鞋	服装	配件	鞋	服装	配件	鞋
3			701	3,933	5,951	3,200	66,893	235%	679%	182%	13	5	17
2			124	3,978	11,922	29,380	69,531	22%	12%	160%	130	237	17
3			279	6,085	52,298	52,814	217,970	98%	16%	87%	32	189	36
3			462	5,368	59,860	42,367	270,007	121%	33%	60%	25	92	50
3			716	1,933	58,330	44,210	242,837	49%	50%	25%	64	62	126
3			150	4,109	51,366	40,985	267,598	13%	11%	46%	237	273	65
3			3,302	6,396	61,405	54,512	273,864	48%	188%	72%	65	17	43
3			2,170	6,400	63,718	50,811	264,066	48%	132%	75%	64	23	41
3			640	6,565	52,866	36,551	226,957	41%	53%	87%	73	57	35
3			948	4,381	51,671	55,264	217,819	86%	53%	62%	36	58	50
3			726	3,970	61,267	49,174	260,854	35%	44%	46%	85	68	66
31	2014-12	535	581	5,609	58,602	72,833	291,840	28%	25%	60%	110	125	52
365	**2014年**	**931**	**911**	**4,900**	**49,331**	**44,487**	**223,406**	**689%**	**747%**	**801%**	**53**	**49**	**46**
31	2015-1	1,189	491	3,525	77,897	93,336	301,938	47%	16%	36%	66	190	86
28	2015-2	880	1,227	6,726	73,196	88,439	263,780	34%	39%	71%	83	72	39
31	2015-3	3,124	798	5,663	79,229	88,754	220,825	122%	28%	79%	25	111	39
30	2015-4	3,551	1,120	3,998	90,417	65,486	230,544	118%	51%	52%	25	58	58
31	2015-5	1,370	447	1,546	99,302	51,509	216,927	43%	27%	22%	72	115	140
30	2015-6	915	418	1,697	141,224	43,561	289,321	19%	29%	18%	154	104	170
31	2015-7	1,728	922	6,105	170,102	64,049	306,046	31%	45%	62%	98	69	50
31	2015-8	2,071	2,168	7,970	149,720	131,538	253,437	43%	51%	97%	72	61	32

库存周转率分析

Step 6 隐藏数据列

为了便于显示主要数据部分，可以设置隐藏数据列。

右键单击 A 列的列标，在弹出的快捷菜单中选择“隐藏”命令。

月份	销售			平均库存			商品周转率			商品周转天数		
	服装	配件	鞋	服装	配件	鞋	服装	配件	鞋	服装	配件	鞋
2014-1	451	701	3,933	5,951	3,200	66,893	235%	679%	182%	13	5	17
2014-2	92	124	3,978	11,922	29,380	69,531	22%	12%	160%	130	237	17
2014-3	1,657	279	6,085	52,298	52,814	217,970	98%	16%	87%	32	189	36
2014-4	2,417	462	5,368	59,860	42,367	270,007	121%	33%	60%	25	92	50
2014-5	913	716	1,933	58,330	44,210	242,837	49%	50%	25%	64	62	126
2014-6	217	150	4,109	51,366	40,985	267,598	13%	11%	46%	237	273	65
2014-7	946	3,302	6,396	61,405	54,512	273,864	48%	188%	72%	65	17	43
2014-8	990	2,170	6,400	63,718	50,811	264,066	48%	132%	75%	64	23	41
2014-9	726	640	6,565	52,866	36,551	226,957	41%	53%	87%	73	57	35
2014-10	1,433	948	4,381	51,671	55,264	217,819	86%	53%	62%	36	58	50
2014-11	722	726	3,970	61,267	49,174	260,854	35%	44%	46%	85	68	66
2014-12	535	581	5,609	58,602	72,833	291,840	28%	25%	60%	110	125	52
2014年	**931**	**911**	**4,900**	**49,331**	**44,487**	**223,406**	**689%**	**747%**	**801%**	**53**	**49**	**46**
2015-1	1,189	491	3,525	77,897	93,336	301,938	47%	16%	36%	66	190	86
2015-2	880	1,227	6,726	73,196	88,439	263,780	34%	39%	71%	83	72	39
2015-3	3,124	798	5,663	79,229	88,754	220,825	122%	28%	79%	25	111	39
2015-4	3,551	1,120	3,998	90,417	65,486	230,544	118%	51%	52%	25	58	58
2015-5	1,370	447	1,546	99,302	51,509	216,927	43%	27%	22%	72	115	140
2015-6	915	418	1,697	141,224	43,561	289,321	19%	29%	18%	154	104	170
2015-7	1,728	922	6,105	170,102	64,049	306,046	31%	45%	62%	98	69	50
2015-8	2,071	2,168	7,970	149,720	131,538	253,437	43%	51%	97%	72	61	32

库存周转率分析

此时 A 列数据完全被隐藏了。

如果需要恢复被隐藏的数据，在“开始”选项卡的“单元格”命令组中单击“格式”→“隐藏和取消隐藏”→“取消隐藏列”命令即可。

6.3 订单跟踪表

案例背景

一般来说，规模较大的企业每天都会有非常多的采购订单。为了实现大量订单的可视性和跟踪功能，必须创建订单跟踪查询表，用来准确地反映供应商的订单执行情况、产品质量、信用和订单执行效率，从而提高工作效率，加强与合作交易伙伴的联系。

关键技术点

要实现本例中的功能，读者应当掌握以下 Excel 技术点。

- 设置单元格的自定义格式
- MATCH 函数的应用

最终效果展示

订单号	JS1204
客户名称	萧三元
下单日期	2015-06-04
发货日期	2015-06-07

序号	下单日期	订单号	客户名称	订单金额	发货日期	备注
1	2015-04-25	JS0102	张明	1,600	2015-04-27	
2	2015-04-30	JS0607	洪培养	1,890	2015-05-04	
3	2015-05-07	JS0100	蒋叶山	1,200	2015-05-09	
4	2015-05-09	JS0501	李辉庆	2,103	2015-05-11	
5	2015-05-12	JS1096	陆守仕	1,765	2015-05-15	
6	2015-05-19	JS1104	李杰	1,894	2015-05-21	
7	2015-05-22	JS1108	吴海生	2,390	2015-05-25	
8	2015-05-28	JS1106	付爱东	2,678	2015-06-01	
9	2015-06-04	JS1204	萧三元	1,978	2015-06-07	
10	2015-06-06	JS1208	江青龙	1,045	2015-06-09	
11	2015-06-13	JS1210	李辉庆	769	没有发货	量太少,等下单订单一起发
12	2015-06-18	JS1211	陆守仕	2,836	2015-06-21	
13	2015-06-20	JS1203	李杰	1,769	2015-06-23	
14	2015-06-22	JS1208	洪培养	1,849	2015-06-25	
15	2015-07-01	JS1301	蒋叶山	1,102	2015-07-04	
16	2015-07-12	JS1202	萧三元	2,106	2015-07-15	

示例文件

光盘\示例文件\第 6 章\订单跟踪表.xlsx

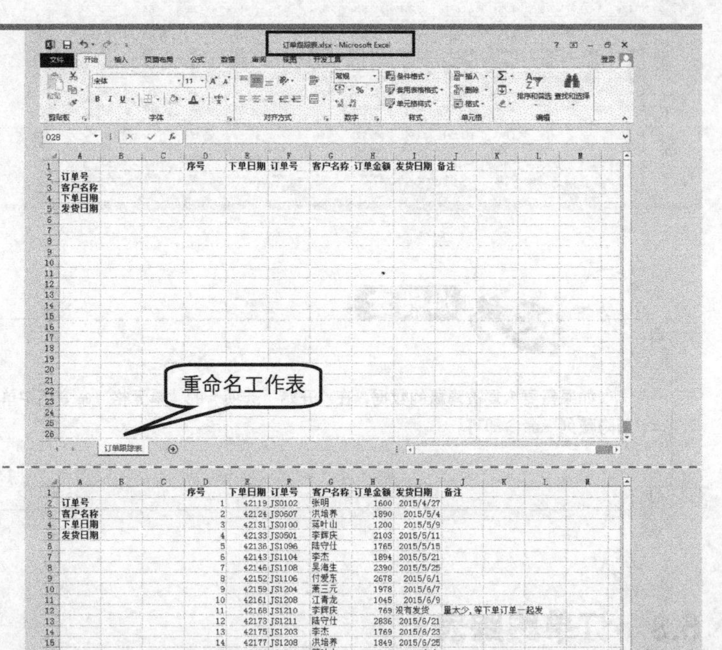

Step 1 新建工作簿

启动 Excel 自动新建一个工作簿，保存并命名为“订单跟踪表”，将“Sheet1”工作表重命名为“订单跟踪表”。

Step 2 输入表格行标题

依次在A2:A5和D1:I1单元格区域中输入各字段的标题名称，并设置为“加粗”。

Step 3 输入数据

分别在“序号”“下单日期”“订单号”“客户名称”“订单金额”“发货日期”和“备注”数据列输入原始数据。

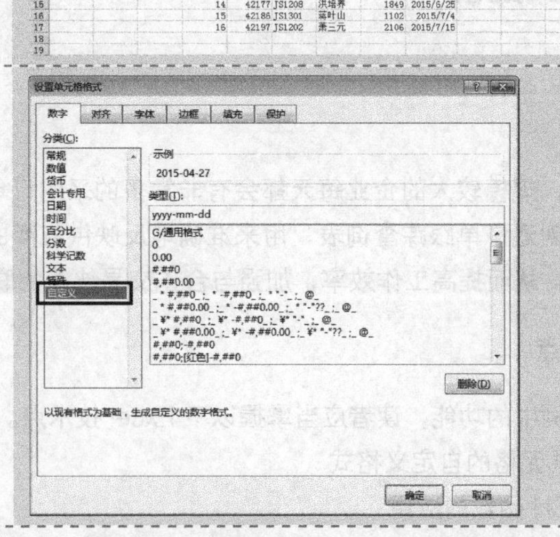

Step 4 设置自定义格式

① 按住<Ctrl>键，同时选中B4:B5、E2:E17 和 I2:I17 单元格区域，按<Ctrl+1>组合键，弹出“设置单元格格式”对话框，单击“数字”选项卡。

② 在“分类”列表框中选择“自定义”，在“类型”文本框输入“yyyy-mm-dd”，单击“确定”按钮。

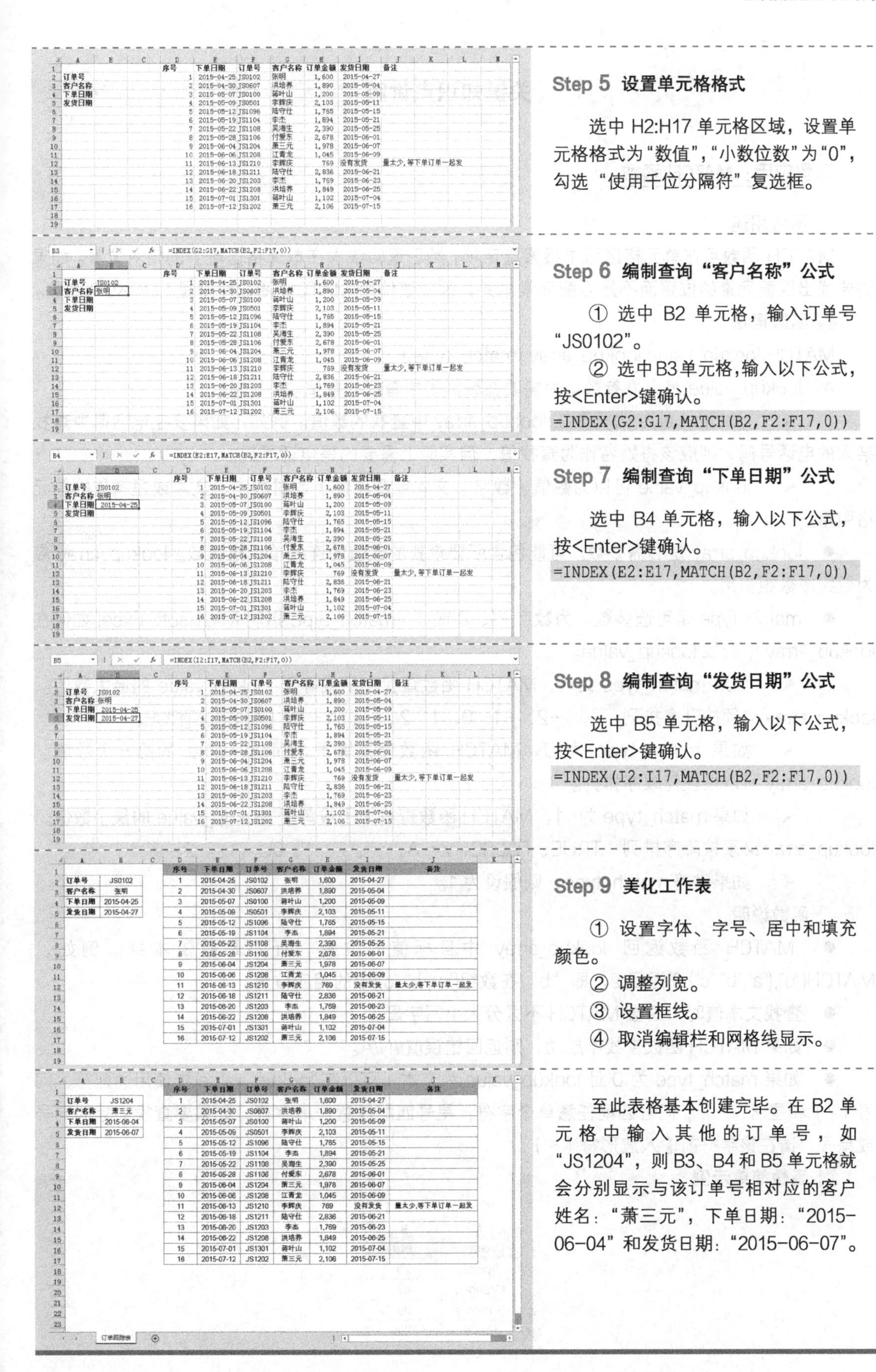

订单号	JS1204
客户名称	萧三元
下单日期	2015-06-04
发货日期	2015-06-07

序号	下单日期	订单号	客户名称	订单金额	发货日期	备注
1	2015-04-25	JS0102	张明	1,600	2015-04-27	
2	2015-04-30	JS0607	洪培养	1,890	2015-05-04	
3	2015-05-07	JS0100	蒋叶山	1,200	2015-05-09	
4	2015-05-09	JS0501	李辉庆	2,103	2015-05-11	
5	2015-05-12	JS1096	陆守仕	1,765	2015-05-15	
6	2015-05-19	JS1104	李杰	1,894	2015-05-21	
7	2015-05-22	JS1108	吴海生	2,390	2015-05-25	
8	2015-05-28	JS1106	付爱东	2,678	2015-06-01	
9	2015-06-04	JS1204	萧三元	1,978	2015-06-07	
10	2015-06-06	JS1208	江青龙	1,045	2015-06-09	
11	2015-06-13	JS1210	李辉庆	769	没有发货	量太少,等下单订单一起发
12	2015-06-18	JS1211	陆守仕	2,836	2015-06-21	
13	2015-06-20	JS1203	李杰	1,769	2015-06-23	
14	2015-06-22	JS1208	洪培养	1,849	2015-06-25	
15	2015-07-01	JS1301	蒋叶山	1,102	2015-07-04	
16	2015-07-12	JS1202	萧三元	2,106	2015-07-15	

Step 5 设置单元格格式

选中 H2:H17 单元格区域，设置单元格格式为“数值”，“小数位数”为“0”，勾选“使用千位分隔符”复选框。

Step 6 编制查询“客户名称”公式

① 选中 B2 单元格，输入订单号“JS0102”。

② 选中B3单元格，输入以下公式，按<Enter>键确认。

```
=INDEX(G2:G17,MATCH(B2,F2:F17,0))
```

Step 7 编制查询“下单日期”公式

选中 B4 单元格，输入以下公式，按<Enter>键确认。

```
=INDEX(E2:E17,MATCH(B2,F2:F17,0))
```

Step 8 编制查询“发货日期”公式

选中 B5 单元格，输入以下公式，按<Enter>键确认。

```
=INDEX(I2:I17,MATCH(B2,F2:F17,0))
```

Step 9 美化工作表

① 设置字体、字号、居中和填充颜色。

② 调整列宽。

③ 设置框线。

④ 取消编辑栏和网格线显示。

至此表格基本创建完毕。在 B2 单元格中输入其他的订单号，如“JS1204”，则 B3、B4 和 B5 单元格就会分别显示与该订单号相对应的客户姓名：“萧三元”，下单日期：“2015-06-04”和发货日期：“2015-06-07”。

关键知识点讲解

函数应用：MATCH 函数

函数用途

MATCH 函数可在单元格区域中搜索指定项，然后返回该项在单元格区域中的相对位置。如果需要找出匹配元素的位置而不是匹配元素本身，则应该使用 MATCH 函数而不是 LOOKUP 函数。

函数语法

MATCH(lookup_value,lookup_array,[match_type])

- lookup_value 是必需参数。为需要在数据表中查找的数值。
  - lookup_value 为需要在 lookup_array 中查找的数值。例如，如果要在电话簿中查找某人的电话号码，则应该将姓名作为查找值，但实际上需要的是电话号码。
  - lookup_value 可以为数值（数字、文本或逻辑值）或对数字、文本或逻辑值的单元格引用。
- lookup_array 是必需参数。可能包含所要查找的数值的连续单元格区域。lookup_array 应为数组或数组引用。
- match_type 是可选参数。为数字-1、0 或 1。match_type 指明 Microsoft Excel 如何在 lookup_array 中查找 lookup_value。
  - 如果 match_type 为 1，MATCH 函数查找小于或等于 lookup_value 的最大数值。lookup_array 必须按升序排列：…、-2、-1、0、1、2、…，A~Z，FALSE、TRUE。
  - 如果 match_type 为 0，MATCH 函数查找等于 lookup_value 的第一个数值。lookup_array 可以按任何顺序排列。
  - 如果 match_type 为-1，MATCH 函数查找大于或等于 lookup_value 的最小数值。lookup_array 必须按降序排列：TRUE、FALSE，Z~A，…、2、1、0、-1、-2、…
  - 如果省略 match_type，则假设为 1。

函数说明

- MATCH 函数返回 lookup_array 中目标值的位置，而不是数值本身。例如，MATCH("b",{"a","b","c"},0)返回 2，即“b”在数组{"a","b","c"}中的相应位置。
- 查找文本值时，函数 MATCH 不区分大小写字母。
- 如果 MATCH 函数查找不成功，则返回错误值#N/A。
- 如果 match_type 为 0 且 lookup_value 为文本，可以在 lookup_value 中使用通配符、问号（?）和星号（*）。问号匹配任意单个字符；星号匹配任意一串字符。如果要查找实际的问号或星号，请在该字符前输入波形符（~）。

函数简单示例

	A	B
1	Product	Count
2	Apples	25
3	Oranges	87
4	Bananas	98
5	Pears	126

示例	公式	说明	结果
1	=MATCH(35,B2:B5,1)	由于无精确的匹配，所以返回数据区域 B2:B5 中最接近的下一个值（25）的位置	1
2	=MATCH(98,B2:B5,0)	数据区域 B2:B5 中 98 的位置	3
3	=MATCH(40,B2:B5,−1)	由于数据区域中无精确的匹配，且 B2:B5 不是按降序排列，所以返回错误值	#N/A

本例公式说明

以下为本例中的公式。

```
=MATCH(B2,F2:F17,0)
```

其各个参数值指定 MATCH 函数查找数据“F2:F17”中“B2”的位置。

扩展知识点讲解

以下为常用自定义数字格式的代码与示例。

<table>
<tr><th>代码</th><th>注释与示例</th></tr>
<tr><td>G/通用格式</td><td>不设置任何格式，按原始输入的数值显示</td></tr>
<tr><td>#</td><td>数字占位符，只显示有效数字，不显示无意义的零值
<table>
<tr><th>显示为</th><th>原始数值</th><th>自定义格式代码</th></tr>
<tr><td>5678.00</td><td>5678</td><td>0000.00</td></tr>
<tr><td>0005.68</td><td>5.678</td><td>0000.00</td></tr>
<tr><td>0056.00</td><td>56</td><td>0000.00</td></tr>
<tr><td>0000.00</td><td>0</td><td>0000.00</td></tr>
</table></td></tr>
<tr><td>0</td><td>数字占位符，当数字比代码的数量少时，显示无意义的 0
<table>
<tr><th>显示为</th><th>原始数值</th><th>自定义格式代码</th></tr>
<tr><td>5678.00</td><td>5678</td><td>0000.00</td></tr>
<tr><td>0005.68</td><td>5.678</td><td>0000.00</td></tr>
<tr><td>0056.00</td><td>56</td><td>0000.00</td></tr>
<tr><td>0000.00</td><td>0</td><td>0000.00</td></tr>
</table>
从上图可见，可以利用代码 0 来让数值显示前导零，并让数值固定按指定位数显示。下图是使用#与 0 组合为最常用的带小数的数字格式
<table>
<tr><th>显示为</th><th>原始数值</th><th>自定义格式代码</th></tr>
<tr><td>123456.0</td><td>123456</td><td>#0.0</td></tr>
<tr><td>123.5</td><td>123.546</td><td>#0.0</td></tr>
<tr><td>0.0</td><td>0</td><td>#0.0</td></tr>
</table></td></tr>
<tr><td>?</td><td>数字占位符，需要时在小数点两侧增加空格；也可以用于具有不同位数的分数
<table>
<tr><th>显示为</th><th>原始数值</th><th>自定义格式代码</th></tr>
<tr><td>1234.1234</td><td>1234.1234</td><td>?????.????</td></tr>
<tr><td>- 123.123</td><td>-123.123</td><td>?????.????</td></tr>
<tr><td>12.123</td><td>12.123</td><td>?????.????</td></tr>
<tr><td>.</td><td>0</td><td>?????.????</td></tr>
</table></td></tr>
<tr><td>.</td><td>小数点</td></tr>
<tr><td>%</td><td>百分数
<table>
<tr><th>显示为</th><th>原始数值</th><th>自定义格式代码</th></tr>
<tr><td>5600.00%</td><td>56</td><td>0.00%</td></tr>
<tr><td>560.00%</td><td>5.6</td><td>0.00%</td></tr>
<tr><td>56.70%</td><td>0.567</td><td>0.00%</td></tr>
</table></td></tr>
<tr><td>,</td><td>千位分隔符
<table>
<tr><th>显示为</th><th>原始数值</th><th>自定义格式代码</th></tr>
<tr><td>123,456</td><td>123456</td><td>#,##0</td></tr>
<tr><td>123,456,789</td><td>123456789</td><td>#,##0</td></tr>
</table></td></tr>
<tr><td>E</td><td>科学记数符号</td></tr>
<tr><td>\</td><td>显示格式里的下一个字符</td></tr>
</table>

续表

<table>
<tr><th>代码</th><th>注释与示例</th></tr>
<tr><td>*</td><td>重复下一个字符来填充列宽
<table>
<tr><th>显示为</th><th>原始数值</th><th>自定义格式代码</th></tr>
<tr><td>*********** 1,234</td><td>1234</td><td>**#,##0;**-#,##0</td></tr>
<tr><td>********** -1,234</td><td>-1234</td><td>**#,##0;**-#,##0</td></tr>
<tr><td>*************** 0</td><td>0</td><td>**#,##0;**-#,##0</td></tr>
<tr><td></td><td></td><td></td></tr>
<tr><td>---------- 1,234</td><td>1234</td><td>*-#,##0</td></tr>
<tr><td>??????????? 1,234</td><td>1234</td><td>*?#,##0</td></tr>
<tr><td>XXXXXXXXXXXXXXX 0</td><td>0</td><td>*X#,##0</td></tr>
</table></td></tr>
<tr><td>_</td><td>留出与下一个字符等宽的空格
<table>
<tr><th>显示为</th><th>原始数值</th><th>自定义格式代码</th></tr>
<tr><td>(0.51)</td><td>-0.51</td><td>0.00_);(0.00)</td></tr>
<tr><td>1.25</td><td>1.25</td><td>0.00_);(0.00)</td></tr>
<tr><td>(0.78)</td><td>-0.78</td><td>0.00_);(0.00)</td></tr>
</table>
利用这种格式可以很容易地把正负数进行对齐</td></tr>
<tr><td>"文本"</td><td>显示双引号里面的文本
<table>
<tr><th>显示为</th><th>原始数值</th><th>格式</th></tr>
<tr><td>MU 5463</td><td>5463</td><td>"MU" 0000</td></tr>
<tr><td>USD 1,235M</td><td>1234567890</td><td>"USD "#,##0,,"M"</td></tr>
<tr><td>人民币1,235百万</td><td>1234567890</td><td>"人民币"#,##0,,"百万"</td></tr>
</table></td></tr>
<tr><td>@</td><td>文本占位符，如果只使用单个@，作用是引用原始文本
<table>
<tr><th>显示为</th><th>原始数值</th><th>自定义格式代码</th></tr>
<tr><td>集团公司财务部</td><td>财务</td><td>;;;"集团公司"@"部"</td></tr>
<tr><td>集团公司采购部</td><td>采购</td><td>;;;"集团公司"@"部"</td></tr>
</table>
如果使用多个@，则可以重复文本。
<table>
<tr><th>显示为</th><th>原始数值</th><th>自定义格式代码</th></tr>
<tr><td>人民公仆为人民</td><td>人民</td><td>;;;@"公仆为"@</td></tr>
<tr><td>继续继续继续</td><td>继续</td><td>;;;@@@</td></tr>
</table></td></tr>
<tr><td>[颜色]</td><td>颜色代码
<table>
<tr><th>显示为</th><th>原始数值</th><th>自定义格式代码</th></tr>
<tr><td>123,456</td><td>123456</td><td>#,##0;[红色]-#,##0</td></tr>
<tr><td>-123,456</td><td>-123456</td><td>#,##0;[红色]-#,##0</td></tr>
<tr><td>123</td><td>123</td><td>[蓝色]0</td></tr>
</table>
[颜色]可以是[black]/[黑色]、[white]/[白色]、[red]/[红色]、[cyan]/[青色]、[blue]/[蓝色]、[yellow]/[黄色]、[magenta]/[紫红色]或[green]/[绿色]
要注意的是，在英文版用英文代码，在中文版则必须用中文代码</td></tr>
<tr><td>[颜色n]</td><td>显示Excel调色板上的颜色，n是0～56之间的一个数值
<table>
<tr><th>显示为</th><th>原始数值</th><th>自定义格式代码</th></tr>
<tr><td>123,456</td><td>123456</td><td>[颜色1]#,##0</td></tr>
<tr><td>123,456</td><td>123456</td><td>[颜色9]#,##1</td></tr>
<tr><td>123,456</td><td>123456</td><td>[颜色23]#,##2</td></tr>
</table></td></tr>
<tr><td>[条件值]</td><td>设置格式的条件
<table>
<tr><th>显示为</th><th>原始数值</th><th>自定义格式代码</th></tr>
<tr><td>2875 8965</td><td>28758965</td><td>[>99999999](0###) #### ####;#### ####</td></tr>
<tr><td>(021) 2345 9821</td><td>2123459821</td><td>[>99999999](0###) #### ####;#### ####</td></tr>
<tr><td>(0755) 2345 9821</td><td>75523459821</td><td>[>99999999](0###) #### ####;#### ####</td></tr>
<tr><td>99</td><td>99</td><td>[>100][红色]0;[蓝色]0</td></tr>
<tr><td>105</td><td>105</td><td>[>100][红色]0;[蓝色]0</td></tr>
<tr><td>123.70</td><td>123.7</td><td>[>100][绿色]#,##0.00;[<100][红色]#,##0.00</td></tr>
<tr><td>87.00</td><td>87</td><td>[>100][绿色]#,##0.00;[<100][红色]#,##0.00</td></tr>
</table></td></tr>
</table>

第 7 章 单店数据管理与销售分析

Excel 2013 高效办公

最伟大的业绩来源于对每个销售环节的用心和琐碎管理。对终端的维护与管理，无异于足球场上的临门一脚。因此，近来无数管理专家都提出了“赢在终端”“决胜终端”的口号。对于企业而言，终端其实就是各种独立的门店，它们既担负着最前沿的销售任务，也是企业在市场中的风向标。它们在将产品传递给最终消费者的同时，也为企业带回现金、顾客反馈、竞争产品信息与市场动态。单店的数据管理与销售分析工作在整个市场与销售环节中占据举足轻重的地位。

7.1 进销存系统管理

案例背景

当门店规模日益增大，进出货物数量繁多时，进销存的管理工作量也会随之增大。原有的手工操作耗时费力，又不能保证数据的准确性，此时就迫切需要实现计算机信息化管理。但是如果购买进销存软件又要花费较大的经济投入，且不一定适合自己业务的流程管理。应用 Excel 制作一个简单的进销存系统，实现对数据的录入、查询、打印等的处理，比起传统的方法可以节省大量的人力、物力资源，又可以缩短业务处理的时间，同时加强对物资安全的管理，具有很强的实用性和经济性。

关键技术点

要实现本例中的功能，读者应当掌握以下 Excel 技术点。

- 定义名称
- 数据验证
- SUMIF 函数的应用

最终效果展示

日期	单据编号	类别	名称	数量	单价	金额	备注
2012/6/25	BQ000101	女式衣服	0PS713-1	66	23.90	1,577.40	
2012/6/25	BQ000102	女式衣服	0PS713-2	68	2.68	182.24	
2012/6/25	BQ000103	女式衣服	0PS713-3	60	3.70	222.00	
2012/6/25	BQ000104	女式衣服	0PS713-4	57	6.90	393.30	
2012/6/25	BQ000105	女式衣服	0PS713-5	7	21.25	148.75	
2012/6/25	BQ000106	女式衣服	0TS701-3	64	28.56	1,827.84	
2012/6/25	BQ000107	女式衣服	0TS702-3	58	14.33	831.14	
2012/6/25	BQ000108	女式衣服	0TS703-3	23	13.02	299.46	
2012/6/25	BQ000109	女式衣服	0TS710-3	66	2.04	134.64	
2012/6/25	BQ000110	女式衣服	0TS711-3	12	26.72	320.64	
2012/6/25	BQ000111	女式衣服	0TS720-3	11	30.13	331.43	
2012/6/25	BQ000112	女式衣服	AST500-1	12	7.46	89.52	
2012/6/25	BQ000113	女式衣服	AST500-2	41	18.56	760.96	
2012/6/25	BQ000114	女式衣服	AST500-3	53	17.87	947.11	
2012/6/25	BQ000115	女式衣服	AST500-4	32	5.79	185.28	
2012/6/25	BQ000116	女式衣服	AST500-5	18	5.41	97.38	
2012/6/25	BQ000117	女式衣服	AST500-6	44	9.62	423.28	
2012/6/25	BQ000118	女式衣服	JBS010-1	56	20.11	1,126.16	
2012/6/25	BQ000119	女式衣服	JBS010-2	38	19.32	734.16	
2012/6/25	BQ000120	女式衣服	JBS010-3	66	27.96	1,845.36	
2012/6/25	BQ000121	男式衣服	BCR001-1	25	142.00	3,550.00	
2012/6/25	BQ000122	男式衣服	BCR001-2	26	252.00	6,552.00	
2012/6/25	BQ000123	男式衣服	BCR001-4	13	50.00	650.00	
2012/6/25	BQ000124	男式衣服	BW001-2	51	25.02	1,276.02	
2012/6/25	BQ000125	男式衣服	BW001-1	58	32.57	1,889.06	
2012/6/25	BQ000126	男式衣服	BW001-3	57	120.00	6,840.00	
2012/6/25	BQ000127	男式衣服	BW005-1	46	21.00	966.00	
2012/6/25	BQ000128	男式衣服	BW005-1	4	28.75	115.00	
2012/6/25	BQ000129	男式衣服	BW010-2	40	28.88	1,155.20	
2012/6/25	BQ000130	男式衣服	BW020-3	2	11.06	22.12	
2012/6/25	BQ000131	女鞋	S001	19	14.13	268.47	
2012/6/25	BQ000132	女鞋	S002	17	24.31	413.27	
2012/6/25	BQ000133	女鞋	S003	24	2.08	49.92	
2012/6/25	BQ000134	女鞋	S004	17	16.02	272.34	
2012/6/25	BQ000135	女鞋	S005	18	29.16	524.88	
2012/6/25	BQ000136	女鞋	S007	28	34.92	977.76	
2012/6/25	BQ000137	女鞋	S009	11	8.61	94.71	
2012/6/25	BQ000138	女鞋	S010	65	27.79	1,806.35	
2012/6/25	BQ000139	女鞋	S011	44	7.73	340.12	
2012/6/26	BQ000140	女鞋	S012	68	8.44	573.92	
2012/6/26	BQ000141	男鞋	SH100	52	20.36	1,058.72	
2012/6/26	BQ000142	男鞋	SH200	21	20.62	433.02	
2012/6/26	BQ000143	男鞋	SH300	64	12.16	778.24	
2012/6/26	BQ000144	男鞋	SH400	55	26.09	1,434.95	
2012/6/26	BQ000145	男鞋	SH500	51	21.43	1,092.93	
2012/6/26	BQ000146	男鞋	SH600	5	300.00	1,500.00	
2012/6/26	BQ000147	男鞋	SH700	9	200.00	1,800.00	
2012/6/26	BQ000148	男鞋	SH800	2	3,000.00	6,000.00	
2012/6/26	BQ000149	男鞋	SH900	5	500.00	2,500.00	
2012/6/26	BQ000150	其它配件	WS010	2	9,900.00	19,800.00	
2012/6/26	BQ000151	其它配件	WS020	4	4,000.00	16,000.00	
2012/6/26	BQ000152	其它配件	OP010	6	3,500.00	21,000.00	
2012/6/26	BQ000153	其它配件	OP012	49	19.40	950.60	
2012/6/26	BQ000154	其它配件	XS001	35	19.65	687.75	
2012/6/26	BQ000155	其它配件	XS002	10	25.92	259.20	
2012/6/26	BQ000156	其它配件	XS003	29	11.04	320.16	
汇总						116,430.76	0

入库记录

日期	单据编号	类别	名称	销售类型	促销员	数量	单价	金额	备注
2012/7/1	BL000101	女鞋	S001	正常品销售	黄蓉	2	14.13	28.26	
2012/7/1	BL000102	女式衣服	JBS010-2	团购	黄蓉	10	19.32	193.20	
2012/7/2	BL000103	女鞋	S002	正常品销售	张颖	5	24.31	121.55	
2012/7/2	BL000104	女式衣服	JBS010-3	团购	张颖	10	27.96	279.60	
2012/7/3	BL000105	男鞋	SH200	正常品销售	黄蓉	1	20.62	20.62	
2012/7/3	BL000106	女鞋	S004	正常品销售	张颖	1	16.02	16.02	
2012/7/4	BL000107	其它配件	OP012	正常品销售	张颖	1	19.40	19.40	
2012/7/4	BL000108	女鞋	S005	正常品销售	黄蓉	1	29.16	29.16	
2012/7/5	BL000109	男式衣服	BCR001-1	正常品销售	张颖	1	142.00	142.00	
2012/7/5	BL000110	女鞋	S007	正常品销售	张颖	1	34.92	34.92	
2012/7/6	BL000111	男式衣服	BW005-1	正常品销售	张颖	1	21.62	21.62	
2012/7/6	BL000112	女鞋	S009	正常品销售	黄蓉	1	8.61	8.61	
2012/7/7	BL000113	其它配件	XS003	正常品销售	黄蓉	1	11.04	11.04	
2012/7/7	BL000114	女鞋	S010	正常品销售	张颖	1	27.79	27.79	
2012/7/8	BL000115	男式衣服	BW020-3	正常品销售	张颖	1	11.06	11.06	
2012/7/8	BL000116	女鞋	S011	正常品销售	黄蓉	1	7.73	7.73	
2012/7/9	BL000117	男鞋	SH800	促销品销售	黄蓉	1	3,000.00	3,000.00	
2012/7/9	BL000118	女式衣服	0PS713-3	正常品销售	张颖	4	3.70	14.80	
2012/7/10	BL000119	女式衣服	0PS713-1	正常品销售	黄蓉	2	23.90	47.80	
2012/7/10	BL000120	女鞋	S012	正常品销售	张颖	2	8.44	16.88	
2012/7/11	BL000121	女式衣服	0PS713-4	正常品销售	黄蓉	10	6.90	69.00	
2012/7/11	BL000122	男鞋	SH100	正常品销售	张颖	1	20.36	20.36	
2012/7/12	BL000123	女鞋	S003	正常品销售	黄蓉	1	2.08	2.08	
2012/7/12	BL000124	男鞋	SH300	正常品销售	张颖	1	12.16	12.16	
2012/7/13	BL000125	男鞋	SH400	正常品销售	黄蓉	1	26.09	26.09	
2012/7/13	BL000126	男鞋	SH500	正常品销售	张颖	1	21.43	21.43	
2012/7/14	BL000127	男鞋	SH600	正常品销售	黄蓉	1	300.00	300.00	
2012/7/14	BL000128	男鞋	SH700	促销品销售	张颖	1	200.00	200.00	
2012/7/15	BL000129	其它配件	WS010	促销品销售	黄蓉	1	9,900.00	9,900.00	
2012/7/15	BL000130	男鞋	SH900	促销品销售	张颖	2	500.00	1,000.00	
2012/7/16	BL000131	男式衣服	BW001-2	正常品销售	张颖	1	25.02	25.02	
2012/7/16	BL000132	其它配件	WS020	促销品销售	张颖	1	4,000.00	4,000.00	
2012/7/17	BL000133	女式衣服	0PS713-2	正常品销售	张颖	2	2.68	5.36	
2012/7/17	BL000134	其它配件	OP010	促销品销售	黄蓉	1	3,500.00	3,500.00	
2012/7/18	BL000135	女式衣服	0PS713-5	正常品销售	黄蓉	1	21.25	21.25	
2012/7/18	BL000136	其它配件	XS001	正常品销售	黄蓉	1	19.65	19.65	
2012/7/19	BL000137	女式衣服	0TS701-3	正常品销售	张颖	2	28.56	57.12	
2012/7/19	BL000138	其它配件	XS002	正常品销售	张颖	1	25.92	25.92	
2012/7/20	BL000139	女式衣服	0TS702-3	正常品销售	黄蓉	10	14.33	143.30	
2012/7/20	BL000140	男式衣服	BCR001-2	正常品销售	张颖	1	252.00	252.00	
2012/7/21	BL000141	女式衣服	0TS703-3	正常品销售	黄蓉	1	13.02	13.02	
2012/7/21	BL000142	男式衣服	BCR001-4	正常品销售	黄蓉	1	50.00	50.00	
2012/7/22	BL000143	女式衣服	0TS710-3	正常品销售	张颖	2	2.04	4.08	
2012/7/22	BL000144	男式衣服	BW001-1	正常品销售	黄蓉	1	32.57	32.57	
2012/7/23	BL000145	女式衣服	0TS711-3	促销品销售	张颖	1	26.72	26.72	
2012/7/23	BL000146	男式衣服	BW001-3	正常品销售	张颖	5	120.00	600.00	
2012/7/24	BL000147	女式衣服	0TS720-3	促销品销售	黄蓉	4	30.13	120.52	
2012/7/24	BL000148	男式衣服	BW005-1	正常品销售	黄蓉	5	21.62	108.10	
2012/7/25	BL000149	女式衣服	AST500-1	促销品销售	张颖	2	7.46	14.92	
2012/7/25	BL000150	男式衣服	BW010-2	正常品销售	黄蓉	1	28.88	28.88	
2012/7/26	BL000151	女式衣服	AST500-2	促销品销售	黄蓉	2	18.56	37.12	
2012/7/27	BL000152	女式衣服	AST500-3	促销品销售	张颖	10	17.87	178.70	
2012/7/28	BL000153	女式衣服	AST500-4	促销品销售	黄蓉	1	5.79	5.79	
2012/7/29	BL000154	女式衣服	AST500-5	促销品销售	张颖	1	5.41	5.41	
2012/7/30	BL000155	女式衣服	AST500-6	促销品销售	黄蓉	1	9.62	9.62	
2012/7/31	BL000156	女式衣服	JBS010-1	促销品销售	张颖	1	20.11	20.11	

销售记录

类别	名称	结余数量	平均单价	结余金额
女式衣服	0PS713-1	64	23.90	1,529.60
女式衣服	0PS713-2	66	2.68	176.88
女式衣服	0PS713-3	56	3.70	207.20
女式衣服	0PS713-4	47	6.90	324.30
女式衣服	0PS713-5	6	21.25	127.50
女式衣服	0TS701-3	62	28.56	1,770.72
女式衣服	0TS702-3	48	14.33	687.84
女式衣服	0TS703-3	22	13.02	286.44
女式衣服	0TS710-3	64	2.04	130.56
女式衣服	0TS711-3	11	26.72	293.92
女式衣服	0TS720-3	7	30.13	210.91
女式衣服	AST500-1	10	7.46	74.60
女式衣服	AST500-2	39	18.56	723.84
女式衣服	AST500-3	43	17.87	768.41
女式衣服	AST500-4	31	5.79	179.49
女式衣服	AST500-5	17	5.41	91.97
女式衣服	AST500-6	43	9.62	413.66
女式衣服	JBS010-1	55	20.11	1,106.05
女式衣服	JBS010-2	28	19.32	540.96
女式衣服	JBS010-3	56	27.96	1,565.76
男式衣服	BCR001-1	24	142.00	3,408.00
男式衣服	BCR001-2	25	252.00	6,300.00
男式衣服	BCR001-4	12	50.00	600.00
男式衣服	BW001-2	50	25.02	1,251.00
男式衣服	BW001-1	57	32.57	1,856.49
男式衣服	BW001-3	52	120.00	6,240.00
男式衣服	BW005-1	44	21.62	951.28
男式衣服	BW005-1	44	21.62	951.28
男式衣服	BW010-2	39	28.88	1,126.32
男式衣服	BW020-3	1	11.06	11.06
女鞋	S001	17	14.13	240.21
女鞋	S002	12	24.31	291.72
女鞋	S003	23	2.08	47.84
女鞋	S004	16	16.02	256.32
女鞋	S005	17	29.16	495.72
女鞋	S007	27	34.92	942.84
女鞋	S009	10	8.61	86.10
女鞋	S010	64	27.79	1,778.56
女鞋	S011	43	7.73	332.39
女鞋	S012	66	8.44	557.04
男鞋	SH100	51	20.36	1,038.36
男鞋	SH200	20	20.62	412.40
男鞋	SH300	63	12.16	766.08
男鞋	SH400	54	26.09	1,408.86
男鞋	SH500	50	21.43	1,071.50
男鞋	SH600	4	300.00	1,200.00
男鞋	SH700	8	200.00	1,600.00
男鞋	SH800	1	3,000.00	3,000.00
男鞋	SH900	3	500.00	1,500.00
其它配件	WS010	1	9,900.00	9,900.00
其它配件	WS020	3	4,000.00	12,000.00
其它配件	OP010	5	3,500.00	17,500.00
其它配件	OP012	48	19.40	931.20
其它配件	XS001	34	19.65	668.10
其它配件	XS002	9	25.92	233.28
其它配件	XS003	28	11.04	309.12

库存汇总表

示例文件

光盘\示例文件\第 7 章\月度销售分析.xlsx

7.1.1 创建基本资料表

Step

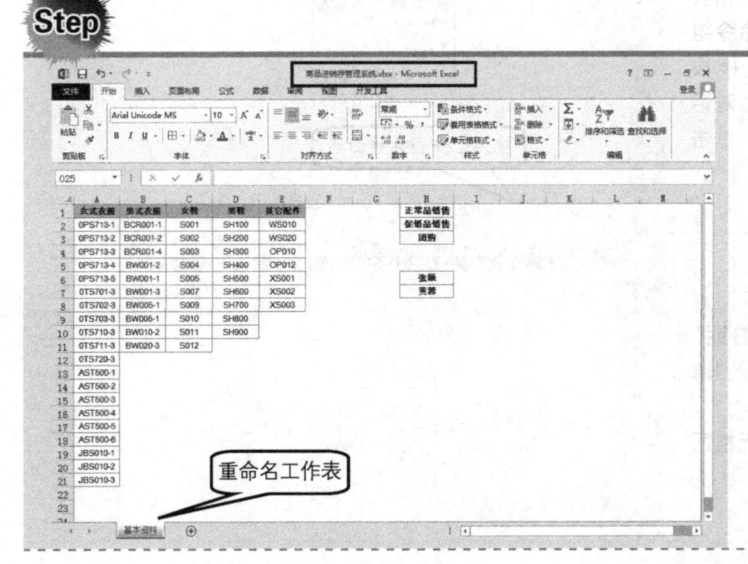

Step 1 新建工作簿

启动 Excel 自动新建一个工作簿，保存并命名为“商品进销存管理系统”，将“Sheet1”工作表重命名为“基本资料”，设置工作表标签颜色为“红色”。

Step 2 输入原始数据

在工作表中输入原始数据，并美化工作表。

Step 3 定义名称

① 选中 A1:E1 单元格区域，在“名称框”中输入要定义的名称“Type”。

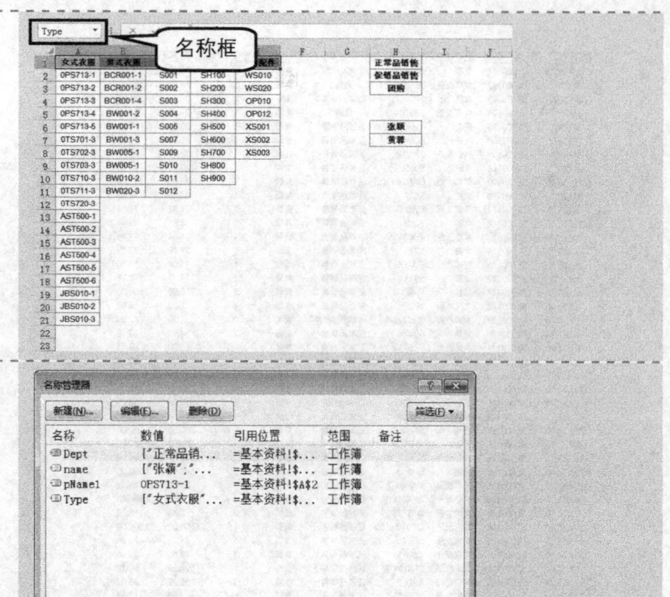

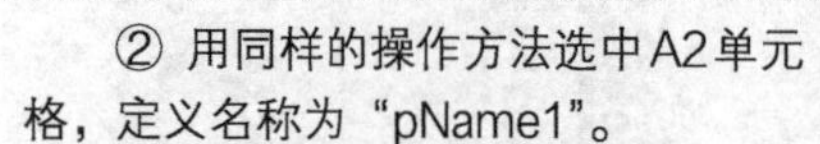

② 用同样的操作方法选中A2单元格，定义名称为“pName1”。

③ 选中 H1:H3 单元格区域，定义名称为“Dept”。

④ 选中 H6:H7 单元格区域，定义名称为“name”。

⑤ 切换到“公式”选项卡，在“定义的名称”命令组中单击“名称管理器”按钮，弹出“名称管理器”对话框，可以在此查看刚刚定义的名称。

7.1.2 创建入库记录表

Step 1 创建列表

① 插入一个新的工作表，重命名为“入库记录”，设置工作表标签颜色为“黄色”。

② 选中 A1:H1 单元格区域，切换到“插入”选项卡，在“表格”命令组中单击“表格”按钮，或者直接按<Ctrl+L>组合键，弹出“创建表”对话框，勾选“表包含标题”复选框，单击“确定”按钮。

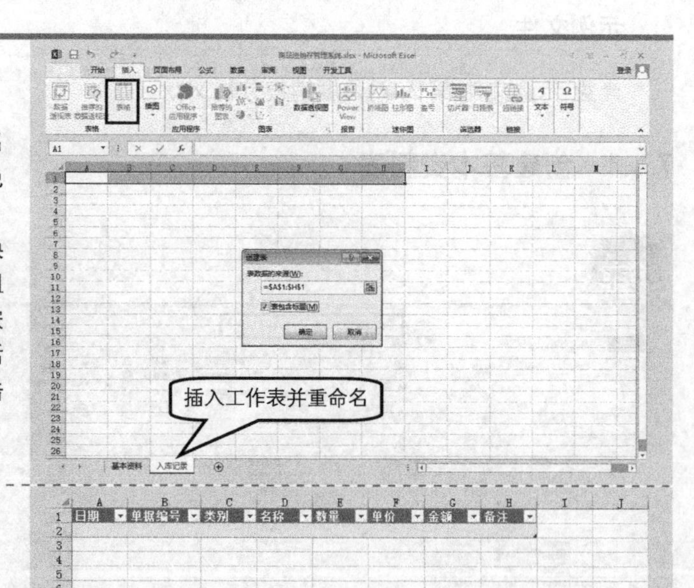

Step 2 输入列表中的标题

① 选中 A1 单元格，输入“日期”后按<Tab>键选中 B1 单元格，输入“单据编号”后继续按<Tab>键。

② 采用此方法在 A1:H1 单元格区域中输入列表中的标题。

③ 调整单元格的列宽。

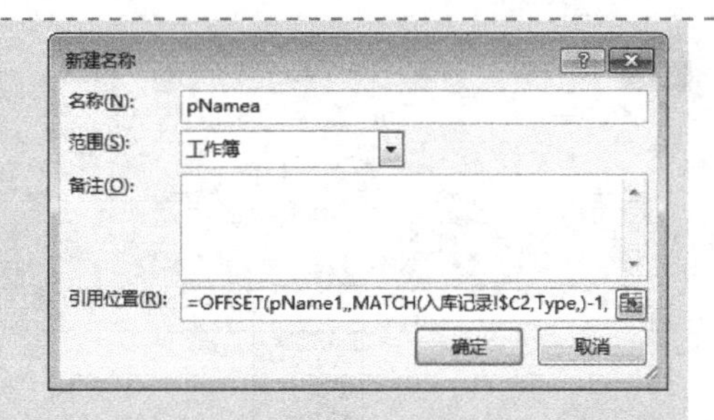

Step 3 插入 pNamea 定义名称

① 选中 D2 单元格，切换到“公式”选项卡，在“定义的名称”命令组中单击“定义名称”按钮，弹出“新建名称”对话框。

② 在“名称”文本框中输入“pNamea”，在“引用位置”输入框中输入以下公式：“=OFFSET(pName1,,MATCH(入库记录!$C2,Type,)−1,COUNTA(OFFSET(pName1,,MATCH(入库记录!$C2,Type,)−1,65535)))”，单击“确定”按钮。

Step 4 利用数据验证制定下拉列表框

① 选中 C2 单元格，切换到“数据”选项卡，然后单击“数据工具”命令组中的“数据验证”按钮，弹出“数据验证”对话框。

② 单击“设置”选项卡，在“允许”下拉列表框中选择“序列”选项，在“来源”输入框中输入“=Type”，单击“确定”按钮。

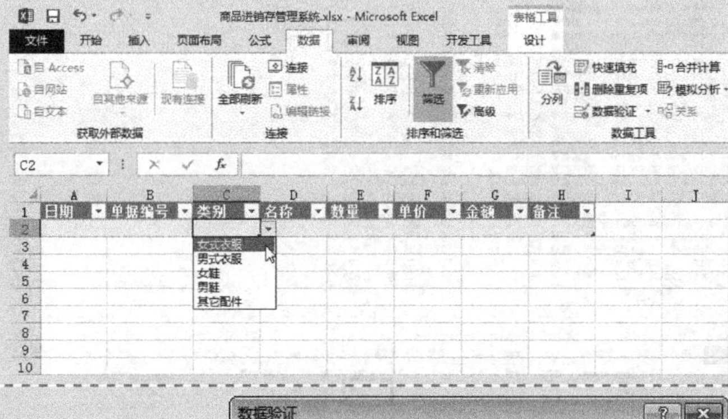

单击 C2 单元格，在其右侧会出现一个下箭头按钮，单击该按钮，在弹出的下拉列表框中选择“女士衣服”选项。

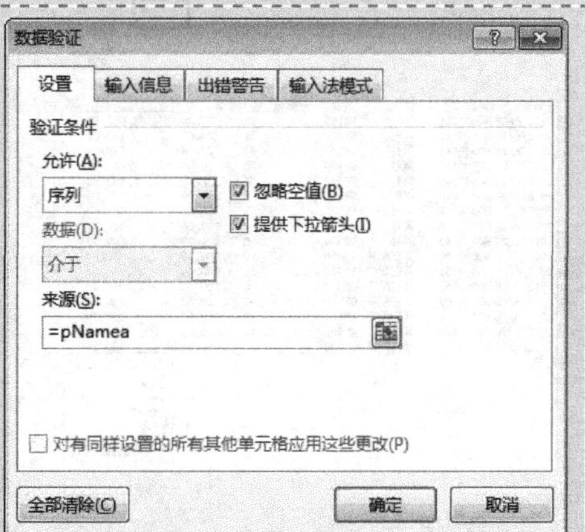

Step 5 利用数据验证实现多级下拉列表框的嵌套

① 选中 D2 单元格，切换到“数据”选项卡，在“数据工具”命令组中单击“数据验证”按钮，弹出“数据验证”对话框。

② 单击“设置”选项卡，在“允许”下拉列表框中选择“序列”选项，在“来源”输入框中输入“=pNamea”，单击“确定”按钮。

单击D2单元格右侧的下箭头按钮，弹出的下拉列表框即为C2单元格“女式衣服”类别下的所有名称，选取“OPS713-1”，单元格中就输入了该名称。

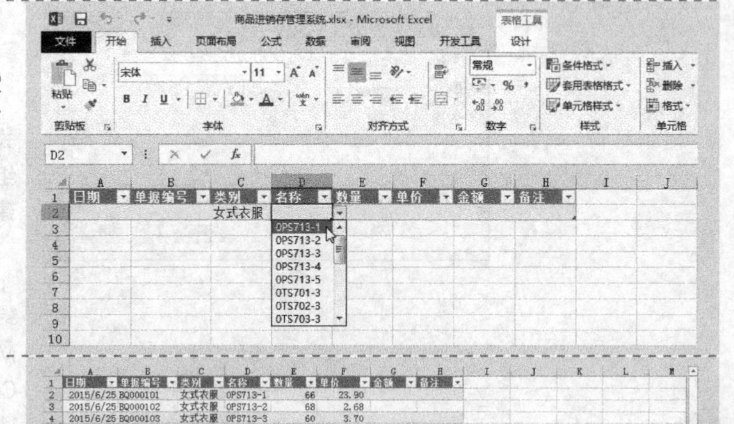

Step 6 输入原始数据

① 在A2:F57单元格区域内，使用填充柄和数据验证，快捷地输入原始数据。

② 选中F2:F57单元格区域，设置单元格格式为“数值”，“小数位数”为“2”，勾选“使用千位分隔符”复选框。

Step 7 计算“金额”

① 选中G2单元格，设置单元格格式为“数值”，“小数位数”为“2”，勾选“使用千位分隔符”复选框。

② 选中G2单元格，输入以下公式，按<Enter>键确认。

```
=F2*E2
```

③ 调整G列的列宽。

当G2单元格输入公式按<Enter>键确认后，鼠标指针跳往G3单元格，且此时G3:G57单元格区域自动填充了类似的公式。

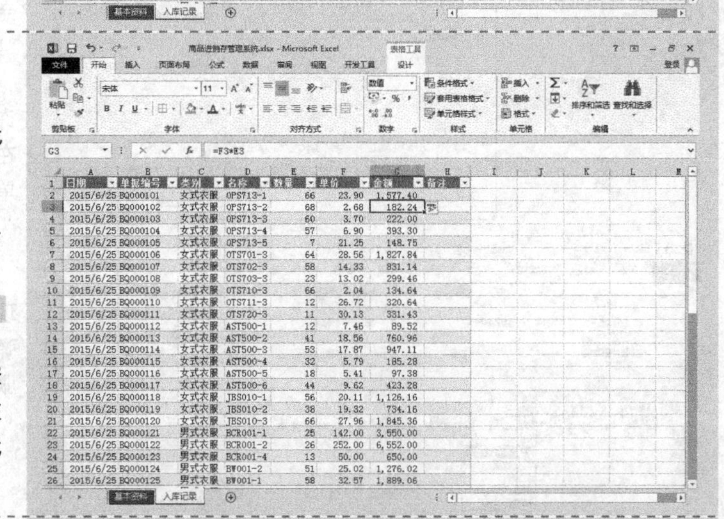

Step 8 添加汇总行

① 切换到“表格工具-设计”选项卡，在“表格样式选项”命令组中勾选“汇总行”复选框显示汇总行。

② 单击G58单元格，在其右侧会出现一个下箭头按钮，单击该按钮，在弹出的下拉列表框中选择类别“求和”。

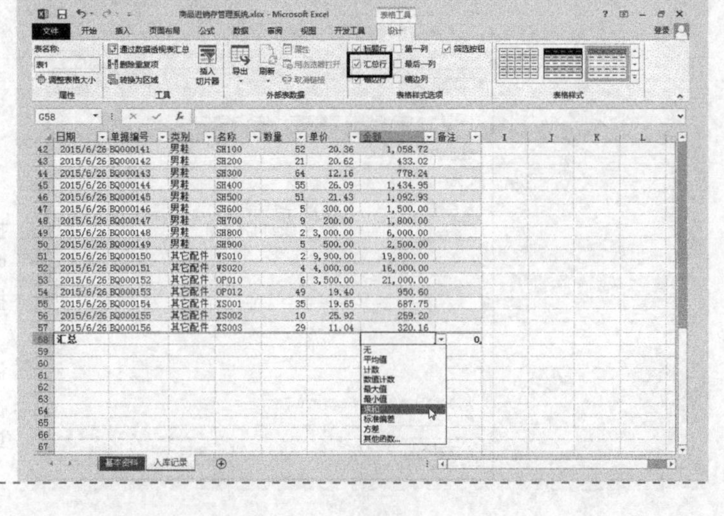

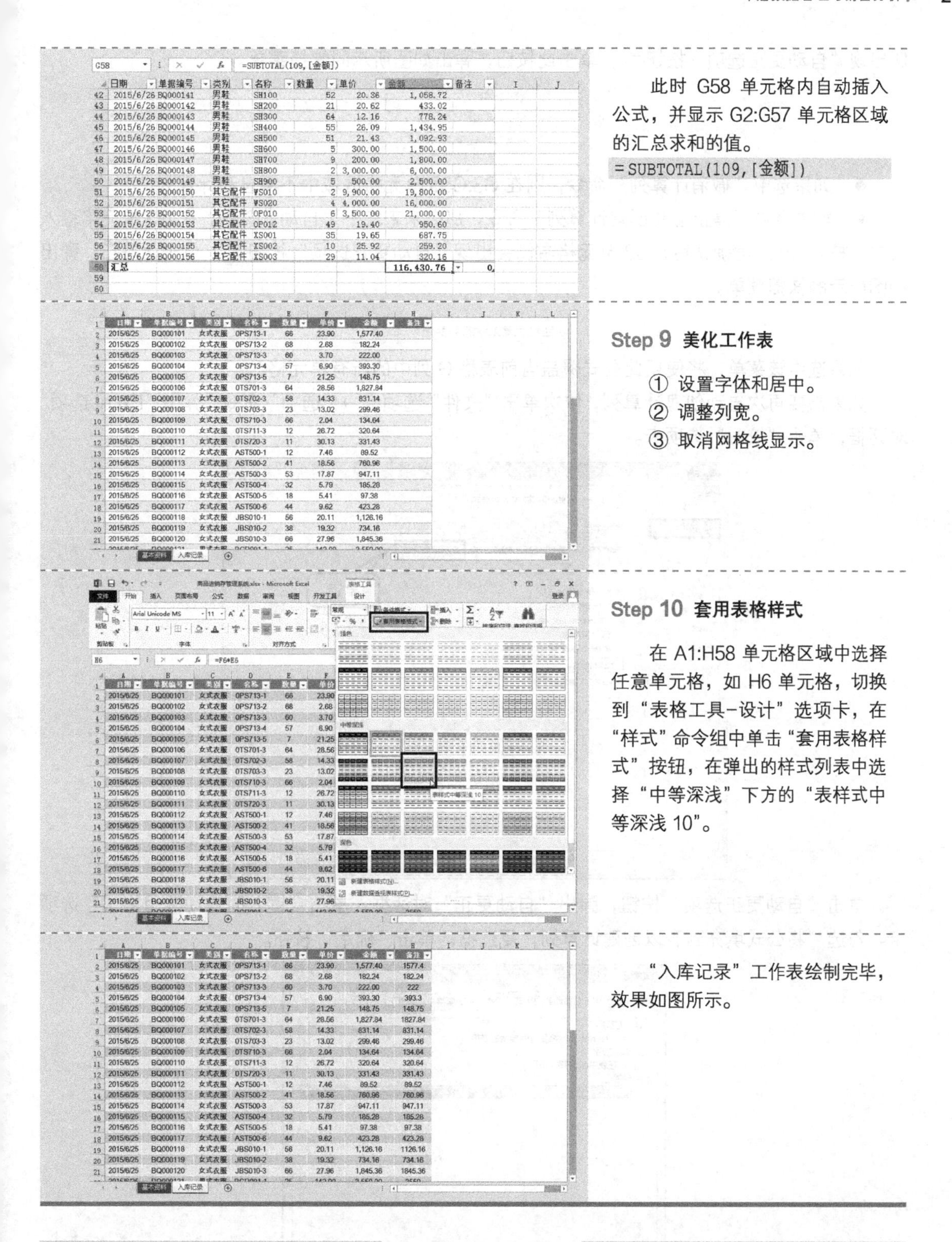

此时 G58 单元格内自动插入公式，并显示 G2:G57 单元格区域的汇总求和的值。

=SUBTOTAL(109,[金额])

Step 9 美化工作表

① 设置字体和居中。
② 调整列宽。
③ 取消网格线显示。

Step 10 套用表格样式

在 A1:H58 单元格区域中选择任意单元格，如 H6 单元格，切换到“表格工具-设计”选项卡，在“样式”命令组中单击“套用表格样式”按钮，在弹出的样式列表中选择“中等深浅”下方的“表样式中等深浅 10”。

“入库记录”工作表绘制完毕，效果如图所示。

扩展知识点讲解

自动更正选项

在 G2 单元格输入公式，按<Enter>键确认，鼠标指针自动跳往 G3 单元格，在 G3 单元格右侧出现“自动更正选项”按钮，单击此按钮，弹出如图所示的快捷菜单。

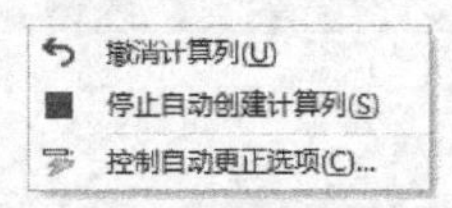

- 如果选中“撤消计算列”命令，则在 G3:G53 单元格区域中不再自动计算列。
- 如果选中“停止自动创建计算列”命令，那么未来均不再自动计算列，在 G2 单元格输入公式，按<Enter>键确认后，G3 单元格右侧会出现“自动更正选项”按钮，单击此按钮，弹出如图所示的快捷菜单。

如果选中该菜单，将使用此公式覆盖当前表格 G 列中的所有单元格。

如果需要再次自动创建计算列，依次单击“文件”选项卡→“选项”命令，弹出“Excel 选项”对话框，单击“校对”选项卡。

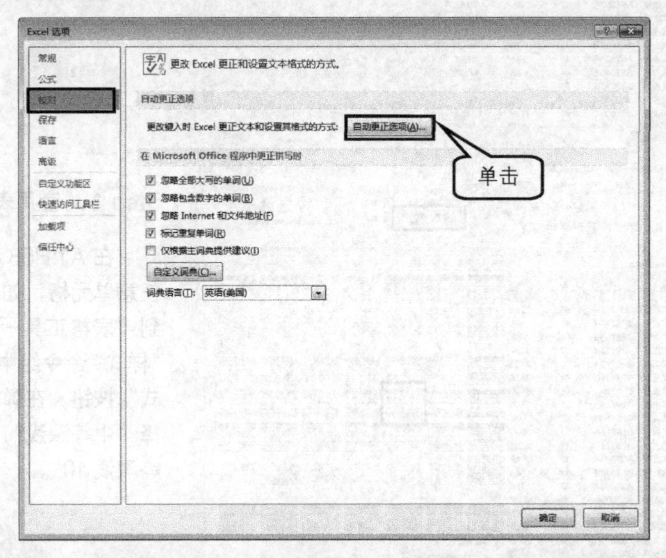

单击“自动更正选项”按钮，弹出“自动更正”对话框，单击“键入时自动套用格式”选项卡，勾选“将公式填充到表以创建计算列”复选框，单击“确定”按钮。

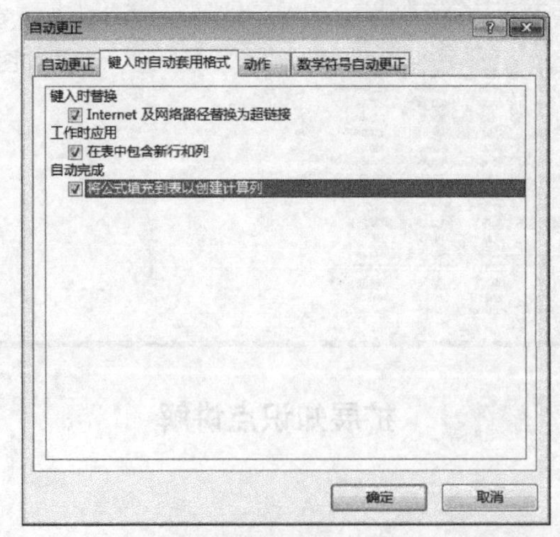

- 如果在快捷菜单中单击“控制自动更正选项”命令，也将弹出“自动更正”对话框。

7.1.3 创建销售记录表

“入库记录”工作表创建好以后，下面需要创建“销售记录”工作表。由于两个工作表的格式基本相同，所以很多步骤类似。

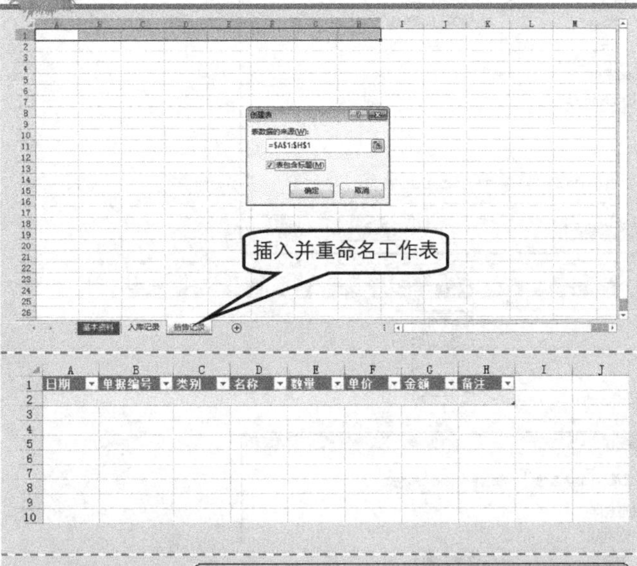

Step 1 创建列表

① 插入一个新的工作表，重命名为“销售记录”，设置工作表标签颜色为“绿色”。

② 参阅7.1.2小节中的Step1创建列表。选中A1:H1单元格区域，按<Ctrl+L>组合键，弹出“创建表”对话框，勾选“表包含标题”复选框，单击“确定”按钮。

Step 2 输入列表中的标题

① 在 A1:H1 单元格区域中输入列表中的标题。

② 适当地调整单元格的列宽。

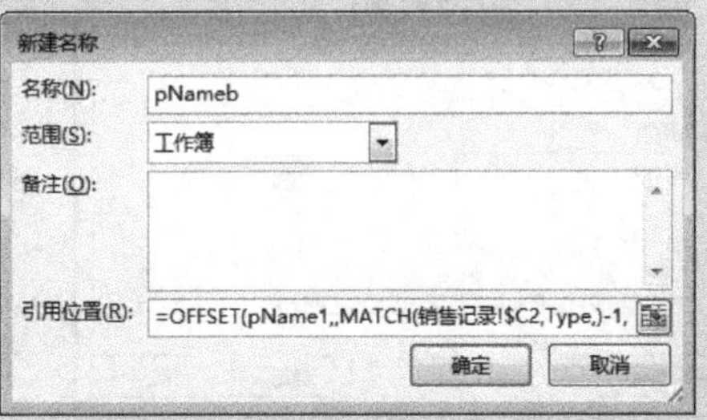

Step 3 插入 pNameb 定义名称

① 选中 D2 单元格，切换到“公式”选项卡，在“定义的名称”命令组中单击“定义名称”按钮，弹出“新建名称”对话框。

② 在“名称”文本框中输入“pNameb”，在“引用位置”输入框中输入以下公式，单击“确定”按钮。

```
=OFFSET(pName1,,MATCH(销售记录!$C2,
Type,)-1,COUNTA(OFFSET(pName1,,
MATCH(销售记录!$C2,Type,)-1,65535)))
```

Step 4 利用数据验证制定下拉列表框

① 选中 C2 单元格，切换到“数据”选项卡，单击“数据工具”命令组中的“数据验证”按钮，弹出“数据验证”对话框。

② 单击“设置”选项卡，在“允许”下拉列表框中选择“序列”选项，在“来源”输入框中输入“=Type”，单击“确定”按钮。

单击 C2 单元格右侧的下箭头按钮，在弹出的下拉列表框中选择“女鞋”选项。

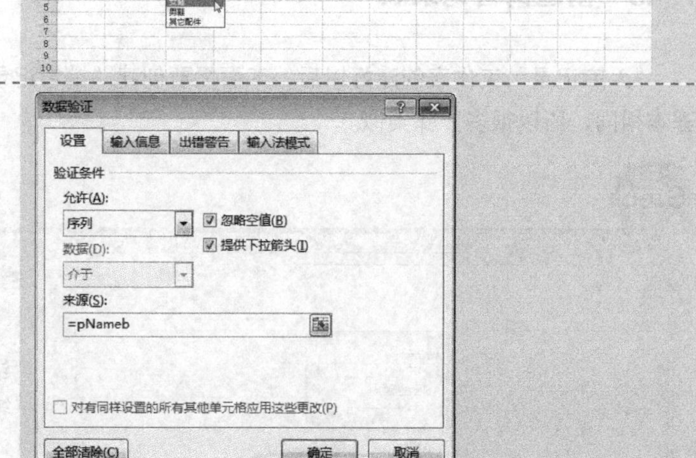

Step 5 利用数据验证实现多级下拉列表框的嵌套

① 选中 D2 单元格，在“数据”选项卡的“数据工具”命令组中单击“数据验证”按钮，弹出“数据验证”对话框。

② 单击“设置”选项卡，在“允许”下拉列表框中选择“序列”选项，在“来源”输入框中输入“=pNameb”，单击“确定”按钮。

单击 D2 单元格右侧的下箭头按钮，在弹出的下拉列表框中选择“S001”。

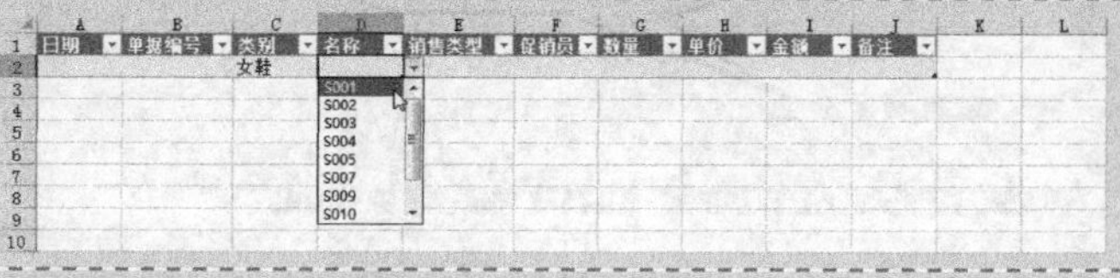

Step 6 设定其他列的数据验证

① 选中 E2 单元格，在“数据”选项卡的“数据工具”命令组中单击“数据验证”按钮，弹出“数据验证”对话框。

② 单击“设置”选项卡，在“允许”下拉列表框中选择“序列”选项，在“来源”输入框中输入“=Dept”，单击“确定”按钮。

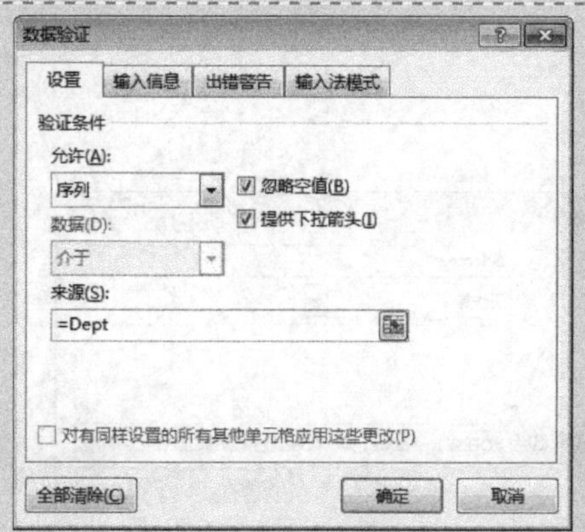

③ 单击 E2 单元格右侧的下拉箭头，选择“正常品销售”选项。

④ 选中 F2 单元格，在“数据”选项卡的“数据工具”命令组中单击“数据验证”按钮，弹出“数据验证”对话框。

⑤ 单击“设置”选项卡，在“允许”下拉列表框中选择“序列”选项，在“来源”输入框中输入“=name”，单击“确定”按钮。

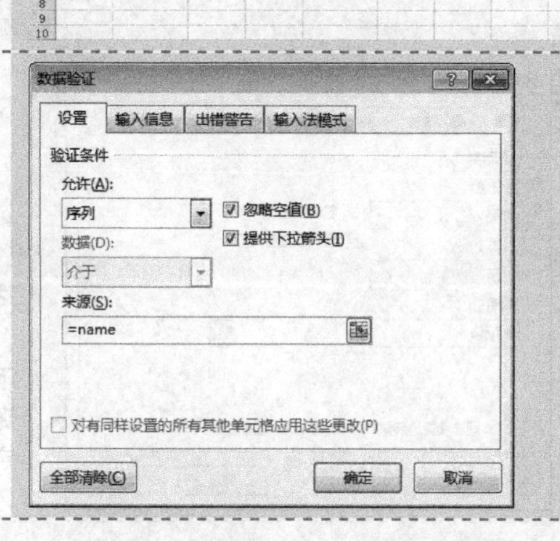

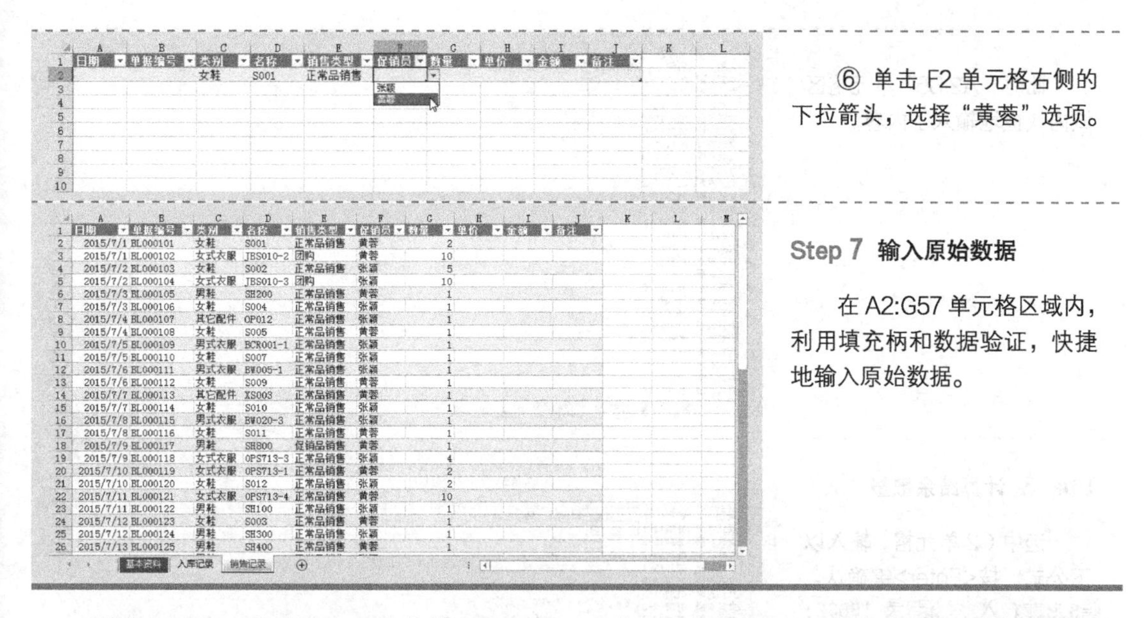

⑥ 单击 F2 单元格右侧的下拉箭头，选择“黄蓉”选项。

Step 7 输入原始数据

在 A2:G57 单元格区域内，利用填充柄和数据验证，快捷地输入原始数据。

“销售记录”工作表的内容有些栏目需要下一小节“库存汇总表”工作表中的相关数据。因此，下一小节将要进行“库存汇总表”的创建。

7.1.4 创建库存汇总表

下面要在前面 3 个工作表的基础上创建“库存汇总表”工作表。

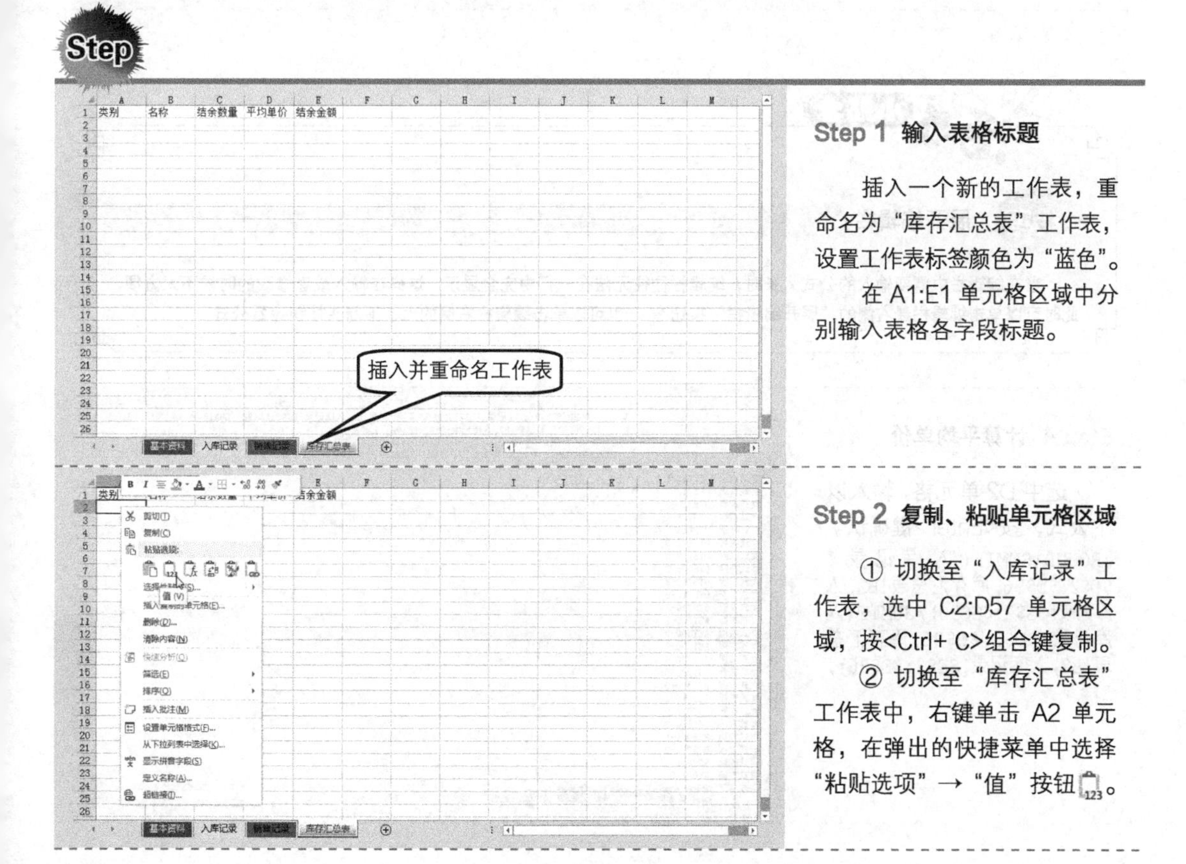

Step 1 输入表格标题

插入一个新的工作表，重命名为“库存汇总表”工作表，设置工作表标签颜色为“蓝色”。

在 A1:E1 单元格区域中分别输入表格各字段标题。

Step 2 复制、粘贴单元格区域

① 切换至“入库记录”工作表，选中 C2:D57 单元格区域，按<Ctrl+ C>组合键复制。

② 切换至“库存汇总表”工作表中，右键单击 A2 单元格，在弹出的快捷菜单中选择“粘贴选项”→“值”按钮。

此时，A2:B57 单元格区域内快捷地输入了内容。

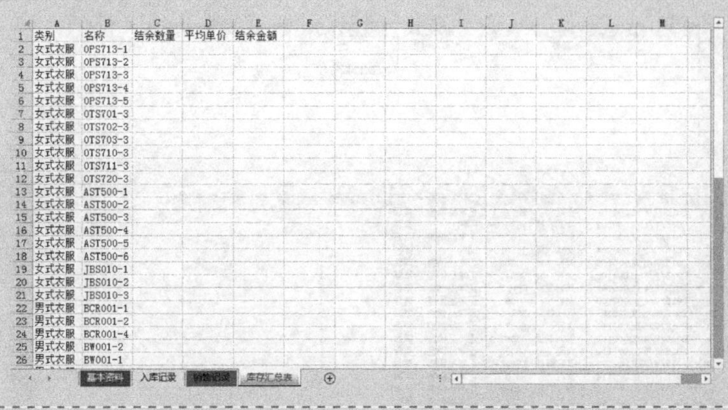

Step 3 计算结余数量

选中 C2 单元格，输入以下公式，按<Enter>键确认。

```
=SUMIF(入库记录!$D$2:$D$96,库存汇总表!B2,入库记录!$E$2:$E$95)-SUMIF(销售记录!$D$2:$D$145,库存汇总表!B2,销售记录!$G$2:$G$145)
```

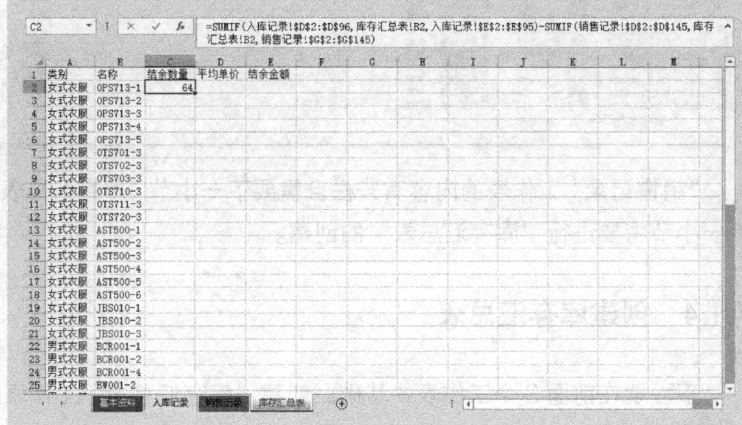

技巧 展开编辑栏

当在编辑栏中需要输入的公式太长时，编辑栏往往无法在一行中完全显示，这样在输入或者修改的时候不太方便，此时可以单击编辑栏最右侧的“展开编辑栏”按钮，也可以单击编辑栏右侧的上、下箭头按钮查看公式。

Step 4 计算平均单价

选中 D2 单元格，输入以下公式，按<Enter>键确认。

```
=ROUND(SUMIF(入库记录!$D$2:$D$96,库存汇总表!B2,入库记录!$G$2:$G$96)/SUMIF(入库记录!$D$2:$D$96,库存汇总表!B2,入库记录!$E$2:$E$96),2)
```

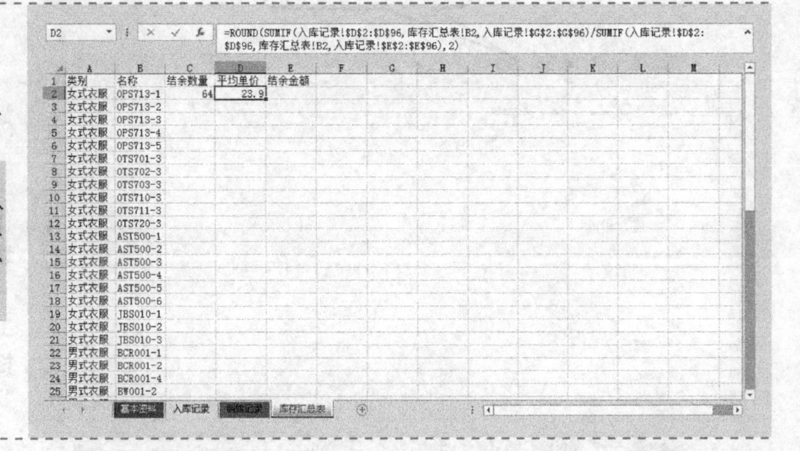

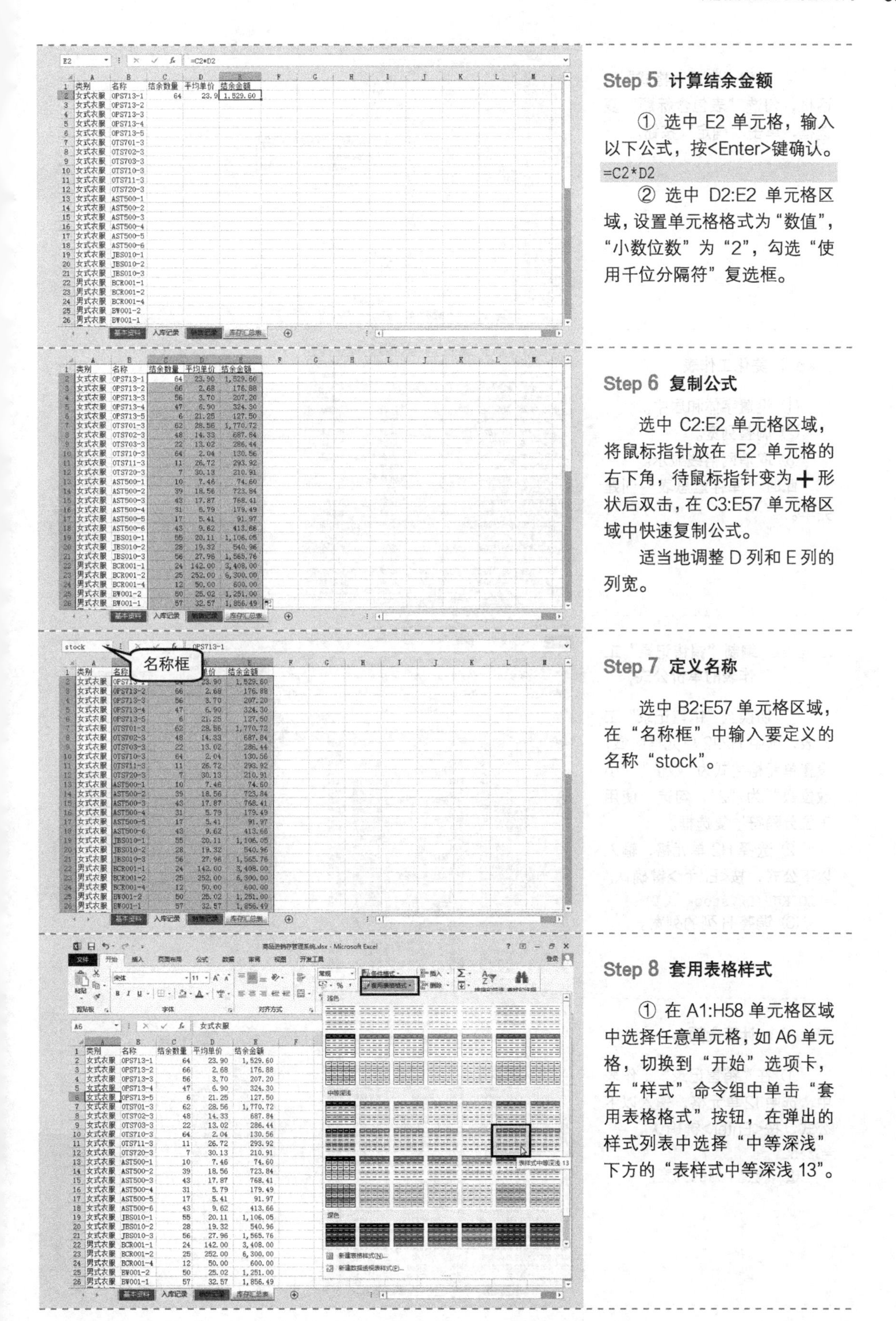

Step 5 计算结余金额

① 选中 E2 单元格，输入以下公式，按<Enter>键确认。

```
=C2*D2
```

② 选中 D2:E2 单元格区域，设置单元格格式为“数值”，“小数位数”为“2”，勾选“使用千位分隔符”复选框。

Step 6 复制公式

选中 C2:E2 单元格区域，将鼠标指针放在 E2 单元格的右下角，待鼠标指针变为＋形状后双击，在 C3:E57 单元格区域中快速复制公式。

适当地调整 D 列和 E 列的列宽。

Step 7 定义名称

选中 B2:E57 单元格区域，在“名称框”中输入要定义的名称“stock”。

Step 8 套用表格样式

① 在 A1:H58 单元格区域中选择任意单元格，如 A6 单元格，切换到“开始”选项卡，在“样式”命令组中单击“套用表格格式”按钮，在弹出的样式列表中选择“中等深浅”下方的“表样式中等深浅 13”。

② 弹出“套用表格式”对话框，勾选“表包含标题”复选框，单击“确定”按钮。

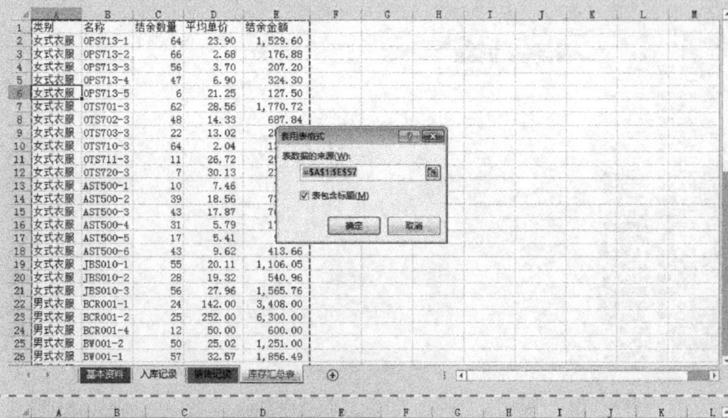

Step 9 美化工作表

① 设置字体和居中。

② 调整列宽。

③ 取消网格线显示。

此时“库存汇总表”创建完毕。

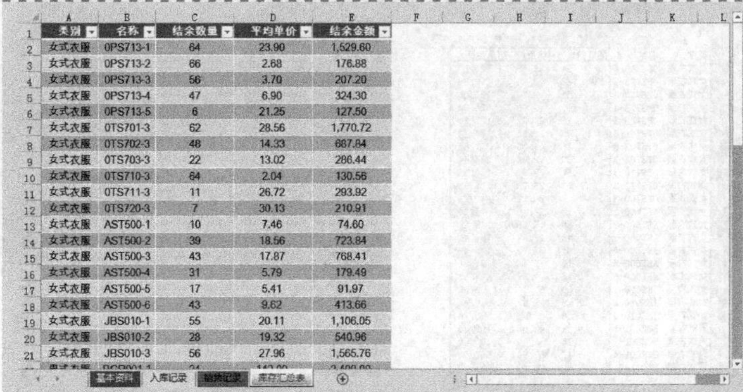

类别	名称	结余数量	平均单价	结余金额
女式衣服	0PS713-1	64	23.90	1,529.60
女式衣服	0PS713-2	66	2.68	176.88
女式衣服	0PS713-3	56	3.70	207.20
女式衣服	0PS713-4	47	6.90	324.30
女式衣服	0PS713-5	6	21.25	127.50
女式衣服	0TS701-3	62	28.56	1,770.72
女式衣服	0TS702-3	48	14.33	687.84
女式衣服	0TS703-3	22	13.02	286.44
女式衣服	0TS710-3	64	2.04	130.56
女式衣服	0TS711-3	11	26.72	293.92
女式衣服	0TS720-3	7	30.13	210.91
女式衣服	AST500-1	10	7.46	74.60
女式衣服	AST500-2	39	18.56	723.84
女式衣服	AST500-3	43	17.87	768.41
女式衣服	AST500-4	31	5.79	179.49
女式衣服	AST500-5	17	5.41	91.97
女式衣服	AST500-6	43	9.62	413.66
女式衣服	JBS010-1	55	20.11	1,106.05
女式衣服	JBS010-2	28	19.32	540.96
女式衣服	JBS010-3	56	27.96	1,565.76

Step 10 编制“销售记录”工作表的单价公式

① 切换至“销售记录”工作表，选中 H2:I2 单元格区域，设置单元格格式为“数值”，“小数位数”为“2”，勾选“使用千位分隔符”复选框。

② 选择 H2 单元格，输入以下公式，按<Enter>键确认。

```
=VLOOKUP(D2,stock,3,0)
```

③ 调整 H 列的列宽。

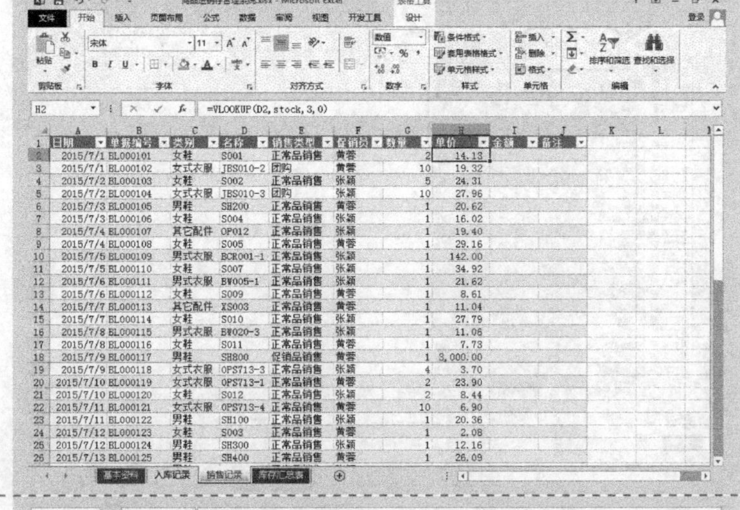

Step 11 计算金额

① 在“销售记录”工作表中，选中 I2 单元格，输入以下公式，按<Enter>键确认。

```
=G2*H2
```

② 调整 I 列的列宽。

日期	单据编号	类别	名称	销售类型	促销员	数量	单价	金额	备注
2015/7/1	BL000101	女鞋	S001	正常品销售	黄蓉	2	14.13	28.26	
2015/7/1	BL000102	女式衣服	JBS010-2	团购	黄蓉	10	19.32	193.20	
2015/7/2	BL000103	女鞋	S002	正常品销售	张颖	5	24.31	121.55	
2015/7/2	BL000104	女式衣服	JBS010-3	团购	张颖	10	27.96	279.60	
2015/7/3	BL000105	男鞋	SH200	正常品销售	黄蓉	1	20.62	20.62	
2015/7/3	BL000106	女鞋	S004	正常品销售	张颖	1	16.02	16.02	
2015/7/4	BL000107	其它配件	OP012	正常品销售	张颖	1	19.40	19.40	
2015/7/4	BL000108	女鞋	S005	正常品销售	黄蓉	1	29.16	29.16	
2015/7/5	BL000109	男式衣服	BCR001-1	正常品销售	张颖	1	142.00	142.00	
2015/7/5	BL000110	女鞋	S007	正常品销售	张颖	1	34.92	34.92	
2015/7/6	BL000111	男式衣服	BW005-1	正常品销售	张颖	1	21.62	21.62	
2015/7/6	BL000112	女鞋	S009	正常品销售	黄蓉	1	8.61	8.61	
2015/7/7	BL000113	其它配件	XS003	正常品销售	黄蓉	1	11.04	11.04	
2015/7/7	BL000114	女鞋	S010	正常品销售	张颖	1	27.79	27.79	
2015/7/8	BL000115	男式衣服	BW020-3	正常品销售	张颖	1	11.06	11.06	
2015/7/8	BL000116	女鞋	S011	正常品销售	黄蓉	1	7.73	7.73	
2015/7/9	BL000117	男鞋	SH800	促销品销售	黄蓉	1	3,000.00	3,000.00	
2015/7/9	BL000118	女式衣服	OPS713-3	正常品销售	张颖	4	3.70	14.80	
2015/7/10	BL000119	女式衣服	OPS713-1	正常品销售	黄蓉	2	23.90	47.80	
2015/7/10	BL000120	女鞋	S012	正常品销售	张颖	2	8.44	16.88	
2015/7/11	BL000121	女式衣服	OPS713-4	正常品销售	黄蓉	10	6.90	69.00	
2015/7/11	BL000122	男鞋	SH100	正常品销售	张颖	1	20.36	20.36	
2015/7/12	BL000123	女鞋	S003	正常品销售	黄蓉	1	2.08	2.08	
2015/7/12	BL000124	男鞋	SH300	正常品销售	张颖	1	12.16	12.16	
2015/7/13	BL000125	男鞋	SH400	正常品销售	黄蓉	1	26.09	26.09	

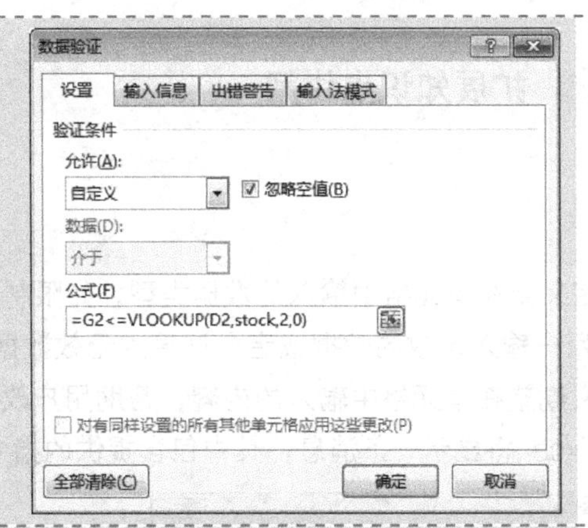

Step 12 设定“数量”列的数据验证

① 选中 G2:G57 单元格区域，切换到“数据”选项卡，单击“数据工具”命令组中的“数据验证”按钮，弹出“数据验证”对话框。

② 单击“设置”选项卡，在“允许”下拉列表框中选择“自定义”选项，在“公式”输入框中输入“=G2 <=VLOOKUP (D2,stock,2,0)”。

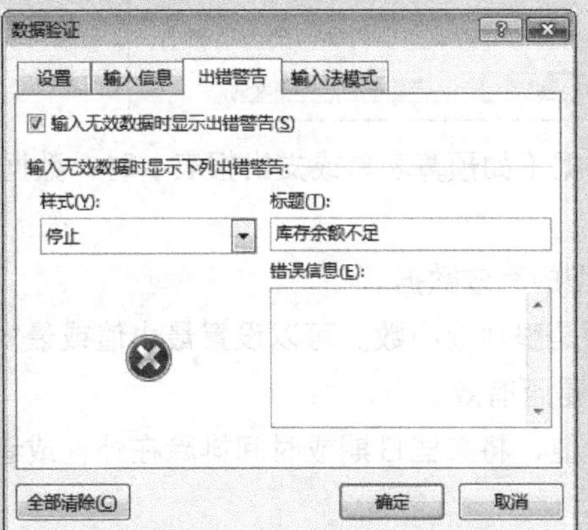

③ 切换到“出错警告”选项卡，在“样式”下拉列表框中选择默认的“停止”选项；在“错误信息”列表框中输入“库存余额不足”，单击“确定”按钮。

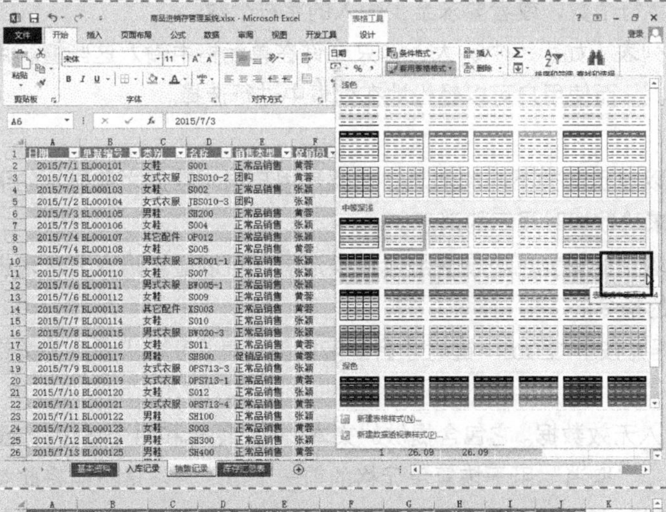

Step 13 套用表格样式

在 A1:J58 单元格区域中选择任意单元格，如 A6 单元格，切换到“表格工具-设计”选项卡，在“样式”命令组中单击“套用表格格式”按钮，在弹出的样式列表中选择“中等深浅”下方的“表样式中等深浅 14”。

	A	B	C	D	E	F	G	H	I	J
1	日期	单据编号	类别	名称	销售类型	促销员	数量	单价	金额	备注
2	2015/7/1	BL000101	女鞋	S001	正常品销售	黄蓉	2	14.13	28.26	
3	2015/7/1	BL000102	女式衣服	JBS010-2	团购	黄蓉	10	19.32	193.20	
4	2015/7/2	BL000103	女鞋	S002	正常品销售	张颖	5	24.31	121.55	
5	2015/7/2	BL000104	女式衣服	JBS010-3	团购	张颖	10	27.96	279.60	
6	2015/7/3	BL000105	男鞋	SH200	正常品销售	黄蓉	1	20.62	20.62	
7	2015/7/3	BL000106	女鞋	S004	正常品销售	张颖	1	16.02	16.02	
8	2015/7/4	BL000107	其它配件	OP012	正常品销售	张颖	1	19.40	19.40	
9	2015/7/4	BL000108	女鞋	S005	正常品销售	黄蓉	1	29.16	29.16	
10	2015/7/5	BL000109	男式衣服	BCR001-1	正常品销售	张颖	1	142.00	142.00	
11	2015/7/5	BL000110	女鞋	S007	正常品销售	张颖	1	34.92	34.92	
12	2015/7/6	BL000111	男式衣服	BW005-1	正常品销售	张颖	1	21.62	21.62	
13	2015/7/6	BL000112	女鞋	S009	正常品销售	黄蓉	1	8.61	8.61	
14	2015/7/7	BL000113	其它配件	XS003	正常品销售	黄蓉	1	11.04	11.04	
15	2015/7/7	BL000114	女鞋	S010	正常品销售	张颖	1	27.79	27.79	
16	2015/7/8	BL000115	男式衣服	BW020-3	正常品销售	张颖	1	11.06	11.06	
17	2015/7/8	BL000116	女鞋	S011	正常品销售	黄蓉	1	7.73	7.73	
18	2015/7/9	BL000117	男鞋	SH800	促销品销售	黄蓉	1	3,000.00	3,000.00	
19	2015/7/9	BL000118	女式衣服	0PS713-3	正常品销售	张颖	4	3.70	14.80	
20	2015/7/10	BL000119	女式衣服	0PS713-1	正常品销售	黄蓉	2	23.90	47.80	
21	2015/7/10	BL000120	女鞋	S012	正常品销售	张颖	2	8.44	16.88	

Step 14 美化工作表

① 设置字体和居中。

② 调整列宽。

③ 取消网格线显示。

此时“销售记录”工作表也创建完毕，效果如图所示。

扩展知识点讲解

数据验证

应用 Excel 中的数据验证可以定义要在单元格中输入的数据类型，如限制用户只能输入 A ~ F 的字母，设置数据验证既可以避免用户输入无效的数据或者允许输入无效数据，但在结束输入后进行检查；还可以提供信息，以定义期望在单元格中输入的内容，帮助用户改正错误的指令。

如果输入的数据不符合要求，Excel 将显示一条消息，其中包含提供的指令。

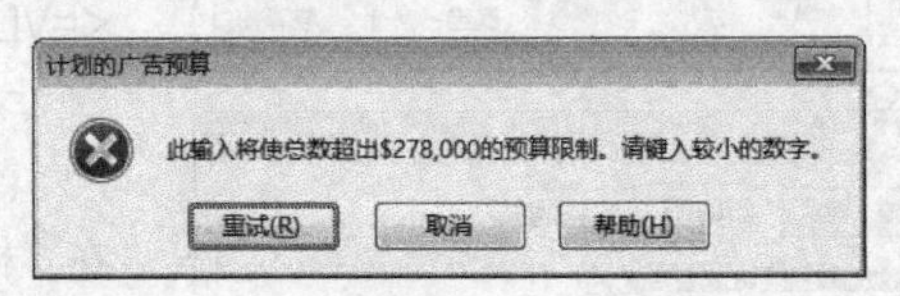

当用户要在表单或工作表输入数据（如预算表单或支出报表）时，数据验证尤为有用。

（1）可以验证的数据类型。

Excel 可以为单元格指定以下类型的有效数据。

数值：指定单元格中的条目必须是整数或小数。可以设置最小值或最大值，将某个数值或范围排除在外，或者使用公式计算数值是否有效。

日期和时间：设置最小值或最大值，将某些日期或时间排除在外，或者使用公式计算日期或时间是否有效。

长度：限制单元格中可以输入的字符个数，或者要求至少输入的字符个数。

值列表：为单元格创建一个选项列表（如小、中、大），只允许在单元格中输入这些值。用户单击单元格时将显示一个下拉箭头，从而使用户可以轻松地在列表中进行选择。

（2）可以显示的消息类型。

对于所验证的每个单元格，都可以显示两类不同的消息：一类是用户输入数据之前显示的消息；另一类是用户尝试输入不符合要求的数据时显示的消息。

输入消息：一旦用户单击已经过验证的单元格，便会显示此类消息。可以通过输入消息来提供有关要在单元格中输入的数据类型的指令。

错误消息：仅当用户输入无效数据并按下<Enter>键时才会显示此类消息。可以从以下 3 类错误消息中进行选择。

① 停止消息。此类消息不允许输入无效数据。它包含提供的文本、停止图标和两个按钮：“重试”用于返回单元格进一步进行编辑；“取消”用于恢复单元格的前一个值。须注意不能将此类消息作为一种安全措施：虽然用户无法通过输入和按<Enter>键输入无效数据，但是可以通过复制和粘贴或者在单元格中填写数据的方式来通过验证。

② 警告消息。此类消息不阻止输入无效数据。它包含提供的文本、警告图标和 3 个按钮：“是”用于在单元格中输入无效数据；“否”用于返回单元格进一步进行编辑；“取消”用于恢复单元格的前一个值。

③ 信息消息。此类消息不阻止输入无效数据。除所提供的文本外，它还包含一个消息图标、一个“确定”按钮（用于在单元格中输入无效数据）和一个“取消”按钮（用于恢复单元格中的前一个值）。

如果未指定任何信息，Excel 则会标记用户输入数据是否有效，以便以后进行检查，但用户输入的数据无效时它不会通知用户。

（3）检查工作表中的无效内容。

用户可能在其中输入了无效数据后，Excel 会将不符合条件的所有数据画上红色圆圈，以便于查找工作表中的错误。要实现此目的，在“数据”选项卡的“数据工具”命令组中单击“数据验证”下箭头按钮，在弹出的下拉菜单中选择“圈释无效数据”和“清除无效数据标识圈”命令。

750	33%	360
75	-1%	32.5

因为单元格中的值不符合标准，所以用圆圈标记。更正单元格中的数据后圆圈将消失。

7.2 畅销商品与滞销商品分析

案例背景

为了有效地利用卖场空间，提高商品周转率和经营效益，应定期对滞销商品做淘汰工作。同时每导入一批新商品，原则上应相应地淘汰一批滞销品。商品淘汰是指有库存的滞销品、质量有问题的商品的清退出场以及无库存商品的微机上的淘汰。

关键技术点

要实现本例中的功能，读者应当掌握以下 Excel 技术点。

- SMALL 函数
- LARGE 函数

最终效果展示

商品编码	总销售数量	总销售金额	销售利润	畅滞销比率	销售状态
0PS713-1	32	1,248.00	312.00	4.243%	一般
0PS713-2	35	1,365.00	341.25	4.641%	一般
0PS713-3	48	1,872.00	468.00	6.365%	畅销
0PS713-4	46	1,794.00	448.50	6.100%	畅销
0PS713-5	64	2,496.00	624.00	8.486%	畅销
0TS701-3	53	1,537.00	384.25	6.673%	畅销
0TS702-3	44	1,276.00	319.00	5.540%	畅销
0TS703-3	41	1,189.00	297.25	5.162%	畅销
0TS710-3	33	957.00	239.25	4.155%	一般
0TS711-3	25	725.00	181.25	3.148%	一般
0TS720-3	20	580.00	145.00	2.518%	一般
AST500-1	59	2,596.00	649.00	8.021%	畅销
AST500-2	53	2,332.00	583.00	7.205%	畅销
AST500-3	53	2,332.00	583.00	7.205%	畅销
AST500-4	44	1,936.00	484.00	5.981%	畅销
AST500-5	21	1,029.00	257.25	2.925%	一般
AST500-6	7	343.00	85.75	0.975%	滞销
JBS010-1	29	1,711.00	427.75	4.233%	一般
JBS010-2	28	1,652.00	413.00	4.087%	一般
JBS010-3	16	944.00	236.00	2.336%	滞销
总计	751	29,914.00	7,478.50		

名次	品名	销售额
1	AST500-1	2,596.00
2	0PS713-5	2,496.00
3	AST500-2	2,332.00
3	AST500-3	2,332.00
5	AST500-4	1,936.00
6	0PS713-3	1,872.00
7	0PS713-4	1,794.00
8	JBS010-1	1,711.00
9	JBS010-2	1,652.00
10	0TS701-3	1,537.00
11	0PS713-2	1,365.00
12	0TS702-3	1,276.00
13	0PS713-1	1,248.00
14	0TS703-3	1,189.00
15	AST500-5	1,029.00
16	0TS710-3	957.00
17	JBS010-3	944.00
18	0TS711-3	725.00
19	0TS720-3	580.00
20	AST500-6	343.00

示例文件

光盘\示例文件\第 7 章\畅销商品与滞销商品分析.xlsx

7.2.1 创建门店月销售报表

Step 1 新建工作簿

启动 Excel 自动新建一个工作簿，保存并命名为“畅销商品与滞销商品分析”，将“Sheet1”工作表重命名为“门店月销售报表”。

Step 2 输入表格标题

① 选中 A1:M1 单元格区域输入表格标题。

② 选中 A1:M1 单元格区域，在“视图”选项卡的“窗口”命令组中单击“冻结窗格”→“冻结首行”命令。

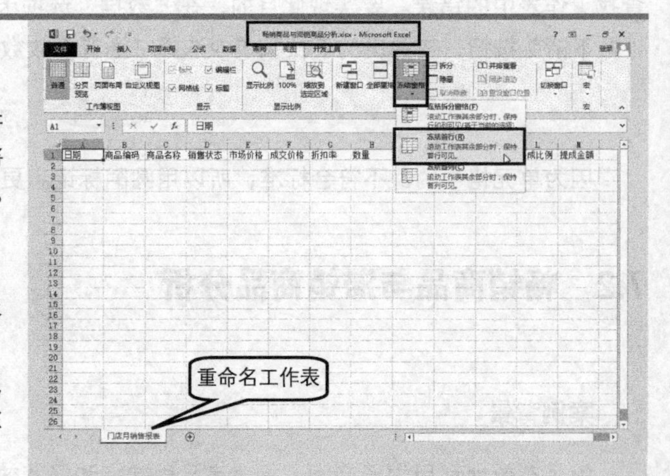

Step 3 输入原始数据

① 在 A2:F94 单元格区域内输入原始数据。适当地调整 A 列的列宽。

② 选中 E2:F94 单元格区域，设置单元格格式为“数值”，“小数位数”为“2”。

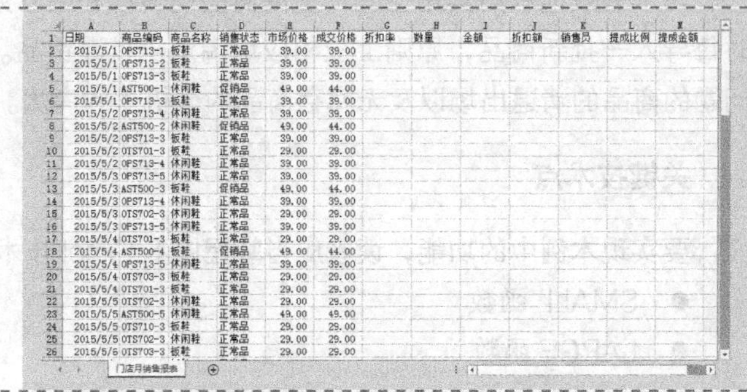

	A	B	C	D	E	F	G	H	I	J	K	L	M
1	日期	商品编码	商品名称	销售状态	市场价格	成交价格	折扣率	数量	金额	折扣额	销售员	提成比例	提成金额
2	2015/5/1	0PS713-1	板鞋	正常品	39.00	39.00							
3	2015/5/1	0PS713-2	板鞋	正常品	39.00	39.00							
4	2015/5/1	0PS713-3	板鞋	正常品	39.00	39.00							
5	2015/5/1	AST500-1	休闲鞋	促销品	49.00	44.00							
6	2015/5/1	0PS713-3	板鞋	正常品	39.00	39.00							
7	2015/5/2	0PS713-4	休闲鞋	正常品	39.00	39.00							
8	2015/5/2	AST500-2	休闲鞋	促销品	49.00	44.00							
9	2015/5/2	0PS713-3	板鞋	正常品	39.00	39.00							
10	2015/5/2	0TS701-3	板鞋	正常品	29.00	29.00							
11	2015/5/2	0PS713-4	休闲鞋	正常品	39.00	39.00							
12	2015/5/3	0PS713-5	休闲鞋	正常品	39.00	39.00							
13	2015/5/3	AST500-3	板鞋	促销品	49.00	44.00							
14	2015/5/3	0PS713-4	休闲鞋	正常品	39.00	39.00							
15	2015/5/3	0TS702-3	休闲鞋	正常品	29.00	29.00							
16	2015/5/3	0PS713-5	休闲鞋	正常品	39.00	39.00							
17	2015/5/4	0TS701-3	板鞋	正常品	29.00	29.00							
18	2015/5/4	AST500-4	板鞋	促销品	49.00	44.00							
19	2015/5/4	0PS713-5	休闲鞋	正常品	39.00	39.00							
20	2015/5/4	0TS703-3	板鞋	正常品	29.00	29.00							
21	2015/5/4	0TS701-3	板鞋	正常品	29.00	29.00							
22	2015/5/5	0TS702-3	休闲鞋	正常品	29.00	29.00							
23	2015/5/5	AST500-5	休闲鞋	正常品	49.00	49.00							
24	2015/5/5	0TS710-3	板鞋	正常品	29.00	29.00							
25	2015/5/5	0TS702-3	休闲鞋	正常品	29.00	29.00							
26	2015/5/6	0TS703-3	板鞋	正常品	29.00	29.00							

Step 4 编制折扣率公式

① 选中 G2 单元格，输入以下公式，按<Enter>键 确认。

```
=(E2-F2)/E2
```

② 选中 G2 单元格，设置单元格格式为“百分比”，“小数位数”为“2”。

③ 将鼠标指针放在 G2 单元格的右下角，待鼠标指针变为➕形状后双击，将 G2 单元格公式快速复制到 G3:G94 单元格区域。

G2 =(E2-F2)/E2

	A	B	C	D	E	F	G	H	I	J	K	L	M
1	日期	商品编码	商品名称	销售状态	市场价格	成交价格	折扣率	数量	金额	折扣额	销售员	提成比例	提成金额
2	2015/5/1	0PS713-1	板鞋	正常品	39.00	39.00	0.00%						
3	2015/5/1	0PS713-2	板鞋	正常品	39.00	39.00	0.00%						
4	2015/5/1	0PS713-3	板鞋	正常品	39.00	39.00	0.00%						
5	2015/5/1	AST500-1	休闲鞋	促销品	49.00	44.00	10.20%						
6	2015/5/1	0PS713-3	板鞋	正常品	39.00	39.00	0.00%						
7	2015/5/2	0PS713-4	休闲鞋	正常品	39.00	39.00	0.00%						
8	2015/5/2	AST500-2	休闲鞋	促销品	49.00	44.00	10.20%						
9	2015/5/2	0PS713-3	板鞋	正常品	39.00	39.00	0.00%						
10	2015/5/2	0TS701-3	板鞋	正常品	29.00	29.00	0.00%						
11	2015/5/2	0PS713-4	休闲鞋	正常品	39.00	39.00	0.00%						
12	2015/5/3	0PS713-5	休闲鞋	正常品	39.00	39.00	0.00%						
13	2015/5/3	AST500-3	板鞋	促销品	49.00	44.00	10.20%						
14	2015/5/3	0PS713-4	休闲鞋	正常品	39.00	39.00	0.00%						
15	2015/5/3	0TS702-3	休闲鞋	正常品	29.00	29.00	0.00%						
16	2015/5/3	0PS713-5	休闲鞋	正常品	39.00	39.00	0.00%						
17	2015/5/4	0TS701-3	板鞋	正常品	29.00	29.00	0.00%						
18	2015/5/4	AST500-4	板鞋	促销品	49.00	44.00	10.20%						
19	2015/5/4	0PS713-5	休闲鞋	正常品	39.00	39.00	0.00%						
20	2015/5/4	0TS703-3	板鞋	正常品	29.00	29.00	0.00%						
21	2015/5/4	0TS701-3	板鞋	正常品	29.00	29.00	0.00%						
22	2015/5/5	0TS702-3	休闲鞋	正常品	29.00	29.00	0.00%						
23	2015/5/5	AST500-5	休闲鞋	正常品	49.00	49.00	0.00%						
24	2015/5/5	0TS710-3	板鞋	正常品	29.00	29.00	0.00%						
25	2015/5/5	0TS702-3	休闲鞋	正常品	29.00	29.00	0.00%						
26	2015/5/6	0TS703-3	板鞋	正常品	29.00	29.00	0.00%						

Step 5 输入数量

在 H2:H94 单元格区域，输入数量的原始数据。

	A	B	C	D	E	F	G	H	I	J	K	L	M
1	日期	商品编码	商品名称	销售状态	市场价格	成交价格	折扣率	数量	金额	折扣额	销售员	提成比例	提成金额
2	2015/5/1	0PS713-1	板鞋	正常品	39.00	39.00	0.00%	12					
3	2015/5/1	0PS713-2	板鞋	正常品	39.00	39.00	0.00%	11					
4	2015/5/1	0PS713-3	板鞋	正常品	39.00	39.00	0.00%	13					
5	2015/5/1	AST500-1	休闲鞋	促销品	49.00	44.00	10.20%	14					
6	2015/5/1	0PS713-3	板鞋	正常品	39.00	39.00	0.00%	11					
7	2015/5/2	0PS713-4	休闲鞋	正常品	39.00	39.00	0.00%	20					
8	2015/5/2	AST500-2	休闲鞋	促销品	49.00	44.00	10.20%	13					
9	2015/5/2	0PS713-3	板鞋	正常品	39.00	39.00	0.00%	16					
10	2015/5/2	0TS701-3	板鞋	正常品	29.00	29.00	0.00%	15					
11	2015/5/2	0PS713-4	休闲鞋	正常品	39.00	39.00	0.00%	12					
12	2015/5/3	0PS713-5	休闲鞋	正常品	39.00	39.00	0.00%	19					
13	2015/5/3	AST500-3	板鞋	促销品	49.00	44.00	10.20%	29					
14	2015/5/3	0PS713-4	休闲鞋	正常品	39.00	39.00	0.00%	8					
15	2015/5/3	0TS702-3	休闲鞋	正常品	29.00	29.00	0.00%	9					
16	2015/5/3	0PS713-5	休闲鞋	正常品	39.00	39.00	0.00%	21					
17	2015/5/4	0TS701-3	板鞋	正常品	29.00	29.00	0.00%	13					
18	2015/5/4	AST500-4	板鞋	促销品	49.00	44.00	10.20%	16					
19	2015/5/4	0PS713-5	休闲鞋	正常品	39.00	39.00	0.00%	14					
20	2015/5/4	0TS703-3	板鞋	正常品	29.00	29.00	0.00%	15					
21	2015/5/4	0TS701-3	板鞋	正常品	29.00	29.00	0.00%	13					
22	2015/5/5	0TS702-3	休闲鞋	正常品	29.00	29.00	0.00%	16					
23	2015/5/5	AST500-5	休闲鞋	正常品	49.00	49.00	0.00%	12					
24	2015/5/5	0TS710-3	板鞋	正常品	29.00	29.00	0.00%	12					
25	2015/5/5	0TS702-3	休闲鞋	正常品	29.00	29.00	0.00%	11					
26	2015/5/6	0TS703-3	板鞋	正常品	29.00	29.00	0.00%	16					

门店月销售报表

Step 6 编制金额和折扣额公式

① 选中 I2 单元格，输入以下公式，按<Enter>键确认。

```
=F2*H2
```

② 选中 J2 单元格，输入以下公式，按<Enter>键确认。

```
=G2*I2
```

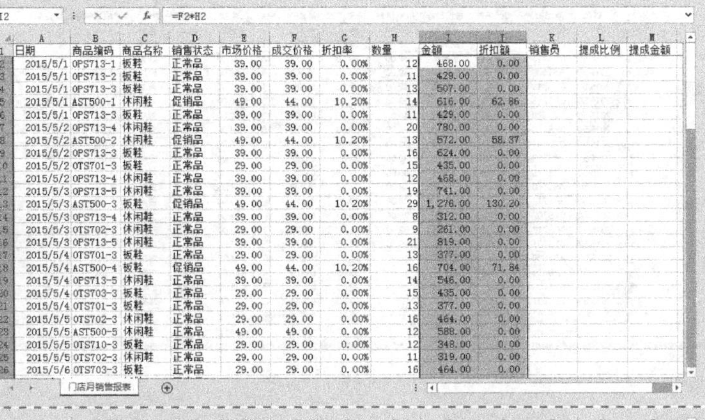

③ 选中 I2:J2 单元格区域，设置单元格格式为“数值”，“小数位数”为“2”，勾选“使用千位分隔符”复选框。

④ 选中 I2:J2 单元格区域，将鼠标指针放在 J2 单元格的右下角，待鼠标指针变为 ✚ 形状后双击，在 I3:J94 单元格区域中快速复制公式。

⑤ 调整 I 列和 J 列的列宽。

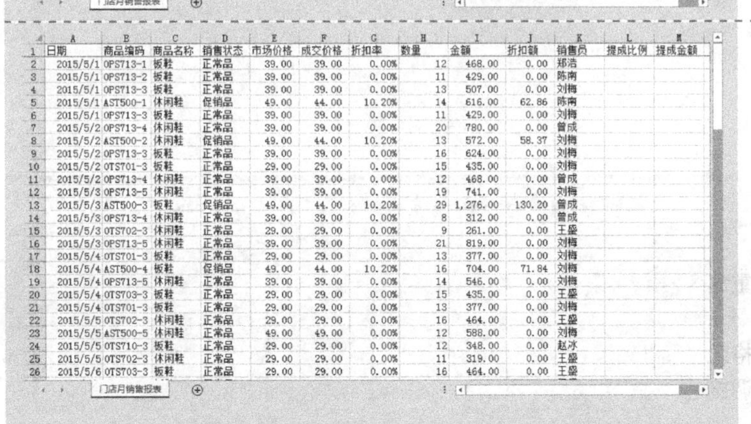

Step 7 输入销售员的名称

按住<Ctrl>键，同时选中同一个销售员“郑浩”所在的单元格 K2、K35、K37、K39、K58、K60、K62、K88、K90 和 K92，输入名称“郑浩”，按<Ctrl+Enter>组合键批量输入。

使用同样的操作方法，在 K2:K94 单元格区域输入其他销售员的名称。

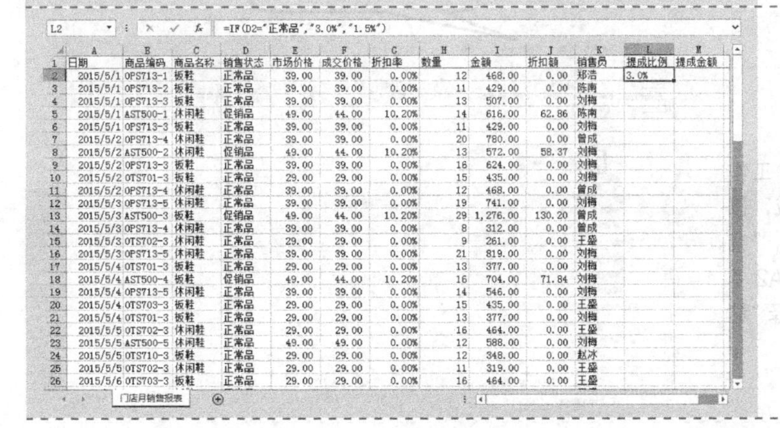

Step 8 编制提成比例公式

选中 L2 单元格，输入以下公式，按<Enter>键确认。

```
=IF(D2="正常品","3.0%","1.5%")
```

Step 9 编制提成金额公式

① 选中 M2 单元格，输入以下公式，按<Enter>键确认。

```
=I2*L2
```

② 选中 M 列，设置单元格格式为“数值”，“小数位数”为“2”。

③ 选中 L2:M2 单元格区域，将鼠标指针放在 M2 单元格的右下角，待鼠标指针变为 ✚ 形状后双击，在 L3:M94 单元格区域中快速复制公式。

日期	商品编码	商品名称	销售状态	市场价格	成交价格	折扣率	数量	金额	折扣额	销售员	提成比例	提成金额
2015/5/1	OPS713-1	板鞋	正常品	39.00	39.00	0.00%	12	468.00	0.00	郑浩	3.0%	14.04
2015/5/1	OPS713-2	板鞋	正常品	39.00	39.00	0.00%	11	429.00	0.00	陈南	3.0%	12.87
2015/5/1	OPS713-3	板鞋	正常品	39.00	39.00	0.00%	13	507.00	0.00	刘梅	3.0%	15.21
2015/5/1	AST500-1	休闲鞋	促销品	49.00	44.00	10.20%	14	616.00	62.86	陈南	1.5%	9.24
2015/5/1	OPS713-3	板鞋	正常品	39.00	39.00	0.00%	11	429.00	0.00	刘梅	3.0%	12.87
2015/5/2	OPS713-4	休闲鞋	正常品	39.00	39.00	0.00%	20	780.00	0.00	曾成	3.0%	23.40
2015/5/2	AST500-2	休闲鞋	促销品	49.00	44.00	10.20%	13	572.00	58.37	刘梅	1.5%	8.58
2015/5/2	OPS713-3	板鞋	正常品	39.00	39.00	0.00%	16	624.00	0.00	刘梅	3.0%	18.72
2015/5/2	OTS701-3	板鞋	正常品	29.00	29.00	0.00%	15	435.00	0.00	刘梅	3.0%	13.05
2015/5/2	OPS713-4	休闲鞋	正常品	39.00	39.00	0.00%	12	468.00	0.00	曾成	3.0%	14.04
2015/5/3	OPS713-5	休闲鞋	正常品	39.00	39.00	0.00%	19	741.00	0.00	刘梅	3.0%	22.23
2015/5/3	AST500-3	板鞋	促销品	49.00	44.00	10.20%	29	1,276.00	130.20	曾成	1.5%	19.14
2015/5/3	OPS713-4	休闲鞋	正常品	39.00	39.00	0.00%	8	312.00	0.00	曾成	3.0%	9.36
2015/5/3	OTS702-3	休闲鞋	正常品	29.00	29.00	0.00%	9	261.00	0.00	王盛	3.0%	7.83
2015/5/3	OPS713-5	休闲鞋	正常品	39.00	39.00	0.00%	21	819.00	0.00	刘梅	3.0%	24.57
2015/5/4	OTS701-3	板鞋	正常品	29.00	29.00	0.00%	13	377.00	0.00	刘梅	3.0%	11.31
2015/5/4	AST500-4	板鞋	促销品	49.00	44.00	10.20%	16	704.00	71.84	刘梅	1.5%	10.56
2015/5/4	OPS713-5	休闲鞋	正常品	39.00	39.00	0.00%	14	546.00	0.00	刘梅	3.0%	16.38
2015/5/4	OTS703-3	板鞋	正常品	29.00	29.00	0.00%	15	435.00	0.00	王盛	3.0%	13.05
2015/5/4	OTS701-3	板鞋	正常品	29.00	29.00	0.00%	13	377.00	0.00	刘梅	3.0%	11.31
2015/5/5	OTS702-3	休闲鞋	正常品	29.00	29.00	0.00%	16	464.00	0.00	王盛	3.0%	13.92
2015/5/5	AST500-5	休闲鞋	正常品	49.00	49.00	0.00%	12	588.00	0.00	刘梅	3.0%	17.64
2015/5/5	OTS710-3	板鞋	正常品	29.00	29.00	0.00%	12	348.00	0.00	赵冰	3.0%	10.44
2015/5/5	OTS702-3	休闲鞋	正常品	29.00	29.00	0.00%	11	319.00	0.00	王盛	3.0%	9.57
2015/5/6	OTS703-3	板鞋	正常品	29.00	29.00	0.00%	16	464.00	0.00	王盛	3.0%	13.92

门店月销售报表

Step 10 美化工作表

① 设置字体、加粗、居中和填充颜色。

② 设置所有框线。

③ 取消网格线显示。

日期	商品编码	商品名称	销售状态	市场价格	成交价格	折扣率	数量	金额	折扣额	销售员	提成比例	提成金额
2015/5/1	OPS713-1	板鞋	正常品	39.00	39.00	0.00%	12	468.00	0.00	郑浩	3.0%	14.04
2015/5/1	OPS713-2	板鞋	正常品	39.00	39.00	0.00%	11	429.00	0.00	陈南	3.0%	12.87
2015/5/1	OPS713-3	板鞋	正常品	39.00	39.00	0.00%	13	507.00	0.00	刘梅	3.0%	15.21
2015/5/1	AST500-1	休闲鞋	促销品	49.00	44.00	10.20%	14	616.00	62.86	陈南	1.5%	9.24
2015/5/1	OPS713-3	板鞋	正常品	39.00	39.00	0.00%	11	429.00	0.00	刘梅	3.0%	12.87
2015/5/2	OPS713-4	休闲鞋	正常品	39.00	39.00	0.00%	20	780.00	0.00	曾成	3.0%	23.40
2015/5/2	AST500-2	休闲鞋	促销品	49.00	44.00	10.20%	13	572.00	58.37	刘梅	1.5%	8.58
2015/5/2	OPS713-3	板鞋	正常品	39.00	39.00	0.00%	16	624.00	0.00	刘梅	3.0%	18.72
2015/5/2	OTS701-3	板鞋	正常品	29.00	29.00	0.00%	15	435.00	0.00	刘梅	3.0%	13.05
2015/5/2	OPS713-4	休闲鞋	正常品	39.00	39.00	0.00%	12	468.00	0.00	曾成	3.0%	14.04
2015/5/3	OPS713-5	休闲鞋	正常品	39.00	39.00	0.00%	19	741.00	0.00	刘梅	3.0%	22.23
2015/5/3	AST500-3	板鞋	促销品	49.00	44.00	10.20%	29	1,276.00	130.20	曾成	1.5%	19.14
2015/5/3	OPS713-4	休闲鞋	正常品	39.00	39.00	0.00%	8	312.00	0.00	曾成	3.0%	9.36
2015/5/3	OTS702-3	休闲鞋	正常品	29.00	29.00	0.00%	9	261.00	0.00	王盛	3.0%	7.83
2015/5/3	OPS713-5	休闲鞋	正常品	39.00	39.00	0.00%	21	819.00	0.00	刘梅	3.0%	24.57
2015/5/4	OTS701-3	板鞋	正常品	29.00	29.00	0.00%	13	377.00	0.00	刘梅	3.0%	11.31
2015/5/4	AST500-4	板鞋	促销品	49.00	44.00	10.20%	16	704.00	71.84	刘梅	1.5%	10.56
2015/5/4	OPS713-5	休闲鞋	正常品	39.00	39.00	0.00%	14	546.00	0.00	刘梅	3.0%	16.38
2015/5/4	OTS703-3	板鞋	正常品	29.00	29.00	0.00%	15	435.00	0.00	王盛	3.0%	13.05
2015/5/4	OTS701-3	板鞋	正常品	29.00	29.00	0.00%	13	377.00	0.00	刘梅	3.0%	11.31

门店月销售报表

7.2.2 创建畅滞销分析表

Step 1 输入表格标题

① 插入一个新的工作表，重命名为“畅滞销分析”。

② 在 A1:F1 和 H1:J1 单元格区域内，输入表格标题，并适当地调整单元格的列宽。

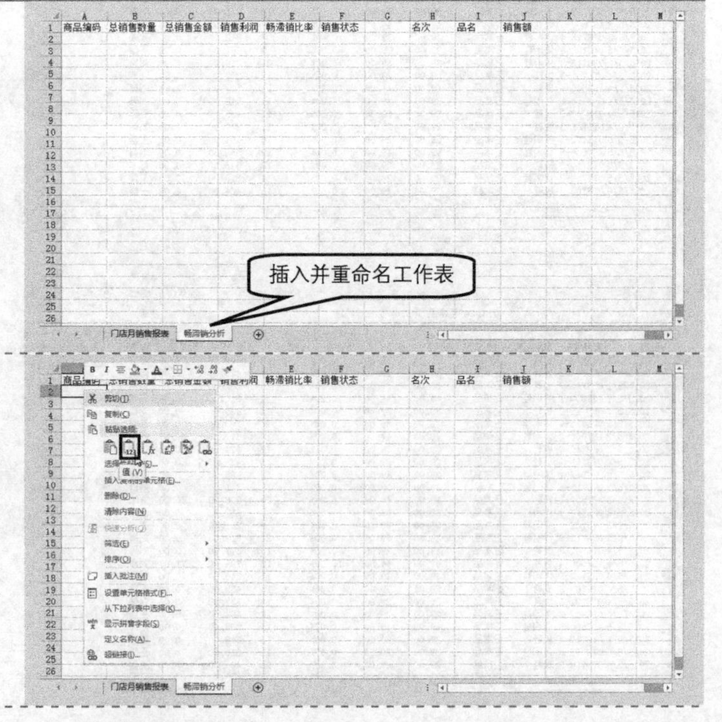

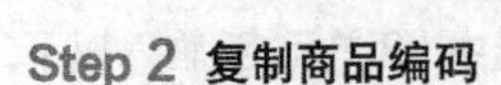

Step 2 复制商品编码

切换到“门店月销售报表”工作表，选中 B2:B94 单元格区域，按<Ctrl+C>组合键复制，切换到“畅滞销分析”工作表，右键单击 A2 单元格，在弹出的快捷菜单中选择“粘贴选项”→“值”按钮。

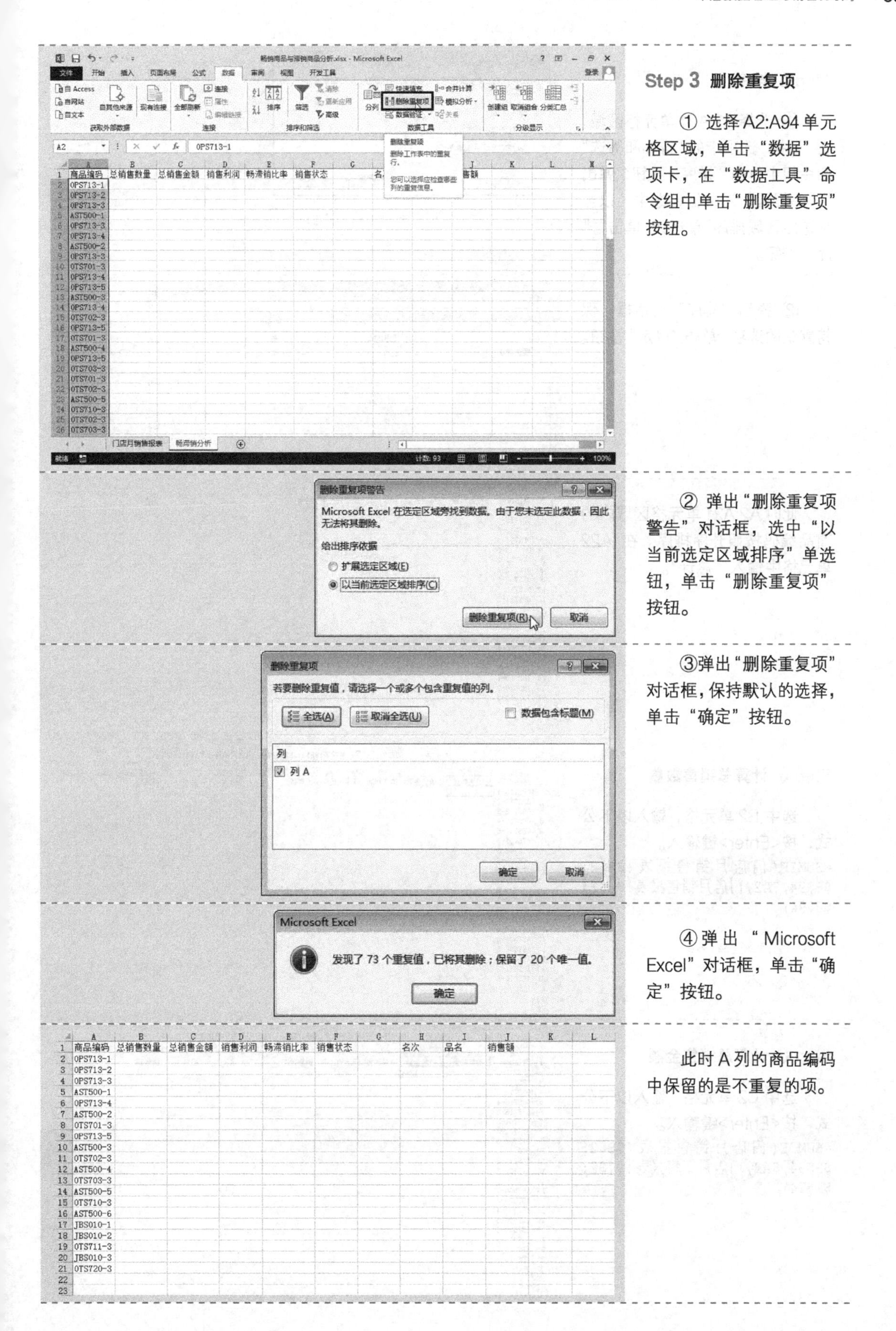

Step 3 删除重复项

① 选择 A2:A94 单元格区域，单击“数据”选项卡，在“数据工具”命令组中单击“删除重复项”按钮。

② 弹出“删除重复项警告”对话框，选中“以当前选定区域排序”单选钮，单击“删除重复项”按钮。

③弹出“删除重复项”对话框，保持默认的选择，单击“确定”按钮。

④ 弹出“Microsoft Excel”对话框，单击“确定”按钮。

此时 A 列的商品编码中保留的是不重复的项。

Step 4 排序

① 选择A2:A21单元格区域，在“数据”选项卡的“排序和筛选”命令组中单击“排序”按钮，弹出“排序提醒”对话框，选中“以当前选定区域排序”单选钮，单击“排序”按钮。

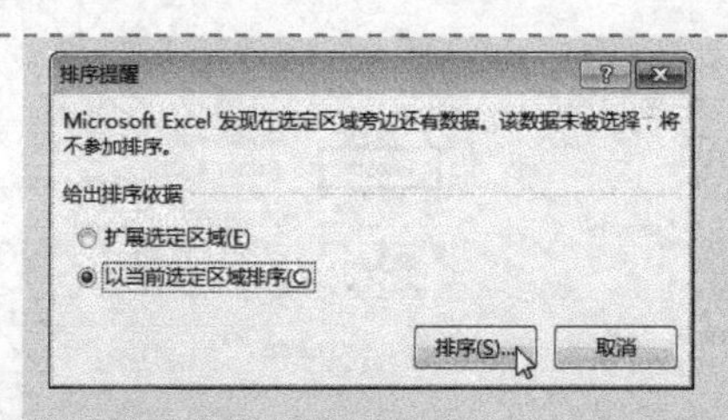

② 弹出“排序”对话框，保持默认的选项，单击“确定”按钮。

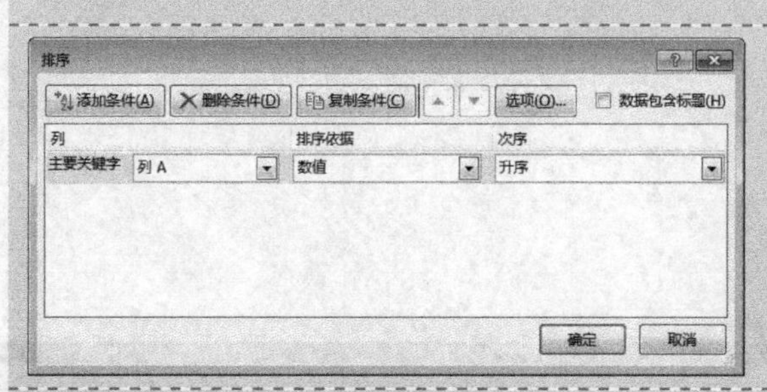

此时A2:A21单元格区域内的商品编码按照升序排序。在A22单元格中输入“总计”。

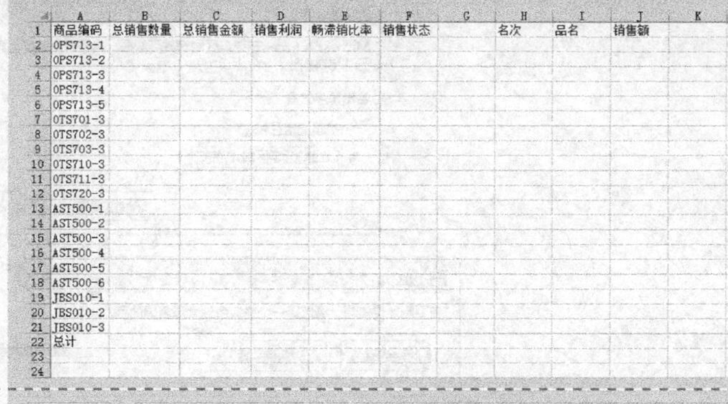

	A	B	C	D	E	F	G	H	I	J	K	L
1	商品编码	总销售数量	总销售金额	销售利润	畅滞销比率	销售状态		名次	品名	销售额		
2	OPS713-1											
3	OPS713-2											
4	OPS713-3											
5	OPS713-4											
6	OPS713-5											
7	OTS701-3											
8	OTS702-3											
9	OTS703-3											
10	OTS710-3											
11	OTS711-3											
12	OTS720-3											
13	AST500-1											
14	AST500-2											
15	AST500-3											
16	AST500-4											
17	AST500-5											
18	AST500-6											
19	JBS010-1											
20	JBS010-2											
21	JBS010-3											
22	总计											
23												
24												

Step 5 计算总销售数量

选中B2单元格，输入以下公式，按<Enter>键输入。

```
=SUMIF(门店月销售报表!$B$2:$B$94,$A2,门店月销售报表!$H$2:$H$94)
```

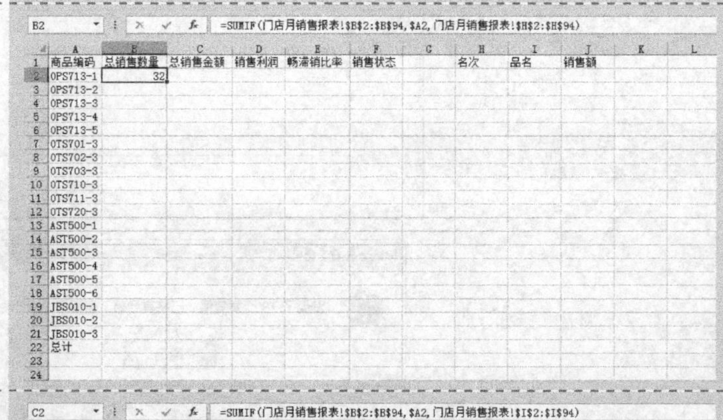

B2 =SUMIF(门店月销售报表!$B$2:$B$94,$A2,门店月销售报表!$H$2:$H$94)

	A	B	C	D	E	F	G	H	I	J	K	L
1	商品编码	总销售数量	总销售金额	销售利润	畅滞销比率	销售状态		名次	品名	销售额		
2	OPS713-1	32										
3	OPS713-2											
4	OPS713-3											
5	OPS713-4											
6	OPS713-5											
7	OTS701-3											
8	OTS702-3											
9	OTS703-3											
10	OTS710-3											
11	OTS711-3											
12	OTS720-3											
13	AST500-1											
14	AST500-2											
15	AST500-3											
16	AST500-4											
17	AST500-5											
18	AST500-6											
19	JBS010-1											
20	JBS010-2											
21	JBS010-3											
22	总计											
23												
24												

Step 6 计算总销售金额

选中C2单元格，输入以下公式，按<Enter>键输入。

```
=SUMIF(门店月销售报表!$B$2:$B$94,$A2,门店月销售报表!$I$2:$I$94)
```

C2 =SUMIF(门店月销售报表!$B$2:$B$94,$A2,门店月销售报表!$I$2:$I$94)

	A	B	C	D	E	F	G	H	I	J	K	L
1	商品编码	总销售数量	总销售金额	销售利润	畅滞销比率	销售状态		名次	品名	销售额		
2	OPS713-1	32	1248									
3	OPS713-2											
4	OPS713-3											
5	OPS713-4											
6	OPS713-5											
7	OTS701-3											
8	OTS702-3											
9	OTS703-3											
10	OTS710-3											
11	OTS711-3											
12	OTS720-3											
13	AST500-1											
14	AST500-2											
15	AST500-3											
16	AST500-4											
17	AST500-5											
18	AST500-6											
19	JBS010-1											
20	JBS010-2											
21	JBS010-3											
22	总计											
23												
24												

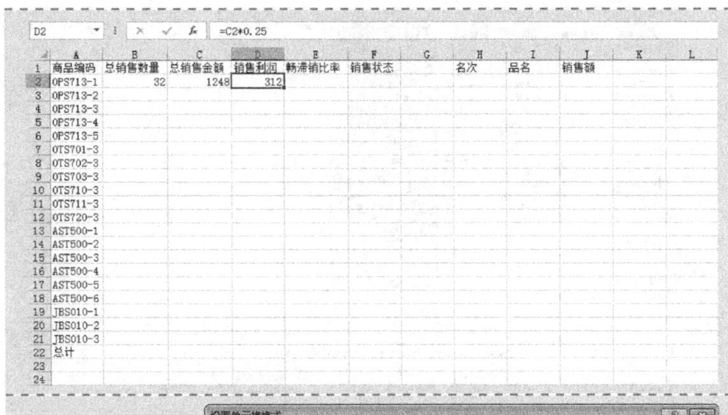

D2 =C2*0.25

	A	B	C	D	E	F	G	H	I	J	K	L
1	商品编码	总销售数量	总销售金额	销售利润	畅滞销比率	销售状态		名次	品名	销售额		
2	OPS713-1	32	1248	312								
3	OPS713-2											
4	OPS713-3											
5	OPS713-4											
6	OPS713-5											
7	OTS701-3											
8	OTS702-3											
9	OTS703-3											
10	OTS710-3											
11	OTS711-3											
12	OTS720-3											
13	AST500-1											
14	AST500-2											
15	AST500-3											
16	AST500-4											
17	AST500-5											
18	AST500-6											
19	JBS010-1											
20	JBS010-2											
21	JBS010-3											
22	总计											
23												
24												

Step 7 计算销售利润

选中 D2 单元格，输入以下公式，按<Enter>键输入。

```
=C2*0.25
```

Step 8 复制公式

选中 B2:D2 单元格区域，拖曳右下角的填充柄至 D21 单元格。

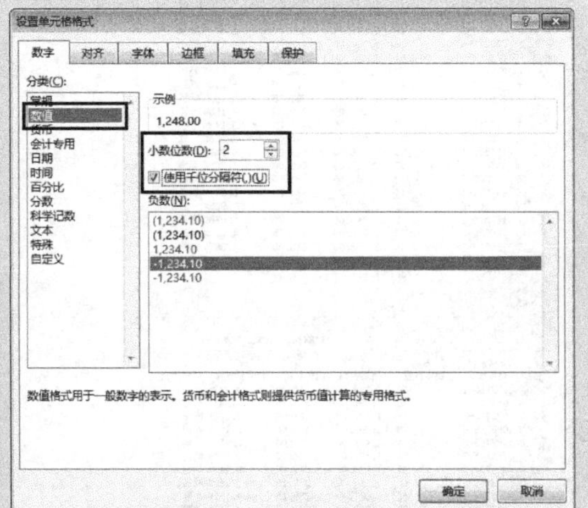

Step 9 计算总计

① 选中 B2:D21 单元格区域，在“开始”选项卡的“编辑”命令组中单击“求和”按钮。

② 选择 C2:D22 单元格区域，设置单元格格式为“数值”，“小数位数”为“2”，勾选“使用千位分隔符”复选框。

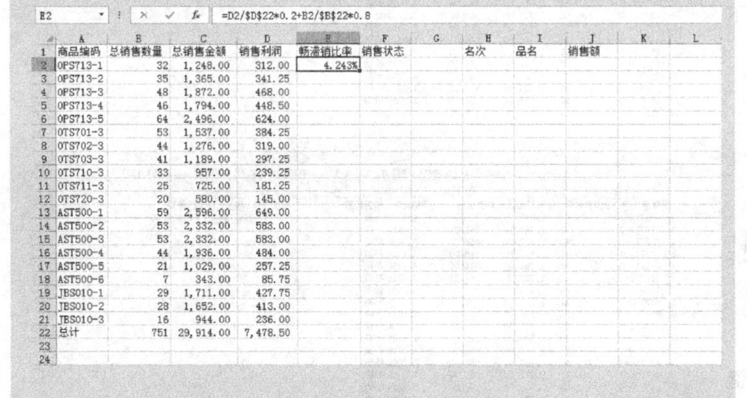

E2 =D2/$D$22*0.2+B2/$B$22*0.8

	A	B	C	D	E	F	G	H	I	J	K	L
1	商品编码	总销售数量	总销售金额	销售利润	畅滞销比率	销售状态		名次	品名	销售额		
2	OPS713-1	32	1,248.00	312.00	4.243%							
3	OPS713-2	35	1,365.00	341.25								
4	OPS713-3	48	1,872.00	468.00								
5	OPS713-4	46	1,794.00	448.50								
6	OPS713-5	64	2,496.00	624.00								
7	OTS701-3	53	1,537.00	384.25								
8	OTS702-3	44	1,276.00	319.00								
9	OTS703-3	41	1,189.00	297.25								
10	OTS710-3	33	957.00	239.25								
11	OTS711-3	25	725.00	181.25								
12	OTS720-3	20	580.00	145.00								
13	AST500-1	59	2,596.00	649.00								
14	AST500-2	53	2,332.00	583.00								
15	AST500-3	53	2,332.00	583.00								
16	AST500-4	44	1,936.00	484.00								
17	AST500-5	21	1,029.00	257.25								
18	AST500-6	7	343.00	85.75								
19	JBS010-1	29	1,711.00	427.75								
20	JBS010-2	28	1,652.00	413.00								
21	JBS010-3	16	944.00	236.00								
22	总计	751	29,914.00	7,478.50								
23												
24												

Step 10 编制畅滞销比率公式

① 选中 E2 单元格，输入以下公式，按<Enter>键确认。

```
=D2/$D$22*0.2+B2/$B$22*0.8
```

② 选中 E2 单元格，在“开始”选项卡的“数字”命令组中单击“常规”右侧的下箭头按钮，在弹出的下拉列表框中选择“百分比样式”，再单击“增加小数位数”按钮，设置“小数位数”为“3”的“百分比”格式。

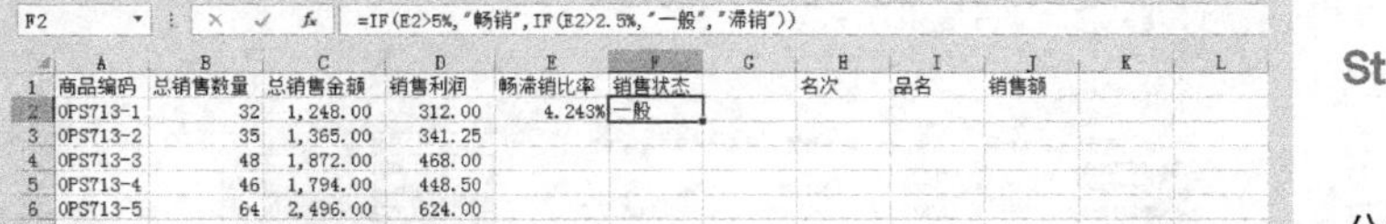

F2 =IF(E2>5%,"畅销",IF(E2>2.5%,"一般","滞销"))

	A	B	C	D	E	F	G	H	I	J	K	L
1	商品编码	总销售数量	总销售金额	销售利润	畅滞销比率	销售状态		名次	品名	销售额		
2	OPS713-1	32	1,248.00	312.00	4.243%	一般						
3	OPS713-2	35	1,365.00	341.25								
4	OPS713-3	48	1,872.00	468.00								
5	OPS713-4	46	1,794.00	448.50								
6	OPS713-5	64	2,496.00	624.00								
7	OTS701-3	53	1,537.00	384.25								
8	OTS702-3	44	1,276.00	319.00								
9	OTS703-3	41	1,189.00	297.25								
10	OTS710-3	33	957.00	239.25								
11	OTS711-3	25	725.00	181.25								
12	OTS720-3	20	580.00	145.00								
13	AST500-1	59	2,596.00	649.00								
14	AST500-2	53	2,332.00	583.00								
15	AST500-3	53	2,332.00	583.00								
16	AST500-4	44	1,936.00	484.00								
17	AST500-5	21	1,029.00	257.25								
18	AST500-6	7	343.00	85.75								
19	JBS010-1	29	1,711.00	427.75								
20	JBS010-2	28	1,652.00	413.00								
21	JBS010-3	16	944.00	236.00								
22	总计	751	29,914.00	7,478.50								
23												
24												

Step 11 编制销售状态公式

选中 F2 单元格，输入以下公式，按<Enter>键确认。

```
=IF(E2>5%,"畅销",IF(E2>2.5%,
"一般","滞销"))
```

Step 12 复制公式

选中 E2:F2 单元格区域，拖曳右下角的填充柄至 F21 单元格。

Step 13 编制名次公式

选中 H2 单元格，输入以下公式。

```
=SMALL(RANK($C$2:$C$21,$C$2:$C$21),ROW()-1)
```

按<Ctrl+Shift+Enter>组合键输入数组公式。

Step 14 计算销售额

① 选中 J2 单元格，设置单元格格式为“数值”，“小数位数”为“2”，勾选“使用千位分隔符”复选框。

② 选中 J2 单元格，输入以下公式，按<Enter>键确认。

```
=LARGE($C$2:$C$21,ROW()-1)
```

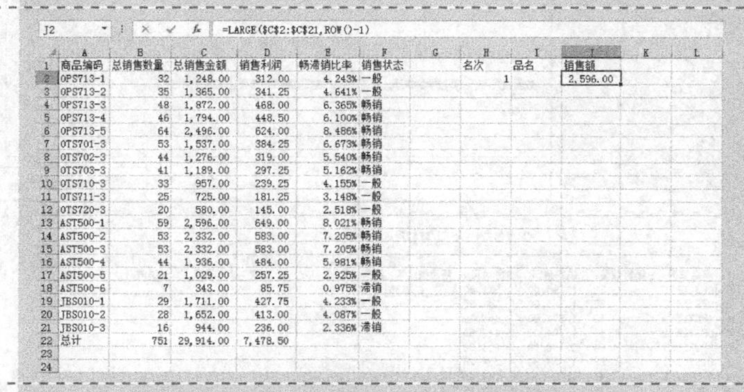

J2 =LARGE($C$2:$C$21,ROW()-1)

	A	B	C	D	E	F	G	H	I	J
1	商品编码	总销售数量	总销售金额	销售利润	畅滞销比率	销售状态		名次	品名	销售额
2	0PS713-1	32	1,248.00	312.00	4.243%	一般		1		2,596.00
3	0PS713-2	35	1,365.00	341.25	4.641%	一般				
4	0PS713-3	48	1,872.00	468.00	6.365%	畅销				
5	0PS713-4	46	1,794.00	448.50	6.100%	畅销				
6	0PS713-5	64	2,496.00	624.00	8.486%	畅销				
7	0TS701-3	53	1,537.00	384.25	6.673%	畅销				
8	0TS702-3	44	1,276.00	319.00	5.540%	畅销				
9	0TS703-3	41	1,189.00	297.25	5.162%	畅销				
10	0TS710-3	33	957.00	239.25	4.155%	一般				
11	0TS711-3	25	725.00	181.25	3.148%	一般				
12	0TS720-3	20	580.00	145.00	2.518%	一般				
13	AST500-1	59	2,596.00	649.00	8.021%	畅销				
14	AST500-2	53	2,332.00	583.00	7.205%	畅销				
15	AST500-3	53	2,332.00	583.00	7.205%	畅销				
16	AST500-4	44	1,936.00	484.00	5.981%	畅销				
17	AST500-5	21	1,029.00	257.25	2.925%	一般				
18	AST500-6	7	343.00	85.75	0.975%	滞销				
19	JBS010-1	29	1,711.00	427.75	4.233%	一般				
20	JBS010-2	28	1,652.00	413.00	4.087%	一般				
21	JBS010-3	16	944.00	236.00	2.336%	滞销				
22	总计	751	29,914.00	7,478.50						
23										
24										

Step 15 编制显示品名公式

选中 I2 单元格，输入以下公式。

```
=INDEX($A:$A,SMALL(IF($C$2:$C$21=$J2,ROW($C$2:$C$21)),COUNTIF($H$2:$H2,$H2)))
```

按<Ctrl+Shift+Enter>组合键输入数组公式。

Step 16 复制公式

选中 H2:J2 单元格区域，拖曳右下角的填充柄至 J21 单元格。

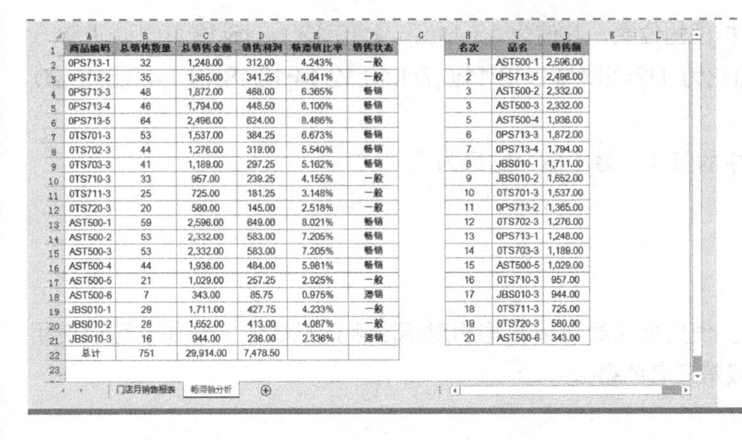

商品编码	总销售数量	总销售金额	销售利润	畅滞销比率	销售状态
0PS713-1	32	1,248.00	312.00	4.243%	一般
0PS713-2	35	1,365.00	341.25	4.641%	一般
0PS713-3	48	1,872.00	468.00	6.365%	畅销
0PS713-4	46	1,794.00	448.50	6.100%	畅销
0PS713-5	64	2,496.00	624.00	8.486%	畅销
0TS701-3	53	1,537.00	384.25	6.673%	畅销
0TS702-3	44	1,276.00	319.00	5.540%	畅销
0TS703-3	41	1,189.00	297.25	5.162%	畅销
0TS710-3	33	957.00	239.25	4.155%	一般
0TS711-3	25	725.00	181.25	3.148%	一般
0TS720-3	20	580.00	145.00	2.518%	一般
AST500-1	59	2,596.00	649.00	8.021%	畅销
AST500-2	53	2,332.00	583.00	7.205%	畅销
AST500-3	53	2,332.00	583.00	7.205%	畅销
AST500-4	44	1,936.00	484.00	5.981%	畅销
AST500-5	21	1,029.00	257.25	2.925%	一般
AST500-6	7	343.00	85.75	0.975%	滞销
JBS010-1	29	1,711.00	427.75	4.233%	一般
JBS010-2	28	1,652.00	413.00	4.087%	一般
JBS010-3	16	944.00	236.00	2.336%	滞销
总计	751	29,914.00	7,478.50		

名次	品名	销售额
1	AST500-1	2,596.00
2	0PS713-5	2,496.00
3	AST500-2	2,332.00
3	AST500-3	2,332.00
5	AST500-4	1,936.00
6	0PS713-3	1,872.00
7	0PS713-4	1,794.00
8	JBS010-1	1,711.00
9	JBS010-2	1,652.00
10	0TS701-3	1,537.00
11	0PS713-2	1,365.00
12	0TS702-3	1,276.00
13	0PS713-1	1,248.00
14	0TS703-3	1,189.00
15	AST500-5	1,029.00
16	0TS710-3	957.00
17	JBS010-3	944.00
18	0TS711-3	725.00
19	0TS720-3	580.00
20	AST500-6	343.00

Step 17 美化工作表

① 设置字体、加粗、居中和填充颜色。

② 调整列宽。

③ 设置框线。

④ 取消编辑栏和网格线显示。

关键知识点讲解

1. 函数应用：SMALL 函数

函数用途

返回数据集中第 *k* 个最小值。使用此函数可以返回数据集中特定位置上的数值。

函数语法

SMALL(array,k)

- array 是必需参数。为需要找到第 *k* 个最小值的数组或数字型数据区域。
- *k* 是必需参数。为返回的数据在数组或数据区域里的位置（从小到大）。

函数说明

- 如果 array 为空，SMALL 函数返回错误值#NUM!。
- 如果 *k*≤0 或 *k* 超过了数据点个数，SMALL 函数返回错误值#NUM!。
- 如果 *n* 为数组中的数据点个数，则 SMALL(array,1)等于最小值，SMALL(array,n)等于最大值。

函数简单示例

	A	B
1	1	2
2	9	32
3	7	8
4	8	19
5	2	79
6	1	10
7	5	24
8	3	4

示例	公式	说明	结果
1	=SMALL(A1:A9,4)	A 列中第 4 个最小值	3
2	=SMALL(B1:B9,2)	B 列中第 2 个最小值	4

本例公式说明

以下为本例中的数组公式。

```
H2=SMALL(RANK($C$2:$C$21,$C$2:$C$21),ROW()-1)
```

参阅 3.2.2 小节 2. 中的“数组公式”和 2.3.1 小节中介绍的 RANK 函数，RANK($C$2:$C$21,$C$2:$C$21)其各个参数值指定 RANK 函数返回 C2:C21 该单元格区域中的每个单元格数值，在 C2:C21 单元格区域内按照降序排位的位数，其值为 13;11;6;7;1;10;12;14;16;18;19;1;4;3;5;15;20;8;9;17。那么该数组公式可以简化为 H2=SMALL(13;11;6;7;1;10;12;14;16;18;19;1;4;3;5;15;20;8;9;17,1)

因此，SMALL 函数返回此列中的第 1 个最小值，结果为 1。

2. 函数应用：LARGE 函数

函数用途

返回数据集中第 *k* 个最大值。使用此函数可以根据相对标准来选择数值。例如，可以使用 LARGE 函数得到第一名、第二名或第三名的得分。

函数语法

LARGE(array,k)

- array 是必需参数。为需要从中选择第 *k* 个最大值的数组或数据区域。
- k 是必需参数。为返回值在数组或数据单元格区域中的位置（从大到小排）。

函数说明

- 如果数组为空，LARGE 函数返回错误值#NUM!。
- 如果 *k*≤0 或 *k* 大于数据点的个数，LARGE 函数返回错误值#NUM!。
- 如果区域中数据点的个数为 *n*，则 LARGE(array,1)函数返回最大值，LARGE(array,n)函数返回最小值。

函数简单示例

	A	B
1	2	3
2	8	4
3	2	6
4	8	2
5	5	9

示例	公式	说明	结果
1	=LARGE(A1:B5,3)	上面数据中第 3 个最大值	8
2	=LARGE(A1:B5,7)	上面数据中第 7 个最大值	3

本例公式说明

以下为本例中的公式。

```
J2=LARGE($C$2:$C$21,ROW()-1)
```

若 J2 处于第 2 行，则 ROW( )−1＝1。因此，其各个参数值指定 LARGE 函数返回从 C2:C21 单元格区域中第 1 个最大值。

7.3 营业员销售提成统计与分析

案例背景

为了调动营业员的工作积极性，专卖店的管理必须有一个完善的考核及奖惩机制，让各个营业员之间展开公平的销售竞争。但是，一个专卖店一个月的销售数据是非常庞大的。本节将举例说明如何快速地统计营业员的销售提成，并分析各个营业员的销售业绩。

关键技术点

要实现本例中的功能，读者应当掌握以下 Excel 技术点。

- 复制工作表
- 保存图表模板

最终效果展示

销售员	销售金额	提成金额
陈南	5,613.00	129.45
刘梅	12,146.00	300.36
王盛	4,519.00	135.57
曾成	4,851.00	110.55
赵冰	957.00	28.71
郑浩	1,828.00	54.84
总计	29,914.00	759.48

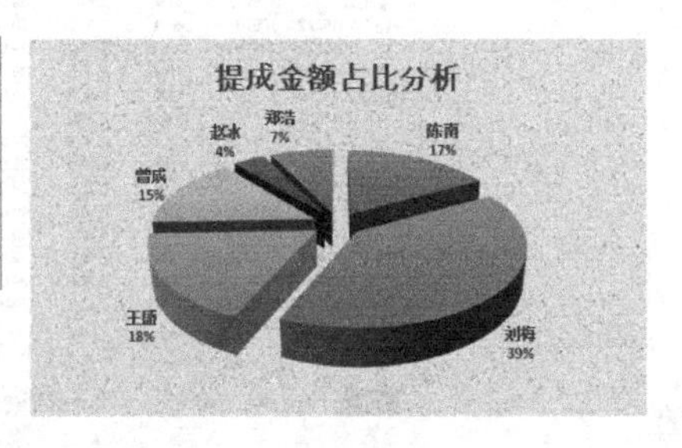

示例文件

光盘\示例文件\第 7 章\销售提成统计分析.xlsx

7.3.1 复制工作表

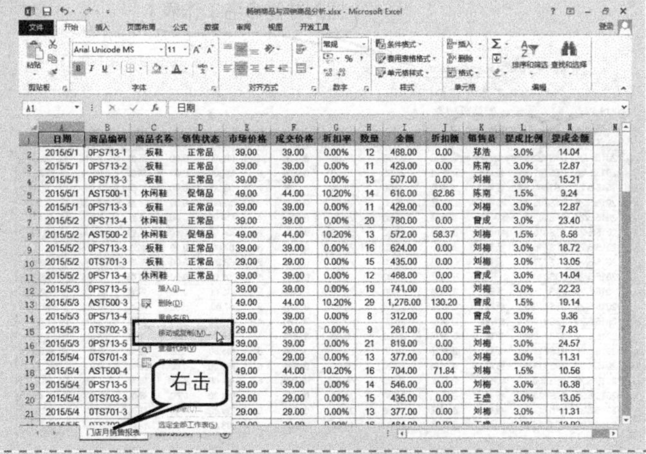

Step 1 复制工作表

① 打开 7.2.1 小节中创建的“畅销商品与滞销商品分析”工作簿，右键单击“门店月销售报表”工作表标签，在弹出的快捷菜单中选择“移动或复制”命令，弹出“移动或复制工作表”对话框。

② 单击“将选定工作表移至工作簿”的下箭头按钮，在弹出的下拉列表框中选择“(新工作簿)”选项，勾选“建立副本”复选框，单击“确定”按钮。

此时即可新建一个名为“工作簿 1”的工作簿，其中含有“门店月销售报表”工作表。

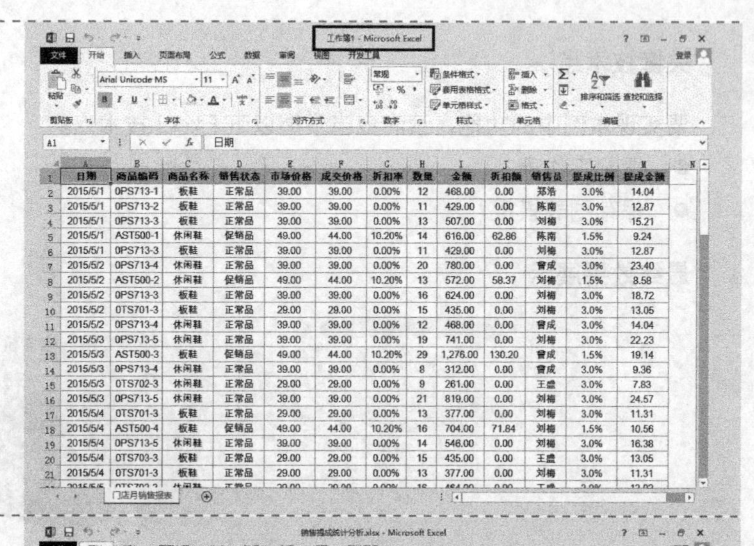

Step 2 保存工作簿

① 单击“快速访问工具栏”上的“保存”按钮，弹出“另存为”对话框，选择好欲保存的路径后，在“文件名”文本框中输入“销售提成统计分析”，单击“保存”按钮。

② 插入一个新的工作表，重命名为“营业员销售提成统计分析”。

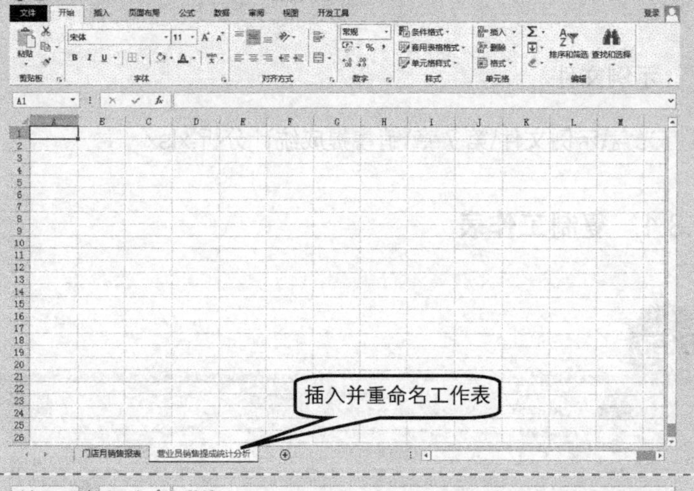

Step 3 定义名称

① 切换至“门店月销售报表”工作表，选中 I2:I94 单元格区域，在“名称框”内输入要定义的名称“money”。

② 选中 K2:K94 单元格区域，定义名称为“name”。

③ 选中 M2:M94 单元格区域，定义名称为“ticheng”。

ticheng　=I2*L2　名称框

	A	B	C	D	E	F	G	H	I	J	K	L	M
1	日期	商品[illegible]	[illegible]	[illegible]售状态	市场价格	成交价格	折扣率	数量	金额	折扣额	销售员	提成比例	提成金额
76	2015/5/25	0TS702-[illegible]	[illegible]	正常品	29.00	29.00	0.00%	4	116.00	0.00	王盛	3.0%	3.48
77	2015/5/26	0TS701-3	板鞋	正常品	29.00	29.00	0.00%	6	174.00	0.00	刘梅	3.0%	5.22
78	2015/5/26	AST500-6	板鞋	正常品	49.00	49.00	0.00%	2	98.00	0.00	王盛	3.0%	2.94
79	2015/5/26	0TS703-3	板鞋	正常品	29.00	29.00	0.00%	2	58.00	0.00	王盛	3.0%	1.74
80	2015/5/27	0TS702-3	休闲鞋	正常品	29.00	29.00	0.00%	4	116.00	0.00	王盛	3.0%	3.48
81	2015/5/27	JBS010-1	休闲鞋	正常品	59.00	59.00	0.00%	6	354.00	0.00	王盛	3.0%	10.62
82	2015/5/27	0TS710-3	板鞋	正常品	29.00	29.00	0.00%	3	87.00	0.00	赵冰	3.0%	2.61
83	2015/5/28	0TS703-3	板鞋	正常品	29.00	29.00	0.00%	2	58.00	0.00	王盛	3.0%	1.74
84	2015/5/28	JBS010-2	休闲鞋	正常品	59.00	59.00	0.00%	5	295.00	0.00	陈南	3.0%	8.85
85	2015/5/28	0TS711-3	板鞋	正常品	29.00	29.00	0.00%	5	145.00	0.00	曾成	3.0%	4.35
86	2015/5/29	0TS710-3	板鞋	正常品	29.00	29.00	0.00%	3	87.00	0.00	赵冰	3.0%	2.61
87	2015/5/29	JBS010-3	休闲鞋	正常品	59.00	59.00	0.00%	4	236.00	0.00	刘梅	3.0%	7.08
88	2015/5/29	0TS720-3	板鞋	正常品	29.00	29.00	0.00%	4	116.00	0.00	郑浩	3.0%	3.48
89	2015/5/30	0TS711-3	板鞋	正常品	29.00	29.00	0.00%	5	145.00	0.00	曾成	3.0%	4.35
90	2015/5/30	0PS713-1	板鞋	正常品	39.00	39.00	0.00%	5	195.00	0.00	郑浩	3.0%	5.85
91	2015/5/30	AST500-1	休闲鞋	促销品	49.00	44.00	10.20%	6	264.00	26.94	陈南	1.5%	3.96
92	2015/5/31	0TS720-3	板鞋	正常品	29.00	29.00	0.00%	4	116.00	0.00	郑浩	3.0%	3.48
93	2015/5/31	0PS713-2	板鞋	正常品	39.00	39.00	0.00%	6	234.00	0.00	陈南	3.0%	7.02
94	2015/5/31	AST500-2	休闲鞋	促销品	49.00	44.00	10.20%	7	308.00	31.43	刘梅	1.5%	4.62

门店月销售报表　营业员销售提成统计分析

Step 4 输入表格标题

① 切换到“营业员销售提成统计分析”工作表，选中 A1:C1 单元格区域，输入表格各字段标题。

② 在 A2:A7 单元格区域，输入“销售员”的名字，在 A8 单元格输入“总计”。

	A	B	C	D	E	F
1	销售员	销售金额	提成金额			
2	陈南					
3	刘梅					
4	王盛					
5	曾成					
6	赵冰					
7	郑浩					
8	总计					
9						
10						

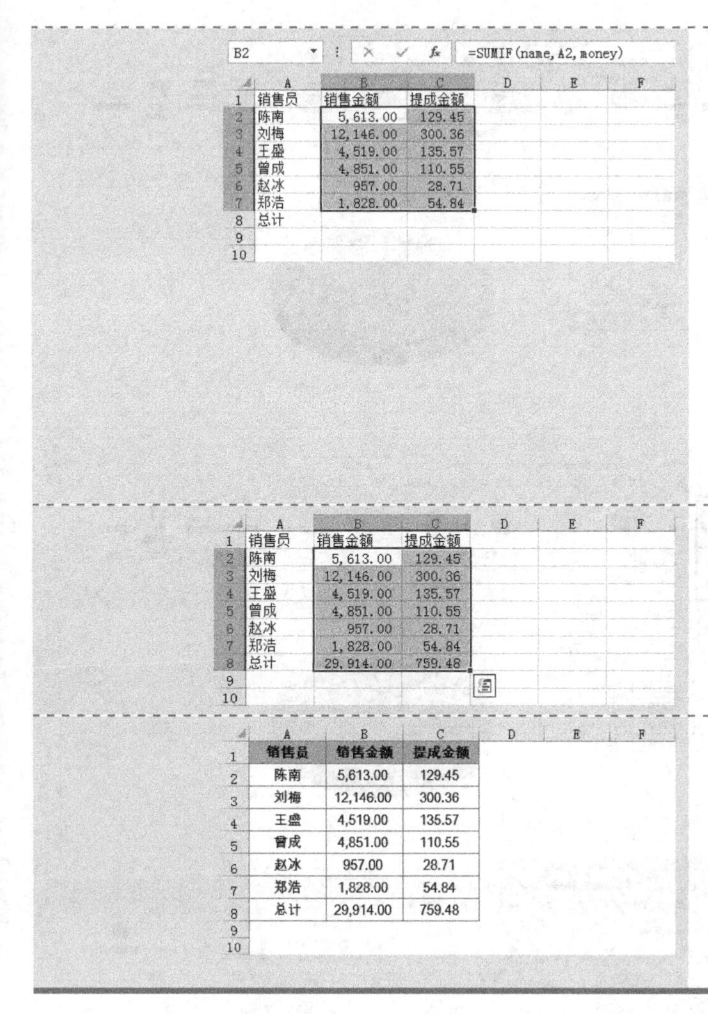

Step 5 计算销售金额和提成金额

① 选中 B2 单元格，输入以下公式，按<Enter>键确认。

```
=SUMIF(name,A2,money)
```

② 选中 C2 单元格，输入以下公式，按<Enter>键确认。

```
=SUMIF(name,A2,ticheng)
```

③ 选中 B2:C2 单元格区域，设置单元格格式为“数值”，“小数位数”为“2”，勾选“使用千位分隔符”复选框。

④ 选中 B2:C2 单元格区域，拖曳右下角的填充柄至 C7 单元格。

Step 6 计算总计

选中 B2:C7 单元格区域，在“开始”选项卡的“编辑”命令组中单击“求和”按钮。

Step 7 美化工作表

① 设置字体、加粗、居中和填充颜色。

② 调整行高和列宽。

③ 设置所有框线。

④ 取消编辑栏和网格线显示。

7.3.2 绘制三维饼图

参阅 5.2.1 小节中的方法绘制三维饼图。

Step

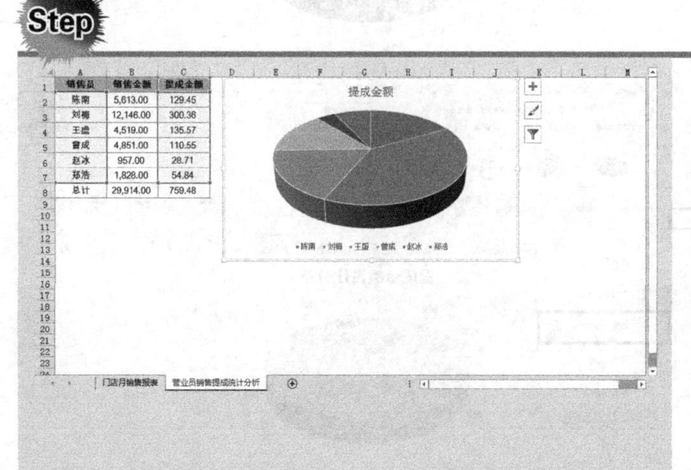

Step 1 插入饼图

选中 A1:A7 单元格区域，按住<Ctrl>键不放，同时选中 C1:C7 单元格区域，切换到“插入”选项卡，单击“图表”命令组中的“饼图”按钮，在打开的下拉菜单中选择“三维饼图”→“三维饼图”命令。

Step 2 调整图表位置

在图表空白位置按住鼠标左键不放，将其拖曳至工作表合适位置。

Step 3 设置图表样式

单击“图表工具-设计”选项卡，然后单击“图表样式”命令组中的“样式 5”。

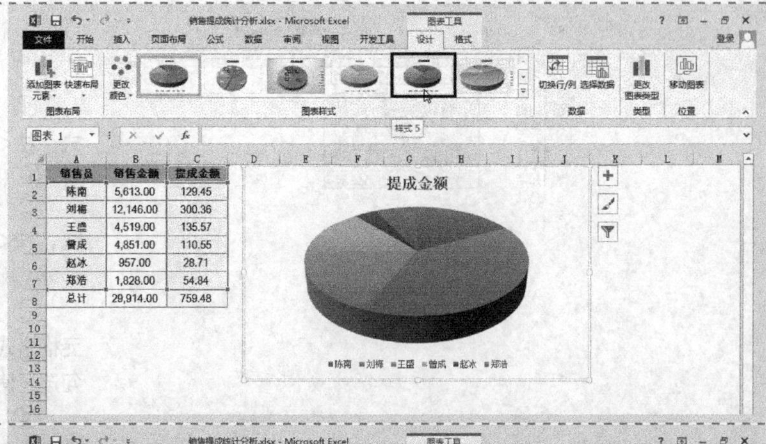

Step 4 设置图表布局

选中该饼图，单击“图表工具-设计”选项卡，在“图表布局”命令组中单击“快速布局”→“布局 1”样式。

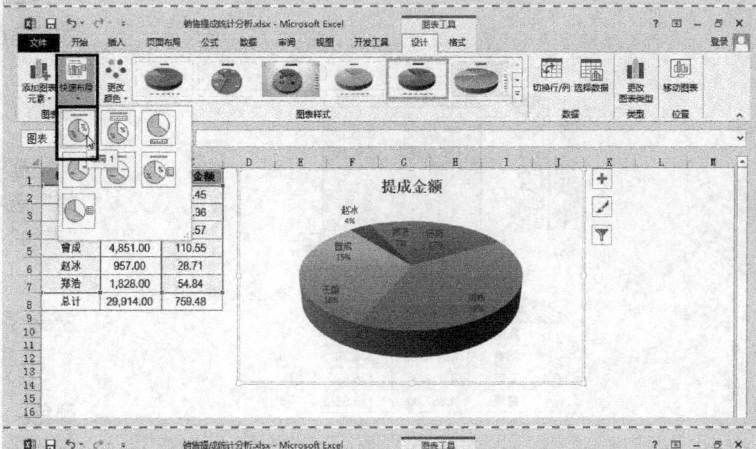

Step 5 修改图表标题

① 选中图表标题，将图表标题修改为“提成金额占比分析”。

② 选中图表标题，切换到“开始”选项卡，设置“字体”为“Arial Unicode MS”，“字号”为“18”。

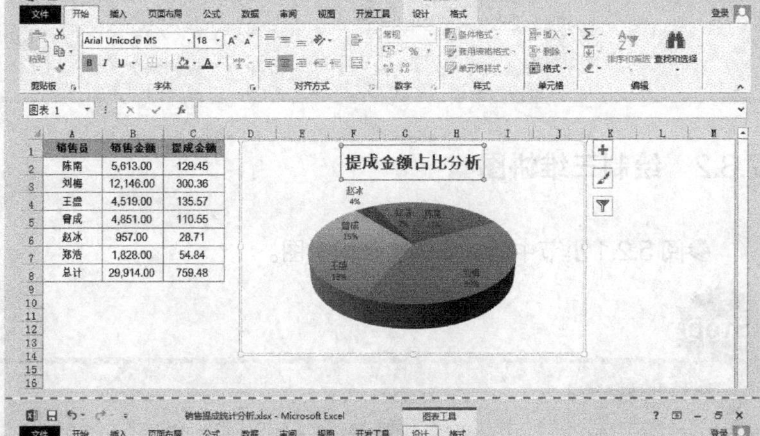

Step 6 设置数据标签格式

① 单击“图表工具-设计”选项卡，在“图表布局”命令组中单击“添加图表元素”按钮，在弹出的下拉菜单中选择“数据标签”→“数据标签外”命令。

② 选中“数据标签”，切换到“开始”选项卡，设置为加粗。

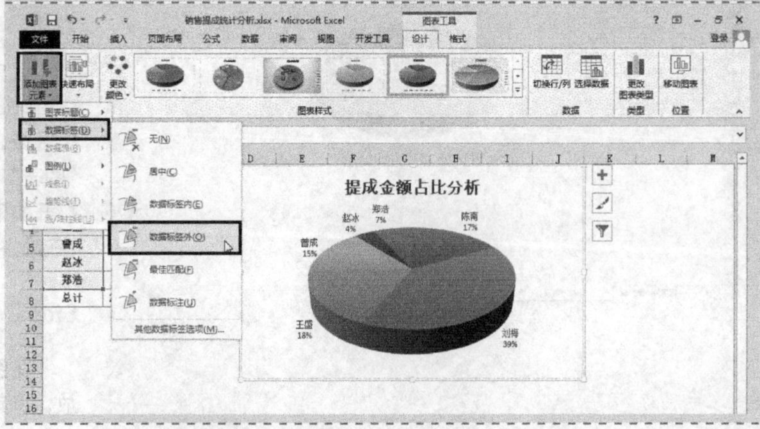

Step 7 设置数据系列格式

① 单击“图表工具-格式”选项卡，然后在“当前所选内容”命令组的“图表元素”下拉列表框中选择“系列‘提成金额’”选项，再单击“设置所选内容格式”按钮，打开“设置数据系列格式”窗格。

② 依次单击“系列选项”选项→“系列选项”按钮→“系列选项”选项卡，在“饼图分离程度”下方单击微调按钮，使得框中显示“15%”。关闭“设置数据系列格式”窗格。

Step 8 设置图表区格式

选中“图表区”，在“图表工具-格式”选项卡的“形状样式”命令组中，依次单击“形状填充”按钮→“纹理”→“再生纸”。

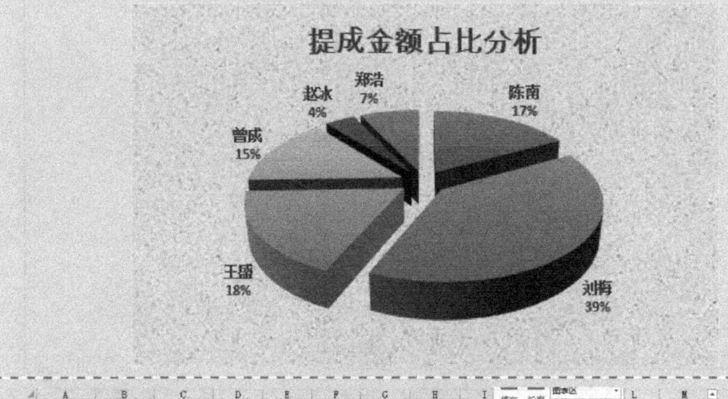

至此，三维饼图的格式设置完毕，效果如图所示。

Step 9 另存为模板

① 右键单击“图表区”，在弹出的快捷菜单中选择“另存为模板”命令。

② 弹出“保存图表模板”对话框，在“文件名”文本框中输入“三维饼图模板”，单击“保存”按钮。

此时“我的模板”中添加了这款分离型三维饼图，这样在以后作图时就可以重复使用这个漂亮的格式了。

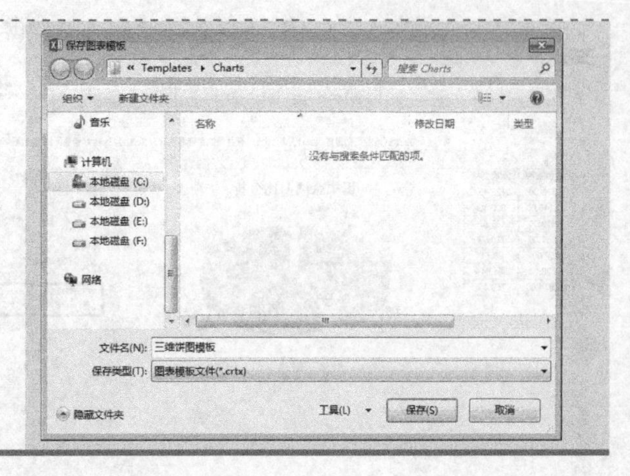

活力小贴士

技巧 重复使用“我的模板”

切换到“插入”选项卡，单击“图表”命令组中的“饼图”按钮，然后在打开的下拉菜单中选择“更多饼图”命令，弹出“插入图表”对话框。切换到“所有图表”选项卡，在“模板”中单击“三维饼图模板”，即可在绘制图表时快速地重复使用这个漂亮的格式。

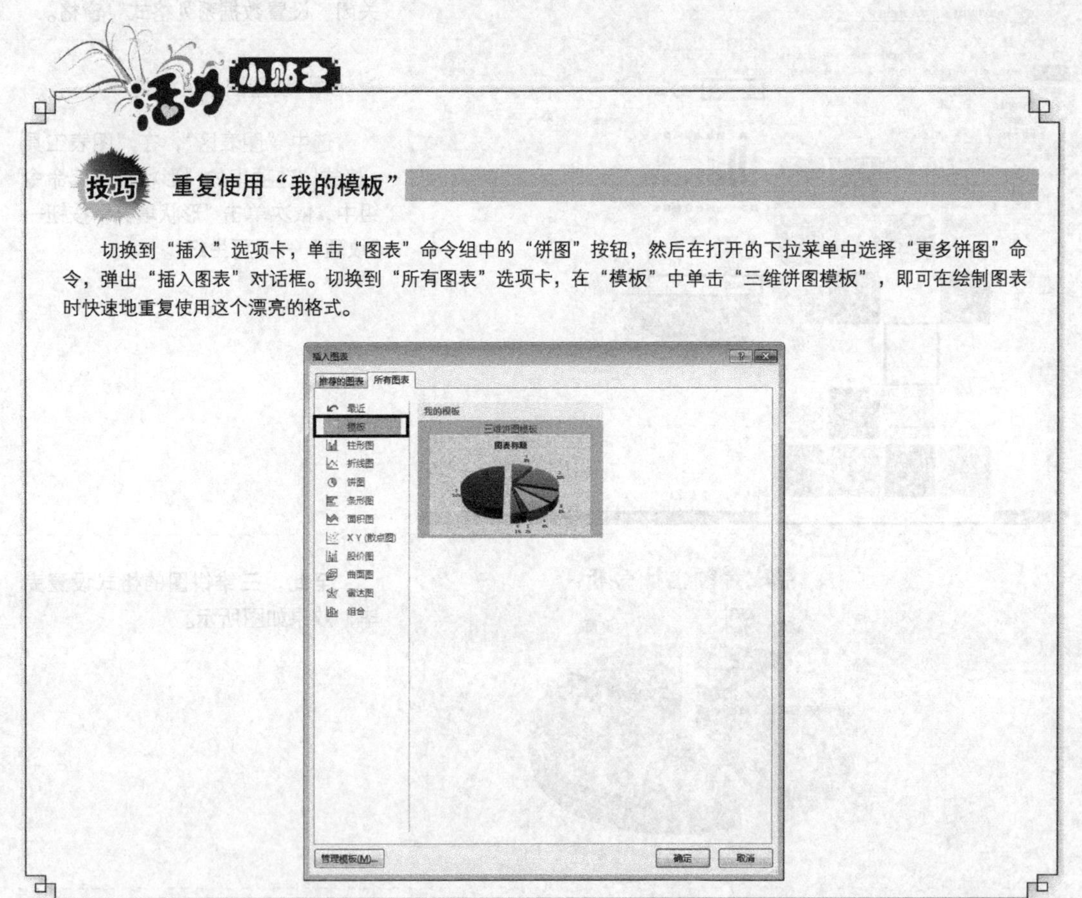

7.4 单店盈亏平衡估算

案例背景

销售盈亏平衡分析是研究项目运行后一段时间内的商品销量、成本、利润三者之间的平衡关系，以盈亏平衡时的状况为基础，测算项目的进货负荷及承受风险的能力。盈亏平衡点越低，说明项目抵抗风险的能力越强。以下案例结合科学的盈亏平衡估算算法对某店商品进货和销售做全面的分析，并通过滚动条控件将盈亏情况直观地显示给商家，商家不必了解复杂的原理和公式，无需复杂的操作步骤，只需要简单地拖动滚动条就可以即时地了解店铺的盈亏平衡情况。单店盈亏平衡估算工作表为商家提供了科学便利的信息，对商家的商业运作起到了很好的指导作用，提高了商业运作盈利的前瞻性和规避风险的能力。

关键技术点

要实现本例中的功能，读者应当掌握以下 Excel 技术点。

- 滚动条

最终效果展示

单店盈亏平衡估算

项目	金额
商品进货折扣	35%
平均销售折扣	70%
预计年销售额	1,500,000
货品成本	975,000
销售毛利率	35%
销售毛利润	525,000
固定成本	514,080
净利润	10,920
盈亏平衡点年总销售额	1,468,800
盈亏平衡点月均销售额	122,400

示例文件

光盘\示例文件\第 7 章\单店盈亏平衡估算.xlsx

7.4.1 绘制单店盈亏平衡估算表

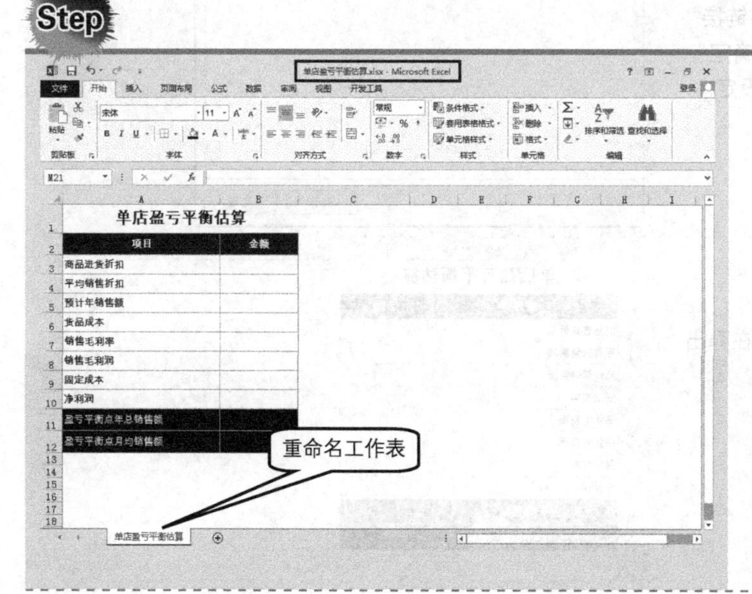

Step 1 新建工作簿

启动 Excel 自动新建一个工作簿，保存并命名为“单店盈亏平衡估算”，将“Sheet1”工作表重命名为“单店盈亏平衡估算”。

Step 2 输入表格标题

① 选中 A1:B1 单元格区域，设置合并后居中，输入表格标题。在 A2:B2 单元格区域中输入各字段标题。在 A3:A12 单元格区域输入项目名称。

② 美化工作表。

Step 3 绘制“滚动条”

① 单击“开发工具”选项卡，在“控件”命令组中单击“插入”按钮，在弹出的下拉菜单中选择“表单控件”下的“滚动条（窗体控件）”命令。

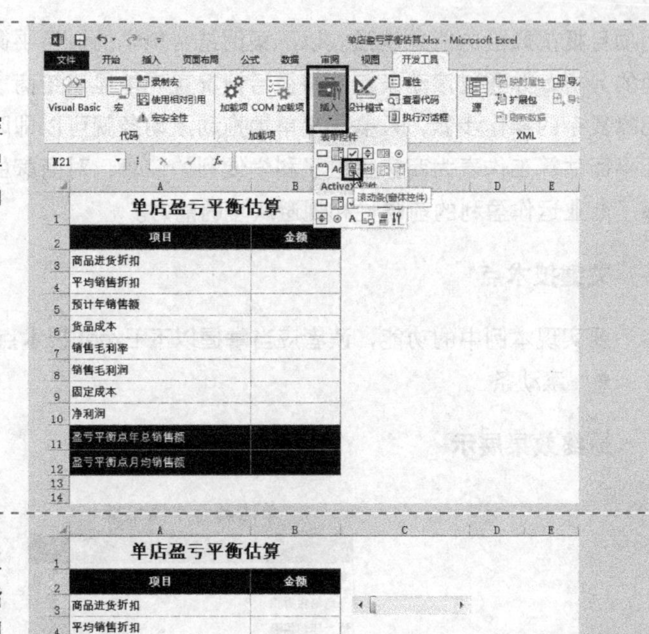

② 当鼠标指针变为+形状时，在工作表的 C3 单元格区域位置拖动鼠标指针确定滚动条的大小，释放鼠标，绘制第 1 个滚动条。

Step 4 设置第 1 个滚动条格式

① 在“开发工具”选项卡的“控件”命令组中单击“属性”按钮，弹出“设置控件格式”对话框。

② 单击“控制”选项卡，在“最小值”微调框中输入“30”，在“最大值”微调框中输入“70”。在“单元格链接”文本框中输入“$D$3”，单击“确定”按钮，完成第 1 个滚动条格式的设定。

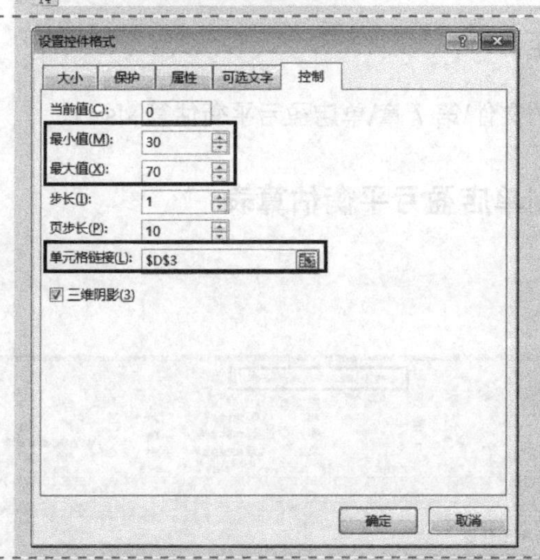

Step 5 复制滚动条

① 右键单击第 1 个滚动条，在弹出的快捷菜单中选择“复制”命令。

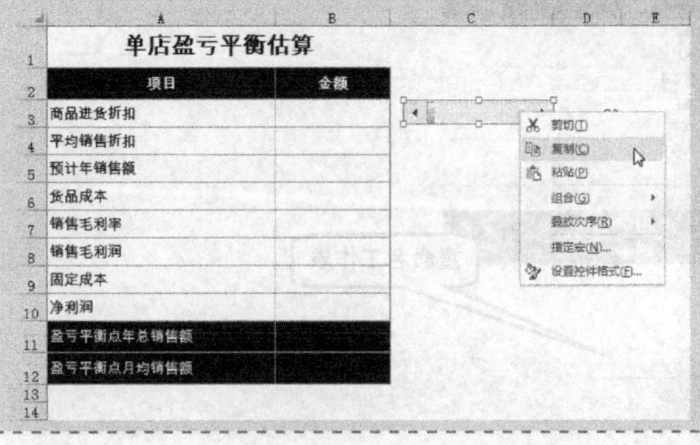

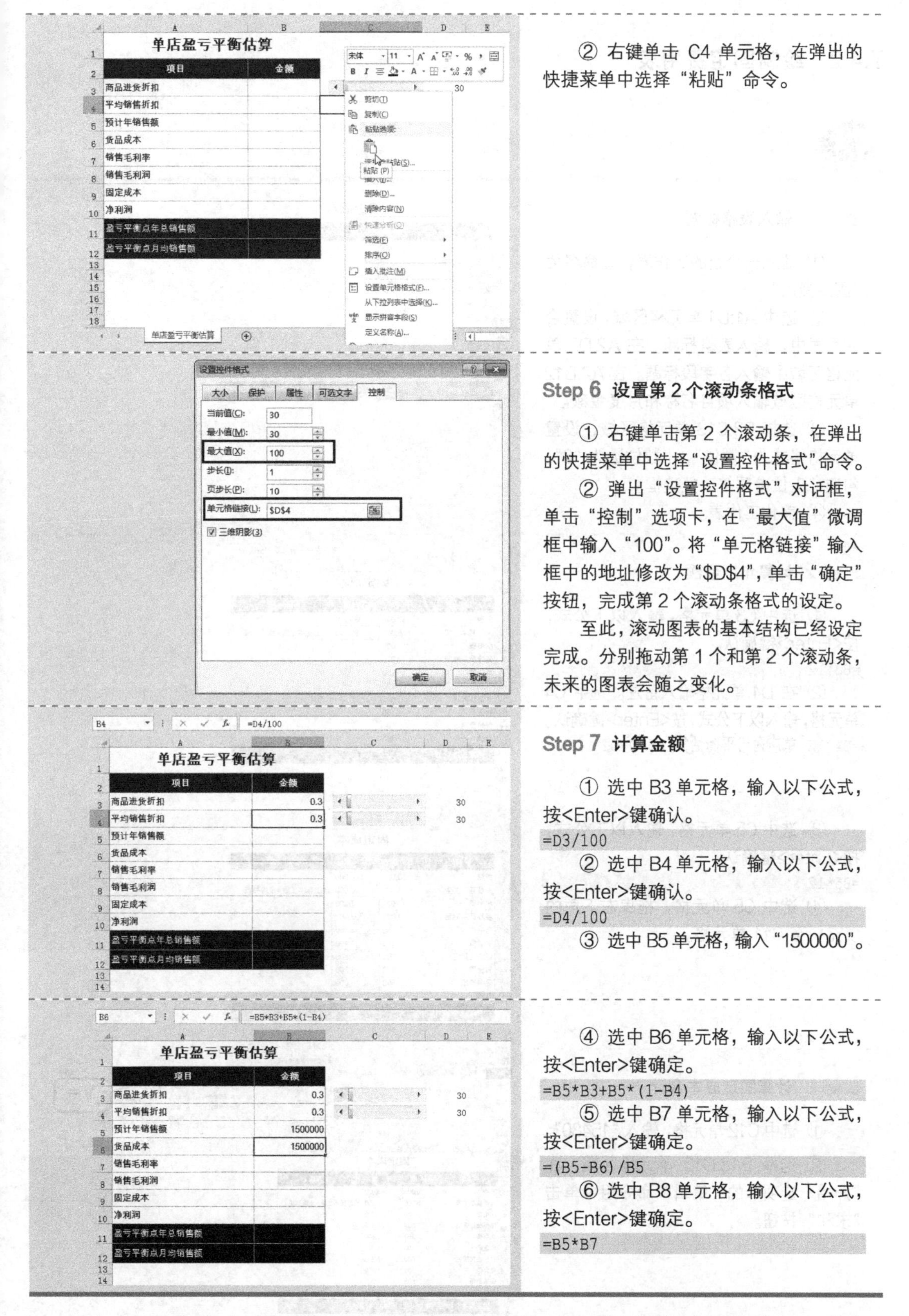

② 右键单击 C4 单元格，在弹出的快捷菜单中选择“粘贴”命令。

Step 6 设置第 2 个滚动条格式

① 右键单击第 2 个滚动条，在弹出的快捷菜单中选择“设置控件格式”命令。

② 弹出“设置控件格式”对话框，单击“控制”选项卡，在“最大值”微调框中输入“100”。将“单元格链接”输入框中的地址修改为“$D$4”，单击“确定”按钮，完成第 2 个滚动条格式的设定。

至此，滚动图表的基本结构已经设定完成。分别拖动第 1 个和第 2 个滚动条，未来的图表会随之变化。

Step 7 计算金额

① 选中 B3 单元格，输入以下公式，按<Enter>键确认。

```
=D3/100
```

② 选中 B4 单元格，输入以下公式，按<Enter>键确认。

```
=D4/100
```

③ 选中 B5 单元格，输入“1500000”。

④ 选中 B6 单元格，输入以下公式，按<Enter>键确定。

```
=B5*B3+B5*(1-B4)
```

⑤ 选中 B7 单元格，输入以下公式，按<Enter>键确定。

```
=(B5-B6)/B5
```

⑥ 选中 B8 单元格，输入以下公式，按<Enter>键确定。

```
=B5*B7
```

因为“固定成本”与“固定费用”工作表中的数据相关，所以下面先绘制“固定费用”工作表。

7.4.2 绘制固定费用表

Step 1 输入表格标题

① 插入一个新的工作表，重命名为“固定费用”。

② 选中 A1:D1 单元格区域，设置合并后居中，输入表格标题。在 A2:D2 单元格区域中输入各字段标题。在 A2:B12 单元格区域输入项目名称和月度金额。

③ 选择 B3:C13 单元格区域，设置单元格格式为“数值”，小数位数为“0”，勾选“千位分隔符”复选框。

④ 美化工作表。

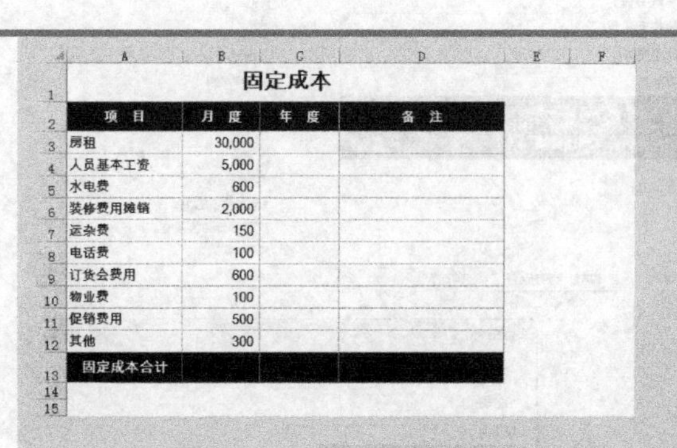

项 目	月 度	年 度	备 注
房租	30,000		
人员基本工资	5,000		
水电费	600		
装修费用摊销	2,000		
运杂费	150		
电话费	100		
订货会费用	600		
物业费	100		
促销费用	500		
其他	300		
固定成本合计			

Step 2 计算年度金额

① 选中 C3 单元格，输入以下公式，按<Enter>键确认。

```
=B3*12
```

② 在 D4 单元格输入备注。选中 C4 单元格，输入以下公式，按<Enter>键确认。

```
=B4*12+单店盈亏平衡估算!B5*0.02
```

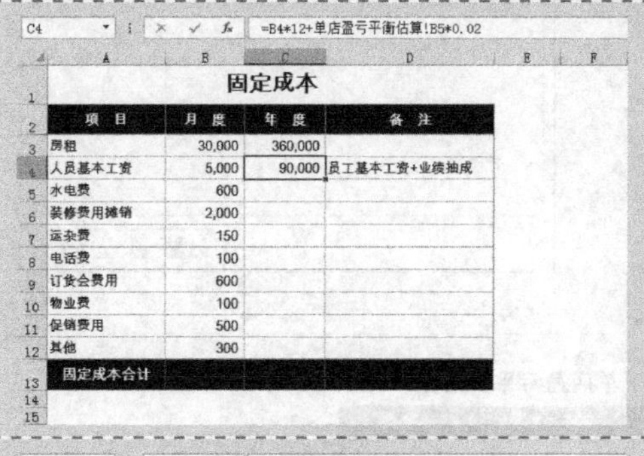

项 目	月 度	年 度	备 注
房租	30,000	360,000	
人员基本工资	5,000	90,000	员工基本工资+业绩抽成
水电费	600		
装修费用摊销	2,000		
运杂费	150		
电话费	100		
订货会费用	600		
物业费	100		
促销费用	500		
其他	300		
固定成本合计			

③ 选中 C5 单元格，输入以下公式，按<Enter>键确认。

```
=B5*12
```

④ 选中 C5 单元格，拖曳右下角的填充柄至 C11 单元格。

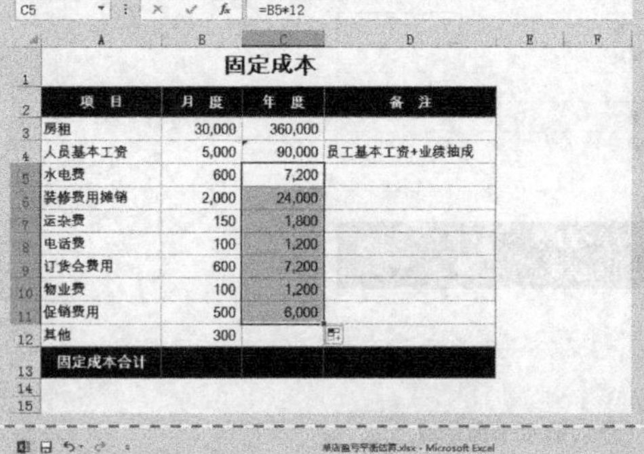

项 目	月 度	年 度	备 注
房租	30,000	360,000	
人员基本工资	5,000	90,000	员工基本工资+业绩抽成
水电费	600	7,200	
装修费用摊销	2,000	24,000	
运杂费	150	1,800	
电话费	100	1,200	
订货会费用	600	7,200	
物业费	100	1,200	
促销费用	500	6,000	
其他	300		
固定成本合计			

Step 3 计算固定成本合计

① 选中 C12 单元格，输入“15480”。

② 选择 B13:C13 单元格区域，在“开始”选项卡的“编辑”命令组中单击“求和”按钮。

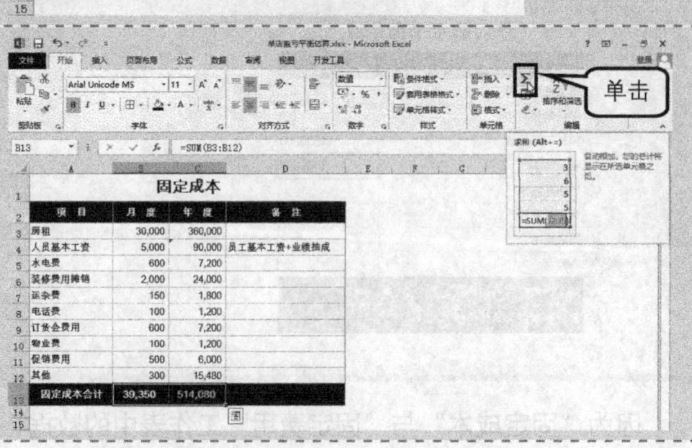

项 目	月 度	年 度	备 注
房租	30,000	360,000	
人员基本工资	5,000	90,000	员工基本工资+业绩抽成
水电费	600	7,200	
装修费用摊销	2,000	24,000	
运杂费	150	1,800	
电话费	100	1,200	
订货会费用	600	7,200	
物业费	100	1,200	
促销费用	500	6,000	
其他	300	15,480	
固定成本合计	39,350	514,080	

B12 =B11/12

	A	B	C	D
1	单店盈亏平衡估算			
2	项目	金额		
3	商品进货折扣	0.3		30
4	平均销售折扣	0.3		30
5	预计年销售额	1500000		
6	货品成本	1500000		
7	销售毛利率	0		
8	销售毛利润	0		
9	固定成本	514080		
10	净利润	-514080		
11	盈亏平衡点年总销售额	#DIV/0!		
12	盈亏平衡点月均销售额	#DIV/0!		

Step 4 计算“单店盈亏平衡估算”的金额

① 切换到“单店盈亏平衡估算”工作表，选中 B9 单元格，输入以下公式，按<Enter>键确认。

```
=固定费用!C13
```

② 选中 B10 单元格，输入以下公式，按<Enter>键确认。

```
=B8-B9
```

③ 选中 B11 单元格，输入以下公式，按<Enter>键确认。

```
=B9/B7
```

④ 选中 B12 单元格，输入以下公式，按<Enter>键确认。

```
=B11/12
```

技巧 “被零除”错误

Excel 经常会显示一些错误值信息，如#N/A、#VALUE!、#DIV/O!等。出现这些错误的原因有很多种，最主要是由于公式不能计算正确结果。

当公式被零除时，将会产生错误值#DIV/0!。

错误原因 1：在公式中，除数使用了指向空单元格或包含零值单元格的单元格引用(在 Excel 中如果运算对象是空白单元格，Excel 将此空值当作零值)。

解决方法 1：修改单元格引用，或者在用作除数的单元格中输入不为零的值。

错误原因 2：输入的公式中包含明显的除数零，如=5/0。

解决方法 2：将零改为非零值。

本例中，因为“商品进货折扣”与“平均销售折扣”的初始值相同，所以 B7 单元格“销售毛利率”的初始值为“0”，以至于 B11 单元格发生了“被零除”。当拖动滚动条时，B11 和 B12 单元格的错误值“#DIV/0!”将会消失。

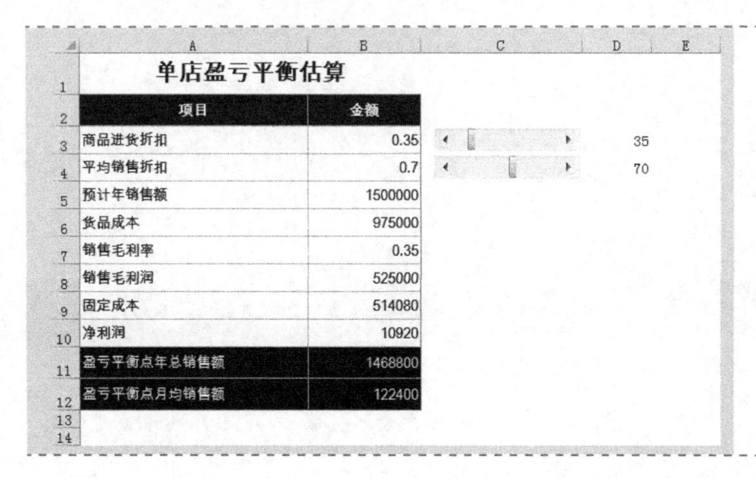

	A	B	C	D
1	单店盈亏平衡估算			
2	项目	金额		
3	商品进货折扣	0.35		35
4	平均销售折扣	0.7		70
5	预计年销售额	1500000		
6	货品成本	975000		
7	销售毛利率	0.35		
8	销售毛利润	525000		
9	固定成本	514080		
10	净利润	10920		
11	盈亏平衡点年总销售额	1468800		
12	盈亏平衡点月均销售额	122400		

Step 5 测试滚动条

分别单击第 1 个滚动条和第 2 个滚动条的右箭头，测试不同的商品进货折扣和平均销售折扣的数值时，商品的净利润的变化。

Step 6 隐藏列

右键单击 D 列，在弹出的快捷菜单中选择“隐藏”命令。

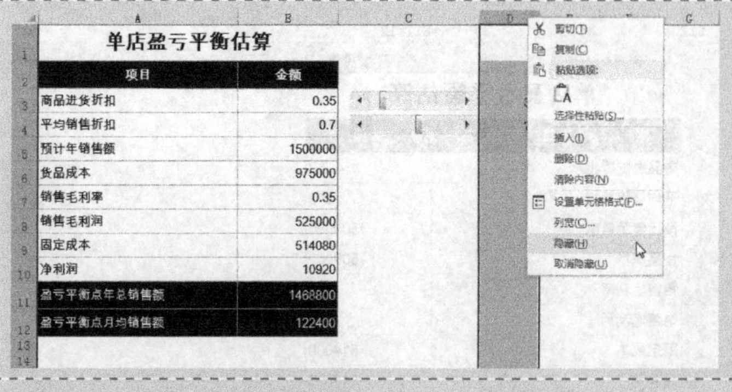

单店盈亏平衡估算

项目	金额
商品进货折扣	0.35
平均销售折扣	0.7
预计年销售额	1500000
货品成本	975000
销售毛利率	0.35
销售毛利润	525000
固定成本	514080
净利润	10920
盈亏平衡点年总销售额	1468800
盈亏平衡点月均销售额	122400

Step 7 设置单元格格式

① 按<Ctrl>键，同时选中 B3:B4 和 B7 单元格区域，设置为百分比格式。

② 按<Ctrl>键，同时选中 B5:B6 和 B8:B12 单元格区域，设置单元格格式为“数值”，小数位数为 0，勾选“千位分隔符”复选框。

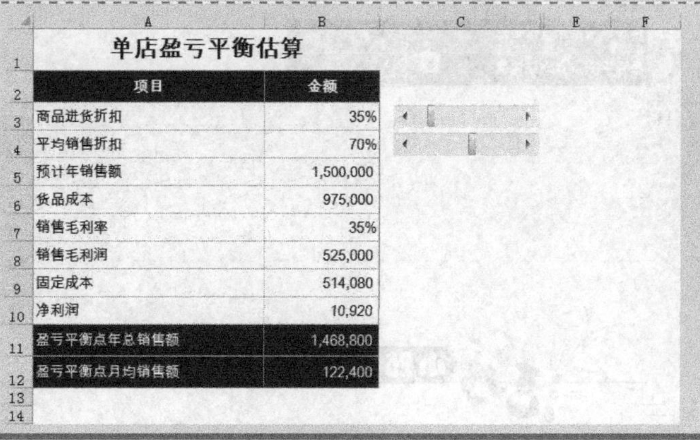

单店盈亏平衡估算

项目	金额
商品进货折扣	35%
平均销售折扣	70%
预计年销售额	1,500,000
货品成本	975,000
销售毛利率	35%
销售毛利润	525,000
固定成本	514,080
净利润	10,920
盈亏平衡点年总销售额	1,468,800
盈亏平衡点月均销售额	122,400

第 8 章 零售业市场调查分析

Excel 2013 高效办公

没有调查就没有发言权。市场调查作为企业制定决策的重要依据，正逐步地被越来越多的企业所重视。企业开发一个新产品需要市场调查，企业运作一个新市场也需要市场调查，企业在经营的过程中遇到新问题同样需要市场调查。如果没有市场调查，企业就不能充分地认识产品，找不到市场机会，弄不清销路重点。如果没有市场调查，企业决策者制定决策就会失去依据，决策就会出现失误。

本章将从消费者的角度出发，对比不同的消费群体进行消费行为分析；在购买影响因素上，将从品牌、产品性价比等方面阐述消费者的消费行为特征；在面对诸多厂商实施广告大战的同时，针对不同的消费者获知产品渠道以及购买渠道特征等诸多方面进行分析，从而为厂商提供有关渠道方面的信息。

8.1 调查对象特征分析

案例背景

诸多厂商为了获得更大的市场利润，在销售的过程中会展开市场推广、宣传渠道和价格战等攻势。然而厂商的推广活动在很大程度上仅仅是从主观意愿出发，往往会忽略市场的决定性因素——消费者。本节将通过对消费者使用数码相机的情况进行调查，分析数码相机消费者的性别占比、年龄分布及购买力等特征。

关键技术点

要实现本例中的功能，读者应当掌握以下 Excel 技术点。

- 圆环图
- 饼图
- SUMPRODUCT 数组函数的应用
- 堆积条形图

最终效果展示

性别	人数
男性	40
女性	15

参与调查者性别分布情况

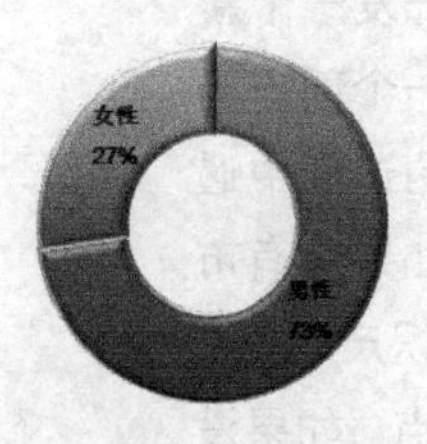

性别分布情况

年龄	人数
20岁以下	5
21-30岁	37
31-40岁	10
41岁以上	3

参与调查者年龄分布情况

31-40岁, 18%
41岁以上, 6%
20岁以下, 9%
21-30岁, 67%

年龄分布情况

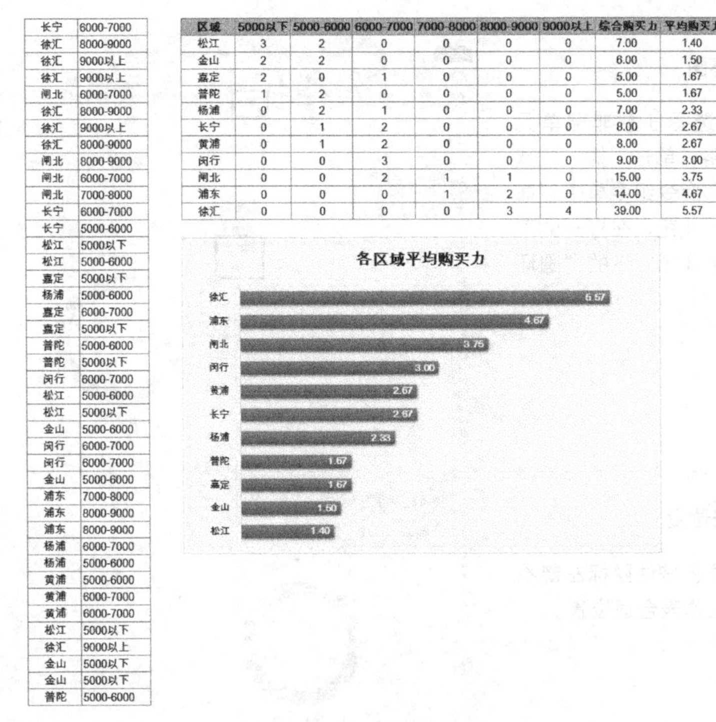

长宁	6000-7000
徐汇	8000-9000
徐汇	9000以上
徐汇	9000以上
闸北	6000-7000
徐汇	8000-9000
徐汇	9000以上
徐汇	8000-9000
闸北	8000-9000
闸北	6000-7000
闸北	7000-8000
长宁	6000-7000
长宁	5000-6000
松江	5000以下
松江	5000-6000
嘉定	5000以下
杨浦	5000-6000
嘉定	6000-7000
嘉定	5000以下
普陀	5000-6000
普陀	5000以下
闵行	6000-7000
松江	5000-6000
松江	5000以下
金山	5000-6000
闵行	6000-7000
闵行	6000-7000
金山	5000-6000
浦东	7000-8000
浦东	8000-9000
浦东	8000-9000
杨浦	6000-7000
杨浦	5000-6000
黄浦	5000-6000
黄浦	6000-7000
黄浦	6000-7000
松江	5000以下
徐汇	9000以上
金山	5000以下
金山	5000以下
普陀	5000-6000

区域	5000以下	5000-6000	6000-7000	7000-8000	8000-9000	9000以上	综合购买力	平均购买力
松江	3	2	0	0	0	0	7.00	1.40
金山	2	2	0	0	0	0	6.00	1.50
嘉定	2	0	1	0	0	0	5.00	1.67
普陀	1	2	0	0	0	0	5.00	1.67
杨浦	0	2	1	0	0	0	7.00	2.33
长宁	0	1	2	0	0	0	8.00	2.67
黄浦	0	1	2	0	0	0	8.00	2.67
闵行	0	0	3	0	0	0	9.00	3.00
闸北	0	0	2	1	1	0	15.00	3.75
浦东	0	0	0	1	2	0	14.00	4.67
徐汇	0	0	0	0	3	4	39.00	5.57

各区域平均购买力

示例文件

光盘\示例文件\第 8 章\调查对象特征分析.xlsx

8.1.1 绘制圆环图

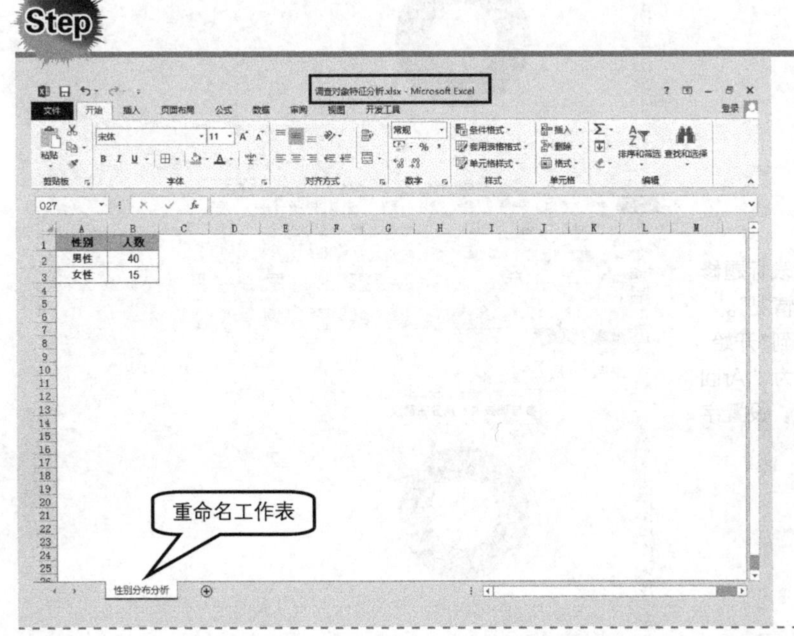

Step 1 新建工作簿

启动 Excel 自动新建一个工作簿，保存并命名为“调查对象特征分析”，将“Sheet1”工作表重命名为“性别分布分析”。

Step 2 输入原始数据

选择 A1:B3 单元格区域，输入原始数据，并美化工作表。

Step 3 插入圆环图

在工作表中选择任意非空单元格，如A1单元格，单击“插入”选项卡，在“图表”命令组中单击“插入饼图或圆环图”按钮，在打开的下拉菜单中选择“圆环图”下的“圆环图”命令。

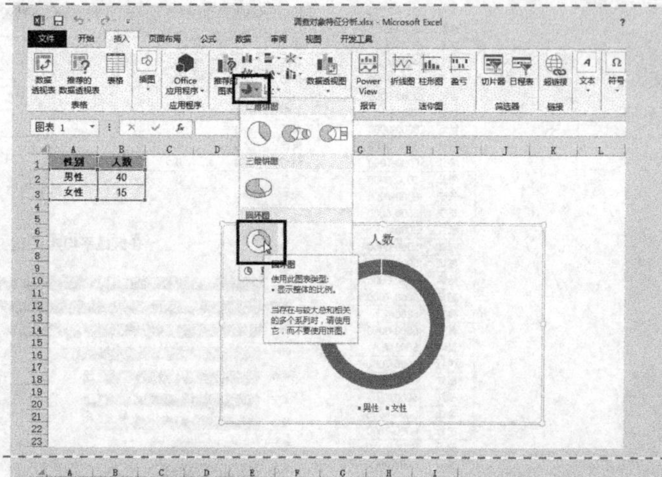

Step 4 调整图表位置

在图表空白位置按住鼠标左键不放，将其拖曳至工作表合适位置。

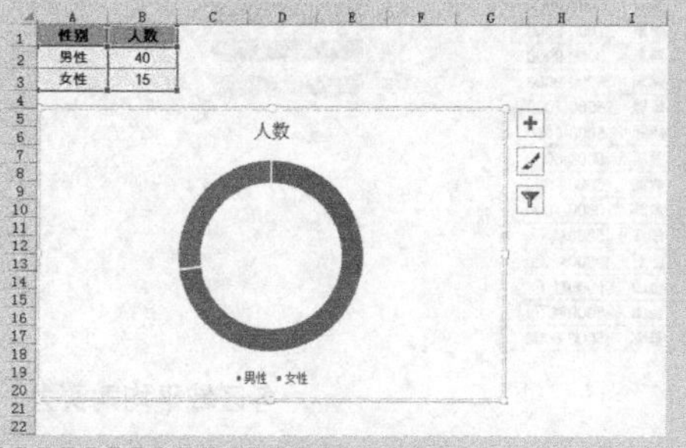

Step 5 设置图表布局

单击“图表工具-设计”选项卡，然后单击“图表布局”命令组中的“快速布局”→“布局1”样式。

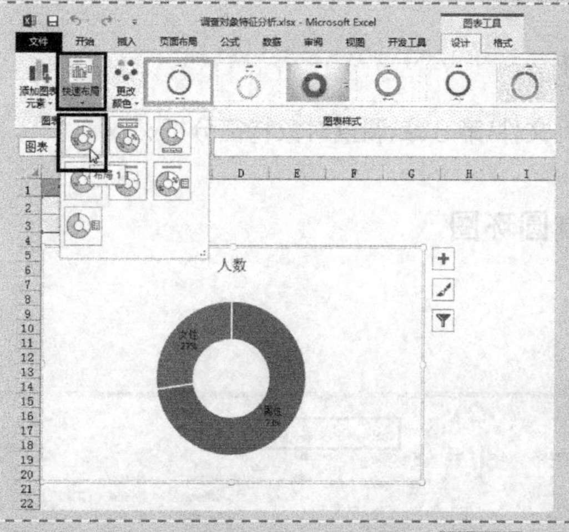

Step 6 修改图表标题

① 选中图表标题，将图表标题修改为“参与调查者性别分布情况”。

② 选中图表标题，切换到“开始”选项卡，设置标题的字体为“Arial Unicode MS”，设置为加粗，设置字体颜色为“自动”。

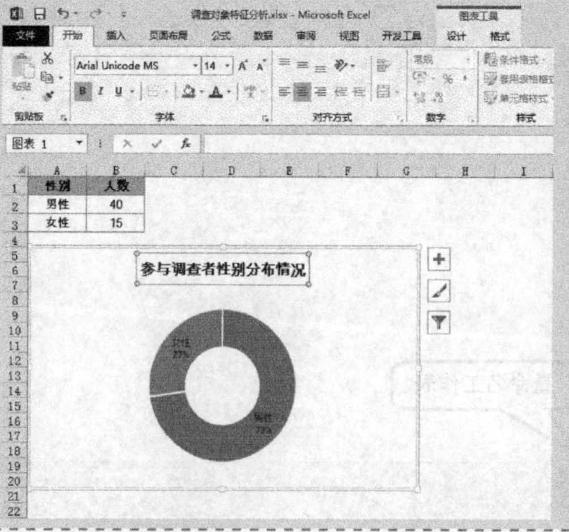

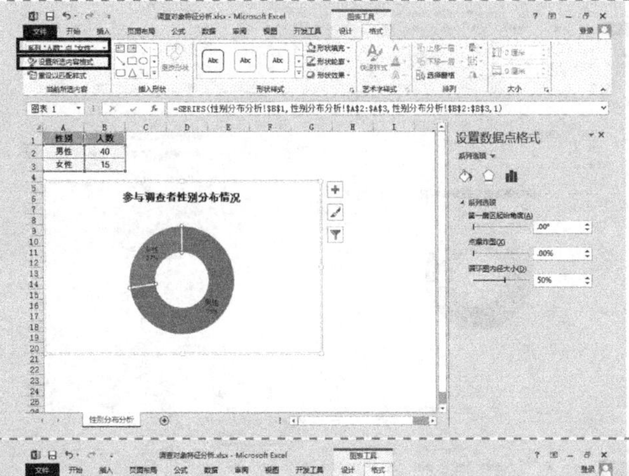

Step 7 设置数据点格式

① 单击数据系列区选中所有系列的数据点。再单击“女性”数据点，选中“系列‘人数’点‘女性’”。

② 在“图表工具-格式”选项卡的“当前所选内容”命令组中，可以看到“图表元素”列表框中选择了“系列‘人数’点‘女性’”。单击“设置所选内容格式”按钮，打开“设置数据点格式”窗格。

③ 依次单击“系列选项”选项→“填充线条”按钮→“填充”选项卡，选中“渐变填充”单选钮，单击“预设渐变”下箭头按钮，在弹出的样式列表中选择“中等渐变-着色 2”。

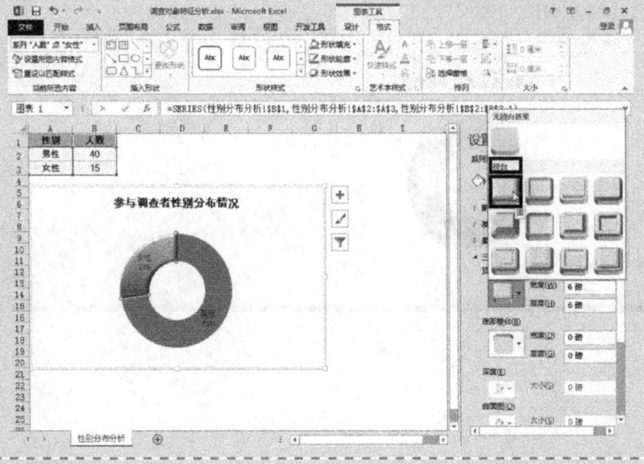

④ 依次单击“系列选项”选项→“效果”按钮→“三维格式”选项卡，单击“顶部棱台”下箭头按钮，在弹出的样式列表中选择“棱台”下方的“圆”。

⑤ 选中“系列‘人数’点‘男性’”，采用类似的方法，设置数据点格式。

Step 8 设置图表区格式

① 选中“图表区”，此时刚刚的“设置数据点格式”窗格改为“设置图表区格式”窗格。

② 依次单击“图表选项”选项→“填充线条”按钮→“边框”选项卡，选中“无线条”单选钮。关闭“设置图表区格式”窗格。

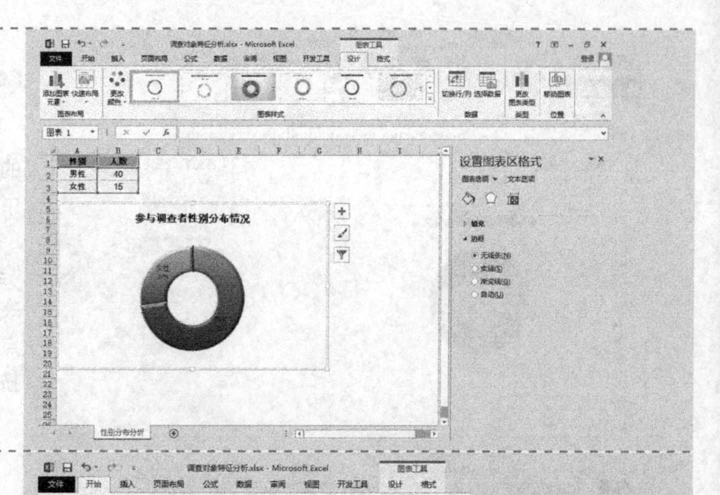

Step 9 设置数据标签格式

选中数据标签，切换到“开始”选项卡，设置字体为“Arial Unicode MS”，设置为加粗，设置字体颜色为“自动”。

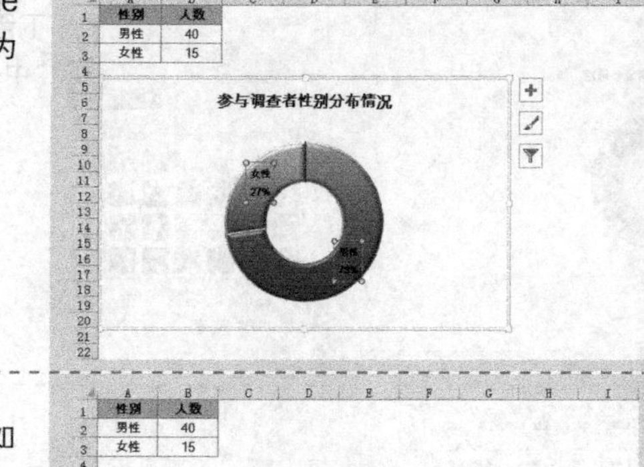

至此，圆环图绘制完毕，效果如图所示。

8.1.2 绘制饼图

Step 1 输入原始数据

插入一个新的工作表，重命名为“年龄分布分析”。选择A1:B5单元格区域，输入原始数据，并美化工作表。

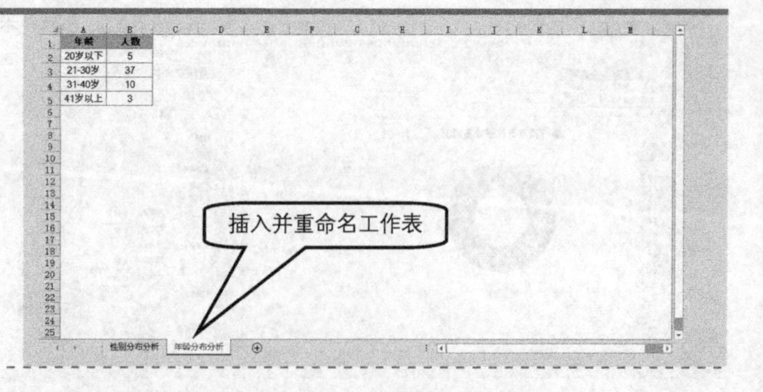

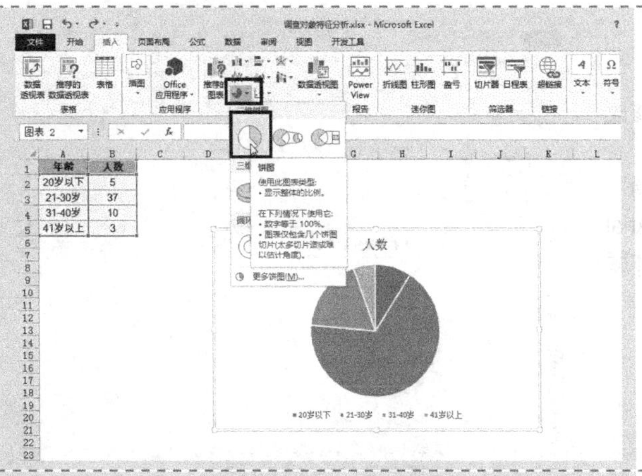

Step 2 插入饼图

在工作表中选择任意非空单元格，如 A2 单元格，切换到“插入”选项卡，单击“图表”命令组中的“插入饼图或圆环图”按钮，在打开的下拉菜单中选择“二维饼图”下的“饼图”。

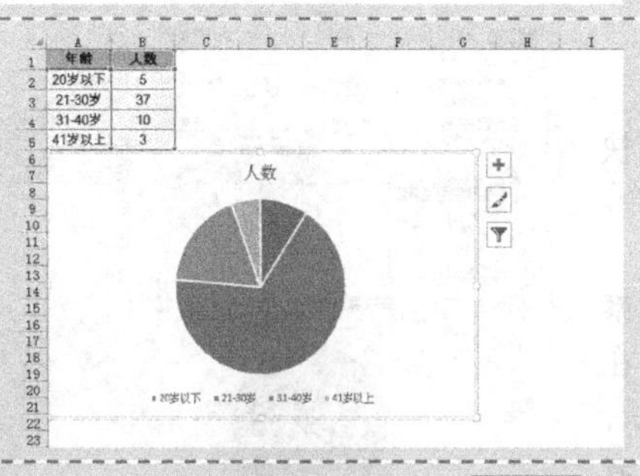

Step 3 调整图表位置

在图表空白位置按住鼠标左键不放，将其拖曳至工作表合适位置。

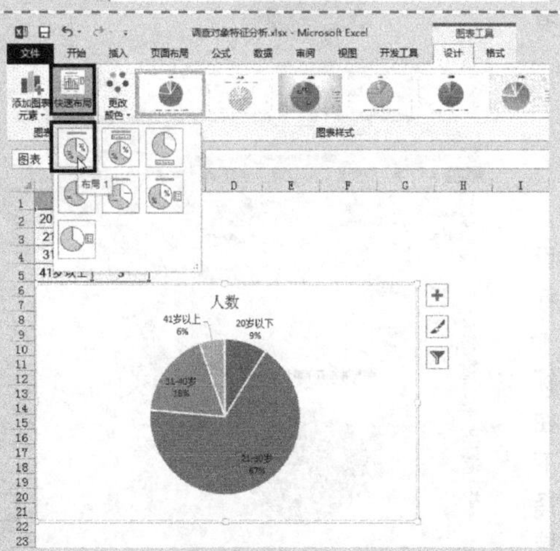

Step 4 设置图表布局

单击“图表工具-设计”选项卡，然后单击“图表布局”命令组中的“快速布局”→“布局 1”样式。

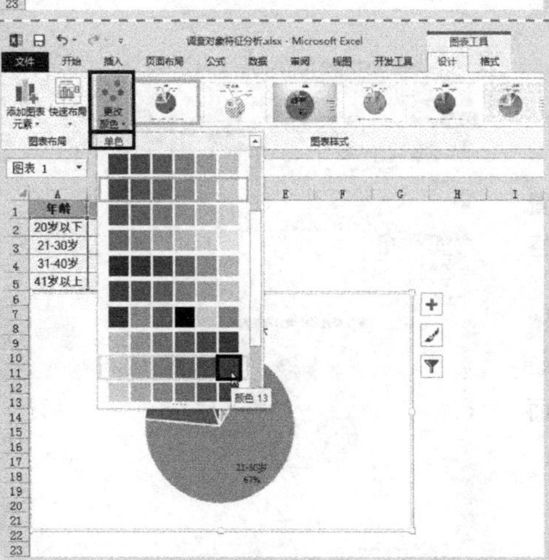

Step 5 更改颜色

单击“图表工具-设计”选项卡，然后单击“图表样式”命令组中的“更改颜色”按钮，在弹出的样式列表中选择“单色”下的“颜色 13”。

Step 6 修改图表标题

① 选中图表标题，将图表标题修改为“参与调查者年龄分布情况”。

② 选中图表标题，切换到“开始”选项卡，设置标题的字体为“Arial Unicode MS”，设置为加粗，设置字体颜色为“自动”。

Step 7 设置数据系列格式

① 右键单击数据系列，在弹出的快捷菜单中选择“设置数据系列格式”命令，打开“设置数据系列格式”窗格。

② 依次单击“系列选项”选项→“系列选项”按钮→“系列选项”选项卡，在“第一扇区起始角度”下方向右拖动滑块，使得微调框中的数字显示为“90”，或者直接在微调框中输入“90”。

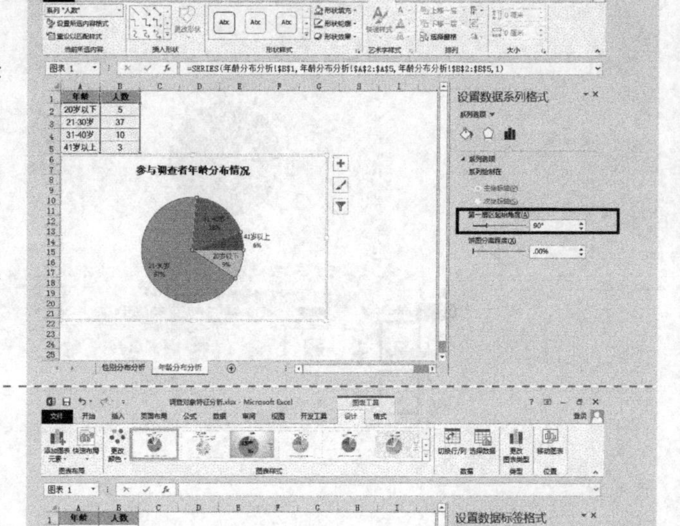

Step 8 设置数据标签格式

① 选中数据标签，此时刚刚的“设置数据系列格式”窗格变为“设置数据标签格式”窗格。

② 依次单击“标签选项”选项→“标签选项”按钮→“标签选项”选项卡，在“标签包括”区域中，单击“分隔符”下箭头按钮，在弹出的下拉列表框中选择“，(逗号)”选项。在“标签位置”区域选中“数据标签外”单选钮。

Step 9 设置图表区格式

① 选中图表区，此时刚刚的“设置数据标签格式”窗格变为“设置图表区格式”窗格。

② 依次单击“图表选项”选项→“填充线条”按钮→“填充”选项卡，然后单击“颜色”下箭头按钮，在弹出的颜色面板中选择“金色，着色 4，淡色 80%”。

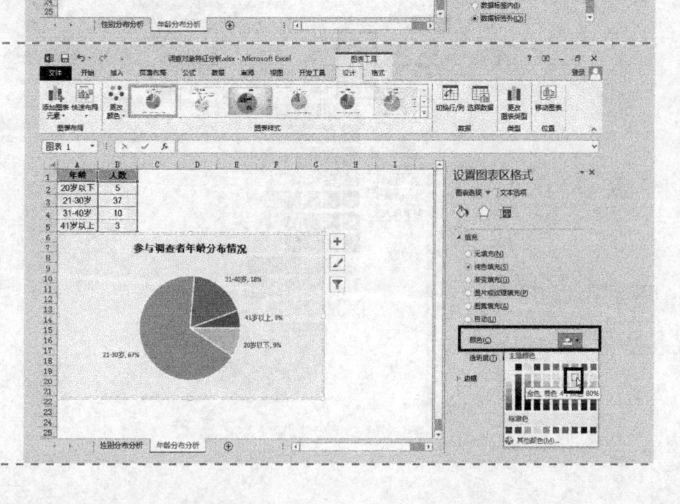

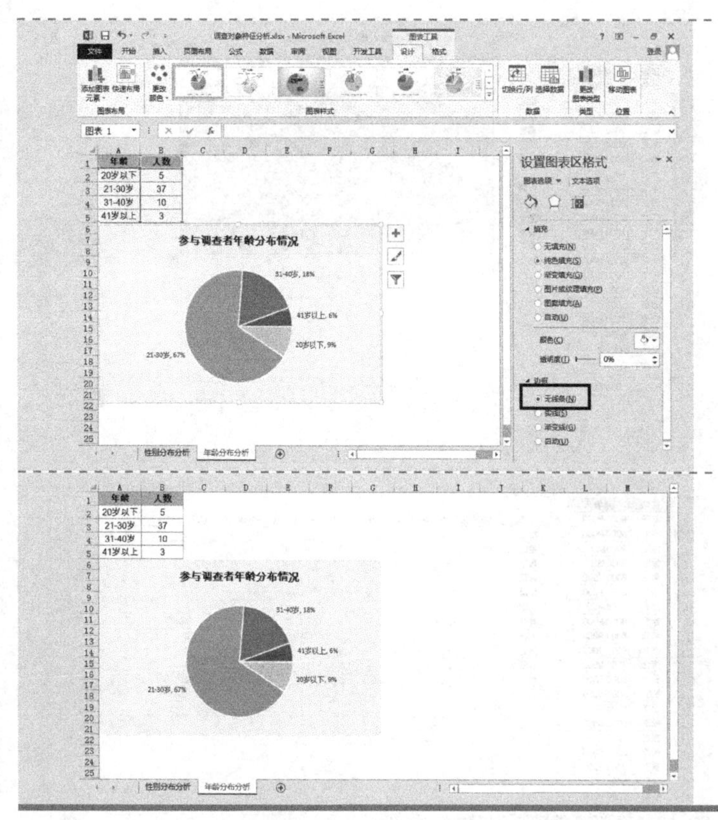

③ 单击“边框”选项卡，选中“无线条”单选钮。关闭“设置图表区格式”窗格。

至此，饼图绘制完毕，效果如图所示。

8.1.3 绘制堆积条形图

Step 1 输入原始数据

插入一个新的工作表，重命名为“消费者购买力分析”。选择 A1:B42 单元格区域，输入原始数据，并美化工作表。

Step 2 输入标题

在 D2:D13 单元格区域内输入表格列各字段标题，在 E2:L2 单元格区域内输入表格行标题各字段，并适当地调整单元格的列宽。

Step 3 分区域统计

① 选中 E3 单元格，输入以下公式，按<Enter>键确认。

```
=SUMPRODUCT(($A$2:$A$42=$D3)*
($B$2:$B$42=E$2))
```

② 选择 E3 单元格，拖曳右下角的填充柄至 J3 单元格；选择 E3:J3 单元格区域，将鼠标指针放在 J3 单元格的右下角，待鼠标指针变为 ╋ 形状后双击，在 E4:J13 单元格区域中快速复制公式。

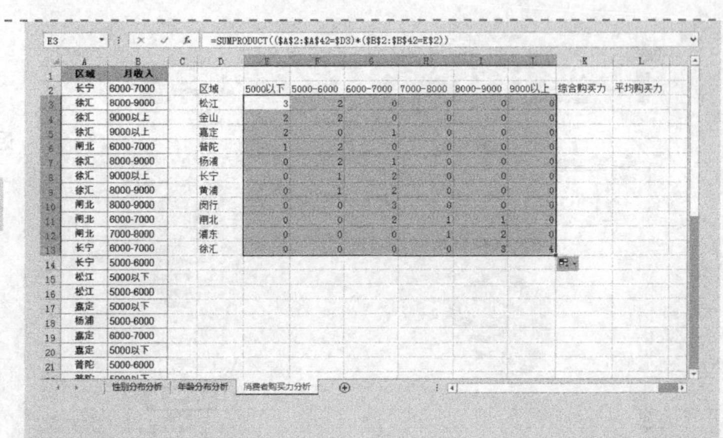

Step 4 计算综合购买力

选中 K3 单元格，输入以下公式，按<Enter>键确认。

```
=E3*1+F3*2+G3*3+H3*4+I3*5+J3*6
```

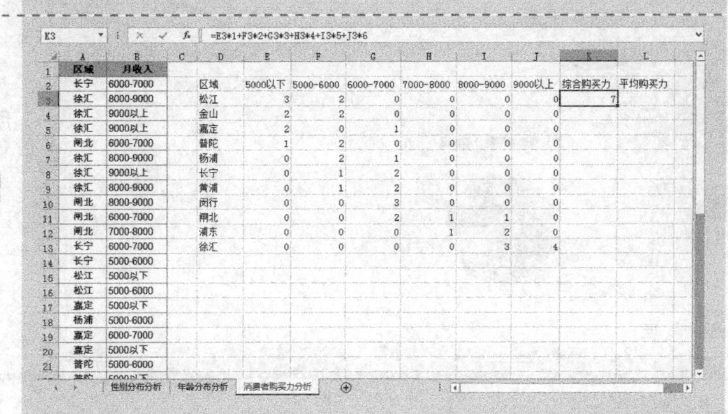

Step 5 计算平均购买力

① 选中 L3 单元格，输入以下公式，按<Enter>键确认。

```
=K3/SUM(E3:J3)
```

② 选中 K3:L3 单元格区域，设置单元格格式为“数值”，“小数位数”为“2”。

Step 6 复制公式

① 选择 K3:L3 单元格区域，将鼠标指针放在 L3 单元格的右下角，待鼠标指针变为 ╋ 形状后双击，在 K4:L13 单元格区域中快速复制公式。

② 美化工作表。

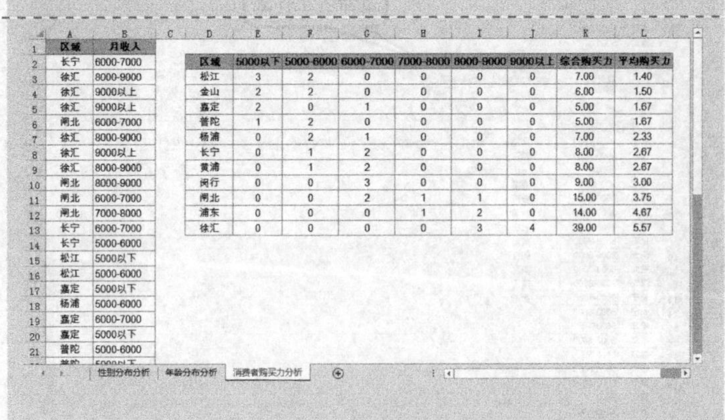

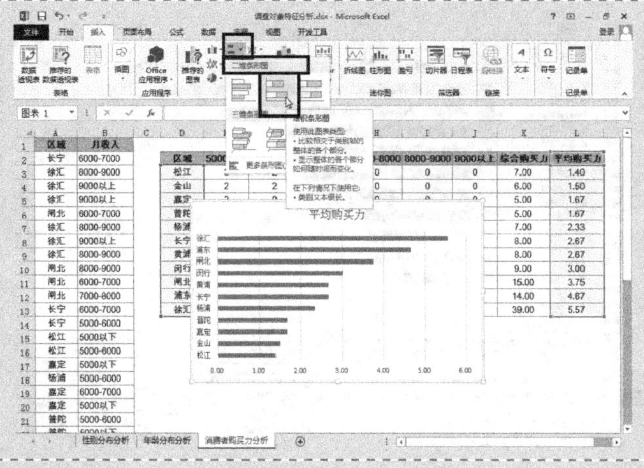

Step 7 选择图表类型

选中 D2:D13 单元格区域，按住 <Ctrl>键，同时选中 L2:L13 单元格区域，单击“插入”选项卡，在“图表”命令组中单击“插入条形图”按钮，在打开的下拉菜单中选择“二维条形图”下的“堆积条形图”。

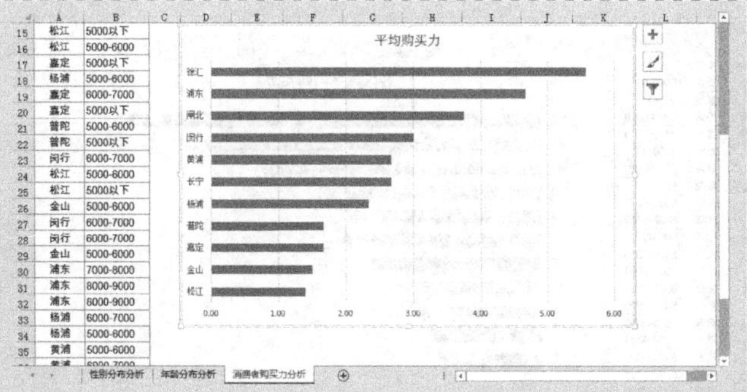

Step 8 调整图表位置和大小

① 在图表空白位置按住鼠标左键，将其拖曳至工作表合适位置。

② 将鼠标指针移至图表的右下角，向外拉动鼠标，待图表调整至合适大小时释放鼠标。

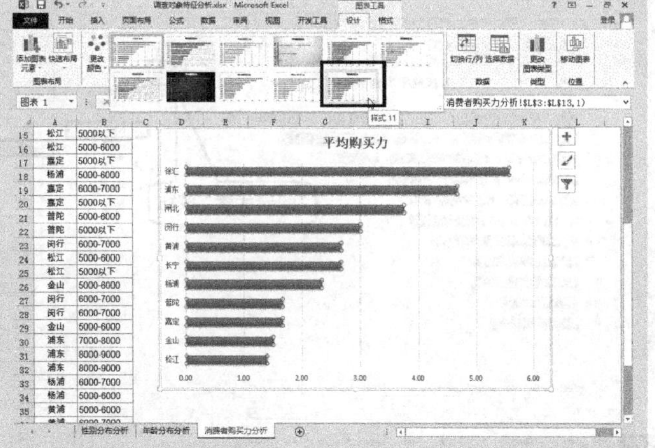

Step 9 设置图表样式

单击“图表工具-设计”选项卡，然后单击“图表样式”列表中的“样式 11”。

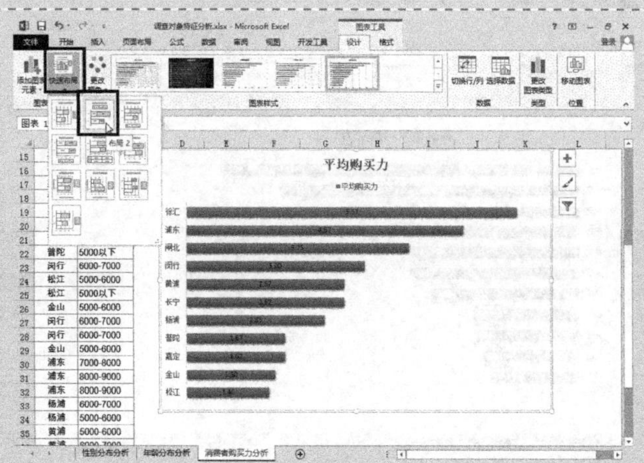

Step 10 设置布局方式

单击“图表工具-设计”选项卡，在“图表布局”命令组中单击“快速布局”→“布局 2”样式。

Step 11 删除图例

选中图例，按<Delete>键即可删除。

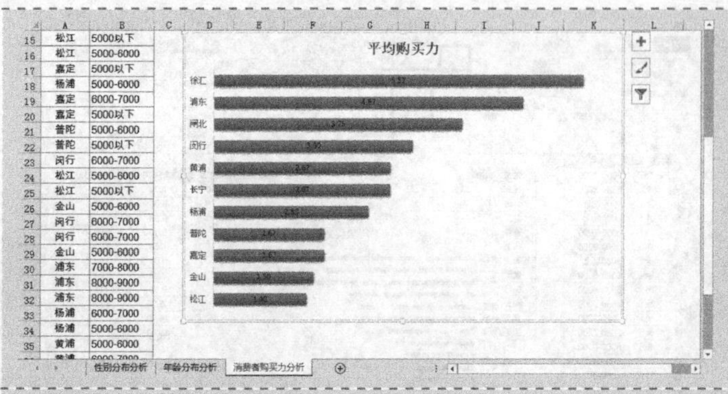

Step 12 修改图表标题

① 选中图表标题，将图表标题修改为“各区域平均购买力”。

② 选中图表标题，切换到“开始”选项卡，设置“字体”为“Arial Unicode MS”，设置字体颜色为“自动”。

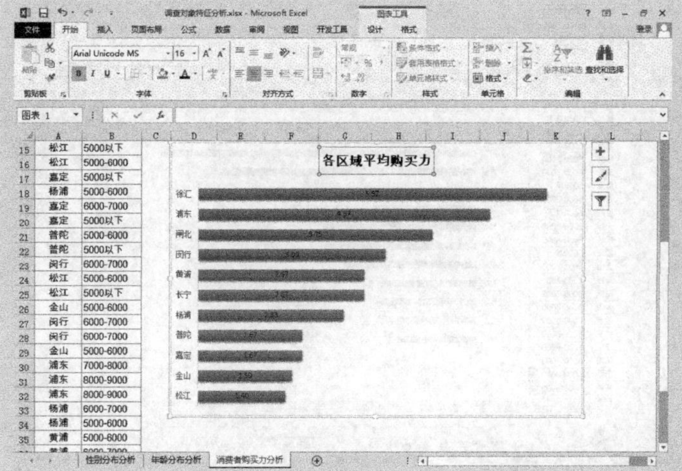

Step 13 设置数据标签格式

① 单击图表边框右侧的“图表元素”按钮，在打开的“图表元素”列表框中单击“数据标签”右侧的三角按钮，在打开的级联列表中选择“数据标签内”。

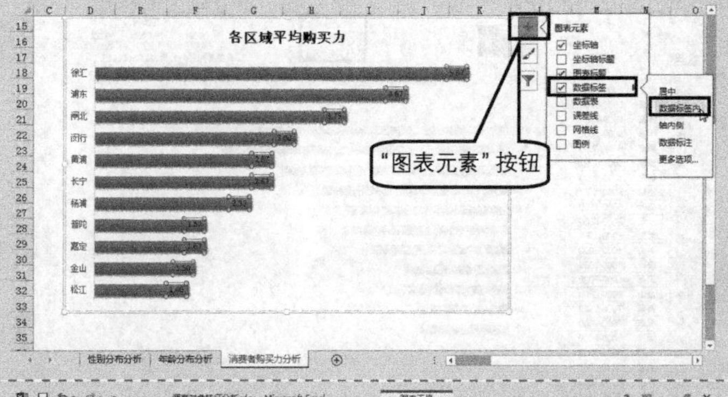

② 选中“数据标签”，切换到“开始”选项卡，设置字体为“Arial Unicode MS”，设置为加粗，设置字体颜色为“白色，背景 1”。

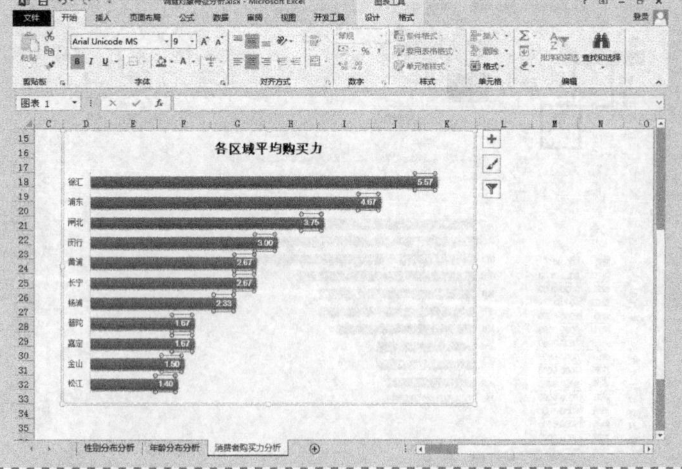

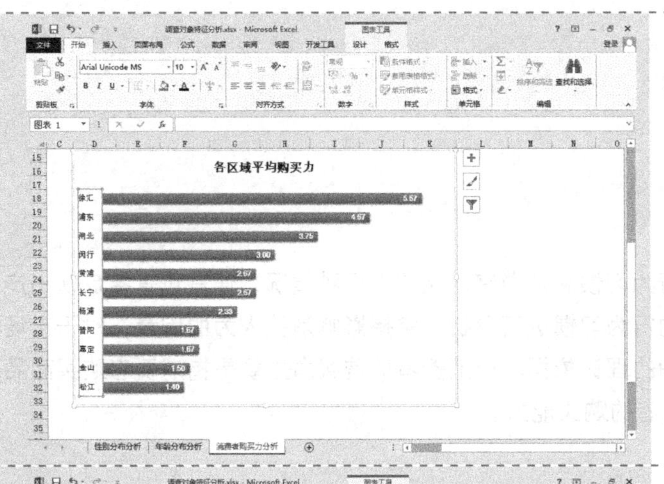

Step 14 设置垂直（类别）轴格式

选中垂直（类别）轴，切换到“开始”选项卡，设置字体为“Arial Unicode MS”，设置字号为“10”，设置字体颜色为“自动”。

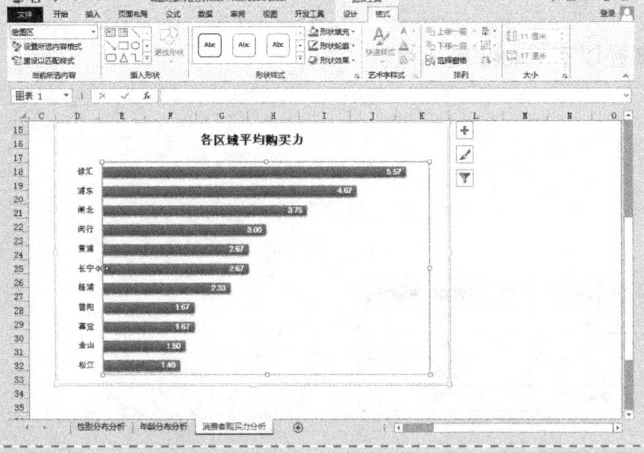

Step 15 调整绘图区大小

选中绘图区，将鼠标指针移至绘图区的左侧中部，待鼠标指针变为⟺形状时，向右拉动鼠标，待绘图区调整至合适大小时，释放鼠标。

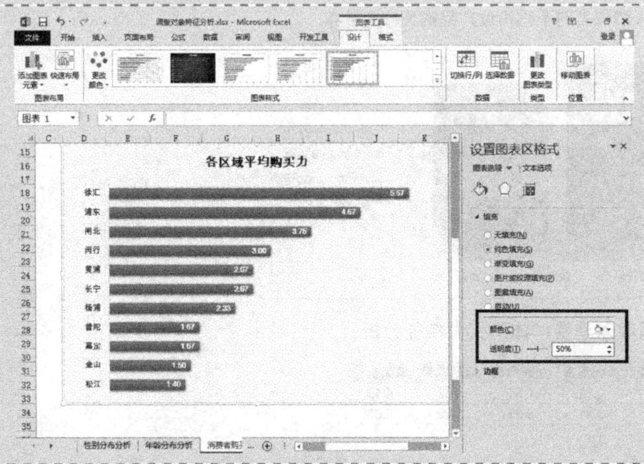

Step 16 设置图表区格式

双击图表区，打开“设置图表区格式”窗格。依次单击“图表选项”选项→“填充线条”按钮→“填充”选项卡，然后单击“颜色”下箭头按钮，在弹出的颜色面板中选择“绿色，着色 6，淡色 80%”。在“透明度”微调框中输入“50”。关闭“设置图表区格式”窗格。

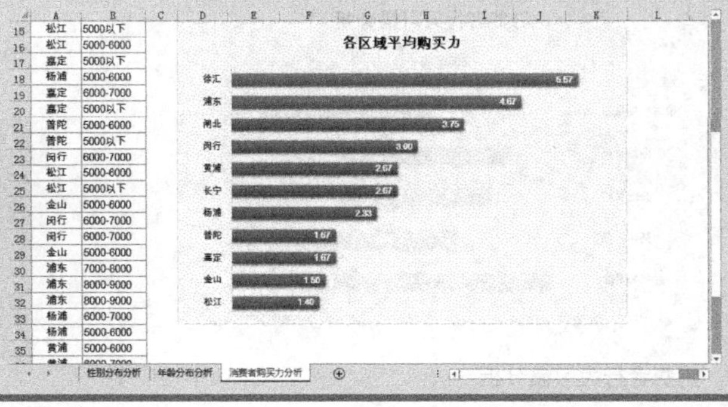

至此，堆积条形图绘制完毕，效果如图所示。

8.2 消费者购买行为分析

案例背景

消费者购买行为分为消费者的行为习惯和消费者的购买力两种情况，通常可直接反映出产品或服务的市场表现。通过对消费者的行为习惯进行分析，掌握影响消费人为的因素，对于市场细分、选择目标市场及定位能提供准确的理论依据。而消费者的购买力主要是指消费者购买商品的能力。本节将举例分析不同区域消费者的购买能力。

关键技术点

要实现本例中的功能，读者应当掌握以下 Excel 技术点。

- 三维堆积柱形图
- 堆积条形图

最终效果展示

产品价格	收入2000元以下	收入为2000-5000元
1500以下	15%	2%
1500-3000元	25%	15%
3000-4000元	8%	20%
4000-5000元	2%	7%

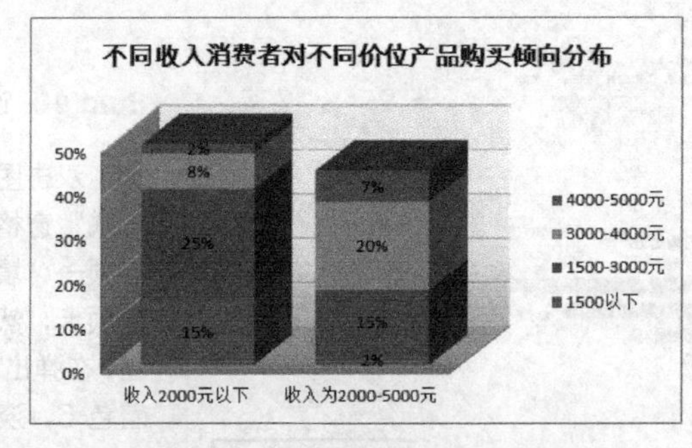

不同收入消费群体购买力特征分析

性别	人数	品牌知名度	商场规模	交通便利	商品质量	商品价格
男性	14	0.87	0.32	0.51	0.62	0.15
女性	18	0.45	0.44	0.25	0.29	0.63

项目	男性	女性
品牌知名度	-12.18	8.10
商场规模	-4.48	7.92
交能便利	-7.14	4.50
商品质量	-8.68	5.22
价格购买倾向	-2.10	11.34

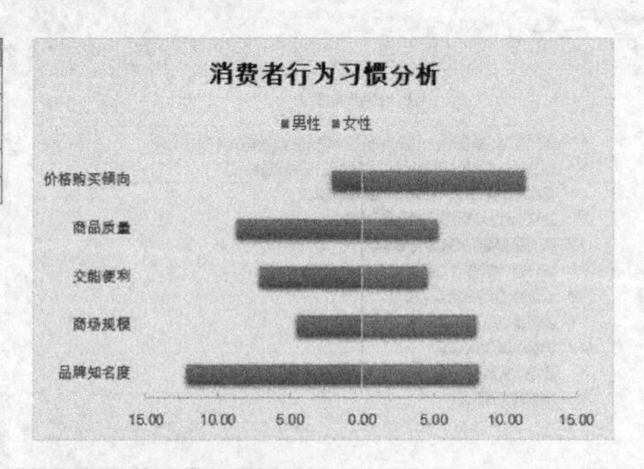

消费者行为习惯分析

示例文件

光盘\示例文件\第 8 章\消费者购买行为分析.xlsx

8.2.1 绘制三维堆积柱形图

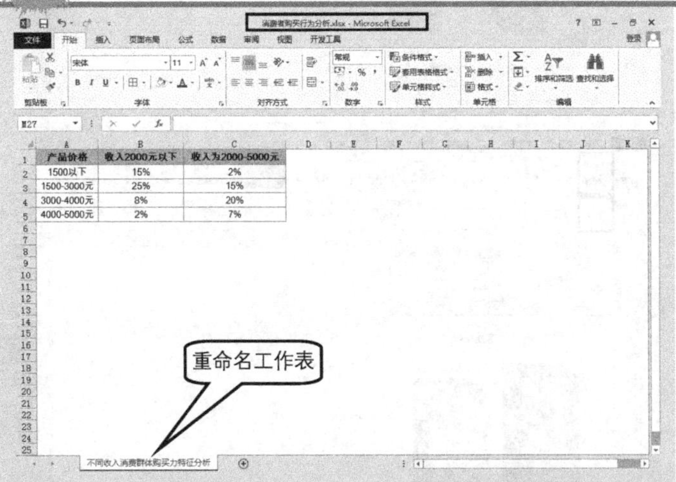

Step 1 新建工作簿

启动 Excel 自动新建一个工作簿，保存并命名为“消费者购买行为分析”，将“Sheet1”工作表重命名为“不同收入消费群体购买力特征分析”。

Step 2 输入原始数据并美化工作表

① 在“不同收入消费群体购买力特征分析”工作表中的 A1:C5 单元格区域内输入原始数据。

② 美化工作表。

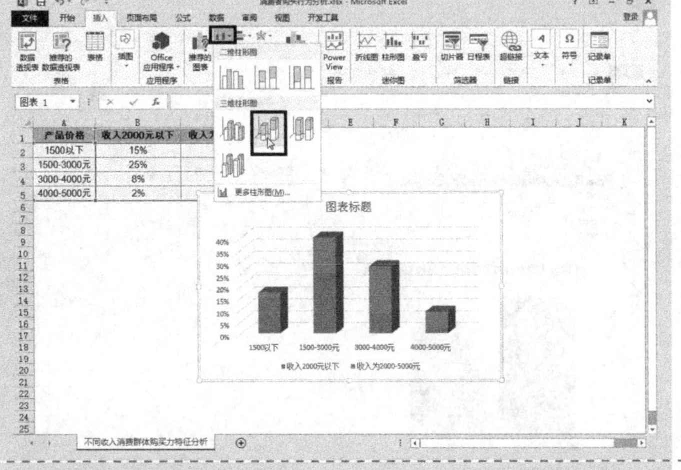

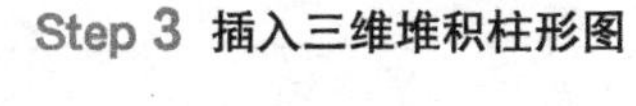

选中 A1:C5 单元格区域，单击“插入”选项卡，在“图表”命令组中单击“插入柱形图”按钮，在打开的下拉菜单中选择“三维柱形图”下的“三维堆积柱形图”。

Step 4 调整图表位置和大小

① 在图表空白位置按住鼠标左键，将其拖曳至工作表合适位置。

② 将鼠标指针移至图表的右下角，向外拉动鼠标，待图表调整至合适大小时释放鼠标。

Step 5 切换行/列

单击“图表工具-设计”选项卡，在“数据”命令组中单击“切换行/列”按钮。

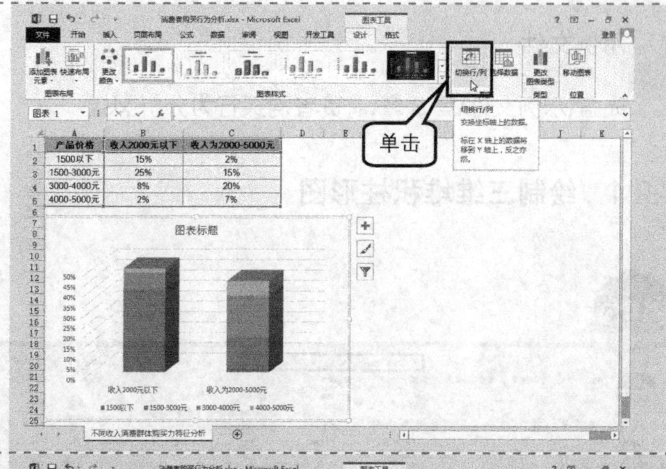

Step 6 设置布局方式

单击“图表工具-设计”选项卡，在“图表布局”命令组中单击“快速布局”→“布局 1”样式。

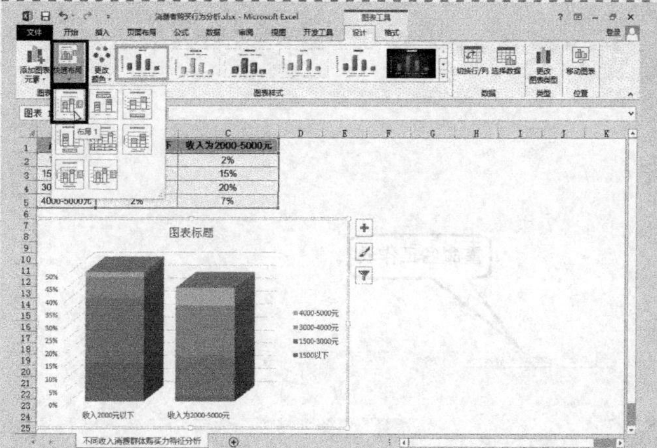

Step 7 修改图表标题

选中图表标题，将图表标题修改为“不同收入消费者对不同价位产品购买倾向分布”，设置字体为“Arial Unicode MS”，设置为加粗，设置字体颜色为“自动”。

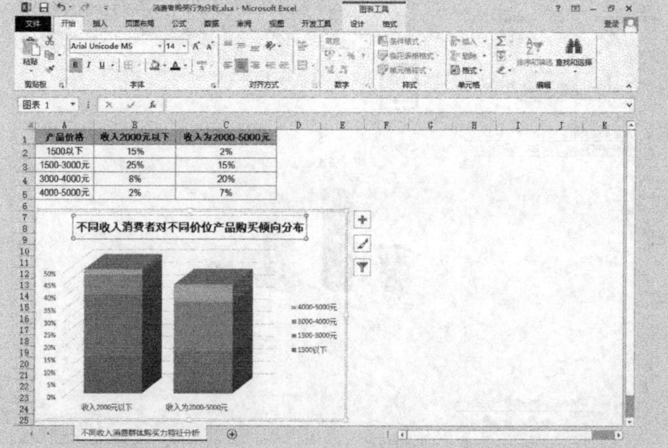

Step 8 添加数据标签

单击图表边框右侧的“图表元素”按钮，在打开的“图表元素”列表框中勾选“数据标签”复选框。

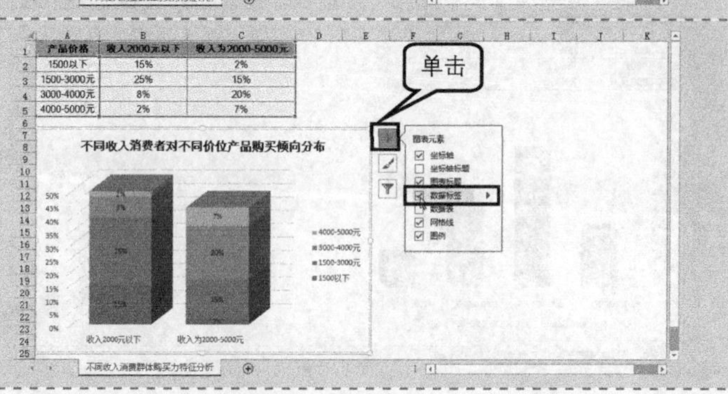

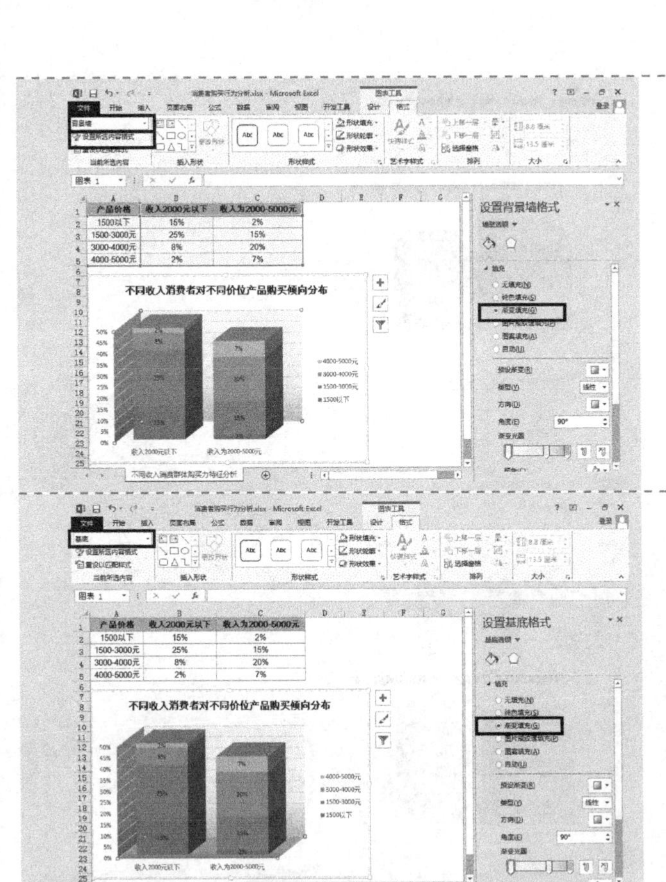

Step 9 设置背景墙格式

① 选择“图表工具-格式”选项卡，在“当前所选内容”命令组的“图表元素”下拉列表框中选择“背景墙”选项，单击“设置所选内容格式”按钮，打开“设置背景墙格式”窗格。

② 依次单击“墙壁选项”选项→“填充线条”按钮→“填充”选项卡，选中“渐变填充”单选钮。

Step 10 设置基底格式

① 在“当前所选内容”命令组的“图表元素”下拉列表框中选择“基底”选项，此时“设置背景墙格式”窗格就变为“设置基底格式”窗格。

② 依次单击“基底选项”选项→“填充线条”按钮→“填充”选项卡，选中“渐变填充”单选钮。

由于基底与背景墙设置了完全相同的渐变填充效果，因此在三维堆积柱形图中，这两者很好地融合起来，非常美观。

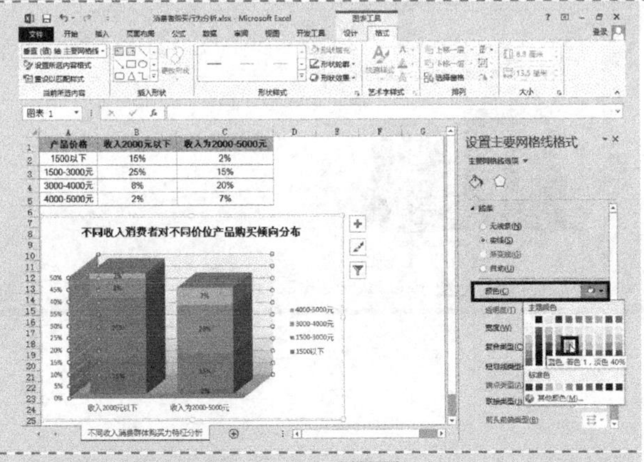

Step 11 设置网格线格式

① 在图表中单击垂直轴网格线，此时“设置基底格式”窗格变为“设置主要网格线格式”窗格。

② 依次单击“主要网格线选项”选项→“填充线条”按钮，单击“颜色”下箭头按钮，在弹出的颜色面板中选择“蓝色，着色 1，淡色 40%”。

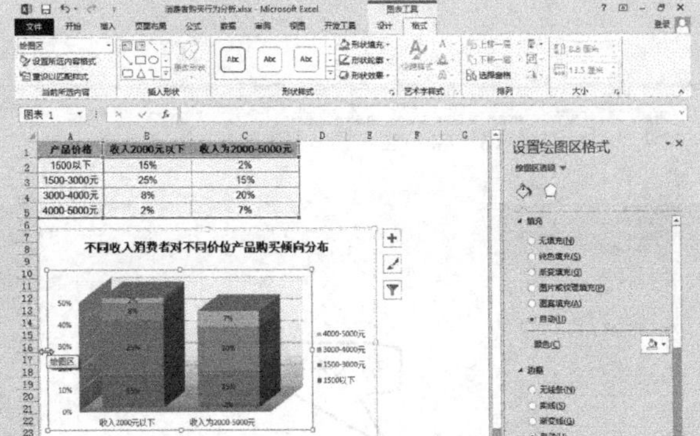

Step 12 调整绘图区大小

选中绘图区，将鼠标指针移至绘图区的上侧中部和左侧中部，待鼠标指针变为↕或⇔形状时，向下或向右拖动鼠标，待绘图区调整至合适大小时释放鼠标。

Step 13 设置图表区格式

① 选中图表区，此时刚刚的“设置绘图区格式”窗格变为“设置图表区格式”窗格。

② 依次单击“图表选项”选项→“填充线条”按钮→“填充”选项卡，然后单击“颜色”下箭头按钮，在弹出的颜色面板中选择“白色，背景 1，深色 5%”。关闭“设置图表区格式”窗格。

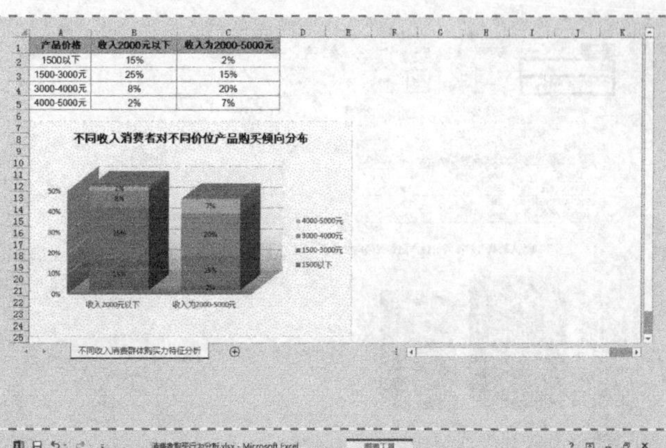

Step 14 设置图例格式

选中图例，切换到“开始”选项卡，设置字体为“Arial Unicode MS”。

Step 15 设置水平（类别）轴格式

选中水平（类别）轴，切换到“开始”选项卡，设置字体为“Arial Unicode MS”。

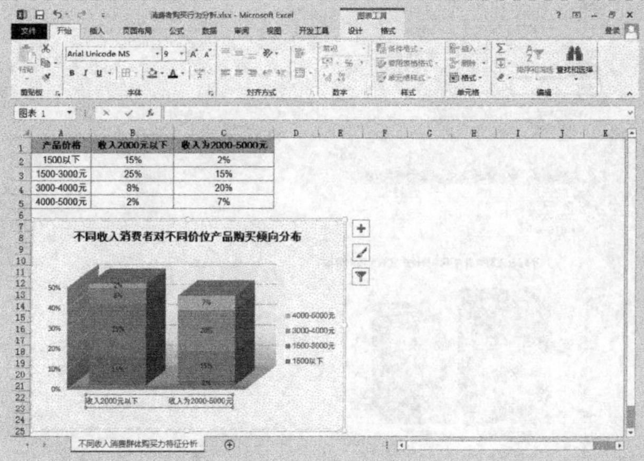

至此，三维堆积柱形图绘制完毕，效果如图所示。

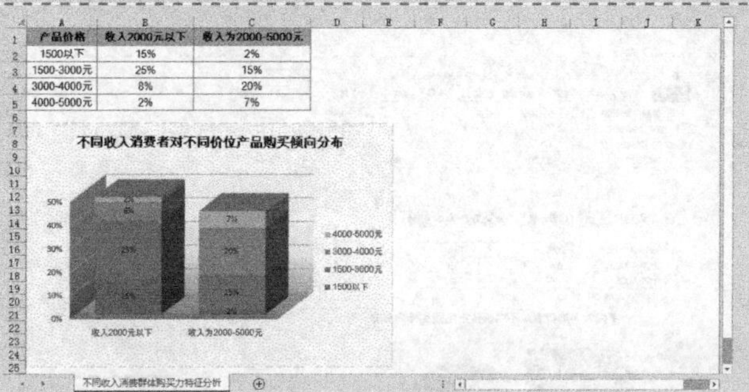

8.2.2 绘制堆积条形图

Step 1 输入原始数据

① 插入一个新的工作表，重命名为“消费者行为习惯分析”，在 A1:G3 单元格区域内输入原始数据。

② 在 A6:C6 单元格区域内输入表格列标题，在 A7:A11 单元格区域内输入表格行标题。适当地调整表格列宽。

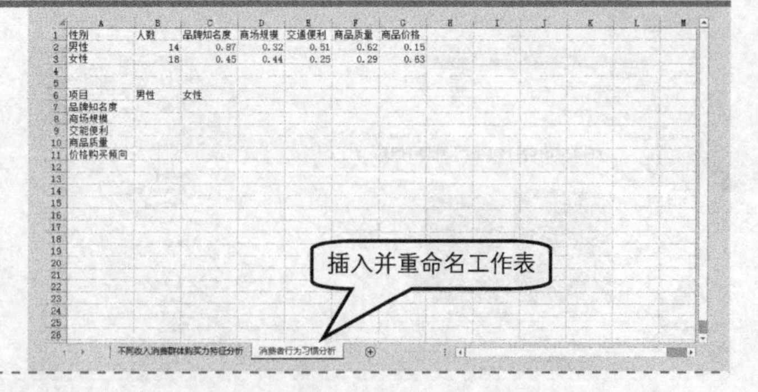

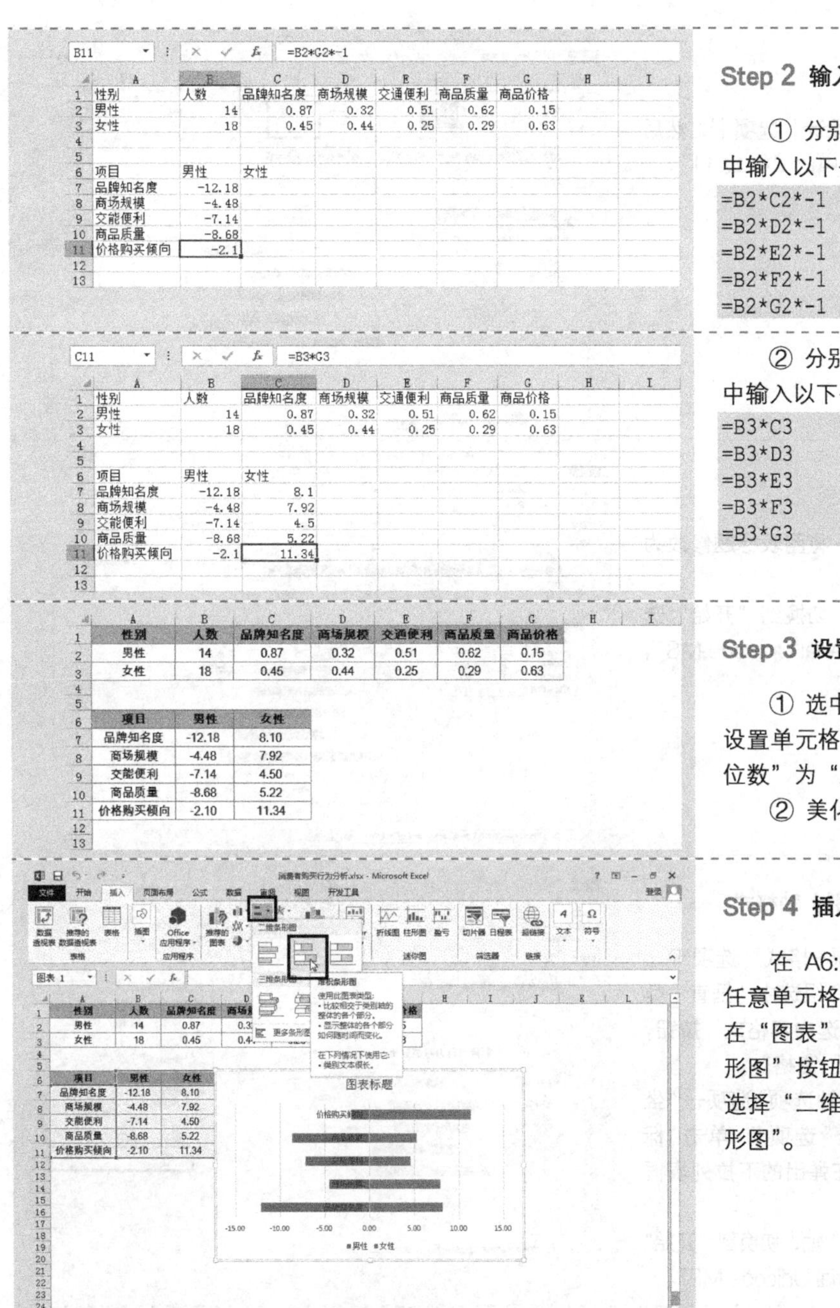

Step 2 输入公式

① 分别在 B7:B11 单元格区域中输入以下公式。

```
=B2*C2*-1
=B2*D2*-1
=B2*E2*-1
=B2*F2*-1
=B2*G2*-1
```

② 分别在 C7:C11 单元格区域中输入以下公式。

```
=B3*C3
=B3*D3
=B3*E3
=B3*F3
=B3*G3
```

Step 3 设置单元格格式

① 选中 B7:C11 单元格区域，设置单元格格式为“数值”，“小数位数”为“2”。

② 美化工作表。

Step 4 插入堆积条形图

在 A6:C11 单元格区域中选择任意单元格，单击“插入”选项卡，在“图表”命令组中单击“插入条形图”按钮，在打开的下拉菜单中选择“二维条形图”下的“堆积条形图”。

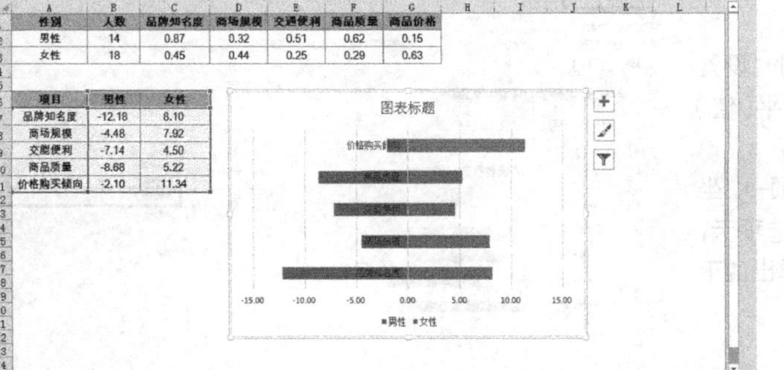

Step 5 调整图表位置和大小

① 在图表空白位置按住鼠标左键，将其拖曳至工作表合适位置。

② 将鼠标指针移至图表的右下角，向外拉动鼠标，待图表调整至合适大小时释放鼠标。

Step 6 设置图表样式

单击“图表工具-设计”选项卡，然后单击“图表样式”列表中的“样式 11”。

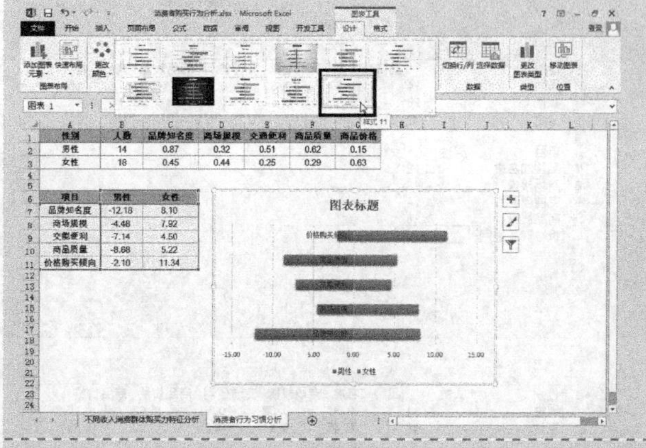

Step 7 修改图表标题

① 选中图表标题，将图表标题修改为“消费者行为习惯分析”。

② 选中图表标题，切换到“开始”选项卡，设置“字体”为“Arial Unicode MS”，设置字体颜色为“自动”。

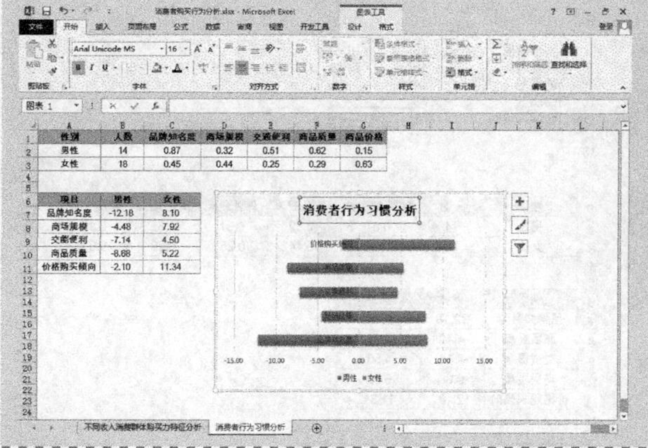

Step 8 设置垂直（类别）轴格式

① 选择“图表工具-格式”选项卡，在“当前所选内容”命令组选中“垂直（类别）轴”，单击“设置所选内容格式”按钮，打开“设置坐标轴格式”窗格。

② 依次单击“坐标轴选项”选项→“坐标轴选项”按钮→“标签”选项卡，单击“标签位置”下箭头按钮，在弹出的下拉列表框中选择“低”选项。

③ 选中垂直（类别）轴，切换到“开始”选项卡，设置字体为“Arial Unicode MS”。

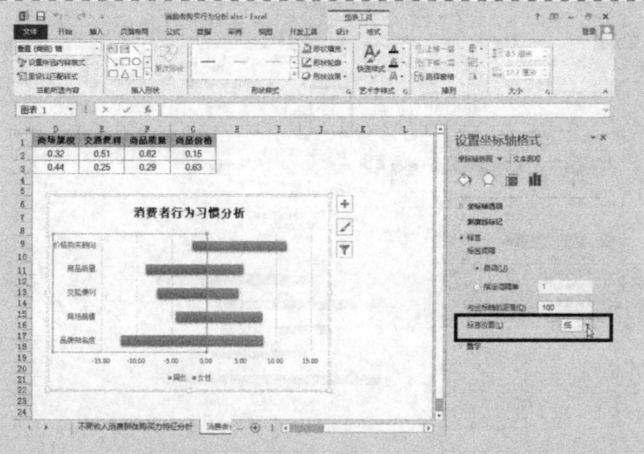

Step 9 设置水平（值）轴格式

① 选择“水平（值）轴”，此时“设置坐标轴格式”窗格将要设置的是“水平（值）轴”格式。

② 依次单击“坐标轴选项”选项→“坐标轴选项”按钮→“刻度线标记”选项卡，单击“主要类型”下箭头按钮，在弹出的下拉列表框中选择“内部”选项。

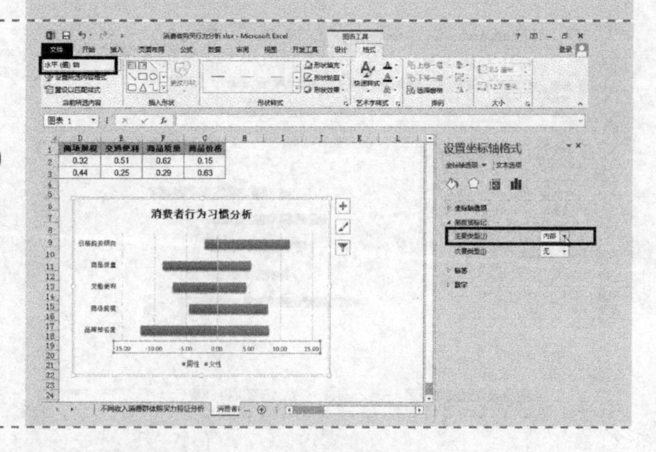

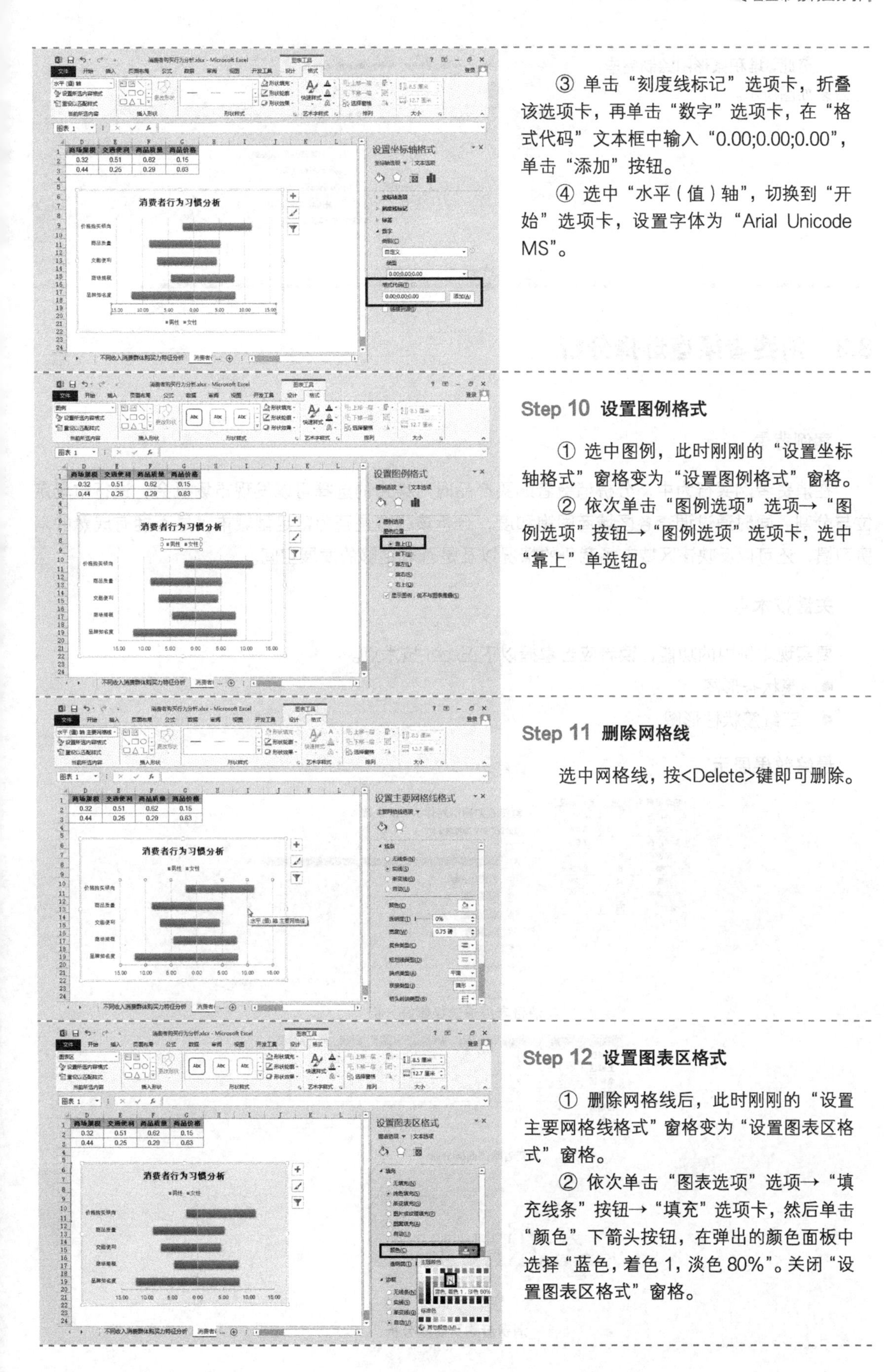

③ 单击“刻度线标记”选项卡，折叠该选项卡，再单击“数字”选项卡，在“格式代码”文本框中输入“0.00;0.00;0.00”，单击“添加”按钮。

④ 选中“水平（值）轴”，切换到“开始”选项卡，设置字体为“Arial Unicode MS”。

Step 10 设置图例格式

① 选中图例，此时刚刚的“设置坐标轴格式”窗格变为“设置图例格式”窗格。

② 依次单击“图例选项”选项→“图例选项”按钮→“图例选项”选项卡，选中“靠上”单选钮。

Step 11 删除网格线

选中网格线，按<Delete>键即可删除。

Step 12 设置图表区格式

① 删除网格线后，此时刚刚的“设置主要网格线格式”窗格变为“设置图表区格式”窗格。

② 依次单击“图表选项”选项→“填充线条”按钮→“填充”选项卡，然后单击“颜色”下箭头按钮，在弹出的颜色面板中选择“蓝色，着色 1，淡色 80%”。关闭“设置图表区格式”窗格。

至此，堆积条形图绘制完毕，效果如图所示。

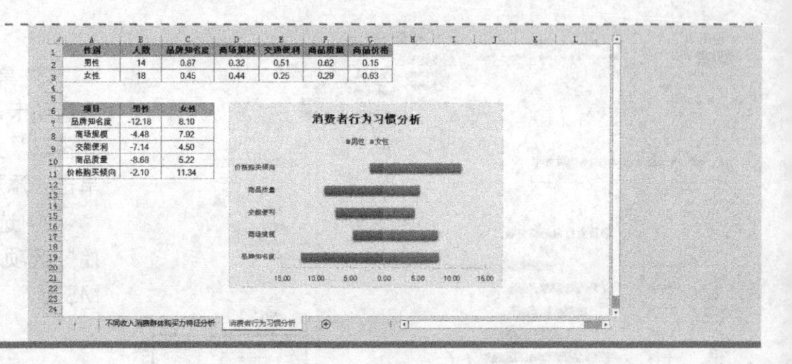

性别	人数	品牌知名度	商场规模	交通便利	商品质量	商品价格
男性	14	0.87	0.32	0.51	0.62	0.15
女性	18	0.45	0.44	0.25	0.29	0.63

项目	男性	女性
品牌知名度	-12.18	8.10
商场规模	-4.48	7.92
交能便利	-7.14	4.50
商品质量	-8.68	5.22
价格购买倾向	-2.10	11.34

8.3 消费者渠道选择分析

案例背景

在消费者购买行为中，分析消费者购买产品时对渠道的选择可以发现市场机会，进行市场定位与分割。同时通过调查各区域商圈饱和度，分析该区域是否为富足型城市，是否拥有成熟的消费习惯，还可以反映该区域市场竞争的情况以及是否有足够的发展空间。

关键技术点

要实现本例中的功能，读者应当掌握以下 Excel 技术点。

- 簇状条形图
- 三维簇状柱形图

最终效果展示

销售渠道	人数	比例情况
户外广告	4	4.3%
口碑	5	5.4%
卖场广告	7	7.5%
电视	8	8.6%
广播	8	8.6%
报纸	11	11.8%
网络媒体	50	53.8%
合计：	93	

消费者渠道选择偏好分析

城市	乐购	易初莲花	世纪联华	家乐福	欧尚	大润发	合计
下城区	1	1	2	2	1	1	8
上城区	1	0	3	4	0	4	12
余杭区	3	3	1	3	1	2	13
拱墅区	1	2	0	2	0	1	6
西湖区	1	5	2	8	0	5	21
合计：	7	11	8	19	2	13	60

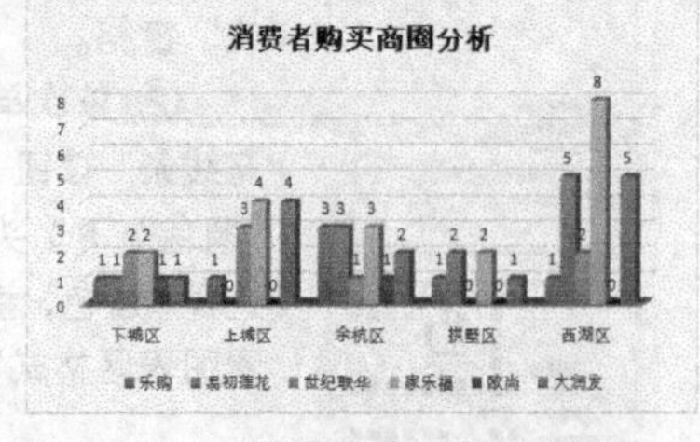

消费者购买商圈分析

示例文件

光盘\示例文件\第 8 章\消费者渠道选择分析.xlsx

8.3.1 绘制簇状条形图

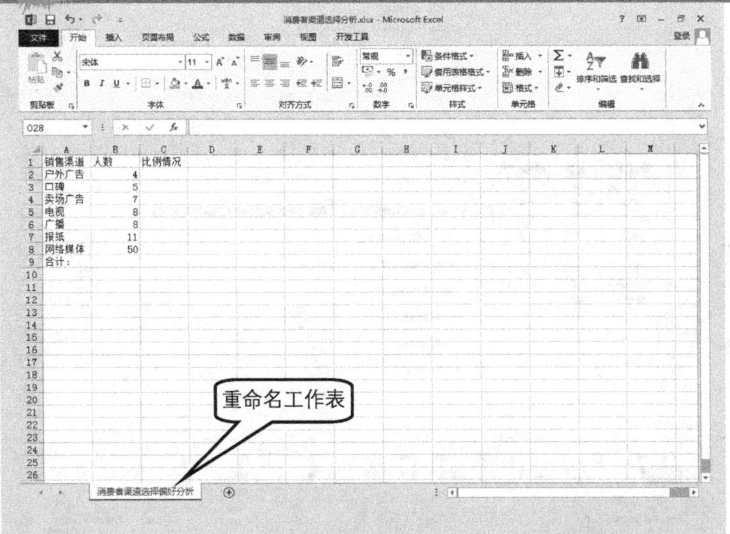

Step 1 新建工作簿

启动 Excel 自动新建一个工作簿，保存并命名为“消费者渠道选择分析”，将“Sheet1”工作表重命名为“消费者渠道选择偏好分析”。

Step 2 输入表格各字段标题和原始数据

在 A1:C1 单元格区域内输入表格行标题，在 A2:A9 单元格区域内输入表格列标题，在 B2:B8 单元格区域内输入原始数据。

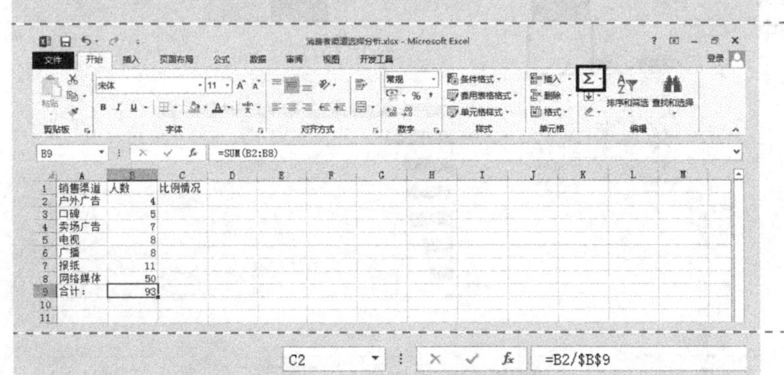

Step 3 计算合计

选中 B9 单元格，切换到“开始”选项卡，在“编辑”命令组中单击“求和”按钮，按<Enter>键输入。

C2 =B2/$B$9

	A	B	C
1	销售渠道	人数	比例情况
2	户外广告	4	4.3%
3	口碑	5	5.4%
4	卖场广告	7	7.5%
5	电视	8	8.6%
6	广播	8	8.6%
7	报纸	11	11.8%
8	网络媒体	50	53.8%
9	合计：	93	

Step 4 计算比例情况

① 选中 C2 单元格，输入以下公式，按<Enter>键确认。

```
=B2/$B$9
```

② 选中 C2 单元格，在“数字”命令组中单击“百分比样式”按钮，单击“增加小数位数”按钮。

③ 选中 C2 单元格，拖曳右下角的填充柄至 C8 单元格。

④ 美化工作表。

Step 5 插入簇状条形图

按住<Ctrl>键，同时选中 A1:A8 和 C1:C8 单元格区域，单击“插入”选项卡，在“图表”命令组中单击“插入条形图”按钮，在打开的下拉菜单中选择“二维条形图”下的“簇状条形图”。

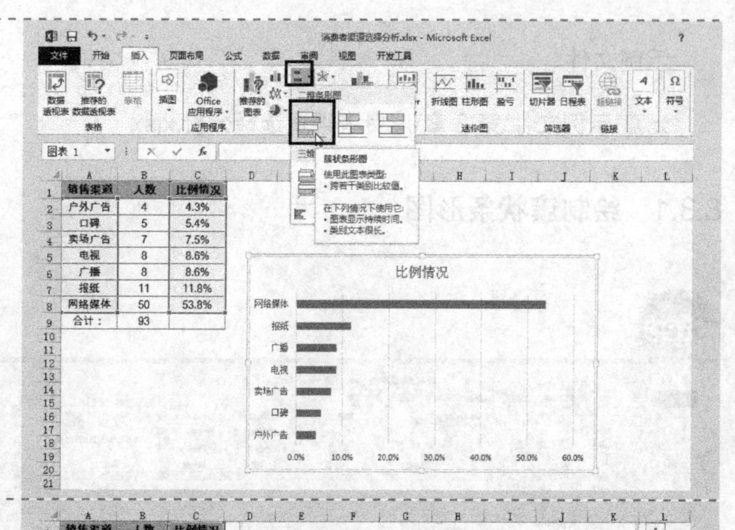

Step 6 调整图表位置和大小

① 在图表空白位置按住鼠标左键，将其拖曳至工作表合适位置。

② 将鼠标指针移至图表的右下角，向外拉动鼠标，待图表调整至合适大小时释放鼠标。

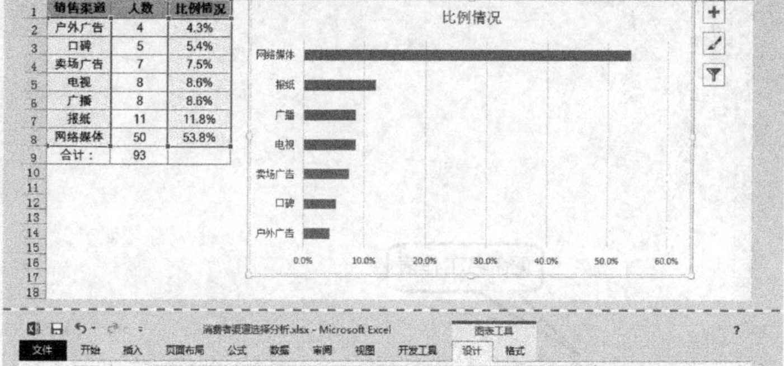

Step 7 设置图表样式

单击“图表工具-设计”选项卡，然后单击“图表样式”列表中的“样式 13”。

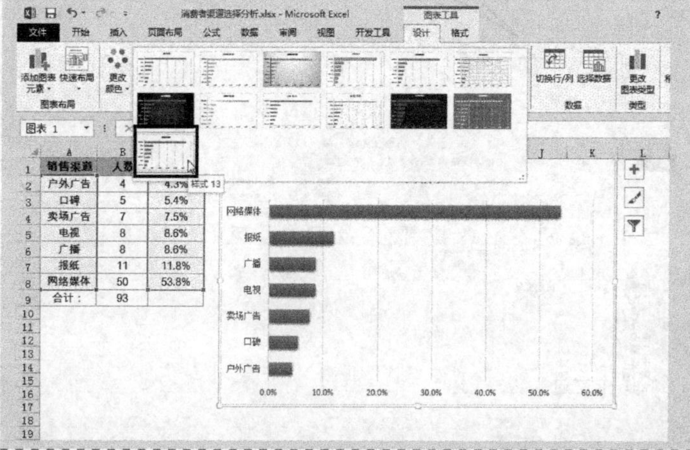

Step 8 修改图表标题

① 选中图表标题，修改为“消费者对网络媒体认知度最高”。

② 选中图表标题，切换到“开始”选项卡，设置“字体”为“Arial Unicode MS”，设置字体颜色为“自动”。

③ 向左拖动图表标题。

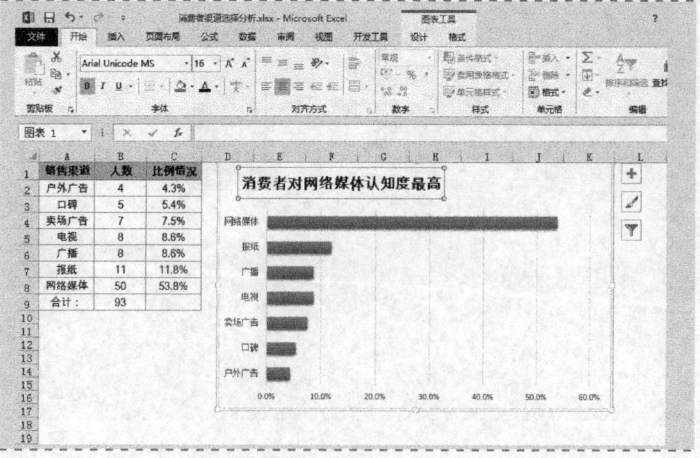

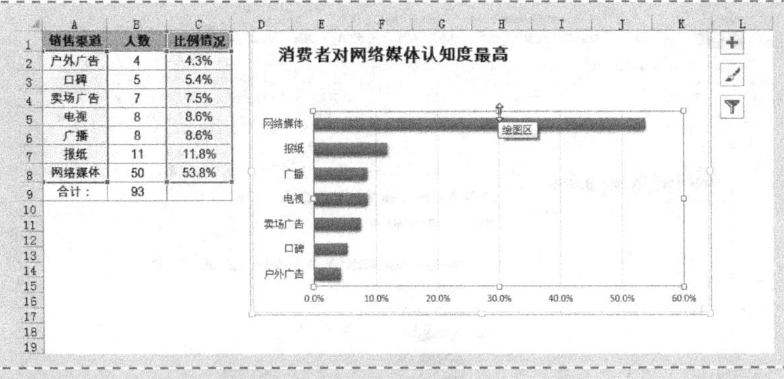

Step 9 调整绘图区大小

选中绘图区，将鼠标指针移至绘图区的上侧中部和左侧中部，待鼠标指针变为⇕或⇔形状时，向下或向右拖动鼠标，待绘图区调整至合适大小时释放鼠标。

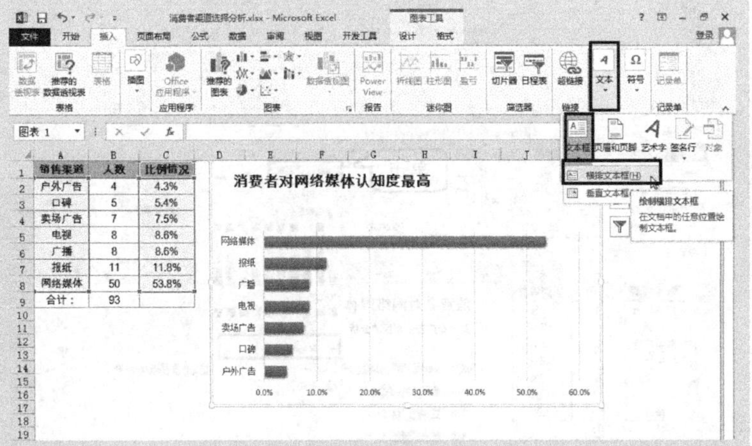

Step 10 插入文本框

① 选中 A1 单元格，单击“插入”选项卡，在“文本”命令组中单击“文本框”→“横排文本框”命令。

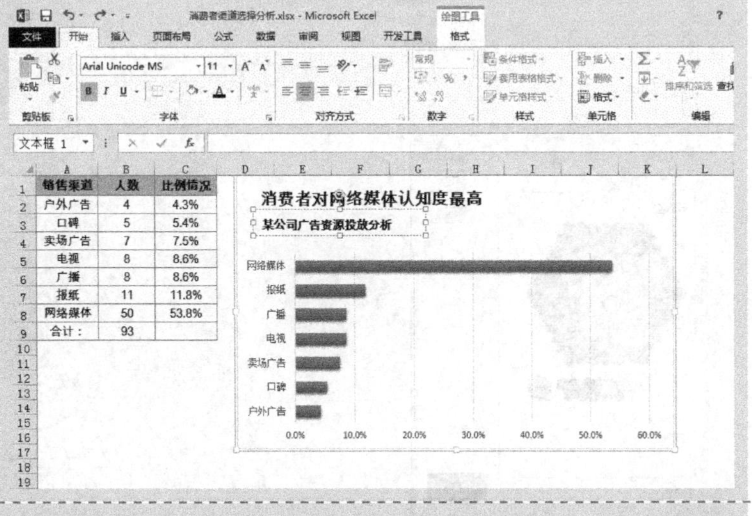

② 将鼠标指针移至左上角图表标题下方，此时鼠标指针变成↓形状，单击并拖动鼠标选定文本框的大小，释放鼠标后文本框的边框会呈阴影状。在文本框内输入“某公司广告资源投放分析”。

③ 选中文本框，在“开始”选项卡的“字体”命令组中设置字体为“Arial Unicode MS”，设置字体颜色为“自动”。

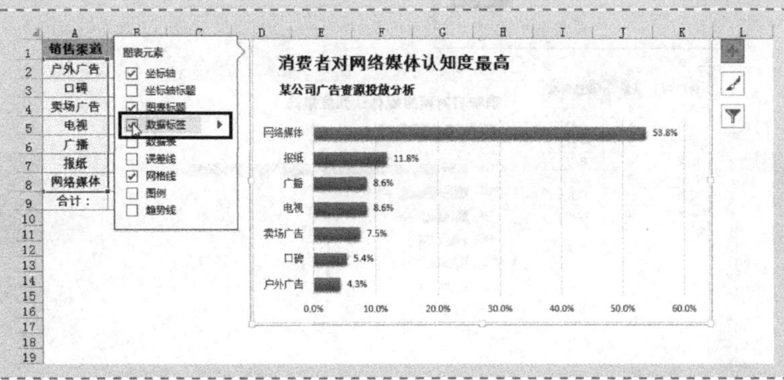

Step 11 设置数据标签

单击图表边框右侧的“图表元素”按钮，在打开的“图表元素”列表中勾选“数据标签”复选框。

Step 12 设置垂直（类别）轴格式

选中垂直（类别）轴，切换到“开始”选项卡，设置字体为“Arial Unicode MS”，设置字号为“10”。

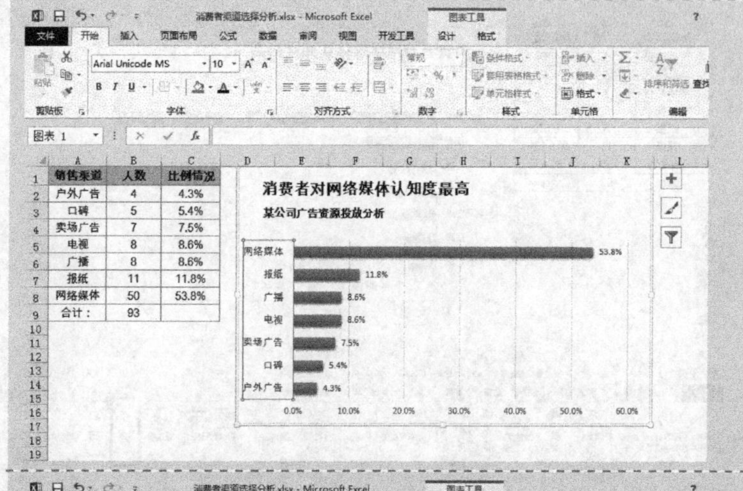

Step 13 设置图表区格式

选中图表区，在“图表工具-格式”选项卡的“形状样式”命令组中单击“形状填充”按钮，在弹出的下拉菜单中选择“其他填充颜色”命令，弹出“颜色”对话框。

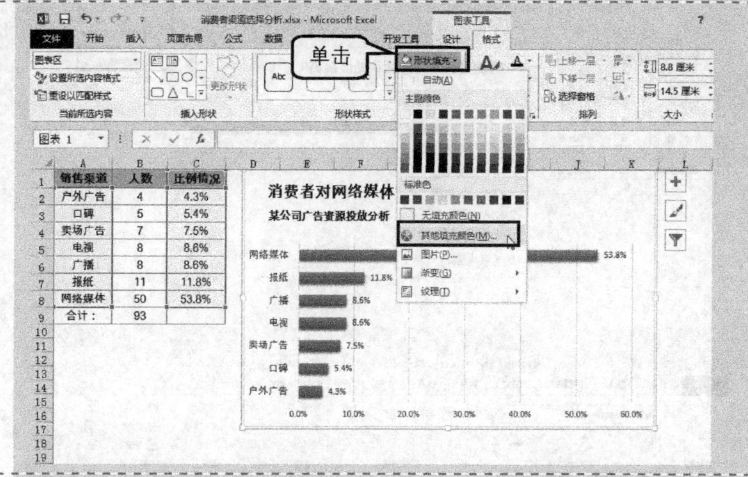

切换到“标准”选项卡，选择合适的颜色，单击“确定”按钮。

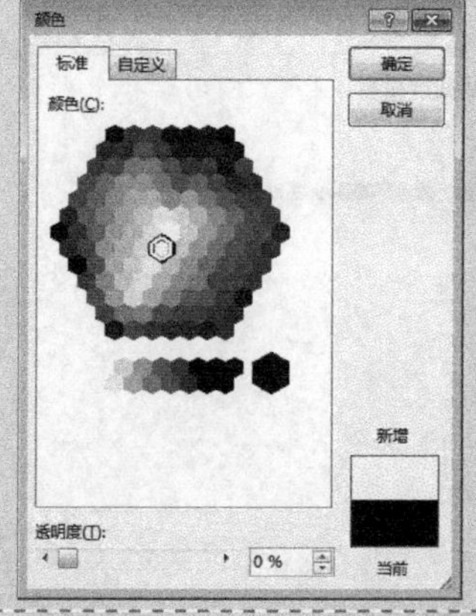

至此，簇状条形图绘制完毕，效果如图所示。

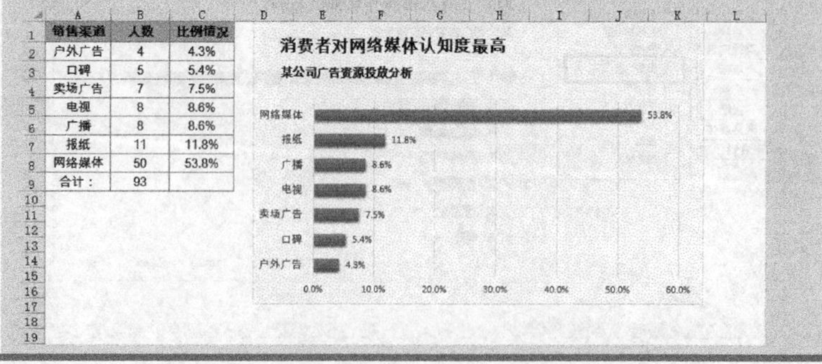

8.3.2 绘制三维簇状柱形图

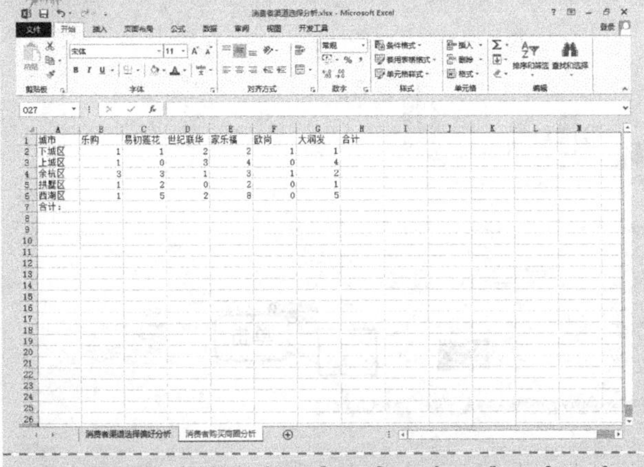

Step 1 输入表格各字段标题和原始数据

插入一个新的工作表，重命名为“消费者购买商圈分析”。在 A1:H1 单元格区域内输入表格列标题，在 A2:A7 单元格区域内输入表格行标题，在 B2:G6 单元格区域内输入原始数据。

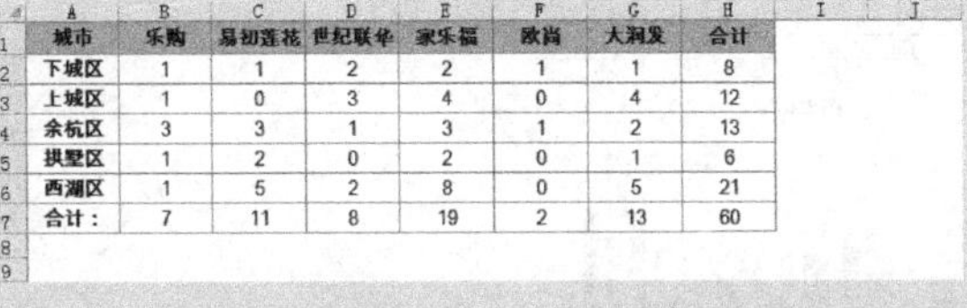

城市	乐购	易初莲花	世纪联华	家乐福	欧尚	大润发	合计
下城区	1	1	2	2	1	1	8
上城区	1	0	3	4	0	4	12
余杭区	3	3	1	3	1	2	13
拱墅区	1	2	0	2	0	1	6
西湖区	1	5	2	8	0	5	21
合计：	7	11	8	19	2	13	60

Step 2 计算合计

① 选中 H2:H6 单元格区域，单击“开始”选项卡，在“编辑”命令组中单击“求和”按钮。

② 选中 B7:H7 单元格区域，切换到“开始”选项卡，在“编辑”命令组中单击“求和”按钮。

③ 美化工作表。

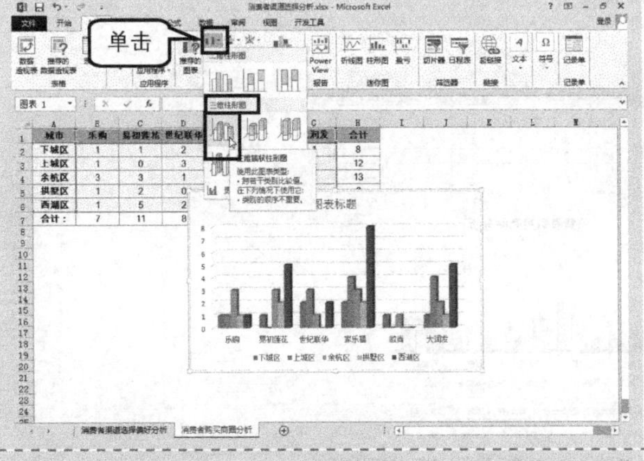

Step 3 插入簇状柱形图

选中 A1:G6 单元格区域，单击“插入”选项卡，在“图表”命令组中单击“插入柱形图”，在打开的下拉菜单中选择“三维柱形图”下的“三维簇状柱形图”。

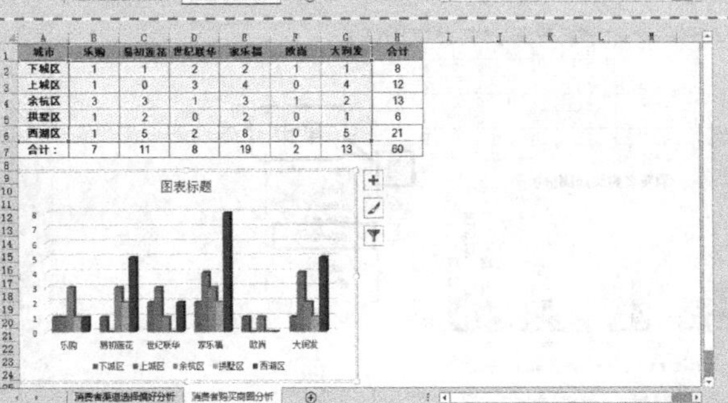

Step 4 调整图表位置

在图表空白位置按住鼠标左键不放，将其拖曳至工作表合适位置。

Step 5 切换行/列

单击“图表工具-设计”选项卡，在“数据”命令组中单击“切换行/列”按钮。

Step 6 设置图表样式

单击“图表工具-设计”选项卡，然后单击“图表样式”列表中的“样式 11”。

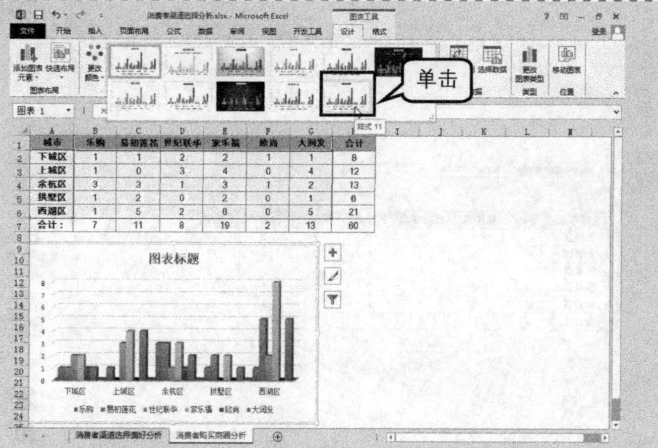

Step 7 设置图表标题

选中图表标题，将图表标题修改为“消费者购买商圈分析”。设置字体为“Arial Unicode MS”，设置字体颜色为“自动”。

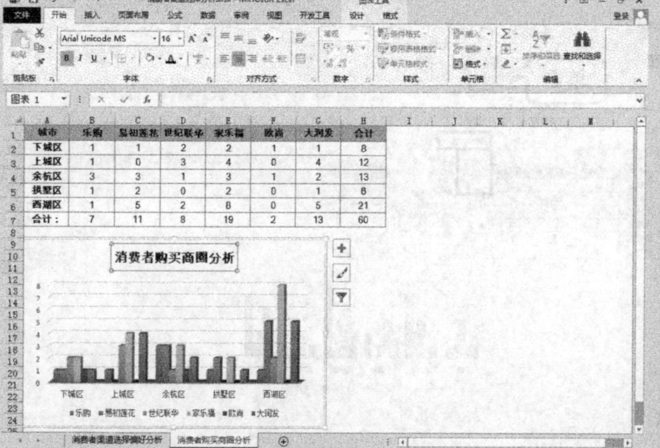

Step 8 添加数据标签

单击图表边框右侧的“图表元素”按钮，在打开的“图表元素”列表框中勾选“数据标签”复选框。

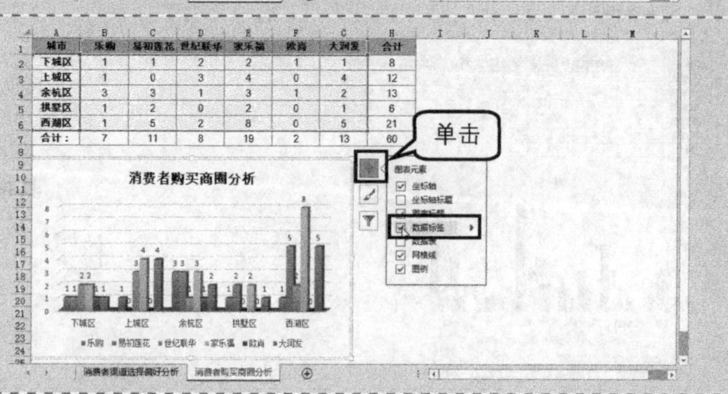

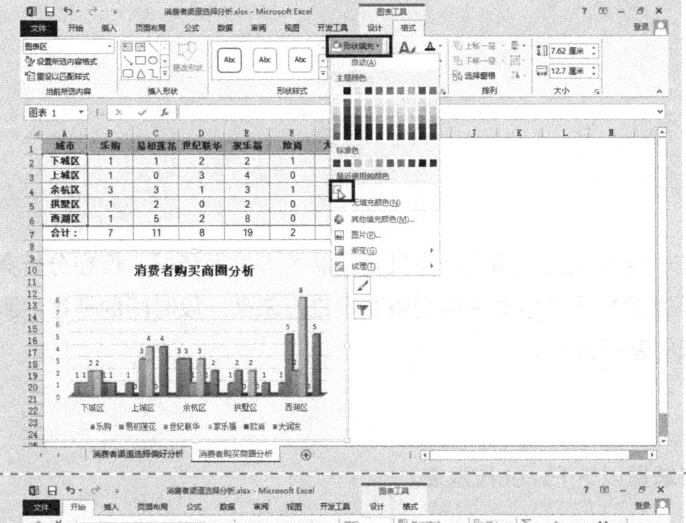

Step 9 设置图表区格式

选中图表区，在“图表工具−格式”选项卡的“形状样式”命令组中单击“形状填充”按钮，在弹出的列表中选择“最近使用的颜色”下方的“浅黄”。

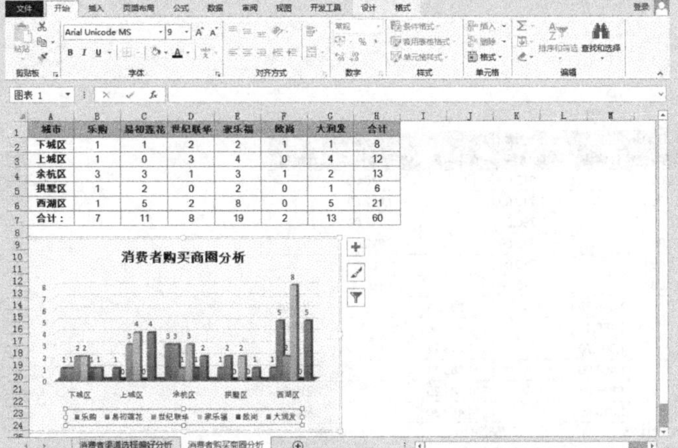

Step 10 设置水平（类别）轴格式

选中水平（类别）轴，切换到“开始”选项卡，设置字体为“Arial Unicode MS”。

Step 11 设置图例格式

选中图例，切换到“开始”选项卡，设置字体为“Arial Unicode MS”。

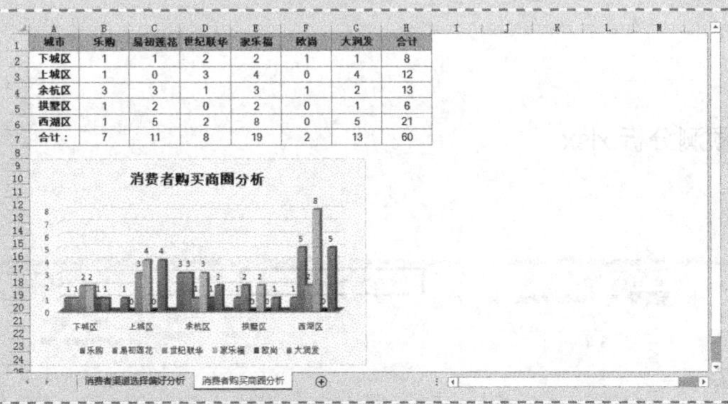

至此，三维簇状柱形图绘制完毕，效果如图所示。

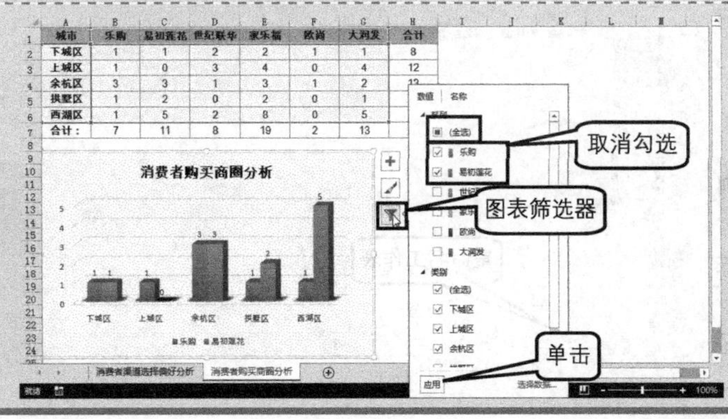

Step 12 图表筛选器

如果在图表中需要查看“乐购”和“易初莲花”超市的情况，单击图表边框右侧的“图表筛选器”按钮，在打开的列表框中，依次单击“数值”→“系列”选项卡，取消勾选“全选”复选框，再勾选“乐购”和“易初莲花”，单击“应用”按钮。

8.4 销售预测分析

案例背景

虽然通过对消费者的调查可以在一定程度上了解同行业其他品牌的各方面情况，但在分析竞争对手时仅有这些往往是不够的，还需要根据竞争对手的销售状况进行未来一段时间的销售预测分析，根据预测的结果调整企业未来的营销策略。

关键技术点

要实现本例中的功能，读者应当掌握以下 Excel 技术点。

- GROWTH 数据分析函数

最终效果展示

品牌/月份	苏泊尔		爱仕达		莱仕乐	
	实际销售	预计销售	实际销售	预计销售	实际销售	预计销售
1月	1,023.00		818.00		716.00	
2月	1,561.00		1,246.00		1,112.00	
3月	987.00		790.00		715.00	
4月	1,056.00		845.00		892.00	
5月	2,513.00		2,010.00		1,861.00	
6月	1,642.00		1,313.00		1,150.00	
7月		1,046.33		836.34		754.65
8月		1,168.40		934.06		849.29
9月		1,304.70		1,043.21		955.80
10月		1,456.90		1,165.11		1,075.67
11月		1,626.86		1,301.25		1,210.57
12月		1,816.65		1,453.30		1,362.39
合计	17,201.85		13,755.28		12,654.36	
市场占有率	39.44%		31.54%		29.02%	

示例文件

光盘\示例文件\第 8 章\市场销售预测分析.xlsx

Step 1 新建工作簿

启动 Excel 自动新建一个工作簿，保存并命名为“市场销售预测分析”，将“Sheet1”工作表重命名为“市场销售预测”。

Step 2 输入表格各字段标题

在 B1:G2 单元格区域内输入表格列标题，并适当地合并部分单元格区域，在 A3:A16 单元格区域内输入表格行标题，并合并 A1:A2 单元格区域。按<Ctrl>键同时选中 A1:G2 和 A3:A16 单元格区域，设置居中。

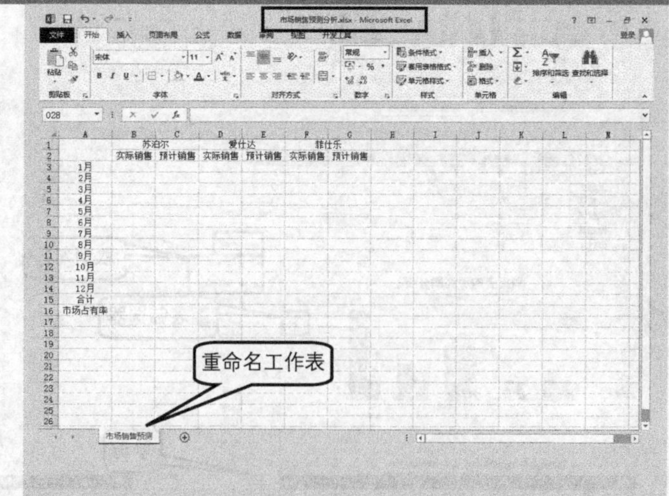

A1 | 品牌 月份

	A	B	C	D	E	F	G	H	I
1	品牌	苏泊尔		爱仕达		菲仕乐			
2	月份	实际销售	预计销售	实际销售	预计销售	实际销售	预计销售		
3	1月								
4	2月								
5	3月								
6	4月								
7	5月								
8	6月								
9	7月								
10	8月								
11	9月								
12	10月								
13	11月								
14	12月								
15	合计								
16	市场占有率								
17									
18									

Step 3 输入字段标题

① 调整 A 列的列宽为“12.00”。

② 选中 A1 单元格，输入斜线表头的内容，先输入适当的空格，接着输入“品牌月份”。接着在编辑栏中，将鼠标指针放置在“品牌”和“月份”之间，按<Alt+Enter>组合键强制换行，按<Ctrl+Enter>组合键确定，使得在不离开该单元格的情况下仍旧选中 A1 单元格。

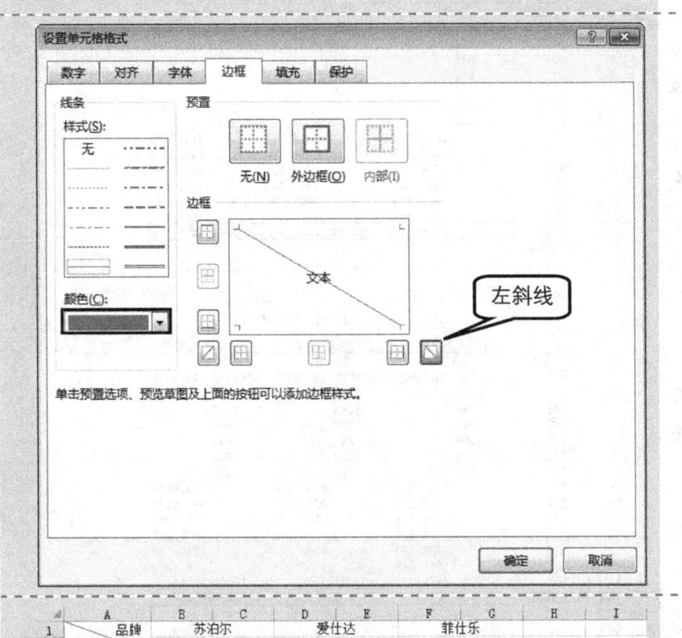

Step 4 设置左斜线

按<Ctrl+1>组合键，弹出“设置单元格格式”对话框，切换到“边框”选项卡，单击“颜色”下箭头按钮，在弹出的颜色面板中选择“蓝色，着色 1”，单击“左斜线”按钮，单击“确定”按钮。

	A	B	C	D	E	F	G	H	I
1	品牌	苏泊尔		爱仕达		菲仕乐			
2	月份	实际销售	预计销售	实际销售	预计销售	实际销售	预计销售		
3	1月	1023		818		716			
4	2月	1561		1246		1112			
5	3月	987		790		715			
6	4月	1056		845		892			
7	5月	2513		2010		1861			
8	6月	1642		1313		1150			
9	7月								
10	8月								
11	9月								
12	10月								
13	11月								
14	12月								
15	合计								
16	市场占有率								
17									
18									

Step 5 输入原始数据

① 在 B3:B8 单元格区域内，输入“苏泊尔”在 1~6 月实际销售量。

② 在 D3:D8 单元格区域内，输入“爱仕达”在 1~6 月实际销售量。

③ 在 F3:F8 单元格区域内，输入“菲仕乐”在 1~6 月实际销售量。

C9 | {=GROWTH(B3:B8)}

	A	B	C	D	E	F	G	H	I
1	品牌	苏泊尔		爱仕达		菲仕乐			
2	月份	实际销售	预计销售	实际销售	预计销售	实际销售	预计销售		
3	1月	1023		818		716			
4	2月	1561		1246		1112			
5	3月	987		790		715			
6	4月	1056		845		892			
7	5月	2513		2010		1861			
8	6月	1642		1313		1150			
9	7月		1046.335						
10	8月		1168.398						
11	9月		1304.701						
12	10月		1456.904						
13	11月		1626.863						
14	12月		1816.649						
15	合计								
16	市场占有率								
17									
18									

Step 6 输入数组公式

① 选中 C9:C14 单元格区域，输入以下公式。

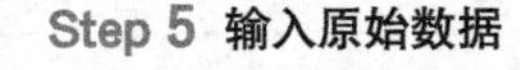

```
=GROWTH(B3:B8)
```

按<Ctrl+Shift+Enter>组合键输入数组公式。

② 选中 E9:E14 单元格区域，输入以下公式。

```
=GROWTH(D3:D8)
```

按<Ctrl+Shift+Enter>组合键输入数组公式。

③ 选中 G9:G14 单元格区域，输入以下公式。

```
=GROWTH(F3:F8)
```

按<Ctrl+Shift+Enter>组合键输入数组公式。

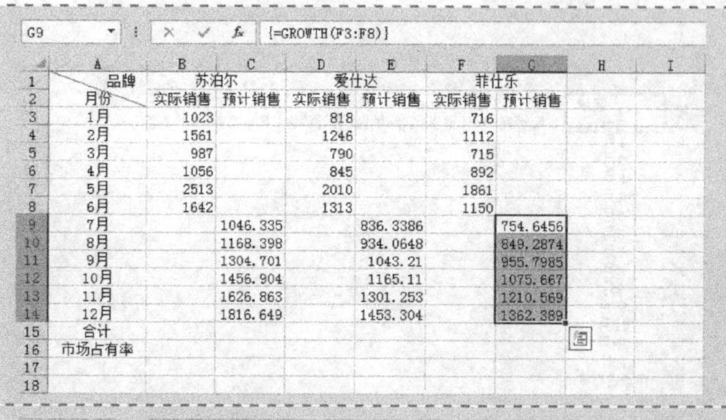

G9 {=GROWTH(F3:F8)}

	A	B	C	D	E	F	G	H	I
1	品牌	苏泊尔		爱仕达		菲仕乐			
2	月份	实际销售	预计销售	实际销售	预计销售	实际销售	预计销售		
3	1月	1023		818		716			
4	2月	1561		1246		1112			
5	3月	987		790		715			
6	4月	1056		845		892			
7	5月	2513		2010		1861			
8	6月	1642		1313		1150			
9	7月		1046.335		836.3386		754.6456		
10	8月		1168.398		934.0648		849.2874		
11	9月		1304.701		1043.21		955.7985		
12	10月		1456.904		1165.11		1075.667		
13	11月		1626.863		1301.253		1210.569		
14	12月		1816.649		1453.304		1362.389		
15	合计								
16	市场占有率								
17									
18									

Step 7 统计合计

① 选中 B15:C15 单元格区域，设置“合并后居中”，输入以下公式，按<Enter>键确认。

```
=SUM(B3:C14)
```

② 选中 B15:C15 单元格区域，拖曳右下角的填充柄至 G15 单元格。

B15 =SUM(B3:C14)

	A	B	C	D	E	F	G	H	I
1	品牌	苏泊尔		爱仕达		菲仕乐			
2	月份	实际销售	预计销售	实际销售	预计销售	实际销售	预计销售		
3	1月	1023		818		716			
4	2月	1561		1246		1112			
5	3月	987		790		715			
6	4月	1056		845		892			
7	5月	2513		2010		1861			
8	6月	1642		1313		1150			
9	7月		1046.335		836.3386		754.6456		
10	8月		1168.398		934.0648		849.2874		
11	9月		1304.701		1043.21		955.7985		
12	10月		1456.904		1165.11		1075.667		
13	11月		1626.863		1301.253		1210.569		
14	12月		1816.649		1453.304		1362.389		
15	合计	17201.84944		13755.2801		12654.35744			
16	市场占有率								
17									
18									

Step 8 计算市场占有率

① 选中 B16:C16 单元格区域，设置“合并后居中”，输入以下公式，按<Enter>键确认。

```
=B15/($B$15+$D$15+$F$15)
```

② 选中 B16:C16 单元格区域，拖曳右下角的填充柄至 G16 单元格。

B16 =B15/($B$15+$D$15+$F$15)

	A	B	C	D	E	F	G	H	I
1	品牌	苏泊尔		爱仕达		菲仕乐			
2	月份	实际销售	预计销售	实际销售	预计销售	实际销售	预计销售		
3	1月	1023		818		716			
4	2月	1561		1246		1112			
5	3月	987		790		715			
6	4月	1056		845		892			
7	5月	2513		2010		1861			
8	6月	1642		1313		1150			
9	7月		1046.335		836.3386		754.6456		
10	8月		1168.398		934.0648		849.2874		
11	9月		1304.701		1043.21		955.7985		
12	10月		1456.904		1165.11		1075.667		
13	11月		1626.863		1301.253		1210.569		
14	12月		1816.649		1453.304		1362.389		
15	合计	17201.84944		13755.2801		12654.35744			
16	市场占有率	0.394433913		0.315404978		0.290161109			
17									
18									

Step 9 设置数值格式和百分比格式

① 选中 B3:G15 单元格区域，设置单元格格式为“数值”，“小数位数”为“2”，勾选“使用千位分隔符”复选框。

② 选中 B16:G16 单元格区域，设置单元格格式为“百分比”，“小数位数”为“2”。

	A	B	C	D	E	F	G	H	I
1	品牌	苏泊尔		爱仕达		菲仕乐			
2	月份	实际销售	预计销售	实际销售	预计销售	实际销售	预计销售		
3	1月	1,023.00		818.00		716.00			
4	2月	1,561.00		1,246.00		1,112.00			
5	3月	987.00		790.00		715.00			
6	4月	1,056.00		845.00		892.00			
7	5月	2,513.00		2,010.00		1,861.00			
8	6月	1,642.00		1,313.00		1,150.00			
9	7月		1,046.33		836.34		754.65		
10	8月		1,168.40		934.06		849.29		
11	9月		1,304.70		1,043.21		955.80		
12	10月		1,456.90		1,165.11		1,075.67		
13	11月		1,626.86		1,301.25		1,210.57		
14	12月		1,816.65		1,453.30		1,362.39		
15	合计	17,201.85		13,755.28		12,654.36			
16	市场占有率	39.44%		31.54%		29.02%			
17									
18									

Step 10 美化工作表

① 设置字体、加粗和填充颜色。

② 调整行高。

③ 设置所有框线。

④ 取消编辑栏和网格线显示。

	A	B	C	D	E	F	G
1	品牌	苏泊尔		爱仕达		菲仕乐	
2	月份	实际销售	预计销售	实际销售	预计销售	实际销售	预计销售
3	1月	1,023.00		818.00		716.00	
4	2月	1,561.00		1,246.00		1,112.00	
5	3月	987.00		790.00		715.00	
6	4月	1,056.00		845.00		892.00	
7	5月	2,513.00		2,010.00		1,861.00	
8	6月	1,642.00		1,313.00		1,150.00	
9	7月		1,046.33		836.34		754.65
10	8月		1,168.40		934.06		849.29
11	9月		1,304.70		1,043.21		955.80
12	10月		1,456.90		1,165.11		1,075.67
13	11月		1,626.86		1,301.25		1,210.57
14	12月		1,816.65		1,453.30		1,362.39
15	合计	17,201.85		13,755.28		12,654.36	
16	市场占有率	39.44%		31.54%		29.02%	

市场销售预测

关键知识点讲解

函数应用：GROWTH 函数

函数用途

根据现有的数据预测指数增长值。根据现有的 x 值和 y 值，GROWTH 函数返回一组新的 x 值对应的 y 值。可以使用 GROWTH 工作表函数来拟合满足现有 x 值和 y 值的指数曲线。

函数语法

GROWTH(known_y's,[known_x's],[new_x's,const])

- known_y's 是必需参数。为满足指数回归拟合曲线 y=b*m^x 的一组已知的 y 值。
  - 如果数组 known_y's 在单独一列中，则 known_x's 的每一列被视为一个独立的变量。
  - 如果数组 known-y's 在单独一行中，则 known-x's 的每一行被视为一个独立的变量。
  - 如果 known_y's 中的任何数为零或为负数，GROWTH 函数将返回错误值#NUM!。
- known_x's 是可选参数。为满足指数回归拟合曲线 y=b*m^x 的一组已知的 x 值，为可选参数。
  - 数组 known_x's 可以包含一组或多组变量。如果只用到一个变量，只要 known_x's 和 known_y's 具有相同的维数，则它们可以是任何形状的区域。如果用到多个变量，known_y's 必须为向量（即必须为一行或一列）。
  - 如果省略 known_x's，则假设该数组为{1,2,3,...}，其大小与 known_y's 相同。
- new_x's 是可选参数。为需要通过 GROWTH 函数返回的对应 y 值的一组新 x 值。
  - new_x's 与 known_x's 一样，对每个自变量必须包括单独的一列（或一行）。因此，如果 known_y's 是单列的，known_x's 和 new_x's 应该有同样的列数。如果 known_y's 是单行的，known_x's 和 new_x's 应该有同样的行数。
  - 如果省略 new_x's，则假设它和 known_x's 相同。
  - 如果 known_x's 与 new_x's 都被省略，则假设它们为数组{1,2,3,...}，其大小与 known_y's 相同。
- const 为一逻辑值，用于指定是否将常数 b 强制设为 1。
  - 如果 const 为 TRUE 或省略，b 将按正常计算。
  - 如果 const 为 FALSE，b 将设为 1，m 值将被调整以满足 y=m^x。

函数说明

- 对于返回结果为数组的公式，在选定正确的单元格个数后，必须以数组公式的形式输入。
- 当为参数（如 known_x's）输入数组常量时，应当使用逗号分隔同一行中的数据，用分号分隔不同行中的数据。

函数简单示例

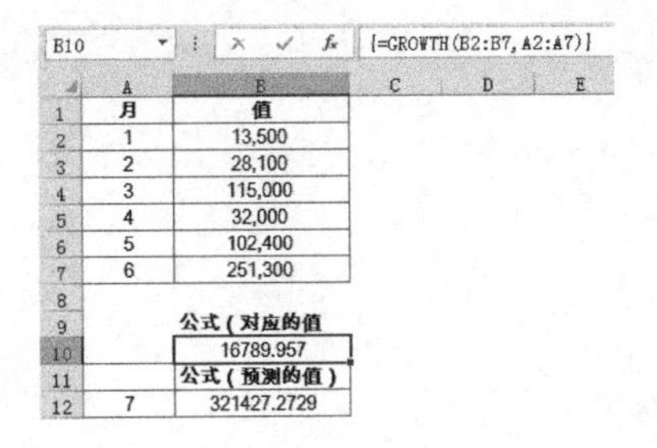
B10 {=GROWTH(B2:B7,A2:A7)}

	A	B
1	月	值
2	1	13,500
3	2	28,100
4	3	115,000
5	4	32,000
6	5	102,400
7	6	251,300
8		
9		公式（对应的值
10		16789.957
11		公式（预测的值）
12	7	321427.2729

示例	公式	说明	结果
1	B10＝{=GROWTH(B2:B7,A2:A7)}	显示与已知值对应的值	16789.957
2	B12={=GROWTH(B2:B7,A2:A7,A12:A13)}	如果指数趋势继续存在，则将预测下个月的值	321427.2729

本例公式说明

以下为本例中的公式。

```
=GROWTH(B3:B8)
```

其各参数值指定 GROWTH 函数显示与已知值对应的值。